KRISS 한국표준과학연구원
Korea Research Institute of Standards and Science
학술총서 제2권

재료 열역학

Thermodynamics of Materials

이확주 지음

청문각

PREFACE

무엇이 물질이 거동하는 방법을 결정하는가?(What determines how matters behave?)

이 질문은 인류가 주변의 변화에 호기심을 갖게 된 이후, 과학적 질문의 핵심이 되어왔다. 인류의 경험이 밝혀짐에 따라 이 질문에 대한 답은 우선 신비주의(mysticism)에 덮여 있었다. 때때로 통찰력의 불꽃이 안개 속에서 빛을 발하여 떨어져 나오지만, 결국 안개 속으로 다시 빠져들고 말았다.

이 질문에 대한 과학적 이해는 Francis Bacon이 물질의 거동을 옛날부터 전해오는 신비적인 설명보다는 물질의 거동을 설명하고자 하는 시도 하에 조사해야 함을 제안하면서 시작되었다. 실험과학의 받아들임은 소화하는 데에만 수 세기가 걸렸고, 사실 이 질문에 대한 이러한 접근은 Copernicus, Kepler. Galileo 그리고 궁극적으로 Isaac Newton과 같은 증가되는 주인공들의 작업으로 그 효과가 나타나게 되었다.

19세기에는 물질의 역학적 거동의 묘사는 잘 확립되었다. 그러나 이 견해는 또한 완전하지 않다는 것이 분명하게 되었다. 역학(mechanics)에서는 물질의 거동을 두 가지 아이디어로 묘사한다. 하나는 물질의 운동(motion)과 관련되고 다른 하나는 퍼텐셜장에서 위치(position)와 관련된다. 이 기본적인 인지는 운동 에너지와 퍼텐셜 에너지로 공식화되었다. 그러나 물질의 거동에 관한 실험적 연구는 시스템에서 물질의 조건은 운동과 위치 외에 다른 인자들에 의해 영향을 받음을 분명하게 해주었다.

이 영향에 가장 명백한 것은 열(heat)의 개념으로 공식화한 것이다. 일단 온도의 아이디어가 나타나고 정량화되면, 온도로 나타내는 시스템의 거동 양상은 주변에 정지해 있는 물질에 대하여 변화될 수 있다. 그래서 운동과 퍼텐셜 에너지 외에 어떤 영향은 물질의 조건을 변화시킬 수 있다.

또한 열을 공급하거나 제거함으로써 시스템이 팽창하거나 수축할 수 있음이 명백하다. 이 움직임은 시스템을 둘러싼 어떤 부분이 이전에 사람이나 짐을 진 동물들이 한 일, 예를 들면 우물에서 물을 퍼내는 일을 하도록 투입할 수 있는 것과 같은 것이다. 그와 같은 시스템 안에서는 압력(pressure)이라는 아이디어로 이 방면의 물질 거동을 정량화할 수 있다. 이 역학적 효과는 열과 같이 시스템의 질량중심(center of mass)을 움직이지 않고 일어날 수 있어 운동 에너지와 퍼텐셜 에너지에 제한된 양상에는 이 영향은 포함되지 않는다.

이러한 여러 가지 영향들이 한 형태에서 또 다른 형태로 전환될 수 있다는 인식은 물질의 거동에 대한 일반적인 묘사의 기초적인 작업을 하게 되었다. 기본적인 증기 엔진에서 불로부터 생겨난 열은 피스톤에서 스팀을 팽창하는 일로 변환되고, 이는 차례로 중력장에서 물체를 들어 올리는 일로 변환될 수 있다. 대포를 만드는 구멍뚫는 기구에 의한 기계적인 일은 포신을 뜨겁게 한다. 불에서 나온 열은 물질 변환에 의해 생성되는데 이는 화학적 변화로 인지되고, 정지해 있는 물질의 조건을 연결시키는 또 다른 영향의 그룹으로 첨가된다. 이 영향들은 같은 일의 다른 형태의 나타남이라는 이해가 생겨났다.

열역학은 발생에서 운동 에너지와 퍼텐셜 에너지를 넘어 가장 기초적인 효과에 초점을 맞춘다. 이들은 시스템의 팽창과 압축에서 도출된 기계적인 일 그리고 열이다. 실용적인 설정에는 이 효과들이 주로 열의 전달이 어떻게 물질에 영향을 주는 항으로 바라본다. 역학에서 물질의 운동 묘사는 동역학(dynamics)이라고 부르므로 이 개발 분야를 열역학이라고 부르는 것이 합리적이다.

분야가 돌출됨에 따라 그 분야는 점차적으로 성장하여 물질의 조건에 영향을 주는 모든 영향들과 이 영향들 사이에 존재하는 상호 관련을 포함하게 된다. 결국 범주의 확장은 열적, 역학적 그리고 화학적 효과 뿐만 아니라 운동 에너지를 포함하는 역학의 원래 영향과 물리학이 포함하는 퍼텐셜 에너지의 완전한 세트, 즉 중력장, 전기, 자기 그리고 물체력(body force)까지 포함하게 되었다.

무엇이 물질의 거동을 결정하는가에 대한 열역학적 개발은 1883년 J. Willard Gibbs의 전통적인 논문, 'On the equilibrium of Heterogeneous Substances'에서 정점을 이룬다. Gibbs는 이 단행본에서 열역학이라는 도구를 완성하여 물질의 평형 조건에 영향을 주는 모든 현상의 묘사에 기본적으로 받아들여지는 공식을 제공하였다. 원자 에너지를 예외로 하고(이는 기본적으로 장치에 한 값으로 첨가될 것이고 물론 그에게는 알려지지 않았다) Gibbs는 임의의 복잡성의 물질의 평형 조건을 결정하는 일반적인 원리를 제시하였고, 정지하거나 평형 상태에 있는 물질 상태의 묘사에 필요한 모든 특성을 정의하고, 임의의 복잡성의 과정을 통하여 취할 때 일어나는 물질 상태의 변화를 계산하는 전략을 제시하였다. 지난 세기 동안 널리 사용된 열역학 책은 Gibbs의 전통적 논문의 현시이다.

무엇이 물질이 거동하는 방법을 결정하는가? 이 질문에 대한 답은 다양한 레벨의 정교함으로 말할 수 있다. 첫 번째는 현상학적 열역학(phenomenological thermodynamics)이다. 이는 물질의 실험적인 관찰로 나타낸 현상에 초점을 맞춘 것이다. 물질의 거동에 관한 묘사의 이 레벨은 가능한 모든 종류의 거동을 완전한 수식화와 거동의 여러 가지 등급 사이에 존재하는 관찰된 관계이다. 이 묘사의 레벨을 적용하기 위하여 물질 구성성분의 본성을 알 필요가 없다.

단지 어떠한 현상이 일어나는가만 알 필요가 있다. 예를 들면, 온도가 상승하였을 때 시스템이 경험하는 부피 변화를 예측하기 위하여 단지 물질의 열팽창 계수만을 측정할 필요가 있다. 왜 그 특정한 물질이 다른 시스템과 비교하여 그와 같은 팽창계수를 갖는가를 설명할 필요가 없다. 단지 실제적인 측정만으로 충분하다.

근본적인 질문에 대한 2단계 레벨은 통계열역학이다. 이 레벨에서는 왜 다른 물질은 그들 특성이 다른 값을 갖는가를 설명하고, 실로 물질 구조의 지식에서 그들의 특성을 예측한다. 가장 기초적인 예로 기체의 운동 에너지 이론인데, 이 묘사는 모든 물질은 알려진 질량과 알려진 속도 분포를 가진 입자들인 원자로 구성되었다고 가정하여 시작한다. 실험적 지식이 넓어짐에 따라 물질 거동의 이 견해는 구조에 대하여 좀 더 사료깊은 견해를 요구하게 되었다.

근본 질문에 대한 세 번째 레벨은 왜 원자와 분자의 구조가 관찰된 것과 같아야함을 설명한다. 양자역학은 고립된 한 원자의 묘사뿐 아니라 전자 구조를 예측하는 분자, 액체 그리고 결정에서 원자의 앙상블을 나타낸다. 전자 구름의 공간상 분포는 시스템의 특성의 어떤 부분집합을 계산하는 기본을 제공하고 이는 다소 실험에 의하여 직접 테스트한다.

이 책은 3부로 나누어져 있다. 1부에서는 첫 번째 레벨인 현상학적 열역학을 소개하고, 2부에서는 2단계 레벨인 통계열역학과 기체 운동론으로 여분의 개념개발을 소개하였다. 3부에서는 재료 시스템에서의 열역학의 응용 분야로 가장 복잡한 재료 시스템에서 물질의 거동을 설명한다. 다른 과학과 공학보다도 재료과학은 열역학의 모든 면을 요구한다. 재료의 특성을 제어하는 필수 사항으로 어떻게 미세구조(microstructure)가 생겨나는가에 대한 이해는 다성분 상태도(phase diagram)로부터 시작된다. 그 외 여러 가지 분야의 응용을 소개한다.

이 책은 다음의 3가지 저서를 주로 참조하여 작성되었다: 1) R.J. Silbey, R.A. Alberty, and M.G. Bawendi, Physical Chemistry, 4th edition, Wiley and Sons, Inc. (2005); 2) R.T. Dehoff, Thermodynamics in materials science, McGraw-Hill, Inc International edition (1993); 3) O.W. Devereux, Topics in metallurgical thermodynamics, John Wiley and Sons, Inc (1983).

이 책은 한국표준과학연구원(KRISS: Korea Research Institute of Standards and Science) 학술총서 프로그램에 의해 완성되었다. 아무쪼록 열역학을 배우는 학생들과 연구자들에게 미력이나마 도움이 되었으면 하는 바람이다.

대덕연구단지에서 저자 올림

C O N T E N T S

PART 01 열역학 기초편

Chapter 1
열역학 0법칙과 상태 방정식

1 열역학적 시스템 : 용어의 정의 19
2 열역학 0법칙 22
3 이상기체 온도 스케일 25
4 이상기체 혼합물과 Dalton 법칙 27
5 실제 기체와 비리얼 식 29
6 일성분계에서 P－V－T 표면 34
6.1 임계 현상 35
6.2 van der Waals 식 36
7 부분 몰 특성 41
8 압력과 대기압 43
연습문제 46

Chapter 2
열역학 1법칙

1 일과 열 47
2 열역학 1법칙과 내부 에너지 52
3 완전 미분과 불완전 미분 54
4 항온에서 기체의 압축일과 팽창일 58
5 여러 가지 일의 종류 63
6 정적 과정에서 상태 변화 66

7 엔탈피와 정압 과정에서 상태 변화 68
8 열용량 70
9 Joule – Thomson 팽창 73
10 기체에 있어서 단열 과정 74
11 열화학 77
12 형성 엔탈피 81
13 열량측정법 83
연습문제 88

Chapter 3
열역학 2법칙과 3법칙

1 상태 함수인 엔트로피 89
2 열역학 2법칙 93
3 가역 과정에서 엔트로피 변화 98
4 비가역 과정에서 엔트로피 변화 105
5 이상기체의 혼합 과정에서 엔트로피 변화 106
6 엔트로피와 통계적인 확률 110
7 열량측정법에 의한 엔트로피의 결정 113
8 열역학 3법칙 114
9 열역학 3법칙의 응용 118
연습문제 121

Chapter 4
열역학의 기본 에너지 식

1 내부 에너지에 대한 기본식 124
2 Legendre 변환에 의한 여분의 열역학 퍼텐셜 126
3 Gibbs 자유 에너지의 온도 효과 134
4 Gibbs 자유 에너지의 압력 효과 135
5 퓨가시티와 활동도 139
6 화학 퍼텐셜의 중요성 143
7 이상기체에 적용된 부분 몰 특성의 더하기 특성 146

8 Gibbs-Duhem 식 150
9 Maxwell 관계식의 응용 151
10 열역학 관계식을 도출하기 위한 일반적인 전략 154
10.1 엔트로피와 부피의 T와 P와의 함수 관계 155
10.2 온도와 압력으로 나타낸 에너지 함수 156
연습문제 158

Chapter 5
화학 반응 평형 조건과 열역학 시스템에서 평형 조건

1 화학 반응에서 평형 조건 160
1.1 일반적인 화학 평형에 대한 도출 160
1.2 기체 반응에 대한 평형 상수 표현 163
1.3 평형 상수를 구하기 위한 표준 형성 Gibbs 자유 에너지의 사용 165
1.4 평형 상수에 대한 온도 효과 167
1.5 평형 조성에의 압력, 초기 조성 그리고 비활성 기체의 영향 170
1.6 농도의 항으로 나타낸 기체 반응에 대한 평형 상수 173
2 제약 조건이 있을 때의 최대와 최소 – Lagrange 승수 174
3 평형에 관한 일반적 기준 178
4 열역학적 평형에 대한 기준의 적용 예 : 일성분 2상 시스템 181
5 평형 조건에 대한 다른 공식 183
연습문제 187

PART 02 열역학과 관련된 학문 분야편

Chapter 6
통계열역학과 기체 운동론

1 통계열역학 191
1.1 미시적 상태, 거시적 상태 그리고 엔트로피 192
1.2 통계열역학에서 평형 조건 196
1.3 알고리즘의 응용 203
2 기체 운동론 212
2.1 기체 분자의 분자 속도에 대한 확률 밀도 213
2.2 한 방향에서 속도 분포 215
2.3 속도의 Maxwell 분포 217
2.4 평균 속력의 종류 220
2.5 이상기체의 압력 223
2.6 표면과의 충돌과 분출 225
2.7 강구 분자의 충돌 226
2.8 충돌에서 분자간 반응의 영향 232
2.9 기체에서 전달 현상 234
2.10 전달 계수의 계산 236
연습문제 240

PART 03 열역학 재료에의 응용

Chapter 7
일성분 불균일 시스템

1 서 론 245
2 (P, T) 공간에서 일성분 상태도 248
2.1 화학 퍼텐셜과 Gibbs 자유 에너지 248

2.2 화학 퍼텐셜 표면과 일성분계 상태도의 구조 249
2.3 화학 퍼텐셜 표면의 계산 252
2.4 경쟁하는 평형: 준안정성 254
3 Clausius – Clapeyron 식 254
4 Clausius – Clapeyron 식의 적분 256
4.1 기화와 승화 곡선 258
4.2 응집상 사이의 상경계 260
5 삼중점 261
6 일성분 상태도의 다른 나타냄 264
연습문제 268

Chapter 8
다성분 균일 무반응 시스템: 용액

1 서 론 269
2 부분 몰 특성 270
2.1 부분 몰 특성의 정의 271
2.2 부분 몰 특성 정의의 결과 272
2.3 혼합 과정 273
2.4 혼합물 특성의 몰 값 275
3 부분 몰 특성의 구함 276
3.1 전체 특성에서 부분 몰 특성 구하기 276
3.2 그래프에서 부분 몰 특성 구하기 278
3.3 실험 측정한 한 성분의 PMP에서 다른 성분의 PMP 계산 279
4 PMP 사이의 관계 281
5 다성분계에서 화학 퍼텐셜 283
6 퓨가시티, 활동도 그리고 활동도 계수 286
6.1 이상적인 기체 혼합물의 특성 287
6.2 실제 기체의 혼합: 퓨가시티 291
6.3 활동도와 실제 용액의 거동 292
6.4 실제 용액의 거동 묘사를 위한 활동도 계수 293
7 묽은 용액의 거동 295
8 용액 모델 297
8.1 정규 용액 모델 297

8.2 비정규 용액 모델 300
8.3 용액 거동에 대한 원자 모델 301
연습문제 309

Chapter 9
다성분 불균일 시스템

1 서 론 311
2 다성분, 다상, 무반응 시스템의 묘사 312
3 평형 조건 314
4 Gibbs 상규칙 316
5 상태도의 구조 317
5.1 열역학 퍼텐셜 공간에 그려진 상태도 318
5.2 일성분계 320
5.3 이성분계 상태도 323
5.4 삼성분계 상태도 325
6 상태도의 해석 327
6.1 타이라인에 대한 지렛대 규칙 328
6.2 타이 삼각형에서 지렛대 규칙 330
7 재료과학에서 상태도의 응용 332
연습문제 337

Chapter 10
상태도의 열역학

1 서 론 339
2 자유 에너지 조성(G－X) 도표 340
2.1 G－X 곡선의 참조 상태 341
2.2 공통접선 구축과 2상 평형 345
2.3 이원계 상태도에서 2상 영역 348
2.4 3상 평형 357
2.5 중간상 362
2.6 준안정 상태도 365

3 이원계 상태도에 대한 열역학 모델 366
3.1 상태도에 대한 이상 용액 모델 367
3.2 상태도의 정규 용액 모델 370
3.3 주맥 곡선 373
3.4 2상 영역을 갖는 정규 용액 상태도의 패턴 377
3.5 3개 또는 그 이상의 상을 갖는 상태도 378
3.6 라인 화합물을 갖는 상태도의 모델화 380
4 삼성분 시스템에 대한 열역학 모델 384
5 퍼텐셜 공간에서 상태도의 계산 388
6 상태도의 컴퓨터 계산 389
연습문제 391

Chapter 11
다성분, 다상 반응 시스템

1 서 론 393
2 기상에서의 반응 395
2.1 기체상에서 일변수 반응 395
2.2 기체상에서 다변수 반응 403
3 다상 시스템에서 반응 409
4 일반적인 반응 시스템에서 거동 패턴 413
4.1 산화 반응에 대한 Richardson-Ellingham 도표 413
4.2 CO/CO_2와 H_2/H_2O 혼합물에서 산화 반응 421
5 우위 도표와 다변수 시스템의 평형 425
5.1 Pourbaix 고온 산화 반응 도표 426
5.2 두 조성축을 갖는 우위 도표 431
5.3 우위 도표의 해석 434
6 상태도에서 성분으로서의 화합물 436
연습문제 438

Chapter 12

열역학에서 모세관 효과

1 서 론 439
2 표면의 기하학 440
3 표면 잉여 특성 445
4 곡선 계면을 가진 시스템에서의 평형 조건 447
5 표면 장력: 표면 자유 에너지의 역학적 유사성 452
5.1 증기압에의 곡률 효과 456
6 상태도에서 모세관 효과 460
6.1 일성분계에서 상경계의 이동 460
6.2 곡면과 평형을 이루는 증기압 461
6.3 녹는점에서의 곡률 효과 464
6.4 이원계에서 상경계 이동 467
6.5 국부 평형과 모세관 이동의 적용 472
7 결정의 평형 상태: The Gibbs-Wulff 구축 473
8 삼중선에서 평형 480
9 표면에서 흡착 490
9.1 흡착의 측정 490
9.2 Gibbs 흡착식 493
10 표면 장력의 측정 495
11 표면 응력 500
12 크게 굽어진 표면 503
연습문제 505

Chapter 13

결정 결함과 연속 시스템에서의 평형

1 서 론 507
2 원소 결정에서 점 결함 508
2.1 비어있는 격자 자리를 가진 결정에서 평형 조건 508
2.2 평형에서 결정 내의 동공 농도 510
2.3 침입형 결함과 동공쌍 512

3 화학량적 화합물 결정에서 점 결함 514
3.1 Frenkel 결함 516
3.2 Schottky 결함 519
3.3 이원계 화합물에서 결합된 결함 521
3.4 화학량적 화합물 결정에서 결함 사이의 다변수 평형 522
4 비화학량적 화합물 결정 525
4.1 다양한 결함을 갖는 화합물 결정에서 평형 527
4.2 알루미나에 대한 평형 조건 530
5 비화학량적 화합물에서 불순물 532
6 연속 시스템에서의 평형; 외부장의 열역학적 효과 533
7 열역학적 밀도와 불균일 시스템의 묘사 534
8 외부장이 없을 때 평형에 대한 조건 536
9 외부장의 존재 하의 평형 조건 539
9.1 한 연속 시스템의 퍼텐셜 에너지 539
9.2 평형에 대한 조건 541
9.3 중력장에서의 평형 542
9.4 원심력장에서 평형 546
9.5 정전기장에서 평형 547
10 불균일 시스템에서 구배 에너지 549
연습문제 554

Chapter 14
전기화학

1 서 론 555
2 전해질 용액에서의 평형 557
2.1 약전해질에서 평형 558
2.2 강전해질 용액에서 평형 564
3 전해질이 관련된 2상 시스템에서의 평형 565
4 전기화학 셀에서의 평형 569
4.1 일반적인 갈바니 셀에 있어서 평형에 대한 조건 571
4.2 전지 기전력의 온도 의존성 575
4.3 표준 수소 전극 575

5 Pourbaix 도표 578
5.1 물의 안정성 578
5.2 구리에 대한 Pourbaix 도표 580
연습문제 585

부 록

A Universal constants and conversion factors 587
B Atomic numbers and atomic weights 588
C Volumetric properties of the elements 588
D Absolute entropies and heat capacities of solid elements 589
E Phase transitions: temperature and entropies of melting and vaporization 589
F Surface tensions and interfacial free energies 590
G Thermochemistry of oxides 590
H Thermochemistry of nitrides 591
I Thermochemistry of carbides 591
J Electrochemical Series 592

참고문헌 593
찾아보기 595

열역학(thermodynamics)은 거시적 세계(macroscopic world)에 있어 여러 종류의 에너지의 변환과 이와 관련된 물리적 특성의 변화를 다룬다. 열역학은 물질의 평형 상태(equilibrium)와 관련되고 시간과는 아무런 연관이 없다. 그렇다 할지라도 열역학은 재료의 연구에 있어서 가장 강력한 도구 중의 하나이다. 열역학 1법칙은 화학 반응이나 물리적 반응에 의하여 행하여지는 일(work)의 양과 흡수되거나 발생된 열(heat)의 양에 대하여 언급한다. 1법칙에 근거하면 물질의 형성 엔탈피에 대한 표를 작성하는 것이 가능하고 이는 아직 연구되지 않은 반응에 대한 엔탈피 변화를 계산하는 데 사용될 수 있다. 반응물과 생성물의 열용량(heat capacity)에 대한 정보가 유용하면, 아직 이전에 연구되지 않았던 온도에서 반응열을 계산하는 것이 가능하다.

열역학 2법칙은 반응의 자발적인 방향과 주어진 화학 반응이 자체로 일어날 수 있는가에 대하여 가능할 것인가 그렇지 않은가에 대한 의문에 답을 준다. 2법칙은 처음에는 열기관의 효율에 관한 항으로 나타났으나 이는 엔트로피(entropy)의 정의를 이끌었다. 엔트로피는 화학 반응에 대한 평형 상수(equilibrium constant)의 정의에 기초를 제공한다. 2법칙은 다음과 같은 질문에 대한 답을 준다. 즉, '이 특별한 반응은 평형에 도달하기 전에 어느 범위까지 진전될 것인가?' 또한 화학적 그리고 물리적인 평형에서 온도, 압력, 농도의 효과에 대한 믿을 만한 예측에 기본을 제공한다. 열역학 3법칙은 열량측정법(calorimetry) 측정만으로 평형 상수를 계산하는 기초를 제공한다. 이는 열역학이 평형에 있는 시스템에서 명목상으로는 분명하게 관련되어 있지 않은 측정을 상호 연결하는 방법의 나타냄이다.

열역학 법칙과 여러 가지 관련된 물리적인 양들에 대한 논의 후에 첫 번째 응용분야는 화학 평형의 정량적인 취급이다. 그 다음 이 방법은 다른 상(phase)들 사이의 평형에 적용된다. 이를 이용하면 고체 혼합물에서 상의 변화에 대한 해석을 할 수 있다. 그 다음 응용 분야로 전기화학적 전지(electrochemical cell)와 정량적 바이오 화학 반응(biochemical reaction)에 응용된다.

PART 01

열역학 기초편

Chapter 1

Thermodynamics in Materials Sciences

열역학 0법칙과 상태 방정식

열역학은 평형에 있는 시스템의 특성, 즉 온도, 압력, 부피 그리고 화학종(species)의 양과 같은 특성들을 취급한다. 또한 시스템이 행한 일이나 흡수된 열을 취급한다. 이들은 시스템의 특성이 아니고 변화의 척도이다. 놀라운 일은 평형에 있는 시스템의 열역학적인 특성은 미적분의 모든 법칙을 따르며, 따라서 서로 관련되어 있다. 온도를 정의하는 데 관련된 원리는 열역학 1법칙과 2법칙이 성립될 때까지 인지되지 못하였다. 그래서 이를 열역학 0법칙이라고 부른다. 이 법칙은 기체와 액체의 열역학 특성의 논의를 이끈다. 먼저 이상기체를 논의한 후에 실제 기체를 다룬다. 실제 기체나 액체의 열역학적인 특성은 상태 방정식으로 나타낸다. 이들은 비리얼 식(Virial equation) 또는 반데어 왈스(van der Waals) 식이다.

1 열역학적 시스템 : 용어의 정의

한 열역학적인 시스템은 관심의 대상으로 삼은 물리적인 우주의 한 부분이다. 이 시스템은 실제 또는 이상적인 경계(boundary)에 의해 우주의 다른 부분과 분리된다. 이를 그림 1.1에 나타냈다. 시스템의 경계 밖에 있는 부분은 주위(surroundings)라 한다. 시스템과 주위 사이의 경계는 어떤 현실적인 특성이나 또는 이상화된 특성을 갖는다. 예를 들면, 경계는 열을 전도하거나 완전한 절연체일 수 있다. 경계는 강건하거나 움직일 수 있어서 특정한 압력을 적용하는 데 사용될 수 있다. 경계는 시스템과 주위 사이에 물질 전달을 못하거나 특정한 화학종에 대하여 투과시킬 수 있다. 달리 말하면 물질(matter)과 열(heat)은 시스템과 주위 사이에 전달될 수 있고, 주위는 시스템에 또는 그 역으로 시스템은 주위에 일을 할 수 있다. 만약 경계가

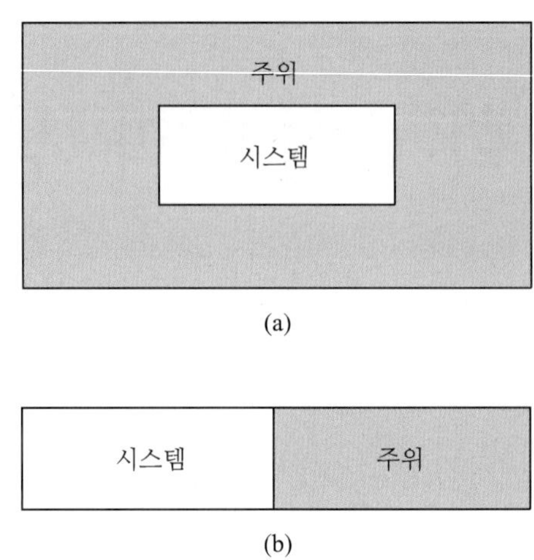

그림 1.1 (a) 한 시스템은 경계에 의해 주위와 분리된다. 경계는 실제거나 이상적일 수 있다.
(b) 시스템은 절연체이거나 열전도체인 단일벽에 의해 분리된다.

시스템과 주위와의 반응을 못하도록 한다면, 그 시스템은 **고립계**(isolated system)라고 부른다. 만약 물질과 열이 주위와 시스템 사이에 전달이 가능하다면, 그 시스템은 **열린계**(open system)이고, 물질의 전달은 허용되지 않고 에너지 출입만 허용된다면 그 시스템은 **닫힌계**(closed system)라고 부른다.

한 시스템을 논의할 경우에는 그 시스템을 간결하게 나타낼 수 있어야 한다. 만약 한 특성이 시스템 전체에 걸쳐 균일하면, 그 시스템은 **균일**(homogeneous)하다. 그와 같은 시스템은 한 개의 상(phase)으로 구성된다. 만약 시스템이 두 개 이상의 상으로 구성되면, 그 시스템은 **불균일**하다고 말한다. 간단한 예로 2상 시스템은 얼음과 평형을 이루는 액체 물이다. 물은 또한 3상 시스템으로 존재할 수 있다. 즉, 액체, 얼음, 증기가 모두 평형을 이루고 있을 때이다.

경험으로부터 알 수 있는 것은 평형에 있는 한 시스템의 **거시적인 상태**(macroscopic state)는 적은 수의 **거시적인 변수**(variable)의 값으로 나타낼 수 있다. 이 변수들은 온도(temperature), 압력(pressure) 그리고 부피(volume) 등으로 이들은 **상태 변수** 또는 **열역학 변수**(thermodynamic variable)라고 부른다. 이들을 상태 변수라고 하는 이유는 이들이 시스템의 상태를 규정하기 때문이다. 한 물질의 두 시료가 같은 상태 변수를 갖는다면, 이 두 시료는 같은 상태에 있다고 말한다. 평형 상태에 있는 균일 시스템의 상태를 그와 같은 약간의 변수로 규정할 수 있다는 것은 놀라운 일이다. 충분한 양의 상태 변수가 규정되었을 때 시스템의 다른 특성들은 고정된다. 더욱이 이 상태 변수들은 미적분학(calculus)의 모든 규칙을 따른다. 즉, 이들은 미분하고 적분할 수 있는 수학적인 함수로 취급할 수 있다는 것이다. 열역학은 여분의 특성, 즉 내부 에너지와 엔트로피와 같은 특성을 정의한다. 이들은 또한 시스템의 상태를 나타내고 그들 자신도 상태함수이다.

유체 상태(fluid state)에 있는 순수 물질의 어떤 규정된 양의 열역학적인 상태는 온도 T, 압력 P 그리고 부피 V와 같은 특성을 규정함으로써 나타낼 수 있다. 그러나 경험에 의하면 순수 물질의 양이 고정되면 3개의 특성 중에 단지 2개 변수만을 규정해야 함을 알 수 있다. 만약 T와 P, P와 V 또는 T와 V가 규정되면, 다른 모든 열역학적인 특성들은 고정되고 그 시스템은 평형 상태에 있다. 반면 다른 종의 균일한 혼합물의 열역학 특성을 나타내기 위해서는 더 많은 특성이 규정되어야 한다.

많은 분자를 포함하는 시스템의 미시적(microscopic) 상태의 나타냄은 아주 많은 수의 변수들에 대한 규정이 요구된다. 예를 들면, 고전역학을 사용하여 시스템의 미시적인 상태를 나타내기 위해서는 각 분자에 대하여 3개의 좌표와 모멘텀의 3개 성분을 나타내야 하고, 더하여 진동과 회전운동에 관한 정보가 있어야 한다. 기체 분자 1몰에 대하여 이는 6×10^{23}개보다 많음을 의미한다. 중요한 점은 이는 너무 복잡하여 미시적으로 나타낼 수 없는 한 시스템의 열역학적인 상태를 단지 적은 수의 상태 변수를 사용하여 나타낼 수 있다는 것이다.

열역학적 변수는 인텐시브(intensive) 변수이거나 익스텐시브(extensive) 변수 중의 하나이다. 인텐시브 변수는 시스템의 크기에 무관하다. 예를 들면, 압력, 밀도 그리고 온도이다. 반면, 익스텐시브 변수는 시스템의 크기에 의존하고 만약 시스템이 중복되어 더해지면 그 크기는 2배가 된다. 예는 부피, 질량, 내부 에너지 그리고 엔트로피이다. 주지할 것은 두 개의 익스텐시브 변수의 비는 인텐시브 변수가 된다. 밀도가 그 예이다. 그래서 우리는 시스템의 인텐시브 상태에 대하여 언급할 수 있는데, 이는 인텐시브 변수로 나타낸다. 또한 시스템의 익스텐시브 상태에 대하여 언급할 수 있는데, 이는 인텐시브 변수에 더하여 적어도 하나의 익스텐시브 변수로 나타낸다. 기체 헬륨의 인텐시브 상태는 압력과 밀도를 구체적으로 언급하여 나타낼 수 있다. 어떤 양의 헬륨의 익스텐시브 상태는 구체적인 양, 압력 그리고 밀도를 나타낸다. 1몰 헬륨의 익스텐시브 상태는 1 mol(P, ρ)로 나타낸다. 여기서 P와 ρ는 각각 압력과 밀도를 나타낸다. 이를 일반화시키면 유체 상태에서 순수물질의 인텐시브 상태는 N_s+1개의 변수로 나타낼 수 있다. 여기서 N_s는 시스템에서 다른 종류의 종의 수를 나타낸다. 익스텐시브 상태는 N_s+2개로 나타내는데, 그중 하나는 익스텐시브 변수이다.

화학에서 시스템의 크기는 함유된 질량보다는 물질의 양(amount)으로 나타내는 것이 좀 더 유용하다. 물질의 양, n은 몰(mole)의 항으로 나타낸 존재물(entities, 원자, 분자, 이온, 전자 또는 그와 같은 입자의 규정된 그룹)의 수이다. 만약 한 시스템이 N개 분자수를 갖고 있으면, 물질의 양은 $n=\dfrac{N}{N_A}$이다. 여기서 N_A는 Avogadro 상수(6.022×10^{23}/mol)이다. 부피와 물질량의 비는 몰 부피(molar volume), $\overline{V}=\dfrac{V}{n}$으로 표시한다. 부피 V는 SI 단위로 m^3이고, 몰 부피 $\overline{V}$는 SI 단위로 m^3/mol로 나타낸다. 우리는 몰 양을 나타내기 위하여 윗줄(overbar)을

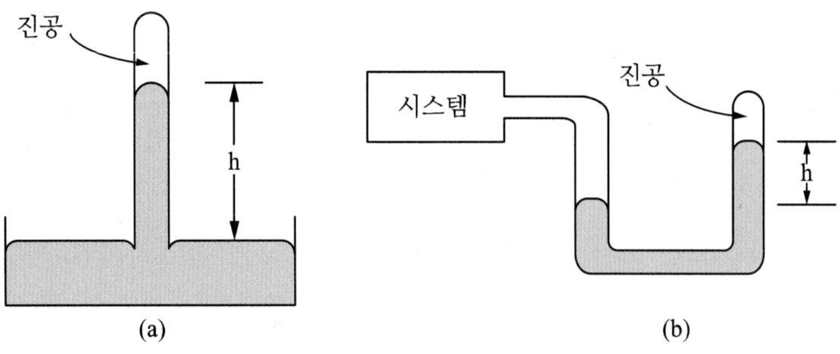

그림 1.2 (a) 컵에 들어 있는 수은의 표면에 대기압이 가해준 압력, (b) 끝이 막힌 기압계.

사용하여 나타낸다.

한 시스템이 어떤 상태에서 그 특성이 시간에 무관하고 흐름(flux)이 없을 때(즉, 시스템을 통한 열의 흐름이 없을 때) 시스템은 평형(equilibrium) 상태에 있다고 말한다. 열역학 시스템이 평형 상태에 있을 때 그 상태는 완전히 상태 변수로 정의되며, 그 시스템의 이력에 의존하지 않는다. 시스템의 이력으로 그 시스템이 존재하는 이전의 조건을 의미한다.

평형 상태에 있는 시스템의 상태는 적은 수의 상태 변수로 나타낼 수 있기 때문에 구체화되지 않은 변수의 값은 구체화된 다른 변수의 값을 함수로 나타내는 것이 가능해야 한다. 가장 간단한 예가 이상기체 법칙(ideal gas law)이다. 어떤 시스템에서 2개의 인텐시브 변수보다 많이 시스템의 상태를 언급해야 한다. 만약 화학종(species)이 하나보다 많다면 조성이 주어져야 한다. 만약 액체 시스템이 작은 방울로 되어 있다면 표면적이 언급되어야 한다. 만약 시스템이 전기장 또는 자기장에 있으면 이들이 특성에 영향을 주므로 전기장의 세기와 자기장의 세기가 상태 변수가 된다.

우리는 일반적으로 시스템에 대한 지구의 중력장(gravitational field)의 효과를 무시한다. 그러나 때때로 이 효과가 중요할 때가 있다. 주지할 점은 시스템의 상태를 나타내는 특성들은 독립적이라는 것이다. 그렇지 않으면 이들은 여분(redundant)이 된다. 독립적인 특성들은 관찰자에 의하여 따로 따로 제어될 수 있다. 대기압은 그림 1.2(a)에서 보인 기압계로 측정하고 기체 시스템의 압력은 그림 1.2(b)에서 보인 끝이 막힌 기압계(manometer)로 측정한다.

2 열역학 0법칙

비록 우리는 공통으로 온도가 무엇인지를 느끼고 있지만, 이를 열역학에서 유용한 개념으로 사용되도록 아주 조심스럽게 정의해야 한다. 만약 고정된 부피를 갖는 2개의 닫힌계를 서로 가까이 가져와 열적 접촉(thermal contact)을 시키면 두 시스템의 특성에 변화가 일어나게 된다. 그러다가 궁극적으로 더 이상의 변화가 없는 상태에 도달하는데, 이것이 **열적 평형 상태**이다. 이 상태에서 두 시스템은 같은 온도를 갖는다. 그래서 두 시스템을 열적 접촉시켜 같은 온도를 갖는지 또는 관찰할만한 변화가 두 시스템에서 일어나는가를 쉽게 결정할 수 있다. 만약 아무런 변화가 없다면 그 시스템은 같은 온도에 있게 된다.

이제 그림 1.3에서와 같이 3개의 시스템 A, B, C를 생각해 보자. 만약 시스템 A가 시스템 C와 열적 평형을 이루고, 시스템 B가 시스템 C와 열적 평형을 이룬다면, A와 B는 서로 열적 평형을 이룬다는 것이 실험적인 사실이다. 이것이 꼭 진실이어야만 한다는 것은 명백하지는 않다. 그래서 이 실험적인 사실을 **열역학 0법칙**이라고 한다.

열역학 0법칙에서 어떻게 온도 스케일의 정의를 이끌어 내는가를 보기 위해서는 A, B, C 시스템 사이의 열적 평형을 자세히 고려할 필요가 있다. 시스템 A, B, C는 각각 다른 유체의 어떤 질량으로 구성되었다고 가정해 보자. 여기서 유체는 기체 또는 압축할 수 있는 액체를 말한다. 경험에 의하면 시스템의 한 시스템의 부피가 일정하다면 그 압력은 한 범위에 걸쳐 변화되고, 만약 압력을 일정하게 잡으면 부피가 어느 범위에 걸쳐 변화됨을 알 수 있다. 따라서 압력과 부피는 독립적인 열역학 변수들이다. 더욱이 압력과 부피가 구체화되면 그들의 인텐시브 상태는 규정됨을 알 수 있다. 즉, 한 시스템이 어떤 압력과 부피에서 평형에 도달하면 모든 거시적인 특성은 어떤 특징적인 값을 갖는다. 주어진 조성의 주어진 유체의 질량의 거시적인 상태는 압력과 부피를 규정함으로써 고정시킬 수 있는 것은 놀랍기도 하고 다행스러운 것이다.

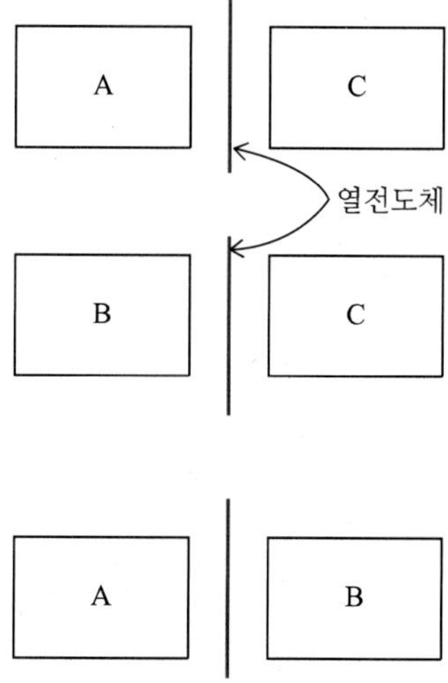

그림 1.3 3개의 물체 사이에서 열적 평형과 관련된 열역학 0법칙.

만약 시스템에 제한이 좀 더 있다면 적은 수의 독립 변수가 더 있게 된다. 여분의 제한에 대한 예가 다른 시스템과의 열적 평형이다. 경험적으로 만약 한 유체가 다른 시스템과 열적 평형을 이룬다면 단지 하나의 변수만 갖는다. 달리 말하자면 시스템의 압력을 특별한 값 P_A로 잡으면, 단지 한 특별한 값 V_A에서 시스템 C와 열적 평형을 이룬다. 그래서 시스템 C와 열적 평형을 이루는 시스템 A는 단지 하나의 독립 변수로 특정할 수 있는데, 이는 압력 또는 부피이고, 이들 중 나머지는 임의로 잡을 수 있으나 둘 모두를 임의로 잡을 수 없다. 시스템 C와 평형을 이루는 P_A와 V_A의 모든 값을 그림 1.4와 같이 나타낸 것을 **항온선**(isotherm)이라고 부른다. 시스템 A는 이 항온선에서 임의 P_A와 V_A에서 시스템 C와 평형을 이루므로, 이 항온선 상의 P_A와 V_A 쌍의 각각은 같은 온도 θ_1에 해당된다고 말할 수 있다.

다시 열이 시스템 C에 더해지고 같은 실험이 반복되면 A 시스템에 대한 다른 항온선이 얻어진다. 이를 θ_2로 나타낸다. 좀 더 열이 가해지고 재차 실험이 반복되면 항온선 θ_3가 얻어진다.

그림 1.4는 **보일**(Boyle)의 법칙을 나타낸다. 이는 일정량의 기체가 일정한 온도에서 PV=일정함을 나타낸다. 실험적으로 이는 0기압(zero pressure)의 극한(limit)에서만 정확히 맞는다. Charles과 Gay-Lussac은 특정한 압력에서 부피는 온도에 따라 선형으로 변화됨을 발견하였다. 예를 들면, 온도는 유리 온도계 내의 수은으로 측정하였다. 이와 같은 특정 재료의 특성에 무관한 온도 스케일을 갖는 것이 바람직하므로 온도 θ_2에서 P_2V_2값과 온도 θ_1에서 P_1V_1과의 비는 단지 두 온도에만 의존한다고 말하는 것이 더 좋다. 즉,

$$\frac{P_2V_2}{P_1V_1} = \phi(\theta_1, \theta_2) \tag{1.1}$$

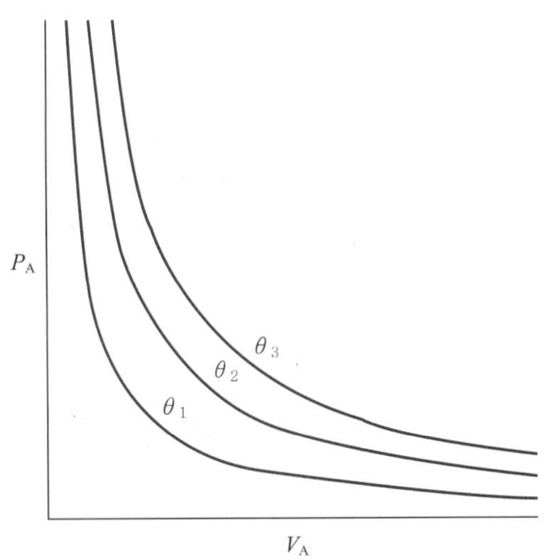

그림 1.4 유체 A의 항온선. 가상적인 유체에 대한 이 그림은 다른 유체와 아주 다르게 보일 수 있다.

여기서 ϕ는 구체적으로 언급된 함수가 아니다. 가장 간단한 형태는 PV값의 비는 온도의 비와 같다고 잡는 것으로 온도 스케일은

$$\frac{P_2V_2}{P_1V_1} = \frac{T_2}{T_1} \quad 또는 \quad \frac{P_1V_1}{T_1} = \frac{P_2V_2}{T_2} \tag{1.2}$$

여기서 새로운 기호 T를 사용하여 온도를 나타냈다. 왜냐하면 함수 ϕ에 대하여 구체적인 가정을 만들었기 때문이다. 식 (1.1)과 (1.2)는 0 기압의 극한에서 정확하고 T는 이상기체 온도라고 말한다.

식 (1.2)에 의하면 $\frac{PV}{T}$는 기체의 고정된 질량에 대하여 일정하고 부피 V는 익스텐시브 특성이므로

$$\frac{PV}{T} = nR \tag{1.3}$$

으로 나타낼 수 있다. 여기서 n은 기체의 양이고, R은 기체 상수(gas constant)이다. 식 (1.3)은 이상기체 상태식(equation of state of ideal gas)이라고 한다. 상태식은 평형에서 물질의 열역학적인 특성 사이의 관계식을 나타낸다.

3 이상기체 온도 스케일

이상기체 온도 스케일은 온도 T가 0기압의 극한에서 $P\overline{V} = \frac{PV}{n}$에 비례한다고 잡아서 좀 더 주의깊게 정의할 수 있다. 압력이 1 bar(= 10^5 Pa= 10^5 N/m^2)일 때 다른 기체들은 약간 다른 스케일을 제공하므로 $P\overline{V}$의 값은 압력이 0으로 갈 때의 극한값을 사용할 필요가 있다. 이 제한 조건에서의 기체를 이상기체(ideal gas)라고 말한다. 그래서 이상기체 온도 T는 다음과 같이 정의한다.

$$T = \lim_{P \to 0}\left(\frac{P\overline{V}}{R}\right) \tag{1.4}$$

비례 상수는 기체 상수 R이다. 열역학 온도의 단위 1 kelvin, 즉 1 K는 물의 삼중점(triple point) 온도의 1/273.16으로 정의된다. 물의 삼중점은 공기 중에서 얼음, 액체, 기체가 평형을 이루는 온도와 압력이다. 삼중점에서 압력은 611 Pa이다. 1기압에서 공기 중에 어는점은 0.0100 ℃ 더 낮다. 왜냐하면 (1) 1기압(101325 a)에서 액체 물에의 공기 용해도는 어느 점을

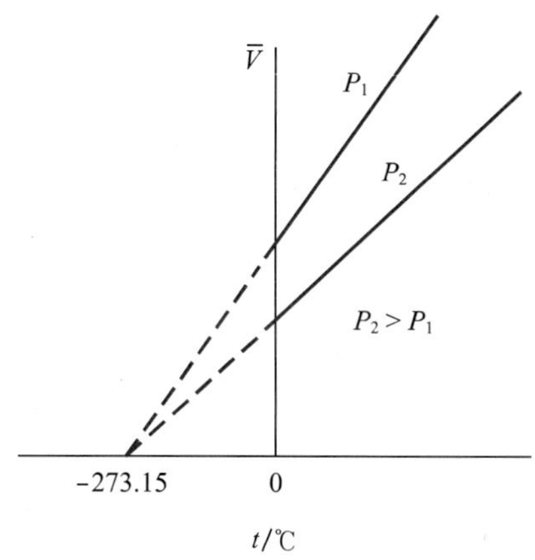

그림 1.5 Gay-Lussac 법칙으로 주어진 이상기체에 대한 두 압력, P_1과 P_2에서 $\overline{V}$ 대 온도 그래프.

0.0024 ℃ 낮추는데 충분하고, (2) 압력이 611 Pa에서 101325 Pa로의 증가는 어는점을 0.0075 ℃ 낮춘다. 그래서 어는점은 273.15 K이다. 온도 0 K는 절대 0도라고 부른다. 최근의 가장 좋은 측정에 의하면 1기압에서 물의 어는점은 273.15 K이고 1기압에서 끓는점은 373.12 K이다. 그러나 이는 실험적인 값으로 앞으로 더 정확히 결정될 수 있다. Celsius 스케일 t는 다음과 같이 정의된다.

$$t(℃) = T(K) - 273.15 \tag{1.5}$$

그림 1.5는 이상기체의 몰 부피를 두 압력 하에서 Celsius 온도 스케일에 대하여 나타냈다. 나중에 언급하겠지만 이상기체 온도 스케일은 열역학 2법칙에 근거한 특정한 물질의 특성에 무관한 절대온도 스케일과 같음을 알 수 있다. 또한 이상기체 온도 스케일은 통계역학에서 생겨난 온도 스케일과 같게 된다.

기체 상수값을 결정하는 데에는 몰(mole)의 정의가 필요하다. 1몰은 ^{12}C의 0.012 kg을 이루는 같은 원자나 분자수를 갖는 물질의 양이다. 물질의 몰 질량 M은 질량을 물질의 양 n으로 나눈 값이다. 그 단위는 kg/mol이다. 몰 질량은 또한 g/mol로 나타낸다. 몰 질량 M은 분자질량 m과 $M = N_A m$의 관계가 있다. 여기서 N_A는 아보가드로 상수이고 m은 한 개 분자의 질량이다.

예제 1-1 1기압을 SI 단위로 표기하기

Q 0 ℃에서 기압계가 76 mmHg이고 중력가속도 g는 9.80665 m/s^{2}이다. 대기압을 계산하라. 수은의 밀도는 0 ℃에서 13.5951 g/cm^3, 즉 13.5951×10^3 kg/m^{3}이다.

(계속)

A 압력 P는 힘 f를 면적 A로 나눈 값이다. 즉,

$$P=\frac{f}{A}$$

면적 A에 공기 컬럼에 의해 가해진 힘은 단면적 A를 갖는 수직 컬럼에 있는 수은의 질량 m과 가속도 g를 곱한 값과 같다.

$$f=mg$$

그림 1.2(a)에서 평편한 표면 위에 올려진 수은의 질량은 ρAh이므로

$$f=\rho Ahg$$

그래서 대기압은 $P=\rho gh$. h, ρ, g가 SI 단위로 주어지면, P는 Pa가 된다. 즉,

$$\begin{aligned}1\text{ atm}&=(0.76\text{ m})(13.5951\times10^{3}\text{ kg/m}^{3})(9.80665\text{ m/s}^{2})\\&=101{,}325\text{ N/m}^{2}=101{,}325\text{ Pa}=1.01325\text{ bar}.\end{aligned}$$

예제 1-2 여러 가지 단위로 나타낸 기체 상수 R

Q R의 값을 cal K^{-1} mol^{-1}, L bar K^{-1} mol^{-1} 그리고 L atm K^{-1} mol^{-1}로 나타내라.

A 1 cal은 4.184 J로 정의되므로

$$R=8.31451\text{ J K}^{-1}\text{ mol}^{-1}/4.184\text{ J cal}^{-1}=1.987\text{ cal K}^{-1}\text{ mol}^{-1}.$$

1 L은 10^{-3} m^3이고 1 bar$=10^5$ Pa이므로

$$\begin{aligned}R&=(8.31451\text{ Pa m}^{3}\text{ K}^{-1}\text{ mol}^{-1})(10^{3}\text{ Lm}^{-3})(10^{-5}\text{ bar Pa}^{-1})\\&=0.083\ 1451\text{ L bar K}^{-1}\text{ mol}^{-1}.\end{aligned}$$

1 atm은 1.01325 bar이므로

$$\begin{aligned}R&=(0.083145\text{ L bar K}^{-1}\text{ mol}^{-1})/(1.01325\text{ bar atm}^{-1})\\&=0.0820578\text{ L atm K}^{-1}\text{ mol}^{-1}.\end{aligned}$$

4 이상기체 혼합물과 Dalton 법칙

식 (1.3)은 이상기체의 순수 기체뿐만 아니라 이상기체의 혼합물(mixture)에도 적용할 수 있다. n이 기체의 전체 질량, 즉 $n=n_1+n_2+\ldots$이므로

$$P=(n_1+n_2+...)RT/V=n_1\frac{RT}{V}+n_2\frac{RT}{V}+... \qquad (1.6)$$
$$=P_1+P_2+....=\sum_i P_i$$

여기서 P_1은 화학종 1의 부분압(partial pressure)이다. 그래서 이상기체 혼합물의 전체 압력은 개개 기체의 부분압의 합과 같게 된다. 이를 Dalton의 법칙이라고 한다. 이상기체 혼합물에 있어서 부분압은 혼합물의 온도에서 전체 부피에서 그 기체 혼자만이 가하는 압력이다. 이는

$$P_i=\frac{n_iRT}{V} \qquad (1.7)$$

으로 나타낸다. 이 식에 대한 유용한 형태는 $\frac{RT}{V}=\frac{P}{n}$이므로 이를 대체하면,

$$P_i=\frac{n_iP}{n}=y_iP \qquad (1.8)$$

으로 나타낼 수 있다. y_i는 무차원의 양으로 혼합물에서 종 i의 몰 분율(mole fraction)로 $\frac{n_i}{n}$으로 정의한다. 이를 식 (1.6)에 대입하면

$$1=y_1+y_2+...=\sum_i y_i \qquad (1.9)$$

그래서 혼합물에서 몰 분율의 합은 1이 된다.

그림 1.6은 여러 가지 몰 분율과 일정한 전체 압력에서 이원계(binary) 이상기체 혼합물의 두 성분의 부분압 P_1과 P_2를 나타낸다. 여러 가지 혼합물은 같은 전체 압력 P에 있다고 고려한다. 실제 기체의 거동은 이상기체의 거동보다는 좀 더 복잡하다. 이를 다음 절에서 생각해 보자.

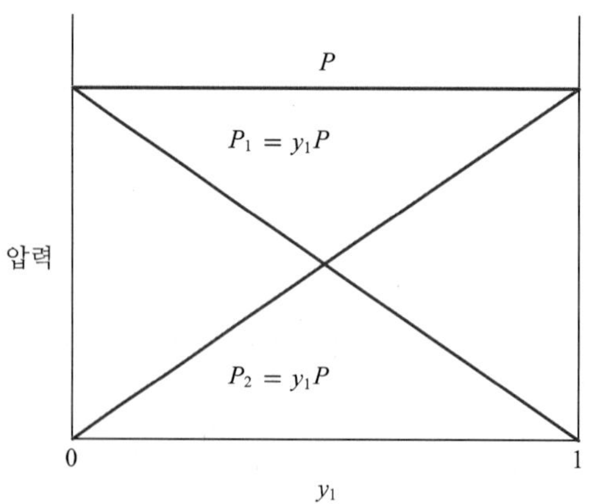

그림 1.6 전체 압력 P가 일정한 이원계 혼합 기체 시스템에서 각 기체의 부분압을 몰 분율의 함수로 나타낸 그래프.

예제 1-3 부분압의 계산

Ⓠ 1몰의 메테인(methane)과 3몰의 에테인(ethane) 혼합물이 10 bar의 압력 하에 있다. 두 기체의 몰 분율과 부분압은 얼마인가?

Ⓐ $y_m = \frac{1}{4} = 0.25,\ P_m = y_m P = (0.25)(10) = 2.5$ bar.

$y_e = \frac{3}{4} = 0.75,\ P_e = y_e P = (0.75)(10) = 7.5$ bar.

예제 1-4 상대 습도(relative humidity)를 물의 몰 분율로 나타내기

Ⓠ 주어진 온도에서 평형 상태에 있는 수증기의 최대 부분압은 그 온도에서 물의 증기압이다. 실제 공기 중의 수증기의 부분압은 최대값의 %이고, 이를 상대 습도라고 부른다. 공기의 상대습도를 20 ℃에서 50%라고 가정하자. 대기압이 1 bar이면 공기 중에 있는 수증기의 몰 분율은 얼마인가?

Ⓐ 20 ℃에서 수증기 압력은 2,330 Pa이다. 기체 혼합물이 이상기체로 작용한다고 가정하면 공기 중에 물의 몰 분율은

$$y_{H_2O} = \frac{P_i}{P} = (0.5)(2330\,Pa)/10^5\,Pa = 0.0117.$$

5 실제 기체와 비리얼 식

실제 기체는 작은 압력의 극한과 고온에서 이상기체로 거동하나 높은 압력과 낮은 온도에서 이들의 거동은 이상기체에서 현저하게 벗어난다. 실제 기체의 이상기체의 거동에서 벗어난 거동의 편리한 척도는 압축률(compressibility) $Z = \frac{P\overline{V}}{RT}$로 나타낼 수 있다.

그림 1.7은 298 K에서 압력의 함수로 N_2와 O_2에 대한 압축률 Z를 나타낸다. 비교를 위하여 이상기체의 거동은 점선으로 나타냈다. 압력이 0으로 접근함에 따라 압축률은 1로 접근한다. 고압에서 압축률은 항상 1보다 크다. 이는 분자의 유한 크기로 설명할 수 있다. 아주 높은 압력에서 기체의 분자는 더 가깝게 밀리게 되고 기체의 부피는 이상기체의 값보다 더 크게 된다. 왜냐하면 현저한 부피가 분자 자체로 차지하게 되기 때문이다. 낮은 압력에서 기체는 이

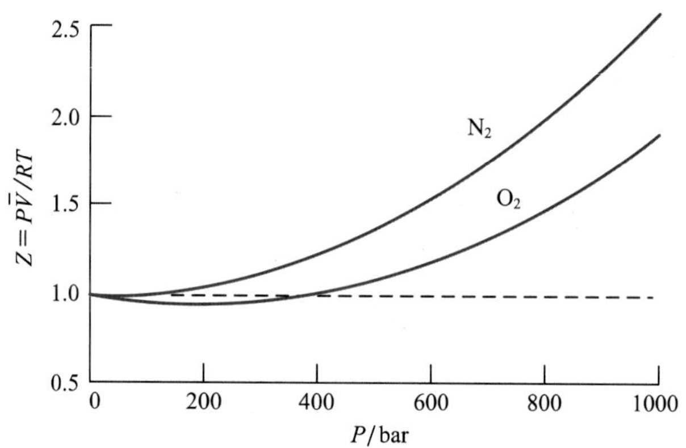

그림 1.7 298 K에서 N_2와 O_2 기체의 압축률에 대한 높은 압력의 영향.

상기체의 압축률보다 작은 값을 갖는다. 이는 분자 간 인력 때문이다. 분자 간 인력의 효과는 zero 압력의 극한에서 사라진다. 왜냐하면 분자 사이의 거리는 무한대가 되기 때문이다.

그림 1.8은 질소 기체의 압축률이 압력뿐만 아니라 온도에 어떻게 의존하는 가를 나타낸다. 온도가 감소할수록 100기압에서 분자의 인력은 증가한다. 왜냐하면 낮은 온도에서 몰 부피는 더 작아지고 분자들은 더 가깝게 되기 때문이다. 모든 기체들은 온도가 충분히 낮으면, 압력에 대한 압축률 표현에서 최소값을 보이게 된다. 낮은 끓는점을 갖는 수소와 헬륨은 온도가 0 ℃보다 아주 아래에서만 최소를 보인다.

실제 기체에 대한 P－V－T 데이터를 나타내기 위하여 많은 식이 개발되었다. 그와 같은

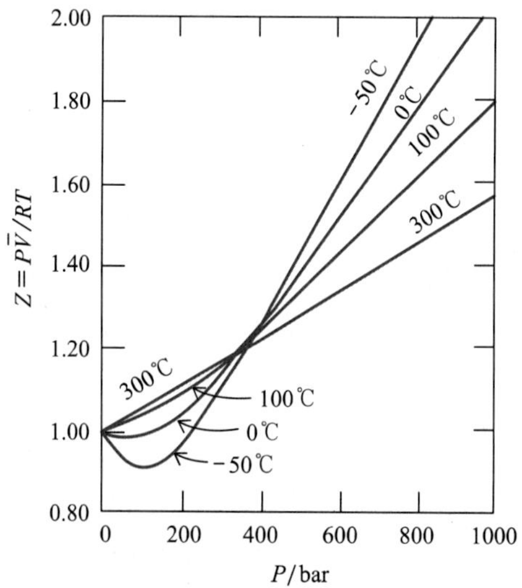

그림 1.8 여러 가지 다른 온도에서 질소 기체의 압축률에의 압력 영향.

식을 상태 방정식이라고 부른다. 왜냐하면 이 식들은 평형 상태에 있는 한 물질의 상태 특성과 관련짓기 때문이다. 식 (1.3)은 이상기체에 대한 상태 방정식이다. 실제 기체에 대한 첫 번째 논의식은 그림 1.7, 1.8과 관련되고 이를 비리얼(virial) 식이라고 부른다.

1901년 H. Kamerlingh-Onnes는 실제 기체에 대한 상태 방정식을 제안하였다. 이는 순수 기체에 대한 압축률(compressibility) Z를 $\frac{1}{\overline{V}}$의 멱급수(power series)로 표현하였다. 즉,

$$Z=\frac{P\overline{V}}{RT}=1+\frac{B}{\overline{V}}+\frac{C}{\overline{V}^2}+\dots \tag{1.10}$$

여기서 계수 B와 C는 각각 2차와 3차 비리얼 계수라고 부른다. 특정한 기체에 있어서 이 계수는 온도에 의존하지만 압력에는 의존하지 않는다. 용어 비리얼(virial)은 라틴어로 힘(force)이라는 뜻이다. 온도 298.15 ℃에서 여러 기체에 대한 2차 3차 비리얼 계수값은 표 1.1

표 1.1 298.15 K에서 2차와 3차 비리얼 계수

기체	$B/10^{-6}$ m^3 mol^{-1}	$C/10^{-12}$ m^6 mol^{-1}
H_2	14.1	350
He	11.8	121
N_2	−4.5	1100
O_2	−16.1	1200
Ar	−15.8	1160
CO	−8.6	1550

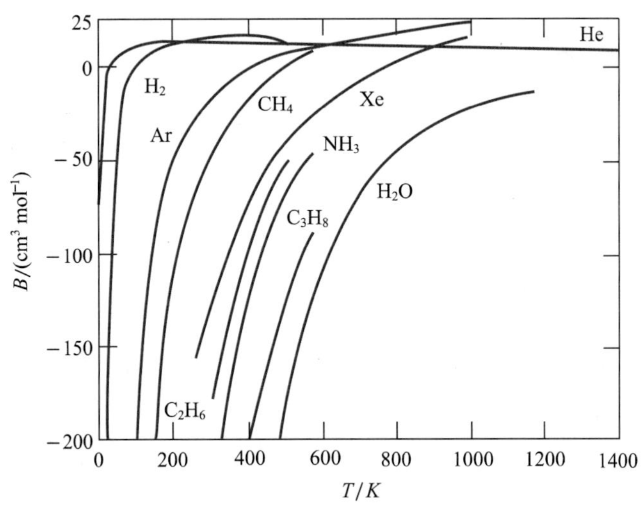

그림 1.9 2차 비리얼 계수 B.

에 나타내었다. 온도에 따른 2차 비리얼 계수의 변화를 그림 1.9에 나타내었다. 많은 경우, P를 독립 변수로 사용하여

$$Z = \frac{P\overline{V}}{RT} = 1 + B'P + C'P^2 + \ldots \tag{1.11}$$

등으로 나타낸다.

예제 1-5 두 형태의 비리얼 계수 사이의 관계식

Ⓠ 식 (1.10)과 (1.11) 사이의 비리얼 계수 사이의 관계를 도출하라.

Ⓐ 식 (1.10)을 사용하여 식 (1.11)에서 압력항을 소거한다.

$$P = \frac{RT}{\overline{V}} + \frac{BRT}{\overline{V}^2} + \frac{CRT}{\overline{V}^3} + \ldots \tag{1.12}$$

$$P^2 = \left(\frac{RT}{\overline{V}}\right)^2 + \frac{2B(RT)^2}{\overline{V}^3} + \ldots \tag{1.13}$$

이 식을 식 (1.11)에 대입하면

$$Z = 1 + B'\left(\frac{RT}{\overline{V}}\right) + \frac{B'BRT + C'(RT)^2}{\overline{V}^2} + \ldots \tag{1.14}$$

이를 식 (1.11)과 비교하면,

$$B = B'RT \tag{1.15}$$

$$C = BB'RT + C'(RT)^2 \tag{1.16}$$

그래서

$$B' = \frac{B}{RT} \tag{1.17}$$

$$C' = \frac{C - B^2}{(RT)^2} \tag{1.18}$$

질소 기체에 대한 2차 비리얼 계수 B는 54℃ 에서 0이다. 이는 그림 1.8과 일치한다. 실제 기체는 그림 1.10에서 보는 바와 같이 2차 비리얼 계수가 0인 경우 압력의 어떤 확장된 범위에서 이상기체처럼 거동한다. 이것이 일어나는 온도를 Boyle 온도 T_B라고 부른다.

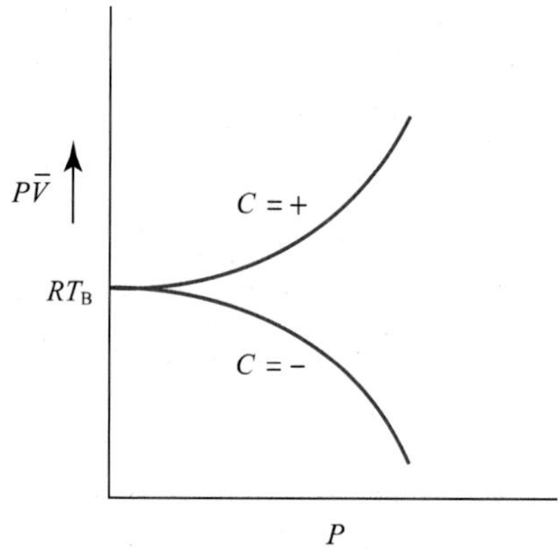

그림 1.10 Boyle 온도 (B=0)에서 기체의 거동

더 높은 압력에서 곡률(curvature)은 3차 비리얼 계수에 의존한다. 여러 기체의 Boyle 온도를 표 1.2에 나타냈다.

표 1.2 여러 기체에서 임계 상수와 Boyle 온도

기체	T_c/K	P_c/bar	$\bar{V}_c$/L mol^{-1}	Z_c	T_B/K
Helium-4	5.2	2.27	0.0573	0.301	22.64
Hydrogen	33.2	13.0	0.0650	0.306	110.04
Nitrogen	126.2	34.0	0.0895	0.290	327.22
Oxygen	154.6	50.5	0.0734	0.288	405.88
Chlorine	417	77.0	0.124	0.275	
Bromine	584	103.0	0.127	0.269	
Carbon dioxide	304.2	73.8	0.094	0.274	714.81
Water	647.1	220.5	0.056	0.230	
Ammonia	405.6	113.0	0.0725	0.252	995
Methane	190.6	46.0	0.099	0.287	509.66
Ethane	305.4	48.9	0.148	0.285	
Propane	369.8	42.5	0.203	0.281	
n-Butane	425.2	38.0	0.255	0.274	
Isobutane	408.1	36.5	0.263	0.283	
Ethylene	282.4	50.4	0.129	0.277	624
Propylene	365.0	46.3	0.181	0.276	
Benzene	562.1	49.0	0.259	0.272	
Cyclohexane	553.4	40.7	0.308	0.272	

6 일성분계에서 P-V-T 표면

좀 더 일반적인 상태 방정식을 논의하기 위해서는 한 순수 물질에 대한 P, $\overline{V}$ 그리고 T에 대한 가능한 값을 조사해 보자. 순수 물질의 상태는 P, $\overline{V}$, T를 3개의 축으로 하는 직교 좌표축의 한 점으로 나타낸다. 그림 1.11은 3차원 모델 표면에서 각점은 어는 과정(freezing)에서 수축이 일어나는 일성분계의 상태를 나타낸다. 여기서 고체 상태는 고려하지 않고 후에 언급하고자 한다. $P-\overline{V}$와 $P-T$ 면에 이 표면의 투영을 나타내었다. 표면에는 2상 영역이 3개 존재한다. 즉, S+G, L+G 그리고 S+L이다. 이 3개의 면은 증기, 액체 그리고 고체가 평형을 이루는 삼중점 t에서 교차한다.

$P-T$ 면에 3차원 표면의 투영은 그림 1.11의 주 도표의 오른쪽에 나타내었다. 증기압 커브는 삼중점 t에서 임계점(critical point) c까지 진행된다. 승화압력 커브는 삼중점에서 절대 0도까지 진행된다. 녹음 커브는 삼중점에서 생겨난다. 대부분의 재료는 얼면서 수축되고 따라서 녹음 커브에 대한 $\dfrac{dP}{dT}$는 양이 된다.

고온에서 물질은 기체 상태에 있고 온도가 증가하고 압력이 낮아지면, 표면은 이상기체 방정식 $P\overline{V}=RT$에 가깝게 나타난다. 그러나 기체와 액체를 나타내는 표면의 나타냄에는 좀 더 복잡한 식들이 요구된다. 먼저 임계점 근처에서 일어나는 비정상 현상을 생각해 보자. 임의의 현실적인 상태 방정식은 적어도 이를 정성적으로 나타낼 수 있어야 한다.

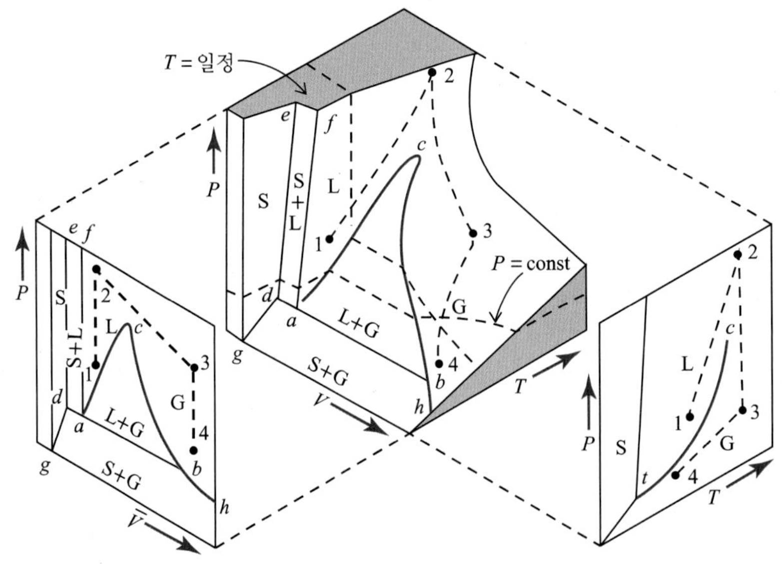

그림 1.11 어는(freezing) 과정에서 수축하는 일성분계의 $P-V-T$ 표면.

6.1 임계 현상

순수 물질에 있어서 액체-기체 공존 곡선의 끝부분에서 임계점(P_c, T_c)이 존재한다. 여기서는 기체와 액체상의 특성은 거의 같아서 더 이상 이들은 분리된 상으로 구분되지 않는다. 그래서 T_c는 기체의 응축 가능한 가장 높은 온도이고, P_c는 액체가 가열될 때 끓을 수 있는 가장 높은 압력이다. 여러 가지 물질의 임계 압력, 임계 부피 그리고 임계 온도를 표 1.2에 나타내었다. 또한 임계점 $Z_c = \dfrac{P_c \overline{V}_c}{RT_c}$ 에서 압축률 인자와 Boyle 온도 T_B도 함께 나타내었다.

임계 현상(critical phenomena)은 그림 1.11에서 3차원 표면을 $P-\overline{V}$ 면에 투영시켜서 쉽게 논의할 수 있다. 그림 1.12는 $P-\overline{V}$ 그림에서 L, G, 그리고 L+G의 영역 부분만을 나타낸 것이다. 시스템의 상태가 이 그림에서 L+G 영역에서 한 점으로 나타날 때 이 시스템은 2개의 상을 함유하는데, 하나는 액체이고, 다른 하나는 기체로 서로 평형을 유지하고 있다. 액체와 기체의 몰 부피는 시스템을 나타내는 점에서 $\overline{V}$ 축에 평행한 수평선을 그려서 얻을 수 있다. 그와 같은 선은 평형을 이루는 한 상과 다른 상의 상태를 연결해 주는데, 이를 타이라인(tie line)이라고 부른다. 2개의 타이라인을 그림 1.12에 나타내었다. 이 경우의 압력은 액체의 평형 증기압이다. 온도가 증가하면 타이라인은 더 짧아지고 액체와 기체의 몰 부피는 서로 접근한

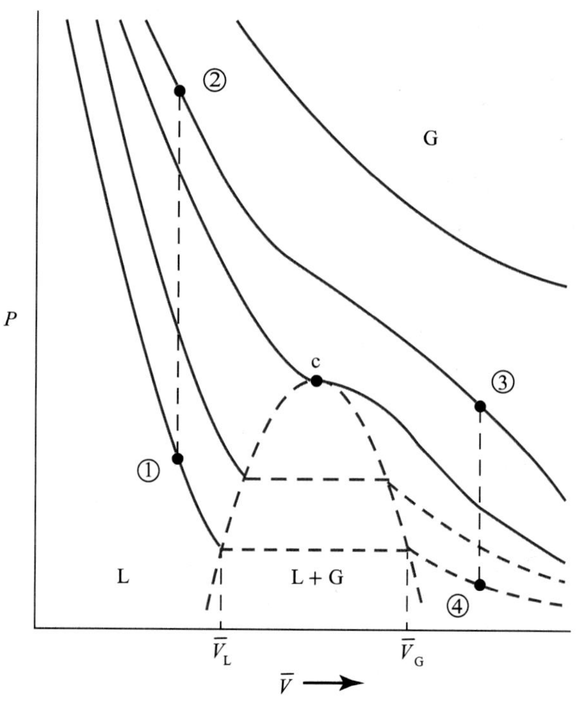

그림 1.12 임계점 부근의 압력-몰 부피 (즉, 항온선)를 나타낸 도표.

다. 임계점 c에서 타이라인은 없어지고 액체와 기체 사이의 구별은 없어진다. 임계점 위에서 기체는 아주 큰 밀도를 갖게 되고 따라서 그것을 초임계 유체(supercritical fluid)로 특징된다.

임계점을 지나는 항온선은 다음의 2가지 특징을 갖는다. 임계점에서 수평이 된다. 즉,

$$\left(\frac{\partial P}{\partial V}\right)_{T=T_C} = 0 \tag{1.19}$$

그리고 임계점에서 변곡점(inflection point)이 된다. 즉,

$$\left(\frac{\partial^2 P}{\partial V^2}\right)_{T=T_C} = 0 \tag{1.20}$$

그림 1.11과 1.12는 점 1에 있는 액체가 2개의 상 사이에 계면이 나타나지 않고 어떻게 점 4의 기체로 변할 수 있는가를 보여 준다. 이를 위하여 점 1에 있는 액체를 일정한 부피에서 점 2로 가열한다. 그 다음 일정한 온도에서 점 3까지 팽창시킨다. 그리고 마지막으로 일정한 부피에서 냉각시켜 점 4에 도달한다. 이 점에서는 기체이다. 그래서 액체상과 증기상은 분자 구조의 항으로 생각해 보면 정말로 같고, 2개 상의 밀도가 같을 때에는 이들은 구별할 수 없고 임계점이 존재하게 된다. 반면에 액체와 고체는 다른 분자 구조를 갖고 있어 비록 밀도가 같아져도 같아지지 않는다. 그러므로 고체-액체, 고체-기체 그리고 고체-고체 평형 라인은 기체-액체와 같이 임계점을 갖지 않는다.

임계점에서 항온 압축률(isothermal compressibility)[$\kappa = -\frac{1}{\overline{V}}\left(\frac{\partial \overline{V}}{\partial P}\right)_T$]는 무한대가 된다. 왜냐하면 $\left(\frac{\partial P}{\partial V}\right)_{T=T_C} = 0$이기 때문이다. 임계점의 이웃에서와 같이 항온 압축률이 아주 크면 유체를 압축시키는데 필요한 일(work)은 거의 없다. 그러나 중력이 용기의 상부와 하부에서 밀도 차이를 크게 만들어 수 cm 높이에서만 10%의 차이를 이룬다. 이것이 임계점 근처에서 $P\overline{V}$ 항온선의 결정을 어렵게 해준다. 이 큰 차이, 즉 자발적 동요(spontaneous fluctuation)로 밀도 차이가 거시적 거리에 걸쳐 확장될 수 있다. 그 거리는 가시광선의 파장만큼 커진다. 밀도에서의 동요는 굴절률의 변화를 동반하므로 빛을 강하게 산란하게 되는데, 이를 임계 단백광(critical opalescence)이라고 부른다.

6.2 van der Waals 식

비록 비리얼 식이 아주 유용해도 단지 서너 개의 파라미터만 갖는 근사적인 상태 방정식을 갖는 것이 중요하다. 1877년에 van der Waals가 제안한 식은 실제 기체는 이상기체 법칙을 따르지 않는다는 이유에 근거한다. 이상기체는 탄성충돌만 제외하고 서로 반응하지 않는 점

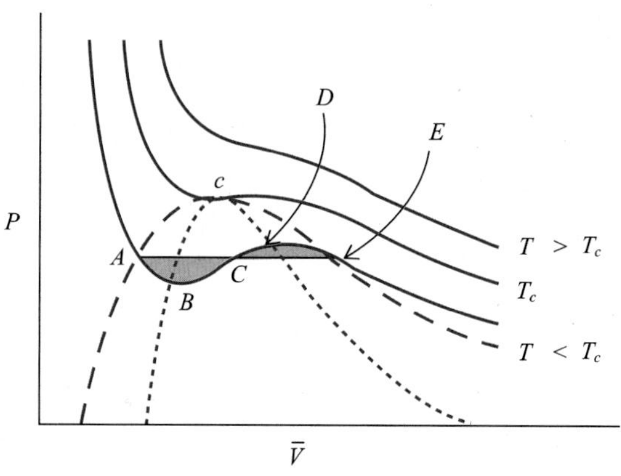

그림 1.13 van der Waals 식에서 계산된 항온선.

표 1.3 van der Waals 상수

기체	a/L^2 bar mol^{-2}	b/L mol^{-1}	기체	a/L^2 bar mol^{-2}	b/L mol^{-1}
H_2	0.247 6	0.026 61	CH_4	2.283	0.042 78
He	0.034 57	0.023 70	C_2H_6	5.562	0.063 80
N_2	1.408	0.039 13	C_3H_8	8.779	0.084 45
O_2	1.378	0.031 83	$C_4H_{10}(n)$	14.66	0.122 6
Cl_2	6.579	0.056 22	C_4H_{10}(iso)	13.04	0.114 2
NO	1.358	0.027 89	$C_5H_{12}(n)$	19.26	0.146 0
NO_2	5.354	0.044 24	CO	1.505	0.039 85
H_2O	5.536	0.030 49	CO_2	3.640	0.042 67

(point) 입자에서 유도할 수 있다(기체 운동론). van der Waals가 이상기체 법칙을 수정한 첫 번째 이유는 분자는 점 입자가 아니라는 것이다. 그러므로 $\overline{V}$는 $(\overline{V}-b)$로 바뀌어야 한다. 여기서 b는 분자 자체가 차지하는 몰당 부피이다. 그래서

$$P(\overline{V}-b)=RT \tag{1.21}$$

이는 식 (1.11)에서 $B'=\dfrac{b}{RT}$에 해당되고 C'과 더 높은 상수는 0이 된다. 이 식은 1보다 큰 압축률 인자를 나타낼 수 있으나 1보다 작은 값은 나타내지 못한다.

이상기체 법칙을 수정한 두 번째 이유는 기체 분자는 서로 끌어당겨 실제 기체는 이상 기체보다 더 압축이 가능하다는 사실이다. 응축을 가져오는 힘은 여전히 van der Waals 힘이라 하며 그 근원은 분자론에서 다룬다. van der Waals는 상태식에서 관찰된 압력 P에 $\dfrac{a}{\overline{V}^2}$을 더하여 분자 간 인력에 대한 근거를 마련하였다. 여기서 a는 크기가 기체에 의존하는 상수이

다. 따라서 van der Waals 방정식은

$$(P+\frac{an^2}{V^2})(V-nb)=nRT \tag{1.22}$$

$$(P+\frac{a}{\overline{V}^2})(\overline{V}-b)=RT \tag{1.23}$$

몰 부피 $\overline{V}$가 클 때에 b는 $\overline{V}$에 비하여 무시할 만하고 $\frac{a}{\overline{V}^2}$는 압력 P에 대하여 무시할 만하면, van der Waals 식은 이상기체 법칙 $P\overline{V}=RT$로 된다. 약간의 기체에 대한 van der Waals 상수는 표 1.3에 나타내었다. 이들은 P, $\overline{V}$ 그리고 T의 실험 측정값에서 구하거나 임계 상수에서 구한다. van der Waals 식은 아주 유용하다. 왜냐하면 이는 기체와 액체상과의 상분리(phase separation)를 나타내기 때문이다. 그림 1.13은 van der Waals 식을 사용하여 계산된 3개의 항온선을 보여 준다. 임계온도에서 항온선은 임계점에서 변곡점을 갖는다. 임계온도 아래의 온도에서 각각의 항온선은 최대값과 최소값을 지난다. 점선으로 표시된 이 점들의 위치는 $\left(\frac{\partial P}{\partial \overline{V}}\right)_T=0$에서 구한다. 점선 안의 상태는 $\left(\frac{\partial P}{\partial \overline{V}}\right)_T>0$, 즉 부피는 압력이 증가함에 따라 증가한다. 그러므로 이 상태들은 역학적으로 불안정하고 존재하지 않는다.

Maxwell은 A와 B 사이의 점 그리고 D와 E 사이의 점들에 해당되는 상태는 준안정(metastable), 즉 진정한 평형 상태가 아님을 보였다. 점선(dashed line)이 2상 영역의 경계이다. A의 왼쪽의 항온선의 부분은 액체를 나타내고 E의 오른쪽은 기체를 나타낸다. 수평선 ACE는 2개의 같은 면적(ABC와 CDE)을 만드는데, 이 수평선을 Maxwell 구축(construction)이라고 부른다. 그것은 평형을 이루는 액체상 (A)의 열역학 특성과 기체상 (E)의 특성을 연결해 준다.

van der Waals 기체에 대한 압축률 인자는

$$\begin{aligned} Z=\frac{P\overline{V}}{RT} &= \frac{\overline{V}}{\overline{V}-b}-\frac{a}{RT\overline{V}} \\ &= \frac{1}{1-\frac{b}{\overline{V}}}-\frac{a}{RT\overline{V}} \end{aligned} \tag{1.24}$$

으로 표현되며 낮은 압력에서 $\frac{b}{\overline{V}}\ll 1$이다. 이를 $(1-x)^{-1}=1+x+x^2+\ldots$을 사용하면 부피의 항으로 나타낸 비리얼 식은

$$Z=1+(b-\frac{a}{RT})\frac{1}{\overline{V}}+\left(\frac{b}{\overline{V}}\right)^2+\ldots \tag{1.25}$$

이 식으로부터 a값은 낮은 온도에서 비교적 중요해지고 b는 더 높은 온도에서 더 중요해짐을

알 수 있다. 압력의 항으로 비리얼 식을 얻기 위해서는 2번째 항에서 $\overline{V}$를 이상기체값에서 얻은 값과 대치시켜 P에 대한 1차식으로

$$Z = 1 + \frac{1}{RT}\left(b - \frac{a}{RT}\right)P + \ldots \tag{1.26}$$

으로 얻어지나 이 근사는 P^2항에 대한 정확한 계수를 얻기에는 충분하지 않다.

예제 1-6 Maclaurin 시리즈를 사용하여 1/(1-x)의 전개

Q $\frac{1}{1-x} = 1 + x + x^2 + \ldots$ 는 Maclaulin 급수를 사용하여 나타내라.

A $f(x) = f(0) + \left(\frac{df}{dx}\right)_{x=0} x + \frac{1}{2!}\left(\frac{d^2f}{dx^2}\right)_{x=0} x^2 + \ldots$

인데 $f(0) = 1$, $\left(\frac{df}{dx}\right) = \frac{1}{(1-x)^2}$ $\left(\frac{df}{dx}\right)_{x=0} = 1$

$\left(\frac{d^2f}{dx^2}\right) = \frac{2}{(1-x)^3}$, $\left(\frac{d^2f}{dx^2}\right)_{x=0} = 2$

Boyle 온도에서 2차 비리얼 계수는 0이고, van der Waals 기체에서

$$T_B = \frac{a}{bR} \tag{1.27}$$

이 된다. van der Waals 상수의 값들은 기체의 임계 상수에서 얻을 수 있다. 나중에 알게 되겠지만, 상태 방정식은 기체의 여러 가지 열역학 특성의 계산에 아주 중요하다. 그러므로 여러 가지 방정식이 개발되었다. 넓은 범위의 조건에서 일성분계의 $P-V-T$ 특성을 나타내기 위하여 많은 수의 파라미터를 갖는 방정식을 사용하는 것이 유용하다. 더 많은 파라미터를 사용함에 따라 간단한 물리적 해석을 잃게 된다. van der Waals 식은 임의 기체의 특성에 정확히 성립되지 않으나 간단한 해석과 정성적인 거동을 예측하는 데 유용하다.

van der Waals 식은 임계점 근처에서 성립되지 않는다. 그림 1.12에서 공존 곡선은 임계점 근처에서 포물선(parabolic)이 아니다. van der Waals 식은 T_c 근처에서 $\overline{V_c} - V = k(T_c - T)^{1/2}$ 이나 실험에서는 실제 지수값은 0.32가 된다. 임계점 근처의 다른 특성은 $(T_c - T)$에 다른 지수값을 갖고 변화한다. 이 지수값은 모든 물질에 대하여 같은데, 이는 임계점 근처에서의 특성은 만유공통임을 나타낸다.

예제 1-7 임계 상수로 나타낸 van der Waals 상수

Q 기체에 대한 임계 상수의 항으로 Van der Waals 상수에 대한 표현을 도출하라.

A van der Waals 식은

$$P=\frac{RT}{\overline{V}-b}-\frac{a}{\overline{V}^2} \tag{1.28}$$

몰 부피에 대하여 미분하고 임계점에서 이 식을 구하면,

$$\left(\frac{\partial P}{\partial \overline{V}}\right)_{T_c}=\frac{-RT_c}{(\overline{V}_c-b)^2}+\frac{2a}{\overline{V}^3}=0 \tag{1.29}$$

$$\left(\frac{\partial^2 P}{\partial \overline{V}^2}\right)_{T_c}=\frac{-2RT_c}{(\overline{V}_c-b)^3}+\frac{6a}{\overline{V}^4}=0 \tag{1.30}$$

식 (1.28)에서

$$P_c=\frac{RT_c}{\overline{V}_c-b}-\frac{a}{\overline{V}_c^2} \tag{1.31}$$

이 3개의 연립 방정식으로부터

$$a=\frac{27R^2T_c^2}{64P_c}=\frac{9}{8}RT_c\overline{V}_c \tag{1.32}$$

$$b=\frac{RT_c}{8P_c}=\frac{\overline{V}_c}{3} \tag{1.33}$$

예제 1-8 van der Waals 상수로 나타낸 임계 상수

Q van der Waals 상수로 임계점에서 몰 부피, 온도, 압력에 대한 표현을 도출하라.

A 식 (1.33)에서 $\overline{V}_c=3b$.

식 (1.32)는 $T_c=\frac{8a}{9R\overline{V}_c}=\frac{8a}{27Rb}$.

식 (1.33)에서 $P_c=\frac{RT_c}{8b}=\frac{a}{27b^2}$.

예제 1-9 van der Waals 식을 사용하여 몰 부피 구하기

Q 350 K와 70 bar에서 에탄(ethane)의 몰 부피를 다음의 경우에 각각 구하라.

(a) 이상기체 법칙 (b) van der Waals 식

A (a) $\overline{V} = \frac{RT}{P} = (0.083145\,\mathrm{L\ bar/K\,mol})(350\mathrm{K})(70)$

$= 0.416\,\mathrm{L\ mol^{-1}}.$

(b) 표 1.3에서 van der Waals 상수를 이용하여

$$P = \frac{RT}{\overline{V}-b} - \frac{a}{\overline{V}^2}$$

$$70 = \frac{(0.08315)(350)}{\overline{V}-0.06380} = -\frac{5.562}{\overline{V}^2}$$

3차식이나 한 개의 실수, 양의 해를 가짐을 알 수 있다. 왜냐하면 온도는 임계 온도 이상이기 때문이다.

7 부분 몰 특성

우리는 순수 기체뿐만 아니라 기체의 혼합물과 액체의 혼합물을 고려할 필요가 있다. 혼합물의 익스텐시브 특성과 인텐시브 특성 사이에 중요한 수학적인 차이가 있다. 이 특성들은 수학적인 함수로 취급할 수 있다.

한 함수 $f(x_1, x_2, \dots, x_N)$은 다음 조건을 만족하면 차수 k(degree k)의 균일(homogeneous) 함수라고 말한다.

$$f(\lambda x_1, \lambda x_2, \dots, \lambda x_N) = \lambda^k f(x_1, x_2, \dots, x_N) \tag{1.34}$$

모든 익스텐시브 특성들은 차수가 1인 균일 함수이다. 부피를 예로 들면,

$$V(\lambda n_1, \lambda n_2, \dots, \lambda n_N) = \lambda^1 V(n_1, n_2, \dots, n_N) \tag{1.35}$$

여기서 n_1, n_2, ...는 물질의 양이다. 말하자면 모든 물질의 양을 λ배 증가시키면, 전체 부피는 λ배 증가한다.

모든 인텐시브 특성은 차수가 0인 균일 함수이다. 이는 온도를 예로 들 수 있다. 즉,

$$T(\lambda n_1, \lambda n_2, \ldots, \lambda n_N) = \lambda^0 T(n_1, n_2, \ldots, n_N) = T(n_1, n_2, \ldots, n_N) \tag{1.36}$$

으로 된다.

Euler의 정리에 의하면 식 (1.34)는

$$k f(x_1, x_2, \ldots, x_N) = \sum_{i=1}^{N} x_i \left(\frac{\partial f}{\partial x_i}\right)_{x_j \neq x_i} \tag{1.37}$$

이다. 따라서 혼합물의 부피에 대하여($k=1$),

$$\begin{aligned} V &= \left(\frac{\partial V}{\partial n_1}\right)_{T,P,n_j} n_1 + \left(\frac{\partial V}{\partial n_2}\right)_{T,P,n_j} n_2 + \cdots + \left(\frac{\partial V}{\partial n_N}\right)_{T,P,n_j} n_N \\ &= \overline{V_1}\, n_1 + \overline{V_2}\, n_2 + \cdots + \overline{V_N}\, n_N \end{aligned} \tag{1.38}$$

여기서 아래첨자 n_j는 한 물질의 양이 변화할 때 다른 물질의 양은 상수로 간주함을 의미한다. 이 미분량을 부분 몰 부피(partial molar volume)라고 부른다. 편의를 위해 부분 몰 특성은 기호 위에 윗줄(overbar)을 사용한다. 즉,

$$\overline{V_i} = \left(\frac{\partial V}{\partial n_i}\right)_{T,P,(n_{j \neq i})} \tag{1.39}$$

이 정의로부터 $\overline{V_i}\, dn_i$는 이 물질의 무한소(infinitesimal) 양(amount)이 T, P 그리고 다른 모든 n_j이 일정할 때 용액에 첨가될 때의 V에서의 변화를 나타낸다. 달리 말하면 T와 P가 일정한 무한 크기의 용액에서 1몰의 i가 첨가될 때 V에서의 변화는 $\overline{V_i}$ 이다.

주지할 것은 부분 몰 부피는 용액의 조성에 의존함이다. 물질 1의 양이 dn_1만큼 변화되고 물질 2의 양은 dn_2 등으로 변화될 때 용액의 부피는

$$dV = \overline{V_1}\, dn_1 + \overline{V_2}\, dn_2 + \ldots + \overline{V_N}\, dn_N \tag{1.40}$$

으로 변화된다. 식 (1.37)을 용액의 전체 몰수로 나누면,

$$\overline{V} = \overline{V_1}\, x_1 + \overline{V_2}\, x_2 + \ldots + \overline{V_N}\, x_N \tag{1.41}$$

으로 된다. 여기서 $\overline{V}$는 용액의 몰 부피이고 x_i는 용액에서 물질 i의 몰 분율이다. 이상 용액에서 한 물질의 부분 몰 부피는 순수 액체의 몰 부피와 같다.

예제 1-10 **이상 혼합 기체에서 부분 몰 부피**

Q 이상기체 혼합물에서 부분 몰 부피를 구하라.

A 이상기체 혼합물의 부피는

$$V=\frac{RT}{P}(n_1+n_2+...)$$

식 (1.38)을 사용하여 기체 i의 부분 몰 부피는

$$\overline{V}_i=\left(\frac{\partial V}{\partial n_i}\right)_{T,P,n_j}=\frac{RT}{P}$$

8 압력과 대기압

열역학 문제를 다룸에 있어 일반적으로 우리는 중력장의 영향을 무시한다. 그러나 시스템에서 높이에 차이가 있다면, 중력의 퍼텐셜의 차이가 있음을 인지하는 것은 중요하다. 예를 들어, 그림 1.14에서 나타낸 것과 같이 균일한 단위 면적과 균일한 온도 T를 갖는 기체의 수직 기둥을 생각해 보자.

임의 높이 h에서 압력은 단위 면적당 그 높이에서 기체의 질량과 중력 가속도를 곱한 값이

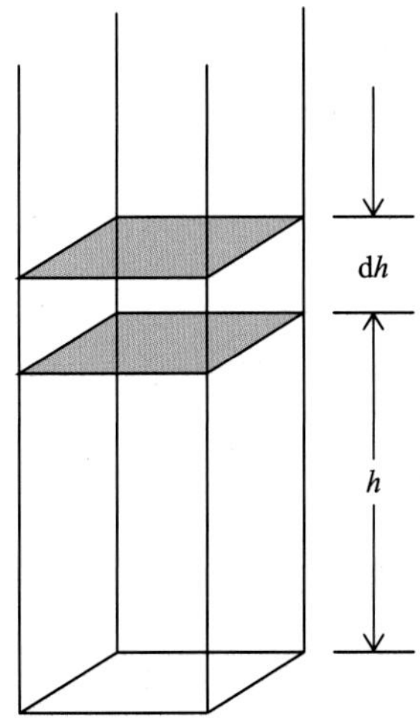

그림 1.14 균일한 온도와 단위 면적을 갖는 이상기체 기둥(column).

다. 표준 중력 가속도 $g = 9.806\ \mathrm{m/s^2}$이다. h와 $h+dh$ 사이의 압력 차이 dP는 두 레벨 사이의 기체의 질량에 g를 곱하고 면적을 나눈 것과 같다. 즉,

$$dP = -\rho g\, dh \tag{1.42}$$

여기서 ρ는 기체의 밀도이다. 만약 기체가 이상기체라면 $\rho = PM/RT$이다. 여기서 M은 몰질량이다. 그래서

$$dP = -\frac{PMg}{RT}\, dh \tag{1.43}$$

변수분리하고 $h=0$에서 P_0 그리고 $h(P)$까지 적분하면

$$\int_{P_0}^{P} \frac{dP}{P} = -\int_0^h \frac{gM}{RT} dh \tag{1.44}$$

$$\ln \frac{P}{P_0} = -\frac{gMh}{RT} \tag{1.45}$$

$$P = P_0 e^{-\frac{gMh}{RT}} \tag{1.46}$$

이 관계식을 기압측정 공식(barometric formula)라고 부른다. 그림 1.15는 대기의 산소, 질소 그리고 전체 압력은 높이의 함수로 나타낸 것이다. 온도는 높이에 관계없이 273.15 K로 가정하였다.

이 식은 지수 함수로 나타낸 식으로 자주 이러한 형식의 식을 접하게 된다. 이 기압측정(barometric) 공식은 통계역학에서 소개되는 Boltzmann 분포의 한 예로 간주할 수 있다. 온도는 시스템에서 여러 에너지 레벨에 걸쳐 입자들이 분포되는 방법을 결정해 준다.

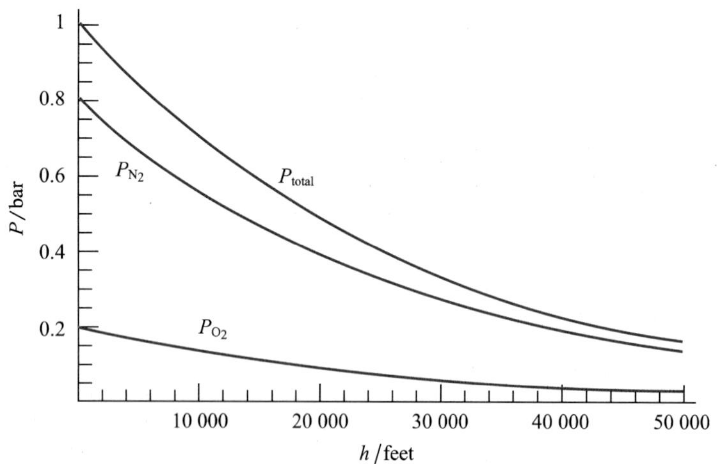

그림 1.15 높이에 따른 산소, 질소의 부분압과 전체 압력. 온도는 높이에 무관하게 273.15 K으로 가정하였다.

예제 1-11 10 km에서 공기의 압력과 조성

Q 해수면(Sea level)에서 공기는 20% O_2와 80% N_2로 되어 있고 압력은 1기압이라고 가정하고, 대기압이 고도와 관계없이 0 ℃의 온도를 갖는다면 10 km 높이에서 조성과 압력은 얼마인가?

A $P = P_0 \exp\left(-\frac{gMh}{RT}\right)$ 에서

O_2의 경우 $P_{O_2} = (0.20)\exp\left(-\frac{(9.8)(32\times10^{-3}\,\mathrm{kg/mol})(10^4\,\mathrm{m})}{(8.3145\,\mathrm{J/Kmol})(273\,\mathrm{K})}\right)$

$= 0.0503$ bar.

N_2의 경우 $P_{N_2} = (0.80)\exp\left(-\frac{(9.8)(28\times10^{-3}\,\mathrm{kg/mol})(10^4\,\mathrm{m})}{(8.3145\,\mathrm{J/Kmol})(273\,\mathrm{K})}\right)$

$= 0.239$ bar.

전체 압력은 0.289 bar이고 $y_{O_2} = 0.173$, $y_{N_2} = 0.827$이다.

연습문제

01 열팽창계수, $\alpha = \frac{1}{V}\left(\frac{\partial V}{\partial T}\right)_P$, 등온 압축률, $\kappa = -\frac{1}{V}\left(\frac{\partial V}{\partial P}\right)_T$ 으로 정의된다. 이상기체에 대하여 이들을 구하라.

02 기체 상태 방정식이 $P(\overline{V} - b) = RT$로 주어지는 기체의 α와 κ를 구하라.

03 $P = \frac{nRT}{V - nb}$ 으로 주어지는 기체에 대하여

(a) $\left(\frac{\partial P}{\partial V}\right)_T$ 와 $\left(\frac{\partial P}{\partial T}\right)_V$ 를 구하라.

(b) $\left(\frac{\partial^2 P}{\partial V \partial T}\right) = \left(\frac{\partial^2 P}{\partial T \partial V}\right)$ 임을 보여라. 이들을 혼합 부분 미분(mixed partial derivative)이라고 부른다.

Chapter 2

Thermodynamics in Materials Sciences

열역학 1법칙

이 장에서는 열역학 시스템을 한 상태에서 다른 상태로 바꾸어 주는 과정에 대한 논의로 시작한다. 열역학 1법칙은 흔히 에너지 보존 법칙이라고 말한다. 이 법칙으로 새로운 열역학 함수인 내부 에너지, U의 정의를 도출한다. 더하여 상태 함수 엔탈피, H는 편리함 때문에 U, P 그리고 V의 함수로 정의된다.

열화학(thermochemistry)은 화학 반응(chemical reaction)과 용액화 과정(solution process)에 의하여 생성되는 열(heat)을 다루는데, 이는 열역학 1법칙에 근거한다. 만약 반응물과 생성물의 열용량(heat capacity)을 알고 있고, 한 온도에서 반응열(heat of reaction)을 알고 있다면 다른 온도에서의 반응열도 계산할 수 있다.

1 일과 열

역학에서 소개되는 힘(force)은 벡터량이다. 즉, 힘은 크기뿐만 아니라 방향을 갖고 있다. 벡터량의 다른 예는 변위(displacement), 속도(velocity), 가속도(acceleration) 그리고 전기장(electric field strength) 등이다. 이들의 기호는 진한 이탤릭체로 나타낸다. 벡터의 크기는 얇은 이탤릭 글씨체로 나타낸다. 힘은 Newton 운동 2법칙에서

$$\boldsymbol{f} = m\boldsymbol{a} \tag{2.1}$$

으로 나타낸다. 여기서 $\boldsymbol{f}$는 질량 m에 가속도 $\boldsymbol{a}$를 주는 힘이다.

일(work)은 스칼라 양으로 다음과 같이 정의된다.

$$w = \boldsymbol{f} \cdot \boldsymbol{L} = f\,L\cos\theta \tag{2.2}$$

여기서 $\boldsymbol{f}$는 힘이고 $\boldsymbol{L}$은 경로의 길이 벡터이다. 점(dot)은 스칼라 내적을 의미한다. 만약 이 두 항이 각도 θ만큼 떨어져 있다면 일은 $f\,L\cos\theta$로 나타낸다.

힘의 SI 단위는 뉴턴(N)으로 kg.m/s^{2}이다. 일의 SI 단위는 줄(J)로 kg.m^2/s^{2}이다. 힘의 방향으로 거리 dL만큼 작동될 때 힘 $\boldsymbol{f}$가 한 일은 $dw = fdL$이다.

압력 P는 단위 면적당 힘이므로 피스톤에 가해진 힘은 PA이다. 여기서 A는 피스톤 운동 방향에 수직한 표면적이다. 따라서 팽창하는 기체에 의해 행한 미소량의 일은 $PAdL$이다. 여기서 $AdL = d\,V$로 기체 부피의 증가량으로 압력-부피 일(pressure-volume work)의 미소량은 $Pd\,V$이다.

일 w는 양의 값이나 음의 값이 될 수 있다. 왜냐하면 그림 2.1에서와 같이 일이 시스템에 가해지거나 시스템이 그 주변에 일을 하기 때문이다. 일에 대한 부호 관습은 시스템에 일이 가해지면 양(+)이고, 시스템이 주변에 일을 하면 음(−)으로 잡는다. 그래서 시스템에 가해진 PV 일의 미소량은

$$dw = -\,P_{ext}\,d\,V \tag{2.3}$$

으로 나타낼 수 있다. 여기서 P_{ext}는 외부에서 가해준 압력이다.

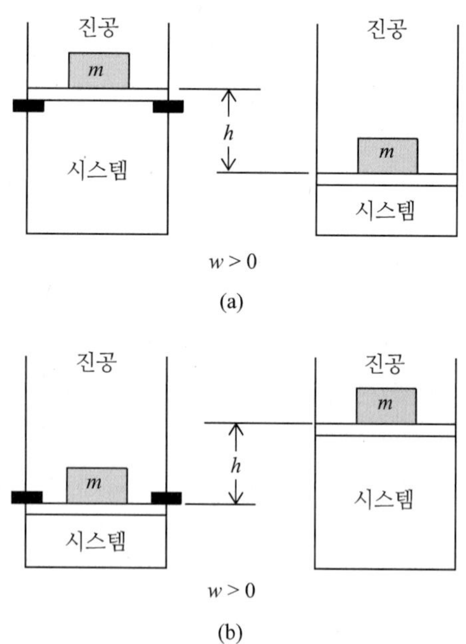

그림 2.1 (a) 주위에 의해 시스템에 가해진 일. (b) 시스템이 주위에 가한 일.

일은 때때로 어떤 질량을 들어 올리거나 내림으로 편리하게 측정할 수 있다. 가속도가 g인 중력장에서 질량 m을 들어 올리는데 요구되는 일은 mgh 이다. 여기서 h는 질량이 들어 올려진 높이이다. 1 kg 질량이 0.1 m 들어 올려질 때 한 일은 $w=-mgh=-(1\ \text{kg})(9.807\ \text{m/s}^2)(0.1\ \text{m})=-0.98707\ \text{J}$이다. 음의 부호는 시스템이 한 일이기 때문이다.

부피에 유한 크기의 변화가 있을 때 시스템에 행한 전체 일 w는 식 (2.3)으로 주어지는 무한소의 일의 양을 합하여 구한다. 즉,

$$w=-\int_1^2 P_{ext}\,dV \tag{2.4}$$

유한 크기의 상태 변화에 있어 일을 계산하려면 P_{ext}는 각각의 부피에서 명백한 값을 가져야 한다. 만약 기체의 팽창이나 압축이 아주 느리게 진행한다면 기체에 걸린 압력은 균일하고, P_{ext}와 무한소 양의 범위 내에서 같게 되고, 이때 팽창과 압축에 대한 최대 일을 구할 수 있다. 한 과정이 이와 같은 방법으로 진행될 때 상태 방정식에서 주어지는 압력을 식 (2.4)에 사용할 수 있다. 그와 같은 과정을 준정적(quasistatic)이라고 한다. 기체가 빠르게 팽창하거나 압축할 때에는 압력은 균일하지 않고 그와 같은 치환은 할 수 없게 된다.

식 (2.4)에서 적분은 선적분(line integral)이라고 한다. 왜냐하면 그 적분값은 경로에 의존하기 때문이다. 선적분은 3절에서 좀 더 자세히 논의된다. 준정적인 경우 $P_{ext}=P$ 이고 압력은 온도와 부피의 함수이고 식 (2.4)는

$$w=-\int_1^2 P(T,V)\,dV \tag{2.5}$$

로 쓸 수 있다. 보통의 정적분(definite integral)에서 피적분 함수는 한 변수의 함수이다. 후에 4절에서 P를 이상기체 식에서 $\dfrac{nRT}{V}$로 치환하여 적분을 하게 된다. 여기서는 일반적인 관점에서 그림 2.2와 같은 두 개의 과정, $P-V$ 도표에서 등압과 등적 과정에 대하여 생각해 보자.

기체 1몰의 상태는 $(2P_0,\ V_0)$에서 $(P_0,\ 2V_0)$까지 무한 개수의 준정적 경로로 변화될 수 있으나 그림에서 보는 바와 같이 상부와 하부 단지 2개의 경로만 고려하자. 상부 경로에서 압력은 $2P_0$로 고정되고 기체는 $2V_0$로 가열된다. 그 다음 부피는 일정하게 유지되고 기체는 다시 압력이 P_0가 되도록 냉각시킨다. 이 경로에서 $w=-2P_0V_0$이다. 하부 경로에서 부피는 V_0로 일정하게 유지하고 기체의 압력은 P_0가 되도록 냉각된다. 그 다음 기체는 일정한 압력에서 $2V_0$가 되도록 가열된다. 이 경로에서의 일은 $w=-P_0V_0$이다. 이 두 경우 일은 해당 면적의 음의 값이다. 이는 일은 경로에 의존함을 보여 준다.

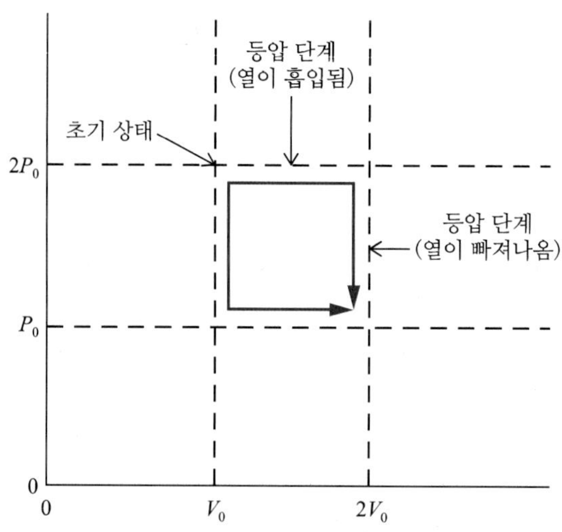

그림 2.2 일에 관한 2개 과정(process), 등압(isobaric)과 등적(isochoric) 과정.

열적으로 절연되어 주위와 열교환이 없는 시스템에 일이 가해지면, 시스템의 열역학적인 상태는 변화된다. 이와 같은 과정을 단열 과정(adiabatic process)이라고 한다. 1849년에 Joule은 실험을 통하여 이 단열 과정에서 물의 상태 변화는 경로에 무관함을 보였다. 즉, 그림 2.3에서 보듯이 일이 사용되는 것은 외륜(paddle wheel)을 돌리거나 저항을 통한 전기 전류의 흐름에 의한 손실(dissipation)이나 다른 두 물체로 서로 비벼서 마찰에 의한 변화시킴 등의 경로에 무관함을 보였다. 열량측정기(Calorimeter)에서 물의 상태에 주어진 변화는 같은 양의 일을 포함하는 다른 방법 또는 다른 단계의 연속으로 완성될 수 있으므로 상태의 변화는 경로에 무관하고 전체 일의 양에 의존한다. 이는 단열 과정에서 시스템의 상태 변화를 일의 형태나 사용된 단계의 연속을 언급함이 없이 요구되는 일의 항으로 표현하는 것이 가능하게 해준다. 이

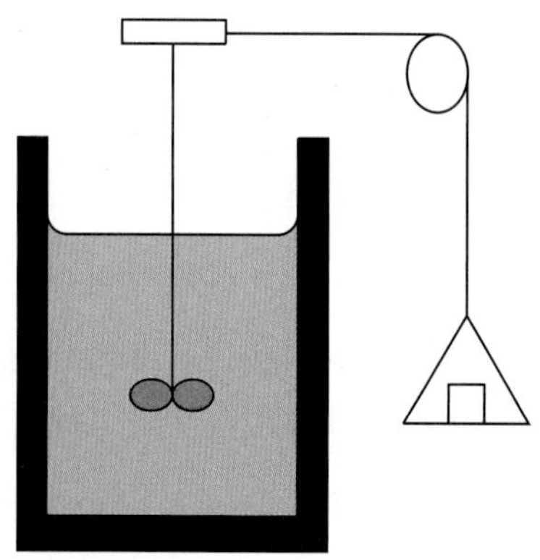

그림 2.3 물을 가열시키는 Joule 실험. 외륜을 돌려 일을 한다. 온도 상승은 단지 행해진 일의 양에 의존한다.

방법으로 계산된 변화의 시스템의 특성을 내부 에너지 U라고 부른다. 한 시스템의 내부에너지 U는 시스템에 가해준 일만큼 증가하므로 단열 과정에서 한 상태에서 다른 상태로 변화하기 위하여 시스템에 행한 일 w로부터 내부 에너지 증가를 계산할 수 있다. 즉,

$$\Delta U = w \quad (\text{단열 과정에서}) \tag{2.6}$$

이를 말로 표현하면 단열 과정에서 닫힌 시스템에 행한 일은 시스템의 내부 에너지 증가와 같다고 말할 수 있다. 기호 Δ는 최종 상태의 양에서 초기 상태의 양을 뺀 값을 나타낸다. 즉, $\Delta U = U_2 - U_1$이다. 여기서 U_1은 초기 상태의 내부 에너지, U_2은 최종 상태의 내부 에너지를 나타낸다. 만약 시스템이 주위에 일을 하였다면, w는 음이고 더욱이 ΔU는 음이 된다. 즉, 시스템의 내부 에너지는 감소한다.

비록 식 (2.6)은 시스템의 내부 에너지 변화를 구하는 방법을 제공하나 시스템의 내부 에너지의 절대값을 결정하는 방법을 제공하지 않는다. 그러나 내부 에너지는 어떤 주어진 시스템의 평형 상태에서 임의로 고정시킬 수가 있고, 식 (2.6)은 그 참조 상태에 대하여 내부 에너지를 결정하는 데 사용할 수 있다.

식 (2.6)은 임의 크기의 시스템에 적용할 때 내부 에너지는 익스텐시브 양이나 문제를 푸는 데 있어서는 몰 양을 취급하므로 변화량은 몰(molar) 내부 에너지 $\Delta \overline{U}$로 J/mol로 나타낸다.

시스템의 주어진 상태 변화는 단열 과정 하에 일을 행하여 얻는 방법과 다른 방법으로 변화시킬 수 있다. Joule 실험에서의 변화와 동등한 변화는 물에 뜨거운 물체를 담금으로 얻을 수

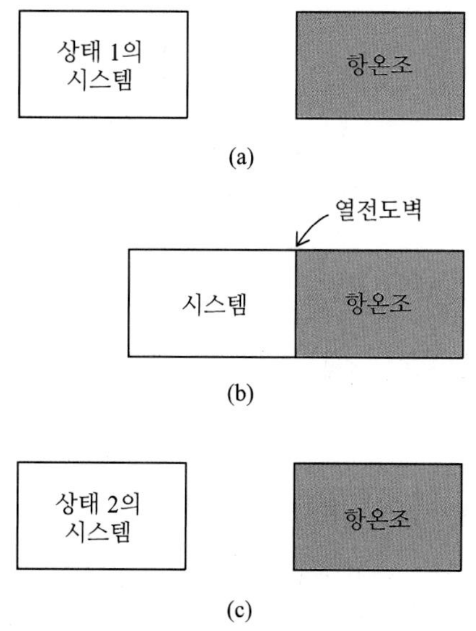

그림 2.4 열에 의한 상태 변화 과정. (a) 상태 1의 시스템이 (b) 항온조와 열적 접촉 후, (c) 상태 2로 변화된다.

있다. 그러나 물은 움직이는 외륜(paddle wheel)으로 가열된 후에 일을 가졌다는 것보다 더 많은 열을 가진다고 말할 수 없다. 달리 말하면 열과 일은 경계를 가로지르는 에너지의 형태이다. 실험 후에 물의 온도는 더 높아지고 더 큰 내부 에너지 U를 갖는다. 그림 2.4에서 보는 바와 같이 온도 구배가 있으면 열은 전달된다.

상태에서 같은 변화(온도, 압력, 부피와 같은 특성을 측정하여 결정됨과 같이)는 시스템에 일을 하거나 또는 열이 흘러 들어가게 하여 변화시킬 수 있으므로 열의 양, q는 기계적인 단위로 나타낼 수 있다. 줄이 실험할 때에 열의 단위는 칼로리(calorie)로 이는 1그램(gram)의 물을 14.5 ℃에서 15.5 ℃, 즉 1 ℃ 올리는 데 필요한 열량이다. 줄은 열의 일당량을 결정하였는데 이는 1 calorie = 4.184 kg m^2/s^2 = 4.184 J이다. 이제 열을 J로 표시하는 것이 더 편리하고 1 cal = 4.184 J로 정의한다. 열의 1 J은 일의 1 J과 같은 변화로 만드는 열의 양이다. 다이어트에서 사용되는 칼로리는 실제로 1 kcal이다.

열은 대수적인 양이므로 기호와 관습을 정하는 것이 중요하다. 관습으로 시스템이 주위로부터 열을 흡수하면 양의 값으로 표시한다. 열의 음의 값은 시스템이 주위에 열을 제공함을 의미한다. 아무런 일(work)이 없을 때 시스템에 열량 q를 전달하였을 때 내부 에너지 변화는 다음과 같이 주어진다. 즉,

$$\Delta U = q \text{ (일이 0일 때)} \tag{2.7}$$

달리 말하면 일이 발생하지 않는 과정에서 닫힌 시스템에 의해 흡수된 열량은 시스템의 내부 에너지 증가와 같다. 또는 만약 일이 일어나지 않았다면 생겨난 열은 내부 에너지 감소와 같다.

시스템에 전달된 열 q의 양을 결정하기 위해서는 주위에서 행한 일의 측정이라는 것을 이해하는 것은 중요하다. 5절에서 다른 종류의 일들을 논의하고 각각은 지구의 중력장에서 무게의 올림과 내림을 측정함으로써 쉽게 측정할 수 있음을 논의한다.

2 열역학 1법칙과 내부 에너지

한 시스템의 내부 에너지는 열이나 일로 주어진 양만큼 변화할 수 있으므로 이러한 면에서 이 양들은 동등하다. 이들은 모두 줄(joule)로 나타낸다. 만약 열과 일이 시스템에 더해진다면,

$$\Delta U = q + w \tag{2.8}$$

으로 쓸 수 있다. 이를 무한소 변화에 대하여 나타내면,

$$dU = \delta q + \delta w \tag{2.9}$$

기호 δ는 q와 w가 **완전 미분**(exact differential)이 아님을 나타낸다. 이에 대하여는 다음 절에서 자세히 논의된다. 식 (2.8)과 (2.9)는 열역학 1법칙에 대한 언급이다. 이 법칙은 내부 에너지로 나타내는 한 특성 U가 존재한다는 가설(postulate)로, 이는 (1) 시스템에 대한 상태 변수의 함수이고, (2) 닫힌 시스템에서 한 과정에 대한 변화 ΔU는 식 (2.8)로 계산할 수 있다. **1법칙은 가역 과정**(reversible process)**에만 제한되지 않는다.**

1법칙의 수학적 표현은 현재의 우리에게는 자명하게 보인다. 그러나 1850년 이전에는 이 식은 전혀 다른 상황이었다. 1850년 이전에 역학 시스템에서 에너지 보존 원리가 확립되었으나 이 원리에서 열의 역할이 줄의 실험으로 식 (2.8)이 나올 때까지 분명하지 못하였다.

만약 ΔU가 음이라면 시스템은 생겨난 열로 에너지를 잃거나 시스템이 일을 한다고 말한다. 1법칙은 얼마나 열이 발생되고 얼마나 일이 행하여 졌는지는 식 (2.8) 이외에는 아무 것도 알 수 없다. 달리 말하면 내부 에너지의 전체 감소는 일로 나타낼 수 있다($q=0$). 또 다른 가능성은 이 항의 일보다 많이 행하였고 열이 흡수되어($q>0$), 식 (2.8)이 성립된다. 내부 에너지는 시스템의 에너지이므로 시스템이 일련의 단계를 거쳐 초기 상태로 되돌아 올 때에는 내부 에너지 변화는 없다. 이를 순환 적분(cyclic integral)을 0으로 놓아 나타낼 수 있다. 즉,

$$\oint dU = 0 \tag{2.10}$$

적분 기호 내의 원은 한 바퀴로 적분을 나타낸다. 즉, 초기 상태와 최종 상태는 같다. q와 w의 순환 적분은 일반적으로 0이 아니고 그 값들은 따라간 경로에 의존한다.

1법칙은 자주 에너지는 한 형태 또는 또 다른 형태로 전달된다고 언급되나 그것은 창조되거나 파괴되지 않는다. 따라서 고립계의 전체 에너지는 일정하다.

시스템의 내부 에너지 U는 익스텐시브 특성이다. 그래서 시스템을 2배로 하면 내부 에너지도 2배가 된다. 그러나 몰 내부 에너지는 인텐시브 특성이다. 익스텐시브 특성에는 기호 U를 사용하고 $\overline{U}$는 인텐시브 특성에 사용된다.

한 물체에 전달된 열의 양은 $q = \Delta U - w$에서 구할 수 있다. 여기서 w는 시스템에 행한 일의 측정된 양이다. 이 과정에서 내부 에너지 변화는 단열 과정에서 요구되는 일의 양 w에서 계산된다.

내부 에너지가 상태 함수임을 확립하였으므로 시스템의 상태를 나타내기 위하여 얼마나 많은 변수를 규정해야 하는가를 확인할 필요가 있다. 만약 시스템이 단지 PV 일만 관련된다면 순수 물질의 내부 에너지는 T, V, n 또는 T, P, n의 수학적인 함수로 나타낼 수 있다. 이 함수들은 $U(T, V, n)$과 $U(T, P, n)$으로 나타낸다. 이 함수들의 간결한 형태는 단지 이상기체에서만 가능하다. 왜냐하면 실제 물질의 함수들은 아주 복잡하기 때문이다. 균일한 이원계

(binary) 혼합물의 내부 에너지는 $U(T, V, n_1, n_2)$, $U(T, P, n_1, n_2)$ 또는 $U(T, P, x_1, n_t)$로 나타낼 수 있다.

여기서 x_1은 물질 1의 몰 분율이고 n_t는 시스템에서 재료의 전체 양이다. 따라서 N 화학종의 균일한 혼합물의 익스텐시브 상태의 표현은 $N+2$의 변수가 요구되는데, 이 중 하나는 익스텐시브이다. 순수 물질의 인텐시브 상태는 2개의 인텐시브 변수(T와 P)로 결정되고 균일한 이원계 혼합물의 인텐시브 상태는 3개의 인텐시브 변수(T, P, x_1)으로 결정된다. 그래서 N 화학종의 균일한 혼합물의 인텐시브 상태는 $N+1$개의 독립적인 인텐시브 변수로 규정된다. 후에 화학 반응이 관련되고 평형에 있을 때에 이 규칙에서의 변화를 논의한다.

3 완전 미분과 불완전 미분

내부 에너지 U는 V와 같이 상태 함수이다. 왜냐하면 그것은 시스템의 상태에 의존하기 때문이다. 상태 함수의 미분 형태가 임의 경로를 따른 적분은 간단히 두 극한값에서 함수값 사이의 차이이다. 예를 들면, 만약 시스템이 상태 a에서 상태 b로 진행된다면,

$$\int_a^b dU = U_b - U_a = \Delta U \tag{2.11}$$

라고 쓸 수 있다. 적분은 경로에 무관하므로 상태 함수의 미분은 완전 미분(exact differential)이라고 한다. 반면 양 q와 w는 상태 함수가 아니다. 이들 미분량의 상태 a에서 상태 b로의 적분은 선택된 경로에 의존한다. 그러므로 그들의 미분은 불완전 미분(inexact differential)이다. 이를 δ를 사용하여 표시하면,

$$\int_a^b \delta w = w \tag{2.12}$$

으로 나타낸다. 적분의 결과를 $w_b - w_a$로 쓰지 않고 w로 나타냄을 주지하라. 왜냐하면 행한 일의 양은 상태 a에서 상태 b 사이를 따른 특별한 경로에 의존하기 때문이다. 예를 들면, 기체가 팽창되도록 허용할 때 얻어진 일의 양은 0(만약 기체가 진공에서 팽창한다면)에서 4절에서 논의되는 가역적인 팽창이 수행된다면 최대값을 얻게 된다.

만약 무한소의 작은 열의 양 δq가 시스템에 흡수되고 무한소의 작은 일의 양, δw가 시스템에 가해진다면 내부 에너지의 무한소 변화는

$$dU = \delta q + \delta w \tag{2.13}$$

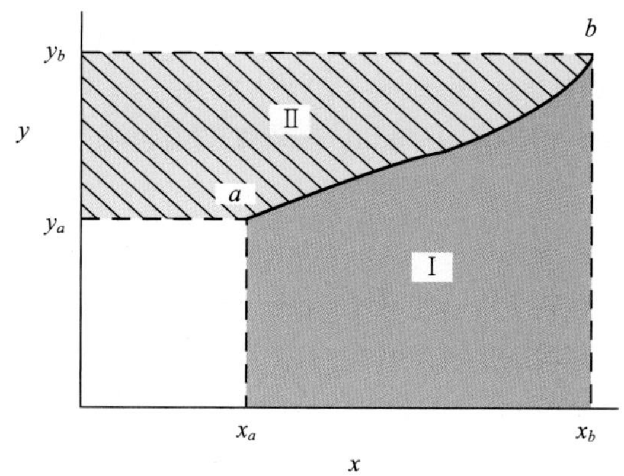

그림 2.5 시스템이 상태 a에서 상태 b로 가는 경로.

으로 나타낸다. 여기서 내부 에너지 U에는 기호 d가 사용되었다. 이는 완전 미분이기 때문이다. 달리 말하면 U는 시스템의 상태 함수이고 q와 w는 경로에 의존한다.

두 개의 불완전(inexact) 미분량의 합이 완전(exact) 미분으로 됨은 흥미로운 일이다. 이 점을 좀 더 설명하기 위하여 그림 2.5에서 a에서 b로의 경로를 생각해 보자. a와 b를 연결하는 경로를 곡선 $y = y(x)$로 정의하자. 미분량 $\delta z = y\,dx$는 완전 미분이 아니다.

$$\int_a^b \delta z = z = \int_a^b y\,dx = \text{면적 I} \tag{2.14}$$

왜냐하면 이 면적은 a와 b 사이의 경로에 의존하기 때문이다. 그러나 미분량 $dz = ydx + xdy$는 완전 미분이다. $dz = d(xy)$이므로

$$\int_a^b dz = \Delta z = \int_a^b d(xy) = x_b y_b - x_a y_a \tag{2.15}$$

$dz = ydx + xdy$가 완전 미분임은 그림 2.5에서 알 수 있다. 상태 a에서 b로의 dz의 적분은 다음과 같이 쓸 수 있다.

$$\int_a^b dz = \Delta z = \int_a^b ydx + \int_a^b xdy = \text{면적 I} + \text{면적 II} \tag{2.16}$$

이 면적의 합은 a와 b 사이에 커브(경로)의 형태에 무관하다. 만약 $\int dz$가 2점 사이의 취한 경로에 의존하지 않으면 dz는 완전 미분이라고 말한다. U, H, S 그리고 G와 같은 열역학적인 양들은 완전 미분을 형성한다. 왜냐하면 그 변수들은 상태 변수들에 의존하고 시스템의 취한 경로에는 의존하지 않기 때문이다. 미분량이 완전인지 아닌지를 알아보는 간단한 테스

트가 존재한다.

단지 2개의 독립적인 자유도를 갖는 시스템에서 양 z의 전체 미분(total differential) dz는 2개의 다른 양 x와 y에서 미분량 dx와 dy에 의해 결정된다. 일반적으로

$$dz = M(x,y)\,dx + N(x,y)\,dy \tag{2.17}$$

여기서 M과 N은 독립 변수 x와 y의 함수이다.

완전함(exactness)에 대한 테스트를 보이기 위해 완전 미분인 함수 z를 생각해 보자. 만약 z가 xy면의 각 점에서 명백한 값을 갖는다면, 그것은 x와 y의 함수이다. 만약 $z = f(x, y)$라면

$$dz = \left(\frac{\partial z}{\partial x}\right)_y dx + \left(\frac{\partial z}{\partial y}\right)_x dy \tag{2.18}$$

식 (2.17)과 식 (2.18)을 비교하면

$$M(x, y) = \left(\frac{\partial z}{\partial x}\right)_y \tag{2.19}$$

$$N(x, y) = \left(\frac{\partial z}{\partial y}\right)_x \tag{2.20}$$

혼합된(mixed) 편미분은 같으므로,

$$\left[\frac{\partial}{\partial y}\left(\frac{\partial z}{\partial x}\right)_y\right]_x = \left[\frac{\partial}{\partial x}\left(\frac{\partial z}{\partial y}\right)_x\right]_y \tag{2.21}$$

따라서

$$\left(\frac{\partial M}{\partial y}\right)_x = \left(\frac{\partial N}{\partial x}\right)_y \tag{2.22}$$

그러므로 만약 z가 완전 미분이면 이 조건을 만족해야 한다. 이를 완전함에 대한 Euler 기준이라고 한다. 이 관계식은 열역학 함수의 미분량 사이의 관계를 구하는 데 아주 유용하다.

식 (2.22)의 사용을 나타내기 위하여 미분 $dz = ydx$를 생각해 보자. $M = y$이고 $N = 0$이므로 $\left(\frac{\partial M}{\partial y}\right)_x = 1$ 이고 $\left(\frac{\partial N}{\partial x}\right)_y = 0$이다. 따라서 식 (2.22)는 만족되지 않는다. 그러므로 $dz = ydx$는 완전 미분이 아니다. 반면에 $dz = ydx + xdy$는 완전 미분이다. $M = y$, $N = x$, 따라서 $\left(\frac{\partial M}{\partial y}\right)_x = 1$ 이고 $\left(\frac{\partial N}{\partial x}\right)_y = 1$으로 식 (2.22)를 만족한다.

예제 2-1 불완전 미분과 완전 미분

Q 다음 두 함수가 상태 함수가 될 수 있는가를 밝혀라.

(1) $dz = xy^3 dx + 3x^2 y^2 dy$

(2) $dz = 2xy^3 dx + 3x^2 y^2 dy$

A (1) 함수 z의 편미분은 $\left(\frac{\partial z}{\partial x}\right)_y = xy^3$, $\left(\frac{\partial z}{\partial y}\right)_x = 3x^2y^2$

함수 z의 혼합 편미분(mixed partial derivative)은

$$\left(\frac{\partial^2 z}{\partial x \partial y}\right) = 3xy^2 , \quad \left(\frac{\partial^2 z}{\partial y \partial x}\right) = 6xy^2$$

두 값이 같지 않으므로 완전 미분이 아니다. 그래서 z는 상태 함수가 될 수 없다.

(2) 편미분은 $\left(\frac{\partial z}{\partial x}\right)_y = 2xy^3$, $\left(\frac{\partial z}{\partial y}\right)_x = 3x^2y^2$

혼합 편미분은

$$\left(\frac{\partial^2 z}{\partial x \partial y}\right) = 6xy^2 , \quad \left(\frac{\partial^2 z}{\partial y \partial x}\right) = 6xy^2$$

두 값이 같으므로 완전 미분이다.

한 물리량의 미분값이 불완전이면 적분 인자(integrating factor)를 곱하여 또 다른 물리량을 정의할 수 있다. 예를 들면, 물리량 $f(x, y)$의 미분값이 다음과 같이 주어진다고 하자.

$$df(x,y) = y(xy+1)dx - xdy \tag{2.23}$$

$f(x, y)$는 불완전 미분이다. 왜냐하면 혼합 편미분

$$\left[\frac{\partial[y(xy+1)]}{\partial y}\right]_x = 2xy+1 \tag{2.24}$$

$$\left[\frac{\partial(-x)]}{\partial x}\right]_y = -1 \tag{2.25}$$

으로 같지 않기 때문이다.

그러나 식 (2.23)에 적분 인자 $\frac{1}{y^2}$을 곱하면,

$$dF(x,y) = \frac{df}{y^2} = (x + \frac{1}{y})dx - \frac{x}{y^2}dy \tag{2.26}$$

혼합 편미분

$$\left[\frac{\partial[(x+1/y)]}{\partial y}\right]_x = -\frac{1}{y^2} \tag{2.27}$$

$$\left[\frac{\partial(-x/y^2)]}{\partial x}\right]_y = -\frac{1}{y^2} \tag{2.28}$$

으로 완전 미분이 되고 함수 F는

$$F(x,y) = \frac{x^2}{2} + \frac{x}{y} + \text{const.} \tag{2.29}$$

이다.

4 항온에서 기체의 압축일과 팽창일

기체를 압축하는데 사용된 일은 양이므로 그림 2.6과 같은 이상적인 장치를 사용하여 일정한 온도에서 기체의 압축을 생각해 보자. 기체는 마찰이 없는 강건한 실린더와 무게가 없는 피스톤에 의해 담아있다.

실린더는 온도가 T인 온도 조절장치(thermostat)에 담겨 있다. 실린더 위의 공간은 진공으로 만들어 최종 압력 P_2는 질량 m으로 결정되게 하였다. 기체는 초기에 부피 V_1으로 제한되어 있다. 이는 피스톤을 정지 장치로 고정시켜 조절한다. 정지장치(stop)를 제거하면 피스톤은 평형 위치로 떨어지게 되고 기체는 부피 V_2로 압축된다. 과정 끝에서 기체 압력의 크기는

$$P_2 = \frac{mg}{A} \tag{2.30}$$

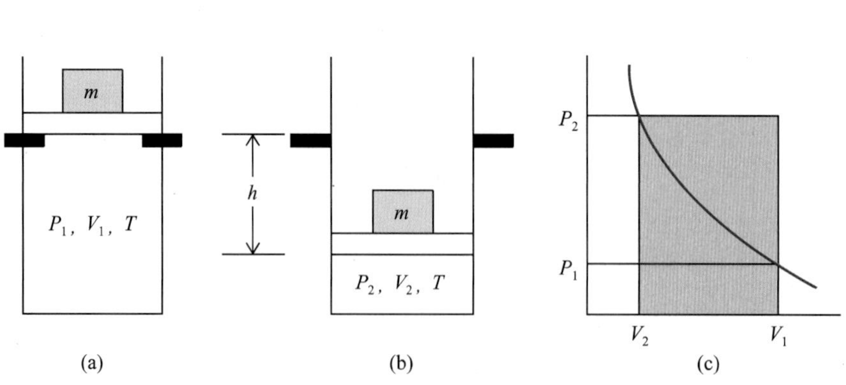

그림 2.6 한 단계(single step)로 P_1, V_1, T에서 P_2, V_2, T 로의 기체 압축.

으로 주어진다. g는 중력에 의한 가속도이고 A는 피스톤의 면적이다. 주위(surrounding)가 잃어버린 일의 양은 mgh이다. h는 높이의 차이이다. 따라서 주위가 기체에 행한 일은

$$w = mgh = -P_2(V_2 - V_1) \tag{2.31}$$

이다. $V_2 < V_1$ 이므로 기체에 한 일은 양이다. 이것은 항온에서 한 단계만으로 기체를 V_1에서 V_2로 압축하는 데 드는 가장 작은 일의 양이다. 행한 일은 그림 2.6(c)에서 $P-V$ 그림의 빗금친 면적으로 주어진다. 일을 계산하는데 사용된 압력은 기체의 압력이 아니고 질량 m, 단면적 A, 가속도 g에 의해 결정되는 외부 압력이다.

그러나 그림 2.7에서 보는 바와 같이 둘 또는 그 이상의 단계로 일을 한다면, 더 작은 일로 기체를 압축시킬 수 있다. 2단계로 기체를 압축시키는 데에는 먼저 첫 단계에서 부피를 $\frac{V_1 + V_2}{2}$로 압축하는데 충분한 크기의 질량 m'을 사용한다. 그 다음 2단계에서 더 큰 질량 m을 사용한다. 주위에 잃어버리는 일의 양은 그림 2.7(a)의 빗금친 면적이다. 좀 더 많은 단계를 사용하여 그림 2.7(c)의 도표에 도달하는데, 이는 무한소의 단계의 극한에서 일의 최소량이 요구됨을 보여 준다. 이 경우 압력은 각각의 무한소 단계에 대하여 무한소의 양으로 변화된다. 그리고 일은 항온에서 식 (2.3)의 적분으로 주어진다.

$$w = \int dw = -\int_{V_1}^{V_2} P\, dV \tag{2.32}$$

(c)의 경우 외부 압력과 기체 압력을 구분할 필요가 없다. 왜냐하면 이들은 기껏해야 무한소 작은(infinitesimal) 양만큼 차이가 나기 때문이다.

팽창에 있어 기체에 행한 일은 그림 2.8과 같은 이상화된 피스톤 배열을 사용하여 결정할 수 있다. 기체는 초기에 부피 V_1으로 피스톤을 정지장치로 붙잡고 있기 때문이다. 정지장치를 제거하면 기체는 V_2로 팽창한다. 질량은 $P_2 = \frac{mg}{A}$에서 새로이 선정된다. 달리 말하면 이는 기

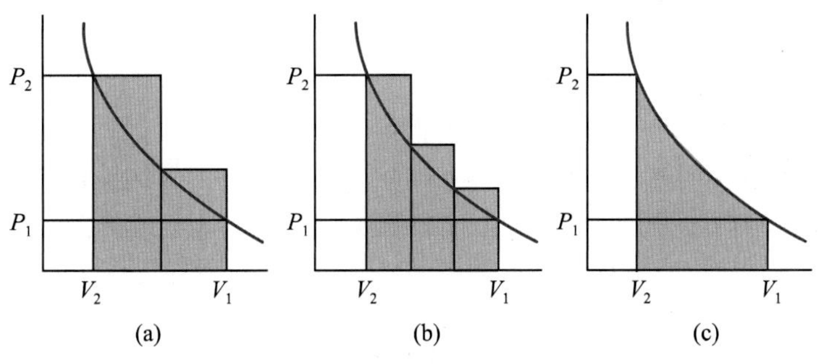

그림 2.7 (a)2단계, (b) 3단계 그리고 (c) 무한대 단계로 P_1, V_1, T에서 P_2, V_2, T 로의 기체 압축.

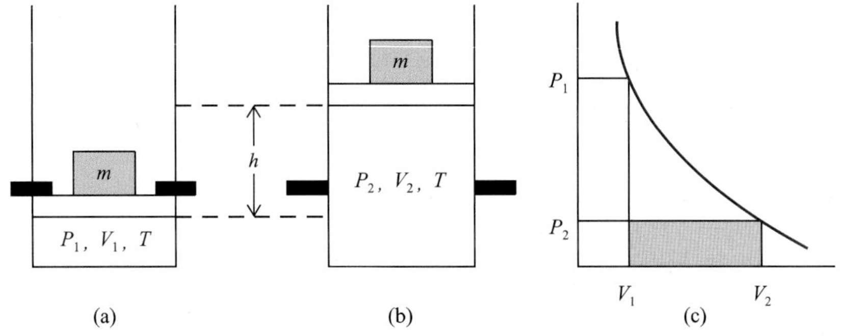

그림 2.8 한 단계 정지장치로 P_1, V_1, T에서 P_2, V_2, T 로의 기체 팽창.

체가 이 높이로 올라가는데 최대의 질량이다. 주위에서 얻은 일은 mgh이고 기체에 행한 일은

$$w = -mgh = -P_2(V_2 - V_1) \tag{2.33}$$

이다. 이것은 한 단계에서 항온에서 기체가 부피 V_1에서 V_2로 팽창에 의한 주변에서 얻을 수 있는 가장 큰 음의 값이다. 기체에 행한 일은 그림 2.8(c)의 빗금친 부분의 면적의 음의 값이다.

좀 더 많은 일은 2, 3 또는 무한대의 한 단계로 주변에서 얻을 수 있다(그림 2.9). 주변에서 가장 큰 일의 양과 기체에 행한 가장 큰 음의 일은 무한수의 단계의 극한 과정에서 얻어진다. 극한 경우에 기체에 행한 일은 식 (2.32)로 주어진다.

한 단계 팽창에서 주변에서 얻은 일은 한 단계 압축에서 초기 단계로 돌아가는데 충분하지 않다. 이는 그림 2.8(c) 그리고 2.6(c)에서 빗금친 부분으로 알 수 있다. 그러나 무한대 단계 과정에서 주변에서 얻은 일은 정확히 기체를 원래의 상태로 압축하는데 요구되는 양이다. 이는 그림 2.9(c)와 2.7(c)에서 빗금 면적으로 알 수 있다.

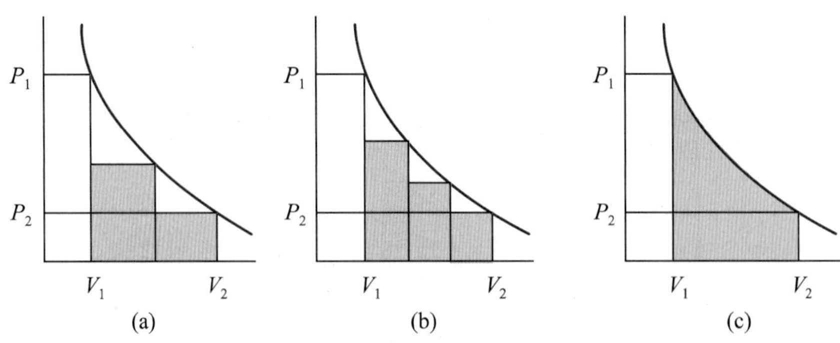

그림 2.9 (a) 2단계, (b) 3단계 그리고 (c) 무한대 단계로 P_1, V_1, T에서 P_2, V_2, T 로의 기체 팽창.

그림 2.7(c)에 의한 무한대의 단계를 거치는 압축과 그림 2.9(c)에 의한 무한 단계의 팽창 과정은 **가역 과정**(reversible process)이라고 한다. 일정한 온도에서 이상화된 과정은 가역 과정이다. 왜냐하면 팽창에서 주위에 축적된 에너지는 기체를 다시 초기 상태로 압축하는데 요구되는 양과 같기 때문이다. 이것은 식 (2.32)를 적용하여 P_1, V_1, T에서 P_2, V_2, T 그리고 다시 돌아오는 완전한 사이클을 적용하여 구할 수 있다. 즉,

$$\begin{aligned} w_{cycle} &= -\int_{V_1}^{V_2} P\,dV - \int_{V_2}^{V_1} P\,dV \qquad \text{(가역 과정)} \qquad (2.34) \\ &= -\int_{V_1}^{V_2} P\,dV + \int_{V_1}^{V_2} P\,dV = 0 \end{aligned}$$

가역 과정에서 또 하나 중요한 점은 과정 중에 무한소의 변화, 이 경우 압력의 변화를 주어 진행방향을 바꿀 수 있다는 것이다. 그래서 가역 팽창과 압축은 마찰이 없어야 함이 요구되고, 내부와 외부 압력과의 균형을 이루고 각각의 무한소 단계 후에 평형을 재확인하는 것이 요구된다. 이 조건이 이루어지지 않으면 그 과정은 비가역(irreversible)이 되고 시스템과 주위는 모두 초기 조건으로 복원되지 못한다. 이 과정들은 항온 과정이고 언급되지 않은 열의 흐름이 존재한다. 이를 손실(dissipation)이라고 한다.

모든 실제 과정들은 비가역이나 약간의 실제 과정과 가깝게 가역성에 접근하는 것이 가능하다. 열이 전달되는 곳에 온도 구배가 아주 작다면, 열은 거의 가역적으로 전달될 수 있다. 전기적인 전하는 전위계(potentiometer)가 사용되어 전기적 퍼텐셜의 차이가 아주 작게 만들면, 셀로부터 거의 가역적으로 전하를 전달할 수 있게 된다. 만약 외부 압력이 평형 증기압보다 약간 작게 조절된다면 액체는 거의 가역적으로 증발할 수 있게 된다.

가역 과정의 개념은 아주 중요하다. 왜냐하면 어떤 역학 계산은 단지 가역과정에 대하여만 가능하기 때문이다. 화학공업에서는 비가역성이 크면 클수록 일하는 능력에서의 손실이 더 커진다. 말하자면 모든 비가역성은 그 값을 지불한다.

이제 기체에 있어서 가역적인 항온압축에 요구되는 일과 가역적인 항온 팽창에서 일어나는 일을 생각해 보자. 기역 과정에서 변화는 무한소 크기의 단계로 이루어진다. 그와 같은 가역 과정은 일련의 연속적인 평형으로 구성된 과정이라고 말할 수 있다. 기체는 팽창에서 각 단계(무한소 작은 양의 범위에서)에서 **평형 압력**에 있으므로 상태식에서 압력을 구하여 식 (2.32)에 대입하고 적분한다. 만약 기체가 급격히 빠르게 팽창하면 압력과 온도는 기체의 부피를 통하여 균일하지 않다. 그래서 그와 같은 치환은 가능하지 않다. 만약 팽창이 이상기체에 대하여 일정한 온도에서 일어난다면, 외부 압력은 항상 $P=\dfrac{nRT}{V}$ 이다. 식 (2.32)에 이를 대입하면 온도는 일정하므로

$$w_{rev} = -\int_{V_1}^{V_2} P\,dV = -\int_{V_1}^{V_2} \frac{nRT}{V} dV \quad (2.35)$$
$$= -nRT \ln \frac{V_2}{V_1}$$

적분에서 하한값은 초기 상태이고 상한값은 최종 상태이다. 만약 기체가 압축되었을 때 최종 부피는 더 작아 w_{rev}는 양이다. 양의 값은 기체에 일이 가해짐을 의미한다. 1몰의 이상기체가 항온 팽창으로 10배 팽창하였다면 273.15 K에서 $w_{rev} = -(1\ \text{mol})RT\ln 10 = -5229$ J이다.

일정한 온도에서 이상기체에 대하여는 $P_1 V_1 = P_2 V_2$이므로 가역적 일은

$$w_{rev} = nRT \ln \frac{P_2}{P_1} \quad (2.36)$$

으로 주어진다. van der Waals 기체의 항온 팽창에서 최대일은

$$w_{rev} = -\int_{V_1}^{V_2} \left(\frac{nRT}{V-nb} - \frac{an^2}{V^2} \right) dV \quad (2.37)$$
$$= -nRT \ln \frac{V_2 - nb}{V_1 - nb} + an^2 \left(\frac{1}{V_1} - \frac{1}{V_2} \right)$$

으로 나타낼 수 있다.

예제 2-2 정압 하에서 이상기체 압축일

Q 1 bar와 298 K에 있는 2몰의 이상기체가 일정한 온도에서 5 bar의 일정한 압력으로 압축된다. 기체에 얼마나 일을 하였는가? 만약 그 압축이 100 kg의 질량으로 행하였다면 지구 중력장에서 얼마나 멀리 낙하되는지를 구하라.

A $w = -P_2(V_2 - V_1) = -P_2\left(\frac{nRT}{P_2} - \frac{nRT}{P_1}\right) = -nRT\left(1 - \frac{P_2}{P_1}\right)$

$= -(2\ \text{mol})(8.3145\ \text{J mol}^{-1}\ \text{K}^{-1})(298\ \text{K})(1-5)$

$= 19{,}820$ J.

$h = -\frac{w}{mg} = -(19820\ \text{J})(100\ \text{kg})(9.8\ \text{m/s}^2)$

$= -20.22$ m.

예제 2-3 이상기체의 가역 팽창 시의 일

Q 1몰의 이상기체가 298 K에서 5 bar에서 1 bar로 팽창한다.
(1) 가역 팽창에 대한 일을 구하라.
(2) 외부 1 bar에 대한 팽창 시의 일을 구하라.

A (1) $w_{rev} = nRT\ln\frac{P_2}{P_1} = (1\text{ mol})(8.3145\text{ J mol}^{-1}\text{ K}^{-1})(298\text{ K})\ln\frac{1}{5}$

$= -3{,}988\text{ J}.$

(2) $w_{irr} = -P_2(V_2 - V_1) = -P_2(\frac{nRT}{P_2} - \frac{nRT}{P_1})$

$= (-1\text{ bar})(1\text{ mol})(8.3145\text{ J mol}^{-1}\text{ K}^{-1})(298\text{ K})(1 - \frac{1}{5}) = -1{,}982\text{ J}.$

가역적으로 팽창되었을 때 시스템은 주위에 더 많은 일을 한다.

5 여러 가지 일의 종류

시스템에 일을 가하는 데에는 여러 가지 방법들이 있다. 즉, 시스템은 PV 일과는 다른 방법으로 주위에 일을 할 수 있다. 만약 시스템이 표면을 갖고 있다면, 표면일(surface work)이 관여된다. 만약 시스템이 고체이면 신장(elongation)의 일이 관련된다. 만약 시스템의 전기전하가 관여되면 한 전기 퍼텐셜의 한 상으로부터 다른 전기 퍼텐셜의 다른 상으로 전하이동시의 일이 관여된다. 만약 시스템이 전기 또는 자기 쌍극자(dipole)가 관여되면, 이 쌍극자를 배열시키는 데에 전기 또는 자기장의 일이 있게 된다. 여기서는 단지 표면일(surface work), 신장일(work of elongation) 그리고 전기 하전의 이동에 관한 일만 논의한다.

표면적을 증가시키는데 요구되는 일을 생각해 보자. 그림 2.10에서와 같이 액체 필름의 면적을 증가시키는데 요구되는 힘 f는

$$f = 2L\gamma \tag{2.38}$$

여기서 γ는 액체의 표면 장력이고 L은 움직이는 막대의 길이이다. 인자 2가 관여됨은 이 실험에서 두 개의 액체-기체 계면이 있기 때문이다. 표면 장력은 단위 길이당 힘이고 N/m로 나타낸다. 그것은 일반적으로 온도에 의존하는 양이다. 25 ℃에서 물의 표면 장력은 71.97 $\times 10^{-3}$ N/m, 즉 71.97 mN/m이다. 액체 금속과 용융염(molten salt)의 표면 장력은 다른 액체

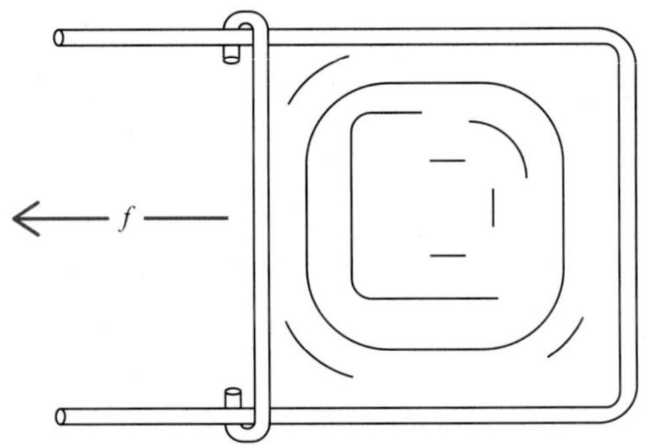

그림 2.10 액체의 표면 장력을 결정하는 이상적인 실험.

보다 큰 값을 갖는다. 그림 2.10에서 막대를 왼쪽으로 Δx만큼 움직이는데 요구되는 일은

$$w = f\,\Delta x = 2L\,\Delta x\,\gamma = \gamma\,\Delta\,A_s \tag{2.39}$$

여기서 ΔA_s는 표면적의 변화($2L\,\Delta x$)를 나타낸다. 이는 액체 시스템에 행하여진 일이다. 이 식에 의하면 표면 장력은 일에 대한 면적 변화이므로 J/m^2으로 표현할 수 있다. 표면 일의 미분량은

$$\delta w = \gamma\,dA_s \tag{2.40}$$

으로 표현된다.

표면 장력은 액체의 표면에 있는 분자들이 물체 내에 있는 분자들에 의하여 물체 내부로 끌려가는 사실에서 생겨난다. 이 안쪽으로 끌림(inward attraction)은 표면을 줄어들게 하고 표면에 힘이 생기게 한다. 표면 장력은 구형의 작은 방울(droplet)의 형성, 모세관(capillary)에서 물의 상승 그리고 기공의(porous) 고체에서 액체의 운동을 일어나게 한다. 고체 또한 표면 장력을 갖지만 그들을 측정하기는 더 어렵다.

두 가지 다른 일은 우리에게 친근하므로 자세히 논의하지는 않고 간략히 설명한다. 고무조각이 늘어났을 때에 고무에 가해진 미분일은

$$\delta w = f\,dL \tag{2.41}$$

이다. 여기서 f는 힘이고 dL은 길이의 미분 증가량이다. 작은 크기의 전하 dQ가 전기 퍼텐셜 차가 ϕ인 곳을 통과할 때 전하에 가해진 일은

$$\delta w = \phi\,dQ \tag{2.42}$$

이다. 만약 표면, 신장, 그리고 전기일들이 관련되었다면 이 미분량들의 일은 열역학 1법칙의

표 2.1 열역학 변수들의 공액쌍.

일의 형태	인텐시브 변수	익스텐시브 변수	미분일
정역학(hydrostatic)	압력, P	부피, V	$-PdV$
표면(surface)	표면 장력, γ	면적, A_s	γdA_s
연신(elongation)	힘, f	길이, L	$f dL$
전기(electrical)	전위차, ϕ	전기 전하, Q	ϕdQ

일부분이 되어 1법칙의 식

$$dU = \delta q - P_{ext}\, dV + \gamma dA_s + f\, dL + \phi dQ \tag{2.43}$$

에 표현된다. 이 식은 이들 표면 장력, 표면적, 힘, 신장, 전기 퍼텐셜 그리고 전하가 어떻게 열역학에 나타나는지를 보여 주는 중요한 식이다.

표 2.1은 여러 가지 일들을 나타낸다. 일에 관련된 변수들은 인텐시브와 익스텐시브 변수들이 공액쌍(conjugate pair)을 형성한다. 만약 인텐시브 변수와 익스텐시브 변수가 SI 단위로 표시되면, 일은 줄(joule)로 표시된다.

예제 2-4 다른 종류의 일의 계산

Q (1) 늘어난 고무는 1 N의 힘이 가해진다. 고무가 1 cm 늘어나는데, 얼마의 일이 필요한가?
(2) 물의 표면 장력은 0.072 N/m이다. 물의 표면적이 1 m^2 늘어나는데 필요한 일은 얼마인가?
(3) 1몰의 전자가 1 V의 전압차를 가로질러 양전극에서 음전극으로 이동할 때, 필요한 일은 얼마인가?

A (1) $w = f\Delta L =$(1 N)(0.01 m)=0.01 J.
(2) $w = \gamma \Delta As =$(0.072 N/m)(1 m^2)=0.072 J.
(3) $w = \phi \Delta Q =$(1 V)(96,500 coul)=96500 J.

이 절과 앞절에서 온도조절장치(thermostat)에서 진행되는 반응을 논의하여 기체 시스템으로 흘러들어 가거나 나온 열량에 대하여 논의하지 않았다. 이제 그와 같은 반응에 동반하여 열의 흐름에 대하여 논의해 보자.

6 정적 과정에서 상태 변화

열량 q는 그 열을 흡수한 재료의 질량의 온도 변화를 결정하여 측정할 수 있다. 열용량(heat capacity) C는 미분량 $C=\frac{\delta q}{dT}$로 정의된다. δq는 불완전 미분이다. 왜냐하면 열은 상태 함수가 아니기 때문이다. 그러므로 경로를 반드시 규정해야 한다. 예를 들면, 부피가 일정한 경로 또는 압력이 일정한 경로를 고려할 수 있다. 먼저 부피가 일정한 정적 과정을 생각해 보자.

한 시스템이 일정한 부피에서 한 상태에서 다른 상태로 변화될 때 내부 에너지 U의 변화는 발생된 열량 q와 주위에 의해 시스템에 행한 일 w로부터 계산할 수 있다. 화학 반응이 없는 고정된 질량을 갖는 시스템에서 내부 에너지 U는 T, V, 그리고 P 중에서 2개의 변수의 함수로 나타낼 수 있다. U는 상태 함수이므로 미분량 dU를 T와 V의 변수로 나타내면,

$$dU=\left(\frac{\partial U}{\partial T}\right)_V dT+\left(\frac{\partial U}{\partial V}\right)_T dV \tag{2.44}$$

첫 번째 항은 온도 변화만의 내부 에너지 변화이고 두 번째 항은 부피 변화만의 내부 에너지 변화량이다. 내부 에너지 미분량은 $dU=\delta q-P_{ext}dV$ 이므로 단지 PV 일만 관여한다고 가정하면,

$$\delta q=\left(\frac{\partial U}{\partial T}\right)_V dT+\left[P_{ext}+\left(\frac{\partial U}{\partial V}\right)_T\right]dV \tag{2.45}$$

으로 나타낼 수 있다. 만약 시스템의 상태 변화 X가 일정 부피에서 일어났다면, 이는 $X(V_1, T_1)\rightarrow X(V_1, T_2)$로 되고 이 경우 식 (2.45)는

$$\delta q_V=\left(\frac{\partial U}{\partial T}\right)_V dT \tag{2.46}$$

으로 된다. 온도 변화와 전달된 열은 쉽게 측정되므로 정적 열용량 C_V는 다음과 같이 정의하는 것이 편리하다.

$$C_V\equiv\frac{\delta q_V}{dT}=\left(\frac{\partial U}{\partial T}\right)_V \tag{2.47}$$

이 식은 임의 크기 시스템에 적용할 수 있으나 흔히 인텐시브 열역학 양 $\overline{C_V}$, J/K mol과 관련된다. 정적 열용량은 쉽게 측정되므로 식 (2.47)에서 유한 크기의 온도 변화에 대한 내부 에너지를 계산할 수 있다. 즉,

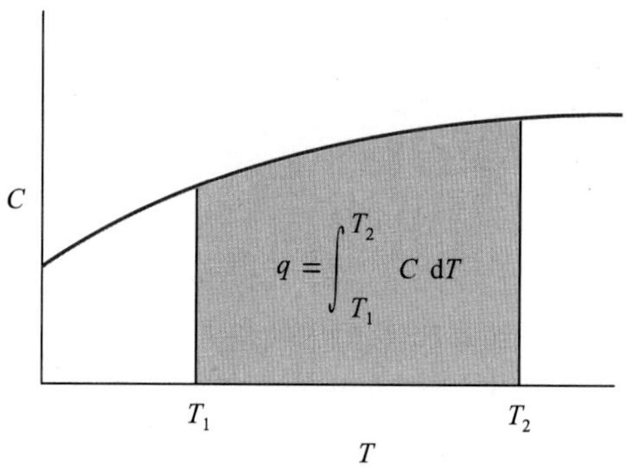

그림 2.11 물질에 흡수된 열량 q는 온도 T_1에서 T_2까지 CdT를 적분하여 얻는다.

$$\Delta U_V = \int_{T_1}^{T_2} C_V dT = q_V \tag{2.48}$$

이를 그림 2.11에 나타냈다.

작은 온도 범위에서 C_V는 거의 변화가 없으므로 상수로 잡으면

$$\Delta U_V = C_V(T_2 - T_1) = C_V \Delta T \tag{2.49}$$

으로 나타낼 수 있다. 원리적으로 양 $\left(\frac{\partial U}{\partial V}\right)_T$는 줄이 제안한 실험에서 측정할 수 있다. 그림 2.12(a)에서와 같이 밸브로 연결된 2개의 기체 용기가 열적으로 고립된 용기 내에 담겨 있는 경우를 생각해 보자. 2개의 기체 용기가 고려하고자 하는 시스템이다. 첫 번째 용기는 압력이 있는 기체로 채워져 있고 두 번째 용기는 진공 상태로 유지하였다. 밸브가 열리면, 첫 번째 용기에 기체는 두 번째 용기로 돌진한다. 줄은 일단 평형이 확립되고 나면 온도에 대한 변화가 없음을 발견하였다. 그래서 $\delta q = 0$이다. $P_{ext} = 0$이므로 아무런 일이 행하여 지지 않았다. 그래서 $\delta w = 0$이다. 그리고 $dU = \delta q + \delta w = 0$이다. 온도가 일정하므로 식 (2.44)는

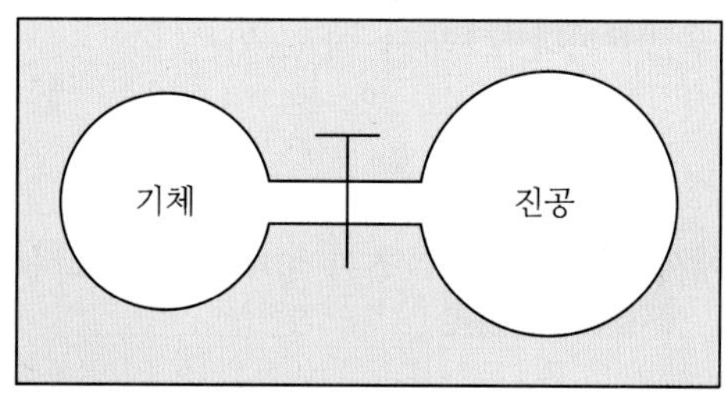

그림 2.12 기체를 진공 속으로 팽창시키는 줄(Joule)의 실험.

$$dU = \left(\frac{\partial U}{\partial V}\right)_T dV = 0 \tag{2.50}$$

$dV \neq 0$ 이므로

$$\left(\frac{\partial U}{\partial V}\right)_T = 0 \tag{2.51}$$

그래서 줄은(부정확하게) 기체의 내부 에너지는 부피에 무관함으로 결론지었다. 그러나 이 방법은 매우 예민하지 않았다. 왜냐하면 기체에 비하여 기체 용기의 큰 열용량 때문이었다. 식 (2.51)은 실제로 이상기체에만 적용할 수 있다. 식 (2.51)의 분자(molecule) 레벨에서의 해석에서는 이상기체에서는 서로 반응이 없다. 그래서 내부 에너지는 분자 사이의 거리에는 변화가 없다. 반면에 실제 기체의 내부 에너지는 일정한 온도에서 부피에 의존하나 열역학 2법칙으로, 실험적으로 $\left(\frac{\partial U}{\partial V}\right)_T$를 구하는데 사용될 수 있는 식을 도출하는 데 필요하다.

van der Waals는 반에어 왈스 기체에서 $\left(\frac{\partial U}{\partial V}\right)_T = \frac{a}{V^2}$으로 분자간 인력을 제공하기 위하여 압력항에 이를 더하였다. 양 $\left(\frac{\partial U}{\partial V}\right)_T$를 **내부 압력**(internal pressure)이라고 부른다. 이는 압력 단위를 가지며 분자간 인력과 척력에 의한 것이다. 내부 압력은 부피에 따라 변화한다. 왜냐하면 부피가 증가하면 평균 분자간 거리는 증가하고 평균 분자간 퍼텐셜 에너지는 변화되기 때문이다.

7 엔탈피와 정압 과정에서 상태 변화

화학에서는 정압 과정이 정적 과정보다 더 일반적이다. 왜냐하면 많은 과정이 열린 용기에서 수행되기 때문이다. 만약 단지 PV일만 관여되고 압력은 일정하고 가해준 압력과 같다면, 시스템에 가한 일 w는 $-P\Delta V$이다. 그래서 식 (2.7)은

$$\Delta U = q_P - P\Delta V \tag{2.52}$$

여기서 q_P는 등압 과정에서 열이다. 만약 초기 상태를 1로 표시하고 최종 상태를 2로 표시하면,

$$U_2 - U_1 = q_P - P(V_2 - V_1) \tag{2.53}$$

그래서

$$q_P = (U_2 + PV_2) - (U_1 + PV_1) \tag{2.54}$$

즉, 열은 시스템의 상태 함수인 두 개 양의 차이로 주어지므로 새로운 상태 함수, 엔탈피 H를 다음과 같이 정의한다.

$$H = U + PV \tag{2.55}$$

따라서 식 (2.54)는

$$q_P = H_2 - H_1 \tag{2.56}$$

말하자면 일정한 압력 과정에서 흡수된 열량은 엔탈피의 변화와 같다. 일정한 압력에서 무한소 변화에 대하여

$$\delta q_P = dH \tag{2.57}$$

여기서 dH는 완전 미분이다. 왜냐하면 엔탈피는 시스템의 상태 함수이기 때문이다.

압력-부피일이 유일한 일인 경우(전기 그 외 다른 종류의 일은 배제), ΔU와 ΔH를 공식화시키는 것은 쉽다. 부피가 일정한 열량측정기에서 열의 발생은 내부 에너지 감소에 대한 척도이고 정압 열량 측정기에서 열의 발생은 엔탈피 H의 감소의 척도이다.

엔탈피 H는 익스텐시브 특성이다. 그러므로 PV일만 관련된 N_s 화학종(species)의 균일 혼합물에서 엔탈피는 N_s+2 변수로 규정할 수 있다. 그 중 하나는 익스텐시브 변수여야 한다. 단지 PV일만 관여된 N_s 화학종의 균일 혼합물의 인텐시브 특성은 N_s+1 변수로 규정할 수 있다.

일정한 압력에서 상태의 변화는 실험실에서 특별한 관심을 끈다. 여기서는 일반적으로 반응 과정이 일정한 압력에서 일어난다. 고정된 질량의 화학 반응이 없는 시스템에서 H를 온도와 압력의 함수로 잡는 것이 편리하다. H는 상태 함수이므로 미분량 dH는

$$dH = \left(\frac{\partial H}{\partial T}\right)_P dT + \left(\frac{\partial H}{\partial P}\right)_T dP \tag{2.58}$$

만약 X의 1몰의 상태 변화가 일정한 압력에서 가역적으로 일어났다면, 이는

$$X(P_1, T_1) \rightarrow X(P_1, T_2) \tag{2.59}$$

으로 나타낸다. 그와 같은 변화에서 식 (2.57)과 (2.58)이 조합하여

$$\delta q_P = \left(\frac{\partial H}{\partial T}\right)_P dT \tag{2.60}$$

으로 나타낸다.

온도 변화와 전달된 열은 쉽게 측정되므로 일정 압력에서 열용량 C_P를

$$C_P \equiv \frac{\delta q_P}{dT} = \left(\frac{\partial H}{\partial T}\right)_P \tag{2.61}$$

으로 정의하는 것이 편리하다.

일정한 압력에서 열용량은 쉽게 측정되므로 이 식을 적용하면 같은 압력에서 유한 크기의 온도 구간에서 엔탈피 변화를 구할 수 있다.

$$\Delta H_P = \int_{T_1}^{T_2} C_P dT \tag{2.62}$$

으로 나타낼 수 있다.

8 열용량

C_P의 온도 의존성을 그림 2.13에 나타냈다. 일반적으로 분자가 복잡할수록 몰 열용량(capacity)은 더 크고 온도가 증가함에 따라 더 크게 증가한다.

$\overline{C_P}$를 온도의 함수로 나타내기 위하여 온도에 대한 멱급수(power series)를 사용한다. 즉,

$$\overline{C_P} = \alpha + \beta T + \gamma T^2 \tag{2.63}$$

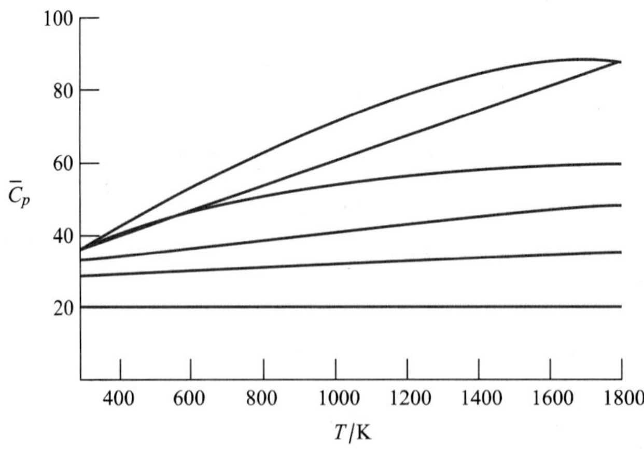

그림 2.13 일정한 압력에서 여러 기체의 몰 열용량의 온도에 대한 효과. 1,200 K에서 가장 높은 곡선부터 CH_4, NH_3, CO_2, H_2O, 그리고 He이다.

표 2.2 일정한 기압에서 300~1,800 K까지 온도의 함수로 나타낸 몰 열용량 : $\overline{C_P}=\alpha+\beta T+\gamma T^2+\delta T^3$

기체	α J K^{-1} mol^{-1}	β 10^{-2} J K^{-2} mol^{-1}	γ 10^{-5} J K^{-3} mol^{-1}	δ 10^{-9} J K^{-4} mol^{-1}
N_2(g)	28.883	−0.157	0.808	−2.871
O_2(g)	25.460	1.519	−0.715	1.311
H_2(g)	29.088	−0.192	0.400	−0.870
CO(g)	28.142	0.167	0.537	−2.221
CO_2(g)	22.243	5.977	−3.499	7.464
H_2O(g)	32.218	0.192	1.055	−3.593
NH_3(g)	24.619	3.75	−0.138	−
CH_4(g)	19.875	5.021	1.268	−11.004

출처: S. I. Sandler, *Chemical and Engineering Thermodynamics*, 3rd ed. Copyridht ©1999 Wiley, Hoboken, NJ. This material is used by permission of John Wiley & Sons, Inc.

표 2.2에는 여러 기체에 대한 파라미터를 제시하였다.

일정한 압력에서 온도에 따른 엔탈피 변화는

$$\overline{H_2}-\overline{H_1}=\int_{\overline{H_1}}^{\overline{H_2}} d\overline{H}=\int_{T_1}^{T_2}\overline{C_P}\,dT \tag{2.64}$$

$$\overline{H_2}-\overline{H_1}=\alpha(T_2-T_1)+\frac{\beta}{2}(T_2^2-T_1^2)+\frac{\gamma}{3}(T_2^3-T_1^3) \tag{2.65}$$

JANAF Thermochemical Tables 그리고 Stull, Westrum, and Sinke, *Chemical Thermodynamics of Organic Compounds*에서는 여러 온도에서 $\overline{H}_T^0-\overline{H}_{298}^0$의 값을 주어 $\overline{H_2^0}-\overline{H_1^0}$의 값을 쉽게 계산할 수 있다. 윗첨자는 표준 상태에서의 물질을 나타낸다.

일정한 압력과 일정한 부피에서 열용량 사이의 관계는 식 (2.45)에서 일정한 압력 $(P=P_{ext})$에서 구할 수 있다. 즉,

$$\delta q_P=C_V dT+\left[P+\left(\frac{\partial U}{\partial V}\right)_T\right]dV \tag{2.66}$$

dT로 나누고 $\delta q_P/dT=C_P$로 잡으면,

$$C_P-C_V=\left[P+\left(\frac{\partial U}{\partial V}\right)_T\right]\left(\frac{\partial V}{\partial T}\right)_P \tag{2.67}$$

오른쪽 항은 양이므로 $C_P>C_V$이다. 오른쪽 두 항은 다음과 같이 해석할 수 있다. $P\left(\frac{\partial V}{\partial T}\right)_P$

는 일정한 압력에서 단위 온도 크기의 일이고, $\left[\left(\frac{\partial U}{\partial V}\right)_T\right]\left(\frac{\partial V}{\partial T}\right)_P$ 는 분자가 내부 인력에 대한 분자를 분리하는데 요구되는 온도 단위당 에너지이다.

식 (2.67)은 이상기체인 경우 특별히 간단한 형태를 갖는다. 왜냐하면, $\left[\left(\frac{\partial U}{\partial V}\right)_T\right]=0$이고 $\left(\frac{\partial V}{\partial T}\right)_P = \frac{nR}{P}$이기 때문이다. 그래서

$$C_P - C_V = nR \quad \text{또는} \quad \overline{C_P} - \overline{C_V} = R \tag{2.68}$$

이다. 이 관계는 다음과 같이 설명할 수 있다. 이상기체가 일정한 압력에서 가열되면 피스톤은 누르는데 요구되는 일은 $P\Delta V = nR\Delta T$ 이다. 온도에서 1 K 변화에 대하여 행하여진 일은 $nR(1\,K)$이다. 그리고 이는 일정한 압력에서 이상기체를 1 K 가열되는 에너지는 일정한 부피에서 요구되는 양보다 많은 양이다. 후에 C_P, C_V는 열팽창계수(α)와 항온 압축률(κ)과의 관계식으로 나타낸다. 고체와 액체에서 $\overline{C_P}$, $\overline{C_V}$는 거의 같은 값이다.

열역학은 분자 모델을 취급하지 않는다. 또한 열역학과 연결하여 분자를 논할 필요도 없다. 이것이 열역학의 강점이자 약점이 된다. 왜냐하면 열역학 자체는 특별한 물질의 열역학적 특성에 대한 수치를 예측하지 못하기 때문이다. 뒤에서 운동론(kinetics)과 통계역학으로 열역학 특성의 정량적인 예측을 하게 된다.

운동론에서는 단원자(monatomic) 이상기체의 몰 병진 에너지(translational energy)는 $\frac{3}{2}RT$ 임을 보인다. 병진 에너지 $\overline{U_t}$는 이상기체의 압력 또는 몰 질량에 무관하여

$$\overline{U_t} = \frac{3}{2}RT \tag{2.69}$$

식 (2.55)에 의하여 단원자 이상기체의 몰 엔탈피는 내부 에너지보다 $P\overline{V}$ (또는 RT)만큼 더 크다.

$$\overline{H_t} = \frac{3}{2}RT + RT = \frac{5}{2}RT \tag{2.70}$$

그래서 단원자 이상기체의 몰 열용량에 대한 병진 에너지 기여는

$$\overline{C_V} = \left(\frac{\partial \overline{U}}{\partial T}\right)_V = \frac{3}{2}R = 12.472 \text{ J/K}\cdot\text{mol} \tag{2.71}$$

$$\overline{C_P} = \left(\frac{\partial \overline{H}}{\partial T}\right)_P = \frac{5}{2}R = 20.786 \text{ J/K}\cdot\text{mol} \tag{2.72}$$

9 Joule-Thomson 팽창

다른 압력에 있는 두 영역을 분리하는 기공이 있는 플레이트를 지나는 절연된 파이프를 따라 흐르는 기체는 가열되거나 또는 냉각된다. Joule-Thomson 팽창이 그림 2.14에 나타냈다. 여기서 $P_2 > P_1$ 이다. 기공이 있는 플레이트 사이로 1몰의 기체를 밀기 위하여 왼쪽에 위치한 피스톤으로 $P_1\overline{V_1}$의 일을 해주어야 한다. $P_2\overline{V_2}$에 해당하는 일은 기체가 오른쪽 피스톤으로 주위에 일을 해주어야 한다. 그래서 기체에 행한 전체적인 일은

$$w = P_1\overline{V_1} - P_2\overline{V_2} \tag{2.73}$$

파이프는 절연되었으므로 $q=0$이다. 그래서 열역학 1법칙에서

$$\overline{U_2} - \overline{U_1} = P_1\overline{V_1} - P_2\overline{V_2} \tag{2.74}$$

즉,

$$\overline{U_2} + P_2\overline{V_2} = \overline{U_1} + P_1\overline{V_1} \tag{2.75}$$

$$\overline{H_2} = \overline{H_1} \tag{2.76}$$

그래서 Joule-Thomson 실험에서 기체의 엔탈피는 변화가 없는 등엔탈피 과정이다.

Joule-Thomson 계수 μ_{JT}는 이 과정에서 온도를 압력으로 미분한 것으로 정의한다.

$$\mu_{JT} = \lim_{\Delta P \to 0} \frac{T_2 - T_1}{P_2 - P_1} = \left(\frac{\partial T}{\partial P}\right)_H \tag{2.77}$$

Joule-Thomson 계수는 이상기체에 있어서 0이다. 그러나 실제 기체에 있어서 μ_{JT}는 낮은 온도에서 양이고, 높은 온도에서 음이다. 이는 냉각 효과가 반전 온도(inversion temperature) 아래 온도에서 얻을 수 있고, 가열 효과는 반전 온도 이상에서 얻을 수 있음을 알 수 있다.

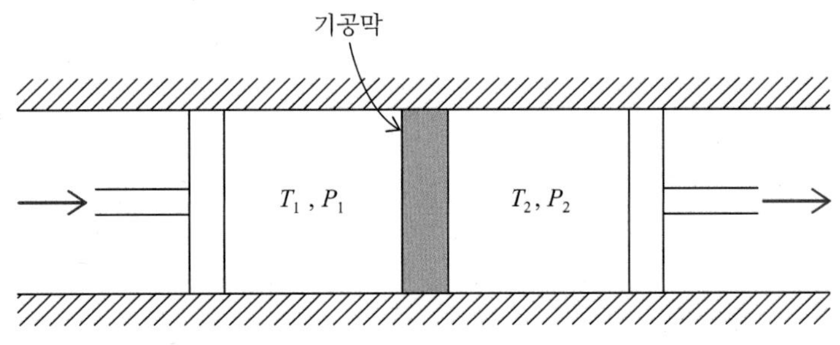

그림 2.14 Joule-Thomson 팽창 실험.

반전 온도 아래에서 이 효과는 냉동(refrigeration)에 응용할 수 있다. 질소의 반전 온도는 607 K이고, 수소는 204 K, 헬륨은 43 K이다.

10 기체에 있어서 단열 과정

4절에서 항온조(heat reservoir)와 접촉하고 있는 기체의 팽창일과 압축일을 논의하였다. 이제 고립계에서 기체의 팽창과 압축을 논의해 보자. 기체 시스템은 아무런 열을 얻거나 잃지 않음으로써 그 과정은 단열(adiabatic) 과정이고 1법칙은 $dU = \delta w$ 으로 쓸 수 있다. 만약에 압력-부피일만 관여된다면, $dU = \delta w = -P_{ext}dV$이다. 만약 시스템이 단열적으로 팽창한다면 dV는 양이고, dU는 음이다. 그래서 팽창이 외부 압력 P_{ext}에 의해 반대로 된다면 내부 에너지를 소모하여 주위에 일을 하게 된다. 만약 PV일만 관련된다면 관계식 $dU = \delta w = -P_{ext}dV$가 가역적이든 비가역이든 단열 과정에 적용된다.

만약 외부 압력이 0인 경우(진공으로 팽창) 아무런 일이 행하여지지 않고 모든 기체의 내부 에너지는 변화가 없다. 만약 팽창이 외부 압력에 반대되어 있다면 주위에 일을 해야 하고, 내부 에너지가 이로 변환됨에 따라 온도가 떨어진다. 이를 적분하면,

$$\int_{U_1}^{U_2} dU = -\int_{V_1}^{V_2} P_{ext}dV$$

$$\Delta U = U_2 - U_1 = w \tag{2.78}$$

여기서 w는 기체에 가해진 일이다.

이상기체에 있어서 내부 에너지는 단지 온도만의 함수여서 $dU = C_V dT$ 이다. 그래서 이상기체가 외부 압력에 대하여 단열적으로 팽창할 때 온도 강하는 간단히 내부 에너지 감소와 관련된다. 관심의 영역에서 이상기체의 C_V가 온도에 독립적이면

$$\int_{U_1}^{U_2} dU = C_V \int_{T_1}^{T_2} dT, \text{ 즉 } \Delta U = U_2 - U_1 = C_V(T_2 - T_1) \tag{2.79}$$

$q = 0$이므로 $\Delta U = w$이므로

$$w = C_V \int_{T_1}^{T_2} dT = C_V(T_2 - T_1) \tag{2.80}$$

이 식은 이상기체에서 과정이 기역이든 비가역이든 단열 팽창 과정에서 C_V가 온도에 무관

한 값을 갖는 경우 적용할 수 있다. 만약 기체가 팽창하면 최종 온도 T_2는 초기 온도 T_1보다 더 낮아지고 기체에 행한 일은 음이 된다. 만약 기체가 단열적으로 압축된다면 그것은 가열된다.

단열 팽창이 가역적으로 일어날 때 평형 압력은 외부 압력에 치환되고 이상기체의 경우

$$\overline{C_V}dT = -Pd\overline{V} = -\frac{RT}{\overline{V}}d\overline{V}$$

$$\overline{C_V}\frac{dT}{T} = -R\frac{d\overline{V}}{\overline{V}} \tag{2.81}$$

만약 열용량이 온도에 무관하다면

$$\overline{C_V}\int_{T_1}^{T_2}\frac{dT}{T} = -R\int_{\overline{V_1}}^{\overline{V_2}}\frac{d\overline{V}}{\overline{V}}$$

$$\overline{C_V}\ln\frac{T_2}{T_1} = -R\ln\frac{\overline{V_2}}{\overline{V_1}} \tag{2.82}$$

이 관계식은 온도 범위가 작아서 열용량값이 크게 변화하지 않을 때 좋은 근사이다. $\overline{C_P} - \overline{C_V} = R$ 이므로 식 (2.82)는

$$\frac{T_2}{T_1} = \left(\frac{\overline{V_1}}{\overline{V_2}}\right)^{\gamma-1} \tag{2.83}$$

으로 쓸 수 있다. 여기서 $\gamma = \overline{C_P}/\overline{C_V}$ 이다. 이상기체 법칙을 사용하여 이 식에 대한 또 다른 형태를 유도할 수 있다. 즉,

$$\frac{T_2}{T_1} = \left(\frac{P_2}{P_1}\right)^{(\gamma-1)/\gamma} \tag{2.84}$$

$$P_1\overline{V_1}^{\gamma} = P_2\overline{V_2}^{\gamma} \tag{2.85}$$

그러므로 기체가 단열적으로 더 큰 부피와 더 낮은 압력으로 팽창할 때에는 부피는 기체가 항온 팽창하였을 때보다 작아진다. 단열 과정과 항온 과정에 대한 부피-압력 관계를 그림 2.15에 나타냈다.

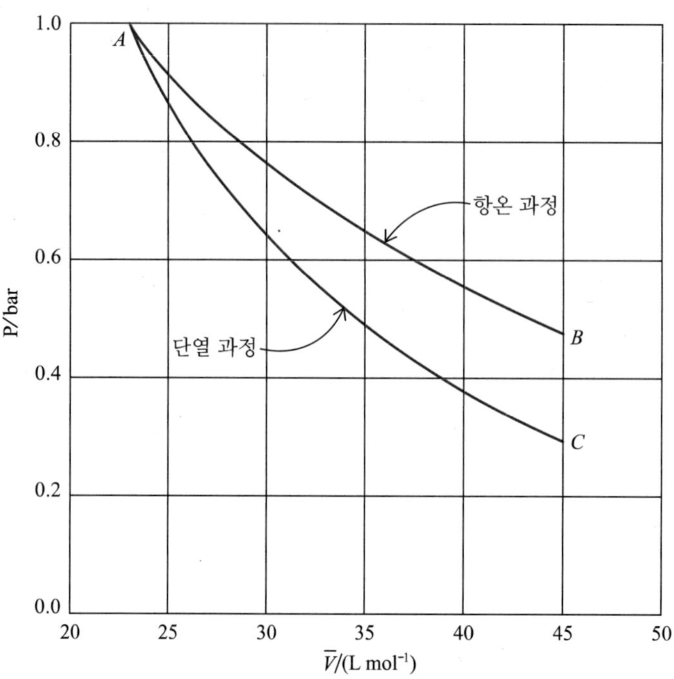

그림 2. 15 1몰의 단원자 이상기체의 항온과 단열 가역 팽창.

예제 2-5 단원자 이상기체의 가역적 단열 팽창

Q 그림 2.15에서 1몰의 단원자 이상기체가 가역적으로 그리고 단열적으로 22.7 L mol^{-1}, 1 bar 그리고 0 ℃(점 A)에서 45.4 L mol^{-1}(점 C)으로 팽창하였다. 압력 강하는 0.315 bar이다. 이 압력을 확인하고 C에서의 온도를 계산하라. 이 단열 팽창에는 얼마의 일이 행하였는가?

A $$\gamma = \frac{\frac{5}{2}R}{\frac{3}{2}R} = \frac{5}{3}$$

$$P_2 = P_1\left(\frac{\overline{V_1}}{\overline{V_2}}\right)^{\gamma} = (1)\left(\frac{22.7\mathrm{L/mol}}{45.4\mathrm{L/mol}}\right)^{5/3} = 0.315 \text{ bar}$$

$$T_2 = T_1\left(\frac{\overline{V_1}}{\overline{V_2}}\right)^{\gamma-1} = (273.15\mathrm{K})\left(\frac{22.7\mathrm{L/mol}}{45.4\mathrm{L/mol}}\right)^{2/3} = 172.07\mathrm{K}$$

$$w = \int_{T_1}^{T_2} \overline{C_V} dT = \frac{3}{2}R(172.07 - 273.15) = -1{,}261\,\mathrm{J/mol}$$

11 열화학

화학 반응이나 상변화에서 발열되거나 흡수된 열은 단열 과정에서 온도 변화를 측정함으로써 결정할 수 있다. 아주 작은 온도 변화를 측정할 수 있으므로 이는 화학 반응과 상변화의 열화학을 연구하는 데 예민한 방법을 제공한다. 반응이 고립계에서 일어났을 때 온도가 상승하였다면 그 시스템을 다시 초기 상태로 되돌리기 위하여 열은 반드시 주위로 흘러가야 한다. 그와 같은 반응을 **발열**(exothermic) 반응이라 하고 열량 q는 음이다. 고립계에서 반응이 일어났을 때 온도가 떨어진다면 초기 상태로 복원하려면 주위에서 열이 시스템으로 들어가야 한다. 그와 같은 반응을 **흡열**(endothermic) 반응이라 하고 열량 q는 양이다.

엔탈피는 시스템의 상태 함수이며 extensive 특성이므로(일정한 T와 P에서) 그 미분량은 시스템 내의 화학종의 부분 몰 엔탈피(partial molar enthalpy)의 항으로 쓸 수 있다. 즉,

$$dH = \sum_{i=1}^{N_s} \overline{H_i}\, dn_i \tag{2.86}$$

여기서 N_s는 화학종의 수이다. 온도와 압력이 일정할 때 식 (2.57)은

$$dH = \delta q_P = \sum_{i=1}^{N_s} \overline{H_i}\, dn_i \tag{2.87}$$

으로 나타낸다. 이제 이 식들을 하나의 화학 반응이 일어나는 시스템에 적용해 보자.

흡수 또는 발열된 열은 화학 반응과 연결하기 위하여 어떤 반응이고 그의 양을 아는 것이 중요하다. 화학 반응의 열역학을 논의하기 위하여 화학 반응은 다음과 같이 일반적으로 나타내는 것이 편리하다.

$$0 = \sum_{i=1}^{N_s} \nu_i B_i \tag{2.88}$$

여기서 ν_i는 **화학량론수**(stochiometric number)이고 B_i는 반응에 관련된 N_s 화학종에 대한 분자식이다. 차원이 없는 화학량론수는 생성물에는 양이고 반응물에는 음이다. 그래서 반응식의 쓰는 방법에 따라 반응 $H_2 + \frac{1}{2}O_2 = H_2O$는

$$0 = -1\,H_2 - \frac{1}{2}O_2 = 1H_2O \tag{2.89}$$

으로 쓸 수 있다. 이러한 관습을 사용하는 이유는 화학 반응에 대한 열역학 식을 쓰는 것이 더 쉽기 때문이다.

어떤 시간까지 일어난 반응의 양은 반응 진척도(extent of reaction) ξ로 나타낸다. 이는

$$n_i = n_{i0} + \nu_i \xi \tag{2.90}$$

으로 정의되는데, 여기서 n_{i0}는 초기에 존재하는 물질 i의 양이고, n_i는 후에 어느 시간에서의 양이다. n은 몰로 나타내고 ν_i는 차원이 없으므로 반응 진척도 ξ는 몰로 표현된다. 반응 진척도 ξ의 개념은 중요하다. 왜냐하면 반응의 양과 특별히 균형이 잡힌 화학식 사이를 연결해 주기 때문이다. 이는 후에 평형 상수를 계산하는 데 사용된다.

식 (2.90)에서 미분량을 구하면 $dn_i = \nu_i d\xi$이므로 이를 식 (2.87)에 대입하면

$$dH = \delta q_P = \sum_{i=1}^{N_s} \nu_i \overline{H_i}\, d\xi \tag{2.91}$$

이를 $d\xi$로 나누면

$$\Delta_r H = \left(\frac{\partial H}{\partial \xi}\right)_{T,P} = \frac{\delta q_P}{d\xi} = \sum \nu_i \overline{H_i} \tag{2.92}$$

양 $\Delta_r H$는 반응 엔탈피(reaction enthalpy)라고 부른다. 이는 아래첨자 r을 첨가하여 의미를 강조하였다.

반응 엔탈피는 시스템의 엔탈피를 반응 진척도에 대한 미분량이다. 이것은 $\dfrac{\Delta H}{\Delta \xi} = \Delta_r H$로 쓸 수 있는 아주 큰 시스템에 대한 형상화하기에 가장 쉬운 방법이다.

만약 1몰의 반응이 일어난다면 $\Delta \xi = 1$ mol이고 $\Delta H = (1\,\text{mol})\,\Delta_r H$이다. 반응의 1몰이 무엇인가를 알려면 양적 관계가 확립된(balanced) 화학식을 갖추어야 한다. 왜냐하면 식을 쓰는 방법은 방향에 대하여 임의이고 정수로 곱하거나 나누는 것도 임의이기 때문이다. 그래서 $2H_2 + O_2 = 2H_2O$의 반응 엔탈피는 $H_2 + \frac{1}{2}O_2 = H_2O$ 반응의 반응 엔탈피의 2배이다. 익스텐시브 특성 ΔH와 특정한 화학 반응에 대한 엔탈피 변화를 구별하기 위하여 반응에 대하여 $\Delta_r H$로 표기한다. 식 (2.92)에서 반응 엔탈피는 SI 단위로 J/mol을 갖는다. 여기서 mol^{-1}은 작성된 대로의 반응에 대한 반응물의 1몰을 나타낸다. $\Delta_r H$에는 윗줄(overbar)를 쓰지 않는다. 왜냐하면 아래첨자 r은 mol^{-1} 단위가 관련되었음을 나타낸다.

반응물과 생성물의 상태에 대하여 좀 더 구체적인 규정을 위하여 표준 상태(standard state)에 있는 반응물이 표준 상태의 생성물로 전환되는 반응을 항상 고려하게 된다. 물질이 표준 상태에 있을 때에는 열역학 양은 윗첨자 zero(0)을 붙여 나타낸다. 그래서 만약 반응물과 생성물이 표준 상태에 있다면 식 (2.95)는

$$\Delta_r H^0 = \sum_{i=1}^{N} \nu_i \overline{H}_i^0 \tag{2.93}$$

으로 나타낸다.

열역학의 표준 상태

화학 열역학에서 사용하는 표준 상태는 다음과 같다.

- 순수 기체 물질(pure gaseous substance)의 표준 상태는 g로 표시하고, 주어진 온도에서 그리고 1기압에서의(가상의) 이상기체이다.
- 순수 액체 물질(pure liquid substance)의 표준 상태는 l로 표시하고 주어진 온도에서 그리고 1기압에서 순수 액체이다.
- 주어진 온도에서 순수 결정 물질(pure crystalline substance)의 표준 상태는 s로 표시하고 이는 압력 1 bar에서 순수 결정 물질이다.
- 용액에서 한 물질(a substance in solution)의 표준 상태는 각각의 온도에서 그리고 1기압에서 표준 상태 몰 농도(1 mol/kg)의 이상 용액에서 물질의 가상적인 l이다. 전해질의 표준 상태를 나타내기 위하여 NBS의 table of chemical thermodynamical properties(1982)는 2개의 기호를 사용한다. 물에 완전히 해리되는 전해질의 열역학 특성은 ai로 표시한다. 물에 해리되지 않는 분자의 열역학 특성은 ao로 표시한다. 물에서 이온의 열역학적 특성은 더 이상의 이온화가 일어나지 않음을 나타내기 위하여 ao로 표시한다.

Lavoisier와 Laplace는 1780년에 화합물이 분해될 때 흡수되는 열은 같은 조건에서 그의 형성에서 나오는 열과 같음을 인지하였다. 그래서 화학 반응이 역으로 표시되면 ΔH 기호도 바뀐다. 1840년에 Hess는 일정한 압력에서 화학 반응의 전체적인 열은 관련된 중간 단계에 관련 없이 같다는 것을 지적하였다. 이 원리들은 모두 열역학 1법칙의 따름 정리이고 엔탈피가 상태 함수라는 사실의 결과이다. 이는 직접 연구할 수 없는 반응에 대한 엔탈피 변화를 계산하는 것이 가능하게 해준다. 예를 들면, 탄소를 제한된 양의 산소에 태워서 일산화탄소로 될 때 발생된 열을 측정하는 것은 실용적이지 못하다. 왜냐하면 생성물은 일산화탄소와 이산화탄소의 어떤 혼합물이 되기 때문이다. 그러나 탄소는 여분의 산소 하에 완전히 연소하여 이산화탄소로 변화하고 반응열을 측정할 수 있다. 그래서 25 ℃에서 흑연에 대하여

$$\text{C(흑연)} + O_2(g) = CO_2(g) \qquad \Delta_r H^o = -393.509\ \text{kJ/mol}$$

이다. 또한 일산화탄소가 타서 이산화탄소로 될 때 발생열은 쉽게 측정된다.

$$CO(g) + \frac{1}{2}O_2(g) = CO_2(g) \qquad \Delta_r H^o = -282.984\ \text{kJ/mol}$$

이 식을 더하거나 빼서 원하는 식으로 변환하여

$$\text{C(흑연)} + O_2(g) = CO_2(g) \qquad \Delta_r H^o = -393.509 \text{ kJ/mol}$$
$$CO_2(g) = CO(g) + \frac{1}{2}O_2(g) \qquad \Delta_r H^o = 282.984 \text{ kJ/mol}$$

$$\text{C(흑연)} + \frac{1}{2}O_2(g) = CO(g) \qquad \Delta_r H^o = -110.525 \text{ kJ/mol}$$

이와 같이 하여 흑연이 탈 때 관련된 열을 구할 수 있다. 이 데이터는 그림 2.16에서 보는 바와 같이 엔탈피 레벨 도표의 형태로 나타낼 수 있다. 더불어 이 도표는 25 ℃, 1 bar에서 탄소가 원자로 증발하는데 관련된 엔탈피 변화와 산소가 원자로 해리되는 경우 엔탈피 변화를 구할 수 있는데, 이는

$$\text{C(흑연)} = C(g) \qquad \Delta_r H^o = 716.682 \text{ kJ/mol}$$
$$O_2(g) = 2O(g) \qquad \Delta_r H^o = 498.340 \text{ kJ/mol}$$

이다.

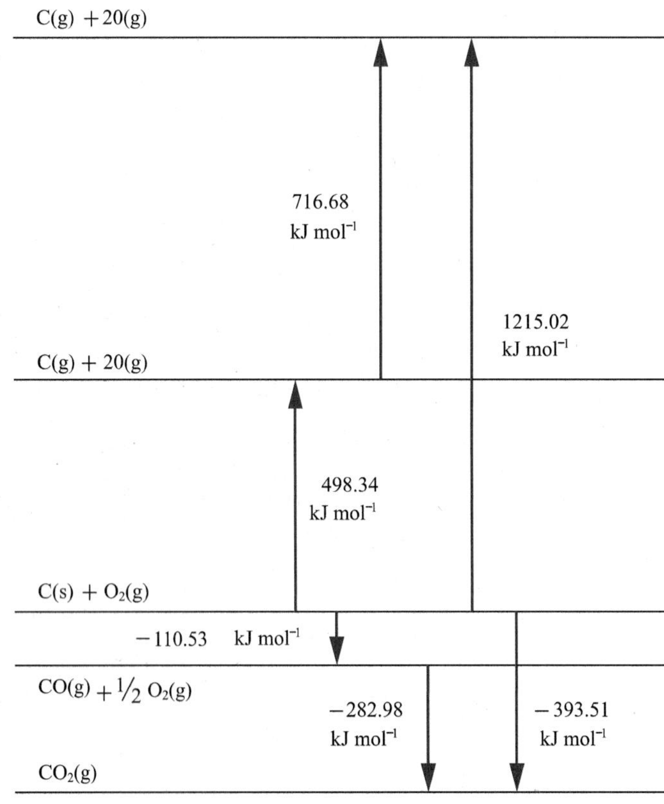

그림 2.16 시스템 $C(s)+O_2(g)$에 대한 엔탈피 레벨 도표. 레벨의 차이는 25 ℃, 1 bar에서 표준 엔탈피 변화이다.

12 형성 엔탈피

절대값의 엔탈피는 알 수 없으므로 참조 상태(reference state)로 정의된 상태와 비교된 엔탈피가 대신 사용된다. 각 물질의 정의된 참조 상태는 각각이 표준 상태에 있고 고려 중인 온도에서 물질 내의 원소들의 화학 평량 양으로 구성된다. 물질의 이러한 상대적인 엔탈피를 형성 엔탈피(enthalpy of formation)라 하며 $\Delta_f H^0$로 표시한다. 반응물과 생성물에 대하여 같은 참조 상태가 사용되므로 식 (2.93)과 절대 엔탈피를 사용한 것과 같은 $\Delta_r H^0$가 얻어진다. 그래서 반응에 대한 표준 엔탈피 변화는 다음과 같이 형성 엔탈피를 사용하여 계산할 수 있다.

$$\Delta_r H^0 = \sum_{i=1}^{N} \nu_i \Delta_f H_i^0 \tag{2.94}$$

주지할 것은 형성 엔탈피는 윗줄을 사용하지 않는다. 왜냐하면 아래첨자 f는 1몰 단위가 관여되었기 때문이다.

주어진 온도에서 한 물질의 형성 엔탈피는 주어진 온도에서 표준 상태에 있는 1몰의 물질이 그 온도에서 표준 상태에 있는 각 원소(element)로부터 형성될 때 반응 엔탈피이다. 만약 한 원소의 고체 형태가 둘 이상이면, 그중 하나를 참조로 선택해야 한다. 열역학 표에는 참조 형태는 보통 25℃, 1 bar에서 원소의 가장 안정한 형태이다. 그래서 수소의 참조 형태는 H(g) 대신에 H_2(g)이고, 탄소의 참조 형태는 흑연이고 황은 사방정(rhombic) 황이다. 넓은 범위에 걸친 열역학 표에서는 여러 온도 범위에서 다른 참조 상태가 사용된다. 어떤 경우에도 표준 상태에 있는 한 원소의 형성 엔탈피는 0이다.

앞의 반응에서 25℃에서 다음과 같은 형성 엔탈피를 얻는다.

	$\Delta_f H^0$(kJ/mol)
CO_2(g)	−393.509
CO(g)	−110.525
C(g)	716.682
O(g)	249.170

이 형성 엔탈피는 그림 2.16에서 확인되어야 한다. 표에 나타난 형성 엔탈피값은 4가지 소스로부터 얻어진다. (1) 반응, 녹음, 기화, 승화, 전이 그리고 묽게 함에 대한 열량측정기로 측정된 엔탈피, (2) 평형 상수의 온도 변화, (3) 분광학적(spectroscpically)으로 결정된 해리 에너지, (4) Gibbs 자유 에너지와 엔트로피로부터 계산이다. 표에 나와 있는 반응과 생성물에 대한

$\Delta_r H^0$을 계산할 수 있으나 반응은 쓰여진 방향으로 자동적으로 발생시킬 필요는 없다. 그 반응이 일어날 것인가 아닌가는 열역학 2법칙에 근거한 계산으로 답할 수 있다.

이제까지 298.15 K에서 반응 엔탈피에 대하여 논의하였다. 298.15 K에서 값이 주어지고 다른 온도에서 표준 엔탈피 변화를 계산하기 위해서는 생성물과 반응물의 열용량 데이터가 필요하다. 엔탈피는 상태 함수이므로 아래 표시된 경로를 사용하여 임의의 원하는 온도에서 표준 엔탈피 변화를 계산한다.

$$\text{반응물} \xrightarrow{\Delta_r H_T^0} \text{생성물} \tag{2.95}$$

$$\int_T^{298} C_{P,\,react} dT \downarrow \qquad\qquad \uparrow \int_{298}^T C_{P,\,prod}\, dT$$

$$\text{반응물} \xrightarrow{\Delta_r H_{298}^0} \text{생성물}$$

$$\Delta_r H_T^0 = \int_T^{298} C_{P,\,react}\, dT + \Delta_r H_{298}^0 + \int_{298}^T C_{P,\,pro}\, dT \tag{2.96}$$

$$\Delta_r H_T^0 = \Delta_r H_{298}^0 + \int_{298}^T (C_{P,pro}^0 - C_{P,react}^0) dT$$

$$= \Delta_r H_{298}^0 + \int_{298}^T \Delta_r C_P^0 \; dT \tag{2.97}$$

여기서

$$\Delta_r C_P^0 = \sum_i \nu_i \overline{C_{P,i}^0} \tag{2.98}$$

반응 열용량 $\Delta_r C_P^0$ 는 윗줄(overbar)를 갖지 않는다. 왜냐하면 아래첨자 r은 단위가 1몰당을 나타낸다. 만약 반응물과 생성물의 열용량에 대한 데이터가 유용하다면 $\Delta_r H_T^0$ 는 온도의 함수로 다음과 같이 나타낼 수 있다.

$$\Delta_r C_P^0 = \Delta_r \alpha + (\Delta_r \beta) T + (\Delta_r \gamma) T^2 \tag{2.99}$$

여기서 $\Delta_r \alpha = \sum \nu_i \alpha_i$ 등이다. 식 (2.97)에 대입하면

$$\Delta_r H_T^0 = \Delta_r H_{298}^0 + \int_{298}^T \left[\Delta_r \alpha + (\Delta_r \beta) T + (\Delta_r \gamma) T^2\right] dT$$

$$= \Delta_r H_{298}^0 + \Delta_r \alpha (T - 298) + (\Delta_r \beta)(T^2 - 298^2) + (\Delta_r \gamma)(T^3 - 298^3)$$

$$= \Delta_r H_0^0 + \Delta_r \alpha T + (\Delta_r \beta / 2) T^2 + (\Delta_r \gamma / 3) T^3 \tag{2.100}$$

마지막 식에서 상수항을 모아서 0 K에서 가상적인 반응 엔탈피를 표시하였다. 이는 가상적

인 것이다. 왜냐하면 C_P의 온도에 대한 거듭제곱 급수 (power series)는 제한된 온도 범위에서 적용된다. 이 제한된 범위에서 식 (2.100)은 반응 엔탈피의 온도에 대한 함수로 나타낸다.

예제 2-6 298 K에서 수소 원자 형성 엔탈피로부터 수소 분자의 결합 에너지 계산

Ⓠ 다음 반응에 대한 0 K에서 $\Delta_r H^0$의 값을 구하라.

$$H_2(g) = 2H(g)$$

Ⓐ $\Delta_r H^0(298)$을 사용한 계산은 제공된 표에서 $\overline{H}^0_0 - \overline{H}^0_{298}$의 사용을 나타낸다. 해당되는 값을 도표에 나타냈다.

$$\Delta_r H^0(298) = 2(217.999\ \text{kJ/mol}) = 435.998\ \text{kJ/mol}$$

$$H_2(g) \xrightarrow{298\,K} 2H(g) \quad \Delta H^0_{298} = 435.998\ \text{kJ/mol}$$

$$\overline{H}^0_{298} - \overline{H}^0_0 \uparrow \qquad\qquad \downarrow \overline{H}^0_0 - \overline{H}^0_{298}$$

$$= 8.467\ \text{kJ/mol} \qquad\qquad = -(2)(6.197\ \text{kJ/mol})$$

$$H_2(g) \xrightarrow[0\,K]{} 2H(g)$$

$$\Delta_r H^0(0\ \text{K}) = (8.467 + 435.998 - 12.394) = 432.071\ \text{kJ/mol}.$$

또 다른 방법으로 부록 C3에서 0 K에서 H(g)의 형성 엔탈피에서 구할 수 있다. 즉,

$$\Delta_r H^0(0\ \text{K}) = 2(216.035) = 432.071\ \text{kJ/mol}$$

이 값은 종종 H-H 결합 에너지라 하며 또한 해리 에너지(dissociation energy) D_0로 부른다.

열역학적인 사이클에 대한 개념은 많은 방법으로 사용된다. 중요한 아이디어는 열역학적인 특성, 특히 엔탈피의 변화를 측정하는 데 4번째 경로보다는 세 번째 경로로 측정하는 것이 더 쉽다는 것이다. 예를 들면, 상온에서 엔탈피 변화는 열량측정기(calorimeter)를 사용하여 측정하고 높은 온도까지 열용량을 측정하는 것이 높은 온도에서 열량측정을 하는 것보다 더 쉽다.

13 열량측정법

반응열은 단열의 열량측정기(adiabatic calorimeter)를 사용하여 결정한다. 즉, 반응이나 용액

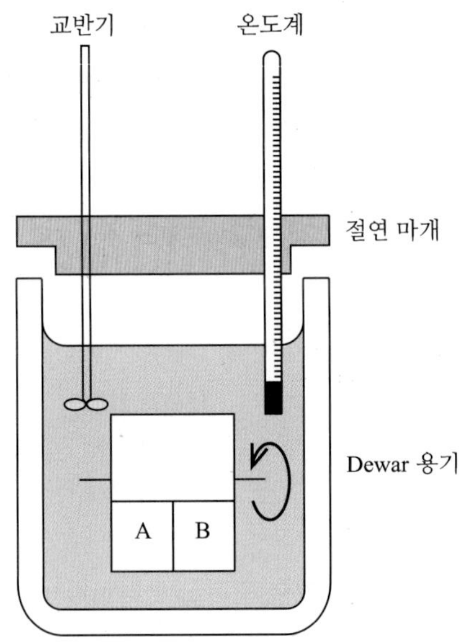

그림 2.17 일정한 압력에서 작동되는 단열 열량계. 용액 A와 B의 반응은 반응 용기를 회전시켜 시작한다.

화 과정은 용기 내에서 일어나는데, 이는 측정된 물의 양에 잠겨 있고 열량측정기와 같은 온도를 유지하기 위하여 단열 또는 절연으로 둘러싸여 열이 흡수되거나 빼기지 못한다. 일정한 압력에서 작동되는 간단한 열량측정기는 그림 2.17에 나타냈다. 그래서 단열에 대한 $\Delta H_A = 0$이다. 일정한 압력의 열량측정기에서 어떤 양의 반응물 R이 완전히 생성물 P로 전환되었다면, 관련된 상태 변화는 다음과 같이 나타낼 수 있다.

단열 용기(adiabatic container), 온도계(thermometer), 교반기(stirrer) 그리고 측정된 물의 양은 Cal.으로 나타낸다. 엔탈피는 상태 함수이므로 실제 과정에 대한 엔탈피 변화는 두 방법으로 기술된다.

$$\Delta H_A = \Delta H(T_1) + \Delta H_P = 0 \tag{2.101}$$

$$\Delta H_A = \Delta H_R + \Delta H(T_2) = 0 \tag{2.102}$$

반응물, 생성물, 그리고 열량측정기의 열용량은 온도 범위 T_1과 T_2에서 상수로 가정하였으므로 이 식은

$$\Delta H(T_1) = -\Delta H_P = -\left[C_P(P) + C_P(Cal)\right](T_2 - T_1) \tag{2.103}$$

$$\Delta H(T_2) = -\Delta H_R = -\left[C_P(P) + C_P(Cal)\right](T_2 - T_1) \tag{2.104}$$

여기서 C_P들은 익스텐시브 특성이다. 그래서 열량측정기 실험의 결과는 온도 T_1 또는 T_2에서 어떤 일정량의 R이 P로 변환하는데 ΔH를 얻는 것으로 해석할 수 있다. 첫 번째 열용량

항은 고정된 전기 가열기를 사용하고 단지 생성물의 존재에 I^2Rt를 측정한다. 두 번째 식의 열용량 항은 반응물만 존재하는 데에서 결정한다. 이 표현에서 I는 일정한 전류로 시간 t 동안 저항 R을 통과한다. 열량측정 실험에서 ΔH가 결정되면, 균형된 화학 반응식에서 $\Delta_r H$는 $\Delta_r H = \dfrac{\Delta H}{\Delta \xi}$ 을 이용하여 구한다.

반응이 밀폐된 용기(sealed bomb, 그림 2.18)에서 수행될 때에는 PV일이 없다. 그래서 1법칙은 $\Delta U = q_V$로 쓸 수 있다. 그래서 반응에 대한 내부에너지가 얻어진다. 반응이 일정한 압력에서 진행될 때에는 1법칙에서 $\Delta H = q_P$ 이다. 화학자들은 ΔU보다 ΔH에 더 관심이 많다. 왜냐하면 화학 반응은 일반적으로 일정한 압력에서 진행되기 때문이다. 만약 ΔU가 밀폐된 열량기에서 결정되었다면 ΔH 값은 식 (2.55)에서

$$\Delta_r H = \Delta_r U + RT\sum \nu_g \tag{2.105}$$

여기서 $\sum \nu_g$는 기체의 생성물과 반응물의 화학량 수의 합이다. 생성물의 화학량 수는 양이고 반응물의 화학량 수는 음이다. 식 (2.105)를 이와 같이 기술하는데에는 고체, 액체, 반응물의 부피변화는 무시하는 것이다. 이는 기체 부피 변화와 비교하면 무시할만하다. 또한 기체는 이상기체로 가정한다.

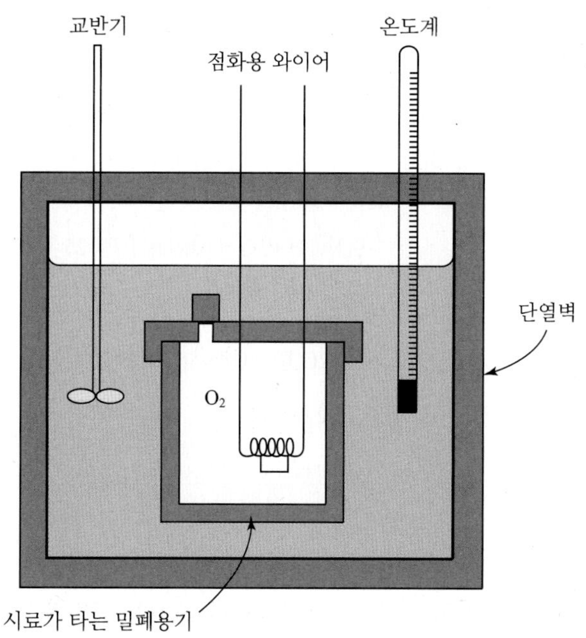

그림 2.18 일정한 부피에서 연소 반응을 수행하는 단열 밀폐 열량기.

예제 2-7 연소열(Heat of combustion)에서 반응 엔탈피 구하기

Q 일정한 부피의 열량측정기에서 에탄올의 연소는 25 ℃에서 1364.34 kJ/mol을 생성한다. 다음 연소 반응에 대한 $\Delta_r H^0$의 값은 얼마인가?

$$C_2H_5OH(l) + 3O_2(g) = 2CO_2(g) + 3H_2O(l)$$

A $\Delta_r H^0 = \Delta_r U^0 + RT\sum \nu_g$

$$= -1364.34 \text{ kJ/mol} + (8.3145 \times 10^{-3} \text{ kJ/mol K})(298.15 \text{ K})(-1)$$
$$= -1366.82 \text{ kJ/mol}.$$

이는 25 ℃와 1 bar 압력에서 생겨나는 열의 양이다.

예제 2-8 연소열의 몰 내부 에너지 계산

Q 단열 밀폐 열량기에서 0.5173 g의 에탄올은 25.0 ℃에서 29.289 ℃로의 온도 상승을 야기시킨다. 밀폐 용기, 반응물, 그리고 다른 내용물의 열용량은 3576 J/K이다. 25 ℃에서 에탄올의 연소 몰 내부 에너지는 얼마인가?

A 상태 변화를 다음과 같이 쓸 수 있다.

$$\{C_2H_5OH + 3O_2 + \text{others}\}\ [T=25\ ℃, V] = \{2CO_2 + 3H_2O\}\ [T=29.289\ ℃, V]$$

여기서 $q=0$(adiabatic)이고 $w=0$(일정 부피), 그래서 $\Delta U=0$이다.
상태 변화를 다음의 합으로 쓸 수 있다.

$$\{C_2H_5OH + 3O_2 + \text{others}\}\ [T=25\ ℃, V]$$
$$= \{2CO_2 + 3H_2O\}\ [T=25\ ℃, V]\ \ \Delta U_1.$$
$$\{C_2H_5OH + 3O_2 + \text{others}\}\ [T=25\ ℃, V]$$
$$= \{2CO_2 + 3H_2O\}\ [T=29.289\ ℃, V]\ \ \Delta U_2.$$

여기서 $\Delta U_1 + \Delta U_2 = \Delta U = 0$ 그래서 $\Delta U_1 = -\Delta U_2$, 즉

$$\Delta_r U = -\frac{(3.576\,\text{kJ/K})(4.289\,\text{K})(46.0\,\text{g/mol})}{0.5173\,\text{g}} = -1{,}364\,\text{kJ/mol}.$$

용질이 용매에 녹을 때 열이 흡수되거나 방출된다. 일반적으로 용액의 열은 최종 용액의 농도에 의존한다. 용체화열(heat of solution)은 1몰의 용질이 n몰의 용액에 용해될 때 엔탈피 변화이다. 용액화 과정은 1기압에서 다음과 같은 식으로 나타낸다.

$$HCl(g) + 5H_2O(l) = HCl \text{ in } 5H_2O$$
$$\Delta_{sol}H^0(298 \text{ K}) = -63.467 \text{ kJ/mol} \quad (2.106)$$

여기서 'HCl in $5H_2O$'는 1몰의 HCl이 5몰의 물에의 용액을 나타낸다. 물의 양이 증가함에 따라 용체화열은 점근적인 값에 접근한다.

액체 초산이 물에 녹아 수용액을 만들고 여기에서는 해리 안 된 초산이 표준 상태임을 나타냄은

$$CH_3COOH(l) = CH_3COOH(ao)$$
$$\Delta_{sol}H^0(298 \text{ K}) = -1.3 \text{ kJ/mol} \quad (2.107)$$

여기서 ao는 이온이 더 이상 해리되지 않음을 나타낸다.

용질이 화학적으로 용매와 유사하고 이온화와 용액화 등의 복잡함 없이 용매 내에 용해될 때에는 용체화열은 거의 용질의 용해열과 같게 된다. 용질이 용해될 때 고체 용질의 분자나 이온 사이의 인력을 극복하기 위하여 열이 항상 흡수될 것으로 기대된다. 흔히 일어나는 또 다른 과정은 용매(solvent)와 강한 반응을 일으키는 데, 이는 용매화(solvation)라고 하며 이때 열을 방출한다. 물의 경우 이 용매화를 수화(hydration)라고 한다.

용액화 과정에서 용질에 대한 용매의 이 인력의 중요성은 NaCl을 물에 녹이는 경우에 알 수 있다. NaCl 결정 격자에는 양이온 Na^+와 음이온 Cl^-가 서로 강하게 끌어당기고 있다. 그들을 분리하는데 요구되는 에너지는 너무 커서 벤젠이나 사염화탄소 같은 비극성(non-polar) 용매는 NaCl을 녹이지 못한다. 그러나 물과 같은 용매는 큰 유전 상수와 큰 쌍극자 모멘트(dipole moment)를 가지고 있어 Na^+와 Cl^- 이온에 대한 강한 인력이 있어 시스템의 에너지를 크게 감소시키며, 용매화가 일어난다. 결정에서 이온을 분리하는데 요구되는 에너지는 용매화 에너지와 거의 같다. NaCl이 물에 녹는 경우 전체 과정에 대한 ΔH는 0에 가깝다. NaCl이 25 ℃에서 물에 녹을 때에는 단지 작은 냉각 효과만 존재한다. q의 값은 양이다. Na_2SO_4가 25 ℃에서 물에 용해될 때에는 열의 방출이 있다. 왜냐하면 이온의 수화 에너지는 결정에서 이온을 분리하는데 요구되는 에너지보다 크기 때문이다.

묽은 용액(dilute solution)에서 NaOH와 KOH와 같은 강한 염기(base)와 HCl과 같은 강한 산과의 반응열은 산이나 염기의 본성과는 무관함이 밝혀졌다. HNO_3와 같은 중성화 열(heat of neutralization)의 일정함은 강산과 염기의 완전한 이온화가 되어 중성화에 의한 염(salt)의 형성 결과이다. 그래서 강산의 묽은 용액을 강염기의 용액에 첨가하면 유일한 화학 반응은

$$OH^-(ao) + H^+(ao) = H_2O(l) \qquad \Delta_r H^0(298 \text{ K}) = -55.835 \text{ kJ/mol}$$

약산이나 약염기의 묽은 용액이 중화될 때에 중화열은 다소 작다. 왜냐하면 약산 또는 약염기의 해리에서 열의 흡수 때문이다.

연습문제

01 $\gamma = C_P/C_V$를 갖는 이상.기체가 온도에 독립적으로 가역 단열 팽창에서 $PV^{\gamma}=$일정 관계를 갖는다. 이제 이 기체가 P_1, V_1에서 P_2, V_2로 단열 팽창하였을 때 일은 $w=(P_2V_2-P_1V_1)/(\gamma-1)$임을 증명하라.

02 다음 반응이 우주 로켓의 추진에 사용된다.

(a) $H_2(g)+\frac{1}{2}O_2(g)=H_2O(g)$

(b) $CH_3OH(l)+1\frac{1}{2}O_2(g)=CO_2(g)+2H_2O(g)$

(c) $H_2(g)+F_2(g)=2HF(g)$

25 ℃에서 반응물의 kg당 세 반응에 대한 엔탈피 변화를 계산하라.

03 $dq=dU+PdV=C_V dT+RTd\ln V$는 완전 미분이 아니나 $\frac{dq}{T}=C_V d\ln T+Rd\ln V$는 완전 미분임을 밝혀라.

04 다음 반응식에서 $CH_4(g)$의 연소 엔탈피를 298 K와 2,000 K에서 비교하라.

$$CH_4(g)+2O_2(g)=CO_2(g)+2H_2O(g)$$

3 Chapter

Thermodynamics in Materials Sciences

열역학 2법칙과 3법칙

열역학 1법칙에 의하면 한 형태의 에너지가 다른 형태로 변환될 때 전체 에너지는 보존된다. 그리고 이는 이 과정에 대하여 임의의 다른 제한을 나타내지 않는다. 그러나 우리는 경험적으로 많은 과정이 자연적인 진행 방향을 갖고 있음을 알고 있고, 열역학 2법칙은 이러한 진행 방향에 대한 의문과 관련된다. 예를 들면, 기체는 진공 속으로 팽창하나 그 반대의 과정은 열역학 1법칙에 어긋남이 없음에도 불구하고 절대로 일어나지 않는다. 균일한 온도를 갖는 금속 막대가 한쪽 끝이 다른 쪽 끝보다 더 뜨겁게 되는 것은 열역학 1법칙에 어긋나지 않으나, 이러한 현상은 결코 자발적으로 일어나지 않는다.

열역학 2법칙은 과학에서 가장 중요한 일반화된 개념 중의 하나이다. 그것은 또한 화학에서도 중요하다. 왜냐하면, 2법칙은 한 과정이 정방향 또는 역방향으로 어느 방향으로 일어날 것인가를 말해주기 때문이다. 한 화학 반응이나 물리적 변화는 고립계에서 자발적으로 일어날 것인가를 말해주는 양은 엔트로피 S이다. 엔트로피는 내부 에너지 U와 같이 시스템의 상태 함수이다.

열역학은 한 반응이 평형에 도달하는 속도를 취급하지 않고 단지 평형 상태만 취급한다. 한 용기에 있는 기체가 또 다른 용기로 팽창할 때에는 약간의 시간이 요구되고, 어떤 반응은 평형에 도달하는 속도는 아주 느리다. 그리고 열역학 3법칙으로 한 물질의 엔트로피에 대하여 절대값을 구할 수 있다.

1 상태 함수인 엔트로피

열역학 2법칙을 이해하기 위하여 먼저 1법칙에서 제공하지 않는 것을 생각해 보자. 1법칙에

의하면 시스템을 한 상태에서 다른 상태로 변화시키는 에너지는 보존됨을 나타내나, 이 반응이 자발적으로 일어날 것인가 또는 아닌가에 대하여는 아무런 정보를 제공하지 않는다. 그러나 우리는 경험적으로 어떤 과정이나 화학 반응이 한 방향으로 자발적으로 일어나나, 반대 방향으로는 일어나지 않음을 알고 있다. 예를 들면, 기체는 항상 진공으로 팽창한다. 열은 항상 더운 물체에서 차가운 물체로 전달된다. 촉매의 존재 하에 수소 분자와 산소 분자는 반응하여 물 분자를 형성한다. 이들을 자발적 과정(spontaneous process)이라고 부른다. 그 역과정은 비자발적 과정(nonspontaneous process)으로 시스템에 일을 행하여 진행시킨다. 기체는 역학적인 일에 의하여 더 작은 부피로 압축시킬 수 있다. 열은 냉동기관을 이용하여 차가운 물체에서 더운 물체로 이동시킬 수 있다. 배터리의 전기적인 일을 사용하여 물을 수소 분자와 산소 분자로 전기분해시킬 수 있다.

우리는 영화가 거꾸로 돌아갈 때에는 우스운 장면에 웃음이 나온다. 왜냐하면 그런 상황은 일어나지 않기 때문이다. 열역학 1법칙은 한 과정이 자발적으로 일어나는 방향에 대하여 언급하지 않는다. 두 입자가 충돌하는 영화를 볼 때에는 웃음이 나오지 않는다. 왜냐하면 영화가 순방향으로 진행되는 것처럼 보이기 때문이다. 사실 역학 운동 방정식은 시간의 역전(reversal)에 대하여 불변(invariant)이다. 당연히 물리적 변화나 화학 반응이 전진 또는 후방으로 자발적으로 일어날 수 있는가를 예측하는 것은 아주 유용하다. 그래서 이에 대한 정보를 제공하는 2법칙이 아주 중요하다.

자발적 과정을 확인하기 위하여 어떻게 상태 함수가 소개될 수 있는가를 알아보기 위하여 온도가 관련된 열전달 과정을 생각해 보자. 앞장에서 열은 비록 구체적인 과정에서, 즉 특별한 경로를 따라 상태 특성의 항으로 나타낼 수 있어도 상태 특성이 아님을 알았다. 예를 들면, 1법칙에서 이상기체가 가역적으로 가열되면

$$dU = C_V dT = \delta q_{rev} + \delta w = \delta q_{rev} - P dV = \delta q_{rev} - \frac{nRT}{V} dV \tag{3.1}$$

으로 나타난다. 가역적인 열은 상태 함수가 아니다. δq_{rev}는 불완전 미분이기 때문이다. 이는 완전 미분에 관한 테스트 기준인 $\left(\frac{\partial M}{\partial y}\right)_x = \left(\frac{\partial N}{\partial x}\right)_y$ 으로 확인할 수 있다. 식 (3.1)을 다시 쓰면

$$\delta q_{rev} = C_V dT + \frac{nRT}{V} dV \tag{3.2}$$

첫 항의 테스트는

$$\left(\frac{\partial C_V}{\partial V}\right)_T = 0 \tag{3.3}$$

왜냐하면 이상기체의 C_V는 부피에 독립이기 때문이다. 두 번째 항의 테스트는

$$\left[\frac{\partial(nRT/V)}{\partial T}\right]_V = \frac{nR}{V} \tag{3.4}$$

그러므로 혼합 편미분이 같지 않으므로 q_{rev}는 상태 함수가 아니다. 그러나 적분 인자 (integrating factor)를 곱하면 완전 미분으로 변환시킬 수 있는데, 열전달은 온도에 의존하므로 $\frac{1}{T}$를 적분 인자로 시도하면,

$$\frac{\delta q_{rev}}{T} = \frac{C_V}{T}dT + \frac{nR}{V}dV \tag{3.5}$$

으로 되고 이를 다시 테스트해 보면

$$\left(\frac{\partial(C_V/T)}{\partial V}\right)_T = 0 \tag{3.6}$$

$$\left[\frac{\partial(nR/V)}{\partial T}\right]_V = 0 \tag{3.7}$$

혼합 편미분이 0으로 같으므로 $\frac{\delta q_{rev}}{T}$는 상태 함수의 완전 미분이다. 이는 이상기체에 대하여 예로 들었으나 이는 일반적인 사실이다.

예제 3-1 가역열을 온도 T로 나눈 미분이 상태 함수임을 증명

Q 이상기체의 다음의 가역 과정을 고려하여 $\int \frac{\delta q_{rev}}{T}$가 경로에 무관함을 보여라.

(a) 이상기체 (T_1, P_1, V_1)=이상기체 (T_1, P_2, V_2) 가역, 항온

(b) 이상기체 (T_1, P_1, V_1)=이상기체 (T_2, P_3, V_2) 가역, 단열

(c) 이상기체 (T_2, P_3, V_2)=이상기체 (T_1, P_2, V_2) 가역, 정적(constant volume)

(d) 이상기체 (T_1, P_1, V_1)=이상기체 (T_3, P_1, V_2) 가역, 등압

(e) 이상기체 (T_3, P_1, V_2)=이상기체 (T_1, P_2, V_2) 가역, 정적

A 1법칙에 근거하여 그림 3.1과 같은 변화를 나타냈다.

(a) 이상기체에 대하여 내부 에너지는 온도에 의존하므로 $dU=0$이다. 그러므로

$$\delta q_A = -\delta w = PdV = RT\frac{dV}{V}. \text{ 따라서 } \int\frac{\delta q_A}{T} = R\ln\left(\frac{V_2}{V_1}\right).$$

(계속)

(b) 변화는 단열이므로 $\delta q_B = 0$ 이고 $\int \frac{\delta q_B}{T} = 0$.

그리고 $\frac{T_1}{T_2} = \left(\frac{V_2}{V_1}\right)^{R/C_V}$ 이다.

(c) 부피는 일정하므로 $w = 0$이고 1법칙에서 $\delta q_C = dU = C_V dT$ 이다. 그래서

$$\int \frac{\delta q_C}{T} = \int \frac{C_V dT}{T} = C_V \ln\left(\frac{T_1}{T_2}\right).$$

그림 3.1(a)에서 나타낸 대로 상태 함수에 대하여 B와 C의 합은 A와 같아야 한다.

즉, $\int \frac{\delta q_A}{T} = \int \frac{\delta q_B}{T} + \int \frac{\delta q_C}{T}$. 즉, $R \ln\left(\frac{V_2}{V_1}\right) = C_V \ln\left(\frac{T_1}{T_2}\right)$.

이는 가역적인 단열 팽창에 대한 표현과 일치한다. 이는 $\int \frac{\delta q_{rev}}{T}$는 상태 함수임을 확인시켜 준다.

(d) 일정한 압력에서 $\int \frac{\delta q_D}{T} = \int \frac{dH_D}{T}$, 이는 $\int \frac{C_P dT}{T} = C_P \ln\left(\frac{T_3}{T_1}\right)$. 초기 상태와 최종 상태에서 압력이 같으므로 $\frac{T_3}{T_1} = \frac{V_2}{V_1}$.

(e) 일정한 부피에서 $\delta w_E = 0$ 그리고 1법칙에서 $\int \frac{\delta q_E}{T} = \int \frac{dU_E}{T} = \int \frac{C_V dT}{T} = C_V \ln\left(\frac{T_1}{T_3}\right)$.

그림 3.1(b)에서 나타냈듯이 D와 E 항은 A와 같아야 한다. 즉, $\int \frac{\delta q_A}{T} = \int \frac{\delta q_B}{T} + \int \frac{\delta q_C}{T}$.

즉, $C_P \ln\left(\frac{T_3}{T_1}\right) + C_V \ln\left(\frac{T_1}{T_3}\right) = R \ln\left(\frac{T_3}{T_1}\right)$ 는 $R \ln\left(\frac{V_2}{V_1}\right)$과 같아야 한다.

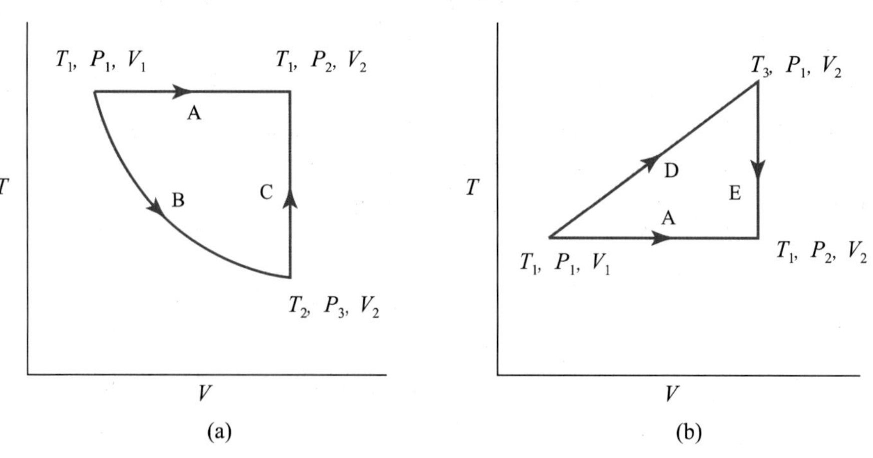

그림 3.1 예제 3 - 1의 이상기체의 상태의 가역 변화.

2 열역학 2법칙

$\frac{\delta q_{rev}}{T}$는 상태 함수의 미분임을 알았다. Clausius는 이 상태 함수를 엔트로피 S라고 명명하였다. 그래서 상태에서 무한소 변화에 대하여

$$dS = \frac{\delta q_{rev}}{T} \tag{3.8}$$

그리고 유한 크기 변화에 대하여

$$\Delta S = \int \frac{\delta q_{rev}}{T} \tag{3.9}$$

으로 나타낸다. 닫힌 사이클(closed cycle) 주위의 합은

$$\sum \frac{\delta q_{rev}}{T} = 0 \text{ (유한 크기 항온 단계)} \tag{3.10}$$

$$\oint \frac{\delta q_{rev}}{T} = 0 \text{ (무한소 크기 단계)} \tag{3.11}$$

$$\sum \Delta S = 0 \text{ (유한 크기 항온 단계)} \tag{3.12}$$

$$\oint dS = 0 \text{ (무한소 크기 단계)} \tag{3.13}$$

또한 1854년에 Clausius는 이 식을 비가역 단계(irreversible step)에 적용하여

$$\oint \frac{\delta q}{T} \le 0 \tag{3.14}$$

임을 보였다. 이를 Clausius 부등식이라 한다. Clausius 이론은 열역학 2법칙의 수학적인 표현이다. 이 순환(cyclic) 적분은 다음과 같이 이해할 수 있다. (1) 만약 순환 과정의 임의의 부분이 비가역(자발적) 과정이면 부등식이 적용되고, 순환 적분은 음의 값이 된다. (2) 만약 순환 과정이 가역이면 등식이 적용된다. (3) 순환 적분이 0보다 크게 되는 것은 불가능하다. 식 (3.14)에서 순환 적분에서 나타나는 온도는 주위의 온도와 같다. 식 (3.14)는 비순환(non-cyclic) 과정에서 다음의 부등식을 가져온다.

$$dS \ge \frac{\delta q}{T} \tag{3.15}$$

만약 과정이 가역이라면 $dS = \frac{\delta q_{rev}}{T}$ 이고, 과정이 비가역이라면 $dS > \frac{\delta q_{irr}}{T}$ 이다.

그러므로 열역학 2법칙에는 두 부분이 존재한다.

- 엔트로피라 하는 상태 함수 S가 존재하며 이는 $dS = \frac{\delta q_{rev}}{T}$에서 계산할 수가 있다.
- 임의의 과정에 대한 엔트로피 변화는 $dS \geq \frac{\delta q}{T}$으로 주어진다. 부등호는 자발적 과정(비가역 과정)에 적용되고 등호는 가역 과정에 적용된다. 이는 상태 변화에 대한 ΔS를 계산하기 위해서는 반드시 가역 과정을 사용해야 함을 의미한다.

예제 3-2 dS**가 비가역 과정의 미분량의 열을 온도로 나눈 값보다 큰 값을 가짐에 대한 증명** I I

Q Clausius 이론을 적용하여 다음의 항온 비가역 순환에서 $dS > \frac{\delta q_{irr}}{T}$ 임을 증명하라.

$$\text{상태 } 1 \xrightarrow[\text{(비가역)}]{} \text{상태 } 2 \xrightarrow[\text{(가역)}]{} \text{상태 } 1.$$

A 이 순환은 비가역이므로 식 (3.14)에서

$$\int_1^2 \frac{\delta q_{irr}}{T} + \int_2^1 \frac{\delta q_{rev}}{T} < 0$$

두 번째 단계는 가역 과정이므로 $\frac{\delta q_{rev}}{T}$는 dS로 대치된다. 그리고 적분의 상한과 하한을 바꾸면

$$\int_1^2 \frac{\delta q_{irr}}{T} - \int_1^2 dS < 0, \quad \text{즉} \quad \Delta S = S_2 - S_1 = \int_1^2 dS > \int_1^2 \frac{\delta q_{irr}}{T}$$

이는 또한 $dS > \frac{\delta q_{irr}}{T}$ 으로 표시할 수 있다. 그래서 무한소의 작은 비가역 과정에서 엔트로피 변화는 열을 온도로 나눈 값보다 더 큼을 알 수 있다.

열역학 2법칙은 고립계(isolated system)에서 엔트로피는 자발적 과정에서 증가한다고 말할 수 있다. 왜냐하면 고립계에서는 $\delta q = 0$이므로 자발적 과정에서 $\Delta S > 0$이 되기 때문이다. (내부에너지가 일정한) 고립계의 엔트로피는 자발적 과정이 일어나는 동안 계속해서 증가할 수 있다. 더 이상의 가능한 자발적 과정이 없을 때 엔트로피는 최대가 된다. 임의의 좀 더 무한소의 작은 변화의 과정에서 $dS = 0$이다. 그래서 엔트로피 변화는 한 과정이나 화학 반응이 고립계 내에서 자발적으로 일어날 수 있는가를 말해줄 수 있다.

이 결과의 응용으로 고립되어 있지 않은 시스템을 시스템에 주위를 합하여 고립계를 만들어 적용할 수 있다. 관심의 시스템에서 자발적 반응이 일어날 때 시스템에 더하여 주위에서의 엔트로피로 전체 엔트로피 변화 dS_{tot}은

$$dS_{tot} = dS_{sys} + dS_{surr} \tag{3.16}$$

으로 주어진다. 먼저 주위에서 열 δq_{rev}을 얻는 시스템 내의 가역 과정을 생각해 보자. 주위는 $-q_{rev}$에 해당하는 열을 받으므로 식 (3.16)은

$$0 = dS_{sys} - \frac{\delta q_{rev}}{T_{surr}} \tag{3.17}$$

으로 된다. 왜냐하면 고립계에서 가역 과정은 $dS_{tot} = 0$이기 때문이다. 그래서 시스템과 주위를 더한 범위에서 가역 과정은

$$dS_{sys} = \frac{\delta q_{rev}}{T_{surr}} = \frac{\delta q_{rev}}{T} \tag{3.18}$$

이다. 왜냐하면 가역 과정에서 시스템의 온도는 주위의 온도와 같기 때문이다.

둘째로 시스템이 주위로부터 열 δq_{irr}을 받는 비가역 과정을 생각해 보자. 이 경우 식 (3.16)은 다음과 같이 쓰는 것이 편리하다.

$$dS_{sys} = dS_{tot} - dS_{surr} \tag{3.19}$$

만약 열전달이 주위에서 가역적으로 일어나면 주위에서 엔트로피 변화는 $-\frac{\delta q_{irr}}{T_{surr}}$이고, 식 (3.19)는

$$dS_{sys} > \frac{\delta q_{irr}}{T_{surr}} \tag{3.20}$$

으로 된다. 왜냐하면 전체(고립) 시스템에서 자발적 반응은 $dS_{tot} > 0$이기 때문이다. 식 (3.18)과 (3.20)을 합하여

$$dS_{sys} \geq \frac{\delta q}{T_{surr}} \tag{3.21}$$

으로 나타낼 수 있다. 그리고 유한 크기 시스템에서는

$$\Delta S_{sys} \geq \int \frac{\delta q}{T_{surr}} \tag{3.22}$$

고립계에서 한 자발적인 반응이 일어남에 따라 엔트로피는 그림 3.2에서 보는 것처럼 증가하다가 궁극적으로 평편해진다. 고립계에서 한 과정이 가역적으로 일어나면 엔트로피는 변화가 없다. 고립계에서 자발적 과정이 일어나면 엔트로피는 증가한다. 임의의 시스템에서 자발

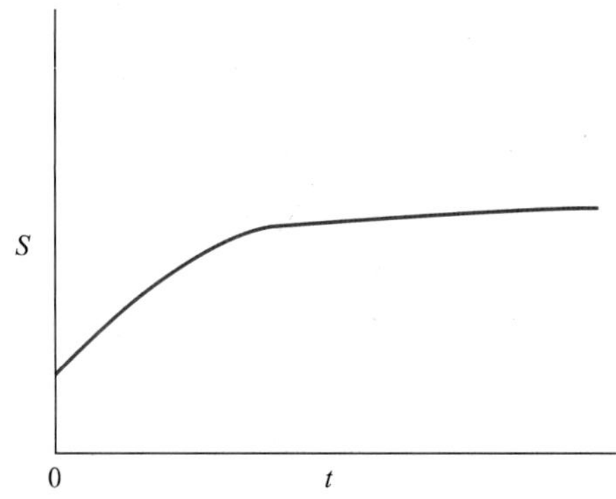

그림 3.2 고립계에서 시간에 따른 엔트로피의 변화. 시스템의 엔트로피는 평형에 도달할 때까지 자발적으로 증가한다.

적 변화의 방향은 우주의 엔트로피가 증가하는 방향이다. 그래서 엔트로피의 증가는 자발적 반응의 시간 연속을 나타낸다. 엔트로피는 때때로 '시간의 화살(arrow of time)'로 부른다. 열역학 2법칙은 고전역학과 양자역학 식들과 대조를 이룬다. 왜냐하면 이들은 시간에 있어 가역이기 때문이다.

식 (3.21)은 3가지 형태의 과정을 나타낸다.

$$\begin{aligned} dS &> \frac{\delta q}{T} \quad \text{자발적이고 비가역 과정} \\ dS &= \frac{\delta q}{T} \quad \text{가역 과정} \\ dS &< \frac{\delta q}{T} \quad \text{불가능한 과정} \end{aligned} \tag{3.23}$$

식 (3.21)을 적용하는 가장 간단한 시스템은 고립계이다. 왜냐하면 $\delta q = 0$ 이기 때문이다. 3가지 가능성에 대한 유한 크기의 변화는

$$\begin{aligned} \Delta S &> 0 \quad \text{자발적이고 비가역 과정} \\ \Delta S &= 0 \quad \text{가역 과정} \\ \Delta S &< 0 \quad \text{불가능한 과정} \end{aligned} \tag{3.24}$$

고립계에서 $dS \geq 0$의 응용의 경우를 나타내기 위하여 그림 3.3과 같이 절연체로 둘러싸인 일정한 시스템 내의 2개의 상(phase)을 생각해 보자.

한 상 α는 온도 T_α에 있고, 다른 상 β는 온도 T_β에 있다고 가정하자. 이제 무한소의 작은 열량 δq가 α상에서 다른 상 β로의 전달을 가정하자. 시스템의 엔트로피 변화는

$$dS = \frac{\delta q}{T_\beta} - \frac{\delta q}{T_\alpha} = \delta q\left(\frac{1}{T_\beta} - \frac{1}{T_\alpha}\right) \tag{3.25}$$

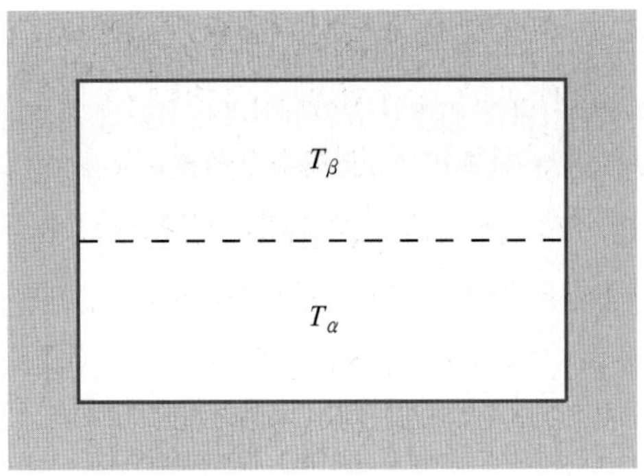

그림 3.3 주위가 절연체로 둘러싸인 일정한 부피의 고립계에서 2개의 상으로 구성된 시스템.

만약 이 과정이 자발적으로 일어난다면 $dS > 0$이고, 따라서 $T_\alpha > T_\beta$이다. 달리 말하면 열은 더 낮은 온도에 있는 상으로 자발적으로 흐른다. 만약 두 상들이 열적 평형을 이룬다면 $dS = 0$, 따라서 $T_\alpha = T_\beta$이다. 그러므로 열역학 2법칙에서 2개의 상이 평형을 이루려면 그들은 같은 온도에 있어야 한다는 결론에 도달한다. 엔트로피는 상태 함수이므로 한 시스템의 두 상태 사이에 dS를 적분할 수 있다.

$$\text{A(상태 1)} = \text{A(상태 2)} \tag{3.26}$$

$$\int_{S_1}^{S_2} dS = \int_1^2 \frac{\delta q}{T} = S_2 - S_1 \tag{3.27}$$

그래서 한 과정에서 엔트로피 변화를 결정하기 위해서는 상태 1과 2를 연결하는 가역 과정의 경로를 따라 적분해야 한다. 비가역 과정에 대한 ΔS는 만약 우리가 가역 경로를 설계할 수 있고 식 (3.27)에서와 같이 적분할 수 있다면 계산할 수 있다. 가역인 단열 과정에서는 엔트로피의 변화는 없다.

예제 3-3 고립계에서 이상기체의 팽창에 따른 엔트로피의 변화

Q 고립계에 있어서 이상기체가 더 큰 부피로 팽창함은 열역학적으로 자발적인 반응인가?

A 좀 더 구체적으로 그림 3.4(a)에서 보는 바와 같이 초기에 298 K에 있는 이상기체가 초기 부피보다 2배의 용기로 팽창하였을 때를 생각해 보자.
농도가 작은 기체를 고립계에서 자유 팽창시켰을 때 온도 변화가 없었다는 Joule의 실험을 기억하자. 초기 상태와 최종 상태의 엔트로피 변화를 계산하기 위하여 그림 3.4(b)와 같은 가역 항온 팽창

(계속)

을 초기 상태와 최종 상태의 엔트로피 변화를 계산하기 위하여 그림 3.4(b)와 같은 가역 항온 팽창을 사용할 수 있다. 기체에 행한 1몰당 일은 $-RT\ln 2$이다. 그래서 기체가 흡수한 열은 $\Delta U = 0$이므로 $q_{rev} = RT\ln 2$이다. 그래서 기체의 엔트로피의 변화는

$$\Delta \overline{S_b} = R\ \ln 2 = 5.76\ \text{J/K}\cdot\text{mol}$$

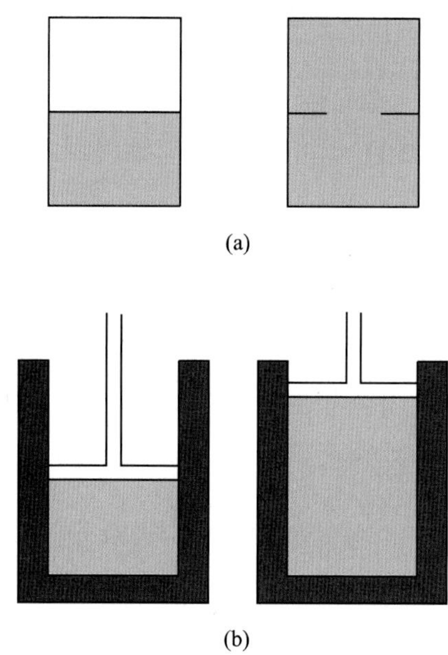

그림 3.4 (a) 298 K에서 이상기체의 비가역적 팽창, (b) 이상기체의 가역적 항온 팽창.

그림 3.4(a)에서 나타낸 상태의 변화는 그림 3.4(b)에서의 변화와 같으므로 $\Delta \overline{S_b} > 0$ 이다. 그래서 팽창은 자발적 반응이라고 결론지을 수 있다. 그림 3.4(a)에서의 역방향 과정, 즉 기체가 다시 초기 용기 상태로 돌아감은 불가능하다. 왜냐하면 $\Delta \overline{S} < 0$ 이기 때문이다. 이 문제는 내부 에너지 최소화와 아무런 관련이 없음을 주지하라. 왜냐하면 내부 에너지는 일정하기 때문이다.

3 가역 과정에서 엔트로피 변화

이제 엔트로피 변화가 쉽게 계산되는 약간의 간단한 반응을 생각해 보자. 가역 항온 과정에

대한 엔트로피 변화의 계산은 특별하게 쉽다.

한 물체에서 무한소의 작은 온도의 다른 물체로의 열전달은 가역 반응이다. 왜냐하면 열의 흐름 방향이 한 물체의 온도에 무한소의 작은 변화를 주어 반대로 바꿀 수 있기 때문이다. 예를 들어, 순수 액체가 평형 증기압 P에서 증기로 증발하는 경우를 생각해 보자. 이는

$$\text{액체}(T,\ P) \rightarrow \text{증기}(T,\ P)\ (\text{기화}) \tag{3.28}$$

으로 나타낼 수 있다. 온도는 일정하므로 식 (3.18)의 적분은

$$S_2 - S_1 = \Delta S = \frac{q_{rev}}{T} \tag{3.29}$$

가역적인 열은 엔탈피의 변화 ΔH와 같다. 그래서

$$\Delta S = \frac{\Delta H}{T} \tag{3.30}$$

가 된다. 이식은 또한 승화(sublimation), 녹음(melting)의 엔트로피 변화와 두 고체상 사이의 전이(transition)의 엔트로피 변화에 사용된다. 이 과정에서 출입된 열을 잠열(latent heat)이라고 한다.

예제 3-4 n-헥세인의 기화 몰 엔트로피(molar entropy)

Q 끓는점에서 기화하는 n-헥세인의 몰 엔트로피는 얼마인가?

A n--헥세인은 1.01325 bar와 68.7 ℃에서 끓고 기화의 몰 엔탈피는 28850 J/mol이다. 만약 n--헥세인이 이 온도에서 포화 증기로 휘발한다면 그 과정은 가역이고 몰 엔트로피 변화는

$$\Delta \overline{S} = \frac{\Delta \overline{H}}{T} = \frac{28{,}850\ \mathrm{J/mol}}{341.8\,\mathrm{K}} = 84.41\ \mathrm{J/K \cdot mol}$$

증기의 몰 엔트로피는 평형에 있는 액체의 값보다 항상 더 크고, 녹는점에서 액체의 몰 엔트로피는 고체의 그 값보다 항상 더 크다. 엔트로피의 통계역학적 해석에 의하면 엔트로피는 시스템의 무질서의 척도(a measure of the disorder)로 기체의 분자들은 액체의 분자보다 더 무질서하고 액체의 분자는 고체의 분자들보다 더 무질서하다.

이제 2법칙을 액체의 포화 증기로 변화하는 기화(vaporization) 현상에 적용해 보자. 식 (3.24)를 적용하려면 고립계를 고려해야 한다. 이 경우 액체와 증기(시스템)와 온도 T에 있는

항온조(heat reservoir, 주위)는 전체적인 고립계를 형성한다. 전체적인 엔트로피 변화는

$$\Delta S_{tot} = \Delta S_{sys} + \Delta S_{surr} \tag{3.31}$$

시스템이 얻은 열은 주위에서 잃은 열과 같으므로 주위에 대한 엔트로피 변화는 기화가 가역적으로 수행된다면, 시스템의 엔트로피 변화의 음의 값이다. 시스템과 주위를 함께 고려하면 만약 열의 전달이 가역으로 진행된다면 전체 엔트로피 변화는 $\Delta S = 0$이다. 이는 식 (3.24)의 2법칙 형태와 일치한다.

한 물질의 어느 온도 구간에서 가열과 냉각 과정은 가역 과정의 다른 예가 된다. 한 물질이 가열되거나 냉각될 때 엔트로피 변화는

$$dS = \frac{\delta q_{rev}}{T} = \frac{C dT}{T} \tag{3.32}$$

으로 계산할 수 있다. 여기서 C는 일정한 압력에서는 C_P이고 정적 과정에서는 C_V이다. 만약 열용량이 온도에 무관하고 T_1에서 T_2로 변화하면

$$\Delta S = \int_{T_1}^{T_2} \frac{C}{T} dT = C \ln \frac{T_2}{T_1} \tag{3.33}$$

만약 열용량이 온도의 함수라면 이 함수는 그림 3.5에서 나타낸 대로 식 (3.33)의 적분식에 대입하거나 수치적인 적분에서 구할 수 있다. 이와 같이 가열에 의해 온도가 상승시키는 열을 현열(sensible heat)이라고 한다.

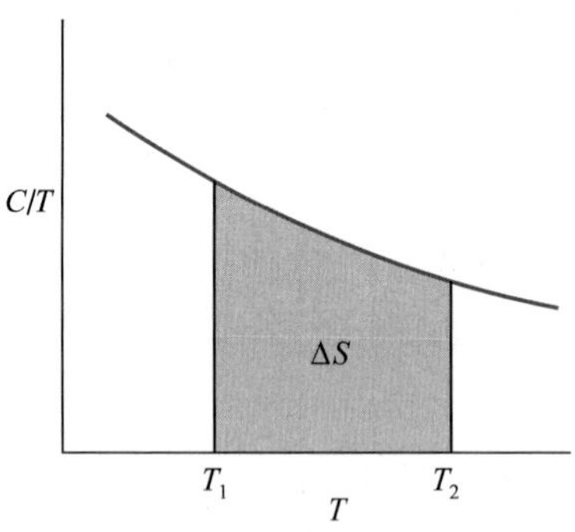

그림 3.5 물질이 온도 T_1에서 T_2로 가열되었을 때 엔트로피의 변화.

예제 3-5 이상기체를 가열하는데 있어서 몰 엔트로피의 변화

Q 산소 기체가 1 bar의 압력에서 300에서 500 K까지 가열되었다. 몰 엔트로피 변화량은 얼마인가?

A 표 2.2에 일정 압력에서 열용량이 온도 함수로 나타낸 실험식의 계수를 나타냈다. 식 (3.33)을 사용하여

$$\Delta S = \int_{T_1}^{T_2} \frac{\overline{C_P}}{T} dT = \int_{T_1}^{T_2} \left(\frac{\alpha}{T} + \beta + \gamma T \right) dT = \alpha \ln \frac{T_2}{T_1} + \beta (T_2 - T_1) + \frac{\gamma}{2} (T_2^2 - T_1^2)$$

$$= 25.503 \ln \frac{500}{300} + (13.612 \times 10^{-3})(200) - \frac{1}{2}(42.553 \times 10^{-7})(500^2 - 300^2)$$

$$= 15.41 \text{ J/K} \cdot \text{mol}$$

이상기체의 가역 항온 팽창 과정에 대하여 엔트로피 변화는 쉽게 계산할 수 있다. 이상기체의 내부 에너지는 일정한 온도에서 부피에 독립적이므로 $\delta q = -\delta w = P dV$이다. 부피가 V_2에서 V_1으로 가역 항온 팽창에 대하여

$$\text{이상기체}(T, V_1, P_1) \rightarrow \text{이상기체}(T, V_2, P_2) \tag{3.34}$$

$$\Delta S = \int_{V_1}^{V_2} \frac{P}{T} dV = nR \int_{V_1}^{V_2} \frac{1}{V} dV$$

$$= nR \ln \frac{V_2}{V_1} = - nR \ln \frac{P_2}{P_1} \tag{3.35}$$

식 (3.35)는 이상기체 1몰이 표준 압력 P^0에서 다른 압력 P로 팽창하는 과정에 적용할 수 있다. 따라서

$$\overline{S} = \overline{S^0} - R \ln \left(\frac{P}{P^0} \right) \tag{3.36}$$

여기서 $\overline{S^0}$는 표준 상태에서 몰 엔트로피이다.

예제 3-6 가역 과정에서 시스템과 주위에 대한 엔트로피 변화

Q 이상기체의 0.5몰이 298.15 K에서 가역적이고 항온 과정으로 부피가 10 L에서 20 L로 팽창하였다.
(a) 기체의 엔트로피 변화는 얼마인가?

(계속)

(b) 기체에 해준 일은?

(c) q_{surr} 은?

(d) 주위의 엔트로피의 변화량은?

(e) 시스템과 주위의 엔트로피 변화는 얼마인가?

A (a) $\Delta S = nR\ln\frac{V_2}{V_1} = (0.5\,\text{mol})(8.3143\ \text{J/Kmol})\ln 2 = 2.88\ \ \text{J/K}$

(b) $w_{rev} = -nRT\ln\frac{V_2}{V_1} = -(0.5\,\text{mol})(8.3143\ \text{J/Kmol})(298.15\,\text{K})\ln 2 = -859\,\text{J}$

(c) 기체는 이상기체이므로 내부 에너지 변화는 없다.
따라서 $\Delta U = q + w = 0$이다. 그래서 $q_{sys} = 859$ J이고 $q_{surr} = -859$ J.

(d) 열이 주위에서 흘러 나오므로 주위의 엔트로피는 감소된다. 즉,

$$\Delta S_{surr} = -859\,\text{J}/298.15\,\text{K} = -2.88\ \ \text{J/K}$$

(e) 시스템 기체의 엔트로피는 증가하고 주위의 엔트로피는 같은 양이 감소하므로 시스템과 주위에 대한 전체 엔트로피 변화는 없다. 기체와 주위는 함께 고립계로 간주할 수 있다. 과정은 가역이므로 $\Delta S = 0$임을 기대할 수 있다.

예제 3-7 **비가역 과정에서 시스템과 주위에 대한 엔트로피 변화**

Q 예제 3-6에서 간단히 마개를 열어 기체가 10 L 부피의 진공 용기로 들어가게 하여 비가역 과정으로 일어난 팽창을 고려하자.

(a) 기체의 엔트로피 변화는 얼마인가?

(b) 기체에 행한 일은?

(c) q_{surr} 은?

(d) 주위의 엔트로피 변화는 얼마인가?

(e) 시스템과 주위를 합한 전체 시스템의 엔트로피 변화는 얼마인가?

A (a) 엔트로피 변화는 같다. 왜냐하면 엔트로피는 상태 함수이기 때문이다.

(b) 팽창에서 아무런 일이 없다.

(c) 주위와 열교환이 없다.

(d) 주위에 엔트로피 변화는 없다.

(e) 시스템과 주위를 합한 엔트로피는 2.88 J/K 증가한다. 비가역 과정이므로 엔트로피 증가를 기대할 수 있다.

여러 가지 상태 변화에서 ΔS의 계산

이해를 돕기 위하여 이제까지 고려한 여러 가지 상태 변화 과정에서의 엔트로피 변화에 대

한 계산을 여기에서 요약해 보자.

일반적으로 엔트로피식은

$$\Delta S = \int \frac{\delta q_{rev}}{T}$$

이다. 엔트로피 변화를 계산하기 위해서는 초기 상태에서 최종 상태로 가는 가역 경로를 찾아야 한다. 엔트로피는 상태 함수이므로 같은 초기 상태에서 같은 최종 상태로 가는 비가역 과정에서 엔트로피 변화는 같다.

구체적인 과정의 예

- 1몰 물질의 정적(constant volume) 과정

$$\text{물질 } (T_1, V) = \text{물질 } (T_2, V)$$

그러면 $\Delta S = \int_{T_1}^{T_2} \frac{C_V dT}{T}$ 이다. 만약 C_V가 T의 함수가 아니면 적분식에서 앞으로 나오므로 쉽게 적분되어 $\Delta S = C_V \ln\left(\frac{T_2}{T_1}\right)$ 이다.

- 1몰 물질의 정압(constant pressure) 과정

$$\text{물질 } (T_1, P) = \text{물질 } (T_2, P)$$

그러면 $\Delta S = \int_{T_1}^{T_2} \frac{C_P dT}{T}$ 이다. 만약 C_P가 T의 함수가 아니면 $\Delta S = C_P \ln\left(\frac{T_2}{T_1}\right)$이다.

- 일정한 온도와 압력에서 상변화

$$H_2O(l,\ 373\ K,\ 1\ atm) = H_2O(g,\ 373\ K,\ 1\ atm)$$

그러면 $\Delta S = \frac{\Delta H}{T}$ 이다. 여기서 ΔH는 기화열(heat of vaporization)이다.

- 일정한 온도에서 이상기체의 상태 변화

$$\text{이상기체 } (P, V, T) = \text{이상기체 } (P', V', T)$$

그러면 $\Delta S = R\ln\left(\frac{V'}{V}\right) = R\ln\left(\frac{P}{P'}\right)$. 일정한 온도에서 기체 부피가 증가하면 ΔS는 양이다.

- 일정한 온도와 압력에서 이상기체 시스템의 혼합(mixing) 과정

$$n_A A(T, P) + n_B B(T, P) = n\, mixture\ (T, P)$$

여기서 $n = n_A + n_B$ 으로 혼합물에서 전체 몰수이다. 그러면

$$\Delta S = -nR\left(y_A \ln y_A + y_B \ln y_B\right)$$

여기서 y는 몰 분율이다. $y_A = \dfrac{n_A}{n_A + n_B}$ 이고 $y_B = \dfrac{n_B}{n_A + n_B}$ 이다. 몰 분율은 1보다 작으므로 엔트로피의 변화는 자발적 과정에서 기대되는 대로 양의 값이다.

예제 3-8 이상기체의 T와 P의 함수로의 몰 엔트로피

Q 단원자 기체 B의 이상기체가 P_1, T_1에서 P_2, T_2로 변화되었을 때 엔트로피 변화를 구하여라. 기체의 몰 엔트로피에 대하여 나타내라.

A 가역 과정은 다음의 두 단계로 나눌 수 있다.

$$\mathrm{B}(T_1, P_1) \rightarrow \mathrm{B}(T_2, P_1) \rightarrow \mathrm{B}(T_2, P_2)$$

첫 번째 단계에서

$$\Delta S = \int_{T_1}^{T_2} \frac{C_P dT}{T} = C_P \ln\left(\frac{T_2}{T_1}\right) = n\overline{C_P}\ln\left(\frac{T_2}{T_1}\right)$$

두 번째 단계에서

$$\Delta S = -nR\ln\left(\frac{P_2}{P_1}\right)$$

두 단계의 합은

$$\Delta S = nR\left[\ln\left[\left(\frac{T_2}{T_1}\right)^{5/2}\right] - \ln\left(\frac{P_2}{P_1}\right)\right] \text{이다.}$$

왜냐하면 $\overline{C_P} = \frac{5}{2}R$ 이기 때문이다. 그러므로 이상적인 단원자 기체에 대한 몰 엔트로피는

$$\overline{S} = R\left\{\ln\left[\frac{T}{T^0}\right]^{5/2} - \ln\frac{P}{P^0}\right\} + \text{const.}$$

여기서 T^0는 기준(reference) 온도이고 P^0는 참조 압력이다. 그리고 상수는 특별한 기체에 대한 특별한 값이다. 통계역학에서 이상적인 단원자 기체에 대한 상수항은 $P^0 = 1$ bar일 때 $-1.151693\,\mathrm{R} + \frac{3}{2}R\ln A_r$으로, 여기서 A_r은 기체의 상대적인 원자 질량이다. 이식은 통계역학에서 유도되었는데, 이를 Sackur-Tetrode 식이라고 한다.

예제 3-9 T와 P가 변할 때에 단원자 기체의 엔탈피 변화

Q 다음의 과정에서 헬륨의 몰 엔트로피 변화량은 얼마인가?

$$1\ \text{He}(298\ \text{K},\ 1\ \text{bar}) \rightarrow 1\ \text{He}(100\ \text{K},\ 10\ \text{bar})$$

A 이상적인 단원자 기체에 대하여 $\overline{C_P} = \frac{5}{2}R$ 이다. 앞의 예를 이용하여

$$\Delta\bar{S} = \frac{5}{2}R\ln\frac{100}{298} - R\ln\frac{10}{1} = -41.84\ \text{J/K}\cdot\text{mol}$$

4 비가역 과정에서 엔트로피 변화

비가역 과정에서 엔트로피 변화를 구하기 위하여 초기 상태와 최종 상태 사이에 가역 경로를 따라 ΔS를 계산해야 한다. 첫 번째 예는 앞절에서 고립된 계의 이상기체가 진공으로 팽창하는 경우를 논하였다. 이제 두 번째 예로 그림 3.6과 같이 액체 물이 -10 ℃에서 과냉각된 물의 어는 비가역 과정을 생각해 보자.

이 과정에서의 엔트로피 계산을 위하여 아래 도표에서 보는 바와 같이 3가지 단계를 걸친 가역적 과정을 만들 수 있어 이에 대한 엔트로피를 고려할 수 있다.

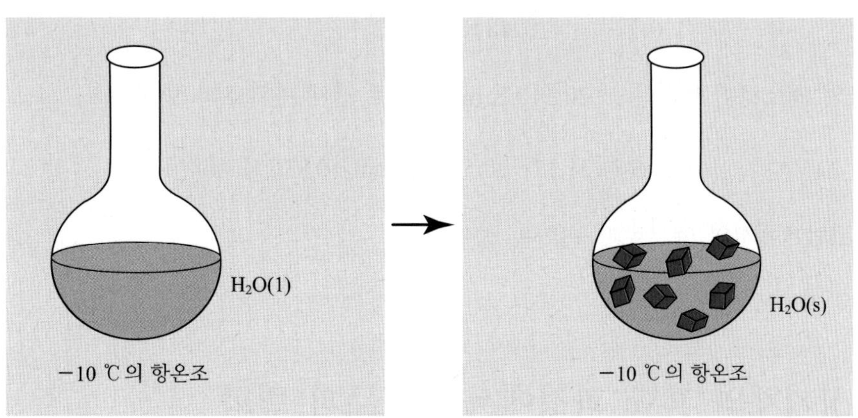

그림 3.6 -10 ℃에서 물의 얼음 과정.

$$
\begin{array}{ccc}
 & \Delta \overline{S} = \Delta \overline{H}/T & \\
H_2O(1,\ 0\ ℃) & \longrightarrow & H_2O(s,\ 0\ ℃) \\
\Delta \overline{S} = \int_{263}^{273} \frac{\overline{C}_{\text{liq}}}{T} dT \ \uparrow & & \downarrow\ \Delta \overline{S} = \int_{273}^{263} \frac{\overline{C}_{\text{ice}}}{T} dT \\
H_2O(1,\ -10\ ℃) & \longrightarrow & H_2O(s,\ -10\ ℃)
\end{array}
$$

0 ℃에서 액체 물의 결정화에는 잠열 $\Delta \overline{H} = -6004$ J/mol이다. 물의 열용량은 이 범위에서 75.3 J/K · mol이고, 얼음의 경우는 36.8 J/K · mol이다. 그러면 −10 ℃에 있는 1몰의 액체 물의 자체 엔트로피 변화는 3단계 엔트로피 변화량의 합이다. 즉,

$$
\begin{aligned}
\Delta \overline{S} &= (75.3\,\text{J/K mol}) \ln \frac{273}{263} + \frac{-6004\,\text{J/mol}}{273\,\text{K}} + (36.8\,\text{J/K mol}) \ln \frac{263}{273} \qquad (3.37) \\
&= -20.54\,\text{J/K} \cdot \text{mol}
\end{aligned}
$$

물이 얼 때 엔트로피의 감소는 구조적인 규칙성의 증가에 해당된다.

고립계의 엔트로피가 자발적 과정에서 증가한다는 사실은 −10 ℃에서 큰 항온조와 접촉하고 있는 과냉각된 물을 고려해서 나타낼 수 있다. 어는 과정에 있어서 고립계에 대한 엔트로피 변화는 물의 엔트로피뿐만 아니라 항온조의 엔트로피를 포함한다. 항온조는 아주 크므로 물의 어는 과정에서 생겨난 열은 단지 온도에서 무한소 변화를 일으키고 항온조에 흡수된다. 달리 말하면 같은 온도에서 항온조의 열전달은 가역 과정이다. −10 ℃에서 용해열(heat of fusion)은 ΔH(263 K)=(75.3 J/mol)(10 K) −6004 J/mol −(36.8 J/mol)(10 K)= −5619 J/mol이다. 열전달에 대한 항온조의 엔트로피 변화는

$$
\Delta \overline{S} = \frac{5619\,\text{J/mol}}{263\,\text{K}} = 21.37\,\text{J/K mol} \qquad (3.38)
$$

이다. 물의 엔트로피 변화는 −20.54 J/K mol이므로 전체 엔트로피 변화는

$$
\Delta \overline{S} = (21.37 - 20.54)\ \text{J/K mol} = 0.83\ \text{J/K mol.} \qquad (3.39)
$$

그래서 고립계에서의 엔트로피 변화는 증가한다.

5 이상기체의 혼합 과정에서 엔트로피 변화

그림 3.7은 초기에 P와 T에서 n_1몰의 이상기체 1과 같은 P와 T에서 n_2몰의 이상기체

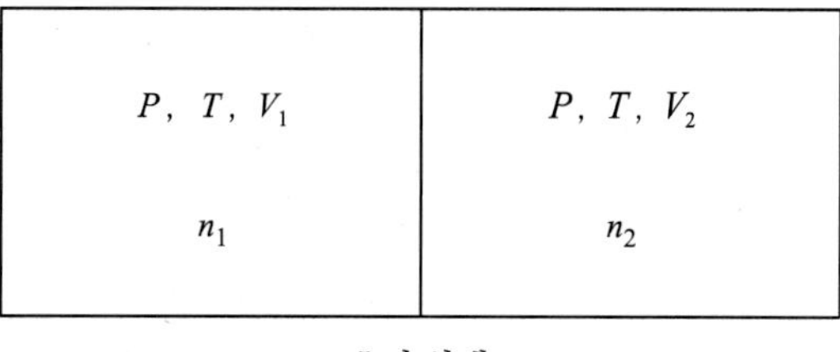

초기 상태

$P,\ T,\ V_1 + V_2$

$n_1 + n_2$

최종 상태

그림 3.7 이상기체의 혼합 과정.

2가 칸막이로 분리되어 있음을 나타낸다. 이제 칸막이가 제거되면 기체는 같은 온도와 압력에서 서로 확산된다. 이 비가역 과정에서 엔트로피 변화를 계산하기 위하여 가역적으로 진행되는 경로를 찾아야 한다. 이는 2가지 단계로 진행시킨다. 첫째로 기체를 항온에서 가역적으로 팽창시켜 최종 부피가 $V = V_1 + V_2$가 되었다. 이 부피는 몰 부피가 아니라 실제 부피이다. 익스텐시브 부피가 사용될 때 이상기체 법칙은 $PV = nRT$로 쓸 수 있다.

식 (3.35)를 사용하면 두 기체에 대한 엔트로피 변화는

$$\Delta S_1 = -n_1 R \ln \frac{V_1}{V} = -n_1 R \ln \frac{n_1}{n_1 + n_2} = -n_1 R \ln y_1 \qquad (3.40)$$

$$\Delta S_2 = -n_2 R \ln \frac{V_2}{V} = -n_2 R \ln \frac{n_2}{n_1 + n_2} = -n_2 R \ln y_2 \qquad (3.41)$$

여기서 y_i는 기체의 몰 분율을 나타낸다. 액체나 고체의 경우와 구별하기 위하여 기호를 X 대신에 y를 사용하였다. 혼합 엔트로피(entropy of mixing) $\Delta_{mix} S$는 두 기체에 대한 엔트로피의 합이다. 즉,

$$\Delta_{mix} S = -n_1 R \ln y_1 - n_2 R \ln y_2 \qquad (3.42)$$

두 번째 단계에서는 팽창된 기체는 일정한 부피에서 가역적으로 혼합된다. 이를 이해하기 위하여 그림 3.8에서 보인 2개의 반투과막(semipermeable membrane)을 생각해 보자. 하나는 (dashes로 나타냄) 단지 기체 1만 투과하고 다른 막(점으로 나타냄)은 기체 2만 투과한다. 그

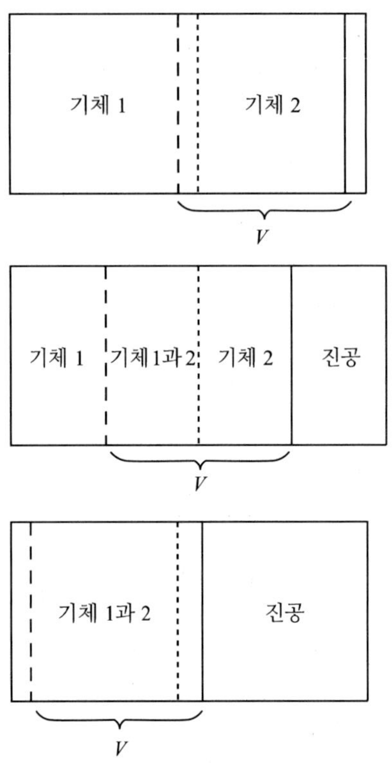

그림 3.8 반투과막을 사용한 이상기체 1과 2의 가역적 혼합 과정.

리고 투과되지 않는 막은 라인으로 표시하였다. 그리고 반투과막과 비투과막은 부피 V만큼 분리되어 있는데, 작은 같은 양이 천천히 왼쪽으로 이동한다. 가역 과정의 섞임에서 중간 단계의 도표에서 보듯이 (⋮ |)혼성막은 압력 P_1(⋮ |의 왼쪽) 더하기 P_2(| 막의 왼쪽)의 압력에 대하여 왼쪽으로 이동한다. 그러나 ⋮ 막의 오른쪽은 역시 $P_1 + P_2$이다. 그러므로 이 마찰이 없는 장치에서 막을 움직이는 데 요구되는 일은 없다. 2개의 이상기체의 내부 에너지는 T만의 함수이고 그래서 1법칙에서 이 단계의 열의 흡수가 없다. 결국 두 번째 단계에서 엔트로피 변화는 없다. 그러므로 식 (3.42)는 두 이상기체의 항온 혼합에 대한 전체 엔트로피 변화이다.

식 (3.42)는 좀 더 일반화되어

$$\Delta_{mix} S = -R \sum n_i \ln y_i = -n_t R \sum y_i \ln y_i \tag{3.43}$$

$y_i < 1$이므로 $\ln y_i < 0$이고 $\Delta_{mix} S$는 항상 양의 값이다. 이 경우의 엔트로피 변화량은 그림 3.9에 나타냈다.

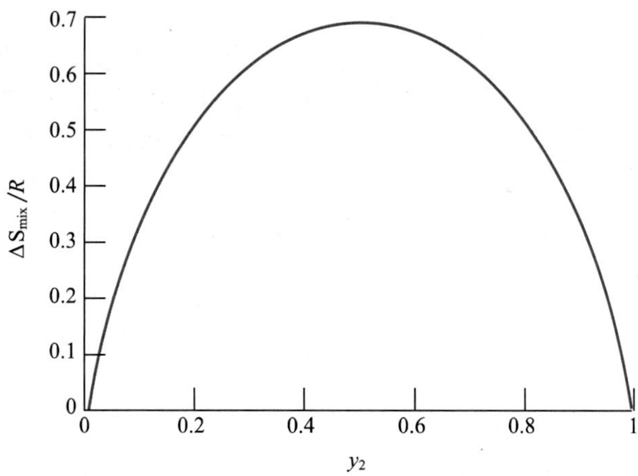

그림 3.9 1몰의 이상기체 혼합물을 형성하는 혼합 과정에서 엔트로피 변화량.

예제 3-10 이상기체의 혼합에서 엔트로피

Q 1몰의 산소와 1몰의 질소 기체가 25 ℃에서 혼합되었을 때 엔트로피 변화량은 얼마인가?

A 식 (44)에서

$$\Delta_{mix}S = -(2\text{ mol})(8.3145\text{ J/K mol})\left(\frac{1}{2}\ln\frac{1}{2}+\frac{1}{2}\ln\frac{1}{2}\right) = 11.526\text{ J/K.}$$

예제 3-11 Gibbs의 모순

Q 같은 온도와 압력에 있는 두 기체의 혼합에서 식 (3.43)은

$$\Delta_{mix}S = n_1R\ln\frac{V_f}{V_1} + n_2\ln\frac{V_f}{V_2}$$

으로 나타낸다. 여기서 V_1과 V_2는 두 기체의 부피이고, $V_f = V_1 + V_2$ 이다. 이제 같은 기체의 두 개의 같은 부피가 혼합되었다고 가정하자. 이때 엔트로피 변화량은 얼마인가?

A 같은 기체의 두 개의 같은 부피의 혼합에 이 식을 적용하면

$$\Delta_{mix}S = (n_1 + n_2)R\ln 2$$

(계속)

로 나타낸다. 그러나 이 답은 틀린 답이 된다. 왜냐하면 이 과정에서 같은 기체이므로 상태의 변화가 없기 때문이다. 그래서 $\Delta S = 0$이 된다. 이 문제를 Gibbs의 모순으로 알려져 있다. 이 모순에 대한 답은 양자역학이 발달할 때까지 제대로 이해하지 못하였다. 양자역학에 의하면 한 개 화학종의 분자는 구별할 수 없다. 그러므로 식 (3.44)를 적용할 수 없다. 그러나 만약 두 화학종이 거의 같은 특성을 가지고 있다면, 양자역학 견지에서는 이들은 다르므로 식 (3.44)를 적용할 수 있다.

6 엔트로피와 통계적인 확률

열역학의 거시적인 접근으로 고립계의 평형 상태는 엔트로피가 절대값을 갖는 상태임을 알았다. 미시적인 관점에서 고립계의 평형 상태는 최대값의 통계확률을 갖는 상태로 기대할 수 있다. 간단한 시스템에 대하여 분자적인 관점을 사용하여 다른 최종 상태의 통계적인 확률을 계산할 수 있다. 예를 들어, 마개로 분리된 같은 부피의 두 개의 용기 중 하나에 1몰의 이상기체가 있다고 가정해 보자. 이 팽창에 대하여는 예제 3 – 3에서 논의되었다. 실제로는 역과정에 대하여 생각해 보는 것이 더 쉽다. 그림 3.10에서 보인 것처럼 두 용기 사이에 마개를 열어 모든 분자들이 원래의 용기에 있을 통계적인 확률이 얼마인가를 계산해 보자.

한 특별한 분자가 원래의 용기에 있을 확률은 $\frac{1}{2}$이다. 2개의 분자가 원래의 용기에 있을 확률은 $\left(\frac{1}{2}\right)^2$이다. 그리고 모든 분자가 원래 용기에 있을 확률은 $\left(\frac{1}{2}\right)^N$이다. 여기서 N은 시스템에 있는 분자수이다. 만약 시스템이 1몰의 기체 분자를 함유하면 모든 분자들이 원래의 용기에 있을 확률은

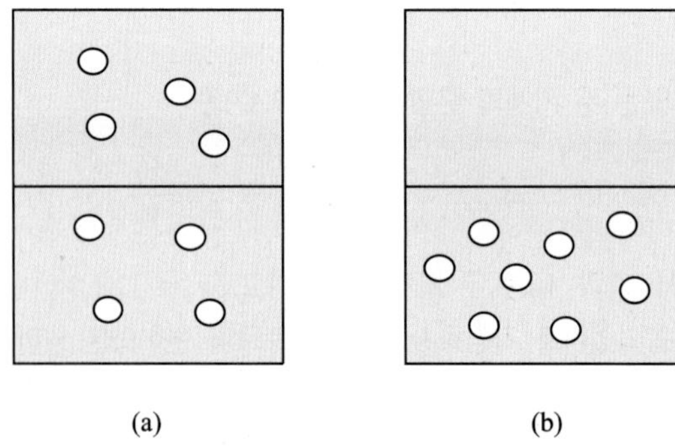

그림 3. 10 (a) 분리막에 구멍이 생겨 평형을 이룬 기체 시스템. (b) 구멍이 생긴 후에 기체 시스템에서 가장 일어나기 어려운 상태.

$$\left(\frac{1}{2}\right)^{6.022\times 10^{23}} = e^{-4.174\times 10^{23}} \tag{3.44}$$

Boltzmann은 엔트로피에 대하여

$$S = k\ln\Omega \tag{3.45}$$

이라는 가설을 주장하였다. 여기서 k는 Boltzmann 상수(R/N_A)이고, Ω는 시스템에 있어서 동등하게 가능한 미시적인 배열의 수이다. 이 관계식은 엔트로피 S와 Ω의 동등 가능 배열수를 가진 초기 상태에서 엔트로피 S'과 Ω'의 동등하게 가능한 배열수의 최종 상태로의 변화에 다른 ΔS 계산에 사용할 수 있다. 즉,

$$\Delta S = S' - S = k\ln\left(\frac{\Omega'}{\Omega}\right) \tag{3.46}$$

가끔 최종 상태와 초기 상태의 동등하게 가능한 배열수를 세는 것은 어려우나, 이 경우 비 $\left(\frac{\Omega'}{\Omega}\right)$는 모든 분자가 한 용기에 있을 확률과 모든 분자가 한 용기나 다른 용기에 있을 확률과의 비를 나타낸다. 모든 분자가 원래 용기나 다른 용기에 있을 확률은 당연히 1이다. 그래서 비 $\left(\frac{\Omega'}{\Omega}\right)$는 쉽게 구할 수 있다. 이때 엔트로피 변화는

$$\begin{aligned}\Delta S &= k\ln e^{-4.174\times 10^{23}} = (1.381\times 10^{-23}\ \text{J/K})(-4.174\times 10^{23}) \\ &= -5.76\ \text{J/K}\end{aligned} \tag{3.47}$$

이다. 1몰의 이상기체를 고려하고 있으므로 예제 3-3에서 팽창 과정에 관한 엔트로피 변화는 $\Delta\overline{S} = 5.76\ \text{J/K}\cdot\text{mol}$이고, 이는 Boltzmann 가설을 사용한 결과와 일치한다. 이는 Boltzmann 상수는 $k = R/N_A$로 주어짐을 확인시켜 준다.

만약 기체 분자가 두 용기 사이에 분포된 후에 한 용기에서 모든 분자가 있다고 한다면, 2법칙에 위반된다고 말할 수 있다. 방금 우리는 그와 같은 일이 일어날 확률이 0이 아님을 알았다. 그러나 그 확률은 작아서 1몰 기체보다 아주 작은 분자를 포함하는 시스템에서조차 모든 분자가 한 용기에 있을 것을 관찰하리라고 기대하지 못한다. 그러나 단지 2개의 분자만을 고려한다면 합리적인 확률로 두 분자가 한 용기에 있음을 발견할 수 있다. 이는 열역학 법칙은 거시적인 시스템의 아주 많은 수의 분자를 포함한다는 사실에 근거함을 알 수 있다.

식 $S = k\ln\Omega$은 중요한 개념을 갖고 있으나 자주 사용하지는 않는다. 왜냐하면 Ω를 계산하기가 어렵기 때문이다. 통계역학에서는 엔트로피를 계산하기 위하여 다른 식을 사용한다.

2개 기체 분자의 충돌은 역과정이 또한 일어날 수 있다는 면에서 가역이다. 만약 분자들이 서로 멀리 움직인 후에 단지 속도 벡터의 방향을 반대로 할 수 있고, 분자들은 반대 방향으로 같은 궤적을 따라 움직인다. 요약하면 역과정에 대한 영화는 전방향의 영화와 같이 합리적이다. 이것은 고전역학과 양자역학에서 진실이다. 만약 분자 충돌이 가역이라면 왜 진공 속으로 기체의 팽창 또는 두 기체의 혼합은 비가역인가? 만약 모든 분자들의 위치를 보여 주는 한 기체의 진공으로의 팽창에 관한 영화를 보면 영화가 전방으로 상영되는지 또는 후방으로 상영되는지를 말할 수 있게 된다. 그러나 각각의 충돌을 관찰한다면 각각은 역학 법칙을 따르게 가역임을 알 수 있다. 만약 후방으로 돌아가는 영화를 본다면 일어날 수 없는 일을 보여 주고 있음을 느끼게 된다. 왜 그것이 일어나지 않는가? 사실 그것은 일어날 수 있는데 단지 모든 영화 끝에서 분자들에게 위치를 줄 수 있으나 그 다음 속도 벡터를 반대로 했을 때만 가능하다. 그러면 개개 충돌을 바라본다면 모든 분자들은 팽창한 영역으로 가져갈 수 있다. 실생활에서 이같은 일이 일어나지 않는 이유는 그것이 특별한 집합의 분자 좌표와 속도를 갖기 때문이다. 이 집합의 좌표와 속도 벡터는 쉽게 일어나지 않아서 열역학에서 역과정은 결코 일어나지 않는다고 말한다.

$dS \geq \dfrac{\delta q}{T}$ 이므로 엔트로피는 시스템과 주위 사이의 열흐름의 척도이다. 시스템이 주위로부터 열을 흡수하면 q는 양이고 시스템의 엔트로피는 증가한다. 시스템으로 에너지의 흐름은 시스템 내의 분자 운동 에너지를 증가시키게 되는 면에서 '분산(dispersed)'이다. 이 에너지 분산 개념은 이상기체의 진공으로의 팽창에도 적용할 수 있다. 이 경우 $q=0$이나 기체의 전체 에너지는 더 큰 부피로 분산된다. 그래서 엔트로피는 시스템에서 가능한 분자의 미세 상태 사이에 에너지 분산의 척도이다.

가끔 엔트로피는 무질서(disorder)라고 부른다. 너저분한 책상은 높은 엔트로피 상태라고 말한다. 놀이 카드의 흐트러짐은 카드의 엔트로피 증가를 가져온다고 말한다. 그러나 이는 과학적인 면에서 잘못된 것이다. 왜냐하면 주변에서 움직이는 거대한 물체는 엔트로피의 증가에 관련되지 않는다.

엔트로피의 또 다른 오해는 이 엔트로피를 정보(information) 이론에 사용한 것이다. 이는 1948년에 Shannon에 의해 소개되었다. 정보에서 엔트로피는 열역학에서의 엔트로피가 아니다. 왜냐하면 그것은 시스템의 미시상태(microstate) 사이에서 열의 전달과 에너지 분산을 취급하지 않기 때문이다.

온도의 개념은 반드시 열역학 엔트로피의 이해와 관련된다. 왜냐하면 그것은 시스템 내의 입자들의 열적 환경을 나타내기 때문이다. 이 입자들은 자발적 변화가 가능하게 만드는 늘 존재하는(ever-present) 열적 운동(thermal motion)에 관련된다. 왜냐하면 그것은 외부 조건이 변하였을 때 분자들이 새로운 미시상태를 차지하는 기구(mechanism)이기 때문이다. 자세한 통계 열역학 논의는 6장에서 소개된다.

7 열량측정법에 의한 엔트로피의 결정

절대 온도 0에서 엔트로피의 임의의 온도에서 한 물질의 엔트로피는 $\frac{\delta q_{rev}}{T}$를 절대 0도에서 원하는 온도까지 적분하여 구할 수 있다. 이는 열용량 측정을 0 K 근처까지 측정뿐만 아니라 이 온도 영역에서 모든 전이에 대한 전이 엔탈피의 측정이 요구된다. C_P의 측정은 0 K까지 수행할 수 없으므로 디바이(Debye) 함수를 사용하여 측정된 가장 낮은 온도 아래의 C_P를 구하여 사용한다.

녹는점 T_m에서 용융 엔탈피(fusion enthalpy)와 끓는점 T_b에서 기화에 관한 엔탈피의 데이터가 유용하다면, 0 K에서의 엔트로피에 비하여 끓는점 T_b위의 한 온도 T에서의 엔트로피 변화는 다음과 같이 구할 수 있다.

$$\overline{S_T^0} - \overline{S_0^0} = \int_0^{T_m} \frac{\overline{C_P^0}(s)}{T} dT + \frac{\Delta_{fus} H^0}{T_m} + \int_{T_m}^{T_b} \frac{\overline{C_P^0}(l)}{T} dT + \frac{\Delta_{vap} H^0}{T_b} + \int_{T_b}^{T} \frac{\overline{C_P^0}(g)}{T} dT \tag{3.48}$$

형태 사이에 전이 엔탈피를 갖는 여러 가지 고체 형태가 있다면, 해당되는 전이 엔트로피는 모두 포함되어야 한다.

아주 낮은 온도까지 열용량 측정은 특별한 열량측정기(calorimeter)가 사용되는데, 이는 아주 주의깊게 절연된 시스템 내에서 전기적으로 가열되고, 전기 에너지 입력과 온도는 아주 정밀하게 측정된다.

실험실에서 아주 낮은 온도의 얼음은 다른 방법의 연속적인 적용이 관련된다. 액체 헬륨(1기압에서 bp 4.2 K)의 낮은 압력에서 기화는 온도를 0.3 K까지 낮출 수 있다. 더 낮은 온도는 단열 탈자화(adiabatic demagnetization)에 의해 얻을 수 있다. 황산 가돌리늄(gadolinium sulfate)과 같은 상자성염(paramagnetic salt)은 강한 자장 하에서 액체 헬륨으로 냉각된다. 그 다음 그 염은 열적으로 주위와 절연되고 자기장은 제거된다. 염은 가역적인 원자 스핀(atomic spin)이 무질서되는 단열 과정을 겪는다. 그 에너지는 결정 격자에서 나오므로 염은 냉각된다. 약 0.001 K 온도는 이 방법으로 얻는다. 핵스핀(nuclear spin)의 단열 탈자화는 10^{-6} K의 온도를 얻기 위하여 사용될 수 있다.

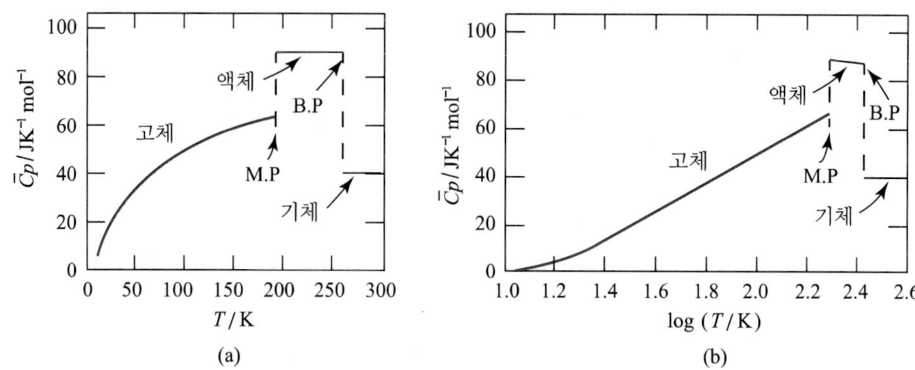

그림 3.11 1 bar 압력에서 온도의 함수로 구한 SiO_2의 열용량. (a) 선형 온도 스케일, (b) 온도의 log 스케일.

표 3.1 SiO_2의 엔트로피

T/K	계산 방법	$\Delta\overline{S}°$/J K^{-1} mol^{-1}
0~15	Debye 함수($\overline{C}_P$=constant T^3)	1.26
15~197.64	그래프, 고체	84.18
197.64	용해, 7402/197.64	37.45
197.64~263.08	그래프, 액체	24.94
263.08		95.79
263.08~298.15	기체의 $\overline{C}_P$	5.23
		$\overline{S}°$(298.15 K) - $\overline{S}°$(0 K)=247.85

0 K에서 그 엔트로피에 대하여 한 물질의 엔트로피의 결정하는 예로 SiO_2에 대한 측정된 값은 그림 3.11에 T의 함수와 log T의 함수로 나타냈다. 197.64 K에서 고체 SiO_2는 녹고 용해열은 7402 J/mol이다. 액체 SiO_2는 1.01325 bar에서 263.08 K에서 기화하고 기화열은 24937 J/mol이다. 그 계산은 표 3.1에 요약하였다.

8 열역학 3법칙

20세기 초 T.W. Richards 그리고 W. Nernst는 독립적으로 어떤 항온 화학 반응의 엔트로피를 연구하고 온도가 감소할수록 엔트로피의 변화량은 0에 접근함을 발견하였다. 화학 반응에 대한 엔트로피 변화는 $\Delta S = \frac{q_{rev}}{T}$를 사용하여 열측정기 방법(Calorimetrically)으로 결정할 수가 없다. 왜냐하면 반응은 가역적으로 일어나지 않기 때문이다. 후에 화학 반응에 대한 엔트

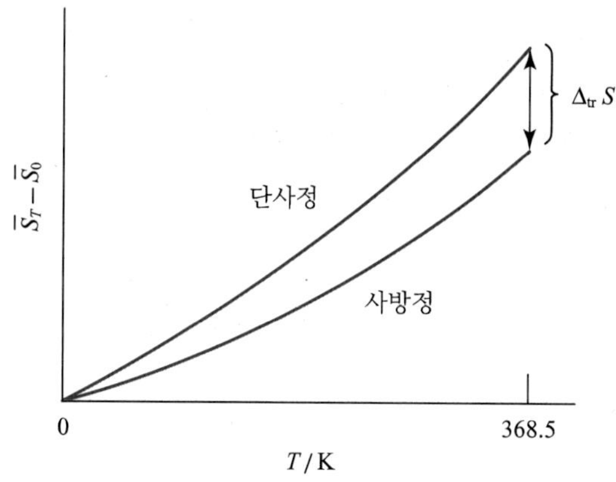

그림 3.12 절대 온도 0 K에서 전이 온도 368.5 K까지의 단사정 황과 사방정 황의 몰 엔트로피 변화.

로피 변화를 어떻게 결정하는가를 논의한다. 이제 한 물질에 대한 상변화에 있어 엔트로피 변화를 논의해 보자. 한 예로 다음의 상변화

$$\text{S(사방정)} = \text{S(단사정)} \tag{3.49}$$

을 생각해 보자. 화학 반응에서처럼 상변화에 있어서 엔트로피 변화는 온도가 절대 0도로 감소함에 따라 0에 접근한다.

그림 3.12는 식 (3.50)에서 나타낸 대로 절대 0도까지 단사정(monoclinic)과 사방정(rhombic) 황의 몰 엔트로피 변화를 보여 준다.

$$\overline{S_T} - \overline{S_0} = \int_0^T \frac{\overline{C_P}}{T}\, dT \tag{3.50}$$

사방정 황은 368.5 K의 전이 온도 아래에서 안정된 형태이다. 그러나 단사정 S는 이 온도 아래까지 냉각될 수 있고 그의 열용량은 절대 0도 근처까지 측정할 수 있다. 전이 온도에서 상전이에 대한 엔트로피 식 (3.49)에서 $\overline{S_0}$는 두 형태에서 0이라는 가정 하에 계산되는데, 이것은 1.09 J/K mol이다. 이는 368.5 K에서 두 형태 사이의 401 J/mol의 엔탈피 변화로부터 368.5 K에서 엔트로피 변화와 일치한다. 즉,

$$\Delta_{tr}S = \frac{401\ \text{J/mol}}{368.5\ \text{K}} = 1.09\ \text{J/K} \cdot \text{mol}$$

이다. 여기서 $\Delta_{tr}S$는 몰당 전이에 대한 엔트로피 변화이다. 두 형태 사이의 엔탈피 차이는 268.5 K에서 그들의 연소열(heats of combustion) 사이의 차이와 같다.

그림 3.12에서 $T \to 0$에 따라 $\Delta_{tr}S \to 0$이 된다. 많은 다른 항온 상전이와 화학 반응에서

도 $T \to 0$에 따라 $\Delta_{tr}S \to 0$이 됨을 발견하였다. 1905년 이 관찰은 Nernst로 하여금 다음과 같은 결론을 내리게 하였다.

'온도가 0 K 가까이 접근함에 따라 모든 반응의 $\Delta_{tr}S$는 0으로 접근한다.' 즉,

$$\lim_{T \to 0} \Delta_r S = 0 \tag{3.51}$$

1913년 Max Planck는 이 아이디어에 한발 더 나아가서 다음과 같이 언급하였다.

'완전한 결정 형태에서 각각의 순수 원소 또는 물질의 엔트로피는 절대 0도에서 0이다.' 그의 언급은 열역학 3법칙으로 알려진다. 후에 통계역학에서 이 값을 선택한 이유에 대하여 설명해 준다. 6절에서 언급하였듯이 이것은 절대 0도에서 완전 결정에서는 하나의 양자 상태(quantum state, $\Omega = 1$)에 해당된다. 그래서 3법칙에 따라서 $\overline{S_0^0}$는 만약 그 물질이 절대 0도 근처에서 완전한 결정 형태이면 0으로 된다. 그러므로 거의 0 K 가까이의 열용량 측정은 '3법칙 엔트로피'로 불렸다. 앞서의 계산은 298.5 K에서 3법칙 엔트로피를 나타낸다.

3법칙 엔트로피는 2가지 다른 형태의 측정, 즉 평형 상수 측정과 분광학적 데이터 측정에서 기대되는 것과 비교하여 검증할 수 있다. 만약 한 반응에 대한 평형 상수가 한 범위의 온도에서 측정된다면, ΔH^0과 ΔS^0 모두는 계산될 수 있다. 이 ΔS^0값은 만약 모든 반응물과 생성물의 열용량이 절대 0도 근처까지 측정된다면 3법칙에서 기대되는 값과 비교해 볼 수 있다.

통계역학에서 임의의 원하는 온도에서 비교적 단순한 기체의 엔트로피는 몰 질량과 어떤 분광학적(spectroscopic) 정보로부터 계산할 수 있다. 통계역학을 사용한 어떤 온도에서의 기체의 몰 엔트로피는 순수 물질 엔트로피가 절대 0도에서 0이라는 가정 하에 열량계 측정에서 얻어진 몰 엔트로피와 비교될 수 있다.

일반적으로 3법칙의 테스트는 3법칙을 인정시켜 주나 약간의 분명한 어긋남이 존재한다. 예를 들면, 298.15 K에서 열용량 측정에서 얻은 $N_2O(g)$의 엔트로피는 5.8 J/K·mol로 분광학적 데이터에서 얻은 값보다 더 작다. 이는 N_2O 결정에 대한 절대 0도에서 엔트로피는 5.8 J/K mol을 나타낸다. 이것은 비대칭(asymmetric) 선형 분자 NNO이다. 결정의 잔류 엔트로피는 N_2O 분자의 배열에서 무질서 때문이다. 고체 N_2O에서 분자들은 완벽한 배열인 NNO, NNO, NNO, NNO 대신에 NNO, ONN, NNO, NNO, ONN과 같은 무작위의 머리－꼬리(head-tail) 배열을 한다. 혼합된 결정의 엔트로피는 혼합의 엔트로피 변화이다. 식 (3.44)를 사용하여 이는 이상기체뿐만 아니라 이상(ideal) 결정에도 적용되는데 이는

$$\Delta_{mix}S = -R\left(\frac{1}{2}\ln\frac{1}{2} + \frac{1}{2}\ln\frac{1}{2}\right) = 5.76\ \text{J/K}\cdot\text{mol} \tag{3.52}$$

그러므로 통계역학값은 정확한 엔트로피값으로 잡고 이 값이 표에 나타난다. 그래서 3법칙의 명백한 어긋남은 이해되고 이상 결정에 대하여 계산할 수 있다.

3법칙 견지에서 불완전한 결정의 또 다른 예는 H_2O이다. H_2O 결정은 0 K에서 3.35 J/K·mol의 잔류 엔트로피를 갖는다. 얼음에서 수소 원자들은 사면체(tetrahedral) 방식으로 각 산소 원자 주변에 배열된다. 4개 원자 중에 2개는 공유 결합으로 산소 원자와 결합하고, 2개는 산소 원자에 수소 결합되어 있다. 결정 내에서 산소 원자 주위에 수소 원자의 그 형태의 배열은 무작위이므로, 결정의 엔트로피는 절대 0도에서 $R\ln\frac{3}{2}=3.37$ J/K·mol에 접근해야 한다.

만약 엔트로피가 화학적인 목적으로만 쓰인다면 절대 0도에서 엔트로피 계산에 고려되지 않은 결정 내의 무작위 특성은 2가지 형태가 있다.

- 대부분 결정들은 동위원소(isotopic species)의 혼합물로 구성되었으나 혼합 동위원소의 엔트로피는 무시된다. 왜냐하면 반응이나 상변화에서 반응물과 생성물은 같은 동위원소의 혼합물이기 때문이다.
- 절대 0도에서 무시되는 핵스핀 축퇴(nuclear spin degeneracy)가 있다. 왜냐하면 그것은 반응물과 생성물 모두에 존재하기 때문이다.

3법칙에 대한 따름 정리가 있는데, 이는 본질적으로 2법칙의 Clausius 언급과 같다. 왜냐하면 그것은 불가능성에 대하여 언급하기 때문이다. 이 정리에 의하면 시스템의 온도를 유한 크기의 단계에서 0 K로 줄이는 것은 불가능하다. 절대적인 0도의 얻을 수 없음에 대한 이 결론은 3법칙에서 유도할 수 있다.

3법칙은 중요하다. 왜냐하면 화학 반응에 대한 평형 상수의 계산은 순전히 반응물과 생성물의 열량계 측정에서 계산하는 것이 가능하기 때문이다. 많은 물질에 대한 엔트로피 데이터가 다음 4개의 소스에서 구해진다.

- 온도의 함수로 열용량과 엔탈피
- 분자 구조와 에너지 레벨을 사용하여 통계역학적 계산
- 평형 상수의 온도 변화
- 기전력(electromotive force) 측정과 같은 다른 소스로부터 엔탈피에 대한 Gibbs 에너지의 계산

엔트로피가 열량계측정으로 결정될 때에는 절대 0도 주변에서 만나는 결정의 불완전성에 대한 교정이 이루어진다. 약간의 경우에 이것이 발생되고 1 bar에서 기체 이상기체에서 벗어남(nonideality)의 경우이다.

표준 상태는 2.11절에서 논의된 것과 같다. H^+(ao)의 엔트로피는 임의의 0의 값을 준다. 이것으로 다른 수용액 이온(aqueous ion)의 엔트로피를 계산하는 것이 가능하다. 이 임의의 관습으로 약간의 이온은 음의 엔트로피를 갖는다. 여러 가지 화학종으로부터 표준 엔트로피값을

비교해보면, 사용된 표준 압력을 인식하는 것이 중요해진다. 1 atm에서 1 bar로 변환되면 표준 엔탈피의 조절이 필요하다.

9 열역학 3법칙의 응용

에너지처럼 온도(temperature)는 과학기술에서 뿐만 아니라 가정생활과 관련된 기술에서 일상의 생활 중에 사용되는 친근한 개념이다. 예를 들어, 날씨는 높은 온도, 낮은 온도, 현재 온도 그리고 내일의 온도까지 예측 가능하다. 온도조절계(thermostats)는 집, 사무실, 오븐 또는 냉장고의 온도를 조절한다. 온도는 시스템에서 열교환에 대한 척도를 제공하는 물질의 특성으로 이해할 수 있다. 이와 같은 물질의 거동을 정량화하는 가장 최초의 시도는 17세기 중반 Fahrenheit에 의해 시작되었다. 그는 이 특성을 현재 온도계(thermometer)로 알려진 튜브(tube) 속에 넣어둔 액체의 부피 변화를 기록하여 추적하였다. 그가 제안한 Fahrenheit 온도 스케일은 0점(zero point)점과 100°F 점을 정의하였다. 물은 1기압에서 32 °F에서 얼고 212 °F에서 끓는다.

1세기 뒤에 과학계에서는 순수 물(pure water)이 온도눈금의 벤치마크(benchmark)로 사용될 수 있음에 동의하여 100등분 스케일, 현재는 Celsius scale를 채택하였는데, 이 눈금에서 물은 0 ℃에서 얼고 100 ℃에서 끓는다.

냉장고가 실험실에 설치됨에 따라 Celsius scale의 0점 아래에서 물질이 존재함을 알게 되었다. 저온에 대한 연구가 활발해져 물질이 존재할 수 있는 아주 낮은 하부 극한값이 존재함을 확립하게 되었다. 이 관찰에서 하부 극한값을 0으로 하는 새로운 스케일을 정의하였는데, 이를 절대 온도 스케일(absolute scale of temperature)인 Kelvin 스케일이다. 0 K의 영점은 −273.150 ℃이다. 온도 구간을 Celsius 눈금과 동일하게 하여 1기압에서 물의 어는점과 끓는점을 Kelvin 눈금에서도 100 단위 차이가 나도록 정하였다. 이 관찰은 물질이 보여줄 수 있는 온도의 궁극적인 하한점이 있음을 보였는데, 이는 열역학 3법칙을 이루는 한 성분이다.

또한 저온 연구에서 밝혀진 것은 절대 0 K와 상온에서 물질 거동의 다른 면모가 있음을 발견하였다. 이를 나타내기 위하여 한 순환 과정(cyclic process)을 나타내는 그림 3.13을 고려하자. 초기 조건은 절대 온도 0 K에서 각각 1몰의 순수 Si와 순수 C이 있다. 이들을 0 K에서 1,500 K까지 가열하였다. 이 과정(단계 I)에서 엔트로피 변화는 Si와 C의 열용량(heat capacity)에서 계산된다. 부록 D에 여러 가지 물질에 대한 열용량 데이터가 있다. 이어 1,500 K에서 Si와 C가 반응하여 화합물, 탄화 실리콘(silicon carbide) SiC를 형성한다. 이 반응 과정(단계 II)에 대한 엔트로피 변화는 실험적으로 열량측정기에서 흡수된 열량을 측정하여 결정된다.

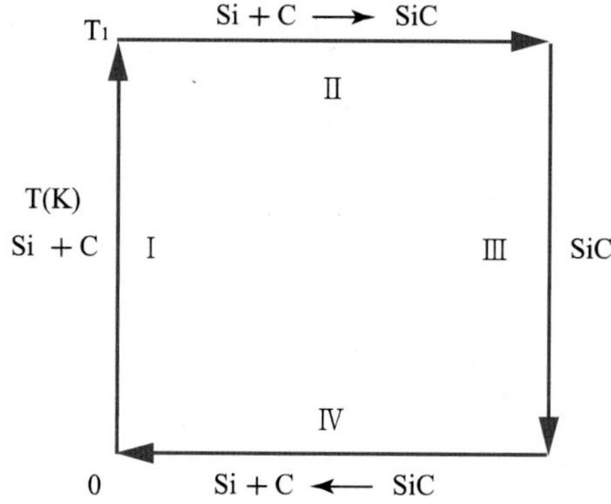

그림 3.13 열역학 3법칙을 나타내는 탄화 실리콘 형성 반응과 관련된 순환 과정.

그 후 SiC는 절대 0 K까지 냉각된다. 이 과정(단계 III)에서 엔트로피 변화는 SiC의 열용량에서 계산된다. 0 K에서 SiC와 순수 Si 그리고 C 사이의 엔트로피의 차이는 반응(단계 IV)으로 결정된다.

이 시스템이 4가지 과정을 거쳐 원래의 상태로 돌아오면, 엔트로피는 상태함수이므로 전체 과정은 한 사이클을 이루고 사이클에 대한 엔트로피 변화는 0이 되어야 한다. 즉,

$$\Delta S_{sys} = \Delta S_I + \Delta S_{II} + \Delta S_{III} + \Delta S_{IV} = 0 \tag{3.53}$$

그러나 단계 I, II, III에서의 개별 엔트로피 변화를 실험적으로 구하면,

$$\Delta S_I + \Delta S_{II} + \Delta S_{III} = 0 \tag{3.54}$$

이 된다. 그러므로

$$\Delta S_{IV} = 0 \tag{3.55}$$

즉, 0 K에서 화합물 SiC의 엔트로피는 순수 SI와 C의 엔트로피와 같아진다.

많은 물질에 대한 이 종류의 실험결과 이와 같은 관찰이 지배적인 결과였다. 모든 물질의 엔트로피는 0 K에서 같다. 만약 이 관찰에서 벗어남이 있을 때에는 관련된 물질이 아직 이 낮은 온도에서 내부 평형을 이루지 못하였다고 합리화할 수 있다. 0 K에서 모든 물질이 같은 값의 엔트로피를 가지므로 이 조건을 엔트로피의 정의와 측정에서 0점으로 선택하는 것은 합리적이다. 그래서 이 실험적 관찰로부터 열역학 3법칙을 다음과 같이 확립할 수 있다.

'물질에 의해 얻어질 수 있는 온도에 더 낮은 극한, 소위 온도의 절대 0이 존재하고 모든 물질의 엔트로피는 그 온도에서 같다.'

이 3법칙의 최우선적인 응용은 화학 반응(chemical reaction)에 대한 엔트로피 변화의 계산

에 있다. 순환(cylic) 과정에서 화학 반응(단계 II)에 대한 엔트로피 변화는

$$Si + C = SiC$$

를 실험적인 데이터 없이도 구할 수 있는 것이다. 식 (3.54)를 다시 재배치하면,

$$\Delta S_{II} = -(\Delta S_I + \Delta S_{III}) \tag{3.56}$$

이 식의 오른쪽 항의 엔트로피 변화는 0 K에서 반응물의 가열과 생성물의 0 K까지 생성물의 냉각인데, 해당 물질들의 열용량 정보에서 계산할 수 있다. 그래서 단계 II에서 관련된 엔트로피 변화가 요구되지 않는다. 즉, 실험적인 측정이 필요 없게 된다. 이 엔트로피 변화는 생성물의 절대 엔트로피에서 반응물의 절대 엔트로피를 빼면 된다.

화학 반응에 대하여 엔트로피 변화에 대한 계산은 상온, 즉 25 ℃ 또는 298 K에서 구한 원소(elements) 그리고 화합물에 대한 절대 엔트로피값을 열거한 표(부록 D, G, H, I)에서 구하는 것이 편리하다. 이 방법을 알기 위하여 298 K에서 알루미나(Al_2O_3)의 형성 반응을 생각해 보자. 부록 D와 I에서 298 K에서 반응물의 절대 엔트로피는

$$S^0_{Al,\,298} = 28.32\ \frac{\mathrm{J}}{\mathrm{mol\,K}},\quad S^0_{Al_2O_3,\,298} = 51.00\ \frac{\mathrm{J}}{\mathrm{mol\,K}},$$

$$S^0_{O_2,\,298} = 205.03\ \frac{\mathrm{J}}{\mathrm{mol\,K}}$$

화학량적으로 균형을 이룬 반응식은

$$2\ Al + \frac{3}{2}O_2 = Al_2O_3$$

298K에서 이 반응에 대한 엔트로피 변화는

$$\Delta S^0_{298} = \Delta S^0_{Al_2O_3,\,298} - \left[2\,\Delta S^0_{Al,298} + \frac{3}{2}\Delta S^0_{O_2,298}\right]$$

$$\Delta S^0_{298} = 51.00 - \left[2(28.32) + \frac{3}{2}(205.03)\right] = -313.18\ \frac{\mathrm{J}}{\mathrm{mol\,K}}$$

으로 계산된다.

연습문제

01 함수 $P\left(\frac{\partial V}{\partial T}\right)_P dT + P\left(\frac{\partial V}{\partial P}\right)_T dP$는 완전 미분인가?

02 $\lambda = \frac{1}{V^2}$은 PdV − VdP의 적분 인자인가?

03 물(water)은 100 ℃와 1.01325 bar에서 가역적으로 증발한다. 기화열(heat of vaporization)은 40.69 kJ/mol이다. 다음 질문에 답하라.

(a) 물에 대한 ΔS값은 얼마인가?

(b) 100 ℃에서(물+reservoir)의 ΔS값은 얼마인가?

04 CO_2는 이상기체로 가정하고 다음 과정에서 $\Delta H°$와 $\Delta S°$을 구하라.

$$1\ CO_2(g,\ 298.15\ K,\ 1\ bar) \rightarrow 1\ CO_2(g,\ 1{,}000\ K,\ 1\ bar)$$

(단, $\overline{C_p}^0 = 26.648 + 42.262 \times 10^{-3}\ T - 142.4 \times 10^{-7}\ T^2$ J/K mol)

Chapter 4

Thermodynamics in Materials Sciences

열역학의 기본 에너지 식

T, U 그리고 S의 정의로 필요한 한 세트의 열역학 특성이 완성되었다. 비록 엔트로피가 고립계에서 한 변화가 자발적인가 아닌가에 대한 기준을 제공하지만, 실험실에서의 보통 조건인 일정한 온도 T와 부피 V 또는 일정한 온도 T와 압력 P에서의 편리한 기준을 제공하지 못한다. 우리는 일정한 온도와 부피 또는 일정한 온도와 압력에서 계산할 수 있는 2개의 여분의 열역학 함수가 필요하다. 다행히도 르쟝드로(Legendre) 변환을 사용하여 이를 변환하는 일반적인 방법이 존재한다.

이 2개의 새로운 열역학적 특성은 Helmholz 자유 에너지 A와 Gibbs 자유 에너지 G이다. 일정한 온도와 부피에서 자발적 과정은 A의 감소로 발생하고 일정한 온도와 압력에서 자발적 과정은 G의 감소로 일어난다.

2개 이상의 상(phase)과 화학 평형을 이루는 시스템에서 평형을 논의하기 위해서는 화학종(species)의 화학 퍼텐셜(chemical potential) μ_i를 소개할 필요가 있다. 한 종의 화학 퍼텐셜은 평형을 이루는 시스템 내의 모든 상에서 같아야 한다. 또한 화학 퍼텐셜은 한 종이 화학 반응을 일으키는가에 대한 것을 결정하는 특성이다. 시스템의 열역학적 특성 사이에는 많은 관계가 있고, 여러 가지 열역학 퍼텐셜(U, H 그리고 A)에 대한 기본적인 식들은 이 유용한 관계식의 근원이 된다. 이를 바탕으로 화학 평형(chemical equilibrium), 상평형(phase equilibrium), 전기화학적 평형(electrochemical equilibrium) 그리고 바이오화학(biochemical) 평형의 정량적인 취급을 가능케 해준다.

1 내부 에너지에 대한 기본식

열역학 1법칙에서

$$dU = \delta q + \delta w \tag{4.1}$$

이고 2법칙에서

$$dS \geq \frac{\delta q}{T} \tag{4.2}$$

이다. 여기서 부등식은 δq가 비가역 과정에 관한 것이고, 등호는 δq가 가역 과정인 경우이다. 단지 PV일만 관련되는 닫힌계를 고려하면,

$$\delta w = -PdV \tag{4.3}$$

이고 식 (4.2)에서

$$dS = \frac{\delta q}{T} \tag{4.4}$$

그리고 1법칙과 2법칙이 조합되면

$$dU = TdS - PdV \tag{4.5}$$

식 (4.5)는 단지 상태 함수만 포함하므로 이 식은 가역과 비가역 과정 모두에 적용된다. 변수 $-P$와 V는 공액(conjugate) 변수이고 T와 S도 공정 변수이다.

1876년 Gibbs는 질량 출입이 가능한 열린계(open system)에서 상평형과 화학 반응의 평형을 논의하기 위하여 이 식에 더하여 아주 중요한 여분의 식을 만들었다. 그는 한 화학종, 즉 성분의 화학 퍼텐셜의 개념을 도입하여 U에 대한 기본식으로

$$dU = TdS - PdV + \mu_1 dn_1 + \mu_2 dn_2 + \ldots \tag{4.6}$$

으로 나타냈다. 여기서 여분의 항들은 각 종에 대한 화학적 일(chemical work) 항이고, n_i는 종 i의 양이다. 화학 퍼텐셜은 한 종이 한 상(phase)에서 다른 상으로 움직이어야 하거나 화학 반응을 일으켜야 하는가의 퍼텐셜의 척도이다. 식 (4.6)은 좀 더 많은 종 i가 일정한 S와 V에서 시스템에 더해지면, 내부 에너지에 $\mu_i dn_i$의 기여가 있게 됨을 나타낸다. 화학 반응이 일어나지 않는 시스템에서 μ_i와 n_i는 공정 변수들임을 기억하라. 만약 한 시스템이 N_s개의 다른 종을 포함한다면, 식 (4.6)은

$$dU = TdS - PdV + \sum_{i=1}^{N_s} \mu_i dn_i \tag{4.7}$$

으로 나타난다. 이 식에서 내부 에너지 U는 S, V 그리고 $\{n_i\}$의 함수임을 나타낸다. 여기서 $\{n_i\}$는 종 i의 양의 집합이다. 이는 $U(S, V, \{n_i\})$로 표시한다. 식 (4.7)에서 변수 S, V 그리고 $\{n_i\}$는 내부 에너지 U의 자연적인 변수(natural variable)라고 부른다. 내부 에너지의 자연적인 변수는 모두 익스텐시브 변수이다. U의 전미분(total differential)은 이들 자연 변수들의 미분항의 합으로 표시한다. 즉,

$$dU = \left(\frac{\partial U}{\partial S}\right)_{V, \{n_i\}} dS + \left(\frac{\partial U}{\partial V}\right)_{S, \{n_i\}} dV + \sum_{i=1}^{N_s} \left(\frac{\partial U}{\partial n_i}\right)_{S, V, n_{j \neq i}} dn_i \tag{4.8}$$

식 (4.7)과 (4.8)을 비교하면

$$T = \left(\frac{\partial U}{\partial S}\right)_{V, \{n_i\}} \tag{4.9}$$

$$P = -\left(\frac{\partial U}{\partial V}\right)_{S, \{n_i\}} \tag{4.10}$$

$$\mu_i = \left(\frac{\partial U}{\partial n_i}\right)_{S, V, n_{j \neq i}} \tag{4.11}$$

여기서 $n_{j \neq i}$는 i 이외의 다른 종의 양은 상수로 간주함을 의미한다. 이 3가지 식들을 상태식(equation of state)이라 한다. 왜냐하면 이들은 상태 특성 사이의 관계를 제공하기 때문이다. 익스텐시브 특성을 또 다른 특성으로 미분하면 인텐시브 특성임을 기억하라. 식 (4.9)에서 식 (4.11)까지의 식은 아주 중요하다. 왜냐하면 시스템의 U가 자연 변수(S, V, $\{n_i\}$)의 함수로 결정될 수 있다면 시스템의 모든 다른 열역학 특성(모든 종의 화학 퍼텐셜을 포함하여)을 계산할 수 있기 때문이다. 1장과 2장에서 시스템의 익스텐시브 상태는 T, P, $\{n_i\}$ 또는 T, V, $\{n_i\}$를 규정함으로써 나타낼 수 있음을 알았다.

식 (4.7)과 같은 기본식은 열역학 특성 사이에 또 다른 형태의 관계, 소위 Maxwell 관계식을 도출할 수 있다. 이는 2차 교차 편미분(second cross-partial derivative)을 취하여 구할 수 있다. 식 (4.7)에 대한 Maxwell 관계식은

$$\left(\frac{\partial T}{\partial V}\right)_{S, \{n_i\}} = -\left(\frac{\partial P}{\partial S}\right)_{V, \{n_i\}} \tag{4.12}$$

$$\left(\frac{\partial T}{\partial n_i}\right)_{S, V, \{n_{j \neq i}\}} = \left(\frac{\partial \mu_i}{\partial S}\right)_{V, \{n_i\}} \tag{4.13}$$

$$-\left(\frac{\partial P}{\partial n_i}\right)_{S,\ V,\{n_{j\neq i}\}} = \left(\frac{\partial \mu_i}{\partial V}\right)_{S,\ \{n_i\}} \tag{4.14}$$

$$\left(\frac{\partial \mu_i}{\partial n_j}\right)_{S,\ V,\{n_{i\neq j}\}} = \left(\frac{\partial \mu_j}{\partial n_i}\right)_{S,\ V,\ \{n_{j\neq i}\}} \tag{4.15}$$

또한 내부 에너지는 일정한 S, V, $\{n_i\}$값에서 한 과정이 자발적으로 일어날 것인가에 대한 기준을 제공한다. 만약 2법칙에서 $dS \geq \dfrac{\delta q}{T}$와 $\delta w = -PdV + \sum \mu_i dn_i$ 으로 식 (4.1)에 대입하면

$$dU \leq TdS - P_{ext}dV + \sum_{i=1}^{N_s} \mu_i dn_i \tag{4.16}$$

따라서 일정한 엔트로피, 부피 그리고 $\{n_i\}$에서 무한소 작은 변화가 시스템 내에서 일어났다면,

$$(dU)_{S,\ V,\ \{n_i\}} \leq 0 \tag{4.17}$$

이것이 PV일과 N_s 종의 구체적인 양이 관련된 시스템에서 자발적 변화와 평형에 관한 기준이다. 일정한 엔트로피, 부피 그리고 $\{n_i\}$에서 내부 에너지 U는 평형에서 최소이다.

인텐시브 특성 T, P 그리고 μ_i의 일정한 값에서 식 (4.7)을 적분하면

$$U = TS - PV + \sum_{i=1}^{N_s} \mu_i n_i \tag{4.18}$$

이 식은 또한 1장에서 소개한 Euler의 정리 결과로 고려할 수 있다.

이 절에서 유도한 식은 실험실에서 그리 유용하지 않다. 왜냐하면 엔트로피와 부피는 쉽게 제어가 가능하지 않기 때문이다. 그러나 다행히도 이 내부 에너지에 근거하여 좀 더 유용한 열역학 특성을 정의할 수 있다.

2 Legendre 변환에 의한 여분의 열역학 퍼텐셜

내부 에너지와 이를 출발점으로 정의하는 다른 열역학 특성은 열역학 퍼텐셜이라고 부른다. 새로운 열역학 퍼텐셜은 Legendre 변환으로 구한다. Legendre 변환은 수학적인 함수로 시작하는 변수들에서 선형 변화이고 새로운 함수는 기존의 함수에서 공정 변수의 곱을 빼주어 정의한다. 이는 변수에서 보통의 변화와 다른 점은 열역학 퍼텐셜의 편미분이 새로운 열역학 퍼텐셜에서 독립 변수가 되는 것이다. 이 과정에서 정보의 손실은 없다. 그래서 내부 에너지

항으로 정의된 새로운 열역학 퍼텐셜은 $U(S, V, \{n_i\})$에 포함된 모든 정보를 함유한다.

이제 2장의 7절에서 소개된 엔탈피 H를 좀 더 자세히 논의해 보자. 엔탈피의 전체 미분 형태는

$$dH = dU + PdV + VdP \tag{4.19}$$

이다. dU에 관한 식 (4.7)을 대입하면 압력–부피일과 N_s개의 다른 종이 관련된 한 시스템의 엔탈피에 관한 기본식이 얻어진다. 즉,

$$dH = TdS + VdP + \sum_{i=1}^{N_s} \mu_i dn_i \tag{4.20}$$

그래서

$$T = \left(\frac{\partial H}{\partial S}\right)_{P, \{n_i\}} \tag{4.21}$$

$$V = \left(\frac{\partial H}{\partial P}\right)_{S, \{n_i\}} \tag{4.22}$$

$$\mu_i = \left(\frac{\partial H}{\partial n_i}\right)_{S, P, n_{j \neq i}} \tag{4.23}$$

만약 엔탈피 H가 S, P 그리고 모든 종의 양에 대한 함수로 정해질 수 있다면 T, V 그리고 μ_i는 H의 편미분을 구하여 결정할 수 있다. 그래서 원칙적으로 한 시스템의 모든 열역학 특성을 앞서의 내부 에너지 U를 사용하여 시스템의 열역학 특성을 구하는 것과 같이 구할 수 있다. 이는 Legendre 변환으로 아무런 정보가 손실되지 않음을 나타낸다. 식 (4.20)에서 다수의 Maxwell 식을 도출할 수 있다.

엔탈피는 일정한 S, P 그리고 $\{n_i\}$의 시스템에서 한 과정이 일어날 것인가에 대한 기준을 제공한다. 식 (4.17)을 얻었을 때의 같은 방법으로

$$(dH)_{S, P, \{n_i\}} \leq 0 \quad (P = P_{ext}) \tag{4.24}$$

을 얻는다. 이는 엔트로피, 압력 그리고 성분의 양이 일정한 경우, 엔탈피가 감소하면 변화는 자발적으로 일어남을 보여 준다.

T, P 그리고 μ가 일정한 값에서 식 (4.20)을 적분하여

$$H = TS + \sum_{i=1}^{N_s} \mu_i n_i \tag{4.25}$$

을 얻는다. $H = U + PV$를 사용하면 식 (4.18)을 얻을 수 있게 된다.

내부 에너지와 엔탈피는 자발적 반응에 대한 아주 유용한 기준을 제공하지 못한다. 왜냐하면 엔트로피가 일정하게 설정되어야 하기 때문이다. 이 문제는 다시 르장드르 변환을 이용하여 공정 변수들의 곱 TS를 각각 내부 에너지와 엔탈피에서 빼주어 새로운 함수를 만들어 해결할 수 있다. 이는 익스텐시브 변수 S의 자리에 인텐시브 변수 T를 자연적인 변수로 되게 한다.

열역학에서 일(work)의 형태로 저장 또는 회수되는 에너지를 자유 에너지(free energy)라고 하는데, 열역학적 구속(constraints)에 따라 열역학적 시스템의 자유 에너지 상태는 달라진다.

Helmholz 자유 에너지 A와 Gibbs 자유 에너지 G를 정의하는 2개의 르장드르 변환은

$$A = U - TS \tag{4.26}$$

$$G = U + PV - TS = H - TS \tag{4.27}$$

이다. Helmholz 자유 에너지의 전체 미분은

$$dA = dU - TdS - SdT \tag{4.28}$$

식 (4.7)의 dU에 대한 값을 대입하면 Helmholz 자유 에너지에 대한 기본식이 얻어진다.

$$dA = -SdT - PdV + \sum_{i=1}^{N_s} \mu_i dn_i \tag{4.29}$$

따라서 A에 대한 자연적인 변수는 T, V, n_i이다. 그래서

$$S = -\left(\frac{\partial A}{\partial T}\right)_{V,\{n_i\}} \tag{4.30}$$

$$P = -\left(\frac{\partial A}{\partial V}\right)_{T,\{n_i\}} \tag{4.31}$$

$$\mu_i = \left(\frac{\partial A}{\partial n_i}\right)_{T,V,n_{j\neq i}} \tag{4.32}$$

또한 식 (4.29)에서 Maxwell 관계식을 도출할 수 있다.

Helmholz 자유 에너지 A는 규정된 T, V 그리고 $\{n_i\}$에서 자발적 변화에 대한 기준을 제공한다. 즉,

$$(dA)_{T,V,\{n_i\}} \leq 0 \tag{4.33}$$

따라서 일정한 압력, 부피 그리고 종의 양에서 Helmholz 에너지가 감소한다면 한 반응은 자발적으로 일어날 수 있다(표 4.1 참조).

일정한 T, P 그리고 $\{n_i\}$에서 A에 대한 적분은 다음과 같이 식 (4.34)로 된다.

표 4.1 압력 - 부피일만 관련된 과정에서의 가역과 비가역의 기준.

비가역 과정	가역 과정
$(dS)_{V,U,(n_i)} > 0$	$(dS)_{V,U,(n_i)} = 0$
$(dU)_{V,S,(n_i)} < 0$	$(dU)_{V,S,(n_i)} = 0$
$(dH)_{P,S,(n_i)} < 0$	$(dH)_{P,S,(n_i)} = 0$
$(dA)_{T,V,(n_i)} < 0$	$(dA)_{T,V,(n_i)} = 0$
$(dG)_{T,P,(n_i)} < 0$	$(dG)_{T,P,(n_i)} = 0$

$$A = -PV + \sum_{i=1}^{N_s} \mu_i n_i \tag{4.34}$$

화학에서는 Helmholz 자유 에너지보다 Gibbs 자유 에너지가 더 유용하다. 왜냐하면 과정과 화학 반응은 일정한 부피보다 일정한 압력에서 진행되기 때문이다.

Gibbs 자유 에너지에 대한 전체 미분은

$$dG = dU + PdV + VdP - TdS - SdT \tag{4.35}$$

식 (4.7)의 dU에 대한 식을 대입하면

$$dG = -SdT + VdP + \sum_{i=1}^{N_s} \mu_i dn_i \tag{4.36}$$

그래서

$$S = -\left(\frac{\partial G}{\partial T}\right)_{P,\{n_i\}} \tag{4.37}$$

$$V = \left(\frac{\partial G}{\partial P}\right)_{T,\{n_i\}} \tag{4.38}$$

$$\mu_i = \left(\frac{\partial G}{\partial n_i}\right)_{T,P,n_{j\neq i}} \tag{4.39}$$

만약 G가 자연 변수인 T, P 그리고 $\{n_i\}$의 함수로 결정된다면, S, V 그리고 μ_i는 G의 편미분을 취하여 구할 수 있다. 주지할 것은 종 i의 화학 퍼텐셜은 부분 몰(partial molar) Gibbs 자유 에너지이다. 그래서 식 (4.36)은 $\mu_i = \overline{G_i}$ 로 나타낼 수 있다. 여기서 $\overline{G_i}$는 종 i의 부분 몰 Gibbs 자유 에너지이다. 한 종의 부분 몰 부피 $\overline{V_i}$는 앞서 1장에서 논의되었다.

식 (4.37)과 (4.38)은 G의 T와 P에의 의존에 관한 재미있는 관계를 말해준다. 시스템의 엔트로피는 항상 양이므로 일정한 압력에서 온도가 증가함에 따라 G는 감소한다. S값은 기체의 값이 고체의 값보다 더 크므로 Gibbs 자유 에너지의 온도 계수는 기체의 경우가 고체보다 더 음이 된다. 시스템의 부피는 항상 양이므로 G는 일정한 온도에서 압력이 증가함에 따라 증가한다. V는 기체의 경우가 고체의 부피보다 더 크므로 G의 압력 계수는 기체의 경우가 고체의 경우보다 더 크다.

이제 만약 열역학 퍼텐셜이 그의 자연적인 변수의 함수로 나타낼 수 있다면, 시스템의 모든 열역학 특성을 계산할 수 있음을 알 수 있다. 한 개의 종을 포함하는 시스템에 대한 G가 온도와 압력의 함수로 나타난다고 가정해 보자. 시스템의 엔트로피와 부피는

$$S = -\left(\frac{\partial G}{\partial T}\right)_P \quad \text{그리고} \quad V = \left(\frac{\partial G}{\partial P}\right)_T \tag{4.40}$$

그러면 U, H 그리고 A는 이 관계를 이용하여 구할 수 있다. 즉,

$$U = G - PV + TS = G - P\left(\frac{\partial G}{\partial P}\right)_T - T\left(\frac{\partial G}{\partial T}\right)_P \tag{4.41}$$

$$H = G + TS = G - T\left(\frac{\partial G}{\partial T}\right)_P \tag{4.42}$$

$$A = G - PV = G - P\left(\frac{\partial G}{\partial P}\right)_T \tag{4.43}$$

그러나 이것은 G가 V와 T 또는 P와 V로 나타낼 때에는 가능하지 않다.

Gibbs 자유 에너지는 일정한 온도 T, 압력 P 그리고 종 i의 양, $\{n_i\}$에서 한 과정이 자발적으로 일어날 것인가에 대한 기준을 제공한다. 식 (4.17)을 얻을 때와 유사한 절차로

$$(dG)_{T,P,\{n_i\}} \le 0 \quad (T = T_{surr},\ P = P_{ext}) \tag{4.44}$$

으로 나타낼 수 있다. 여기서 아래첨자 $\{n_i\}$는 모든 성분의 양이 일정하게 잡음을 나타낸다. 그러므로 일정한 온도, 압력 그리고 성분의 양의 시스템의 Gibbs 자유 에너지가 감소하였다면, 그 변화는 자발적으로 일어날 수 있음을 알 수 있다. 이 식은 상평형과 화학 평형에 대한 판단 기준을 제공한다. 그림 4.1은 한 시스템의 초기 상태에서 최종 상태로 자발적으로 진행될 때의 G의 변화하는 방법을 나타낸 것이다.

Gibbs 자유 에너지는 일정한 온도와 압력에서 비가역 과정에서 감소하므로 최종 평형 상태에서 최소가 된다. 그러나 평형에서 일어나는 가역 과정을 상상할 수 있다. 예를 들면, 무한소의 물이 액체 상태에서 일정한 압력과 온도에서의 증발을 상상할 수 있다. 그와 같은 과정에서 $dG=0$이다.

이와 같은 관계는 무한소 변화뿐만 아니라 d를 Δ로 바꾸어 유한 크기의 변화에도 적용할

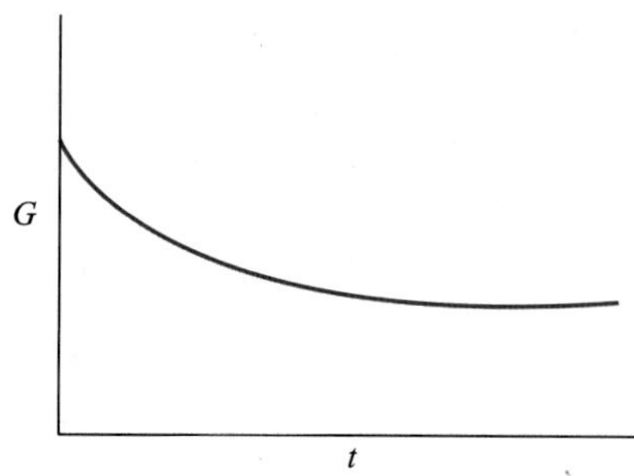

그림 4.1 한 시스템이 일정한 온도와 압력에서 시간의 함수로 나타낸 Gibbs 자유 에너지. Gibbs 자유 에너지는 평형에 도달할 때까지 감소한다.

수 있다. 그러나 자발적 반응은 항상 일정한 온도와 압력에서 Gibbs 자유 에너지의 경우에는 최소값이나 고립계에서 엔트로피의 경우에는 최대값으로 진행함을 기억하라.

일정한 값의 T, P 그리고 μ_i에서 G에 대한 기본식의 적분은

$$G=\sum_{i=1}^{N_s}\mu_i n_i \tag{4.45}$$

이다. 이는 아주 흥미롭고 중요한 식이다. 왜냐하면 Gibbs 자유 에너지는 G에 대한 인텐시브 특성이 일정할 때에 N 성분의 각각에 대한 항의 합으로 되기 때문이다. U, H 그리고 A의 해당 식에서 그들의 인텐시브 특성을 일정하게 잡았을 때에는 식 (4.18), (4.25), 그리고 (4.34)로 주어진다. 식 (4.45)의 중요성은 7절에서 논의된다.

식 (4.36)에서 다음의 Maxwell 관계식을 얻는다.

$$-\left(\frac{\partial S}{\partial P}\right)_{T,\{n_i\}}=\left(\frac{\partial V}{\partial T}\right)_{P,\{n_i\}} \tag{4.46}$$

$$-\left(\frac{\partial S}{\partial n_i}\right)_{P,T,\{n_i\}}=\left(\frac{\partial \mu_i}{\partial T}\right)_{P,\{n_i\}}=-\overline{S_i} \tag{4.47}$$

$$\left(\frac{\partial V}{\partial n_i}\right)_{T,P,n_{j\neq i}}=\left(\frac{\partial \mu_i}{\partial P}\right)_{T,\{n_i\}}=\overline{V_i} \tag{4.48}$$

여기서 $\overline{S_i}$는 성분 i의 부분 몰 엔트로피(partial molar entropy)이고 $\overline{V_i}$는 성분 i의 부분 몰 부피(partial molar volume)이다. 각 쌍의 성분에 대한 Maxwell 식이 존재하는데 이는 뒤에서 논의할 것이다.

Gibbs 자유 에너지는 일정한 온도와 압력에서 자발적 변화에 대하여 주위(surrounding)에서 무엇이 일어나는가를 고려함이 없이 시스템 자체만의 변화로 판단할 수 있도록 정의되었음을

알 수 있다. 일정한 압력과 온도에서 시스템과 주위를 포함하는 고립계에 있어서는 엔트로피에 의한 기준은 자발적 반응에서 $\Delta S_{sys}+\Delta S_{surr}$은 반드시 증가해야 하는 것이다.

온도가 일정하므로 $\Delta S_{surr}=-\frac{\Delta H_{sys}}{T}$이다. 그래서 $\Delta S_{sys}-\frac{\Delta H_{sys}}{T}=-\frac{\Delta G_{sys}}{T}$는 일정한 온도와 압력에서 자발적인 반응인 경우 증가해야 한다. 이는 ΔG_{sys}는 감소해야 함을 의미한다. 그래서 Gibbs 자유 에너지 G는 간단히 일정한 압력과 온도에서 제2법칙의 응용에 대한 엔트로피 특성보다 간편한 열역학 특성을 제공한다.

비록 이 기준들이 어떤 변화가 비가역 인지를 제시한다 할지라도 그 변화가 현저한 속도로 일어나야 함을 반드시 따라야 할 필요가 없다. 그래서 1 bar 압력과 25 ℃에서 1몰 탄소와 1몰 산소의 혼합물은 압력 1 bar와 25 ℃에서 이산화탄소의 에너지보다 큰 Gibbs 자유 에너지를 갖고 있어, 이 압력과 온도에서 탄소와 산소가 결합하여 이산화탄소를 형성하는 것은 가능하다. 비록 탄소가 산소와 접촉하여 아주 긴 시간 존재한다고 할지라도 그 반응은 이론적으로 가능하다. 열역학적인 자발적인 반응의 역은 비자발적(nonspontaneous) 반응이다. 그래서 상온에서 이산화탄소의 탄소와 산소로의 분해는 Gibbs 자유 에너지의 증가를 가져오므로 비자발적이다. 그 반응은 외부의 도움으로 일어날 수 있다.

시스템에서 PV 일 이외 다른 일이 발생할 때 그 일은 내부 에너지에 관한 기본식에 또 다른 한 개의 항으로 기여한다. 이 항들은 Gibbs 자유 에너지에 대한 기본식으로 이동된다. 그래서 예를 들면, 신장일(extension work)과 표면일(surface work)이 관여된다면

$$dG=-SdT+VdP+\sum_{i=1}^{N_s}\mu_i dn_i+f\,dL+\gamma dA_s \tag{4.49}$$

으로 나타난다. 여기서 f는 신장의 힘이고 L은 길이, γ는 표면 장력 그리고 A_s는 표면적을 나타낸다. 따라서

$$f=\left(\frac{\partial G}{\partial L}\right)_{T,P,\{n_i\},A_s} \tag{4.50}$$

$$\gamma=\left(\frac{\partial G}{\partial A_s}\right)_{T,P,\{n_i\},L} \tag{4.51}$$

으로 표현된다. 이는 더 많은 Legendre 변환과 Maxwell 관계식이 도출될 가능성이 있음을 보여 준다.

만약 여러 가지 일이 포함되면 1법칙에서

$$dU=\delta q+\delta w \tag{4.52}$$

그리고 2법칙과 결합하여

$$-dU + TdS \geq -\delta w \tag{4.53}$$

일정한 온도에서 이는

$$-d(U - TS) \geq -\delta w \tag{4.54}$$

즉,

$$(dA)_T \leq \delta w \tag{4.55}$$

여기서 A는 Helmholz 자유 에너지이다. 이는 독일어의 arbeit(work)에서 첫 자를 표시한 것이다. 따라서 일정한 온도의 가역 과정에서 시스템에 가해진 일은 Helmholz 자유 에너지 증가와 같아진다. 일반적으로 식 (4.54)는 A의 감소는 주위에 행한 전체 일의 상부 한계(upper bound)이다. 실제 과정에서 시스템이 주위에 일을 할 때에는 주위에 한 일(이는 음의 값이다)은 시스템의 Helmholz 자유 에너지 감소보다 작은 값이 된다.

PV일이 아닌(Non-PV) 일이 관련될 때에는 Gibbs 자유 에너지가 특별히 유용하다. 이 경우 1법칙에서 일을 2가지로 분리하여

$$dU = \delta q - P_{ext}dV + \delta w_{nonpv} \tag{4.56}$$

그래서 2법칙에서의 부등식 $TdS \geq \delta q$를 대입하면

$$-dU - P_{ext}dV + TdS \geq -\delta w_{nonpv} \tag{4.57}$$

외부 가해준 압력은 P_{ext}로 나타냈다. 일정한 온도와 압력 $P = P_{ext}$ =일정이면, 이는 다음과 같이 쓸 수 있다.

$$-d(U + PV - TS) \geq -\delta w_{nonpv} \tag{4.58}$$

또는

$$(dG)_{T,P} \leq \delta w_{nonpv} \tag{4.59}$$

따라서 일정한 온도와 압력에서 한 가역 과정에 대하여 Gibbs 자유 에너지의 변화는 주위에 의해 시스템에 행한 PV일이 아닌(non-PV) 것과 같다. 그래서 일이 시스템에 행하여졌을 때 Gibbs 자유 에너지는 증가하고, 시스템이 주위에 일을 하였을 때는 Gibbs 자유 에너지는 감소한다. 일반적으로 식 (4.58)은 G에서의 감소는 주위에 행한 PV일이 아닌 것에서 상부 한계값이 된다. 시스템이 주위에 일을 행할 때 가해진 일(음의 값)은 Gibbs 자유 에너지 감소보다 작다.

일정한 온도와 압력에서 전기화학 셀(cell)의 충전(charging)과 방전(discharging)에 식 (4.59)를 적용하여 좀 더 자세히 생각해 보자. 전기화학 셀은 전기 발생기에 의해 충전되고 알려진 기계적인 일을 소비하는 완벽한 직류 발생기를 생각해 보자. 전기화학 셀이 충전될 때 셀의 Gibbs 자유 에너지 증가는 실제 과정에서 전기발생기가 시스템에 행한 전기일(electrical work)

보다 작고 가역 과정에서 이론적인 극한값에서 전기일과 같다.

전기화학 셀이 기계적인 일을 하는 이상적인 전기모터에 의해 방전될 때에는 셀의 Gibbs 자유 에너지는 감소하고 행한 일은 음의 값이다. 식 (4.59)에서의 부등식에 따라 전기모터에 의한 일의 양은 단지 가역적인 과정의 이론적인 극한에서를 제외하고 전기화학 셀의 Gibbs 자유 에너지 감소보다 더 작다. 이는 한 시스템의 Gibbs 자유 에너지의 변화에 대한 간단한 해석을 제공한다. 일정한 온도와 압력의 가역 과정에서 시스템의 Gibbs 자유 에너지의 변화는 주위에 의해 시스템에 행한 PV일이 아닌 것과 같다.

3 Gibbs 자유 에너지의 온도 효과

열린계에서 식 (4.37)은 $-S=\left(\frac{\partial G}{\partial T}\right)_{P,\{n_i\}}$ 를 나타낸다. S는 양의 값이므로 Gibbs 자유 에너지는 일정한 압력과 성분에서 온도가 증가하면 반드시 감소해야 한다. $G=H-TS$에서 S를 제거하기 위하여 대입하면 중요한 식이 얻어진다. 즉,

$$G=H+T\left(\frac{\partial G}{\partial T}\right)_{P,\{n_i\}} \tag{4.60}$$

이 식은 Gibbs 자유 에너지와 온도 미분을 포함하므로 단지 온도 미분항만이 있도록 재배치하는 것이 더 편리하다. 이는 먼저 $\left(\frac{G}{T}\right)$를 일정한 압력과 일정한 성분의 양에서 온도에 대하여 미분한다. 즉,

$$\left[\frac{\partial(G/T)}{\partial T}\right]_{P,\{n_i\}}=-\frac{G}{T^2}+\frac{1}{T}\left(\frac{\partial G}{\partial T}\right)_{P,\{n_i\}} \tag{4.61}$$

식 (4.60)을 이용하여 G에 대입하면

$$H=-T^2\left[\frac{\partial(G/T)}{\partial T}\right]_{P,\{n_i\}} \tag{4.62}$$

이 식은 Gibbs-Helmholz 식이라고 부른다. 따라서 상태 1과 상태 2 사이의 변화는

$$\Delta H=-T^2\left[\frac{\partial(\Delta G/T)}{\partial T}\right]_{P,\{n_i\}} \tag{4.63}$$

만약 어떤 과정이나 반응에 대한 ΔG를 온도의 함수로 정할 수 있다면 과정이나 반응에

대한 엔탈피 변화는 열량측정기(calorimeter)를 사용하지 않고 계산할 수 있으므로 아주 유용한 식이다. 또한 ΔH와 ΔG가 한 온도에서 알고 있다면 식 (4.63)을 이용하여 ΔH가 온도에 독립적임을 가정하여 또 다른 온도에서 ΔG값을 구할 수 있다.

4 Gibbs 자유 에너지의 압력 효과

식 (4.38)에서 $V=\left(\frac{\partial G}{\partial P}\right)_{T,\{n_i\}}$ 이 일정한 온도에서 V가 압력의 함수로 알려지고 G의 값이 한 압력에서 알고 있다면, 다른 압력에서의 G값을 적분하여 구할 수 있다. 즉,

$$\int_{G_1}^{G_2} dG = \int_{P_1}^{P_2} V\,dP \tag{4.64}$$

또는

$$G_2 = G_1 + \int_{P_1}^{P_2} V\,dP \tag{4.65}$$

이 식은 항상 적용되고 알고있는 바와 같이 한 물질의 Gibbs 자유 에너지는 압력에 따라 항상 증가한다. 식 (4.65)가 간단한 관계를 나타내는 2가지 특별한 경우가 있다. 하나는 부피가 액체나 고체처럼 거의 압력에 독립적이면,

$$G_2 = G_1 + V(P_2 - P_1) \tag{4.66}$$

으로 된다.

또 하나는 액체나 고체와는 달리 기체의 Gibbs 자유 에너지 의존성은 $V=\frac{nRT}{P}$ 를 대입하면,

$$\int_{G_1}^{G_2} dG = nRT\int_{P_1}^{P_2} d\ln P \tag{4.67}$$

$$G = G^0 + nRT\ln\frac{P}{P^0} \tag{4.68}$$

으로 P^0는 표준 상태 압력이다. Gibbs 자유 에너지는 그의 절대값이 알려지지 않은 면에서 내부 에너지나 엔탈피와 유사하나 한 종의 Gibbs 자유 에너지는 그것이 포함하는 원소(element)에 대하여 결정할 수 있다. 그래서 식 (4.68)은 $\Delta_f G_i = \Delta_f G_i^0 + RT\ln\frac{P_i}{P^0}$로 쓸 수 있다. 표준 Gibbs 자유 에너지 G^0는 다른 온도에서 다른 값을 갖는다. 이상기체의 몰 Gibbs 자유 에너지의 기체 압력에 대한 로그 함수 의존성은 그림 4.2에 나타내었다.

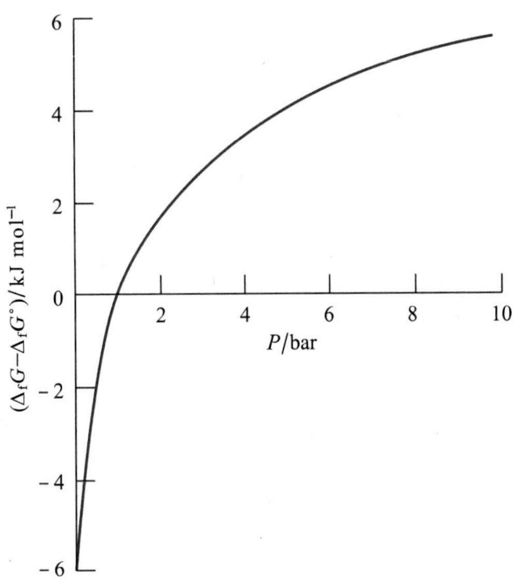

그림 4.2 이상기체의 Gibbs 자유 에너지의 압력에의 의존성.

또 다른 표현으로 식 (4.65)는 임의의 2개의 압력 사이에서 적분하여

$$\Delta G = G_2 - G_1 = nRT\ln\frac{P_2}{P_1} \tag{4.69}$$

으로 표현할 수 있다.

예제 4-1 이상기체의 몰 열역학 특성의 계산

Q 이상기체의 몰 Gibbs 자유 에너지는 $\overline{G} = \overline{G^0} + RT\ln\frac{P}{P^0}$ 이므로 $\overline{V}$, $\overline{U}$, $\overline{H}$, $\overline{S}$ 그리고 $\overline{A}$에 대한 표현을 유도하라.

A 식 (4.38), (4.41), (4.42), (4.37) 그리고 (4.43)을 각각 사용하여

$$\overline{V} = \frac{RT}{P}$$

$$\begin{aligned}\overline{U} &= \overline{G} - P\left(\frac{\partial \overline{G}}{\partial P}\right)_T - T\left(\frac{\partial \overline{G}}{\partial T}\right)_P \\ &= \overline{G}^0 + RT\ln\frac{P}{P^0} - RT - T\left(\frac{\partial \overline{G}^0}{\partial T}\right)_P - RT\ln\frac{P}{P^0} \\ &= \overline{G}^0 - RT - T\left(\frac{\partial \overline{G}^0}{\partial T}\right)_P = \overline{G}^0 + T\overline{S}^0 - RT = \overline{H}^0 - RT\end{aligned}$$

(계속)

$$\overline{H} = \overline{H^0} = \overline{G^0} + T\overline{S^0}$$

$$\overline{S} = \overline{S^0} - R\ln\frac{P}{P^0}$$

$$\overline{A} = \overline{A^0} + RT\ln\frac{P}{P^0}$$

여기서 $\overline{S^0} = -\left(\frac{\partial \overline{G^0}}{\partial T}\right)_P$ 그리고 $\overline{U^0} = \overline{G^0} + T\overline{S^0} - RT$이다. 주지할 것은 이상기체의 내부 에너지 U와 엔탈피 H는 압력과 부피에 무관하고 단지 온도만의 함수이다.

예제 4-2 이상기체의 가역 등온 팽창에서 열역학 특성 변화 계산

Q 이상기체가 27 ℃에서 항온적으로 10기압에서 1기압으로 점차적으로 줄어드는 압력에 의해 가역적으로 팽창하였다. 몰당 q와 w를 구하고 열역학적 양, $\Delta\overline{U}$, $\Delta\overline{H}$, $\Delta\overline{G}$, $\Delta\overline{A}$ 그리고 $\Delta\overline{S}$를 구하라.

A 과정이 항온 가역 과정으로 진행되었으므로

$$w = -RT\ln\frac{\overline{V_2}}{\overline{V_1}} = -RT\ln\frac{P_1}{P_2}$$

$$= -(8.3145\ \text{J/K}\cdot\text{mol})(300.15\ \text{K})\ \ln\ (10/1) = -5746\ \text{J/mol}.$$

이상기체의 내부 에너지와 엔탈피는 부피 변화에 영향을 받지 않으므로

$$\Delta\overline{U} = 0,\ \ q = \Delta\overline{U} - w = 0 + 5746 = 5746\ \text{J/mol}$$

$$\Delta\overline{H} = \Delta\overline{U} + \Delta(P\overline{V}) = 0 + 0 = 0.$$

왜냐하면 $P\overline{V}$는 이상기체의 항온 과정에서는 일정하기 때문이다($P\overline{V} = RT$).

$$\Delta\overline{A} = w = -5746\ \text{J/mol}.$$

$$\Delta\overline{G} = \int_{10}^{1}\overline{V}dP = RT\ln\frac{1}{10} = (8.3145\ \text{J/mol})(300/15\ \text{K})(-2.3026)$$

$$= -5746\ \text{J/mol}$$

$$\Delta\overline{S} = \frac{q_{rev}}{T} = \frac{5746\ \text{J/mol}}{300.15\ \text{K}} = 19.14\ \text{J/K}\cdot\text{mol}$$

또한 $\Delta\overline{S} = \frac{\Delta\overline{H} - \Delta\overline{G}}{T} = \frac{0 + 5746\ \text{J/mol}}{300.15\ \text{K}} = 19.14\ \text{J/K}\cdot\text{mol}$이다.

예제 4-3 이상기체의 비가역 과정과 항온 과정에서 열역학 특성의 변화 계산 I

Q 이상기체가 27 ℃에서 항온과정으로 진공 용기에 팽창하여 압력이 10기압에서 1기압으로 줄어들었다. 즉, 기체는 2.463 L 용기에서 연결된 용기로 팽창하여 전체 부피가 24.63 L이 되었다. 위의 열역학 양의 변화를 구하라.

A 이 과정은 항온 과정이나 가역 과정은 아니다. $w=0$이다. 왜냐하면 시스템 전체는 닫혀 있고 외부 일은 관련되지 않기 때문이다. 이상기체이므로

$$\Delta\overline{U}=0,\ \ q=\Delta\overline{U}-w=0+0=0.$$

$\Delta\overline{U}$, $\Delta\overline{H}$, $\Delta\overline{G}$, $\Delta\overline{A}$ 그리고 $\Delta\overline{S}$는 예제 4-2에서의 값과 같다. 왜냐하면 초기 상태와 최종 상태가 같기 때문이다.

예제 4-4 압력의 함수로 기체 메탄올과 액체 메탄올의 형성 Gibbs 자유 에너지의 계산 I

Q 압력 변화로 인한 기체의 Gibbs 자유 에너지에 대한 효과는 해당되는 액체의 Gibbs 자유 에너지보다 아주 크다. 왜냐하면 기체의 몰 부피가 아주 크기 때문이다. 이 효과가 구체적인 물질에서 어떻게 나타나는가를 알기 위하여 기체와 액체 메탄올(methanol)을 예로 들어보자. 298.15 K에서 액체 메탄올의 형성에 관한 표준 Gibbs 자유 에너지는 −166.27 kJ/mol이고, 기체의 경우는 −161.96 kJ/mol이다. 액체 메탄올의 밀도는 298.15 K에서 0.7914 kg/m^{3}이다.

(a) 압력이 10 bar이고 298.15 K에서 메탄올 증기는 이상기체로 가정하여 $\Delta_f G(CH_3OH, g)$를 계산하라.

A (a) $\Delta G(g)$에서 압력 효과는 식 (4.68)에서

$$\Delta_f G=\Delta_f G^0+RT\ln\left(\frac{P}{P^0}\right)$$
$$=-161.96\ \text{kJ/mol}+(8.3145\times10^{-3}\ \text{kJ/Kmol})(298.15)\ \ln(10)$$
$$=-156.25\ \text{kJ/mol.}$$

그림 4.3에 이 효과를 나타냈다.

(b) $\Delta G(l)$의 압력 효과는 식 (4.66)에서

$$\Delta_f G=\Delta_f G^0+\overline{V}(P-P^0)$$

메탄올의 부피 $\overline{V}=(32.04\ \text{g/mol})/(0.7914\ \text{g/cm}^3)=40.49\ \text{cm}^3/\text{mol}$

$=(40.49\ \text{cm}^3/\text{mol})(10^{-2}\ \text{m/cm})^3$

$=40.49\times10^{-6}\ \text{m}^3/\text{mol.}$

그리고 $\Delta_f G=-166.27\ \text{kJ/mol}+(40.49\times10^{-6}\ \text{m}^3/\text{mol})(9\times10^5\ \text{Pa})(10^3\ \text{J/mol})=-166.23\ \text{kJ/mol.}$

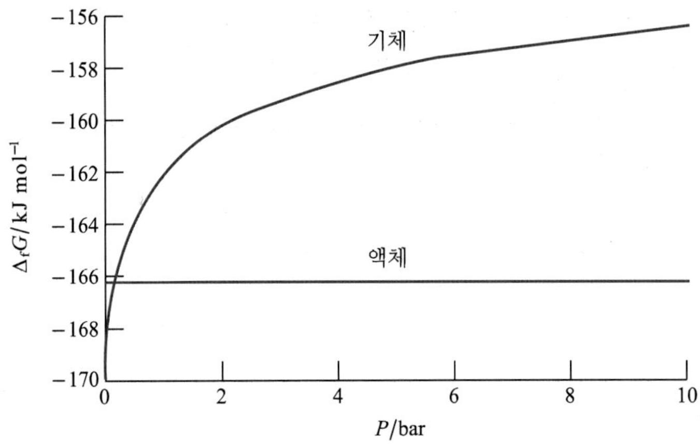

그림 4.3 298.15 K에서 여러 가지 압력에 따른 기체와 액체 메탄올의 형성 Gibbs 자유 에너지.

그림 4.3에서 액체와 기체의 곡선은 1 bar보다 낮은 압력에서 교차한다. 교차점은 298.15 K에서 증기압이다. 이 압력에서 액체와 기체는 같은 몰 Gibbs 형성 에너지 $\Delta_f G$를 갖는다. 이상기체의 $\Delta_f G(\mathrm{g})$는 0기압에서 $-\infty$ 임을 주지하라.

5 퓨가시티와 활동도

실제 기체의 Gibbs 자유 에너지는 식 (4.68)로 주어지지 않는다. 이는 이상기체에 대하여 도출된 것이기 때문이다. 그러나 G.N. Lewis는 실제 기체에도 이와 같은 형태를 갖는 것이 편리하다는 것을 인지하였다. 그는 퓨가시티(Fugacity)를 정의하여 이를 실현시켰다. 퓨가시티는 T와 P의 함수로 이를 사용하면,

$$\overline{G} = \overline{G^0} + RT\ln\frac{f}{P^0} \tag{4.70}$$

$$\lim_{P\to 0}\frac{f}{P} = 1. \tag{4.71}$$

퓨가시티는 압력의 단위를 갖는다. 압력이 0에 접근함에 따라 기체는 이상기체 거동을 하고 퓨가시티는 압력에 접근한다. 퓨가시티는 간단히 실제 기체의 몰 Gibbs 자유 에너지의 척도이나 몰 Gibbs 에너지보다 다음의 이점을 갖는다. f는 0에서 ∞로 가고, $\overline{G}$는 $-\infty$에서 $+\infty$로 된다(그림 4.2 참조).

만약 기체의 상태식이 알려지면 특정한 온도와 압력에서 실제 기체의 퓨가시티를 계산할 수 있다. 다음의 유도에서 알 수 있듯이 압력의 항으로 나타낸 상태의 비리얼 식을 사용하는 것이 편리하다. $\overline{V}=\left(\frac{\partial \overline{G}}{\partial P}\right)_T$ 이므로 일정한 온도에서 실제 기체는 $d\overline{G}=\overline{V}\,dP$이고, 이상기체에서는 $d\overline{G^{id}}=\overline{V}^{id}dP$이다.

실제 기체와 이상기체 사이의 Gibbs 에너지 차이는 어떤 낮은 압력 $P^\star$에서 퓨가시티로 알고자 하는 압력까지 적분할 수 있다. 즉,

$$\int_{P^\star}^{P} d(\overline{G}-\overline{G}^{id})=\int_{P^\star}^{P}(\overline{V}-\overline{V}^{id})\,dP \tag{4.72}$$

$$(\overline{G}-\overline{G}^{id})_P-\left(\overline{G}^\star-\overline{G}^{id}\right)_{P^\star}=\int_{P^\star}^{P}(\overline{V}-\overline{V}^{id})\,dP \tag{4.73}$$

이제 $P^\star\rightarrow 0$이면 $\overline{G}^\star=\overline{G}^{id}$, 그래서

$$(\overline{G}-\overline{G}^{id})_P=\int_0^P(\overline{V}-\overline{V}^{id})\,dP \tag{4.74}$$

$\overline{G}$에 대하여 식 (4.70)을 $\overline{G}^{id}$에 대하여는 식 (4.68)을 대입하면

$$\ln\left(\frac{f}{P}\right)=\frac{1}{RT}\int_0^P(\overline{V}-\overline{V}^{id})\,dP \tag{4.75}$$

즉,

$$\left(\frac{f}{P}\right)=\exp[\frac{1}{RT}\int_0^P(\overline{V}-\overline{V}^{id})\,dP] \tag{4.76}$$

퓨기시티와 압력과의 비를 퓨가시티 계수(coefficient) ϕ라고 말한다. 즉, $\phi=\frac{f}{P}$이다. 퓨가시티 계수는 상평형 또는 화학 평형 특성과 연결하여 기체의 비이상성의 척도로 자주 사용된다. 기체의 PVT 데이터가 유용할 때에는 관심의 온도에서 압력의 함수로 기체의 몰 부피와 이상기체의 몰 부피와의 차이를 그릴 수 있다. 이 그림에서 관심의 압력까지 적분하고 식 (4.76)을 이용하여 $\phi=\frac{f}{P}$ 를 계산한다.

식 (4.76)은 압축률 인자 Z의 항으로 나타낼 수 있다. $\overline{V}=\frac{RTZ}{P}$ 이므로

$$\left(\frac{f}{P}\right)=\exp[\frac{1}{RT}\int_0^P(\frac{RTZ}{P}-\frac{RT}{P})\,dP]=\exp\left[\int_0^P\frac{Z-1}{P}dP\right] \tag{4.77}$$

만약 Z가 압력의 함수로 한 관심의 압력까지 알려진다면 기체의 퓨가시티는 관심의 P에서 구할 수 있다.

예제 4-5 비리얼 계수의 항으로 퓨가시티의 나타냄

Q 압축률 인자 Z가 압력 P에 power series로 주어졌다면, 비리얼 계수의 항으로 퓨가시티는 어떻게 표현되는가?

A 식 (4.77)에서

$$\ln\left(\frac{f}{P}\right) = \int_0^P (B' + C'P + \ldots)\,dP = B'P + \frac{C'}{2}P^2 + \ldots$$

예제 4-6 반데어 올스 기체의 퓨가시티

Q 식 (1.26)으로 주어진 van der Waals 기체의 압축률 Z에 대한 표현을 이용하여 van der Waals 기체에 대한 퓨가시티 표현을 구하라.

A 근사로 시리즈에서 P_2 이상의 항을 생략하면

$$Z = 1 + \left[b - \left(\frac{a}{RT}\right)\right]\frac{P}{RT}$$

$$\ln\left(\frac{f}{P}\right) = \left[\int_0^P \frac{Z-1}{P}\,dP\right]$$

$$= \int_0^P \left[b - \frac{a}{RT}\right]\frac{1}{RT}\,dP = \left[b - \left(\frac{a}{RT}\right)\right]\frac{P}{RT}$$

그러므로 $f = P\exp\left(\left[b - \left(\frac{a}{RT}\right)\right]\frac{P}{RT}\right)$

예제 4-7 50 bar와 298 K에서 질소 기체의 퓨가시티 계산

Q 질소 기체에 대한 van der Waals 상수가 $a = 1.408\ \mathrm{L^2\ bar/mol^2}$이고, $b = 0.03913\ \mathrm{L/mol}$로 주어졌다면 50 bar와 298 K에서 질소의 퓨가시티를 구하라.

A $f = P\exp\left(\left[b - \left(\frac{a}{RT}\right)\right]\frac{P}{RT}\right)$

$$= (50\,\mathrm{bar})\exp\left\{\left[0.03913 - \frac{1.408}{(0.083145)(298)}\right]\frac{50}{(0.083145)(298)}\right\} = 48.2\,\mathrm{bar}.$$

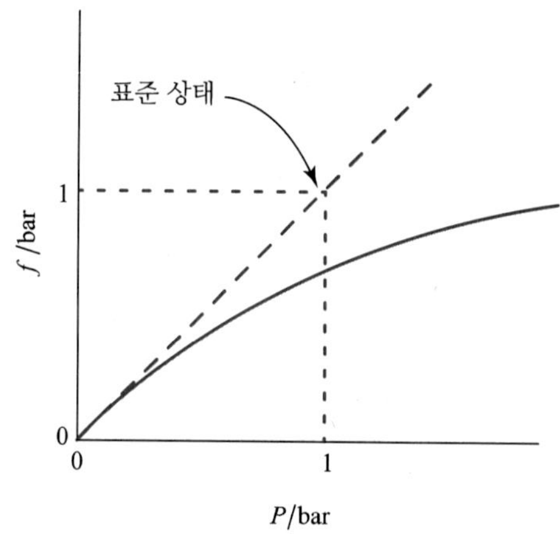

그림 4.4 실제 기체에 대한 퓨가시티 대 압력과의 관계 도표.

이제 열역학 표에서 사용되는 기체의 표준 상태를 이해하는 데 좋은 시점에 와 있다. 표준 상태는 그림 4.4에서 보는 바와 같이 이상기체의 거동을 보이는 가상적인 상태에서 1 bar의 압력에 놓인 순수물질이다. 실선은 실제 기체의 거동을 나타낸다. 압력이 감소함에 따라 실제 기체는 이상적인 거동을 한다. 이 이상기체는 가상적인 기체로 점선(dashed line)을 따라 1 bar로 압축된다.

G.N. Lewis는 기체, 액체, 고체의 실제 물질을 취급하기 위하여 활동도(activity), a를 소개하였다. 식 (4.70)과 유사하게 순수물질의 활동도 또는 혼합물에서의 활동도는 다음과 같이 정의하였다.

$$\mu_i = \mu_i^0 + RT\ln a_i \tag{4.78}$$

따라서 활동도는 간단히 혼합물에서 한 성분의 화학 퍼텐셜을 나타내는 수단이다. 활동도는 차원이 없다. $\mu_i = \mu_i^0$ 인 참조 상태(reference state)에서 활동도 $a_i = 1$이다. 실제 기체에서는 $a_i = \dfrac{f_i}{P^0}$이다. 여기서 f_i는 퓨가시티이다. 이상기체에서는 $a_i = \dfrac{P_i}{P^0}$이다. 후에 용액을 취급할 때에는 활동도 a_i를 활동도 계수 γ_i와 농도와의 곱으로 표시하는 것이 편리하다.

순수 액체나 고체의 활동도는 압력이 표준 상태 압력에 충분히 가깝고, 그래서 화학 퍼텐셜에 대한 압력 효과가 무시할 만하면 1로 잡을 수 있다. 만약 압력 효과가 무시할 수 없다면 고체나 액체의 활동도는 쉽게 계산할 수 있다. 왜냐하면 $\overline{V}$가 모든 압력 범위에 걸쳐 상수로 잡을 수 있기 때문이다. 순수 고체나 액체에 있어서 식 (4.66)은

$$\mu(T,P) = \mu^0(T) + \overline{V}(P - P^0) \tag{4.79}$$

으로 쓸 수 있다. 식 (4.78)과 비교하면 $RT\ln a = \overline{V}(P - P^0)$, 즉

$$a = e^{\overline{V}(P - P^0)/RT} \tag{4.80}$$

으로 표현된다. 압력에서 작은 변화는 고체나 액체의 활동도에 심각한 영향을 주지 않는다. 왜냐하면, 지수 값은 아주 작기 때문이다.

예제 4-8 압력 10과 100 bar에서 액체 물의 활동도 계산

Q 25 ℃에서 1, 10 그리고 100 bar에서 액체 물의 활동도는 얼마인가? $\overline{V}$는 상수로 가정하라.

A $P=1$ bar, $a=1$.
$P=10$ bar에서

$$a = e^{\overline{V}(P-P^0)/RT} = \exp\frac{(0.018\,\mathrm{kg/mol})(9)}{(0.083145\,\mathrm{L/Kmol})(298\,\mathrm{K})} = 1.007.$$

$P=100$ bar에서 $a=1.075$.

6 화학 퍼텐셜의 중요성

한 성분의 화학 퍼텐셜 μ_i는 식 (4.6)에서 소개되었고, 식 (4.11)에서 그것은 균일한 혼합물의 내부 에너지를 S, V 그리고 $\{n_i\}$가 일정한 시스템의 성분 i의 양에 대하여 편미분임을 알았다. 또한 식 (4.23), (4.32) 그리고 (4.39)에서 이 특성은 3가지 다른 방법으로 얻을 수 있음을 알았다. 즉,

$$\mu_i = \left(\frac{\partial U}{\partial n_i}\right)_{S,V,\{n_j\}} = \left(\frac{\partial H}{\partial n_i}\right)_{S,P,\{n_j\}} = \left(\frac{\partial A}{\partial n_i}\right)_{T,V,\{n_j\}} = \left(\frac{\partial G}{\partial n_i}\right)_{T,P,\{n_j\}} \tag{4.81}$$

엔트로피를 일정하게 잡기는 불가능하고(단, 가역 과정의 단열 과정 제외) 실험은 일정한 부피에서 실시되지 않으므로 가장 많이 사용되는 것은 마지막 화학 퍼텐셜 정의로, 이는 일정한 압력과 온도에서 화학 퍼텐셜은 부분 몰 Gibbs 자유 에너지, $\mu_i = \overline{G}_i$으로 부른다.

한 성분의 화학 퍼텐셜 μ_i의 개념은 아주 중요하다. 그림 4.5에서 일정한 온도와 압력에서 두 상을 생각해 보자. 이미 앞절에서 평형 상태에서 두 상은 같은 온도와 같은 압력을 가짐을

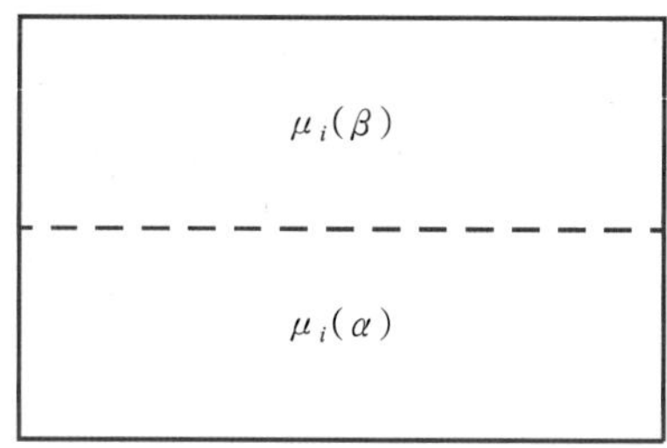

그림 4.5 같은 온도와 압력에 있는 2상 시스템.

알 수 있었다. 두 상들은 많은 성분들을 함유하고 있고, 일정한 온도와 압력에서 성분 i의 무한소 작은 양 dn_i가 상 α에서 β로 이전됨을 생각해 보자. 이 두 상 시스템에서 Gibbs 자유 에너지의 전체 미분량은

$$(dG)_{T,P} = -\mu_i(\alpha)dn_i + \mu_i(\beta)dn_i = [\mu_i(\beta) - \mu_i(\alpha)]dn_i \tag{4.82}$$

이 전달이 자발적으로 일어나려면 $dG < 0$이어야 하고, 따라서 $\mu_i(\alpha) > \mu_i(\beta)$이다. 달리 말하면 한 성분은 화학 퍼텐셜이 높은 상에서 화학 퍼텐셜이 낮은 상으로 자발적으로 확산된다. 이 방법에서 화학 퍼텐셜은 전기 퍼텐셜과 역학 퍼텐셜과 유사하다. 만약 상들이 평형 상태에 있으면(즉, 자발적 반응이 일어나지 않으면) 전달에 있어 Gibbs 자유 에너지의 변화가 없다. 즉, $dG = 0$이고

$$\mu_i(\alpha) = \mu_i(\beta) \tag{4.83}$$

이다. 그래서 평형 상태에서 한 종의 화학 퍼텐셜은 시스템의 모든 상들에서 같게 된다. 후에 알게 되겠지만 평형에서 한 종의 화학 퍼텐셜은 시스템의 모든 상에서 증기와 평형을 이루는 작은 액체 방울 또는 삼투압 실험에서와 같이 상들이 다른 압력에 있을 때조차도 같다. 다음 장에서 화학 반응이 일어날 것인가를 결정하는 것에 관련된 것은 화학 퍼텐셜임을 알 수 있다. 다른 전기 퍼텐셜에 있는 상들을 가진 다상(multiphase) 시스템에서 한 이온의 화학 퍼텐셜은 평형 상태에서 같아진다.

한 성분의 부분 몰 엔트로피(partial molar entropy)와 부분 몰 부피(partial molar volume)는 G에 관한 기본식에서 Maxwell 관계를 사용하여 온도와 압력의 함수로 종의 화학 퍼텐셜의 측정으로부터 계산할 수 있다. 이들은 식 (4.47)과 (4.48)에서

$$-\overline{S_i} = \left(\frac{\partial \mu_i}{\partial T}\right)_{P,\{n_i\}} \tag{4.84}$$

$$\overline{V_i} = \left(\frac{\partial \mu_i}{\partial P}\right)_{T,\{n_i\}} \tag{4.85}$$

간단한 예로 이상기체의 혼합물을 생각해 보자. 이상기체에서 한 종의 부분 몰 부피는 혼합물의 몰 부피와 같으므로(즉, $\overline{V_i} = \overline{V}$),

$$\overline{V} = \frac{RT}{P} = \left(\frac{\partial \mu_i}{\partial P}\right)_{T,\{n_i\}} = \left[\left(\frac{\partial \mu_i}{\partial P_i}\right)\left(\frac{\partial P_i}{\partial P}\right)\right]_{T,\{n_i\}} = x_i\left(\frac{\partial \mu_i}{\partial P_i}\right)_{T,\{n_i\}} \tag{4.86}$$

양변을 x_i로 나누면,

$$\left(\frac{\partial \mu_i}{\partial P_i}\right)_{T,\{n_i\}} = \frac{RT}{P_i} \tag{4.87}$$

그래서

$$\int_{\mu_i^o}^{\mu_i} d\mu_i = RT\int_{P^0}^{P_i} \frac{dP_i}{P_i} \tag{4.88}$$

적분하면

$$\mu_i = \mu_i^0 + RT\ln\frac{P_i}{P^0} \tag{4.89}$$

여기서 P^0는 표준 상태 압력이다. 표준 상태 압력은 10^5 Pa = 1 bar로 잡는다. 순수 기체에 대한 유사한 식이 주어졌다(식 (4.68)과 그림 4.6을 참조하라). 식 (4.84)와 (4.89)를 사용하여 혼합물에서 이상기체의 부분 몰 엔트로피를 유도할 수 있다. 식 (4.89)을 식 (4.84)에 대입하면,

$$\overline{S_i} = \overline{S_i^0} - R\ln\frac{P_i}{P^0} \tag{4.90}$$

순수 이상기체의 몰 엔트로피에 관한 식은 예제 4-1에 유도하였다.

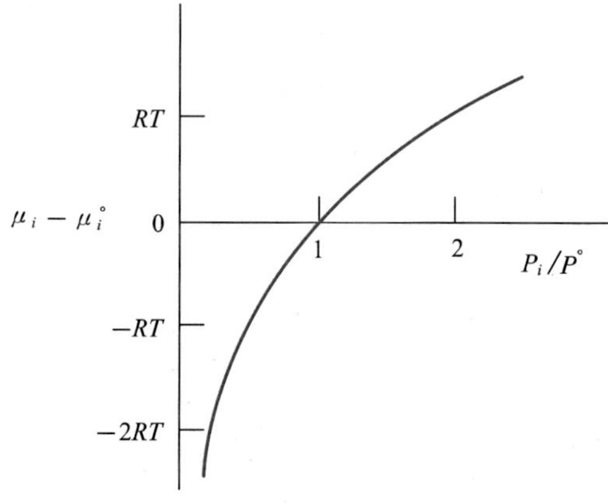

그림 4.6 이상기체 혼합물에서 압력의 함수로 i 성분의 화학 퍼텐셜.

7 이상기체에 적용된 부분 몰 특성의 더하기 특성

식 (4.45)에서 $G=\sum n_i \mu_i = \sum n_i \overline{G_i}$ 이므로 한 상으로 된 시스템의 모든 다른 익스텐시브 특성들은 더하기 특성을 갖는다. 이를 바라보는 한 방법은 한 시스템의 Gibbs 자유 에너지가 T, P 그리고 성분의 양의 함수로 알려지면, 시스템의 엔트로피는 Gibbs 자유 에너지의 음의 온도 미분을 행하여 계산할 수 있다. 즉,

$$S=-\sum_{i=1}^{N_s}\left(\frac{\partial \mu_i}{\partial T}\right)_{P,\{n_i\}} n_i = \sum_{i=1}^{N_s} \overline{S_i}\, n_i \tag{4.91}$$

여기서 $\overline{S_i}$는 성분 i의 부분 몰 엔트로피이다.

식 (4.38)에서 시스템의 부피는 Gibbs 자유 에너지를 압력의 항으로 미분한 값과 같으므로 식 (4.48)을 식 (4.38)에 대입하면

$$V=\sum_{i=1}^{N_s}\left(\frac{\partial \mu_i}{\partial P}\right)_{T,\{n_i\}} n_i = \sum_{i=1}^{N_s} \overline{V_i}\, n_i \tag{4.92}$$

여기서 $\overline{V_i}$는 성분 i의 부분 몰 부피이다. 이상기체 혼합물의 부분 몰 부피의 더하기 특성은 1장에서도 논의되었다.

식 (4.61)은 시스템의 Gibbs 자유 에너지와 엔탈피와의 관계를 나타낸다. 식 (4.45)를 식 (4.65)에 대입하면,

$$H=-T^2\sum_{i=1}^{N_s}\left(\frac{\partial (\mu_i/T)}{\partial T}\right)_{P,\{n_i\}} n_i = \sum_{i=1}^{N_s} \overline{H_i}\, n_i \tag{4.93}$$

여기서 성분 i의 부분 몰 엔탈피는 다음과 같이 정의한다.

$$\overline{H_i}=\left(\frac{\partial H}{\partial n_i}\right)_{T,P,\{n_i\}} \tag{4.94}$$

예제 4-9 부분 몰 특성(partial molar property) 사이의 관계식 도출

Q $G=H-TS$와 $-S=\left(\frac{\partial G}{\partial T}\right)_{P,\{n_i\}}$ 를 n_i에 대하여 미분하여 부분 몰 특성에 대한 해당되는 식을 구하라.

(계속)

$$\text{Ⓐ}\ \left(\frac{\partial G}{\partial n_i}\right)_{T,P,\{n_{i\neq j}\}} = \left(\frac{\partial H}{\partial n_i}\right)_{T,P,\{n_{i\neq j}\}} - T\left(\frac{\partial S}{\partial n_i}\right)_{T,P,\{n_{i\neq j}\}}$$

$$\mu_i = \overline{G_i} = \overline{H_i} - T\overline{S_i}$$

$$-\left(\frac{\partial S}{\partial n_i}\right)_{T,P,\{n_{i\neq j}\}} = [\frac{\partial}{\partial n_i}\left(\frac{\partial G}{\partial T}\right)_{P,\{n_i\}}]_{T,P,\{n_{j\neq i}\}} = [\frac{\partial}{\partial T}\left(\frac{\partial G}{\partial n_i}\right)_{T,P,\{n_{i\neq j}\}}]_{P,\{n_{j\neq i}\}}$$

$$-\overline{S_i} = \left(\frac{\partial \overline{G_i}}{\partial T}\right)_{P,\{n_{j\neq i}\}} = \left(\frac{\partial \mu_i}{\partial T}\right)_{P,\{n_{j\neq i}\}}$$

마지막 식은 실제로 식 (4.36)으로부터 얻어진 Maxwell 관계식이다. 시스템의 V와 S는 항상 양이지만, $\overline{V_i}$와 $\overline{S_i}$는 음일 수도 있음을 주지하라.

Legendre 변환에 의해 얻어지는 U와 A에 대한 유사한 식이 얻어진다. 이 더하기 식들(additivity equations)은 일반적이나 가장 쉽게 이상기체 혼합물에 적용된다. 열역학 단독으로 이상기체 혼합물이 이상기체로 거동한다고 결론지을 수 없다. 물론 낮은 압력에서 실제 기체 혼합물은 이상기체로 거동한다. 즉, 그들은 기체 분자들 사이에 아무런 반응이 없는 것처럼 거동한다. 그와 같은 혼합물을 이상적인 혼합물(ideal mixture)이라 하며 이는 여분의 가정이 포함됨을 의미한다.

이상기체 혼합물에서 한 종의 화학 퍼텐셜은 식 (4.89)로 주어지나 그것을 다음의 식과 같이 표현하는 것이 더 편리하다.

$$\mu_i = \mu_i^0 + RT\ln\frac{y_i P}{P^0} \tag{4.95}$$

왜냐하면 이상기체 혼합물에서 임의의 종 i 의 부분압 P_i는

$$P_i = y_i P \tag{4.96}$$

으로 정의되기 때문이다. 여기서 y_i는 몰 분율이고 P는 전체 압력이다. y는 기체상에서 몰 분율을 나타내고, x는 액상에서의 몰 분율을 나타낸다.

식 (4.95)를 $G = \sum n_i \mu_i$ 에 대입하면 이상기체의 이상적인 혼합물의 Gibbs 자유 에너지에 대한 표현을 얻게 된다. 즉,

$$\begin{aligned} G &= \sum n_i \mu_i^0 + RT\sum n_i \ln y_i + \sum n_i RT\ln\frac{P}{P^0} \\ &= n_t[\sum y_i \mu_i^0 + RT\sum y_i \ln y_i + \sum RT\ln\frac{P}{P^0}] = n_t\overline{G} \end{aligned} \tag{4.97}$$

여기서 $n_t = \sum n_i$ 는 시스템 기체의 전체 양이고 $\overline{G} = G/n_t$ 는 혼합물의 몰 Gibbs 자유 에너지이다. 이상적인 기체 혼합물의 Gibbs 자유 에너지 표현은 변수 T와 P의 자연 변수의 항으로 쓸 수 있다. 그러므로 식 (4.40)~(4.43)을 이용하여 이상기체 혼합물(ideal gas mixture)에 대한 S, V, U, H와 A에 대한 표현을 얻을 수 있다.

$$S = -\left(\frac{\partial G}{\partial T}\right)_{P,\{n_i\}} = \sum n_i \overline{S_i^0} - R\sum n_i y_i - \sum n_i R \ln \frac{P}{P^0}$$

$$= n_t \left[\sum y_i \overline{S_i^0} - R\sum y_i y_i - R\ln \frac{P}{P^0}\right] = n_t \overline{S} \tag{4.98}$$

여기서 $\overline{S} = S/n_t$ 는 혼합물의 몰 엔트로피이다.

이상기체 혼합물의 엔탈피는 $H = G + TS$에서 계산된다. 왜냐하면 G와 S에 대한 표현을 알고 있으므로 엔탈피는

$$H = \sum n_i (\mu_i^0 + T\overline{S_i^0}) = \sum n_i \overline{H_i^0}$$

$$= n_t \left[\sum y_i \overline{H_i^0}\right] = n_t \overline{H^0} \tag{4.99}$$

왜냐하면 $(\mu_i^0 + T\overline{S_i^0}) = \overline{H_i^0}$ 이기 때문이다. 이상기체 혼합물의 엔탈피는 압력에 무관함을 주지하라. 이는 이상기체 혼합물에서의 분자는 서로 반응하지 않는다는 사실에 근거한다. 이상기체 혼합물의 부피는

$$V = \left(\frac{\partial G}{\partial P}\right)_{T,\{n_i\}} = \sum n_i \frac{RT}{P} = \sum n_i \overline{V_i} \tag{4.100}$$

여기서 마지막 항은 간단히 부분 몰 부피의 정의에서 나온 것이다. 혼합물에서 각 종의 부분 몰 부피는 같다. 즉, $\frac{RT}{P} = \overline{V_i}$ 이다. Gibbs는 이를 '모든 기체는 모든 다른 기체에 대하여 진공으로 간주된다'고 말하였다.

예제 4-10 이상기체의 혼합에 있어서 열역학 특성의 변화 계산

Q 두 이상기체가 같은 온도와 압력에서 분리막에 의해 분리되어 있다가 분리막이 없어지면서 혼합되었을 때 Gibbs 자유 에너지, 엔트로피, 엔탈피 그리고 부피를 구하라. 최종 전체 압력은 초기의 각 기체의 압력의 합과 같음을 주지하라.

(계속)

Ⓐ 이 양들의 초기값은

$$G= n_1\mu_1^0+n_1RT\ln\frac{P}{P^0}+n_2\mu_2^0+n_2RT\ln\frac{P}{P^0}=n_1\mu_1^0+n_2\mu_2^0+(n_1+n_2)RT\ln\frac{P}{P^0}$$

$$S= n_1\overline{S_1^0}-n_1R\ln\frac{P}{P^0}+n_2\overline{S_2^0}-n_2R\ln\frac{P}{P^0}=n_1\overline{S_1^0}+n_2\overline{S_2^0}-(n_1+n_2)R\ln\frac{P}{P^0}$$

$$H= n_1\overline{H_1^0}+n_2\overline{H_2^0}$$

$$V= n_1\frac{RT}{P}+n_2\frac{RT}{P}-(n_1+n_2)\frac{RT}{P}$$

혼합 후에는 식 (4.97)~(4.100)으로 주어진다. 그러므로 혼합으로 인한 변화는

$$\Delta_{mix}G= RT(n_1\ln y_1+n_2\ln y_2)$$

$$\Delta_{mix}S= -R(n_1\ln y_1+n_2\ln y_2)$$

$$\Delta_{mix}H=0, \qquad \Delta_{mix}V=0.$$

혼합물에서 몰 분율은 1보다 작으므로 로그(log)항은 음수이다. 따라서 $\Delta_{mix}G<0$이다. 이는 일정한 온도와 압력에서 기체의 혼합은 자발적 과정에 해당된다. 달리 말하면 같은 압력과 온도에 있는 두 기체가 접촉하면 두 기체는 서로 자발적으로 확산되어 거시적으로 균일하게 된다.

두 이상기체를 혼합하는데 있어 Gibbs 자유 에너지 변화는 그림 4.7(a)와 같이 기체의 몰

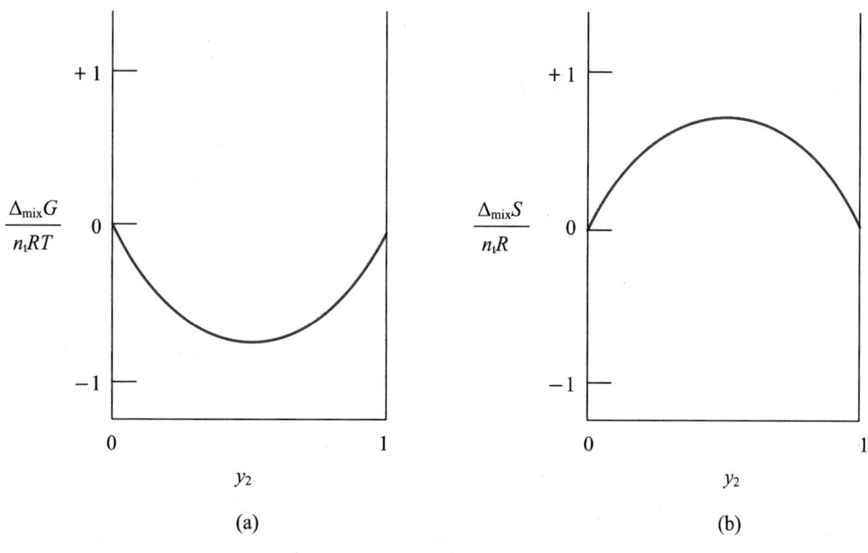

그림 4.7 2개의 이상기체가 혼합된 혼합 이상기체의 (a) 혼합 Gibbs 자유 에너지, (b) 혼합 엔트로피.

분율의 함수로 나타냈다. 혼합에서 가장 큰 Gibbs 자유 에너지 변화는 $y_1 = y_2 = \frac{1}{2}$에서 얻어진다. 엔트로피 변화는 그림 4.7(b)에 나타내었다.

이상기체가 일정한 온도와 압력에서 혼합될 때에는 아무런 열이 흡수되거나 발열이 일어나지 않는다. 이는 이상기체의 분자들이 서로 끌어당기거나 밀치지 않는다는 사실에 해당된다. 그래서 에너지 관점에서 기체가 혼합되거나 분리되어도 아무런 차이가 없다. 혼합에 대한 구동력은 순전히 엔트로피 변화에서 나온다. 통계역학적 관점에서 보면 혼합된 상태는 평형 상태에서 발견된다. 왜냐하면 그것은 좀 더 가능한(probable) 상태이기 때문이다.

8 Gibbs-Duhem 식

내부 에너지의 Legendre 변환을 하는데에는 자연 변수(natural variable)로 인텐시브 변수 P와 T를 소개하였다. 이 과정은 완전한 Legendre 변환을 만드므로 인텐시브 변수, $\mu_1, \mu_2, \ldots, \mu_N$이 소개될 때까지 계속할 수 있다. 즉,

$$U' = U + PV - TS - \sum_{i=1}^{N_s} n_i \mu_i = 0 \tag{4.101}$$

식 (4.18)에서 이 변환된 내부 에너지 U'은 0과 같음이 분명하다. U'의 미분은

$$U' = dU + PdV + VdP - TdS - SdT - \sum_{i=1}^{N_s} n_i d\mu_i - \sum_{i=1}^{N_s} \mu_i dn_i = 0 \tag{4.102}$$

이를 dU에 대한 기본식 (4.6)을 대입하면

$$VdP - SdT - \sum_{i=1}^{N_s} n_i d\mu_i = 0 \tag{4.103}$$

가 남게 된다. 이 식을 Gubbs-Duhem 식이라고 한다. 그것은 시스템의 단지 인텐시브 변수만의 변화를 다룬다. 이 관계 때문에 시스템의 인텐시브 변수는 독립적이지 않다. 한 상으로 이루어진 시스템에는 $N_s + 1$개의 독립적인 인텐시브 변수가 존재한다는 1장에서의 논의와 일치한다. 자유도(degree of freedom)는 독립 변수의 수($N_s + 2$)에서 식의 수를 뺀 $N_s + 1$이기 때문이다. 다상이 존재하면 시스템에는 각각의 상에 대하여 분리된 Gibbs - Duhem 식들이 존재한다.

일정한 압력과 온도에서 두 상으로 구성된 1몰의 시스템에서는

$$x_1 d\mu_1 + x_2 d\mu_2 = 0 \tag{4.104}$$

$$x_1 d\mu_1 + (1 - x_1) d\mu_2 = 0 \tag{4.105}$$

으로 나타낸다. 여기서 x_1은 성분 1의 몰 분율이고 $(1-x_1)$은 성분 2의 몰 분율이다. 그래서 일정한 압력과 온도에서 조성이 변화할 때는 종 2의 화학 퍼텐셜의 변화는 종 1의 화학 퍼텐셜 변화에 독립적이지 않다. 나중에 논의하겠지만 Gibbs-Duhem 식을 용액에 적용하여 용질(종 2)에 Henry의 법칙이 적용되면 용매(종 1)에는 라울의 법칙이 성립됨을 보이게 된다.

9 Maxwell 관계식의 응용

이미 Maxwell 관계식을 응용하였지만, 몇 가지 응용은 특별한 관심이 있다. 물질 1몰에 대하여 U, H, A와 G의 기본식에서 Maxwell 관계식은 다음과 같이 쓸 수 있다.

$$\left(\frac{\partial T}{\partial \overline{V}}\right)_{\overline{S}} = -\left(\frac{\partial P}{\partial \overline{S}}\right)_{\overline{V}} \tag{4.106}$$

$$\left(\frac{\partial T}{\partial P}\right)_{\overline{S}} = \left(\frac{\partial \overline{V}}{\partial \overline{S}}\right)_{P} \tag{4.107}$$

$$\left(\frac{\partial \overline{S}}{\partial \overline{V}}\right)_{T} = \left(\frac{\partial P}{\partial T}\right)_{\overline{V}} \tag{4.108}$$

$$-\left(\frac{\partial \overline{S}}{\partial P}\right)_{T} = \left(\frac{\partial \overline{V}}{\partial T}\right)_{P} \tag{4.109}$$

2장에서 이상기체에 대하여 $\left(\frac{\partial \overline{U}}{\partial \overline{V}}\right)_T = 0$임을 알았다. 이제 임의의 기체에 대한 이 값을 구해 보자. 1법칙과 2법칙의 혼합식을 $d\overline{V}$로 나누고 일정한 온도로 제한한다면,

$$\left(\frac{\partial \overline{U}}{\partial \overline{V}}\right)_{T} = T\left(\frac{\partial \overline{S}}{\partial \overline{V}}\right)_{T} - P \tag{4.110}$$

Maxwell 관계식 (4.108)을 적용하면

$$\left(\frac{\partial \overline{U}}{\partial \overline{V}}\right)_{T} = T\left(\frac{\partial P}{\partial T}\right)_{\overline{V}} - P \tag{4.111}$$

응용 예로서 이 식을 van der Waals 식에 적용할 수 있다. $P = \frac{RT}{\overline{V} - b} - \frac{a}{\overline{V}^2}$를 일정한 부피에서 T에 대하여 미분하면, $\left(\frac{\partial P}{\partial T}\right)_{\overline{V}} = \frac{R}{\overline{V} - b}$이다. 이를 식 (4.111)에 대입하면,

$$\left(\frac{\partial \overline{U}}{\partial \overline{V}}\right)_T = \frac{RT}{\overline{V} - b} - P = \frac{RT}{\overline{V} - b} - \left(\frac{RT}{\overline{V} - b} - \frac{a}{\overline{V}^2}\right) = \frac{a}{\overline{V}^2} \tag{4.112}$$

따라서 van der Waals 기체의 내부 압력(internal pressure)은 부피 제곱에 역비례한다.

예제 4-11 van der Waals 기체인 프로판 기체의 팽창에서 내부 에너지 변화의 계산

Q 프로판 기체는 항온에서 10에서 30 L로 팽창하였다. 몰 내부 에너지(molar internal energy) 변화는 얼마인가?

A 일정한 온도에서 어떤 부피의 변화가 주어진 시스템의 내부 에너지 변화는

$$\int_{\overline{U}_1}^{\overline{U}_2} d\overline{U} = \int_{\overline{V}_1}^{\overline{V}_2} \frac{a}{\overline{V}^2} d\overline{V} = a\left(-\frac{1}{\overline{V}}\right)_{\overline{V}_1}^{\overline{V}_2}$$

$$\Delta \overline{U} = a\left(\frac{1}{\overline{V}_1} - \frac{1}{\overline{V}_2}\right)$$

프로판 기체에는 $a = 8.779\ \mathrm{L^2\ bar/mol^2}$으로 이를 SI 단위로 변환해야 한다.

$$a = (8.779\ \mathrm{L^2\ bar/mol^2})(10^5\ \mathrm{Pa\ m^6/mol^2})(10^{-3}\ \mathrm{m^3/L})^2 = 0.8779\ \mathrm{Pa\ m^6/mol^2}$$

따라서

$$\Delta \overline{U} = a\left(\frac{1}{\overline{V}_1} - \frac{1}{\overline{V}_2}\right)$$

$$= (0.8779\ \mathrm{Pa\ m^6/mol^2})\left(\frac{1}{10 \times 10^{-3}\ \mathrm{m^3/mol}} - \frac{1}{30 \times 10^{-3}\ \mathrm{m^3/mol}}\right) = 58.5\ \mathrm{J/mol}.$$

예제 4-12 van der Waals 기체의 항온 팽창에서 몰 엔트로피 계산

Q van der Waals 기체의 항온 팽창에서 몰 엔트로피를 구하라.

(계속)

Ⓐ $P = \frac{RT}{\overline{V}-b} - \frac{a}{\overline{V}^2}$

$$\left(\frac{\partial \overline{S}}{\partial \overline{V}}\right)_T = \left(\frac{\partial P}{\partial T}\right)_{\overline{V}} = \frac{R}{\overline{V}-b}$$

$$\int_{\overline{S_1}}^{\overline{S_2}} d\overline{S} = R\int_{\overline{V_1}}^{\overline{V_2}} \frac{1}{\overline{V}-b} d\overline{V}$$

$$\Delta\overline{S} = R\ln\frac{\overline{V_2}-b}{\overline{V_1}-b}$$

유체의 부피를 T와 P에 대한 미분을 다룰 때에는 다음의 두 가지 용어를 정의하여 사용하는 것이 편리하다. 먼저

$$\alpha = \frac{1}{V}\left(\frac{\partial V}{\partial T}\right)_P = \frac{1}{\overline{V}}\left(\frac{\partial \overline{V}}{\partial T}\right)_P \tag{4.113}$$

으로 이는 입방 팽창계수(cubic expansion coefficient)로 부른다. 또 하나는 항온 압축률(isothermal compressibility)로

$$\beta = -\frac{1}{V}\left(\frac{\partial V}{\partial P}\right)_T = -\frac{1}{\overline{V}}\left(\frac{\partial \overline{V}}{\partial P}\right)_T \tag{4.114}$$

이상기체에 적용하면 $\alpha = \frac{1}{T}$ 이고 $\beta = \frac{1}{P}$ 이다. β는 때로 κ로 표시한다.

일정한 온도에서 $\overline{U}$를 $\overline{V}$로 미분은 α와 β항으로 나타낼 수 있다. 미분의 순환 규칙(cyclic rule)에 의하여

$$\left(\frac{\partial P}{\partial T}\right)_{\overline{V}} = \frac{-\left(\frac{\partial \overline{V}}{\partial T}\right)_P}{\left(\frac{\partial \overline{V}}{\partial P}\right)_T} = \frac{\alpha}{\beta} \tag{4.115}$$

이를 식 (4.111)에 대입하면

$$\left(\frac{\partial \overline{U}}{\partial \overline{V}}\right)_T = \frac{\alpha T - \beta P}{\beta} \tag{4.116}$$

으로 표현된다.

또한 엔탈피의 압력 의존성을 구하기 위해서 $dH = TdS + VdP$에서 압력의 미분량을 나타내면,

$$\left(\frac{\partial \overline{H}}{\partial P}\right)_T = T\left(\frac{\partial \overline{S}}{\partial P}\right)_T + \overline{V} \quad (4.117)$$

식 (4.109)를 대입하면

$$\left(\frac{\partial \overline{H}}{\partial P}\right)_T = - T\left(\frac{\partial \overline{V}}{\partial T}\right)_P + \overline{V} \quad (4.118)$$

으로 나타낼 수 있다. 이로부터 이상기체의 경우 $\left(\frac{\partial \overline{H}}{\partial P}\right)_T = 0$임을 알 수 있다.

또 다른 예로 2장에서 다음의 관계식을 유도하였다.

$$\overline{C_P} - \overline{C_V} = \left[P + \left(\frac{\partial \overline{U}}{\partial \overline{V}}\right)_T\right]\left(\frac{\partial \overline{V}}{\partial T}\right)_P \quad (4.119)$$

이제 $\left(\frac{\partial \overline{V}}{\partial T}\right)_P = \overline{V}\alpha$임을 대입하고 식 (4.116)을 사용하면,

$$\overline{C_P} - \overline{C_V} = \frac{T\overline{V}\alpha^2}{\beta} \quad (4.120)$$

$\overline{C_V}$를 측정하는 것은 어렵기 때문에 이 값은 보통 $\overline{C_P}$ 값의 측정에서 구한다. 이는 몰 부피, $\overline{V}$, 입방 팽창계수 α 그리고 항온 압축률 β에서 구할 수 있다.

10 열역학 관계식을 도출하기 위한 일반적인 전략

일반적인 절차는 우선 온도와 압력을 독립 변수로 선택한다. 왜냐하면 이 변수들이 실용적 문제에 자주 사용되기 때문이다. 열역학에서 정의되는 상태함수를 표 4.2에 나타냈다.

표 4.2 열역학에서 정의된 상태 변수와 상태 함수.

(1) 상태 함수 변수	
온도	T
압력	P
부피	V
(2) 에너지 함수	
내부 에너지	U
엔탈피	H
Helmholz 자유 에너지	F
Gibbs 자유 에너지	G
(3) 엔트로피	S

표 4.2에서 다른 상태 함수를 T와 P의 함수로 도출한다. 먼저 부피 [$V = V(T, P)$]와 엔트로피 [$S = S(T, P)$] 관계가 도출되면 4개의 에너지 함수에 대한 표현은 쉽게 유도된다.

10.1 엔트로피와 부피의 T와 P와의 함수 관계

모든 간단한 물질에는 부피, 온도 그리고 압력 사이에 관계식이 존재한다. 보통 부피는

$$V = V(T, P) \tag{4.121}$$

으로 나타낸다. 이들은 모두 상태 함수이기 때문이다. 해당되는 전미분 관계식은

$$dV = \left(\frac{\partial V}{\partial T}\right)_P dT + \left(\frac{\partial V}{\partial P}\right)_T dP$$

으로 표현된다. 이들은 실험 파라미터와 연결하여

$$\left(\frac{\partial V}{\partial T}\right)_P = V\alpha, \quad \left(\frac{\partial V}{\partial P}\right)_T = -V\beta$$

그래서 시스템을 만드는 물질의 본성에 임의의 제약 없이

$$V = V(T, P) \qquad dV = V\alpha dT - V\beta dP \tag{4.122}$$

으로 쓸 수 있다. 이 식은 상태 방정식(equation of state)의 미분 형태(differential form)로 간주할 수 있다. 만약 시스템의 α와 β값이 온도와 압력의 함수로 주어진다면 이 식은 적분할 수 있다. 따라서 시스템의 부피를 온도와 압력의 함수로 나타낼 수 있다.

다음으로 엔트로피 함수를 생각해 보자.

$$S = S(T, P) \tag{4.123}$$

해당되는 미분식은

$$dS = M dT + N dP$$

$$dS = \left(\frac{\partial S}{\partial T}\right)_P dT + \left(\frac{\partial S}{\partial P}\right)_T dP \tag{4.124}$$

식 $dG = -SdT + VdP$에서 Maxwell 관계식은

$$N = \left(\frac{\partial S}{\partial P}\right)_T = -\left(\frac{\partial V}{\partial T}\right)_P = -V\alpha \tag{4.125}$$

계수 M의 도출은 열역학적 고려가 다소 필요하다.

임의의 가역 과정에서 열역학 2법칙에 의해 흡수된 열은 엔트로피 변화와 관련되므로 $\delta Q_{rev} = TdS$이다. 따라서 식 (3.34)로

$$\delta Q_{rev} = T[\left(\frac{\partial S}{\partial T}\right)_P dT + \left(\frac{\partial S}{\partial P}\right)_T dP]$$

열의 흡수가 일정한 압력 과정에서 이루어졌다면 $dP = 0$이므로

$$\delta Q_{rev} = T\left(\frac{\partial S}{\partial T}\right)_P dT_P \tag{4.126}$$

일정한 압력에서 흡수된 가역적 열의 측정은 일정 압력에서의 열용량으로 이루어진다. 즉, $\delta Q_{rev} = C_P dT_P$이다. 비교해 보면,

$$C_P = T\left(\frac{\partial S}{\partial T}\right)_P \text{으로} \left(\frac{\partial S}{\partial T}\right)_P = \frac{C_P}{T} \tag{4.127}$$

따라서 온도와 압력에 대한 엔트로피 표현은

$$S = S(T,P), \quad dS = \frac{C_P}{T}dT - V\alpha dP \tag{4.128}$$

10.2 온도와 압력으로 나타낸 에너지 함수

식 (4.122)와 (4.128)은 임의의 시스템의 dV와 dS에 대한 일반적인 미분 표현이다. 이는 dT와 dP 항으로 나타낸 것이다. 에너지 식을 T와 P를 독립 변수로 나타내는 것은 dV와 dS를 치환하면 된다. 예를 들면, 내부 에너지의 경우,

$$dU = TdS - PdV = T[\frac{C_P}{T}dT - V\alpha dP] - P[V\alpha dT - V\beta dP] \tag{4.129}$$

같은 항끼리 모으면

$$U = U(T,P) \quad dU = (C_P - PV\alpha)dT + V(P\beta - T\alpha)dP \tag{4.130}$$

엔탈피에 대하여 표현하면

$$dH = TdS + VdP$$

$$dH = T\left(\frac{C_P}{T}dT - V\alpha dP\right) + VdP \tag{4.131}$$

같은 항끼리 모으면

$$H = H(T,P), \quad dH = C_P dT + V(1 - T\alpha)\, dP \tag{4.132}$$

다음으로 Helmholz 자유 에너지는

$$\begin{aligned} dF &= -S dT - P dV \\ &= -S dT - P(V\alpha\, dT - V\beta dP) = -(S + PV\alpha) dT + PV\beta dP \end{aligned}$$

따라서 $$F = F(T,P), \quad dF = -(S + PV\alpha) dT + PV\beta dP \tag{4.133}$$

Gibbs 자유 에너지의 경우 변수가 T와 P이므로

$$G = G(T,P), \qquad dG = -S dT + V dP \tag{4.134}$$

이 결과를 표 4.3에 요약하였다.

표 4.3 온도와 압력 변수로 나타낸 상태 함수.

$V = V(T, P)$	$dV = V\alpha\, dT - V\beta dP$
$S = S(T,P)$	$dS = \left(\frac{C_p}{T}\right) dT - V\alpha\, dP$
$U = U(T,P)$	$dU = (C_p - PV\alpha) dT + V(P\beta - T\alpha)\, dP$
$H = H(T,P)$	$dH = C_p\, dT + V(1 - T\alpha)\, dP$
$F = F(T,P)$	$dF = -(S + PV\alpha) dT - PV\beta\, dP$
$G = G(T,P)$	$dG = -S\, dT + V\, dP$

연습문제

01 열역학에서는 왜 Legendre 변환에 의해 새로운 에너지를 정의하는가? 그리고 Legendre 변환은 어떻게 하여 새로운 에너지 함수를 만드는가?

02 에너지 함수 $U=U(S,\ V)$, $H=H(S,\ P)$, $F=F(T,\ V)$ 그리고 $G=G(T,\ P)$에 대하여 열역학 1법칙과 2법칙의 결합식으로 표현하라. $\delta W'=0$으로 가정하라. 그리고 다음 물음에 답하라.

(a) 모든 8개의 계수 관계식을 써라.
(b) 이 식들에 대한 모든 4개의 Maxwell 관계식을 유도하라.

03 다음 관계식을 증명하라.

$$\left(\frac{\partial Z}{\partial X}\right)_Y\left(\frac{\partial X}{\partial Y}\right)_Z\left(\frac{\partial Y}{\partial Z}\right)_X=-1$$

04 25 ℃, 1 atm에서 Al_2O_3의 몰 부피는 25.715 cc/mol이다. 열팽창계수는 $26\times10^{-6}\ K^{-1}$이고, 압축률은 $8.0\times10^{-6}\ atm^{-1}$이다. 400 ℃, 10,000 atm에서 Al_2O_3의 몰 부피를 구하라.

Chapter 5

화학 반응 평형 조건과 열역학 시스템에서 평형 조건

1864년에 Guldberg와 Waage는 화학 반응에서 반응물 또는 생성물의 양방향으로부터 평형에 도달함을 실험적으로 밝혔다. 분명히 그들은 평형에서 반응물과 생성물의 농도 사이에 수학적인 관계가 존재함을 최초로 인지하였다. 1877년 van't Hoffe는 에틸 아세테이트의 전기영동(hydrolysis)에 대한 평형 표현에서 각 반응물의 농도는 균형된 화학 반응식에서 화학량 수에 해당하는 1차 항으로 나타나야 함을 제안하였다. 열역학의 기본식은 화학 평형에 대한 기초를 제공한다. 화학 퍼텐셜을 나타내는 기본식은 완전히 일반적이나 이 장에서는 이상기체 반응을 고려한다. 왜냐하면 성분의 화학 퍼텐셜과 부분압 사이에는 간단한 관계가 존재하기 때문이다.

이 장에서는 가장 복잡한 종류의 열역학 시스템이 평형 상태에 있을 때의 내부 조건(internal condition)을 결정하는데 기본이 되는 일반적인 원리를 소개한다. 평형에 대한 일반적인 기준은 열역학 법칙과 같은 레벨의 중요성을 갖는다. 그것은 상태도(phase diagram), 화학 평형(chemical equilibrium), 전기 효과(electric effect)를 갖거나 갖지 않는 우위 도표(predominance diagram), 모세관 효과(capillary effect)의 역할, 결정 내의 결함의 화학(chemistry) 그리고 통계역학의 주된 결과에 대한 기본을 제공한다. 이에 대한 적용은 이 책의 이후 내용이다. 열역학적 극한값 원리(extremum principle)인 엔트로피는 극한값을 갖는다는 것이 수학적으로 공식화된다. 평형에 대한 조건(conditions for equilibrium)이라 하는 한 세트의 식은 이 극한값 원리에서 도출된다. 이는 고립된 시스템이 평형에 도달할 때에 내부 특성이 가져야 하는 관계식을 나타낸다. 그 다음 고립계에서 도출된 평형 조건임에도 불구하고 최종 조건으로 접근하는 동안 고립되거나 아니건 간에 평형 상태에 있는 임의의 시스템에 유용함을 밝힌다.

1 화학 반응에서 평형 조건

1.1 일반적인 화학 평형에 대한 도출

특정한 온도와 압력에서 화학 반응에 대한 논의할 때에는 내부 에너지 dU에 화학종에 대한 항들을 포함해야 한다. 이들은 화학 반응에서 화학종들의 몰수의 변화를 허용한다. 즉, 화학 반응이 일어나는 열린 시스템에 대한 Gibbs 자유 에너지는 다음과 같이 표현된다.

$$dG = -SdT + VdP + \sum_{i=1}^{N_s} \mu_i dn_i \tag{5.1}$$

여기서 N_s는 화학종의 수이다. 화학 반응이 관련되었을 때에는 식 (5.1)에서의 여러 dn_i는 독립 변수가 아니다. 만약 이 시스템에 한 개의 반응식이 있다면 임의의 시간에 여러 가지 화학종의 양, n_i는 다음과 같이 주어진다. 즉,

$$n_i = n_{i0} + \nu_i \xi \tag{5.2}$$

여기서 n_{i0} 는 초기 양이고 ν_i는 반응에서 화학종 i의 화학량 수이고, ξ는 반응 진척도(extent of reaction)이다. 시스템에서 반응 진척도의 단위는 mol로 나타냄을 주지하라. 식 (5.2)를 미분하면 $dn_i = \nu_i d\xi$이므로 이를 식 (5.1)에 대입하면,

$$dG = -SdT + VdP + \left(\sum_{i=1}^{N_s} \nu_i \mu_i\right) d\xi \tag{5.3}$$

따라서 특정한 온도와 압력에서

$$\left(\frac{\partial G}{\partial \xi}\right)_{T,P} = \sum_{i=1}^{N_s} \nu_i \mu_i \tag{5.4}$$

그리고 평형에서 Gibbs 자유 에너지는 최소값을 가져야 한다. 따라서 식 (5.4)는 0이 되어야 한다. 즉,

$$\sum_{i=1}^{N_s} \nu_i \mu_{i,\,eq.} = 0 \tag{5.5}$$

이다. 이 평형 조건은 이들이 기체, 액체, 고체 또는 용액을 포함하던 간에 모든 화학 평형에 적용된다.

식 (5.4)에서 왼쪽 항은 반응(reaction) Gibbs 자유 에너지라 하고 $\Delta_r G$로 쓰는 것이 편리하

다. 즉,

$$\Delta_r G = \left(\frac{\partial G}{\partial \xi}\right)_{T,P} \tag{5.6}$$

그러므로

$$\Delta_r G = \sum_{i=1}^{N_s} \nu_i \mu_i \tag{5.7}$$

으로 표현된다. 또한 이를 반응에 대한 친화도(affinity for the reaction)라고 한다. 반응 Gibbs 자유 에너지는 균형이 잡힌 화학식에서 그리고 규정된 부분압력과 관련된 화학종의 규정 농도에서 반응 진척도, ξ가 1 mol 변화하였을 때 Gibbs 자유 에너지 변화이다.

반응이 일정한 온도와 압력에서 일어났을 때 Gibbs 자유 에너지는 감소하고, 반응은 그림 5.1에서 보는 바와 같이 Gibbs 자유 에너지가 최소값에 도달할 때까지 계속된다.

화학 평형에 관한 열역학 조건 식 (5.5)는 적용된 화학 반응식(2장의 식 (2.88))과 같은 형태로 분자식(molecular formular)이 반응물과 생성물의 화학종에 해당되는 화학 퍼텐셜로 대치된 것뿐이다. 평형에서 한 종에 대한 화학 퍼텐셜은

$$\mu_{i,\, eq} = \mu_i^0 + RT\ln a_{i,\, eq} \tag{5.8}$$

으로 표현되며 이를 식 (5.5)에 대입하면,

$$\sum_{i=1}^{N_s} \nu_i \mu_i^0 = -RT \sum_{i=1}^{N_s} \nu_i \ln a_{i,\, eq} \tag{5.9}$$

으로 표현된다. 이는 다시

$$\sum_{i=1}^{N_s} \nu_i \mu_i^0 = -RT \sum_{i=1}^{N_s} \ln (a_{i,\, eq})^{\nu_i} \tag{5.10}$$

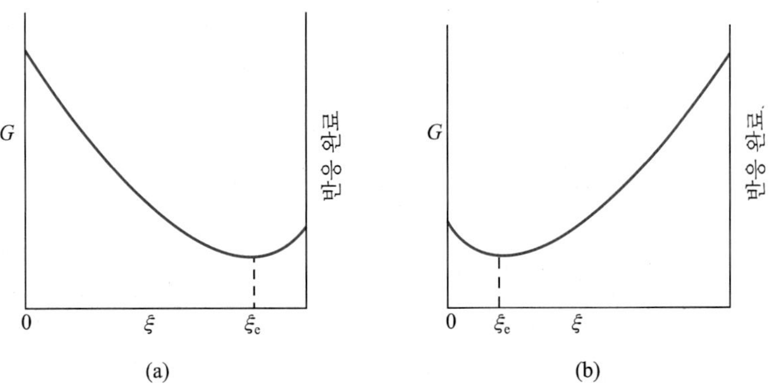

그림 5.1 Gibbs 자유 에너지 대 반응 진척도. (a) 반응이 거의 완성된 경우의 평형 상태, (b) 반응이 거의 일어나지 않은 곳에서의 평형 상태.

그리고 이 표현은

$$\sum_{i=1}^{N_s} \nu_i \mu_i^0 = -RT \ln \prod_{i=1}^{N_s} (a_{i,\ eq})^{\nu_i} \tag{5.11}$$

으로 나타낼 수 있다.

화학 평형에서 활동도의 곱은 아주 유용하므로 이를 반응의 평형 상수(equilibrium constant), K로 정의한다. 즉,

$$K = \prod_{i=1}^{N_s} (a_{i,\ eq})^{\nu_i} \tag{5.12}$$

평형 상수는 차원이 없는 양이고 그 크기는 화학량 수 때문에 화학식이 기록되는 방법에 의존한다. 평형 상수를 해석하려면 적용되는 균형된 화학식과 활동도가 근거한 표준 상태를 알 필요가 있다. 식 (5.11)에서 $\sum_{i=1}^{N_s} \nu_i \mu_i^0$는 $\Delta_r G^0$, 즉 표준 반응 Gibbs 자유 에너지와 같으므로 식 (5.11)은

$$\Delta_r G^0 = -RT \ln K \tag{5.13}$$

으로 표현된다. 이 식은 아주 중요하다. 왜냐하면 실험적으로 결정된 평형 상수는 반응에 대한 표준 Gibbs 자유 에너지의 변화를 말해주기 때문이다. 역으로 $\Delta_r G^0$은 다른 방법으로 결정하여 평형 상수 K를 구할 수 있다. 주지할 것은 $\Delta_r G^0$은 단지 온도만의 함수이므로 평형 상수 K도 단지 온도만의 함수이다.

이제 식 (5.7)로 돌아가서 우리가 평형 상수를 알고 있을 때 특별한 조건 하의 반응 Gibbs 자유 에너지 $\Delta_r G$를 어떻게 계산하는가를 논의해 보자. 식 (5.7)에 평형 상태에 있지 않는 한 화학종의 화학 퍼텐셜 $\mu_i = \mu_i^0 + RT \ln a_i$ 를 대입하면,

$$\Delta_r G = \sum_{i=1}^{N_s} \nu_i \mu_i^0 + RT \sum_{i=1}^{N_s} \nu_i \ln a_i = \Delta_r G^0 + RT \ln \prod_{i=1}^{N_s} (a_i)^{\nu_i} \tag{5.14}$$

$\Delta_r G^0$은 반응물과 생성물의 활동도가 모두 1일 때 반응에 대한 Gibbs 자유 에너지의 변화이다. 달리 말하면 $\Delta_r G^0$은 표준 상태에 있는 분리된 반응물들이 표준 상태에 있는 분리된 생성물로 변환될 때 Gibbs 자유 에너지 변화이다. 반면 $\Delta_r G$는 특정한 활동도를 갖는 분리된 반응물들이 특정한 활동도를 갖는 분리된 생성물로 변화될 때 특정한 반응에서의 Gibbs 자유 에너지 변화이다. 식 (5.14)의 마지막 항은 평형 상수와 아주 유사하다. 단 반응물과 생성물의 활동도는 원하는 어떠한 값을 가질 수 있다는 점이 다르다. 이 활동도의 곱은 반응 지수(reaction quotient) Q로 나타낸다. 즉,

$$Q = \prod_{i=1}^{N_s} (a_i)^{\nu_i} \tag{5.15}$$

그래서

$$\Delta_r G = \Delta_r G^0 + RT \ln Q \tag{5.16}$$

으로 표현된다. 이 식은 반응물과 생성물이 활동도 a_i를 가질 때 특정한 화학 반응에 대한 Gibbs 자유 에너지 변화를 나타낸다. 따라서 이 식을 전방 방향 반응($\Delta_r G < 0$)과 후방 방향 반응($\Delta_r G > 0$)에 대한 자발성에 대한 테스트를 하는 데 사용된다.

식 (5.6)에 Gibbs 자유 에너지 정의($G = H - TS$)를 대입하면,

$$\Delta_r G = \left(\frac{\partial H}{\partial \xi}\right)_{T,P} - T\left(\frac{\partial S}{\partial \xi}\right)_{T,P} = \Delta_r H - T\Delta_r S \tag{5.17}$$

으로 이는 식 (2.93)과 일치하며 반응 엔탈피 $\Delta_r H$의 논리적인 도출을 제공한다. 또한 이 식은 반응물과 생성물이 각각 그들의 표준 상태에 있을 때에도 성립되므로 이 식은 $\Delta_r G^0 = \Delta_r H^0 - T\Delta_r S^0$으로 표현된다.

예제 5-1 평형 상수에 대한 일반적 표현

Ⓠ 다음 화학 반응에 대한 가장 일반적인 평형 상수의 표현은 무엇인가?

3C(흑연) + $2H_2O$(g)=CH_4(g) + 2CO(g).

Ⓐ $K = \left(\dfrac{a_{CH_4} a_{CO}^2}{a_C^3 a_{H_2O}^2}\right)_{eq.}$

만약 압력이 너무 높지 않다면 흑연은 표준 상태에 있는 것으로 간주하여 $a_C = 1$으로 계산할 수 있다. 기체의 활동도는 $\dfrac{f_i}{P^0}$으로 대치되거나 압력이 충분히 낮으면 $\dfrac{P_i}{P^0}$으로 된다.

1.2 기체 반응에 대한 평형 상수 표현

실제 기체에 있어서 활동도는 $a_i = \dfrac{f_i}{P^0}$ 으로 표현된다. 여기서 f_i는 i번째 화학종의 퓨가시

티이고, P^0는 표준 상태 압력이다. 기체에 대한 화학 퍼텐셜은

$$\mu_i = \mu_i^0 + RT\ln\frac{f_i}{P^0} \tag{5.18}$$

이를 식 (5.5)에 대입하여 유사한 처리를 하면,

$$K = \prod_{i=1}^{N_s}\left(\frac{f_{i,eq}}{P^0}\right)^{\nu_i} \tag{5.19}$$

이 식은 기체 혼합물에서 퓨가시티 f_i를 구하는 어려움 때문에 자주 사용하지 않는다. 그러나 이 식은 실제 기체가 관여된 반응의 평형 상수에 대한 가장 일반적인 표현이다. 이상기체에 대하여는

$$\mu_i = \mu_i^0 + RT\ln\frac{P_i}{P^0} \tag{5.20}$$

으로 표현되며, 이를 식 (5.5)에 대입하여 유사한 처리를 하면,

$$K = \prod_{i=1}^{N_s}\left(\frac{P_{i,eq}}{P^0}\right)^{\nu_i} \tag{5.21}$$

이 평형 상수는 단지 온도만의 함수이다. 실제 기체에서는 식 (5.21)의 오른쪽 항은 압력에 의존한다. 왜냐하면 일반적으로 실체 기체에서는 $f_i \neq P_i$이기 때문이다. 열역학 평형 상수라는 용어는 식 (5.19)의 사용이나 작은 압력에서 식 (5.21)을 사용하여 얻은 평형 상수에 자주 사용된다.

평형 상수의 값은 균형이 된 화학 반응과 각 반응물과 생성물의 표준 상태의 규정이 없으면 해석할 수 없다. 화학량 수 값은 화학식이 양 또는 음의 정수로 곱하거나 나누는 범위 내에서 임의적이다. 이상기체 혼합물에서 화학 반응의 평형 범위는 3가지 독립 변수에 의존한다. 즉, (1) 압력, (2) 초기 조성 그리고 (3) 온도이다. 이들 각각에 대하여 고려하고, 비활성 기체(inert gas)를 첨가하였을 때의 효과를 생각해 보자.

예제 5-2 **전방 또는 후방 반응 예측 계산**

Q 어떻게 부분압이 한 반응의 전방 또는 후방으로 진행할 것인가를 결정하는가?

(a) $CO(g)$, $H_2(g)$ 그리고 $CH_3OH(g)$의 혼합물이 500 K에서 PCO=10 bar, PH_2=1 bar 그리고

(계속)

P_{CH_3OH}=0.1 bar으로 촉매 위를 지나간다. 이 과정에서 좀 더 많은 메탄올이 형성되겠는가? $\Delta_r G^0$=21.21 kJ/mol이다.

(b) 500 K에서 다음반응의 전환이 일어나는가?

$$CO(g,\ 1\ bar) + 2H_2(g,\ 10\ bar) = CH_3OH(g,\ 0.1\ bar)$$

Ⓐ (a) $CO(g,\ 10\ bar) + 2H_2(g,\ 1\ bar) = CH_3OH(g,\ 0.1\ bar)$

$$\Delta_r G = \Delta_r G^0 + RT\ln Q$$

$$= 21.21\ \text{kJ/mol} + (0.0083145\ \text{kJ/K mol})(500\ \text{K})\ \ln\ \frac{0.1}{(10)(1)^2}$$

$$= 2.07\ \text{kJ/mol}.$$

따라서 반응은 비자발적이다.

(b) $$\Delta_r G = 21.21\ \text{kJ/mol} + (0.0083145\ \text{kJ/K mol})(500\ \text{K})\ \ln\ \frac{0.1}{(1)(10)^2}$$

$$= -7.51\ \text{kJ/mol}.$$

따라서 이 반응은 열역학적으로 자발적 반응이다.

1.3 평형 상수를 구하기 위한 표준 형성 Gibbs 자유 에너지의 사용

한 반응에 대한 $\Delta_r G^0$을 얻는 데에는 3가지 방법이 존재한다. 즉, (1) 식 (5.13)을 이용한 평형 상수의 측정, (2) $\Delta_r G^0 = \Delta_r H^0 - T\Delta_r S^0$에서 구하는데, $\Delta_r H^0$는 열량측정기로 측정하고 $\Delta_r S^0$는 3법칙 엔트로피에서 구한다. 그리고 (3) 기체 반응에서 $\Delta_r G^0$는 통계역학과 분광학적 데이터에서 얻은 분자에 관한 어떤 정보에서 계산한다. 방법 2와 3은 실험실에서 전혀 연구하지 못한 반응의 평형 상수 계산을 가능하게 한다. 방법 2에서 필요한 데이터는 단지 열적 측정에서 얻는데 이는 절대 0도 가까이의 열용량 측정도 포함된다. 통계역학을 사용하여 기체 반응에 대한 평형 상수 계산은 개개 분자의 특성만이 사용되어 이상기체의 반응에 대한 평형 상수를 계산하는 것이 경이롭다. 간단한 반응에서 $\Delta_r H^0$는 분광학적인 데이터에서 계산할 수 있으나 좀 더 복잡한 반응에서는 열측정 데이터가 요구된다.

반응의 평형 상수값을 열거하거나 식 (5.13)에서 계산된 $\Delta_r G^0$값을 열거하는 대신에 표준 형성 Gibbs 자유 에너지, $\Delta_f G_i^0$의 값을 열거하는 것이 좀 더 편리하다. 이는 i의 1몰이 그 원소로부터 형성될 때의 표준 Gibbs 에너지이다. i의 표준 형성 Gibbs 에너지는 표준 형성 엔탈피와 표준 형성 엔트로피와 다음과 같이 관련된다.

$$\Delta_f G_i^0 = \Delta_f H_i^0 - T(\overline{S}_i^0 - \sum \nu_e \overline{S}_i^0) \tag{5.22}$$

여기서 $\sum \nu_e \overline{S}_i^0$는 화학종 i의 형성 반응에 관련된 원소의 표준 엔트로피의 항이다. $\Delta_f G_i^0$는 표로 작성되어 있으므로 $\Delta_r G^0$에 대한 식은

$$\Delta_r G^0 = \sum_{i=1}^{N_s} \nu_i \Delta_f G_i^0 \tag{5.23}$$

이다. 여기서 ν_i는 균형된 반응식에서 화학량 수이다. 원소에 대한 참조 상태에서 표준 Gibbs 형성 에너지는 모든 온도에서 0이다.

298.15 K와 1 bar에서 15,000종에 대한 표준 형성 Gibbs 에너지값이 NBS tables of chemical thermodynamics에서 제공된다(D.D. Wagman et al. 'The NBS Tables of Chemical Thermodynamic Properties, J. Phys. Chem. Ref. Data 11 (suppl.2)(1982)). 6,000 K까지의 온도에서 표준 형성 Gibbs 자유 에너지는 JANAF(Joint-Army-Navy-Air Force) 표에서 제공된다(M.W. Chase et al.,' JANAF Thermochemical Tables,J. Phys. Chem. Ref. Data 14 (suppl.1)(1985)). 1,000 K까지 수백 개의 유기 화합물에 대한 Gibbs 에너지값이 Stull 등에 의해 제시되었다(D.R. Stull, E.F. Westrum, and G.C. Sinke, 'The Chemical Thermodynamics of Organic Compounds', New York; Wiley, 1969).

발생되는 대부분의 반응은 발열(exothermic) 반응이다. 즉, $\Delta_r H^0$가 음의 값이다. 그러나 약간의 흡열(endothermic) 반응도 일어난다. 흡열 반응은 단지 $T\Delta_r S^0$가 충분히 양이어서 음의 $\Delta_r G^0$값을 줄 때만 평형 상수가 1보다 더 크다. 기체 반응의 경우 화학 반응식에서 더 많은 분자가 왼쪽보다 오른쪽에 있을 때 발생한다. 고온의 극한에서 양의 $T\Delta_r S^0$의 반응은 $\Delta_r H^0$에 무관하게 평형 상수가 1보다 더 큰 값을 가짐을 주지하라.

예제 5-3 $H_2O(g)$의 표준 Gibbs 형성 에너지의 계산

Q 열량측정기에 의해 다음의 정보가 주어졌다면 298.15 K에서 $H_2O(g)$의 표준 Gibbs 형성 에너지를 계산하라.

	$\Delta_f H^0$(kJ/mol)	$\overline{S^0}$(J/K · mol)
$H_2O(g)$	−241.818	188.825
$H_2(g)$	0	130.684
$O_2(g)$	0	205.138

(계속)

Ⓐ 다음의 반응에서

$$H_2(g)+\frac{1}{2}O_2(g)=H_2O(g)$$

$$\begin{aligned}\Delta_f G^0(H_2O,\ g)&=\Delta_f H^0(H_2O,\ g)-T\,\Delta_f S^0(H_2O,\ g)\\&=-241.818-(298.15)[188.825-130.684-(0.5)(205.138)](10^{-3})\\&=-228.572\ \text{kJ/mol.}\end{aligned}$$

1.4 평형 상수에 대한 온도 효과

화학 평형에 관한 온도 효과는 Gibbs-Helmholz 식에서 보인대로 $\Delta_r H^0$에 의해 결정된다. $\Delta_r G^0=-RT\ln K$이므로

$$\Delta_r H^0=-T^2\left[\frac{d(\Delta_r G/T)}{dT}\right]=RT^2\left(\frac{d\ln K}{dT}\right) \tag{5.24}$$

즉,

$$\left(\frac{d\ln K}{dT}\right)=\frac{\Delta_r H^0}{RT^2} \tag{5.25}$$

이 식은 종종 van't Hoff 식이라고 부른다. 이상기체에서 K는 압력에 무관하므로 왼쪽 항은 편미분을 쓰지 않음을 주지하라. 그래서 흡열 반응에서 온도가 증가하면 평형 상수는 증가한다. 그리고 발열 반응에서 온도가 증가하면, 평형 상수는 감소한다.

Le Chatelier 원리에 따르면 평형에 있는 시스템이 외부로부터 동요(perturbation)를 받으면, 평형은 항상 가해준 변화에 반대되는 방향으로 이동된다. 평형 시스템의 온도가 증가할 때 이 변화를 시스템에 의해 방지할 수는 없으나, 실제 일어나는 것은 혼합물의 변화가 없을 때 요구되는 것보다 더 높은 온도로 가열하는데 요구되는 열을 요구하는 방향으로 평형이 이동한다. 달리 말하면 온도가 증가하였을 때 평형은 열의 흡수를 야기하는 방향으로 이동된다.

만약 $\Delta_r H^0$가 온도에 무관하다면 식 (5.39)의 온도 T_1과 T_2까지 적분하면

$$\ln\frac{K_2}{K_1}=\frac{\Delta_r H^0(T_2-T_1)}{RT_1T_2} \tag{5.26}$$

또한 $\Delta_r H^0$가 온도에 무관하면 $\Delta_r C_P^0=0$이 된다. $\Delta_r C_P^0=0$이면 $\Delta_r S^0$도 온도에 무관하다. 그래서 $\Delta_r C_P^0=0$일 때 평형 상수의 온도 의존성은 $\Delta_r G^0=-RT\ln K=\Delta_r H^0-T\Delta_r S^0$에서

$$\ln K = -\frac{\Delta_r H^0}{RT} + \frac{\Delta_r S}{R} \qquad (5.27)$$

으로 표현된다. 이 식에 의하면 $\ln K$ 대 $1/T$ 그래프는 $\Delta_r H^0$와 $\Delta_r S^0$가 일정한 값을 갖는 온도 범위에서 선형(linear)이다.

예제 5-4 온도의 함수인 평형 상수로부터 표준 반응 엔탈피와 표준 반응 엔트로피의 계산 | |

Q 다음의 평형 상수 K값에서 다음 반응의 $\Delta_r H^0$와 $\Delta_r S^0$를 구하라.

A $N_2(g) + O_2(g) = 2NO(g)$

T/K	1,900	2,000	2,100	2,200	2,300	2,400	2,500	2,600
$K/10^{-4}$	2.31	4.08	6.86	11.0	16.9	25.1	36.0	50.3

이 데이터를 그림 5.2에 나타내었다. 그래프는 선형이므로 기울기는 -2.19×10^4 K이므로

$$\Delta_r H^0 = -(\text{기울기})\times R = -(-2.19\times10^4\ \text{K})(8.3145\ \text{J/K.mol}) = 182\ \text{kJ/mol.}$$

y축 절편은 표준 반응 엔트로피를 계산하는 데 사용된다. 즉,

$$\frac{\Delta_r S^0}{R} = 3.13,\quad \Delta_r S^0 = (3.13)(8.3145\ \text{J/K.mol}) = 26.0\ \text{J/K mol.}$$

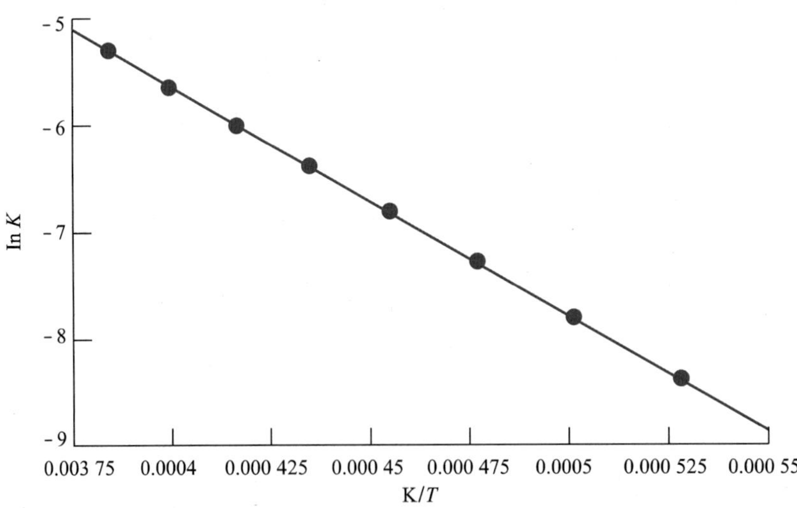

그림 5.2 $N_2(g) + O_2(g) = 2NO(g)$ 반응에서 $\ln K$ 대 $1/T$ 그래프.

일반적으로 $\Delta_r H^0$와 $\Delta_r S^0$는 온도에 의존한다. 왜냐하면 반응물의 열용량은 온도에 의존하기 때문이다. 앞에서

$$\Delta_f H_i^0(T) = \Delta_r H^0(298.15\ \text{K}) + \int_{298.15}^{T} \overline{C_{P_i}}^0 dT' \tag{5.28}$$

$$\overline{S}_i^0(T) = \overline{S}_i^0(298.15\ \text{K}) + \int_{298.15}^{T} \frac{\overline{C_{P_i}}^0}{T'} dT' \tag{5.29}$$

으로 나타남을 보였다. 여기서 $\overline{C_{P_i}}^0$는 온도의 멱급수로 나타낸다.

그런데 $\Delta_r H^0 = \sum_{\nu_i} \Delta_f H_i^0$ 그리고 $\Delta_r S^0 = \sum_{\nu_i} \overline{S}_i^0$이므로,

$$\Delta_r H^0(T) = \Delta_r H^0(298.15\ \text{K}) + \int_{298.15}^{T} \Delta_r C_P^0 dT' \tag{5.30}$$

$$\Delta_r S^0(T) = \Delta_r S^0(298.15\ \text{K}) + \int_{298.15}^{T} \frac{\Delta_r C_P^0}{T'} dT' \tag{5.31}$$

$\Delta_r G^0(T) = \Delta_r H^0(T) - T\Delta_r S^0(T)$ 이므로

$$\Delta_r G^0(T) = \Delta_r G^0\ (298.15\ \text{K}) + \int_{298.15}^{T} \Delta_r C_P^0 dT' - T\int_{298.15}^{T} \frac{\Delta_r C_P^0}{T'} dT' \tag{5.32}$$

그리고 $\ln K = -\Delta_r G^0/RT$이므로

$$\ln K = \frac{(298.15)}{T} \ln K(298.15) - \frac{1}{RT}\int_{298.15}^{T} \Delta_r C_P^0 dT' + \frac{1}{R}\int_{298.15}^{T} \frac{\Delta_r C_P^0}{T'} dT' \tag{5.33}$$

이 방법으로 $\ln K$의 계산은 컴퓨터의 도움 없이는 아주 지루하나, 적분의 수학적인 프로그램의 사용으로 쉽게 계산할 수 있다.

이 계산을 하는 또 다른 방법은 Gibbs-Helmholz 식을 사용하는 것이다. 즉,

$$\left[\frac{d(\Delta_r G/T)}{dT}\right] = -\frac{\Delta_r H^0}{T^2} \tag{5.34}$$

흡열 반응 A(g)=2B(g)의 온도 효과는 그림 5.3에 3개의 전체 압력에 대하여 나타내었다. 온도

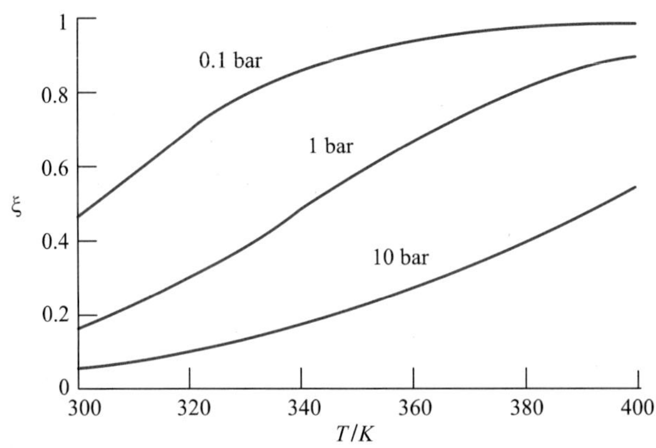

그림 5.3 흡열 반응 A(g)=2B(g)에 대한 반응 진척도 대 온도 그래프.

가 증가함에 따라 평형 반응 진척도는 증가한다. 주어진 온도에서 반응 진척도는 낮은 압력에서 더 크다.

1.5 평형 조성에의 압력, 초기 조성 그리고 비활성 기체의 영향

이상기체 혼합물에서 반응물과 생성물의 평형 부분압은 평형 몰 분율 y_i와 반응물과 생성물의 전체 압력 P의 항으로 나타낼 수 있다. 즉,

$$K=\prod_i\left(\frac{y_iP}{P^0}\right)^{\nu_i}=\prod_i y_i^{\nu_i}\prod_i\left(\frac{P}{P^0}\right)^{\nu_i}=\left(\frac{P}{P^0}\right)^{\nu}K_y \tag{5.35}$$

이 식에서 $\nu=\sum_i \nu_i$ 이고, K_y는 한 특별한 전체 압력에서 몰 분율로 나타낸 평형 상수이다. K_y값은 일정한 전체 압력에서 단지 온도만의 함수이다.

$$K_y=\prod_i y_i^{\nu_i}=\left(\frac{P}{P^0}\right)^{-\nu}K \tag{5.36}$$

몰 분율로 나타낸 평형 상수는 온도뿐만 아니라 압력에 의존하나 그것은 평형 반응 진척도를 계산하는 데 아주 유용하다. 왜냐하면 그것은 물질의 양(amount)으로 표현되기 때문이다. 만약 기체 생성물의 양이 반응물의 양과 같다면 $\nu=\sum_i \nu_i=0$, $K_y=K$이다. 그리고 반응물의 전체 압력을 바꾸어도 반응물과 생성물의 평형 몰 분율에 영향을 주지 않는다. 만약 반응이 분자수의 증가를 가져오면 $\nu>0$이고, K_y는 일정한 온도에서 압력이 증가함에 따라 감소한다. 그래서 압력을 올리는 것은 생성물의 평형 몰 분율을 감소시키고 반응물의 평형 몰 분율을

증가시킨다. 요약하면 압력을 증가시키는 것은 후방 방향으로의 반응을 촉진시킨다.

Le Chatrlier 원리는 이와 같은 결론을 검증하는 빠른 방법으로, 이는 화학 평형에서 독립 변수의 변화에 대한 효과를 말해주는 원리이다. 이 원리에 의하면 평형에 있는 시스템의 독립 변수가 변화하면 평형은 그 변화의 효과를 감소시키는 방향으로 이동된다. 압력이 증가하면 분자수를 감소하는 방향으로 평형이 이동된다. 만약 한 반응이 단지 고체와 액체만이 관련된다면 평형에의 압력 효과는 작다.

한 반응에서 평형 조성에의 초기 조성의 영향을 논의하기 위해서는 몰 분율로 나타낸 평형 상수를 사용한다. 반응 중 임의의 시간에 각각의 반응물과 생성물의 양은 초기량 n_{i0}와 반응 진척도 ξ의 항으로 나타낼 수 있다.

$$K_y = \prod_i \left(\frac{n_{i0} + \nu_i \xi}{n_0 + \nu \xi} \right)^{\nu_i} = \left(\frac{1}{n_0 + \nu \xi} \right)^{\nu} \prod_i (n_{i0} + \nu_i \xi)^{\nu_i} \tag{5.37}$$

이 평형에서 기체의 양은

$$\sum n_i = \sum (n_{i0} + \nu_i \xi) = \sum n_{i0} + \xi \sum_i \nu_i = n_0 + \xi \nu \tag{5.38}$$

여기서 기체 반응물과 생성물의 초기 양은 n_0로 나타내고 $\nu = \sum_i \nu_i$ 이다. 초기 조성에서 평형에서의 반응물과 생성물의 양의 계산과 K_y값은 간단히 ξ의 다항식의 해가 된다. 여기서 생겨나는 다항식은 하나의 양의 근을 갖는다. 2차식의 경우는 쉽게 해가 구해지고 더 높은 차수의 다항식은 컴퓨터 사용으로 반복적인 방법으로 구한다.

일정한 온도와 부피에서 기체의 평형 혼합물에 비활성 기체가 더해지면 평형에는 아무런 효과가 없다. 그러나 일정한 온도와 압력에서 비활성 기체 첨가는 압력을 낮추는 것과 같은 효과이다. 비활성 기체가 존재할 때에 식 (5.37)은 각각의 몰 분율의 분모에 비활성 기체의 몰수를 첨가해야 한다. 그래서 $n_0 + \nu\xi$ 대신에 $n_0 + \nu\xi + n_{inert}$가 된다. 이를 식 (5.50)에 대입하면

$$K = \left(\frac{P/P^0}{n_0 + \nu\xi + n_{\mathrm{inert}}} \right)^{\nu} \prod_{i=1}^{N_s} (n_{i0} + \nu_i \xi)^{\nu_i} \tag{5.39}$$

만약 $\nu < 0$이면 일정한 압력에서 비활성 기체 첨가는 최종 반응물과 생성물의 부분압의 합을 줄여준다. 그래서 반응은 이를 보완하기 위하여 왼쪽으로 이동한다. 식 (5.39)가 일반적으로 이상기체의 혼합물에 적용되나 만약 비활성 기체의 부분압을 안다면 이 부분압은 전체 압에서 빼고 식 (5.35)의 P를 반응물과 생성물의 부분압의 합으로 사용된다.

예제 5-5 평형에 초기 조성, 압력 그리고 비활성 기체 영향

Q 다음 반응의 평형을 생각해 보자.

$$CO(g) + 2H_2(g) = CH_3OH(g).$$

K값은 500 K에서 6.23×10^{-3}이다.

(a) CO와 H_2의 같은 몰 양을 함유한 기체 흐름이 1 bar에서 촉매 위를 흐른다. 평형에서 반응 진척도는 얼마인가?

(b) 완전한 반응을 이루기 위하여 압력은 100 bar로 증가시키고, CO몰당 2몰의 수소가 사용되었다. 평형 반응 진척도는 얼마인가?

(c) 1몰의 CO와 2몰의 수소에 대하여 1몰의 질소가 반응 기체에 포함된다면, 100 bar에서 평형 반응 진척도는 얼마인가?

A (a)

	CO	H_2	CH_3OH
초기 양	1	1	0
평형에서의 양	$1-\xi$	$1-2\xi$	ξ total : $2(1-\xi)$
몰 분율	$\frac{1}{2}$	$\frac{1-2\xi}{2(1-\xi)}$	$\frac{\xi}{2(1-\xi)}$

$$K = \frac{4\xi(1-\xi)}{(1-2\xi)^2 1^2} = 6.23 \times 10^{-3}$$

이 식을 풀면 $\xi = 0.00155$, 따라서 몰 분율은 $y_{CO} = 0.500$, $y_{H_2} = 0.4992$, $y_{CH_3OH} = 0.0008$이다.

(b)

	CO	H_2	CH_3OH
초기 양	1	2	0
평형에서의 양	$1-\xi$	$2-2\xi$	ξ total : $(3-2\xi)$
몰 분율	$\frac{1-\xi}{3-2\xi}$	$\frac{2-2\xi}{3-2\xi}$	$\frac{\xi}{3-2\xi}$

$$K = \frac{\xi(3-2\xi)^2}{(1-\xi)(1-2\xi)^2 100^2} = 6.23 \times 10^{-3}$$

이 식을 풀면 $\xi = 0.817$, 따라서 몰 분율은 $y_{CO} = 0.134$, $y_{H_2} = 0.268$, $y_{CH_3OH} = 0.598$이다.

(c) (b)의 표에서 첫 번 2개 라인은 변화가 없다. 3번째 라인에서 전체 몰수는 $4-2\xi$이다. 따라서

$$K = \frac{\xi(4-2\xi)^2}{(1-\xi)(1-2\xi)^2 100^2} = 6.23 \times 10^{-3}$$

이 식의 해는 $\xi = 0.735$, 따라서 몰 분율은 $y_{CO} = 0.105$, $y_{H_2} = 0.210$, $y_{CH_3OH} = 0.291$ 그리고 $y_{N_2} = 0.395$이다. 여기서 비활성 기체 존재는 생성물로의 평형 전환을 줄이나 $\nu = \sum_i \nu_i$ 가 양인 반응에서 비활성 기체 첨가는 좀 더 오른쪽으로 가게 한다.

1.6 농도의 항으로 나타낸 기체 반응에 대한 평형 상수

기체에 대한 열역학 표는 이상기체의 1 bar의 표준 상태의 압력에 근거하므로 $\Delta_f G_i^0$ 값은 바로 압력(또는 퓨가시티)의 항으로 평형 상수를 구할 수 있다. 그러나 화학적 운동론과 관련하여 기체 반응의 평형 상수를 농도의 항으로 나타내는 것이 유용하다. 왜냐하면 속도식은 농도의 항으로 나타나기 때문이다.

이 두 형태의 평형 상수는 K_P와 K_C로 나타낸다. 이상기체의 농도의 항으로 나타낸 평형 상수 K_C에 대한 일반적인 표현을 얻기 위하여 이상기체 상태식에서 $P_i = \dfrac{n_i RT}{V} = c_i RT$ 으로 대치된다. 즉,

$$K_P = \prod_{i=1}^{N_s} \left(\frac{P_i}{P^0} \right)^{\nu_i} = \prod_i \left(\frac{c_i RT}{P^0} \right)^{\nu_i} \tag{5.40}$$

농도의 항으로 무차원의 평형 상수를 정의하기 위하여 표준 농도 c^0를 소개하는데, 이는 1 mol/Liter를 나타낸다. 식 (5.40)의 각 항에 이를 적용하면

$$K_P = \prod_{i=1}^{N_s} \left(\left(\frac{c_i}{c^0} \right) \frac{c^0 RT}{P^0} \right)^{\nu_i} = \left(\frac{c^0 RT}{P^0} \right)^{\sum \nu_i} \prod_i \left(\frac{c_i}{c^0} \right)^{\nu_i} = \left(\frac{c^0 RT}{P^0} \right)^{\sum \nu_i} K_C \tag{5.41}$$

여기서 농도의 항으로 나타낸 평형 상수 K_C는

$$K_C = \prod_i \left(\frac{c_i}{c^0} \right)^{\nu_i} \tag{5.42}$$

는 이상기체 혼합물에 대한 온도만의 함수이다. 만약 $c^0 =$ 1 mol/L이고 $P^0 = 1$ bar이면 298.15 K에서 $\dfrac{c^0 RT}{P^0} = 24.79$이다.

예제 5-6 농도로 표시된 기체의 평형 상수

Q 1000 K에서 에탄*이 메틸 라디칼(radical)로의 해리에 대한 평형 상수 K_C를 구하라.

A $C_2H_6(g) = 2CH_3(g)$

$\Delta_r G^0 = 2\Delta_f G^0 (CH_3) - \Delta_f G^0 (C_2H_6) = 2(159.82) - 109.55 = 210.09$ kJ/mol.

(계속)

$$K_P = \exp\left(-\frac{\Delta_r G^0}{RT}\right) = \exp\frac{(-210.09)}{(8.3145\times 10^{-3})(1000)} = 1.062\times 10^{-11}$$

$$K_C = \frac{([CH_2]/c^0)^2}{[C_2H_6]/c^0} = K_P\frac{P^0}{c^0 RT} = (1.062\times 10^{-11})\frac{1}{(1)(0.83145)(1000)} = 1.278\times 10^{-13}$$

그러므로 평형에서 $\frac{[CH_3]^2}{[C_2H_6]} = 1.278\times 10^{-13}$ mol/L이다. 여기서 괄호는 mol/L의 농도를 나타낸다.

2 제약 조건이 있을 때의 최대와 최소 – Lagrange 승수

미적분학 초기 과정에서 논의되는 것은 주어진 함수 $f(x)$의 최대값(maxima)과 최소값(minimum)을 결정하는 것이다. 역사적으로도 그와 같은 결정은 미적분학 개발에 있어 초기 시대의 문제였다. 1671년 Newton의 논문에 의하면(1736년에 출판됨), Newton은 최대값과 최소값에서 $f(x)$의 변화율은 0이어야 한다고 주장하였고, 1884년 Leibnitz는 동등한 논술로 접선은 반드시 그 점에서 수평선이어야 한다고 주장하였다. 최근의 우리에게는 초보적인 지식이었지만, 17세기 수학에서는 반드시 고려하여 할 사항이었다. 열역학에서는 제약 조건(constrained condition)을 갖는 상태 함수의 최대, 최소를 결정하는 문제가 있다. 수학적인 방법으로 그와 같은 문제를 해결하는 방법을 예제를 통해 논의해 보자.

예제 5-7 제약 조건이 있을 때의 최대 최소값

Q 타원 $5x^2 - 6xy + 5y^2 = 8$ 상의 점에서 원점에 가장 가까운 점을 구하라.

A 즉, 제약 조건 $5x^2 - 6xy + 5y^2 = 8$를 가질 때 $\sqrt{x^2+y^2}$의 크기가 최소인 점 (x, y)를 찾으라는 것이다. 이는

제약 조건 $$g(x, y) = 5x^2 - 6xy + 5y^2 = 8 \tag{5.43}$$

에서 $$F(x, y) = x^2 + y^2 = \min \tag{5.44}$$

를 찾아내는 것으로 표현할 수 있다.

만약 점 (x, y)의 찾음을 $F_x = 2x = 0$, $F_y = 2y = 0$으로 하면 $x = y = 0$에서 F를 최소화할

수 있으나, 식 (5.43)의 제한을 만족시키지 못한다. 즉, $x = y = 0$ 점은 타원 $5x^2 - 6xy + 5y^2 = 8$ 상에 있지 않기 때문이다.

확실한 것은 (x, y)가 독립 변수이건 아니건 간에 미분 가능한 함수 $F(x, y)$가 특별한 점 (x, y)에서 최대 또는 최소값을 가질 기본적인 필요 조건은 미분 dF가 그 점에서 0이어야 한다. 이제

$$dF = \nabla F \cdot ds \tag{5.45}$$

으로 표현하면 ∇F는 함수 F의 구배(gradient)이고 ds는 무한소 변위(displacement) 벡터 $dx\bar{i} + dy\bar{j}$ 이다. 만약 변수 x, y가 독립적이면 ds의 배열은 임의적이다. 그래서 식 (5.45)에서 $dF=0$는 $\nabla F=0$, 즉, $F_x = F_y = 0$이어야 한다. 그러면 $dF=0$과 $\nabla F=0$은 동등하고 서로 교환하여 사용할 수 있다. 그러나 x, y가 의존(dependent)이면 ds의 배열은 임의적이지 못하고 최대 또는 최소값의 $dF=0$의 조건은 $\nabla F=0$을 의미하지는 않는다. 이를 나타내기 위하여 현재의 예를 들어보자. 식 (5.44)에서

$$dF = 2xdx + 2ydy = 0 \tag{5.46}$$

만약 x, y가 독립적이면 ds가 임의값이 되어 $F_x = 2x = 0$, $F_y = 2y = 0$, 즉 $\nabla F=0$이다. 그러나 dx, dy가 독립적인 대신에 식 (5.43)과 같은 제한을 받는다면, 즉,

$$dg = (10x - 6y)dx + (10y - 6x)dy = 0 \tag{5.47}$$

으로 된다. 이제 잠정적으로 $(10y - 6x)$가 0이 아니라고 가정하면 식 (5.47)에서

$$dy = \frac{10x - 6y}{6x - 10y}dx$$

그리고 이를 식 (5.46)에 대입하면

$$dF = \left[2x + 2y\frac{10x - 6y}{6x - 10y}\right]dx = 0$$

dx 자체는 임의적인 값이므로, $2x + 2y\dfrac{10x - 6y}{6x - 10y} = 0$

따라서 $3x^2 - 5xy + xy - 3y^2 = 0$, 즉 $y = \pm x$가 된다. 그래서 찾는 점은 $y = \pm x$ 선에 있다. 그러나 이 점은 타원상에 놓여야 한다. 따라서 그들은 그림 5.4에서 나타내듯이 타원과의 교점이다. 즉, $(\sqrt{2}, \sqrt{2})$, $(-\sqrt{2}, -\sqrt{2})$, $(1/\sqrt{2}, -1/\sqrt{2})$, $(-1/\sqrt{2}, 1/\sqrt{2})$이다. 그림에서 $(\sqrt{2}, \sqrt{2})$, $(-\sqrt{2}, -\sqrt{2})$은 F의 최대값에 해당되고($F=2$), $(1/\sqrt{2}, -1/\sqrt{2})$, $(-1/\sqrt{2}, 1/\sqrt{2})$는 최소값($F=1$)에 해당된다.

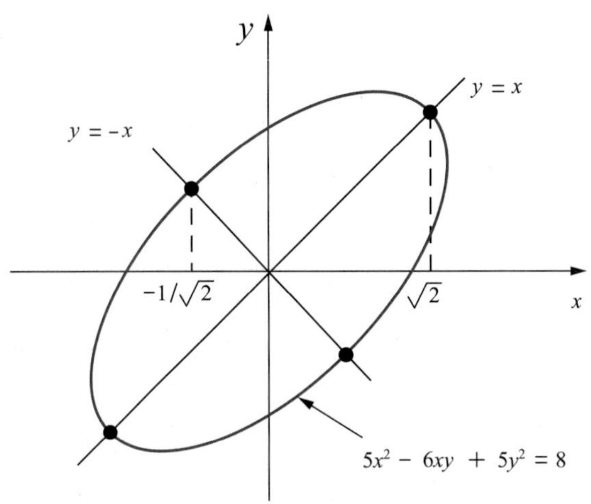

그림 5.4 원점에서 타원에 이르는 최소 거리.

이제, Lagrange에 의해 개발된 이 절차의 정교한 방법을 설명하고자 한다.

예를 들어, 다음의 문제

$$F(v,\ w,\ x,\ y,\ z) = \text{최대 (또는 최소)} \tag{5.48}$$

그리고 동반된 제약 조건은

$$g(v,\ w,\ x,\ y,\ z) = a,\ h(v,\ w,\ x,\ y,\ z) = b \tag{5.49}$$

의 경우를 생각해 보자.

먼저 다음의 조합을 만든다.

$$F^* \equiv F - \lambda_1 g - \lambda_2 h \tag{5.50}$$

여기서 λ_1, λ_2는 상수이다. 이제 최대에서 $dF=0$이고 g와 h는 상수이므로, $dg = dh = 0$이다. 따라서 $dF^* = dF - \lambda_1 g - \lambda_2 dh = 0$이 된다. 즉,

$$\begin{aligned} dF^* = (F_v - \lambda_1 g_v - \lambda_2 h_v)dv + (F_w - \lambda_1 g_w - \lambda_2 h_w)dw + \cdots \\ + (F_z - \lambda_1 g_z - \lambda_2 h_z)dz = 0 \end{aligned} \tag{5.51}$$

이제 원하는 최대에서 $(F_y - \lambda_1 g_y - \lambda_2 h_y) = (F_z - \lambda_1 g_z - \lambda_2 h_z) = 0$이 되도록 λ_1, λ_2를 선택하였다고 가정하면, 즉

$$F_y = \lambda_1 g_y - \lambda_2 h_y,\ F_z = \lambda_1 g_z - \lambda_2 h_z \tag{5.52}$$

λ_1, λ_2는 Cramer's 공식에서 구할 수 있다. 이때 분모항은 0이 아니어야 하므로

$$\begin{vmatrix} g_y & h_y \\ g_z & h_z \end{vmatrix} \neq 0 \tag{5.53}$$

즉, Jacobian $\dfrac{\partial(g,h)}{\partial(y,z)} \neq 0$이어야 한다. 그와 같은 경우가 성립된다고 가정하면 식 (5.50)은

$$\begin{aligned} dF^* = (F_v - \lambda_1 g_v - \lambda_2 h_v)dv + (F_w - \lambda_1 g_w - \lambda_2 h_w)dw \\ + (F_x - \lambda_1 g_x - \lambda_2 h_x)dx = 0 \end{aligned} \tag{5.54}$$

으로 dy, dz를 제거하고 나면, 나머지 dv, dw 그리고 dx는 독립적이므로, 식 (5.54)의 괄호 부분은 0이 되어야 한다. 따라서 식 (5.52)와 함께 최대값에서는

$$\begin{aligned} F_v^* &= F_v - \lambda_1 g_v - \lambda_2 h_v = 0 \\ F_w^* &= F_w - \lambda_1 g_w - \lambda_2 h_w = 0 \\ F_x^* &= F_x - \lambda_1 g_x - \lambda_2 h_x = 0 \\ F_y^* &= F_y - \lambda_1 g_y - \lambda_2 h_y = 0 \\ F_z^* &= F_z - \lambda_1 g_z - \lambda_2 h_z = 0 \end{aligned}$$

5개의 방정식에 7가지 미지수 v, w, x, y, z, λ_1, λ_2이므로, 식 (5.49)의 2개의 식을 더하여 시스템을 완성한다.

이를 일반화해 보자. 가령

$$F(x_1, \cdots, x_m) = \text{최대 (또는 최소)} \tag{5.55}$$

를 구하는데 제약 조건은

$$\begin{aligned} g_1(x_1, \cdots, x_m) &= c_1 , \\ &\vdots \\ g_n(x_1, \cdots, x_m) &= c_n \end{aligned} \tag{5.56}$$

으로 주어진다. 여기서 F, g_1, $\cdots$, g_n은 연속인 1차 편미분을 가지며, $n < m$이다. Lagrangian 승수법(multipliers method)으로 해를 구하고자 하면

$$F^* = F - \lambda_1 g_1 - \cdots - \lambda_n g_n \tag{5.57}$$

여기서 λ들을 Lagrangian 승수라고 부른다. $m+n$ 방정식에서 x_1, $\cdots$, x_m, λ_1, $\cdots$, λ_n을 구하려면

$$\frac{\partial F^*}{\partial x_j} = 0 \quad (j = 1,\ 2,\ \cdots,\ m) \tag{5.58}$$

$$g_i = c_i \quad (i = 1,\ 2,\ \cdots,\ n) \tag{5.59}$$

의 식을 풀면 된다.

예제 5-8 Lagrangian 승수법

Q 예제 5-6의 경우를 이 방법으로 해를 구해보자.

A 제약 조건식이 하나이므로
$F^* = F - \lambda_g = x^2 + y^2 - \lambda(5x^2 - 6xy + 5y^2)$ 이고 식 (5.58)와 (5.59)에서

$$2x - 10\lambda x + 6\lambda y = 0$$
$$2y + 6\lambda x - 10\lambda y = 0$$
$$(5x^2 - 6xy + 5y^2) = 8$$

여기서 λ를 소거하면 $y = \pm x$값이 구해져서 앞의 결과와 같아진다.

3 평형에 관한 일반적 기준

열역학 시스템은 두 가지 구별되는 시간에 무관한(time invariant) 조건을 겪게 된다. 즉, 두 가지 정상 상태(stationary state)가 있다. 이는 시스템이 평형 상태(equilibrium state)이거나 정상 상태(steady state)일 경우이다.

정상 상태에 대한 간단한 예를 그림 5.5에 나타냈다. 구리 막대는 양쪽 끝부분을 제외하고 절연체로 둘러싸여 있다. 한 끝은 온도 T_1으로 유지되는 항온조에 접촉하고, 온도 T_2로 유지되는 항온조에 연결되어 있다. 열은 막대를 통하여 왼쪽에서 오른쪽으로 온도 분포가 시간에 따라 생겨난다. 결국 외부 조건이 고정되어서 온도 프로필은 시간에 따라 변하지 않는 분포를 갖게 된다. 이 시간에 무관한 조건을 유지하기 위하여 막대 왼쪽에 열은 계속해서 공급해 주고 오른쪽으로 뽑아내야 한다. 생겨난 최종 조건은 시간에 무관하나 그것은 평형 조건이 아니다. 그것은 정상 상태이다.

정상 상태와 평형 상태를 구별하기 위하여 간단하지만 일반적인 테스트해 보자. 우선 시스템을 주변과 고립시킨다. 이는 적어도 생각 실험(thought experiment)으로 강건하고 침투되지 않

는 열적으로 절연된 경계로 둘러싸임을 말한다. 일, 열 그리고 물질이 그와 같은 경계를 가로지르지 못한다. 만약 시간에 따라 변하지 않는 시스템이 주변에서 고립되고, 시스템 내에서 변화가 일어나기 시작한다면, 초기 정상 상태 조건은 정상 상태이다. 이 정상 상태는 고립된 시스템에서 분리된 양쪽 끝의 경계를 가로지르는 흐름에 의해 유지된다. 그림 5.5에서 막대 끝이 열원과 열 sink에서 고립된다면 내부의 정상 상태, 온도 프로필은 변하기 시작한다. 이와 대조를 이루어 만약 고립되었어도 시스템의 내부 조건에 아무런 변화가 없다면, 초기에 시간에 따라 변화가 없는 상태는 평형 상태가 된다.

평형 상태에 대한 이 테스트를 자세히 조사해 보자. 왜냐하면 이는 중요한 원리를 함유하는데 J.W. Gibbs가 처음으로 이에 대하여 자세히 언급하였다. 만약 한 시스템이 내부적으로 그리고 주위와 모두 평형 상태에 있으면, 주위와 시스템을 고립시켜도 시스템의 내부 상태에는 아무런 변화가 없다. 그래서 주위와 평형을 이룬 임의의 시스템의 내부 조건은 접근 중에 주위와 고립되었으나, 같은 최종 평형 상태에 도달한 시스템의 조건과 같아진다. 만약 고립된 시스템에 대한 최종 유지 상태를 결정하는 기준을 설정하고, 평형에서 고립된 시스템의 내부 조건을 규정하는 관계식을 도출하는 전략을 개발하면, 생겨난 관계식은 일반적인 것이 된다. 이 관계식은 평형에 도달하는 중에 주위와 고립되건 아니건 평형에 도달하는 임의의 시스템을 나타낸다.

이 생각은 아주 유용하다. 왜냐하면 고립된 시스템은 열역학적으로 다루기가 쉽기 때문이다. 시스템 내의 변화는 주위와 열, 일 그리고 물질 교환에 따른 복잡성이 없기 때문이다. 그리고 고립된 시스템의 엔트로피 변화에 초점을 맞추자. 주위와 어떠한 교환도 없으므로 시스템 내에서 어떠한 과정이 일어나도 어떠한 엔트로피도 경계를 건너가지 않는다. 그래서 고립계에 의해 겪는 전체 엔트로피 변화는 어떤 과정이 변화를 일으켜도 이는 시스템 내의 엔트로피 생성에 의한다. 열역학 2법칙은 시스템 내의 실제 과정에서 엔트로피 생성은 항상 양임을 보증한다. 따라서 다음과 같이 결론지을 수 있다.

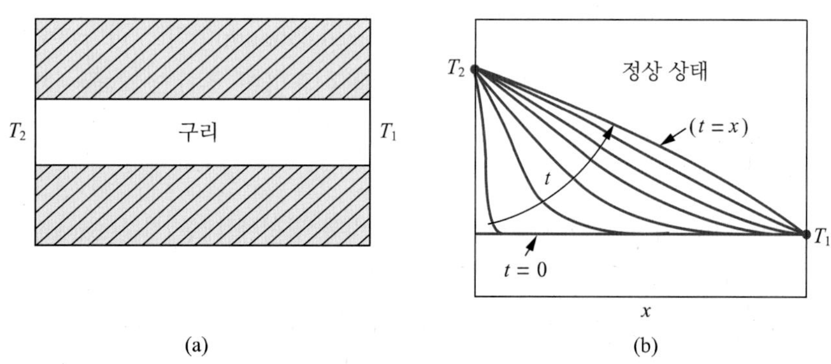

그림 5.5 (a) 정상 상태를 이루는 구리 막대, (b) 구리 막대 내의 온도 분포.

고립계에서 일어나는 실제 과정에서 시스템의 전체 엔트로피는 단지 증가만할 수 있다.

이 결론은 열역학 특성, 엔트로피 S를 확인시킨다. 이는 고립된 시스템에서 가능한 변화의 방향을 모니터 해준다. 얼마나 복잡하거나 얼마나 비가역적이든 간에 열역학 2법칙은 널리 알려져 있으므로 이 결론이 적용된다.

그래서 고립된 시스템이 자발적 변화의 과정을 통하여 그 엔트로피는 연속해서 증가한다. 시스템이 최종적으로 평형 상태인 정지 상태에 도달하면, 시스템의 엔트로피는 그 시스템이 보여 줄 수 있는 가장 큰 값이어야 한다. 만약 이것이 틀리다면 이는 평형 상태보다 더 큰 엔트로피를 갖는 것을 의미하므로 그 상태에서 평형 상태로의 변화는 엔트로피의 감소를 가져온다. 이는 고립계에서는 2법칙에 위반된다. 그러므로 결론은 다음과 같다.

고립계에서 평형 상태는 시스템이 가질 수 있는 엔트로피의 최대값을 갖는 상태이다.

이 극한값 원리(extremum principle)는 고립계에서 평형에 대한 기준(criterion for equilibrium)이라 한다. 이 언급은 임의의 열역학 시스템에 대한 평형 상태는 시스템이 나타낼 수 있는 최대 엔트로피를 갖는 상태임을 의미하지 않음을 주지하라. 이 언급은 평형 상태로 접근하는 중에 주위와 고립된 시스템에만 적용됨을 의미한다. 만약 과정 중에 시스템이 주위와 고립되지 않는다면 엔트로피는 경계를 가로질러 전달된다. 고립되지 않은 시스템의 전체 엔트로피 변화에는 양이거나 음의 값으로 전달된 부분의 기여가 있게 된다. 그와 같은 시스템의 엔트로피 변화는 증가하거나 감소하여 시스템의 전체 엔트로피는 자발적 변화의 방향을 제대로 파악할 수 없다. 열역학 2법칙에서 보장하는 엔트로피 변화는 주위와 고립된 시스템에 한하여 전체 엔트로피 변화는 양의 엔트로피 생성임을 도출하게 된다.

이제 주어진 시스템이 내부와 주위 모두 평형을 이루는가를 결정하는 것을 생각해 보자. 시스템이 생겨나면서 열, 일, 그리고 물질을 교환하는 임의 시스템을 생각해 보자. 시스템이 자발적으로 최종 평형 상태로 진행함에 따라 임의의 열역학적 특성의 기대되는 반응의 방향을 예측하는 일반적인 언급은 할 수 없다. 결국 시스템은 평형 상태라는 균형이 잡힌 시불변(time-invariant) 상태를 얻게 된다. 이때 시스템의 내부 조건은 특성 사이에 존재하는 관계식이 존재하는데, 이를 평형에 대한 조건(conditions for equilibrium)이라고 한다. 이제 이 시스템을 고립시키자. 만약 시스템이 자체와 주변과 평형을 이룬다면 초기 조건에는 아무런 변화가 없다. 그래서 임의의 방향에서 평형에 접근하는 일반적인 시스템의 평형 조건을 특징짓는 일련의 관계식과 같아진다.

이 주장은 Gibbs가 처음으로 발전시켰는데, 그는 비록 평형에 대한 기준(extremum principle)이 고립된 시스템에 유용하고 일반적인 시스템에는 유효하지 않더라도 평형 조건에서 도출된 시스템의 내부 특성 사이의 관계식은 같음을 보였다. 즉, 시스템의 이력(history)이 어떠하던 간에 평형을 이룬 시스템에 적용되는 조건은 같다.

일련의 평형 조건식은 극한값 원리에서 도출된다. 이 원리는 고립계의 평형에 관한 기준으로 이는 엔트로피가 최대값임을 나타낸다.

4 열역학적 평형에 대한 기준의 적용 예 : 일성분 2상 시스템

그림 5.6에 나타낸 간단한 일성분(unary), 2상(two phases), α, β 그리고 화학 반응이 없는 간단한 시스템을 생각해 보자. 2상 시스템의 취급은 간단하다. 분리된 상은 각각 자체의 익스텐시브 특성(extensive property)과 인텐시브 특성(intensive property)을 갖는 단상 시스템으로 취급할 수 있다. 이는 정의된 모든 extensive 특성에 대하여 한 시스템의 값은 각각 부분값의 합이 된다. 따라서 2상 시스템에서 각각의 특성 S', V', U', H' 그리고 G'의 값은 각각 상의 값의 합이 된다. 익스텐시브 특성은 윗첨자 prime(′)을 붙여 그들의 몰 양(molar quantity)과 구별한다.

두 개의 상을 분리하는 상경계(phase boundary)는 자연적인 경계이다. 두 상 사이에 물질의 흐름을 제한하는 것은 가능하지 않다. 따라서 각각의 상의 거동을 묘사하기 위해서는 열린계(open system)로 취급함이 필요하다. 즉, 각각의 상의 몰수는 임의의 과정에서 변화되는 가능성으로 허용하는 것이다.

먼저 엔트로피 변화를 생각해 보자. 시스템의 엔트로피 변화는

$$dS_{sys}' = d(S'^{\alpha} + S'^{\beta}) = dS'^{\alpha} + dS'^{\beta} \tag{5.60}$$

우선 α상의 거동을 생각해 보자. 내부 에너지 U'^{α}는 일반적으로 엔트로피 S'^{α}, 부피 V'^{α} 그리고 몰수 n^{α}의 함수이다. 즉,

$$U'^{\alpha} = U'^{\alpha}(S'^{\alpha},\ V'^{\alpha},\ n'^{\alpha}) \tag{5.61}$$

α상에 대한 열역학 1법칙과 2법칙의 결합식(combined equation)은

$$dU'^{\alpha} = T^{\alpha} dS'^{\alpha} - P^{\alpha} dV'^{\alpha} + \mu^{\alpha} dn^{\alpha} \tag{5.62}$$

여기서 계수

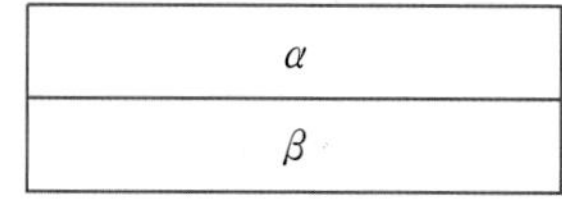

그림 5.6 일성분, 2상, 화학 반응이 없는 시스템

$$\mu^{\alpha}=\left(\frac{\partial U'^{\alpha}}{\partial n^{\alpha}}\right)_{S'^{\alpha},\, V'^{\alpha}} \tag{5.63}$$

는 α상을 이루는 성분의 화학 퍼텐셜(chemical potential)이라 한다. 이 양은 물질 거동의 화학적 견해의 묘사에서 중요한 역할을 한다.

이제 식 (5.62)를 재배치하면

$$dS'^{\alpha}=\frac{1}{T^{\alpha}}dU'^{\alpha}+\frac{P^{\alpha}}{T^{\alpha}}dV'^{\alpha}-\frac{\mu^{\alpha}}{T^{\alpha}}dn^{\alpha} \tag{5.64}$$

β상에도 똑같은 논리로

$$dS'^{\beta}=\frac{1}{T^{\beta}}dU'^{\beta}+\frac{P^{\beta}}{T^{\beta}}dV'^{\beta}-\frac{\mu^{\beta}}{T^{\beta}}dn^{\beta} \tag{5.65}$$

식 (5.60)에서 시스템의 엔트로피 변화는

$$\begin{aligned} dS'_{sys}= dS'^{\alpha}+dS'^{\beta}&=\frac{1}{T^{\alpha}}dU'^{\alpha}+\frac{P^{\alpha}}{T^{\alpha}}dV'^{\alpha}-\frac{\mu^{\alpha}}{T^{\alpha}}dn^{\alpha}\\ &+\frac{1}{T^{\beta}}dU'^{\beta}+\frac{P^{\beta}}{T^{\beta}}dV'^{\beta}-\frac{\mu^{\beta}}{T^{\beta}}dn^{\beta} \end{aligned} \tag{5.66}$$

평형 조건을 구하는 전략에서 두 번째 단계는 고립계에 주어진 제약(constraints)을 구하는 것이다. 고립계는 주위와 어떠한 교환이 없으므로 1법칙에서 시스템의 내부 에너지는 일정하게 유지되어야 한다. 그래서 어떤 과정이 일어나더라도

$$dU'_{sys}= d(U'^{\alpha}+U'^{\beta})= dU'^{\alpha}+dU'^{\beta}=0 \tag{5.67}$$

이고 경계는 아주 강건하므로 부피 변화도 없다. 즉,

$$dV'_{sys}= d(V'^{\alpha}+V'^{\beta})= dV'^{\alpha}+dV'^{\beta}=0 \tag{5.68}$$

이며 경계는 투과하지 못하는(impermeable) 막이므로

$$dn_{sys}= d(n^{\alpha}+n^{\beta})= dn^{\alpha}+dn^{\beta}=0 \tag{5.69}$$

으로 표현된다. 이들로부터

$$dU'^{\alpha}=-dU'^{\beta} \tag{5.70}$$

$$dV'^{\alpha}=-dV'^{\beta} \tag{5.71}$$

$$dn^{\alpha} = -dn^{\beta} \tag{5.72}$$

의 관계가 도출된다. 이들을 식 (5.66)에 대입하면

$$dS'_{sys} = dS'^{\alpha} + dS'^{\beta} \tag{5.73}$$

$$= \left(\frac{1}{T^{\alpha}} - \frac{1}{T^{\beta}}\right)dU'^{\alpha} + \left(\frac{P^{\alpha}}{T^{\alpha}} - \frac{P^{\beta}}{T^{\beta}}\right)dV'^{\alpha} - \left(\frac{\mu^{\alpha}}{T^{\alpha}} - \frac{\mu^{\beta}}{T^{\beta}}\right)dn^{\alpha} \tag{5.74}$$

이 식은 일성분 2상(unary two phases) 시스템이 주위와 고립되었을 때, 임의의 변화를 동반하는 엔트로피 변화를 나타낸다. 함수 S'은 이제 3개의 독립 변수 U'^{α}, V'^{α}, n^{α}로 나타냈다. 그와 같이 고립된 시스템에 대하여 엔트로피의 최대값은 각각이 0이 되어야 한다. 즉,

$$\frac{1}{T^{\alpha}} - \frac{1}{T^{\beta}} = 0 \rightarrow T^{\alpha} = T^{\beta} \quad \text{(열평형; thermal equilibrium)} \tag{5.75}$$

$$\frac{P^{\alpha}}{T^{\alpha}} - \frac{P^{\beta}}{T^{\beta}} = 0 \rightarrow P^{\alpha} = P^{\beta} \quad \text{(역학 평형; mechanical equilibrium)} \tag{5.76}$$

$$\frac{\mu^{\alpha}}{T^{\alpha}} - \frac{\mu^{\beta}}{T^{\beta}} = 0 \rightarrow \mu^{\alpha} = \mu^{\beta} \quad \text{(화학 평형; chemical equilibrium)} \tag{5.77}$$

식 (5.75)~(5.77)은 일성분 2상 시스템에서 열평형, 역학 평형 그리고 화학 평형에 대한 일반적인 조건이다.

5 평형 조건에 대한 다른 공식

평형에 대한 다른 기준도 공식화할 수 있는데, 이는 그 상황에 적합한 제약 조건과 함께 다른 상태 함수의 극한값의 항으로 표현된다. 예를 들어, 엔트로피, 부피 그리고 성분의 몰수가 변화되지 않는 것으로 제한되는 시스템을 생각해 보자. 이 제약을 갖춘 시스템은 내부 에너지만이 감소한다고 나타낼 수 있다. 그래서 내부 에너지 함수는 그와 같은 시스템에서 자발적 방향의 모니터가 된다. 그와 같은 시스템이 평형으로 다가갈 때 내부 에너지는 감소하며, 평형에서 내부 에너지는 최소가 된다. 그래서 평형에 대한 또 다른 기준은 엔트로피, 부피 그리고 각 성분의 양이 일정하게 유지된 시스템에서 내부 에너지는 평형에서 최소가 된다.

이와 같이 또 다른 방식의 공식화는 두 가지 심각한 문제를 야기시킨다.

- 열역학 2법칙에서 도출한 최대 엔트로피보다 덜 직접적이다.

- S', V' 그리고 n이 상수로 제한되는 시스템은 수학적으로 가시화할 수 있으나 실용적으로 현실화하기가 불가능하다.

기준은 일반적이므로 비가역적으로 평형에 접근하는 시스템에 적용할 수 있다. 그 경우 엔트로피가 생성된다. 엔트로피를 일정하게 하는 제약은 단지 시스템에서 나오는 엔트로피 흐름이 엔트로피 생성과 같을 때에만 성립한다. 이 일정한 엔트로피를 만족하는 실제 시스템의 구축은 정교한 모니터와 제어 도구가 요구되어 부적합하다. 대조를 이루어 최대 엔트로피 기준에서 요구되는 제약은 고립계에서 요구되는 제약이어서 쉽게 가시화할 수 있다.

S', V' 그리고 n이 일정할 때 최소 내부 에너지의 평형 기준은 U', V' 그리고 n이 일정할 때의 최대 엔트로피 평형 기준과 같은 세트의 관계식을 도출한다. 이는 위에서 도출한 방법과 같은 방법으로 도출할 수 있다. 각각의 상에 대한 내부 에너지는

$$dU'^{\alpha} = T^{\alpha} dS'^{\alpha} - P^{\alpha} dV'^{\alpha} + \mu^{\alpha} dn^{\alpha} \tag{5.78}$$

$$dU'^{\beta} = T^{\beta} dS'^{\beta} - P^{\alpha} dV'^{\beta} + \mu^{\beta} dn^{\beta} \tag{5.79}$$

따라서

$$dU'_{sys} = T^{\alpha} dS'^{\alpha} - P^{\alpha} dV'^{\alpha} + \mu^{\alpha} dn^{\alpha} + T^{\beta} dS'^{\beta} - P^{\beta} dV'^{\beta} + \mu^{\beta} dn^{\beta} \tag{5.80}$$

이 기준에 대한 제한은

$$dS'_{sys} = dS'^{\alpha} + dS'^{\beta} = 0 \rightarrow dS'^{\alpha} = -dS'^{\beta} \tag{5.81}$$

$$dV'_{sys} = dV'^{\alpha} + dV'^{\beta} = 0 \rightarrow dV'^{\alpha} = -dV'^{\beta} \tag{5.82}$$

$$dn_{sys} = dn^{\alpha} + dn^{\beta} = 0 \rightarrow dn^{\alpha} = -dn^{\beta} \tag{5.83}$$

따라서

$$dU'_{sys} = (T^{\alpha} - T^{\beta}) dS'^{\alpha} - (P^{\alpha} - P^{\beta}) dV'^{\alpha} + (\mu^{\alpha} - \mu^{\beta}) dn^{\alpha} \tag{5.84}$$

그러므로

$$T^{\alpha} - T^{\beta} = 0 \ \rightarrow \ T^{\alpha} = T^{\beta} \ \text{(열평형)} \tag{5.85}$$

$$P^{\alpha} - P^{\beta} = 0 \ \rightarrow \ P^{\alpha} = P^{\beta} \ \text{(역학 평형)} \tag{5.86}$$

$$\mu^{\alpha} - \mu^{\beta} = 0 \ \rightarrow \ \mu^{\alpha} = \mu^{\beta} \ \text{(화학 평형)} \tag{5.87}$$

고전적인 연구에서 Gibbs는 평형에 대한 이 최소 내부 에너지 기준을 응용하였다. 생겨난 식들은 같고 관련된 수학은 약간 더 간단하다. 그러나 이 기준과 관련된 제약 조건은 실험적으로 비현실적이다. 따라서 이런 관점에서 평형에의 조건에 도달하는데 사용되는 기준은 고립계에

서 엔트로피 최대값 기준이다. 왜냐하면 이 기준에 사용된 전략은 가장 직접적으로 열역학 법칙과 평형 조건이 연결된다.

다른 에너지 함수 H, F 그리고 G는 자발적인 변화 조건과 관련이 있고 주어진 에너지 함수에 적합한 제약을 받는다면 궁극적으로 평형에의 기준을 도출한다. 이를 요약하면

- 엔트로피와 압력이 일정하다는 제약을 받는 시스템에서 자발적 변화의 방향은 엔탈피 함수의 감소로 추적된다. H는 평형에서 최소값이다.
- 온도와 부피가 일정한 제약을 갖는 시스템에서 Helmholz 자유에너지는 자발적인 변화 중에 감소한다. F는 평형에서 최소값이다.
- 온도와 압력이 일정한 제약을 받는 시스템에서 Gibbs 자유 에너지는 모든 자발적 변화에서 감소한다. G는 평형에서 최소값이다.

이 기준의 근원을 나타내기 위하여 마지막의 경우, 즉 고려 중인 시스템이 실험적으로 제어되어 어떤 과정이 일어나던 간에 온도와 압력은 일정하게 유지된다. 두 가지 상태 I과 II가 시스템에 의하여 항온(isothermal), 등압(isobaric) 경로를 따라 진행된다.

Gibbs 자유 에너지 정의에서 각각의 상태를 나타내면

$$G'^{I}= U'^{I}+ P^{I}V'^{I}- T^{I}S'^{I} \tag{5.88}$$

$$G'^{II}= U'^{II}+ P^{II}V'^{II}- T^{II}S'^{II} \tag{5.89}$$

제시된 제약은 $P^{I}= P^{II}= P,\quad T^{I}= T^{II}= T$이므로

$$G'^{II}- G'^{I} = (U'^{II}- U'^{I}) + P(V'^{II}- V'^{I}) - T(S'^{II}- S'^{I})$$

즉,

$$\Delta G'_{T,P}= \Delta U' + P\Delta V' - T\Delta S' \tag{5.90}$$

열역학 1법칙에서 임의의 실제 비가역 과정에 대한 내부 에너지 변화를 계산하는 가장 일반적인 형태는

$$\Delta U' = Q+ W+ W' \tag{5.91}$$

으로 나타낼 수 있다. 여기서 W는 PV일, W'은 PV 이외의 일을 나타낸다. 식 (5.90)에서 다른 두 항은 상태 I과 II를 연결하는 등온, 등압의 가역 과정과 관련된 과정의 변수항으로 나타낼 수 있다. 즉,

$$W_{rev,\,T,P} = \int_{V_1'}^{V_2'} PdV' = -P\int_{V_1'}^{V_2'} dV' \tag{5.92}$$

$$= -P(V'_2 - V'_1) = -P\Delta V'$$

그리고 그와 같은 가역 시스템에서 흡수된 열은

$$Q_{rev,\,T,P} = \int_{S_1{}'}^{S_2{}'} TdS' = T\int_{S_1{}'}^{S_2{}'} dS' = T(S_2{}' - S_1{}') = T\Delta S' \tag{5.93}$$

두 식을 대입하면

$$\begin{aligned} \Delta G_{T,P}{}' &= [Q + W + W'] - Q_{rev} - W_{rev} \\ &= [Q - Q_{rev}] + [W - W_{rev}] + W' \end{aligned} \tag{5.94}$$

열역학 2법칙에 의하면 두 상태를 연결하는 가역 과정 동안 흡수된 열은 (대수적으로) 다른 비가역 과정에서보다 더 크다. 즉, $Q_{rev} > Q$ 이다. 더욱이 가역적·역학적 일은 임의의 비가역적 일보다 크다. 즉, $W_{rev} > W$ 이다. 마지막으로 임의의 자발적 과정은 시스템이 주위에 대하여 PV일이 아닌 일을 하도록 배열할 수 있다. 그러면 $W' < 0$이 된다.

이 결론을 식 (5.94)에 항목별로 적용시키면 모든 항이 음이 된다. 그래서 임의의 등온, 등압의 비가역 자발적 변화에 대하여 $\Delta G'_{T,P} < 0$이 된다. 달리 말하면 Gibbs 자유 에너지 함수는 등온과 등압의 제약을 받는 시스템에서 모든 자발적 변화에서 감소한다. 그래서 G'은 제약된 시스템에서 자발적 변화의 방향 모니터로 사용된다. 시스템이 등온과 등압에서 제어될 때 평형 상태에서 멈추게 되면 Gibbs 자유 에너지는 최소가 된다.

이 기준을 적용하는데 온도와 압력이 일정하게 유지되어야 하므로, 이 극한 원리에서 시스템의 열평형과 역학 평형 조건을 도출하는 것은 가능하지 않다. 단지 화학 평형에 관한 조건만이 Gibbs 자유 에너지의 최소화 원리에서 도출할 수 있다. 이것이 또 다른 논쟁점으로 이는 고립계에서 최대 엔트로피 조건이 평형에 대한 일반적인 조건에 도달하는 기본으로 선호하는 이유이다.

연습문제

01 '평형 상태는 균형(balance) 상태'라는 언급에 대하여 정성적으로 설명하라.

02 다음 상태에 대하여 예를 2개씩 들어라.

(a) 평형 상태
(b) 정상 상태

03 $x+y=1$을 만족하며 함수 $z=(x-2)^2+(y-2)^2+4$의 최대값을 구하라.

04 일성분, 단상 시스템에 대하여 열역학 1법칙과 2법칙의 결합된 식은

$$dH' = TdS' + V'dP + \mu dn$$

이다. 이 결과를 2상 $(\alpha+\beta)$ 시스템의 엔탈피 변화를 표현하라. 만약 엔트로피, 압력 그리고 전체 몰수가 상수로 제한된다면 평형에 대한 기준은 엔탈피가 최소값이다. 고립계에서 평형 조건을 구할 전략을 간단히 설명하라.

물질의 평형 특성은 두 가지 관점에서 고려할 수 있다. 이들은 거시적(macroscopic) 관점과 미시적(microscopic) 관점이다. 열역학은 많은 수의 분자 거동을 압력, 부피, 조성 그리고 열과 일의 교환으로 나타내는 거시적 관점의 학문 분야이다. 여러 가지 측정된 특성 사이의 정량적인 관계는 물질의 미시적 구조의 어떠한 모델에도 근거하지 않는다.

반면에 양자역학(quantum mechanics)은 분자의 구조와 반응의 미시적 묘사를 제공한다. 이상적으로 분광학적인 측정과 파동 함수의 이론적 계산에서 얻어진 개개의 분자에 대한 지식을 사용하여 물질의 열역학적인 거동을 예측할 수 있기를 원한다. 통계열역학은 미시적 역학(고전과 양자역학)과 거시적 열역학 사이에 필요한 가교를 제공한다. 통계열역학의 고전적 견해는 19세기 후반에 오스트리아 Boltzmann, 영국의 Maxwell, 그리고 미국의 Gibbs에 의해 개발되었다. 이들의 업적에서 한 개의 분자에 관한 정보로부터 이상기체의 열역학적 특성을 계산할 수 있다.

통계열역학은 열역학 법칙에의 통찰력을 제공하고 그를 통하여 새로운 견해에서 열, 일, 온도, 비가역 과정과 상태 함수를 보게 해준다. 운동론(kinetics)은 기체상에서 원자와 분자의 간단한 모델을 사용하여 어떤 과정의 진행 속도를 계산하게 해준다. 반응하지 않는 기체 분자의 속도의 확률과 평균 속도의 값은 분자의 질량과 온도에 의존한다. 강건한 구형 분자의 충돌 빈도와 전달 특성(viscosity, diffusion, 열전도)을 계산할 수 있다. 그러나 실제 기체의 거동은 분자간 반응으로 더 복잡해진다. 2부에서는 열역학 내용을 이해하는 데 더 깊은 이해를 도와주는 통계열역학과 기체 분자의 운동 이론을 소개한다.

PART 02

열역학과 관련된 학문 분야편

Chapter 6

Thermodynamics in Materials Sciences

통계열역학과 기체 운동론

1 통계열역학

이제까지 개발된 개념과 관계식은 열역학 시스템이 어떤 연속 매체(continuous medium)이거나 각각이 연속인 분리된 매체의 집합체인 것으로 보여 준다. 한 시스템은 열용량(heat capacity), 팽창계수(coefficient of expansion), 상태 방정식 등을 보유하고 있다. 시스템의 상태와 이 특성들의 변화에 대한 지식은 시스템이 겪는 거시적(macroscopic) 현상을 나타내는 데 충분하다. 이 단계의 물질의 거동에 관한 표현을 현상학적(phenomenological) 열역학이라고 부른다. 이 연속 매체의 구성이 실제로는 원자나 분자로 구성되고 시스템의 거동이 이들 입자들의 특성과 관련된다는 생각은 사용되지 않는다.

이러한 거시적인 열역학 시스템의 거동과 미시적인 스케일의 원자 거동과의 연결고리의 개발은 여러 가지 이유로 유용하다. 물질이 어떻게 거동하는가에 대한 새로운 레벨의 이해가 여기서 나오기 때문이다. 예를 들면, 현상학적 레벨의 표현에서는 실험 측정이 물질 A의 열용량은 물질 B의 그것과는 다르다는 것만을 보여 준다. 이에 반하여 원자 크기의 묘사에서는 물질 A와 B는 다른 열용량을 가질 뿐만 아니라 기대된 차이의 크기도 예측할 수 있다. 이를 원자 모델(atomistic model)이라고 부른다. 이 모델은 물질의 거동에 관한 설명 수준을 제공하고, 현상학적 정보는 물질이 어떻게 거동하는가의 일치하는 묘사(description)를 제공한다. 원자적 견해는 물질의 연속매체로부터 이해를 도와주는 전망(perspective)을 제공한다. 이 장에서 개발하는 원자적 접근의 대부분은 엔트로피의 개념에 중점을 둔다. 이는 모호한 현상학적 특성의 이해에 관한 정교함의 레벨을 높여준다.

물질의 거동에 대한 원자 모델은 시스템 내의 각 원자들의 조건을 나타내는 특성 값을 할당할 수 있다는 아이디어에서 시작된다. 예를 들면, 기체 내의 각 원자들은 위치 벡터 x와 속도 벡터 v를 갖는다. 응집상에서 원자의 상태는 보통 에너지로 나타낸다. 그와 같은 묘사는 너무 많은 원자수로 명백한 문제를 갖게 된다. 응집상의 1 cm^3당 약 10^{22}개의 원자를 함유한다(약 $\frac{1}{10}$몰). 10^{22}개의 규정(즉, 에너지 레벨)은 거의 가망성이 없다. 한 시스템에서 그와 같은 엄청난 수의 열역학적 상태의 규정은 시스템의 미시적 상태(microstate)라고 한다.

많은 수의 큰 집합체를 다루는데 필요한 수학적 도구는 통계(statistics)이다. 목적에 맞는 중요한 도구는 분포 함수(distribution function)의 개념이다. 특성의 유사한 값을 갖는 원자는 한 클라스(이 경우 에너지)에 함께 묶어 놓는다. 그러면 분포 함수는 간단히 각 클라스(에너지 레벨)에 속하는 원자수에 대한 보고서이다. 이와 같이 시스템의 조건을 규정하는데 요구되는 정보의 양은 크게 줄일 수 있다. 허용되는 상태의 입자 분포의 항으로 물질의 거동을 나타내는 것을 통계열역학(statistical thermodynamics)이라고 한다. 그와 같은 분포 함수의 항으로 한 시스템의 열역학적 상태의 규정은 그 시스템의 거시적 상태(macrostate)라고 한다.

이 장에서는 방금 소개한 미시적 상태와 거시적 상태의 개념을 좀 더 자세히 개발하는 것으로 시작한다. 하나의 주어진 거시적 상태에 해당되는 구별된 미시적 상태의 수는 통계학에서 채용한 조합 분석(combinational analysis) 방법으로 계산된다. Boltzmann에 의해 제안된 가설(hypothesis)이 도입된다. 이 가설은 시스템의 엔트로피를 주어진 거시적 상태에 해당되는 미시적 상태 수와 관련시킨다.

그 다음 5장에서 개발된 평형에 대한 조건을 찾는 일반적인 전략이 적용된다. 이 경우 평형 조건은 Boltzmann 분포 함수라 하는 허용된 에너지 상태에서 원자의 구체적인 분포로 묘사된다. 이 평형 조건의 묘사에 포함된 중요하게 구별되는 물리적인 양은 시스템의 분배 함수(partition function)이다. 주어진 시스템의 분배 함수는 시스템 내의 입자들이 나타낼 수 있는 에너지 레벨의 리스트에서 구할 수 있다.

마지막으로 한 시스템의 분배 함수가 주어지면 모든 거시적인 현상학적 특성을 계산할 수 있다. 이것이 시스템의 허용된 에너지 상태의 목록으로 공식화한 원자 모델과 실험적으로 측정한 열역학 특성과의 연결을 완성한다. 이 알고리즘의 적용은 이상기체 모델과 고체 결정의 Einstein 모델에서 제시된다.

1.1 미시적 상태, 거시적 상태 그리고 엔트로피

일성분 열역학 시스템은 구조적으로 똑같은 많은 수의 원자나 분자로 구성된다. 임의의 시간에서 그와 같은 입자의 집합 조건은 원칙적으로 배열에서 각 입자의 조건을 열거하여 나타낼 수 있다. 간단한 예로 표 6.1은 4개의 입자가 2개의 에너지 상태에 분포하는 시스템을 나타냈다. 입자들은 물리적으로 똑같다고 가정하였으므로 거시적으로 관찰되는 거동은 주어진 상태에 어떤 입자가 존재하는 것이 아니고, 단지 얼마나 많은 입자가 그 상태에 있는 것이냐에 달려있다. 입자 a, b가 에너지 ϵ_2를 갖는 상태에 있거나 또는 입자 c, d가 있건 간에 거시적 특성은 같아진다.

그래서 표 6.1에 B, C, D, E로 열거된 미시적 상태는 시스템의 거시적 특성에는 같은 값을 주게 된다. 이 미시적 상태의 각각은 '세 입자가 상태 ϵ_1에 있고 한 입자는 ϵ_2 상태에 있다'에 해당된다. 이 관찰은 아주 효율적이고 유용한 원자 에너지 레벨 시스템의 묘사 방법을 제공한다. 이를 거시적 상태(macrostate)라고 한다.

주어진 임의의 시간에서 시스템의 거시적 상태를 규정하기 위하여 입자에 집중하지 말고 개개의 원자가 보여 줄 수 있는 가능한 조건, 즉 상태의 열거에 집중해 보자. 표 6.1에서 에너지에 의한 상태수는 2이다. 좀 더 일반적인 경우로 원자가 나타낼 수 있는 r개의 상태가 있다고 가정해 보자. 표 6.1에서는 주어진 거시적 상태의 규정은 2개의 수이다. 즉, 상태 ϵ_1에 있는 수와 상태 ϵ_2에 있는 수이다. 기호 II로 나타낸 미시적 상태를 규정한 수 3과 1이다. 이 쌍의

표 6.1 간단한 시스템에서 거시적 상태와 미시적 상태.

입자들 : a, b, c, d 에너지 상태 : ϵ_1, ϵ_2								
미시적 상태들 (2^4=16개)			거시적 상태들					
상태	ϵ_1	ϵ_2	상태	해당 상태의 입자수 ϵ_1	해당 상태의 입자수 ϵ_2	해당 상태	개수	확률
A	abcd	–	I	4	0	A	1	$\frac{1}{16}$
B	abc	d						
C	abd	c						
D	acd	b	II	3	1	B, C, D, E	4	$\frac{4}{16}$
E	bcd	a						
F	ab	cd						
G	ac	bd						
H	ad	bc	III	2	2	F, G, H, I, J, K	6	$\frac{6}{16}$
I	bc	ad						
J	bd	ac						
K	cd	ab						
L	a	bcd	IV	1	3	L, M, N, O	4	$\frac{4}{16}$
M	b	acd						
N	c	abd						
O	d	abc	V	0	4	P	1	$\frac{1}{16}$
P	–	abcd						

수는 기본적인 분포 함수를 형성한다. 즉, 3개 입자가 ϵ_1에 있고 1개 입자는 ϵ_2 상태에 있다. 일반적인 경우 한 매크로 상태는 r개의 유용한 에너지 상태에 각각의 입자수를 할당하는 것이다. 즉, 한 특별한 거시적 상태는 다음과 같이 나타낼 수 있다.

$$\begin{matrix} \epsilon_1 & \epsilon_2 & \epsilon_3 \cdots \epsilon_i \cdots \epsilon_r \\ n_1 & n_2 & n_3 \cdots n_i \cdots n_r \end{matrix}$$

으로 나타낸다. 여기서 n_i는 에너지 ϵ_i를 갖는 입자수이다. 수의 집합(n_1, n_2, … n_i, …. n_r)은 어떻게 원자들이 에너지 레벨에 분포하는가를 규정하는 분포 함수이다. 이 분포는 시스템의 거시적 상태를 나타낸다.

표 6.1에서 시스템은 16개의 미시적 상태를 보여 준다. 가능한 거시적 상태는 현저하게 더 작아진다. 여기에서는 5개의 가능한 상태가 있다. 주어진 한 거시적 상태는 다수의 미시적 상태를 포함한다.

입자수와 상태수가 증가함에 따라 주어진 거시적 상태에 해당되는 미시적 상태수는 아주 크게 된다. 예를 들면, 10개의 입자가 3개의 에너지 레벨로 구성된 시스템에서 마이크로 상태수는 $3^{10}=59,049$이다. 반면 이 시스템에서 구별되는 거시적 상태수는 60개이다. 그래서 한 거시적 상태는 약 1,000개의 미시적 상태에 해당된다. 실제 열역학 시스템은 10^{22}개의 입자와 10^{15}개의 에너지 레벨을 갖는다. 전형적인 거시적 상태에 해당되는 미시적 상태수는 믿지 못할 정도로 크다. 한 주어진 거시적 상태에 해당되는 미시적 상태수는 통계열역학 개발에 있어 중심적인 양이다.

시스템의 거시적 상태의 변화인 과정(process)을 원자적인 관점에서 보면, 원자들의 허용된 상태에 걸쳐 그들의 재배치에 해당된다. 원자들이 한 상태에서 이웃한 상태로 변화를 겪게 됨에 따라 전체 시스템은 거시적 상태의 연속매체를 통하여 돌출된다. 각각의 입자가 주어진 에너지 상태에서 지내는 일생(lifetime)의 분율은 결국 모든 입자에서 같을 것으로 기대된다. 왜냐하면 일성분계에서 같은 원자들이기 때문이다. 따라서 시스템이 임의의 주어진 마이크로 상태에서 보내는 시간은 모든 미시적 상태에서 같다고 주장할 수 있다. 시스템이 한 거시적 상태에서 보내는 시간은 그 거시적 상태에 속하는 여러 가지 미시적 상태에서의 시간의 합과 같다. 따라서 주어진 한 거시적 상태에서 보내는 시간의 분율은 그 거시적 상태에 해당되는 미시적 상태수와 시스템이 보여 줄 수 있는 전체 미시적 상태수와의 비에 해당된다. 이 분율은 시스템이 무작위로 선택한 임의의 시간에 주어진 거시적 상태를 보여 주는 확률로 해석할 수 있다.

표 6.1에서도 이 원리를 보여 주고 있다. 4개의 입자와 두 개의 에너지 상태는 16개의 미시적 상태를 나타낸다. 만약 모두가 동등하게 가능하다면 시스템은 각각의 미시적 상태에서 그 시간의 $\frac{1}{16}$씩을 보내게 된다. 표에서 로마 숫자로 표시된 5가지 거시적 상태가 존재한다. 예

를 들어, II로 표시된 거시적 상태를 생각해 보자. 이는 B, C, D, E의 어느 하나가 존재하면 일어난다. 각각의 미시적 상태는 시간의 $\frac{1}{16}$을 차지하므로 거시적 상태 II는 시간의 $\frac{1}{4}$에 걸쳐 일어난다. 그래서 임의의 시간에서 거시적 상태 II가 일어날 확률은 $\frac{1}{4}$이다.

이 아이디어를 열역학 시스템에 적용하기 위해서는 한 시스템이 보여 줄 수 있는 미시적 상태수와 주어진 거시적 상태에 해당되는 수를 계산하는 방법을 일반화시킬 필요가 있다. 큰 수 N_0 입자를 함유하는 시스템을 생각해 보자(예를 들면, 1몰에는 Avogadro수 $N_0 = 6.023 \times 10^{23}$). 이 입자의 각각은 임의의 큰 수의 조건, 즉 상태에 존재하는 것이 가능하다고 가정하고, 그 상태수를 r이라고 하자. 표 6.1에서 $N_0 = 4$이고 $r = 2$이다. N_0입자가 r 상태에 놓일 수 있는 경우의 수는 r^{N_0}이다. 비록 r이 크지 않아도 10^{23}개의 order의 미시적 상태수는 엄청 크다.

특별한 거시적 상태는 다음의 분포 함수를 갖는다.

$$(n_1,\ n_2,\ n_3,\ \ldots,\ n_i,\ \ldots\ n_r)$$

여기서 n_i는 상태 ϵ_i에서의 상태수이다. 예를 들어, 20개의 입자에 대하여 한 거시적 상태는 (1, 3, 4, 6, 2, 3, 1)을 들 수 있다.

주어진 거시적 상태에 해당되는 미시적 상태의 수는 통계학에서 조합 분석(combinational analysis)에서 구할 수 있다. 이는

$$\Omega = \frac{N_0!}{n_1! n_2! \ldots n_r!} \tag{6.1}$$

으로 표현된다. 따라서 Ω는 분모의 n_i 집합으로 주어지는 거시적 상태에 해당되는 미시적 상태의 수이다. 이를 표 6.1에 적용해보면

거시적 상태 I : $\Omega_I = \frac{4!}{4!0!} = 1$ II : $\Omega_{II} = \frac{4!}{3!1!} = 4$

III : $\Omega_{III} = \frac{4!}{2!2!} = 6$ IV : $\Omega_{IV} = \frac{4!}{3!1!} = 4$

V : $\Omega_V = \frac{4!}{0!4!} = 1$

논의된 것은 시스템이 주어진 거시적 상태에 존재할 확률은 그 거시적 상태에 해당하는 미시적 상태에서 보내는 시간의 분율로 나타낼 수 있다. 이는 J번째 거시적 상태에 해당되는 미시적 상태의 수 Ω_J 대 시스템 전체 미시적 상태수와의 비이다. 이는

$$P_J = \frac{\Omega_J}{r^{N_0}} = \frac{N_0!}{\prod_{i=1}^{r} n_i!} \cdot \frac{1}{r^{N_0}} \tag{6.2}$$

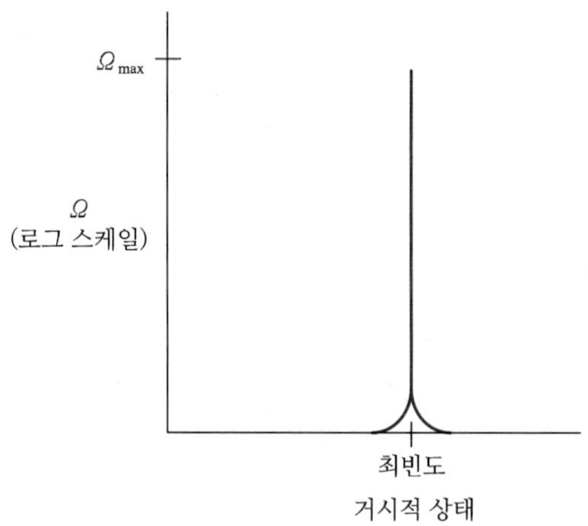

그림 6.1 많은 입자를 가진 시스템에서 거시적 상태에 대한 확률 분포.

표 6.1에서 거시적 상태 III는 I 또는 V 상태보다 6배 가능하다. 확률이 큰 거시적 상태는 Ω의 최대값을 갖는다. 다양한 거시적 상태의 P_J에 대한 조사에서는 큰 입자를 갖는 시스템에서 이 함수는 그림 6.1에서처럼 아주 큰 피크를 가짐을 알 수 있다. 최대 확률을 갖는 거시적 상태에서 약간 다른 거시적 상태는 관찰될 확률이 아주 작아진다. 그래서 대부분의 시간에서 최대 확률 상태가 관찰된다. 만약 가장 선호하는 상태가 시스템의 평형 상태에 해당되는 거시적 상태로 해석된다면, 이 가설은 통계적인 원자 묘사와 현상론적 열역학을 연결해준다.

현상학적 열역학에서 평형 상태는 또한 극한값으로 특징지어진다. 즉, 고립계에서 엔트로피는 평형에서 최대값이 된다. 이 관련성은 엔트로피 S와 Ω을 연결시켜 준다. 만약 두 함수가 단순(monotonic)형이라면, 즉 두 함수가 함께 증가하고 감소한다면 한 함수가 최대값이 되면 다른 함수도 그렇게 된다. 두 함수를 시스템에서의 변화를 고려하면, 엔트로피가 100배로 변화되면 Ω는 10^{10^2} 변화된다.

여기서 두 함수는 식 (6.3)으로 나타낸 Boltzmann 가설(hypothesis)로 연결된다.

$$S = k \ln \Omega \tag{6.3}$$

여기서 k는 Boltzmann 상수이다. 이상기체 상수와 $k = \dfrac{R}{N_0}$의 관계이고, N_0는 Avogadro 상수이다. k는 간단히 원자(또는 분자)당 기체 상수이다.

1.2 통계열역학에서 평형 조건

한 시스템의 열역학적 거동의 원자적인 묘사에 있어서 평형 상태는 시스템이 고립되었을 때 시스템의 엔트로피가 최대가 되는 특별한 거시적 상태이다. 그래서 평형 상태는 거시적 상태의 특정한 수의 집합이다. 즉, $(n_1, n_2, n_3, ..., n_r)_{eq.}$이다. 이 수의 집합을 찾아내고 개개의 원자가 보여 주는 상태의 리스트에 들어있는 시스템 거동의 원래 규정$(\epsilon_1, \epsilon_2, ..., \epsilon_r)$과 관련시키기 위하여 5장에서 개발된 평형에 관한 조건을 찾아내는 일반적 전략을 적용하는 것이다. 이 전략은 3가지 단계로 구성된다.

시스템의 엔트로피 변화를 그 상태를 정의하는 변수(variables)로 표현한다. 통계열역학에서 이 변수들은$(n_1, n_2, n_3, ..., n_r)$이다.

고립계(isolated system)라는 제한으로 이 변수들에 노출된 제한을 표현한다.

앞의 고립계에 해당되는 제한을 받으면서 엔트로피가 최대가 되기 위하여 만족해야 할 일련의 식을 도출한다.

(1) 엔트로피의 계산

거시적 상태의 엔트로피와 그 분포를 규정하는 수의 집합과의 자세한 관계는 식 (6.1)과 (6.3)의 결합으로 얻어진다. 즉,

$$S = k \ln\left(\frac{N_0!}{\prod_{i=1}^{r} n_i!}\right) \tag{6.4}$$

으로 표현된다. 큰 수의 계승(factorial)은 Stirling의 근사(approximation)로 나타낸다. 즉,

$$\ln x! = x \ln x - x \tag{6.5}$$

이를 사용하여 식 (6.4)를 다시 쓰면

$$\begin{aligned} S &= k\left[\ln N_0! - \ln\left(\prod_{i=1}^{r} n_i!\right)\right] = k\left[\ln N_0! - \sum_{i=1}^{r} \ln(n_i!)\right] \\ &= k\left[(N_0 \ln N_0 - N_0) - \sum_{i=1}^{r}(n_i \ln n_i - n_i)\right] \\ S &= k\left[N_0 \ln N_0 - N_0 - \sum_{i=1}^{r} n_i \ln n_i + \sum_{i=1}^{r} n_i\right] \end{aligned} \tag{6.6}$$

그리고 $\sum_{i=1}^{r} n_i = N_0$이므로

$$S = k\left[N_0 \ln N_0 - N_0 - \sum_{i=1}^{r} n_i \ln n_i + N_0\right] \tag{6.7}$$

그리고 첫 번째 항에 식 (6.7)을 대입하면

$$S= k\left[(\sum_{i=1}^{r} n_i)\ln N_0 - N_0 - \sum_{i=1}^{r} n_i \ln n_i + N_0\right]$$

$$S= k\left[\sum_{i=1}^{r} n_i(\ln N_0 - \ln n_i)\right] = k\left[\sum_{i=1}^{r} n_i \ln(\frac{N_0}{n_i})\right]$$

마지막 항의 분자와 분모를 바꾸면,

$$S= -k\left[\sum_{i=1}^{r} n_i \ln(\frac{n_i}{N_0})\right] \tag{6.8}$$

으로 나타난다. 식 (6.8)은 임의의 주어진 시스템의 원자 모델에서 존재하는 임의의 거시적 상태의 엔트로피를 계산하는 데 사용된다.

열역학적 상태의 변화인 한 과정(process)은 통계열역학에서는 시스템의 거시적 상태의 변화로 묘사된다. 좀 더 구체적으로 말하면 한 과정은 약간 또는 전체 에너지 상태에서의 입자수의 변화, 즉 시스템 내의 에너지 레벨에 걸쳐 입자의 재분포를 말한다. 그래서 어떤 에너지 레벨에서는 입자수가 증가하고 어떤 레벨에서는 감소한다.

수학적으로 한 과정은 n_i항의 변화의 집합으로 나타낼 수 있다. 즉,

$$(\Delta n_1, \Delta n_2, \ldots, \Delta n_i, \ldots \Delta n_r)$$

으로 표현된다. 시스템의 거시적 상태의 무한소 작은 변화(infinitesimal change)는 변수 dn_i로 바꿀 수 있다. 왜냐하면 각각의 에너지 레벨에서의 입자수는 아주 크기 때문이다. 즉,

$$(dn_1, dn_2, \ldots, dn_i, \ldots dn_r)$$

그러므로 식 (6.8)의 미분은

$$dS= -k\,d\left[\sum_{i=1}^{r} n_i \ln(\frac{n_i}{N_0})\right] = -k\sum_{i=1}^{r} d\left[n_i \ln(\frac{n_i}{N_0})\right]$$

$$= -k\sum_{i=1}^{r} d[n_i \ln n_i - n_i \ln N_0]$$

$$= -k\sum_{i=1}^{r} [\ln n_i dn_i + n_i(\frac{1}{n_i})dn_i - \ln N_0 dn_i - n_i(\frac{1}{N_0})dN_0]$$

$$= -k[\sum_{i=1}^{r} (\ln n_i - \ln N_0)dn_i + \sum_{i=1}^{r} dn_i - \sum_{i=1}^{r} (\frac{n_i}{N_0})dN_0]$$

그런데 $\sum_{i=1}^{r} dn_i = dN_0$, $\sum_{i=1}^{r} \frac{n_i}{N_0} = 1$이므로

$$dS = -k[\sum_{i=1}^{r}(\ln n_i - \ln N_0)dn_i + dN_0 - 1dN_0]$$

$$\therefore dS = -k\sum_{i=1}^{r}\ln(\frac{n_i}{N_0})dn_i \tag{6.9}$$

(2) 고립에 의한 제한 조건 도출

평형에 대한 기준의 적용은 시스템이 주위와 고립되어야 함이 요구된다. 이 제약은 에너지 레벨에 걸친 입자의 재배치 중에 일어날 수 있는 상호 변화에 어떤 제한을 두게 한다. 주위와의 고립은 시스템 내에 어떠한 과정이 일어나도 전체 입자수는 변화하지 않고 시스템의 내부 에너지도 변화되지 않는다. 식 (6.7)에서 전체 입자수는 각 에너지 레벨에 있는 입자수와 관련된다. i 상태에 있는 한 입자의 에너지가 ϵ_i라면 $n_i\epsilon_i$는 그 상태에 있는 모든 입자들의 에너지이다. 전체 입자 집합의 전체 에너지는 각 레벨의 입자 에너지의 합이 된다. 즉,

$$U = \sum_{i=1}^{r}\epsilon_i n_i \tag{6.10}$$

고립계에서 N_0와 U는 변화될 수 없으므로 에너지 레벨에 입자의 분포는

$$dN_0 = \sum_{i=1}^{r} dn_i = 0 \tag{6.11}$$

그리고

$$dU = \sum_{i=1}^{r}\epsilon_i\, dn_i = 0 \tag{6.12}$$

$\epsilon_i n_i$의 미분에서 두 번째 미분항은 요구되지 않는다. 왜냐하면 입자가 분포되는 에너지 레벨은 과정 중에 변하지 않는다. 과정은 에너지 세트에 입자들의 재분배로 일어나는 것으로 볼 수 있다.

(3) 엔트로피 함수의 제한된 조건에서의 최대값 - Lagrange 승수법 적용

5장에서 소개하였듯이 이 절차는 제한된 극한값(constrained extreme)을 구하는 일반적인 수학문제이다. 극한값을 구하는 함수가 엔트로피 함수, 식 (6.9)이고 제약하는 식은 (6.11)과 (6.12)라면, 계수를 0으로 놓아 유도되는 식의 해는 시스템의 평형에 관한 조건이 된다.

$$\text{식 (6.11)에서} \quad \alpha\, dN_0 = \alpha \sum_{i=1}^{r} dn_i = 0$$

$$\text{식 (6.12)에서} \quad \beta\, dU = \beta \sum_{i=1}^{r} \epsilon_i dn_i = 0$$

여기서 α, β는 Lagrangian 승수이다. 그러면 식 (6.9)에서

$$dS + \alpha\, dN_0 + \beta\, dU = 0 \tag{6.13}$$

이는
$$-k \sum_{i=1}^{r} \ln\left(\frac{n_i}{N_0}\right) dn_i + \alpha \sum_{i=1}^{r} dn_i + \beta \sum_{i=1}^{r} \epsilon_i dn_i = 0$$

항들을 모으면

$$\sum_{i=1}^{r} \left[-k \ln\left(\frac{n_i}{N_0}\right) + \alpha + \beta\, \epsilon_i\right] dn_i = 0 \tag{6.14}$$

계수를 0으로 놓으면

$$-k \ln\left(\frac{n_i}{N_0}\right) + \alpha + \beta\, \epsilon_i = 0, \quad (i = 1, 2, \ldots, r)$$

$$\frac{n_i}{N_0} = e^{\alpha/k} e^{\beta\, \epsilon_i/k} \quad (i = 1, 2, \ldots, r) \tag{6.15}$$

그런데
$$\sum_{i=1}^{r} \frac{n_i}{N_0} = 1 = \sum_{i=1}^{r} e^{\alpha/k} e^{\beta\, \epsilon_i/k} = e^{\alpha/k} \sum_{i=1}^{r} e^{\beta\, \epsilon_i/k} \tag{6.16}$$

$$e^{\alpha/k} = \frac{1}{\sum_{i=1}^{r} e^{\beta \epsilon_i/k}} = \frac{1}{P} \tag{6.17}$$

P를 분배 함수(partition function)라고 부른다. 식 (6.15)에서

$$\frac{n_i}{N_0} = \frac{1}{P} e^{\beta\, \epsilon_i/k} \quad (i = 1, 2, \ldots, r) \tag{6.18}$$

으로 나타낼 수 있다.

이제 β를 구하는 문제가 남았다. 에너지 제약과 관련된 Lagrangian 승수 β는 통계열역학에서 계산된 가역 과정에 대한 엔트로피 변화와 현상학적 열역학에서 구한 엔트로피 변화량을 비교하여 구한다. 통계열역학에서 엔트로피 변화는 식 (6.9)이다. 가역 과정은 평형의 연속이다. 그래서 n_i/N_0는 식 (6.18)을 이용하여 구한다.

$$dS = -k\sum_{i=1}^{r}\ln\left(\frac{n_i}{N_0}\right)dn_i = -k\sum_{i=1}^{r}\ln\left(\frac{1}{P}e^{\beta\epsilon_i/k}\right)dn_i \tag{6.19}$$

$$dS = -k\sum_{i=1}^{r}\left(\frac{\beta\epsilon_i}{k} - \ln P\right)dn_i$$

$$= -\beta\sum_{i=1}^{r}\epsilon_i dn_i + k\ln P\sum_{i=1}^{r}dn_i$$

$$dS = -\beta dU + k\ln P\, dN_0 \tag{6.20}$$

열린계(open system)의 현상학적 열역학에서 엔트로피 변화는 열역학 1법칙과 2법칙의 결합식에서

$$dU = TdS - PdV + \mu dN_0$$

N_0는 시스템 내의 전체 원자수이고, μ는 원자당 화학 퍼텐셜이다. dS에 대하여 구하면

$$dS = \frac{1}{T}dU + \frac{P}{T}dV - \frac{\mu}{T}dN_0 \tag{6.21}$$

식 (6.21)에서 부피항은 통계열역학에서 대응항이 없다. 왜냐하면 소개 단계에서의 통계열역학은 원자가 차지하는 부피는 모든 에너지 레벨에서 같은 것으로 가정하였기 때문이다. 이제 식 (6.20)과 (6.21)을 비교하면,

$$\beta = -\frac{1}{T} \tag{6.22}$$

$$\frac{\mu}{T} = -k\ln P \tag{6.23}$$

따라서

$$\frac{n_i}{N_0} = \frac{1}{P}e^{-\epsilon_i/kT} \quad (i = 1, 2, \ldots, r) \tag{6.24}$$

$$P = \sum_{i=1}^{r}e^{-\epsilon_i/kT} \tag{6.25}$$

시스템에서 입자들에 유용한 에너지 레벨의 리스트, 에너지 ϵ_i의 집합은 시스템 내의 원자들에 대한 거동에 대한 모델을 구성한다. 식 (6.25)에 의하면 그와 같은 리스트에서 모델의 분배 함수를 구할 수 있다. 식 (6.24)는 평형에서 각 에너지 레벨에 있어서의 입자수를 구한다. 시스템의 거동에 관한 이 묘사는 완벽하고 자세하다. 시스템의 미시적 열역학 특성을 이 결과에서 도출할 수 있다.

(4) 분배 함수로부터 거시적 특성의 계산

식 (6.8)은 에너지 레벨에 입자의 임의의 분포에 대한 시스템의 엔트로피 값을 제공한다. 평형 분포에 대한 엔트로피 값은 식 (6.24)를 식 (6.8)에 대입하여 구한다.

$$S = -k\sum_{i=1}^{r} n_i \ln\left(\frac{n_i}{N_0}\right) = -k\sum_{i=1}^{r} n_i \ln\left[\frac{1}{P}e^{-\epsilon_i/kT}\right]$$

$$= -k\sum_{i=1}^{r} n_i \left[-\frac{\epsilon_i}{kT} - \ln P\right] = \frac{1}{T}\sum_{i=1}^{r}\epsilon_i n_i + k\ln P\sum_{i=1}^{r} n_i$$

오른쪽 항의 첫 번째 합은 시스템의 내부 에너지이고 두 번째 합은 N_0이다. 따라서

$$S = \frac{1}{T}U + kN_0 \ln P \tag{6.26}$$

Helmholz 자유 에너지는

$$F \equiv U - TS = U - T\left[\frac{1}{T}U + N_0 \ln P\right]$$

$$F = -N_0 kT \ln P \tag{6.27}$$

따라서 만약 분배 함수(partition function)가 알려지면 다른 정보가 제공되지 않아도 Helmholz 자유 에너지를 계산할 수 있다.

그 다음 Helmholz 자유 에너지의 미분값은

$$dF = -SdT - PdV + \delta W'$$

여기서 $S = -\left(\frac{\partial F}{\partial T}\right)_V$, 식 (6.27)을 대입하면

$$S = -\left[\frac{\partial}{\partial T}(-N_0 kT \ln P)\right]_V$$

$$S = N_0 k \ln P + N_0 kT\left[\frac{\partial \ln P}{\partial T}\right]_V \tag{6.28}$$

그리고 내부 에너지는

$$U = F + TS = -N_0 kT \ln P + T\left[N_0 k \ln P + N_0 kT\left(\frac{\partial \ln P}{\partial T}\right)_V\right]$$

$$U = N_0 kT^2 \left(\frac{\partial \ln P}{\partial T}\right)_V \tag{6.29}$$

원자 모델의 유효성을 알기 위해서는 이론적 예측을 실험적인 관찰과 비교하는 것이 필요하

다. 실험적 정보는 열용량(heat capacity)으로 이는 분배 함수에서 C_V항을 얻는 것이 유용하다.

$$C_V = \left(\frac{\partial U}{\partial T}\right)_V = 2N_0 kT\left(\frac{\partial \ln P}{\partial T}\right)_V + N_0 kT^2\left(\frac{\partial^2 \ln P}{\partial T^2}\right)_V \tag{6.30}$$

나머지 열역학 상태 함수 V, H, G 그리고 C_P는 분배 함수의 부피 의존성을 포함하는 공식이 요구된다. 여기서는 이에 대하여 생략하기로 한다.

식 (6.27)에서 식 (6.30)은 통계열역학의 알고리즘을 완성한다. 알고리즘은 계산 기준을 정하기 위한 일련의 규칙을 말한다. 시스템의 열역학 거동에 대한 원자 모델은 시스템의 입자들이 보여 줄 수 있는 에너지 레벨의 완전한 리스트 작성으로부터 시작된다. 이 리스트가 주어지고 다른 정보가 없으면 모델에 대한 분배 함수가 계산된다. 분배 함수가 주어지면 시스템의 거시적인 열역학 특성이 계산된다. 특별한 관심은 열용량이다. 왜냐하면 열용량은 그와 같은 원자모델로부터 예측의 직접적인 시험대상이기 때문이다. 그래서 통계열역학에서는 시스템의 거동에 대한 원자 모델이 입력(input)되고, 거시적 열역학 특성이 출력(output)으로 제공된다. 이제 이 알고리즘에 대한 응용을 생각해 보자.

1.3 알고리즘의 응용

이 절에서는 한 시스템의 유용한 에너지 레벨에 관한 3가지 모델이 개발된다. 첫 번째는 단지 2개의 에너지 레벨을 갖는 시스템을 보여 준다. 이 간단한 모델은 알고리즘을 찾아 가는 방법과 관련된 절차를 보여 준다. 두 번째는 결정(crystal)에 대한 Einstein 모델로 좀 더 현실적이고 좀 더 정교하다. 세 번째는 이상기체의 모델로 비록 물리적으로 간단하고 친근한 결과를 유도하지만, 수학적으로 고급화되었다.

(1) 두 에너지 레벨을 갖는 모델

N_0 입자로 구성되며 이들은 두 개의 에너지 상태 ϵ_1, ϵ_2 중 어느 하나에 존재하는 시스템을 생각해 보자. 또한 ϵ_2는 ϵ_1보다 2배의 에너지 값을 갖는다고 가정하자. 레벨 1의 에너지를 ϵ이라고 하면 $\epsilon_2 = 2\epsilon$ 이다. $(\epsilon, 2\epsilon)$ 리스트는 모델 시스템의 완전 설명이다. 그래서 이로부터 입자의 평형 분포와 거시적 열역학 특성을 유도한다.

먼저 이 모델에 대한 분배 함수는

$$\begin{aligned} P &= \sum_{i=1}^{2} e^{-\epsilon_i/kT} = e^{-\epsilon_1/kT} + e^{-\epsilon_2/kT} = e^{-\epsilon/kT} + e^{-2\epsilon/kT} \\ &= e^{-\epsilon/kT}[1 + e^{-\epsilon/kT}] \end{aligned} \tag{6.31}$$

식 (6.24)에서

$$\frac{n_1}{N_0} = \frac{e^{-\epsilon_1/kT}}{P} = \frac{1}{1+e^{-\epsilon/kT}}$$

$$\frac{n_2}{N_0} = \frac{e^{-\epsilon_2/kT}}{P} = \frac{e^{-\epsilon/kT}}{1+e^{-\epsilon/kT}}$$

두 상태의 점유 비율은

$$\frac{n_2}{n_1} = e^{-\epsilon/kT} \tag{6.32}$$

에너지 레벨의 상대적인 점유는 에너지 ϵ과 열에너지의 kT와의 비교로 결정된다. 아주 낮은 온도 $\epsilon/kT \gg 1$에서 이 비는 아주 작아져서 대부분의 입자는 상태 1에 있게 된다. 충분히 높은 온도 $\epsilon/kT \ll 1$에서는 0에 가까이 감으로써 입자들은 두 상태에 고르게 분포된다.

식 (6.27)과 (6.30) 사이의 열역학 특성에 관한 식은 분배 함수의 ln항의 온도에 관한 미분항을 요구한다. 즉,

$$\ln P = -\frac{\epsilon}{kT} + \ln[1+e^{-\epsilon/kT}] \tag{6.33}$$

$$\left(\frac{\partial \ln P}{\partial T}\right)_V = \frac{\epsilon}{kT^2}\frac{1+2e^{-\epsilon/kT}}{1+e^{-\epsilon/kT}} \tag{6.34}$$

이를 대입하면

$$F = N_0\epsilon - N_0 kT \ln[1+e^{-\epsilon/kT}] \tag{6.35}$$

$$S = \frac{N_0\epsilon}{T}\frac{e^{-\epsilon/kT}}{1+e^{-\epsilon/kT}} + N_0 k \ln[1+e^{-\epsilon/kT}] \tag{6.36}$$

$$U = N_0\epsilon\left[\frac{1+2e^{-\epsilon/kT}}{1+e^{-\epsilon/kT}}\right] \tag{6.37}$$

그리고 열용량은

$$C_V = \frac{N_0\epsilon^2}{kT^2}\frac{e^{-\epsilon/kT}}{[1+e^{-\epsilon/kT}]^2} \tag{6.38}$$

주지할 점은 이 간단한 모델은 현실적이지 못하다는 것이다. 예를 들면, 낮은 온도에서 C_V는 무한대가 되고 고온에서 C_V는 0으로 된다. 이 모델은 제안된 시스템의 원자 모델로부터 거시적 열역학 특성의 계산 예를 보여 주기 위하여 제시되었다.

(2) Einstein의 결정 모델

대부분의 고체는 결정질이다. 원자들은 3차원에서 간단한 구조 단위를 반복하는 격자에 배

열된다. 결정 고체의 열역학적 거동을 이해하기 위한 첫 번째 시도로 Einstein은 개념적으로 간단한 모델을 개발하였다. 비록 그 모델은 실제 거동과는 정량적인 비교에는 적합하지 않으나 정성적인 면에서 성공적으로 예측하였다. 이 이론은 이어서 좀 더 성공적이고 선호하는 이론에 기초를 제공하였다. 또한 이 예는 통계열역학에서 알고리즘 응용의 한 예로서 아주 유용하다.

확실한 모델을 만들기 위하여 원자들이 간단한 입방정(simple cubic) 구조에 배열되었다고 가정해 보자. 단위 포는 각 모퉁이(edge)에 한 개의 원자가 놓인 입방정(cube)이다. 각 원자는 6개의 최인접 원자가 있다. 결정의 에너지는 전부 이웃 원자간의 결합에 있고 전체 에너지는 원자간 공유하는 결합(bond) 에너지의 합이다.

한 쌍의 원자 사이의 결합은 결합의 세기를 나타내는 용수철 상수를 가진 간단한 용수철로 모델링한다. 원자들은 평형 위치에서 진동을 하고 원자들은 그림 6.2에서처럼 이웃한 원자와 용수철로 연결되었다. 결정의 에너지는 원자들이 평형 위치의 주위에서 진동할 때의 운동 에너지이다. 물리학에서 스프링으로 연결된 입자의 운동 에너지는 스프링의 진동수(frequency) ν에 비례함을 보인다.

N_0 원자를 가진 입방 결정은 $3N_0$의 결합을 갖고 한 원자와 관련된 6개의 결합의 각각은 두 개 원자 사이에서 공유된다. 한 쌍의 원자를 연결하는 모든 스프링은 결정 내에서 함께 공유(coupled)되므로 공유된 진동자의 분석에서는 단지 어떤 유별한 진동 주파수가 그와 같은

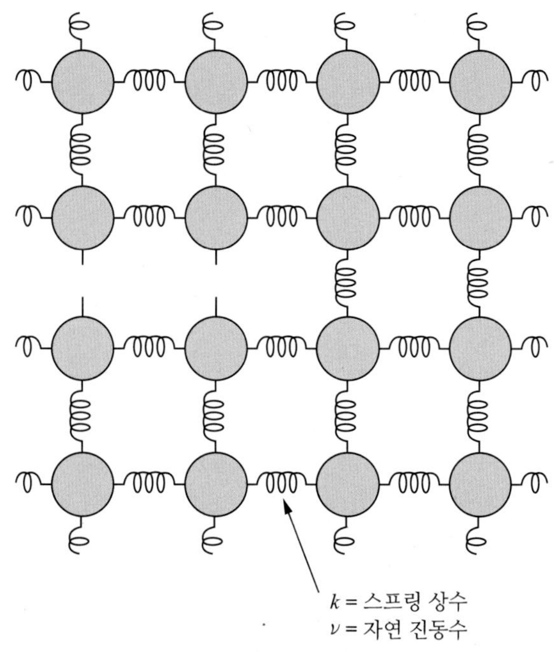

그림 6.2 단순 입방정 결정에 대한 Einstein 모델.

시스템에서 발생할 수 있음을 보였다. 각각의 진동수는 해당되는 에너지와 관련되므로 시스템의 결합 에너지는 단지 구별된(discrete) 값만 보여 준다. 그래서 결합 에너지는 양자화(quantized)된다. Einstein은 결합에 허용되는 에너지 리스트로

$$\epsilon_i = (i + \frac{1}{2})\hbar\nu \tag{6.39}$$

으로 나타낼 수 있음을 보였다. 여기서 i는 정수이고 $\hbar$는 Planck 상수(6.024×10^{-27} erg s/atom)이고, ν는 특성 진동수(characteristic vibration frequency)로 이로부터 결합의 모든 진동수가 계산된다. 특성 진동수는 스프링 상수와 관련되고 따라서 결정에서 결합 에너지의 세기와 관련된다. 이 모델은 한 개의 조절 가능한(adjustable) 파리미터 ν를 갖는데, 이로부터 원소들의 거동 사이에 관찰된 차이를 설명하기 위한 인자로 사용될 수 있다. 한 개의 파라미터 모델 이 목적에 적합하지 못하다는 것은 놀라운 일이 아니다.

식 (6.39)로 주어진 결정의 에너지 레벨의 리스트는 모델의 완벽한 묘사이다. 통계열역학 알고리즘의 적용은 그와 같은 시스템의 열역학 특성의 예측을 가능케 한다. 먼저 분배 함수(partition function)부터 구해보자.

$$P = \sum_{i=0}^{r} e^{-\epsilon_i/kT} = \sum_{i=0}^{r} e^{-(i+\frac{1}{2})\hbar\nu/kT}$$

$$P = \sum_{i=0}^{r} e^{-i\hbar\nu/kT} e^{-\frac{1}{2}\frac{\hbar\nu}{kT}} = e^{-\frac{1}{2}\frac{\hbar\nu}{kT}} \sum_{i=0}^{r} e^{-i\hbar\nu/kT} \tag{6.40}$$

높은 에너지(큰 값의 i)로부터의 기여는 작으므로 이 항들은 무한대의 항으로 확장한다. $x = e^{-\frac{\hbar\nu}{kT}}$ 라고 하면 무한 급수는 친근한 기하 급수가 된다. 즉,

$$\sum_{i=0}^{\infty} (e^{-\hbar\nu/kT})^i = \frac{1}{1 - e^{-\hbar\nu/kT}}$$

따라서 분배 함수는

$$P = \frac{e^{-\frac{1}{2}\frac{\hbar\nu}{kT}}}{1 - e^{-\hbar\nu/kT}} \tag{6.41}$$

그래서 $$\ln P = -\frac{1}{2}\frac{\hbar\nu}{kT} - \ln[1 - e^{-\hbar\nu/kT}]$$

이어서 시스템의 열역학 특성은 식 (6.27)에서 (6.30)을 이용하여 구할 수 있다. 식 (6.29)의 계산에 있어서 입자는 시스템 내의 결합이다. 그래서 N_0 원자를 포함하는 단순 입방정(simple cubic) 시스템에서 $3N_0$ 입자들이 있다. 따라서

$$F = -3N_0 kT \ln P = \frac{3}{2} N_0 \hbar\nu + 3N_0 kT \ln\left[1 - e^{-\hbar\nu/kT}\right] \tag{6.42}$$

엔트로피

$$S = -\left(\frac{\partial F}{\partial T}\right)_V = 3\frac{N_0 \hbar\nu}{T}\left[\frac{e^{-\hbar\nu/kT}}{1-e^{-\hbar\nu/kT}}\right] - 3N_0 k \ln\left[1 - e^{-\hbar\nu/kT}\right] \tag{6.43}$$

내부 에너지

$$U = F + TS = \frac{3}{2} N_0 \hbar\nu \left[\frac{1+e^{-\hbar\nu/kT}}{1-e^{-\hbar\nu/kT}}\right] \tag{6.44}$$

그리고 열용량

$$C_V = \left(\frac{\partial U}{\partial T}\right)_V = 3N_0 k \left(\frac{\hbar\nu}{kT}\right)^2 \frac{e^{-\hbar\nu/kT}}{\left(1-e^{-\hbar\nu/kT}\right)^2} \tag{6.45}$$

이 구해진다. 이 모델의 타당성 검토는 실험적으로 온도에 따른 열용량 측정과 비교하는 것이다. 이 모델에서 최적 주파수는 곡선의 최적 맞춤(best fit)에서 구한다. 이를 그림 6.3에 나타냈다.

온도에 따른 열용량의 계산된 곡선과 실험적으로 관찰된 곡선과의 정성적인 일치를 보이고 있다. 그러나 일치함은 정량적이지 못하다. 좀 더 정교한 이론, 즉 ν값의 분포와 격자 진동 운동 에너지 외에 결정의 다른 에너지의 기여는 함께 포함시킨 이론이 만들어지고 좀 더 좋은 성공을 보이고 있다. 물론 간단한 한 개 파라미터 모델은 좀 더 정교한 이론을 세울 수 있는 유용한 기본을 제공하고 있다.

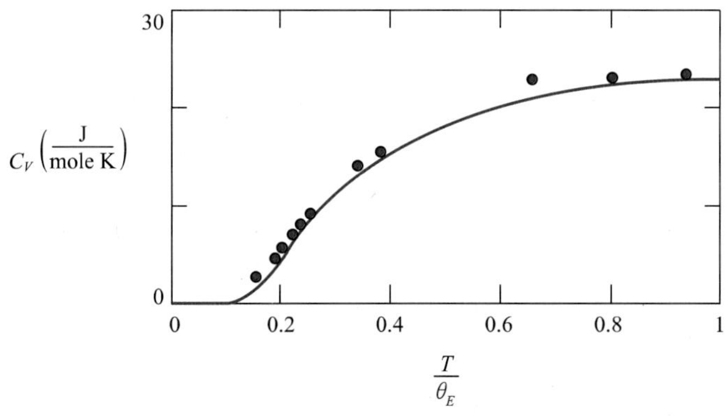

그림 6.3 다이아몬드의 열용량. 실험값과 Einstein 모델과의 비교. θ_E=1320 K(from K.C. kittel, Introduction to solid state Physiscs, 4th ed. John Wiley, New york, NY (1971)).

(3) 단원자 기체 모델(Monatomic gas model)

같은 입자로 구성된 기체를 생각해 보자. 각각의 입자는 한 개의 원자이다. Ar과 Ne 같은 비활성 기체(rare gas)가 이에 해당된다. 그와 같은 기체의 열역학 특성은 각 입자가 기여하는 에너지는 단지 공간을 지나는 병진(translation)에 관련된 운동 에너지라는 가정에 근거한 원자 모델에서 계산할 수 있다.

한 입자의 상태는 질량 m, 속도 v 그리고 공간에서의 위치 x로 완전히 결정된다. v와 x는 각각 3가지 독립 성분을 갖는 벡터이므로 시스템 내의 기체 원자의 상태를 규정하기 위해서는 6개의 변수를 규정할 필요가 있다. 이들은 위치(x, y, z)와 속도 성분(v_x, v_y, v_z)이다. 위치 변수는 기체를 함유하는 시스템의 부피에 해당하는 점의 집합 범위이고, 속도 성분은 원칙적으로 $-\infty$에서 $+\infty$까지 해당된다.

거시적 열역학 특성을 원자 모델과 관련짓기 위해서는 첫 번째로 모델에 대한 분배 함수를 구해야 한다. 정의에 의하면 분배 함수는 입자들이 나타낼 수 있는 모든 상태에 걸쳐 구한 $e^{-\epsilon_i/kT}$의 합이다. 이 모델에서는 입자가 나타낼 수 있는 에너지는 공간상에 운동과 관련된 운동 에너지이다. 즉,

$$\epsilon = \frac{1}{2}mv^2 = \frac{1}{2}m\left(v_x^2 + v_y^2 + v_z^2\right) \tag{6.46}$$

기체가 l_x, l_y, l_z의 치수를 갖는 상자에 들어있다고 가정하자. 이 모델에서 변수는 양자화되지 않았고 입자의 위치는 상자의 내부 영역 내에서 연속적으로 변화한다. 원칙적으로 속도 성분은 연속적으로 $-\infty$에서 $+\infty$까지 변화한다. 따라서 관련된 변수는 연속적이므로 분배 함수를 구성하는 모든 유용한 변수에 걸친 합은 모든 상태에 있어 적분으로 대치해야 한다. 입자의 한 상태는 6개 변수의 함수이고, 이것은 6중 적분(sextuple integral)이다. 즉,

$$P = \int_0^{l_x}\int_0^{l_y}\int_0^{l_z}\int_{-\infty}^{\infty}\int_{-\infty}^{\infty}\int_{-\infty}^{\infty} e^{-\epsilon/kT}\, dv_x dv_y dv_z dl_x dl_y dl_z \tag{6.47}$$

식 (6.46)을 대입하면

$$P = \int_0^{l_x}\int_0^{l_y}\int_0^{l_z}\int_{-\infty}^{\infty}\int_{-\infty}^{\infty}\int_{-\infty}^{\infty} e^{-\frac{1}{2kT}m\left(v_x^2+v_y^2+v_z^2\right)} \\ dv_x dv_y dv_z dl_x dl_y dl_z \tag{6.48}$$

$$= \int_0^{l_x}\int_0^{l_y}\int_0^{l_z}\int_{-\infty}^{\infty}\int_{-\infty}^{\infty}\int_{-\infty}^{\infty} e^{-\frac{1}{2kT}mv_x^2} e^{-\frac{1}{2kT}mv_y^2} e^{-\frac{1}{2kT}mv_z^2} \\ dv_x dv_y dv_z dl_x dl_y dl_z \tag{6.49}$$

위치와 속도 좌표는 서로 독립적이므로 6개의 독립적인 적분으로 쓸 수 있다.

$$P = \int_0^{l_x}\int_0^{l_y}\int_0^{l_z} dl_x dl_y dl_z \int_{-\infty}^{\infty} e^{-\frac{1}{2kT}mv_x^2} dv_x \int_{-\infty}^{\infty} e^{-\frac{1}{2kT}mv_y^2}$$

$$dv_y \int_{-\infty}^{\infty} e^{-\frac{1}{2kT}mv_z^2} dv_z \tag{6.50}$$

그리고 앞의 항은

$$V = \int_0^{l_x}\int_0^{l_y}\int_0^{l_z} dl_x dl_y dl_z \tag{6.51}$$

이고 $\int_{-\infty}^{+\infty} e^{-a^2x^2} dx = \frac{\sqrt{\pi}}{a}$, $a^2 = \frac{m}{2kT}$, $\int_{-\infty}^{+\infty} e^{-\frac{m}{2kT}v^2} dv = \sqrt{\frac{2\pi kT}{m}}$

따라서 단원자 이상기체에 대한 분배 함수는

$$P = V\left(\frac{2\pi kT}{m}\right)^{\frac{3}{2}} \tag{6.52}$$

그리고 $\ln P = \ln V + \frac{3}{2}\ln\frac{2\pi k}{m} + \frac{3}{2}\ln T$ (6.53)

또한 온도에 대한 미분은

$$\left(\frac{\partial \ln P}{\partial T}\right)_V = \frac{3}{2}\frac{1}{T} \tag{6.54}$$

그러므로 알고리즘에 의한 열역학 특성은

$$F = -N_0 kT \ln P = -N_0 kT \ln\left[V\left(\frac{2\pi kT}{m}\right)^{3/2}\right] \tag{6.55}$$

$$S = N_0 k \ln P + N_0 kT \ln\left(\frac{\partial \ln P}{\partial T}\right)_V$$

$$= N_0 k\left[V\left(\frac{2\pi kT}{m}\right)^{3/2}\right] + N_0 kT\left(\frac{3}{2T}\right)$$

$$S = N_0 k\left[V\left(\frac{2\pi kT}{m}\right)^{3/2}\right] + \frac{3}{2}N_0 k \tag{6.56}$$

$$U = N_0 kT^2 \ln\left(\frac{\partial \ln P}{\partial T}\right)_V = N_0 kT^2\left(\frac{3}{2}\frac{1}{T}\right) = \frac{3}{2}N_0 kT \tag{6.57}$$

$$C_V = \left(\frac{\partial U}{\partial T}\right)_V = \frac{3}{2}N_0 k \tag{6.58}$$

주지할 것은 모델로부터 유도된 결론은 이상기체의 내부 에너지는 단지 온도만의 함수이고, 열용량은 온도에 무관하다는 것이다. 더 나아가 1몰의 기체에서 기체 상수는 $R = kN_0$ 의 관계를 갖는다. 단원자 기체의 열용량 값은 실험 측정치와 잘 일치함을 알 수 있다. 이를 표 6.2에 나타내었다.

마지막으로 Helmholz 자유 에너지에 대한 열역학 1법칙과 2법칙의 결합식으로 나타낸 식을 상기하면

$$dF = -SdT - PdV + \delta W'$$

여기서 P는 압력을 나타낸다. 두 번째 항의 계수는 다음의 관계를 만족한다.

$$\left(\frac{\partial F}{\partial V}\right)_T = -P \tag{6.59}$$

식 (6.55)를 이용하여 압력 P를 구하면

$$\begin{aligned} P &= -\left(\frac{\partial F}{\partial V}\right)_T = -\left(\frac{\partial(-N_0kT\ln P)}{\partial V}\right)_T = N_0kT\left(\frac{\partial \ln P}{\partial V}\right)_T \\ &= N_0kT\left[\frac{\partial}{\partial V}(\ln V + \frac{3}{2}\ln(\frac{2\pi k}{m}) + \frac{3}{2}\ln T)\right]_T \end{aligned}$$

따라서 $P = N_0kT\frac{1}{V}$이고, 이를 재정리하면

$$PV = N_0kT = RT \tag{6.60}$$

이는 간단한 기체에 대한 실험적으로 구한 상태 방정식과 일치한다. 기체에 대한 팽창계수와 압축률은 이 결과를 그들 정의에 대입하여 바로 구할 수 있다. 따라서 모든 단원자(monatomic) 기체의 특성은 원자들이 공간상에 병진 운동 에너지만을 갖는 간단한 가정에 기초한 원자 모델로 잘 설명된다.

표 6.2 단원자 기체와 이원자 기체의 열용량 비교.

단원자 기체	C_P(J/mole-K)	이원자 기체	C_P(J/mole-K)
Ideal Gas	$5/2R = 20.79$	Ideal Gas	7/2=29.10
Argon	20.72	Chlorine(Cl_2)	33.82
Krypton	20.69	Fluorine(F_2)	31.32
Neon	20.76	Hydrogen(H_2)	28.76
Radon	20.81	Oxygen(O_2)	29.32
Xenon	20.76	Nitrogen(N_2)	29.18

만약 고려 중인 기체가 2개 또는 그 이상의 원자를 포함하는 분자로 구성된다면(예를 들면, H_2, CO_2, CH_4 등), 분자의 질량 중심(center of mass)에 대한 운동으로 분자의 운동 에너지에 대한 기여가 더 있게 된다. 구체적으로 말하자면 운동 에너지는 분자의 회전과 질량 중심에 상대적인 원자의 진동 변위(displacement)와 관련된다. 또한 분자 내의 전자의 운동에 의한 기여도 포함될 수 있다.

다원자 분자(polyatomic molecules)를 취급하기 위하여 이와 같이 여분의 첨가되는 에너지와 관련된 에너지 상태에 대한 원자 모델을 개발하여 분배 함수에 해당되는 기여를 계산할 필요가 있다.

흥미 있는 간단한 처리 방법이 분자 기체의 취급에서 생겨났다. 회전(rotation)과 진동(vibration)의 운동 에너지는 비록 관련된 물리적 인자는 다르지만 병진 운동과 같은 수학적인 형태를 갖는다는 것이다. 예를 들면, 회전의 운동 에너지를 나타낼 때 질량은 관성 모멘트(moment of inertia) I로 대치하고 병진 속도는 각속도(angular velocity) ω로 대치된다. 분자의 전체 에너지는

$$\epsilon = \sum_{j=1}^{n} b_j v_j^2 \tag{6.61}$$

으로 표현된다. 분자가 보여 주는 운동에는 각각의 독립적인 운동 성분에의 항이 있다. n값은 분자 구조의 구체적인 자세함에 의존한다. 만약 분자가 대칭축이 있다면 한 개의 회전항이 있고 대칭이 없다면, n값은 2가 된다. 분자 구조 각각의 결합에는 진동항이 존재한다. 이는 3개의 위치 변수와 n개 변수의 적분식으로 나타낼 수 있다. 즉, 다원자 분자의 분배 함수는

$$P = \int_0^{l_x}\int_0^{l_y}\int_0^{l_z} dl_x dl_y dl_z \int\int \cdots \int_{-\infty}^{\infty} e^{-\frac{1}{kT}\sum_{j=1}^{n} b_j v_j^2} dv_1 dv_2 \cdots dv_n \tag{6.62}$$

$$P = V\int \cdots \int_{-\infty}^{\infty} [\prod_{j=1}^{n} e^{-\frac{b_j}{kT}v_j^2}] dv_1 dv_2 \cdots dv_n$$

$$P = V\prod_{j=1}^{n} [\int_{-\infty}^{\infty} e^{-\frac{b_j}{kT}v_j^2} dv_j], \quad \int_{-\infty}^{\infty} e^{-\frac{b_j}{kT}v_j^2} dv_j = \left[\frac{\pi k T}{b_j}\right]^{1/2}$$

$$P = V\prod_{j=1}^{n} \left[\frac{\pi k T}{b_j}\right]^{1/2} \tag{6.63}$$

그리고 $\ln P = \ln V + \sum_{j=1}^{n} \ln\left[\frac{\pi k T}{b_j}\right]^{1/2} = \ln V + \sum_{j=1}^{n} \frac{1}{2}\ln\left[\frac{\pi k}{b_j}\right] + \sum_{j=1}^{n}\frac{1}{2}\ln T.$

$$(\frac{\partial \ln P}{\partial T})_V = 0 + 0 + \sum_{j=1}^{n} \frac{1}{2}\frac{1}{T} = \frac{n}{2T}$$

미분항에서 유일하게 남아있는 변수는 n이다. 즉, 시스템이 보여 줄 수 있는 운동의 독립적인 성분의 수이다. 이 분자 기체의 내부 에너지는 식 (6.29)에서 구할 수 있다. 이는

$$U = N_0kT^2\left(\frac{\partial \ln P}{\partial T}\right)_V = N_0kT^2\left(\frac{n}{2T}\right) = n\frac{1}{2}N_0kT \tag{6.64}$$

이로부터 열용량은

$$C_V = n\frac{1}{2}N_0k \tag{6.65}$$

따라서 한 분자 기체의 열용량은 시스템이 보여 줄 수 있는 운동의 독립적인 성분의 수에만 의존함을 예측한다. 표 6.2에 이 예측 결과를 나타내고 있다.

통계열역학의 알고리즘 적용으로부터 도출된 원리는 에너지 등분의 원리(principle of equipartition of energy)로, 이는 기체 분자에서 분자의 독립적인 운동 성분들은 기체의 내부 에너지에 같은 양인 $\frac{1}{2}kT$를 기여한다. 많은 현대 분석기기는 분자 구조에 대한 직접적인 개발을 실행시켜 준다. 이 원리의 적용은 이러한 도구가 개발되기 전에 이 종류의 예지를 제공해준다.

통계열역학은 고전적 열역학의 실험에서 제공되는 현상학적 정보와 원자 규모에서 물질의 구조와 운동과의 사이를 연결한다. 기체 분자 A로 구성된 시스템의 열용량은 기체 분자 B로 구성된 열용량보다 큰 관찰의 설명은 바로 입력되고 시험될 수 있다. 거동의 패턴이 나타나고 물질 거동의 복잡함은 새로운 레벨의 이해로 나타난다.

2 기체 운동론

기체 운동론은 분자의 이상화된 모델의 특성과 관련된다. 먼저 점 분자(point molecule)로 가정하여 분자 속도의 분포, 이상기체의 압력 그리고 표면과의 충돌 속도를 계산한다. 그 다음 분자는 작은 단단한 구(hard sphere)로 가정하여 분자간 충돌 속도와 평균 자유 경로(mean free path)를 계산한다. 이 계산들은 화학 반응 속도를 해석하는 데 도움을 준다. 이 간단한 모델은 확산에 의한 기체의 혼합(mixing) 속도, 열전도 속도 그리고 점도(viscosity)를 계산하는 데 유용하다.

2.1 기체 분자의 분자 속도에 대한 확률 밀도

기초적인 운동론을 고려함에 있어서 초기에 분자들은 직선으로 움직이는 공간에서 점으로 나타난다고 가정한다. 달리 말하면 분자들은 부피나 단면적을 갖지 않고 직선 운동만 한다고 가정한다. 왜냐하면 이들은 충돌할 때를 제외하고 다른 분자와 반응하지 않기 때문이다.

3차원에서 한 입자의 위치는 위치 벡터 r을 사용하여 나타낸다. 이는 수학적으로

$$r = x\,\hat{i} + y\,\hat{j} + z\hat{k} \tag{6.66}$$

으로 나타낸다. 시간에 따라 r을 미분하면 그 입자의 속도 벡터(velocity vector)를 얻는다. 즉,

$$v = v_x\,\hat{i} + v_y\,\hat{j} + v_z\hat{k} \tag{6.67}$$

이다. 여기서 $v_x = \dfrac{dx}{dt}$ 이다. 기체의 속도는 벡터로 나타내므로 속도는 크기와 방향을 갖는다.

한 분자의 속도 벡터는 그림 6.4에서 보는 바와 같이 속도 공간에 나타낼 수 있다. 한 분자의 속도 성분 v_x, v_y, v_z는 부호를 가지나 보통 우리는 방향보다 크기에 관심이 더 많다. 속도 벡터 v의 크기 v는 그 입자의 속력(speed)이라고 한다. 그림 6.4에서 속력 v는 피타고라스 정리를 이용하여 구할 수 있다. 즉,

$$v = |\,v\,| = \sqrt{v_x^2 + v_y^2 + v_z^2} \tag{6.68}$$

으로 이 양은 또한 속도 벡터의 절대값이라고 부른다.

주어진 임의의 순간에 기체에서 분자에 대한 속도 벡터는 그림 6.5에서 보는 바와 같이 벡

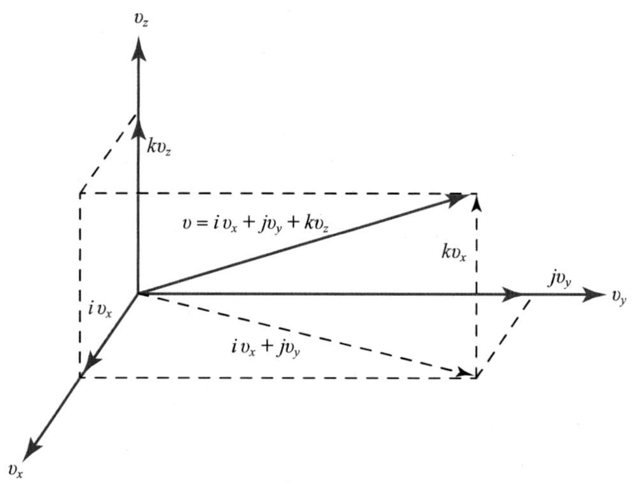

그림 6.4 속도 공간에서 속도 벡터.

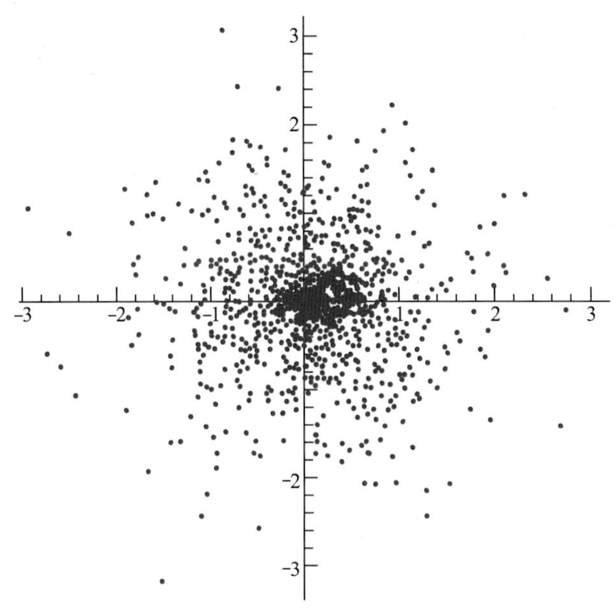

그림 6.5 벡터 공간에서 속도 벡터의 머리를 나타낸 점들.

터의 끝점으로 나타낼 수 있다. 3차원에서 속도의 분포를 나타내기 위하여 범위 $v_x + dv_x$, $v_y + dv_y$, $v_z + dv_z$의 속도를 갖는 분자를 발견할 확률을 $f(v_x, v_y, v_z)dv_x\ dv_y\ dv_z$로 나타낸다. 여기서 $dv_x\ dv_y\ dv_z$는 속도 공간에서 무한소 부피이다. 이 부피 요소를 그림 6.6에 나타냈다. $f(v_x, v_y, v_z)$는 확률 밀도(probability density)로 속도 공간에서 한 점의 단위 부피당 확률이다. 모든 속도 공간에 대한 확률은 1이 된다. 즉,

$$\int_{-\infty}^{\infty}\int_{-\infty}^{\infty}\int_{-\infty}^{\infty} f(v_x, v_y, v_z)dv_x\ dv_y\ dv_z = 1 \tag{6.69}$$

이 식을 달리 표현하면

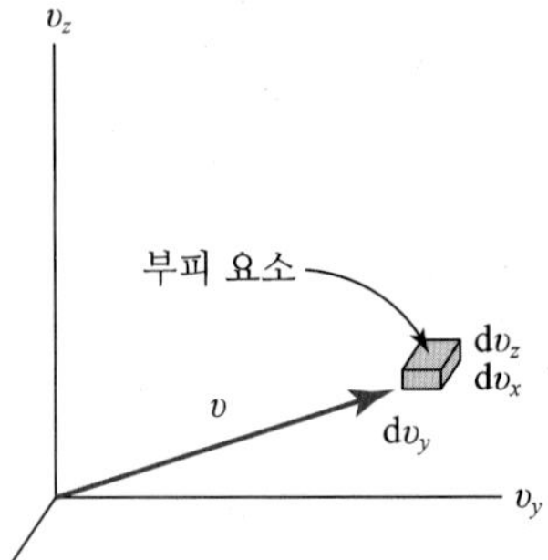

그림 6.6 부피 요소.

$$\int_{-\infty}^{\infty} f(v)dv = 1 \tag{6.70}$$

으로 나타낼 수 있다. 여기서 v는 속도 벡터이다.

확률 밀도 $f(v_x, v_y, v_z) = f(v)$는 동시 확률 밀도(joint probability density)로 부른다. 왜냐하면 3가지 일이 동시에 일어나기 때문이다. 속도의 성분은 v_x에서 $v_x + dv_x$까지, v_y에서 $v_y + dv_y$까지, v_z에서 $v_z + dv_z$까지 있어야 한다. 기체의 경우 3개의 속도 성분들은 독립적이다. 그러므로 속도 벡터의 확률 밀도는 3방향의 확률밀도의 곱으로 나타낼 수 있다. 즉,

$$f(v_x, v_y, v_z) = f(v_x)f(v_y)f(v_z) = f(v) \tag{6.71}$$

x방향으로의 확률 밀도는 $f(v_x)$로 나타내고, $f(v_x)dv_x$는 한 분자가 x방향으로 v_x에서 $v_x + dv_x$ 사이의 속도를 갖는 확률이다.

2.2 한 방향에서 속도 분포

x방향으로 속도 v_x로 운동하는 질량 m의 한 분자의 운동 에너지는 $\frac{1}{2}mv_x^2$이고, Boltzmann 분포식에서 한 분자가 속도 v_x를 갖는 확률 밀도 $f(v_x)$는 다음 식을 갖는다. 즉,

$$f(v_x) = \text{상수} \times e^{-mv_x^2/2kT} \tag{6.72}$$

주어진 상수값은 $-\infty$에서 $+\infty$까지 적분해서 구한다.

$$\int_{-\infty}^{\infty} f(v_x)dv_x = 1 = \text{상수} \times \int_{-\infty}^{\infty} e^{-mv_x^2/2kT} dv_x \tag{6.73}$$

적분에 대한 정보는 표 6.3에 요약하였다. 따라서 상수값은 $\sqrt{m/2\pi kT}$가 된다. 따라서 분자 속도의 Maxwell-Boltzmann 분포는

표 6.3 기체 운동론에서 사용되는 정적분

정적분	n					
	0	1	2	3	4	5
$\int_0^{\infty} x^n \exp(-ax^2)\,dx$	$\frac{1}{2}\left(\frac{\pi}{a}\right)^{1/2}$	$\frac{1}{2a}$	$\frac{1}{4}\left(\frac{\pi}{a^3}\right)^{1/2}$	$\frac{1}{2a^2}$	$\frac{3}{8}\left(\frac{\pi}{a^5}\right)^{1/2}$	$\frac{1}{a^3}$
$\int_{-\infty}^{+\infty} x^n \exp(-ax^2)\,dx$	$\left(\frac{\pi}{a}\right)^{1/2}$	0	$\frac{1}{2}\left(\frac{\pi}{a^3}\right)^{1/2}$	0	$\frac{3}{4}\left(\frac{\pi}{a^5}\right)^{1/2}$	0

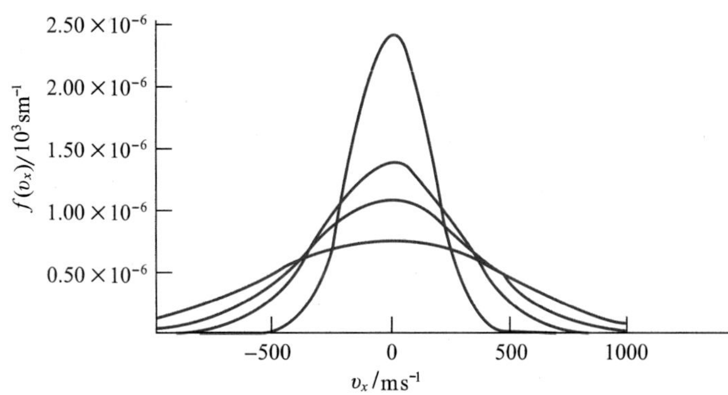

그림 6.7 100, 300, 500 그리고 1,000 K에서 임의의 선택 방향의 산소 분자의 속도 확률 밀도.

$$f(v_x) = \sqrt{\frac{m}{2\pi kT}}\, e^{-mv_x^2/2kT} \tag{6.74}$$

이 확률 밀도는 그림 6.7에서 나타낸대로 Gaussian 에러 함수의 형태를 갖는다.

x방향에서 최빈도(most probable) 속도는 0이다. 이는 $f(v_x)$는 원점에 대하여 대칭이고, v_x는 홀수 함수이므로 자명하다. 이 값은 x방향의 속도와 v_x의 확률을 곱하고 모든 범위의 v_x에 대하여 적분하여 구할 수 있다. 즉,

$$< v_x > = \int_{-\infty}^{\infty} v_x f(v_x)\, dv_x = 0 \tag{6.75}$$

온도가 증가하거나 질량이 감소할 때에는 분포가 더 넓어지나 곡선 아래의 면적은 일정하다. 왜냐하면 $f(v_x)$는 정규화되었기 때문이다.

식 (6.73)은 x방향으로 평균 운동 에너지에 대한 표현을 얻는 데 사용할 수 있다(예제 6-2 참조). 즉,

$$\epsilon_x = \frac{1}{2}m < v_x^2 > = \frac{1}{2}kT \tag{6.76}$$

물론 유사한 표현이 y와 z방향에 적용할 수 있다. 이것은 균등 분배 에너지 원리의 한 예이다.

예제 6-1 특정 방향에서 확률 밀도

Q 300 K에서 0. 300. 그리고 600 m/s 속도의 O_2 분자의 v_x에 대한 확률 밀도를 계산하라.

(계속)

Ⓐ 300 m/s에서

$$f(v_x) = \sqrt{\frac{M}{2\pi RT}}\ e^{-Mv_x^2/2RT}$$

$$= \left[\frac{0.032}{2\pi(8.3145)(300)}\right]^{1/2} \exp\left[-\frac{(0.032)(300)^2}{2(8.3145)(300)}\right] = 8.022 \times 10^{-4}\ \text{s/m}.$$

0과 600 m/s에서의 확률 밀도는 각각 1.429×10^{-3} s/m이고, 1.419×10^{-4} s/m으로 그림 6.7과 일치한다.

예제 6-2 특정 방향으로 제곱 속도의 평균

Ⓠ x방향으로 속도에 대한 분포 함수를 사용하여 $< v_x^2 > = \frac{kT}{m}$ 임을 보여라.

Ⓐ 평균은 v_x^2에 분포 함수를 곱하여 적분한다. 즉,

$$< v_x^2 > = \int_{-\infty}^{\infty} v_x^2 f(v_x) dv_x = \sqrt{\frac{m}{2\pi kT}} \int_{-\infty}^{\infty} e^{-mv_x^2/2kT} v_x^2\, dv_x$$

표 6.3에서

$$< v_x^2 > = \sqrt{\frac{m}{2\pi kT}}\ \frac{\sqrt{\pi}}{2\left(\frac{m}{2kT}\right)^{3/2}} = \frac{kT}{m}\ .$$

2.3 속도의 Maxwell 분포

공간에서 어떠한 방향도 선호하지 않으므로 같은 결과가 $f(v_y)$와 $f(v_z)$에도 얻어진다. 그래서 3차원에서 확률 밀도는 식 (6.74)에서 해당되는 $f(v_y)$와 $f(v_z)$를 곱하여

$$f(v_x, v_y, v_z) = \left(\frac{m}{2\pi kT}\right)^{3/2} \exp[-(\frac{m}{2kT})(v_x^2 + v_y^2 + v_z^2)] \qquad (6.77)$$

으로 나타낸다. 하지만 보통 성분속도의 분포보다는 속력의 분포에 더 관심이 많다. 한 분자의 속력 v는 식 (6.67)로 그 성분속도와 관련된다. 속력은 그림 6.4에서 원점에서 한 점까지의 거리로 나타낸다. 그러므로 한 분자가 v와 $v + dv$ 사이의 한 속력을 갖는 확률 $F(v)dv$는 그림 6.8(a)에서와 같이 두께 dv인 구형 껍질(spherical shell) 안에 있는 가능한 점의 수로 주어진다. 요구되는 적분은 그림 6.8(b)와 같이 구좌표로 변환시켜 수행한다. 즉,

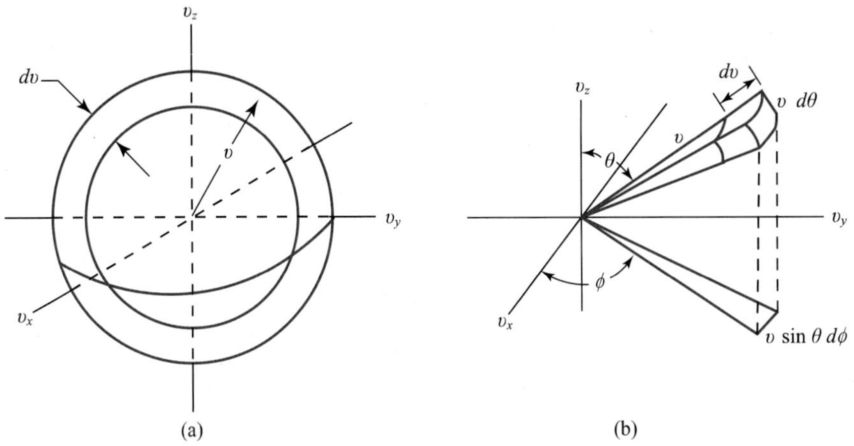

그림 6.8 (a) v와 $v+dv$ 사이의 속도 성분의 확률 계산, (b) 구좌표의 부피 요소.

$$v_x = v\sin\theta\cos\phi \tag{6.78}$$

$$v_y = v\sin\theta\sin\phi \tag{6.79}$$

$$v_z = v\cos\theta \tag{6.80}$$

미분 부피 $dv_x dv_y dv_z$은 구 좌표로

$$dv_x dv_y dv_z = v^2 dv\sin\theta\, d\theta\, d\phi \tag{6.81}$$

으로 된다.

확률 $F(v)dv$는

$$F(v)dv = \int_0^{\pi} d\theta \int_0^{2\pi} d\phi f(v_x, v_y, v_z)\sin\theta\, v^2\, dv \tag{6.82}$$

식 (6.77)을 대입하고 식 (6.67)을 이용하면

$$F(v)dv = 4\pi v^2\left[\frac{m}{2\pi kT}\right]^{3/2}\exp(-\frac{mv^2}{2kT})\,dv \tag{6.83}$$

그러므로 속력의 Maxwell 분포에 대한 확률 밀도 $F(v)$는

$$F(v) = 4\pi v^2\left[\frac{m}{2\pi kT}\right]^{3/2}\exp(-\frac{mv^2}{2kT}) \tag{6.84}$$

으로 표현된다. 결국 속력 0에서 확률 밀도는 0이다. 확률 밀도는 최대값까지 증가하였다가 그 다음에는 감소한다.

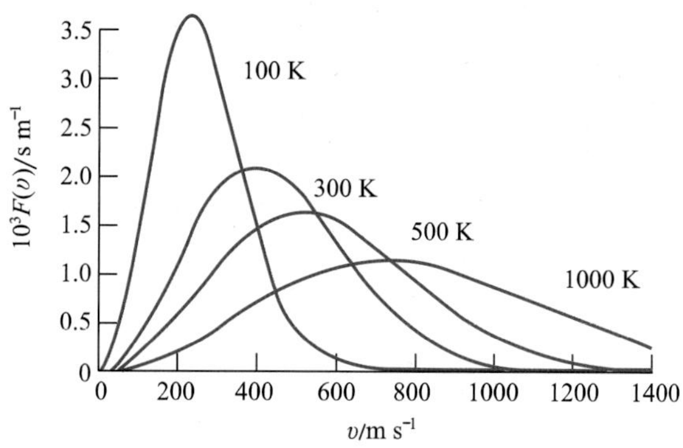

그림 6.9 100, 300, 500 그리고 1000 K에서 산소 분자에 대한 여러 속력 v의 확률 밀도.

산소에 대한 분자의 속력 v 대 확률 밀도 $F(v)$의 그림이 그림 6.9에 100, 300, 500 그리고 1000 K에 대하여 나타내었다. 한 분자가 임의의 두 값 사이에 있을 확률은 속력의 두 값 사이의 면적으로 주어진다.

$F(v)$ 대 v 그래프는 원점 근처에서 근사적으로 2차식이다. 더 높은 속력에서 확률은 0으로 감소된다. 왜냐하면 지수 함수가 v^2이 증가하는 것보다 더 빠르게 감소하기 때문이다. 그래서 아주 작은 수의 분자가 높은 속력과 작은 속력을 갖는다. 최빈도 속력의 10배보다 더 큰 속력을 갖는 분자의 분율은 임의의 온도에서 9×10^{-42}이다. 이 분율과 아보가드로 수의 곱은 1보다 작아서 어떤 분자도 이 높은 속도를 갖지 않는다고 말할 수 있다.

온도가 증가함에 따라 최대 $F(v)$는 더 높은 v로 이동함을 상기하라. 최대값의 속력은 최빈도 속력이다. 이를 곧 유도할 것이다. 그리고 곡선 아래 면적은 항상 1이므로 최대값의 크기는 작아진다. 그래서 T가 증가하거나 m이 감소함에 따라 최빈도 속력은 증가하고 높은 온도에서 분자수도 증가한다.

때때로 확률 밀도를 분자의 병진(translation) 에너지의 함수로 나타냄이 지금의 속력의 함수로 나타낸 확률 밀도보다 더 유용하다. 분자의 에너지가 ϵ과 $\epsilon+d\epsilon$ 범위에 있을 확률 밀도 $F(\epsilon)d\epsilon$는 다음과 같이 분자 속력의 확률 $F(v)dv$로부터 계산할 수 있다.

한 분자의 운동 에너지는 $\epsilon=\dfrac{mv^2}{2}$ 이므로 속력은 $v=\sqrt{\dfrac{2\epsilon}{m}}$ 이 된다. 그리고 미분값은 $dv=\dfrac{d\epsilon}{\sqrt{2m\epsilon}}$ 으로 된다. 이를 식 (6.83)에 대입하면

$$F(\epsilon)d\epsilon = 4\pi\left(\frac{m}{2\pi kT}\right)^{3/2}\left(\frac{2\epsilon}{m}\right)e^{-\epsilon/kT}\frac{d\epsilon}{\sqrt{2m\epsilon}} = \frac{2\pi}{\sqrt{\pi kT}}\sqrt{\epsilon}\,e^{-\epsilon/kT}d\epsilon \qquad (6.85)$$

주목할 점은 한 분자가 어떤 병진 에너지를 갖는 확률은 질량과 무관하다는 것이다. 식 (6.85)은 이상기체 분자의 평균 운동 에너지를 계산할 때 사용된다. 즉,

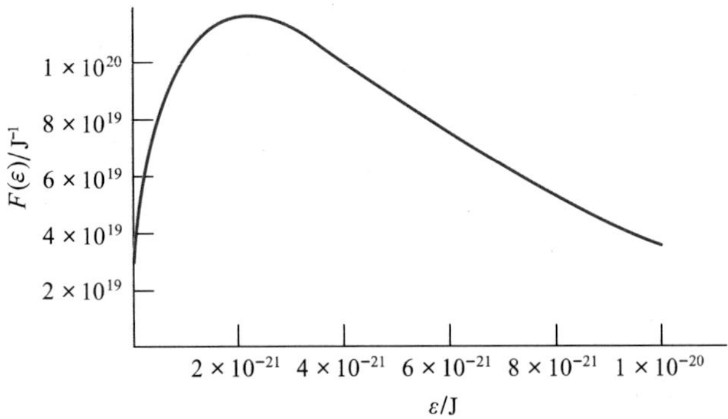

그림 6.10 300 K에서 이상기체 분자의 병진 에너지에 대한 확률 밀도 $F(\epsilon)$의 그래프.

$$<\epsilon> = \int_0^\infty \epsilon F(\epsilon) d\epsilon = \frac{2\pi}{(\pi kT)^{3/2}} \int_0^\infty \epsilon^{3/2} e^{-\epsilon/kT} d\epsilon$$

$$= \frac{2\pi}{(\pi kT)^{3/2}} \left(\frac{kT}{2}\right)^2 (\pi kT)^{1/2} = \frac{3}{2} kT \tag{6.86}$$

그림 6.10은 300 K에서 이상기체 분자의 병진 에너지의 함수로 확률 밀도 $F(\epsilon)$를 나타낸다.

2.4 평균 속력의 종류

분자의 속력에 대한 분포가 존재하므로 평균 속력에 대한 다른 측정들이 존재한다. 이들은 최빈도 속력(most probable speed) v_{mp}, 평균 속력(mean speed) $<v>$ 그리고 제곱근 평균 속력(root-mean square speed) $\sqrt{<v^2>}$을 논의한다.

최빈도 속력 v_{mp}는 $F(v)$의 최대값에서의 속력이다. 이는 $\frac{dF(v)}{dv}=0$에서 구한다. 즉,

$$\frac{dF(v)}{dv} = \left(\frac{m}{2\pi kT}\right)^{3/2} e^{-mv^2/2kT}\left[8\pi v + 4\pi v^2\left(-\frac{mv}{kT}\right)\right] = 0 \tag{6.87}$$

$$v_{mp} = \sqrt{\frac{2kT}{m}} = \sqrt{\frac{2RT}{M}} \tag{6.88}$$

평균 속력 $<v>$는 확률 밀도 $F(v)$을 사용하여 속도의 평균을 구한다. 즉,

$$<v> = \int_0^\infty v F(v)\, dv \tag{6.89}$$

식 (6.84)를 대입하면

$$< v > = 4\pi\left(\frac{m}{2\pi kT}\right)^{3/2}\int_0^\infty e^{-mv^2/2kT}v^3\,dv \tag{6.90}$$

$$< v > = \sqrt{\frac{8kT}{\pi m}} = \sqrt{\frac{8RT}{\pi M}} \tag{6.91}$$

마지막으로 제곱근 평균 속력 $\sqrt{< v^2 >}$ 는

$$\sqrt{< v^2 >} = \sqrt{\int_0^\infty v^2 F(v)dv} \tag{6.92}$$

식 (6.84)를 대입하고 계산하면

$$\sqrt{< v^2 >} = \sqrt{\frac{3kT}{m}} = \sqrt{\frac{3RT}{M}} \tag{6.93}$$

위의 계산 결과에서 임의의 온도에서 속력의 크기는

$$\sqrt{< v^2 >} \ > \ < v > \ > \ v_{mp} \tag{6.94}$$

임을 알 수 있다. 각각의 속력은 $\sqrt{\frac{T}{M}}$ 에 비례하여 각각은 온도에 따라 증가하고 분자 질량에 따라 감소한다. 표 6.4에 나타낸 대로 가벼운 분자는 무거운 분자보다 더 빠르게 움직인다.

기체에서 음속(speed of sound)은 평균 속도와 같은 크기이다. 기체에서 음파(sound wave)는 종파(longitudinal wave)로 단열과 가역인 압축(rarefaction)과 팽창으로 이루어진다. 이는 다음의 열역학 양으로 주어지는 속력 v_s로 움직인다.

$$v_s^2 = -\frac{V}{\rho\left(\frac{\partial V}{\partial P}\right)_S} \tag{6.95}$$

여기서 V는 부피, S는 엔트로피, P는 압력, ρ는 기체의 밀도이다. 가역적인 단열 팽창과 압축을 겪는 이상기체에서는 $PV^\gamma = \text{const.}$이므로

표 6.4 298 K에서 기체 분자의 평균 속도에 관한 여러 가지 형태.

기체	$< v^2 >^{1/2}$/m s^{-1}	$< v >$/m s^{-1}	v_{mp}/m s^{-1}
H_2	1920	1769	1568
O_2	482	444	394
CO_2	411	379	336
CH_4	681	627	556

$$\left(\frac{\partial V}{\partial P}\right)_S = -\frac{V}{\gamma P} \tag{6.96}$$

으로 표현된다. 이를 식 (6.95)에 대입하면 이상기체에서

$$v_s^2 = \frac{\gamma P}{\rho} = \frac{\gamma RT}{M} \tag{6.97}$$

즉,

$$v_S = \sqrt{\frac{\gamma RT}{M}} \tag{6.98}$$

단원자 기체에서 $\gamma = \frac{5}{3}$ 이므로 v_S는 v_{mp}보다 작다. 실제 기체에서 음파의 속력은 압력에 약하게 의존한다.

예제 6-3 수소 분자의 여러 가지 속력들

Ⓠ 0 ℃에서 수소 분자에 대한 v_{mp}, $< v >$, $\sqrt{< v^2 >}$ 값을 구하라.

Ⓐ $v_{mp} = \sqrt{\frac{2RT}{M}} = \sqrt{\frac{2(8.3145)(273.15)}{(2.016\times10^{-3})}} = 1.50\times10^3$ m/s.

$< v > = \sqrt{\frac{8RT}{\pi M}} = \sqrt{\frac{(8)(8.3145)(273.15)}{(3.1416)(2.016\times10^{-3})}} = 1.69\times10^3$ m/s.

$\sqrt{< v^2 >} = \sqrt{\frac{3RT}{M}} = \sqrt{\frac{3(8.3145)(273.15)}{(2.016\times10^{-3})}} = 1.84\times10^3$ m/s.

0 ℃에서 수소 분자의 제곱근 평균 속력은 6,620 km/h이나 일상의 압력에서 분자는 단지 짧은 거리를 이동한다. 왜냐하면 다른 분자와 충돌하여 방향을 바꾸기 때문이다.

분광학(spectroscopy)을 논할 때 빛을 방출하는 원자와 분자는 정지 상태에 있는 것으로 암묵적으로 가정한다. 그러나 기체 내의 원자와 분자는 운동 중에 있어 분광 라인의 Doppler 분산(broadening)이 존재한다. 만약 원자나 분자가 정지 상태에 있을 때 방출되는 파동수가 ν_0라면 정지 상태에 있는 관찰자와 측정한 진동수는 다음과 같게 된다.

$$\nu \approx \nu_0\left(1 + \frac{v_x}{c}\right) \tag{6.99}$$

여기서 v_x는 빛을 방출하는 원자나 분자가 관찰자를 향하여 움직이는 속도이고, c는 빛의 속도이다. 온도 T에서 스펙트럼 선(spectral line)은 방출되는 화학종에 의한 Maxwell 분포로 분

산(broadening)된다. 식 (6.99)에서 $v_x = c(\nu - \nu_0)/\nu_0$이고, 분자의 속도 분포는 식 (6.72)로 주어지고 이는

$$e^{-mv_x^2/2kT} = e^{-mc^2(\nu-\nu_0)^2/2\nu_0^2 kT} \tag{6.100}$$

ν_0 주위의 진동수는 가우시안(Gaussian) 분포를 하므로

$$p(\nu)\,d\nu = \left(2\pi\sigma_\nu^2\right)^{-1/2} e^{-(\nu-\nu_0)^2/2\sigma_\nu^2} d\nu \tag{6.101}$$

진동수 분포에 대한 표준 편차 σ_ν는

$$\sigma_\nu = \left(\frac{\nu_0^2 kT}{mc^2}\right)^{1/2} \tag{6.102}$$

Na 원자에 있어서 $\nu_0 = 5\times 10^8$ Hz이고 몰 질량은 0.02299 kg/mol이다. 온도가 500 K일 때 Doppler 분산에 의한 진동수 분포에 대한 표준 편차는 708.7 Hz이다.

2.5 이상기체의 압력

이상기체가 담긴 용기의 벽이 평편(flat)하고 분자들이 벽과 탄성(elastic) 충돌을 가정하면 이상기체의 압력을 구할 수 있다. 이는 이상기체가 벽과 충돌할 때 운동 에너지를 잃지 않음을 의미한다. 평편한 벽과의 충돌은 거울(specular)면으로 이는 그림 6.11에서 보는 바와 같이 입사각과 반사각이 같음을 의미한다.

이 그림에서 한 분자가 yz면에서 벽과 충돌할 때 v_y와 v_z는 변화하지 않고 v_x의 부호가 반대가 된다. 그래서 값 $v_x^2 + v_y^2 + v_z^2$은 벽과의 충돌에서 변화하지 않는다.

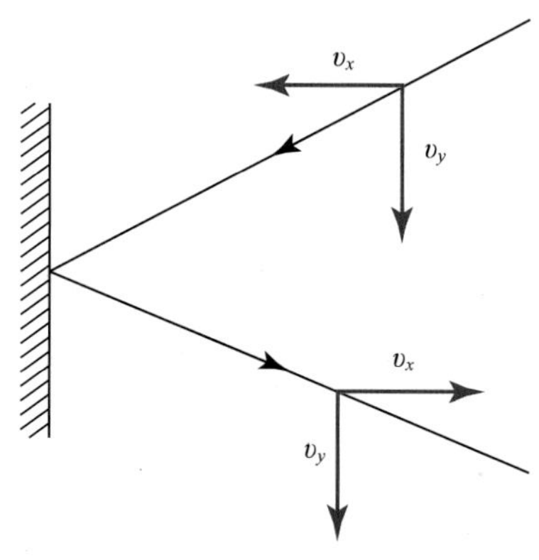

그림 6.11 거울면으로 가정한 벽과 한 분자와의 충돌.

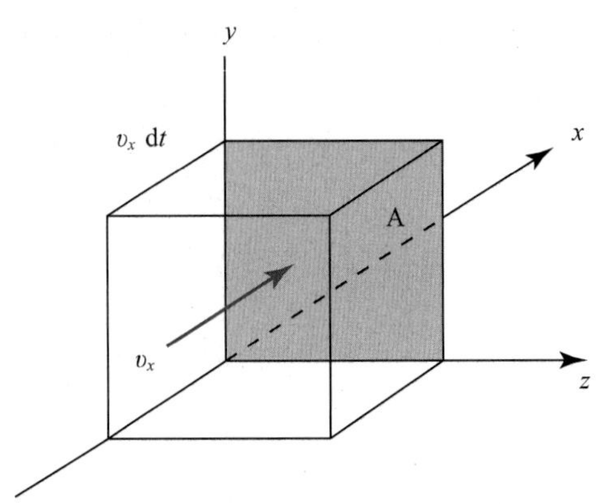

그림 6.12 면적이 A인 벽에 속도 v_x를 가진 분자와의 충돌.

압력은 벽이 분자들을 일정한 부피에 붙잡아 두기 위해 가해주는 단위 면적당 힘이다. x방향으로 평균 힘 $< F_x >$는 벽을 때리는 분자의 x방향의 모멘텀의 시간 변화 속도와 같다. 즉,

$$< F_x > = ma_x = m\frac{dv_x}{dt} = \frac{d(mv_x)}{dt} \tag{6.103}$$

그림 6.12에서 보는 대로 yz면의 충돌 면적 A의 분자들을 고려하자. y와 z방향으로의 모멘텀은 변화하지 않으므로 분자의 모멘텀 변화는 x방향으로 $-2mv_x$이다. 여기서 $v_x \geq 0$는 충돌 전의 속력이다. 시간 dt에서 속력 v_x를 갖는 분자는 그 분자가 부피 $v_x dt\,A$ 안에 있다면, 표면과 충돌하게 된다. 분자는 기체의 부피 내에 무작위 분포를 한 것으로 가정하기 때문에 범위 v_x와 $v_x + dv_x$에서의 속도를 갖고 시간 dt에 벽에 충돌하는데 필요한 거리 내에서 가능한 분자수는

$$Nf(v_x)\,dv_x\left(v_x dt\,\frac{A}{V}\right) \tag{6.104}$$

이다. 괄호 속의 인자는 시간 dt 내에 벽을 치는 분자의 부피를 전체 부피로 나눈 값이다. 이는 무작위 공간 분포에서 표면과 충돌하는 부피 내에서 분자를 발견할 확률이다. 기체에 의해 표면에 가해진 힘을 구하기 위해 식 (6.104)에 분자의 음의 모멘트 변화량 $+2mv_x$을 곱하고, dt로 나누고 모든 양의 v_x에 대하여 적분한다. 그러므로 x방향으로의 평균 힘은

$$< F_x > = N\int_0^\infty dv_x 2mv_x f(v_x) v_x \frac{A}{V} \tag{6.105}$$

$f(v_x)$값을 대입하면

$$< F_x > = \frac{NA}{V} 2m \sqrt{\frac{m}{2\pi kT}} \int_0^\infty dv_x\, v_x^2\, e^{-mv_x^2/2kT}$$

$$= \frac{NA}{V} 2m \sqrt{\frac{m}{2\pi kT}} \left(\frac{2kT}{m}\right)^{3/2} \int_0^\infty dx\, x^2\, e^{-x^2} = \frac{NA}{V} kT \qquad (6.106)$$

압력은 단위 면적당 힘이므로

$$P = \frac{NkT}{V} \qquad (6.107)$$

으로 이는 이상기체의 상태 방정식이다.

2.6 표면과의 충돌과 분출

기체와 고체와의 반응을 연구하는데 단위 시간당 면 표면(plane surface)을 충돌하는 기체 분자수를 계산하는 것이 필요하다. 더불어 분자들이 작은 입구를 통하여 진공 상태의 용기 내로 지나가는 분출(effusion) 속도를 계산하는 것이 필요하다. 작은 구멍의 경우 그 속도는 bulk gas의 평형 속력 분포를 깨뜨릴 만큼 크지 않다. 더욱이 평균 자유 경로는 구멍의 직경보다 큰 것으로 가정하여 구멍 주위에서 충돌은 무시한다.

앞절에서 시간 dt에 면적 A의 벽과의 충돌수는 식 (6.104)의 $Nf(v_x)dv_x\left(v_x dt \frac{A}{V}\right)$ 였다. 여기서 N은 부피 V에 있는 분자수이다. 벽과의 충돌수 또는 작은 구멍을 지나는 분자수는 플럭스(flux) J_N으로 논의하는 것이 편리하다. 이는 단위 시간당 단위 면적당 벽을 충돌하거나 가상의 면을 지나는 입자 수를 말한다. 그러면

$$J_N = \int_0^\infty \left(\frac{N}{V}\right) f(v_x)\, v_x\, dv_x = \rho \int_0^\infty f(v_x)\, v_x\, dv_x \qquad (6.108)$$

여기서 ρ는 입자 밀도(number density) $\frac{N}{V}$이다. 식 (6.74)와 표 6.3을 사용하면,

$$J_N = \rho \sqrt{\frac{kT}{2\pi m}} \qquad (6.109)$$

평균 속도식 (6.91)을 대입하면

$$J_N = \frac{\rho < v >}{4} \qquad (6.110)$$

이상기체의 경우 $P = \rho kT$이므로 식 (6.109)는

$$J_N = \frac{P}{\sqrt{2\pi mkT}} \tag{6.111}$$

으로 된다.

순수 물질인 경우 작은 구멍을 통한 분출 속도 J_N의 측정은 압력을 계산할 때 사용된다. 이것이 고체나 액체의 증기압을 측정하는 Knudsen 방법의 기초이다. 고체나 액체는 작은 구멍을 가진 용기에 놓인다. 이 용기는 진공 챔버 내에 놓이고 용기와 시료의 질량 손실 Δw를 시간 t 후에 측정한다. 구멍의 면적이 A라면 흐름은

$$J_N = \frac{\Delta w}{m\,t\,A} \tag{6.112}$$

으로 나타난다. 포화 증기압을 유지하기 위하여 고체와 액체의 큰 표면적이 노출되어야 한다. 만약 기체 샘플이 여러 가지 다른 질량을 가진 분자들이라면, 이 간단한 식을 사용할 수 없다. 예를 들면, 고온에서 흑연과 평형을 이루는 증기는 C_1, C_2, C_3, $C_4\cdots$을 함유한다. 일련의 온도에서 증기의 조성이 질량 분광기(mass spectroscopy)로 얻어질 때까지 반응 C(흑연)= C(g)에 대한 ΔH^0의 정밀한 값을 얻는 것은 가능하지 않다.

예제 6-4 분출 측정에 의한 증기압

Q 고체 베릴륨의 증기압을 Knudsen 셀에 의하여 측정되었다. 분출 구멍은 직경이 0.318 cm이고 1,457 K에서 60.1분 동안 9.54 mg의 질량 손실을 발견하였다. 증기압은 얼마인가?

A $J_N = \dfrac{\Delta w}{m\,t\,A} = \dfrac{\Delta w N_A}{M t A}$

$$= \frac{(9.54\times10^{-6})(6.023\times10^{23})}{(9.012\times10^{-3})(60\times60.1)(3.1416)(0.159\times10^{-2})^2} = 2.23\times10^{22}\ /\text{m}^2\text{s}.$$

$P = J_N\sqrt{2\pi mkT}$

$$=2.23\times10^{22}\left[\frac{2\times3.1416(9.012\times10^{-3})(1.38\times10^{-23})(1457)}{(6.022\times10^{23})}\right]^{1/2} = 0.968\ \text{Pa} = 0.968\times10^{-5}\ \text{bar}.$$

2.7 강구 분자의 충돌

기체상 분자의 반응은 분자간 퍼텐셜의 형태 때문에 아주 복잡하다. 여기서는 아주 간단한 분자 모델인 강구(hard sphere)를 사용한다. 이는 분자간 퍼텐셜은 중심간의 거리가 $\frac{1}{2}(d_1+d_2)$보

다 큰 거리에 있으면, 0으로 간주하는 것과 같다. 여기서 d_1, d_2는 두 분자의 직경이다. 그림 6.13에서 보듯이 짧은 거리에서는 퍼텐셜 에너지가 무한대이다. 따라서 강구 분자 1과 2는 그들의 중심간 거리가 $\frac{1}{2}(d_1+d_2)$가 되지 않는 한 반응하지 않고 이상적인 당구공처럼 재차 튕겨 나간다.

그림 6.14에서 보는 것처럼 분자가 같은 형태이면 거리 d가 분자의 직경 d 내의 중심이 놓이면 강구인 분자는 서로 충돌하고, 만약 다른 분자이면 $d_{12}=\frac{1}{2}(d_1+d_2)$ 내에 있으면 충돌한다. d_{12}를 충돌 거리(collision distance)라고 한다.

이제 타입(type) 1분자와 타입 2분자와의 충돌을 생각해 보자. 만약 타입 2분자가 정지해 있다면 단위 시간 안에 타입 1분자는 부피 $\pi d_{12}^2 v_1$의 실린더 내에 센터를 갖는 모든 타입 2분자와 충돌하게 된다. 간단한 계산에 의하면 타입 1분자는 단위 시간당 $\pi d_{12}^2 v_1 \rho_2$ 충돌을 하게 된다. 여기서 ρ_2는 단위 부피당 타입 2분자의 수이다. 그러나 타입 2분자는 정지 상태가 아니므로 타입 1분자가 타입 2분자와의 충돌 속도 Z_{12}의 계산에는 상대적인 속력 v_{12}가 필요하다. 그래서

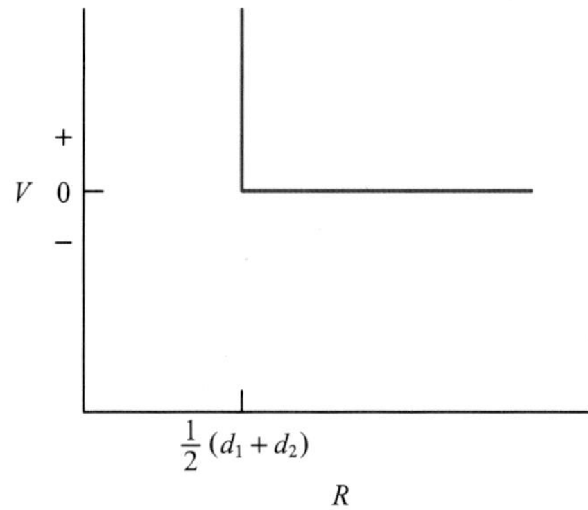

그림 6.13 거리 R의 함수로 나타낸 퍼텐셜 에너지.

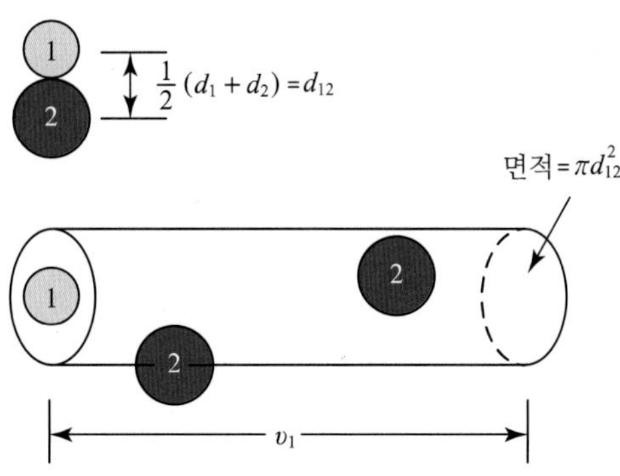

그림 6.14 강구 분자의 충돌.

$$z_{12} = \rho_2 \pi d_{12}^2 \int f(v_1) f(v_2) v_{12} dv_1 dv_2 \tag{6.113}$$

여기서 각각의 분자에 대한 분포 함수의 곱에 대하여 평균을 취하였다. 양 z_{12}는 타입 1분자가 타입 2분자와의 충돌 빈도(collision frequency)라고 부른다. 왜냐하면 그것은 1/s 단위를 갖기 때문이다. 주지할 것은 곱 $f(v_1)f(v_2)$는 지수항에 입자 1과 입자 2의 운동 에너지합을 포함한다. 입자 1과 입자 2의 운동 에너지 합은 질량 중심의 운동 에너지와 상대적인 운동 에너지합으로 전환시킬 수 있다. 더욱이 부피 요소 $dv_1 dv_2$는 부피 요소 $dv_1 dv_{CM}$으로 된다. 질량 중심에 걸친 적분은 1이 된다. 각도에 대한 적분 후에는

$$z_{12} = \rho_2 \pi d_{12}^2 \int f(v_{12})\, v_{12} dv_{12} \tag{6.114}$$

여기서

$$f(v_{12}) = 4\pi \left(\frac{\mu}{2\pi k T} \right)^{3/2} v_{12}^2 e^{-\mu v_{12}^2 / 2kT} \tag{6.115}$$

이고 μ는 환산 질량(reduced mass)으로 $\mu = m_1 m_2 / (m_1 + m_2)$이다. 식 (6.114)의 적분은

$$z_{12} = \rho_2 \pi d_{12}^2 \sqrt{\frac{8kT}{\pi\mu}} = \rho_2 \pi d_{12}^2 < v_{12} > \tag{6.116}$$

타입 2분자의 밀도 ρ_2는 SI 단위로 m^{-3}, 충돌 직경은 m, 상대적인 속력 $< v_{12} >$는 m/s이므로 충돌 빈도는 s^{-1} 단위이다.

식 (6.116)은 새로운 형태의 분자 속력, 즉 평균 상대 속도(mean relative speed) $< v_{12} >$를 나타낸다. 이는

$$< v_{12} > = \sqrt{\frac{8kT}{\pi\mu}} \tag{6.117}$$

식 (6.117)의 양변을 제곱하고 환산 질량의 정의를 적용하면

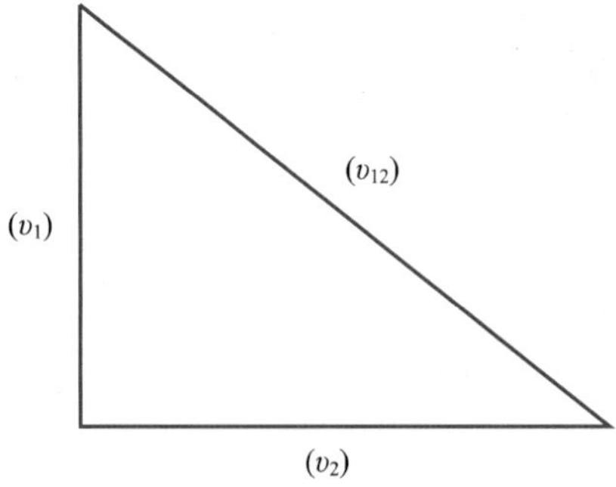

그림 6.15 평균 상대 속도 $<v_{12}>$.

$$< v_{12} >^2 = \frac{8kT}{\pi}\left(\frac{1}{m_1}+\frac{1}{m_2}\right) = < v_1 >^2 + < v_2 >^2 \tag{6.118}$$

이는 그림 6.15에서 피타고라스 정리를 사용하여 $< v_{12} >$를 생각할 수 있다. 분자 1과 2는 경로 사이에서 0°와 180° 사이에서 서로 충돌할 수 있다. 그러나 식 (6.118)에서 평균 충돌은 90°이다. 같은 입자의 충돌에서는 $< v_{11} >^2 = 2 < v_1 >^2$. 그래서 $< v_{11} > = \sqrt{2} < v_1 > = \sqrt{2} < v >$로 나타낼 수 있다.

예제 6-5 다른 두 개의 분자의 평균 상대 속력

Q 298 K에서 산소 분자에 대한 수소 분자(또는 수소 분자에 대한 산소 분자)의 평균 상대 속력은 얼마인가?

A 분자 질량은

$$m_1 = \frac{2.016\times 10^{-3}}{6.022\times 10^{23}} = 3.348\times 10^{-27}\ \text{kg.}$$

$$m_2 = \frac{32.000\times 10^{-3}}{6.022\times 10^{23}} = 5.314\times 10^{-26}\ \text{kg.}$$

$$\mu = [(3.348\times 10^{-27})^{-1} + (5.314\times 10^{-26})^{-1}]^{-1} = 3.150\times 10^{-27}\ \text{kg.}$$

$$< v_{12} > = \sqrt{\frac{8kT}{\pi\mu}} = \sqrt{\frac{8(1.381\times 10^{-23})(298)}{\pi(3.150\times 10^{-27})}} = 1{,}824\ \text{m/s.}$$

평균 상대 속력은 산소 분자의 평균 속력(482 m/s) 보다 수소 분자의 평균 속력(1,920 m/s)에 가깝다.

만약 타입 1분자가 타입 2분자가 아니라 타입 1분자 사이를 움직인다면, 식 (6.116)은

$$z_{11} = \rho\pi d^2 < v > \tag{6.119}$$

가 된다. 왜냐하면 $\sqrt{\frac{8kT}{\pi\mu}}$ 는 $\sqrt{2} < v >$로 되고, $\frac{1}{\mu} = \frac{1}{m} + \frac{1}{m} = \frac{2}{m}$기 때문이다. 충돌 빈도 z_{11}은 타입 1분자와 타입 1분자와의 충돌 속력이다.

화학 반응 속도와 연결하여 단위 시간당 단위 부피당 충돌수에 관심이 있게 된다. 이 양은 충돌 밀도(collision density)라고 하며 이를 Z로 나타낸다. 기체의 단위 시간당 단위 부피당 타입 1분자와 타입 2분자와의 충돌수 Z를 계산하기 위해서는 z_{12}에 입자 밀도(number density) ρ_2를 곱한다. 즉,

$$Z_{12} = \rho_1\rho_2\pi d_{12}^2 < v_{12} > \tag{6.120}$$

그리고 기체에서 단위 시간당 단위 부피당 타입 1분자가 타입 1분자와의 충돌수는

$$Z_{11} = \frac{1}{2}\rho^2 \pi d^2 < v_{11} > = \frac{1}{\sqrt{2}}\rho^2 \pi d^2 < v > \qquad (6.121)$$

여기서 $\frac{1}{2}$이 소개된 것은 각각의 충돌이 두 번 계산됨을 피하기 위한 것이고, $< v_{11} >$은 $\sqrt{2} < v >$으로 된다. 충돌 밀도는 mol/m³s이다.

충돌 밀도는 두 가지 기체 분자가 반응하는 속도의 상부 극한을 나타낸다. 실제의 화학 반응은 충돌 속도보다 더 작다. 이는 모든 충돌은 반응되지 않음을 나타낸다. 25 ℃에서 4개 기체에 대한 충돌 빈도와 충돌 밀도를 표 6.5에 나타내었다. 충돌 밀도는 mol/Ls로 나타냈다. 왜냐하면 화학 반응은 이 단위로 고려하는 것이 더 쉽기 때문이다.

표 6.5 298 K에서 4개 기체에 대한 충돌 빈도 z_{11}과 충돌 밀도 Z_{11}.

기체	z_{11} / s^{-1}		Z_{11} / mol L^{-1} s^{-1}	
	1 bar	10^{-6} bar	1 bar	10^{-6} bar
H_2	14.13×10^9	14.13×10^3	2.85×10^8	2.85×10^{-4}
O_2	6.25×10^9	6.224×10^3	1.26×10^8	1.26×10^{-4}
CO_2	8.81×10^9	8.81×10^3	1.58×10^8	1.58×10^{-4}
CH_4	11.60×10^9	11.60×10^3	2.08×10^8	2.08×10^{-4}

예제 6-6 충돌 빈도와 충돌 밀도

Q 1 bar, 25 ℃에서 산소 분자에 대하여 충돌 빈도와 충돌 밀도를 구하라.

A 산소의 충돌 직경은 0.361 nm이다.

$$< v > = \sqrt{\frac{8RT}{\pi M}} = \sqrt{\frac{8(8.3145)(298)}{\pi(32\times10^{-3})}} = 444 \text{ m/s.}$$

입자 밀도(number density)는

$$\rho = \frac{N}{V} = \frac{PN_A}{RT} = \frac{1(6.022\times10^{23})(10^3 L/\text{m}^3)}{(0.083145\,L\text{bar}/K\text{mol})(298)} = 2.43\times10^{25}/\text{m}^3.$$

충돌 빈도는

$$z_{11} = \sqrt{2}\,\rho\pi d^2 < v >$$
$$=(1.414)(2.43\times10^{25}/\text{m}^3)\pi(3.61\times10^{-10}\text{ m})^2(444\text{ m/s})=6.24\times10^9/\text{s}.$$

그리고 충돌 밀도는

(계속)

$$Z_{11} = \frac{1}{\sqrt{2}}\rho^2 \pi d^2 < v >$$
$$=(0.707)(2.43\times 10^{25}/\mathrm{m}^3)^2 \pi (3.61\times 10^{-10}\ \mathrm{m})^2(444\ \mathrm{m/s})$$
$$=7.58\times 10^{34}/\mathrm{m}^3\mathrm{s}=(7.58\times 10^{34}/\mathrm{m}^3\mathrm{s})\ (10^{-3}\ \mathrm{m}^3/\mathrm{L})/(6.02\times 10^{23}/\mathrm{mol})$$
$$=1.26\times 10^8\ \mathrm{mol/Ls}.$$

예제 6-7 충돌 빈도와 충돌 밀도 사이의 관계

Q 앞의 예제에서 얻은 z_{12}와 Z_{12} 그리고 z_{11}과 Z_{11}과의 관계는 어떠한가?

A 관련된 식을 비교하면 $Z_{12} = \rho_1 z_{12}$이다. 타입 1과 2 사이의 단위 부피당, 단위 시간당 충돌수는 타입 1분자의 밀도 ρ_1에 두 형태의 충돌 빈도와의 곱이다. 또한 $Z_{11} = \frac{1}{2}\rho z_{11}$이다. 같은 형태의 분자 사이의 단위 시간당, 단위 부피당 충돌수는 분자의 밀도에 충돌 빈도를 곱한 값이다. 1/2는 이중 계산을 피하기 위한 것이다.

평균 자유 경로(mean free path) λ는 충돌 사이에 운동한 평균 거리이다. 비록 이것은 직접 측정할 수 없는 양일지라도 이는 아주 유용한 개념이다. 이는 단위 시간당 움직인 평균 거리를 충돌 빈도로 나눈 값이다. 같은 분자를 지나는 분자에 대하여

$$\lambda = \frac{< v >}{z_{11}} = \frac{1}{\sqrt{2}\,\rho \pi d^2} \tag{6.122}$$

이 된다. 충돌 직경 d는 온도에 무관하다고 가정하여 평균 자유 경로의 온도와 압력 의존은 이상기체의 식 $\rho = \frac{P}{kT}$를 적용하여 구한다. 즉,

$$\lambda = \frac{kT}{\sqrt{2}\,\pi d^2 P} \tag{6.123}$$

그래서 일정한 온도에서 평균 자유 경로는 압력에 역비례한다.

예제 6-8 평균 자유 경로의 계산

Q 25 ℃에서 산소의 충돌 직경은 0.361 nm이다.
(a) 1 bar 압력 (b) 0.1 Pa에서 평균 자유 경로는 몇 m인가?

(계속)

Ⓐ (a) 예제 6-7에서 1 bar에서 $\rho = 2.43 \times 10^{25}/m^3$이다. 식 (6.57)에서

$$\lambda = \frac{1}{\sqrt{2}\rho\pi d^2} = \left[(1.414)(2.43\times10^{25})\pi(3.61\times10^{-10})\right]^{-1} = 7.11\times10^{-8}\text{ m.}$$

그리고 (7.11×10^{-8})m/$(3.61\times10^{-10}$ m$)$=197 분자 직경.

(b) $$\rho = \frac{P}{kT} = \frac{(0.1)(6.022\times10^{23})}{(8.3145)(298)} = 2.43\times10^{19}/\text{m}^3.$$

$$\lambda = \left[(1.414)(3.14)(3.61\times10^{-10})(2.43\times10^{19})\right]^{-1} = 0.071\text{ m} = 7.1\text{ cm.}$$

그리고 (7.11×10^{-2})m/$(3.61\times10^{-10}$ m$)$=197×10^8 분자 직경.
압력이 낮아져 평균 자유 경로가 용기의 차원과 같아지면, 기체의 흐름 특성은 압력이 높을 때와 현저하게 달라진다.

2.8 충돌에서 분자간 반응의 영향

기체 분자들 사이의 충돌은 앞에서 논의한 것보다 더 복잡하다. 왜냐하면 분자간 인력과 척력이 존재하기 때문이다. Lennard-Jones 퍼텐셜의 논의와 연결하여 분자가 서로 접근함에 따라 먼저 분자간 인력이 있고, 그 다음 더 짧은 거리에서는 반발이 있다. 그림 6.16에서 보는 바와

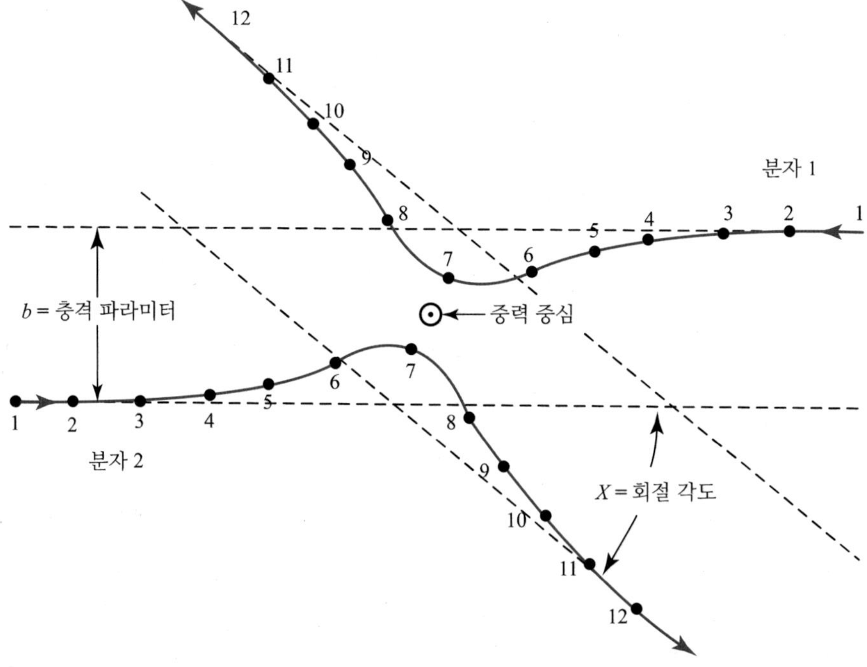

그림 6.16 충격 파라미터가 b인 구형 대칭에서 두 분자 사이의 충돌(From R.J. Silbef. R.A. Alberty, and M.G. Bawendi, physical chemistry, 4th. ed. wiley and Sons(2005)).

같이 두 개의 충돌하는 분자의 경로를 나타내는데 두 분자의 질량 중심은 정지 상태이고 운동은 지면에 국한된다. 수 1, 2, 3 …은 두 분자의 연속된 위치를 나타낸다. 분자가 접근함에 따라 그들은 먼저 끌어당기고 경로는 함께 끌린다. 두 분자가 좀 더 가까이 접근하면 서로 배척하여 그들의 경로는 발산된다. 반응 후 분자의 경로는 처음 경로와 각도 χ를 이룬다.

충돌의 초기 파라미터는 상대적인 운동 에너지 $\left(\frac{1}{2}\mu v_{12}^2\right)$와 충격 파라미터(impact parameter) b이다. 충격 파라미터는 분자간 반응이 없다면 분자가 서로 지나갈 수 있는 최소 거리이다. 만약 b가 크면 화절각도 χ는 작아진다.

충격 파라미터의 여러 가지 값에서 충돌과 접근하는 두 분자의 운동 에너지에 대한 궤적이 그림 6.17에 나타냈다. 여기서 한 분자는 여러 가지 충격 파라미터로 위에서 접근하고 다른 분자는 대칭 형태로 아래에서 접근한다. 그림 6.17(a)에서 낮은 에너지 충돌은 아주 복잡한 패턴을 보여 준다. 큰 값의 b에서 분자들은 전체 궤적을 따라 서로 끌어당기고 정의에 의해 편향(deflection)은 반발력이 느껴질 때까지 점점 더 음이 된다. 충격 파라미터가 더 감소하면 반발력이 지배하여 큰 값의 양의 편향이 된다. 정면(Head-on) 충돌일 경우($b=0$)에는 편향이 180°이다. 그림 6.17(b)에서 고에너지는 강구의 충돌에서 기대되는 것과 똑같지는 않으나 그

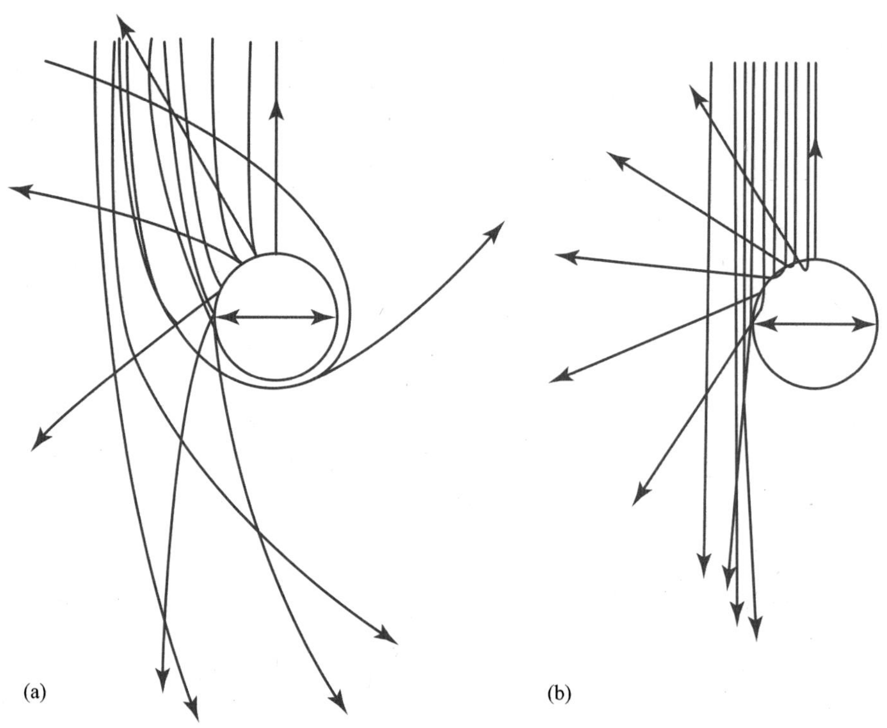

그림 6. 17 Lennard-Jones 퍼텐셜에 의해 반응하는 한 쌍의 분자의 궤적. (a) 저에너지 분자, (b) 고에너지 분자.

에 가까운 결과를 제공한다. 산란각 χ는 분자간 반응 충격 파라미터 그리고 두 분자의 상대적인 운동 에너지에서 구할 수 있다.

Lennard-Jones 퍼텐셜에 의해 반응하는 분자의 충돌을 고전적으로 고려할 때에는 단면적이 무한대일 때 다소 불만족스러운 상황이 된다. 그림 6.17에서 큰 값의 b에서조차 약간의 편향을 갖는다. 이는 양자역학적으로 구해진다.

2.9 기체에서 전달 현상

만약 한 기체가 조성, 온도 그리고 속도에 있어서 균일하지 않으면, 균일해질 때까지 기체의 전달 과정이 일어난다. 벌크 유동(Bulk flow)이 없을 때 물질의 전달은 확산(diffusion)이라고 한다. 열의 대류(convection)가 없이 높은 온도 영역에서 낮은 온도 영역으로의 열전달은 열전도(thermal conduction)라고 하고, 높은 속도 영역에서 낮은 속도 영역으로의 모멘텀 전달은 점성 유동(viscous flow)의 현상을 가져온다. 각각의 경우 유동의 속도는 거리에 따른 어떤 특성의 변화 속도, 즉 구배에 비례한다.

확산에 의한 z방향으로 성분 i의 플럭스(flux)는 Fick의 법칙에 의해 농도 구배 $\frac{dC_i}{dz}$에 비례한다. 즉,

$$J_{iz} = -D\frac{dC_i}{dz} \tag{6.124}$$

비례 상수는 확산 계수 D이다. 플럭스 J_{iz}는 단위 면적당 단위 시간당의 양으로 나타낸다. SI 단위를 사용하면 J_{iz}는 mol/m²s, $\frac{dC_i}{dz}$는 mol/m⁴ 그리고 D는 m²/s이다. 음의 부호는 C_i가 양의 z방향으로 증가한다면 $\frac{dC_i}{dz}$는 양이나, 플럭스는 음의 z방향으로 흐른다. 왜냐하면 유동은 더 낮은 농도의 영역으로 흐르기 때문이다.

한 기체에서 다른 기체로의 확산에 대한 확산 계수는 그림 6.18(a)와 같은 셀의 사용으로 결정한다. 무거운 기체는 챔버 A에 더 가벼운 기체는 챔버 B에 놓인다. 미끄러지는 분리막은 일정 시간 간격에서 제거된다. 시간 간격 후에 한 챔버에서 다른 챔버로의 평균 조성에서 D를 계산할 수 있다.

열전달은 온도에서의 구배에 의한 것이다. 그래서 z방향으로 온도 구배에 의한 에너지 q_z의 플럭스는

$$q_z = -\kappa\frac{dT}{dz} \tag{6.125}$$

으로 표현된다. 비례 상수 κ는 열전도도(thermal conductivity)이다. q_z의 단위가 J/m²s이고, $\frac{dT}{dz}$

는 K/m이면 κ는 J/msK이다. 음의 부호는 더 낮은 온도로 진행됨을 나타낸다.

가열된 와이어에 의한 열전도도 측정은 그림 6.18(b)에 도식적으로 나타냈다. 외부 실린더는 제어된 욕조(bath)에 의해 일정한 온도로 유지된다. 튜브는 관련된 기체로 채워졌다. 튜브의 축에 미세한 와이어가 전기적으로 가열된다. 정상 상태가 이루어지면 와이어의 온도는 전기적인 저항으로 결정된다. 열전도도는 와이어와 벽의 온도, 열손실과 장치의 칫수에서 결정된다.

열확산(thermal diffusion)은 $\dfrac{dT}{dz}$의 온도 구배에 의한 재료의 흐름이다. 열확산 계수가 질량에 의존한다는 것은 이 효과를 이용하여 동위원소를 분리할 수 있다.

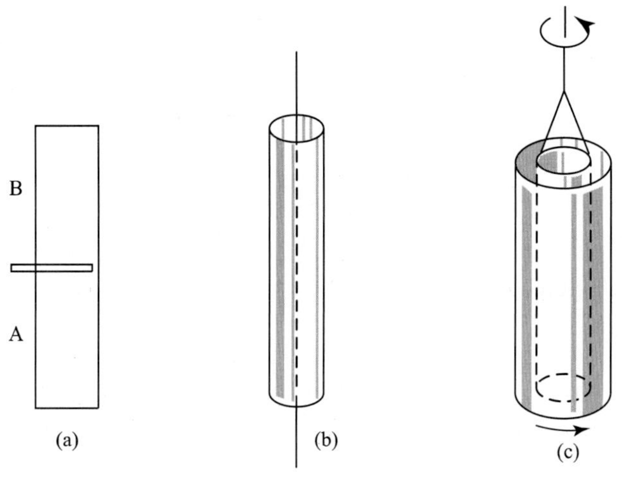

그림 6.18 (a) 확산 계수 측정 장치, (b) 열전도도 측정 장치, (c) 점성 측정 장치.

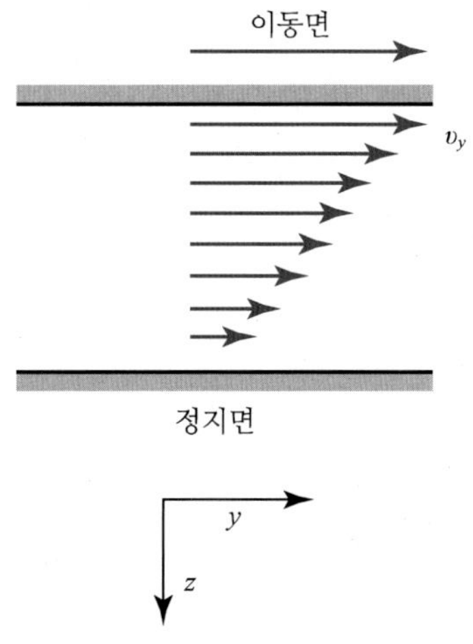

그림 6.19 전단 응력에 의한 유체 내의 속도 구배.

점성(viscosity)은 유체가 전단힘(shearing force)을 받았을 때 유체의 저항에 관한 척도이다. 그림 6.19에서처럼 평행한 면 사이의 유체를 생각해 보자. 상부면이 하부면에 대하여 y방향으로 일정한 속력으로 움직이고, 두 변의 간격은 일정하게 유지된다고 하자. 면은 아주 커서 모퉁이 효과는 무시된다. 움직이는 면에 바로 이웃한 유체의 층은 면의 속도로 움직인다. 정지된 면 다음 층은 정지 상태이고, 두 속도 사이에는 선형적으로 변화된다. 흐름의 방향에 수직하게 측정된 속도 구배는 $\frac{dv_y}{dz}$로 나타낸다. 점도(viscosity) η는 다음과 같이 정의된다.

$$F = -\eta\frac{dv_y}{dz} \tag{6.126}$$

여기서 F는 한 면을 다른 면에 대하여 움직일 때 요구되는 단위 면적당 힘이다. 음의 부호는 F가 $+y$방향이고 v_y는 움직이는 면에서 멀어질수록 감소하므로 $\frac{dv_y}{dz}$는 음이 된다.

F의 단위는 kgm/s^{2}m^{2}이고 $\frac{dv_y}{dz}$는 ms^{-1}/m 이므로 점도 η는 kg/ms이다. 유체는 1 N이 1 m^{2}의 면을 평행한 면에서 1 m/s의 속도로 움직이는데 요구된다면, 유체는 1 Pa s의 점도를 갖는다. 비록 점도가 편리하게 가상적인 실험으로 정의되었지만, 유체에서 회전하는 디스크상의 토크 또는 다른 실험에서 튜브를 통하여 유체의 흐름을 결정하여 쉽게 측정된다. 그림 6.18(c)에서 밖의 실린더는 전기 모터로 일정한 속도로 회전된다. 내부의 동축 실린더는 비틀림 와이어(tortional wire)에 매달려 있다. 토크는 유체에 의해 내부 실린더에 전달되고 이 토크는 비틀림 와이어의 비틀린 각도(angular twist)로부터 계산된다.

2.10 전달 계수의 계산

강구 모델일지라도 앞에서 소개된 전달 계수(D, κ, η)를 계산하기 위해서는 Maxwell-Boltzmann 분포가 농도, 온도, 속도의 구배에 의해 어떻게 방해받는 가를 고려할 필요가 있다. 그런 예는 매우 복잡하여 더 전문적인 문헌을 참고해야 한다.

그럼에도 불구하고 크게 단순화된 논의로 좋은 정량적인 이해를 얻을 수 있다. z방향으로의 농도 구배에서 분자의 확산을 생각해 보자. $z=0$에 있다고 가정하여 $z=\pm\lambda$에서 xy면에 평행한 면을 만든다. 여기서 λ는 평균 자유 경로이다. 즉, 평균 자유 경로에서 면을 선택하였다. 왜냐하면 더 먼 점에서의 분자는 $z=0$에 도달하기 전에 충돌을 겪게 된다(그림 6.20). $z=0$을 가로지르는 입자의 플럭스를 계산해 보자.

상부 분자들이 $z=0$면을 가로지르는 플럭스는

$$J_+ = \left[\rho_0 + \lambda\left(\frac{d\rho}{dz}\right)\right]\frac{< v >}{4} \tag{6.127}$$

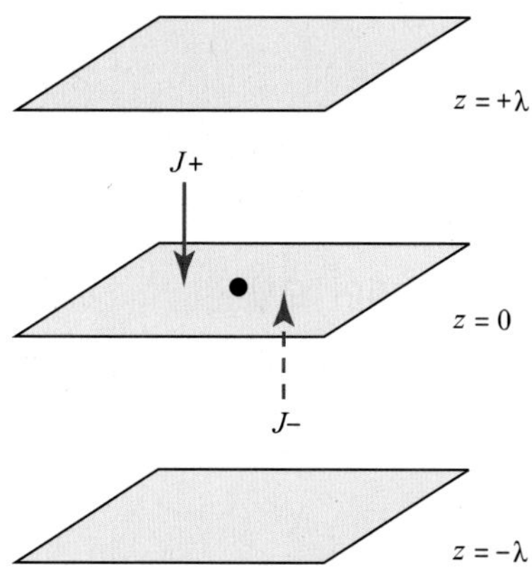

그림 6.20 원점에서 ± λ에 구축된 면들.

여기서 ρ_0는 $z=0$면에서 임의의 입자 밀도이다. 식 (6.110)을 사용하여 $z=\pm\lambda$에서 입자의 밀도는 괄호 속의 항으로 주어졌다. 유사하게 $z=0$에 하부 분자에 의한 $z=0$면을 가로지르는 플럭스는

$$J_{-} = \left[\rho_0 - \lambda\left(\frac{d\rho}{dz}\right)\right] \frac{< v >}{4} \tag{6.128}$$

따라서 전체 플럭스는

$$-\frac{1}{2}< v > \lambda \left(\frac{d\rho}{dz}\right) \tag{6.129}$$

이 식을 식 (6.124)와 비교하면

$$D_a = \frac{1}{2}< v > \lambda = \sqrt{\frac{kT}{\pi m}} \frac{1}{\rho\pi d^2} \tag{6.130}$$

여기서 아래첨자 'a'는 근사적임(approximation)을 나타낸다.

강구 확산 계수의 정확한 이론적인 표현은

$$D = \frac{3\pi}{8} \sqrt{\frac{kT}{\pi m}} \frac{1}{\rho\pi d^2} \tag{6.131}$$

으로 크게 단순화된 모델은 좋은 정성적인 결과를 보인다.

강구에 의한 열전도도의 유사한 모델은 다음의 근사식을 제공한다.

$$\kappa_a = \frac{1}{3}\frac{\overline{C}_v}{N_A}\lambda < v > \rho = \frac{2}{3}\frac{\overline{C}_v}{N_A}\sqrt{\frac{kT}{\pi m}} \frac{1}{\pi d^2} \tag{6.132}$$

강구에 대한 정확한 표현은

$$\kappa = \frac{25\pi}{32}\frac{\overline{C}_v}{N_A}\sqrt{\frac{kT}{\pi m}}\frac{1}{\pi d^2} \tag{6.133}$$

마지막으로 강구에 대한 점성의 근사적인 모델은

$$\eta_a = \frac{1}{3}\rho < v > m\lambda = \frac{2}{3}\sqrt{\frac{kT}{\pi m}}\frac{m}{\pi d^2} \tag{6.134}$$

반면에 정확한 표현은

$$\eta = \frac{5\pi}{16}\sqrt{\frac{kT}{\pi m}}\frac{m}{\pi d^2} \tag{6.135}$$

비록 근사적인 이론은 너무 작은 결과를 가져오나 T, m, ρ에의 의존성은 정확한 이론과 일치한다. 정확한 표현은 실험적인 전달 계수에서 분자 분포를 계산하는 데 사용할 수 있다. 주지할 것은 실제 분자는 강구임을 의미하는 것은 아니다. 사실 실험에서 모델을 강요한다. 표 6.6에서 보인 결과는 데이터 분석에서 분자의 직경과 일치하는 집합을 보인다.

앞에서 논의된 식을 정확한 식으로 간주하는 것은 첫 번째 근사이고, 더 높은 근사는 D, κ, η의 식에서 π와 정수의 항으로 나타낼 수 없다. 앞의 표현은 충돌 직경의 계산에 적합하나 좀 더 정확한 계수값이 알려져 있다.

표 6.6 273.2 K와 1 bar에서 기체의 점도와 열전도도 그리고 계산된 분자 직경.

기체	η	κ	분자 직경 d/nm	
	10^{-5} kg m^{-1} s^{-1}	10^{-2} J K^{-1} m^{-1} s^{-1}	η형	κ형
He	1.85	14.3	0.218	0.218
Ne	2.97	4.60	0.258	0.258
Ar	2.11	1.63	0.364	0.365
H_2	0.845	16.7	0.272	0.269
O_2	1.92	2.42	0.360	0.358
CO_2	1.36	1.48	0.464	0.458
CH_4	1.03	3.04	0.414	0.405

예제 6-9 한 기체의 점도

Q 273 K와 1 bar에서 분자 산소의 점도를 계산하라. 분자 직경은 0.360 nm이다.

A 강구에 대한 정확한 식을 사용하여

$$m = \frac{32.000\times10^{-3}}{6.022\times10^{23}} = 5.314\times10^{-26}\ \text{kg.}$$

$$\eta = \frac{5\pi}{16}\sqrt{\frac{kT}{\pi m}}\,\frac{m}{\pi d^2}$$

$$= \frac{5\pi}{16}\sqrt{\frac{(1.381\times10^{-23})(273.2)}{\pi(5.314\times10^{-26})}}\,\frac{5.314\times10^{-26}}{\pi(0.360\times10^{-9})^2}$$

$$= 1.926\times10^{-5}\ \text{kg/ms.}$$

연습문제

01 현상학적 열역학, 통계열역학 그리고 양자역학 학문 분야 사이의 주된 차이점을 정성적으로 설명하라.

02 3개의 에너지 레벨을 점유할 수 있는 10개의 입자로 구성된 시스템의 가능한 거시 상태의 수를 구하라.

03 다음에 열거한 분자들에 대한 평균 속력, 그리고 제곱근 평균 속력을 구하라. 10개의 분자 속력 5×10^2 m/s, 20개의 분자 속력 10×10^2 m/s 그리고 5개의 분자 속력 15×10^2 m/s.

04 25 ℃에서 산소 분자의 최빈도 속력, 평균 속력 그리고 제곱근 평균 속력을 구하라.

Thermodynamics

in

Materials Sciences

열역학은 가장 복잡한 종류의 시스템에서 물질이 어떻게 거동할 것인가를 결정하는 인자를 설명해주기 때문에 열역학은 재료과학(materials science)의 기초를 이룬다. 다른 과학이나 공학 분야보다도 재료과학은 열역학 장치의 모든 범위가 요구된다. 재료 특성을 제어하는 데 우선적으로 요구되는 미세구조(microstructure)가 어떻게 생겨나는가의 이해는 다성분(multicomponent), 다상(multiphase) 시스템의 상태도(phase diagrams)에서부터 시작된다.

환경과의 화학 반응은 고온에서 사용되는 재료의 유용한 활용 시간을 제한시키거나 또는 다른 환경에서 과정 중에 재료를 보호하는 데 사용된다. 흡착(adsorption)과 모세관 효과(capillarity effect)는 미세구조의 개발을 결정하는 주요 인자이다. 전기화학적 거동은 부식(corrosion)으로 재료를 손상시키거나 재료를 보호하거나 정제시키는 데 사용된다. 재료의 모든 응용 분야에 걸쳐 열역학의 응용됨을 차례로 소개한다.

PART

03

열역학 재료에의 응용

7 Chapter

Thermodynamics in Materials Sciences

일성분 불균일 시스템

1 서 론

한 시스템이 고려하고 있는 상태(states)들의 범위에서 하나의 화학 성분으로 구성되었다면, 그 시스템을 일성분계(unary system)라고 한다. 원소의 각각은 존재하는 전 범위에서 일성분계를 이룬다. CO_2 또는 H_2O와 같은 분자 화합물은 실험실에서 접하는 대부분의 온도와 압력 범위에서 일성분계로 취급할 수 있다. 그러나 이들이 현저한 양의 다른 분자로 분해되면 일성분계로 간주할 수 없다.

열역학적 견지에서 시스템이 한 개의 상(phase)으로 구성되었다면, 그 시스템은 균일(homogeneous)하다고 말한다. 좀 더 구체적으로 한 시스템의 인텐시브(intensive) 특성이 균일하거나 기껏해야 전체 시스템을 통하여 연속적으로 변화하면, 그 시스템은 한 개의 상으로 구성된다. 불균일 시스템은 한 개 이상의 상으로 구성된다. 약간의 인텐시브 특성은 상의 경계에서 불연속성(discontinuity)을 보인다.

모든 원소들은 적어도 3가지 다른 물질의 형태로 존재할 수 있다. 이는 우리에게 친근한 고체, 액체, 기체이다. 이와 더불어 많은 원소들은 고체 상태에서 한 개 이상의 많은 상의 존재를 보여 준다. 예를 들면, 순수 철(Fe)은 1기압 하에서 온도 910 ℃ 이하에서 평형을 이룰 때에는 체심 입방정(body centered cubic)의 결정 구조로 존재한다. 그러나 910 ℃와 1,455 ℃ 사이에는 면심 입방정(face centered cubic) 결정 구조로 존재한다. 이어 1,455 ℃와 녹는점 melting point) 1,537 ℃ 사이에서 다시 체심 입방정이 안정하다. 같은 원소의 다른 고체 형태를 동소체(allotrope)라고 부른다. BCC와 FCC는 철의 동소체 형태이다.

순수 철의 조각을 가역적으로 상온에서부터 가열하면 온도가 910 ℃가 될 때까지 철은

BCC로 남아 있다. 계속해서 가열하면 910 ℃ 이상으로 온도가 즉각 올라가지 않는다. 대신에 작은 결정의 FCC가 BCC 구조에서 핵생성되고, BCC 구조를 소멸시키며 다시 성장을 시작한다. 시스템에서 이 변태가 일어나려면 열의 입력이 필요하다. 결국 모든 BCC 구조가 FCC 상으로 변환되면 공급된 열은 FCC 구조의 온도를 증가시킨다. 1기압과 910 ℃에서 BCC에서 FCC로의 상변화를 동소체 변태(allotropic transformation)라고 부른다. 910 ℃ 아래에서 BCC 구조가 안정한 상이고, 910 ℃ 이상에서는 FCC 구조가 안정하다. 그래서 1기압, 910 ℃를 두 상의 안정성의 극한(limit of stability)이라 한다.

만약 910 ℃에서 BCC에서 FCC 구조의 철로 변태 중에 열의 흐름이 0이라면, BCC와 FCC 철의 혼합물(mixture)은 무한한 시간동안 평형 상태에서 공존한다. 이 두 상 시스템은 불균일(heterogeneous) 시스템이다. 이 시스템에서 일부인 BCC는 결정 구조의 인텐시브 특성, 즉 몰부피, 엔트로피, 내부 에너지 등을 갖고, 다른 부분인 FCC는 FCC 구조의 인텐시브 특성을 갖는다.

이 동소체 변태는 좀 더 일반적인 상변태(phase transformation)의 특별한 경우이다. 상변태는 시스템의 상의 형태에서 모든 변화에 적용할 수 있다. 녹음(melting), 용융(fusion)은 고상에서 액상으로의 변화이고, 끓음(boiling) 또는 증기화(vaporization)는 액상에서 기상으로의 변화로 이들 모두는 상변태의 친근한 예이다.

일성분계(unary system)뿐만 아니라 다성분(multicomponent) 시스템에서 상변태에 관한 모든 등급에서의 연구는 재료과학에서 아주 중요하다. 왜냐하면 이 과정들은 재료의 미세구조(microstructure)를 제어하기 때문이다. 재료의 많은 특성은 재료의 미세구조에 예민하므로 미세구조의 제어는 재료 특성의 제어와 같은 것이다.

한 특정한 원소의 주어진 상 형태가 안정한 한 세트의 열역학적 조건을 상태도(phase diagram)라 하며, 온도-압력 좌표로 그려진 도표에 간결하게 요약되어 있다. 그림 7.1과 7.2는 원소에 대한 상태도와 일성분계로 취급할 수 있는 다른 시스템의 상태도를 나타낸다. 이 상태도에서 라인은 상경계(phase boundary)라고 하며 시스템이 나타낼 수 있는 각 상 형태의 안정성에 대한 극한을 나타낸다. 이 라인들이 만나는 상 형태 사이에 상변태가 일어나는 온도와 압력의 조합으로 그 조건을 나타낸다. 경계에 놓인 온도와 압력의 조합에서 한 시스템은 도표에서 라인을 둘러싼 두 상의 혼합물로 구성된다. 만약 그 시스템이 (P, T) 도표상에 나타낸 임의의 경로로 가역 과정을 진행한다면, 그 경로가 라인에서 만나 온도-압력 변화는 정지되고 상변태가 일어난다. 구조 변화가 완성되면 (P, T) 경로를 따른 변화는 다시 시작된다.

그림 7.1과 7.2에서 단상(single phase) 영역의 안정성의 극한은 한 쌍의 상이 평형에서 공존하는 조건으로 정의된다. 일성분 2개상 시스템에서 평형의 조건을 정의하는 식들은 평형 조건을 찾는 일반적인 전략에서 유도되었다. 이 장에서는 평형에 관한 이 조건들이 일성분계 상태도를 만드는 규칙을 유도하는 데 응용됨을 보인다. 평형 조건에 관한 3개의 식이 적용되는

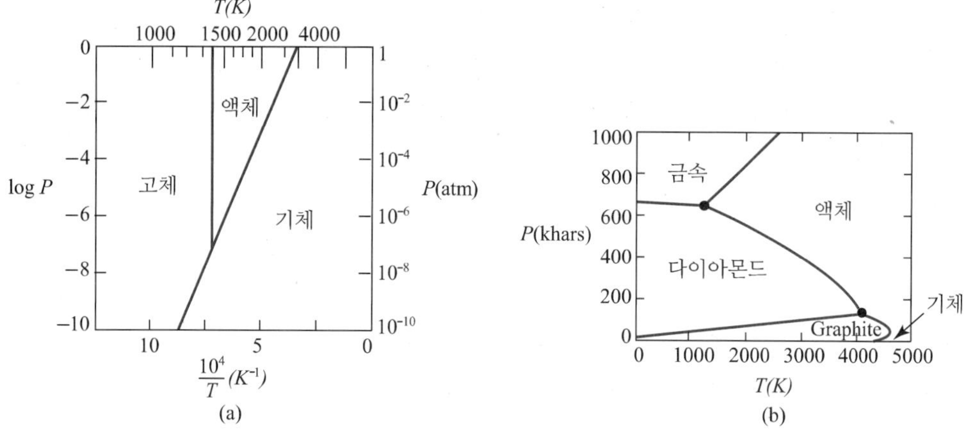

그림 7.1 원소에 대한 전형적인 상태도. (a) Cu, (b) C.

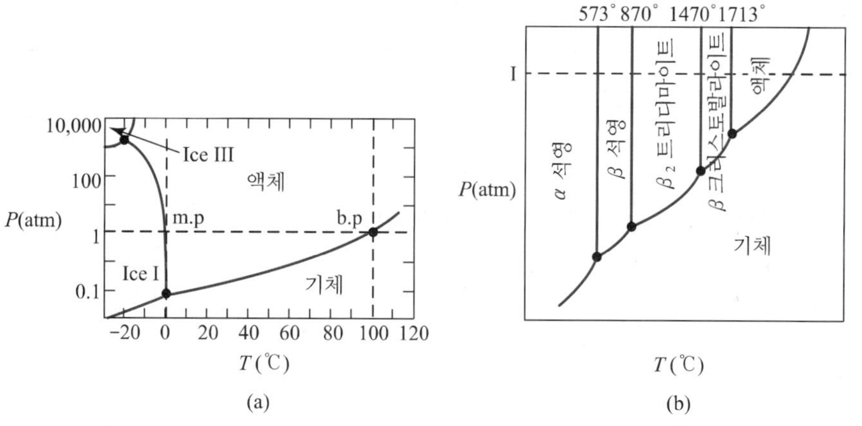

그림 7.2 상태도. (a) H_2O, (b) SiO_2.

Clausius-Clapeyron 식을 유도하는데 이로부터 상태도를 만든다. 실제 시스템에 대한 상경계의 계산과 정보가 부족한 상경계에 대한 예측들의 응용은 승화(sublimation), 기화(vaporization), 녹음 그리고 고체 – 고체 변태에 주어진다. 일반적인 전략의 역방향은 상변태에 대한 정보로부터 열역학적 특성의 예측이 가능케 한다.

일성분계에서 상의 안정성(phase stability) 영역의 가장 간단한 나타냄은 (P, T) 좌표로 나타낸 상태도에서 얻어진다. 다른 표현도 다른 변수의 조합으로 나타낼 수 있다. 어떤 목적으로 상태도는 (P, V) 또는 (S, V) 좌표로 나타낸다. 이러한 모든 그림은 같은 열역학적 기본을 공유한다. 그러나 각각의 나타냄은 상과의 관계에서 유일한 정보를 제공한다. 또한 상태도를 만드는 규칙은 다른 변수의 선택으로 달라진다. 다른 구축 방법은 6절에서 논의된다.

2 (P, T) 공간에서 일성분 상태도

그림 7.1과 7.2에서 보는 것처럼 P-T 면으로 나타낸 일성분 상태도에서 안정성의 극한(limit of stability)의 표현은 다음의 특성을 갖는다.

- 한 상의 안정 영역(domain)은 면적으로 나타난다.
- 평형에서 존재하는 두 상의 안정 영역은 라인이다.
- 평형에서 동시에 존재하는 3개상의 안정 영역은 삼중점(triple pont)인데, 이는 3개의 단상 면적과 3개의 두 상 라인이 만난다.
- 3개 이상의 상이 평형에서 존재하는 영역은 없다.

일성분계에서 이 특성들은 2개 또는 3개 상 구조에서 시스템의 상태를 나타내기 위한 평형 조건의 직접적인 결과이며, 변수 (P, T)를 선택한 이유이다. 이 특성은 9장에서 일반적 원리인 Gibbs 상규칙(phase rule)에서 도출할 수 있다. 이는 임의의 수의 성분 개수와 상의 수를 가진 상태도의 작성에 대한 규칙을 제공한다.

2.1 화학 퍼텐셜과 Gibbs 자유 에너지

도표로 나타내는 방법을 개발하기 위하여 먼저 화학 퍼텐셜과 몰 Gibbs 자유 에너지와의 연결을 확립하는 것이 필요하다. 다행히 이 연결은 일성분계에서 쉽게 얻어진다. 화학 퍼텐셜 항은 물질이 교환되는 열린계(open system)를 나타낸다. 열린계의 취급에서 시스템의 익스텐시브 특성을 나타내는데 인텐시브 특성과 비교를 위하여 프라임(′)을 붙인다. 프라임이 없는 특성은 인텐시브 특성을 나타낸다. 그래서 U'은 얼마의 몰수에 관계없이 시스템의 내부 에너지이고, 반면 U는 시스템의 몰 내부 에너지이다.

일성분 시스템에서 한 과정 중에 몰수가 변화되었다면, 열역학 1법칙과 2법칙이 결합된 식에 이 여분의 화학 퍼텐셜 항을 첨가하여 나타내면

$$dU' = TdS' - PdV' + \mu dn \tag{7.1}$$

으로 나타낼 수 있다. 여기서 화학 퍼텐셜은

$$\mu = \left(\frac{\partial U'}{\partial n}\right)_{S,\,V} \tag{7.2}$$

으로 내부 에너지의 시스템 성분에 관한 미분량이다.

이제 Gibbs 자유 에너지의 정의를 생각해 보자. 임의의 물질 몰수와 시스템 변수에 대하여

$$G' = U' + PV' - TS' \tag{7.3}$$

미분하면

$$dG' = dU' + PdV' + V'dP - TdS' - S'dT$$

dU'를 대입하면

$$dG' = TdS' - PdV' + \mu dn + PdV' + V'dP - TdS' - S'dT \tag{7.4}$$
$$dG' = -S'dT + V'dP + \mu dn$$

여기서 화학 퍼텐셜은

$$\mu = \left(\frac{\partial G'}{\partial n}\right)_{T,P} \tag{7.5}$$

이 식에서 G'은 시스템의 Gibbs 자유 에너지이다. G는 시스템의 몰당 Gibbs 자유 에너지이므로 $G' = nG$의 관계가 성립한다. 따라서

$$\mu = \left(\frac{\partial G'}{\partial n}\right)_{T,P} = \left(\frac{\partial (nG)}{\partial n}\right)_{T,P} = G\left(\frac{\partial n}{\partial n}\right)_{T,P} = G \tag{7.6}$$

그래서 일성분계의 임의의 상태에서 그 성분의 화학 퍼텐셜은 그 상태에 대한 몰 Gibbs 자유 에너지와 같다. 이 간단한 관계식이 자주 언급된다.

2.2 화학 퍼텐셜 표면과 일성분계 상태도의 구조

일성분계에서 $\mu = G$이므로 화학 퍼텐셜의 온도와 압력에의 의존성은 몰 Gibbs 자유 에너지의 변화와 같아진다. 즉,

$$d\mu = dG = -SdT + VdP \tag{7.7}$$

여기서 미분 변수의 계수는 물질의 상 형태의 몰 엔트로피와 몰 부피이다. 예를 들어, α상에 대한 임의의 변화를 고려하면

$$d\mu^{\alpha} = dG^{\alpha} = -S^{\alpha}dT^{\alpha} + V^{\alpha}dP^{\alpha} \tag{7.8}$$

으로 표현된다. 윗첨자 α는 α상에 대한 특성을 나타낸다. α상에서 몰 엔트로피와 몰 부피는 4장에서 소개된 열용량, 팽창계수 그리고 압축률 데이터에서 온도와 압력의 함수로 구할 수

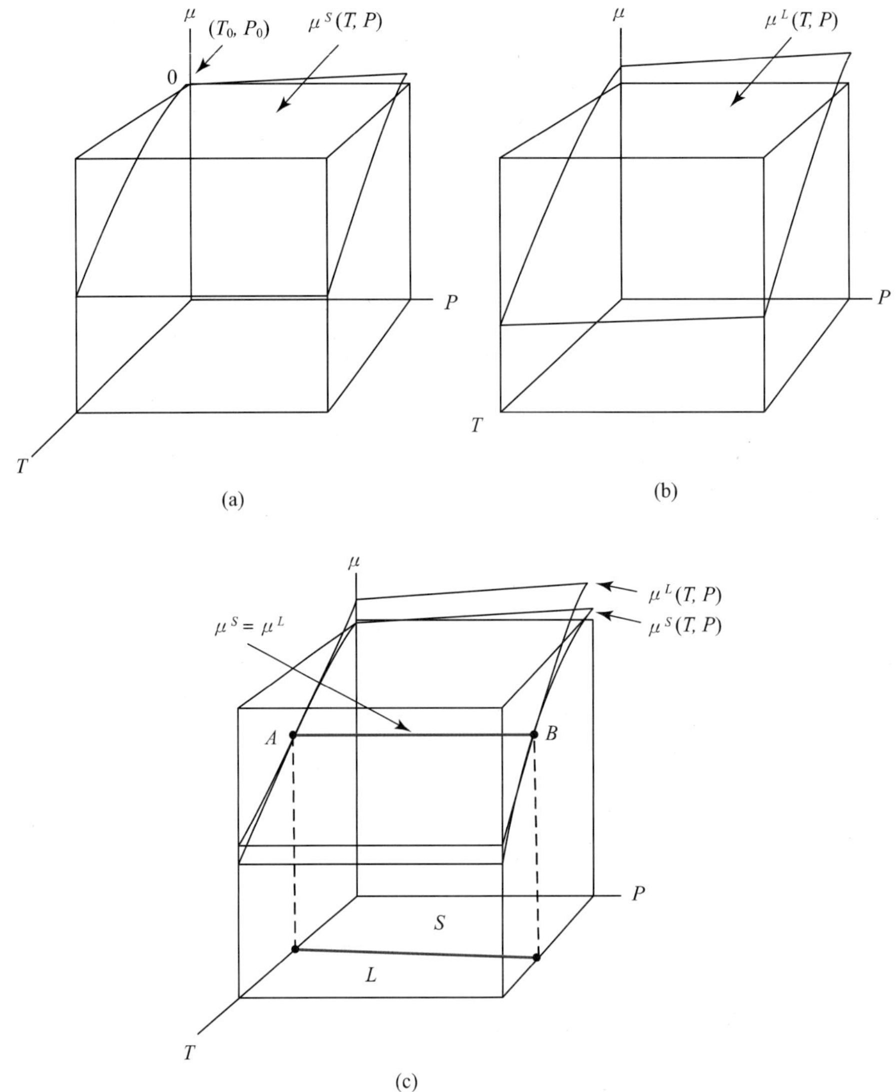

그림 7.3 온도와 압력의 함수로 나타낸 화학 퍼텐셜 표면. (a) 고체상, (b) 액체상 그리고 (c) 고체상과 액체상의 중첩.

있다. 식 (7.8)은 원칙적으로 적분할 수 있으므로 함수

$$\mu^{\alpha} = \mu^{\alpha}(T^{\alpha}, P^{\alpha}) \tag{7.9}$$

를 구할 수 있다. 이 함수 관계를 그림 7.3(a)에서 보면 표면(surface)으로 나타낼 수 있다. 그리고 액상에 대하여도 같은 방법으로

$$\mu^{L} = \mu^{L}(T^{L}, P^{L}) \tag{7.10}$$

으로 나타낼 수 있다(그림 7.3(b)).

이 두 상의 화학 퍼텐셜은 계산에서 사용된 참조 상태(reference state)가 같을 때에만 주어진 (P, T) 공간 조합에서 서로 비교할 수 있다. 그래서 참조 상태의 온도(T_0), 압력(P_0) 그리고 상의 형태(α, L)를 선택하여 α와 L상의 화학 퍼텐셜을 구할 수 있다. 그림 7.3에서 참고 상태는 조건(T_0, P_0)에서 고체상으로 선택한 것이다. 이러한 제약 조건을 만족시켜 하나의 도표상에 두 상의 화학 퍼텐셜의 표면을 구축하는 것이 가능하다(그림 7.3(c)).

두 표면은 공간 커브 AB를 따라 교차한다. 그 공간 커브상의 임의의 점에서 온도, 압력, 두 상의 화학 퍼텐셜은 같아진다. 이 조건은

$$T^S = T^L,\ P^S = P^L,\ \mu^S = \mu^L$$

으로 고상과 액상이 평형으로 공존하는 평형 조건이다. 따라서 두 개의 화학 퍼텐셜 표면에서 교차하는 공간 커브는 고체상과 액체상이 불균일 평형을 이루는 점의 위치이다. (P, T) 평면으

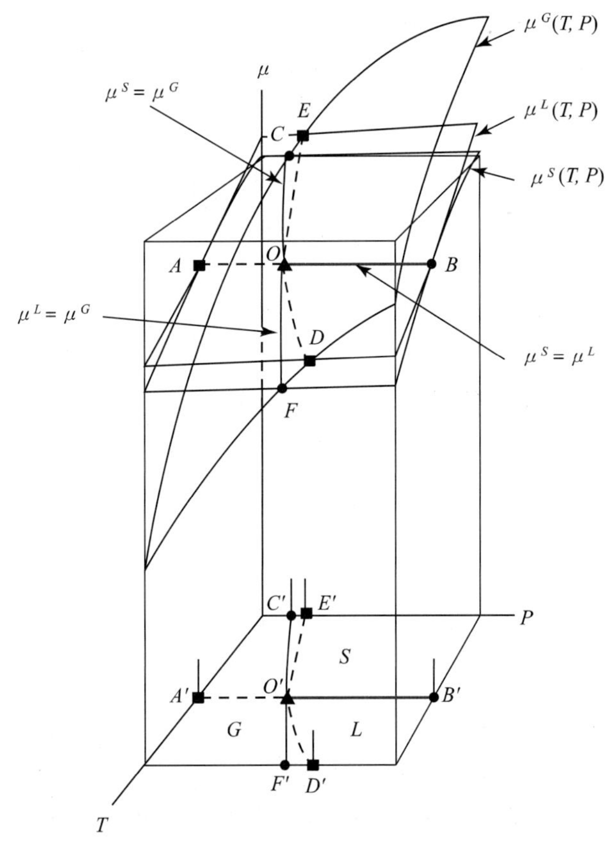

그림 7.4 고체상, 액체상 그리고 기체상의 화학 퍼텐셜 표면의 중첩.

로의 투영(projection)은 두 상의 평형 (S + L)을 나타내는 상경계(phase boundary)이고 고상과 액상의 안정성의 극한(limit of stability)이다. 그림 7.4에는 기체상의 화학 퍼텐셜 표면이 첨가되었다. 모든 표면들이 한 개의 점 O에서 교차한다. 이는 두 상 평형을 나타내는데, 3개 곡선의 공통으로 만나는 점이다. 이 점에서 3개상의 온도, 압력 그리고 화학 퍼텐셜이 같고 3개상이 평형으로 공존한다. 이 점을 (P, T)면에 투영시킨 O'은 3개의 상 (S + L + G)의 삼중점(triple point)이다.

2.3 화학 퍼텐셜 표면의 계산

$\mu^{\alpha}(T, P)$로 나타낸 표면은 식 (7.8)을 적분하여 얻는다. 이 적분은 압력 P를 고정하고 온도에 대하여 $-S^{\alpha}dT$를 적분하여 표면을 통하여 등압 단면(isobaric section)을 생성한다. 압력의 연속된 값에 대한 이 과정의 반복은 완전한 표면을 만든다.

α상에 대한 등압 단면을 만드는데 요구되는 정보는 α상의 엔트로피의 온도 의존성이다. α상의 엔트로피의 절대값은

$$dS_P^{\alpha} = \frac{C_P^{\alpha}}{T}dT$$

즉,

$$S^{\alpha}(T) = S_{298}^{0} + \int_{298}^{T} \frac{C_P^{\alpha}(T)}{T}dT \tag{7.11}$$

따라서

$$d\mu^{\alpha} = dG^{\alpha} = -S^{\alpha}(T)dT^{\alpha} = -\left[S_{298}^{\alpha} + \int_{298}^{T} \frac{C_p(T)}{T}dT\right]dT$$

다시 이를 참조 온도 298 K에서 온도 T까지 적분하면

$$\int_{298}^{T} d\mu^{\alpha} = \int_{298}^{T} -\left[S_{298}^{\alpha} + \int_{298}^{T} \frac{C_p(T)}{T}dT\right]dT$$

$$\mu^{\alpha}(T) - \mu^{\alpha}(298) = G^{\alpha}(T) - G^{\alpha}(298)$$

$$= \int_{298}^{T} -\left[S_{298}^{\alpha} + \int_{298}^{T} \frac{C_p(T)}{T}dT\right]dT \tag{7.12}$$

이 적분의 계산은 298 K에서 α의 절대 엔트로피값과 α상의 열용량이 온도 함수로의 정보가 요구된다. 그림 7.5에서 α로 붙여진 곡선이 이와 같은 계산결과를 나타낸다.

유사한 전략이 액상에도 적용된다. 적합한 데이터 적용이 이 곡선을 완성하는 데 필요하다. 이 화학 퍼텐셜 값의 비교는 같은 참조 상태에서 계산되었을 때에만 가능하다. 식 (7.12)의 참조 상태는 298 K에서 α상이다. 이것이 또한 액체상의 자유 에너지 계산에도 참조 상태여야

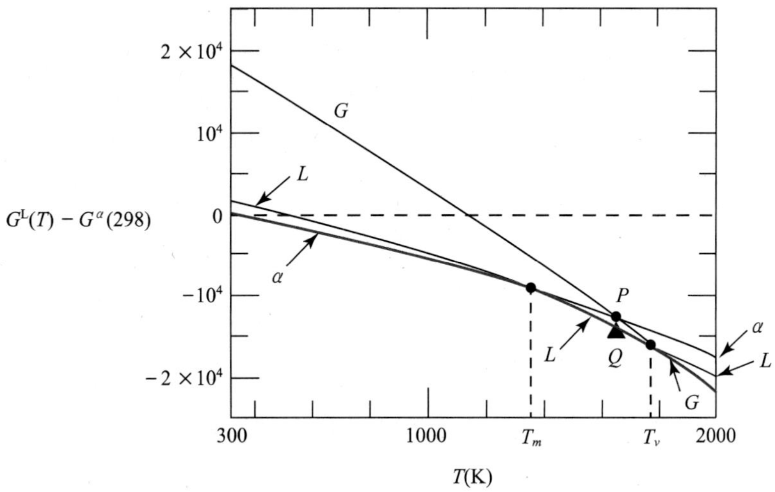

그림 7.5 1기압에서 구한 고체, 액체 그리고 기체상에 대한 화학 퍼텐셜의 온도 의존성.

한다. 그래서 그림 7.5에서 L로 주어진 곡선은 $G^L(T) - G^{\alpha}(298)$ 이다. 액상과 고상 사이의 연결은 융점 T_m에서 만들 수 있는데, 여기서 화학 퍼텐셜이 같아진다. 즉,

$$G^L(T_m) = G^{\alpha}(T_m)$$

그림 7.5에서 그려진 양은

$$G^L(T) - G^{\alpha}(298) = [G^L(T) - G^L(T_m)] + [G^{\alpha}(T_m) - G^{\alpha}(298)] \tag{7.13}$$

오른쪽 항은 왼쪽 항의 표현에서 같은 양을 더하고 빼준 것이다. 액상에 대한 첫 번째 괄호는 $dG = -SdT$에서 구할 수 있다. 이는

$$[G^L(T) - G^L(T_m)] = \int_{T_m}^{T} -\left[S^L(T_m) + \int_{T_m}^{T} \frac{C_P^L(T)}{T} dT\right] dT \tag{7.14}$$

녹는점에서 액체상의 절대 엔트로피 값은 녹는점에서 α상의 절대 엔트로피와 융해 엔트로피(entropy of fusion) $\Delta S^{\alpha \to L}(T_m)$에서 구한다.

$$S^L(T_m) = S_{298}^{\alpha} + \int_{298}^{T_m} \frac{C_P(T)}{T} dT + \Delta S^{\alpha \to L}(T_m) \tag{7.15}$$

식 (7.13)의 두 번째 괄호의 양은 T_m에서 α상 곡선에서 읽을 수 있다. 이로써 액상에 관한 곡선을 온도의 함수로 구할 수 있다. 유사한 방법으로 액상과 기상의 기화(vaporization) 온도 T_V을 기반으로 기상에 관한 함수를 구할 수 있다.

2.4 경쟁하는 평형: 준안정성

α상과 기체상의 곡선은 P점에서 교차한다. 이 점에서 고상과 기체상의 몰 Gibbs 자유 에너지(화학 퍼텐셜)는 같고 두 상의 평형 조건은 만족된다. 그러나 같은 온도에서 다른 상이 존재한다. 액체상의 Q점이다. 이는 더 작은 자유 에너지라서 더 안정한 평형 상태이다. 따라서 P점에서 나타낸 두 상의 평형은 준안정(metastable)이라고 말한다. 그 온도에서 더 안정한 평형상은 액체상이다.

준안정 평형 상태는 재료과학의 많은 상변태에서 중요한 역할을 한다. 시스템의 한 과정이 진행함에 따라 연속된 열역학적 상태는 준안정 평형을 만난다. 만약 상변태 속도가 느리면, 준안정 평형 조건을 만나고, 그 상태가 무한대로 머물러 있어서 재료는 준안정 상태로 사용된다.

3 Clausius–Clapeyron 식

여기서 유도하는 Clausius-Clapeyron 식은 미분 형태의 식이다. 일성분계에서 공존하는 임의의 한 쌍의 상에 대하여 Clausius-Clapeyron 식의 적분은 상태도에서 해당되는 상의 경계에 대한 수학적 표현이다. 시스템에서 존재하는 모든 상에 대한 반복된 적용은 모든 가능한 2상 영역을 나타낸다. 두 상의 곡선들이 만나면 3상이 공존하는 삼중점(triple point)을 만든다. 그래서 Clausius-Clapeyron 식은 일성분 상태도를 계산하는데 요구되는 유일한 식이다.

이제 α와 β상이 공존하는 시스템을 생각해 보자. 만약 α상이 임의의 상태에서 변화를 갖는다면 화학 퍼텐셜 변화는 식 (7.8)에서

$$d\mu^{\alpha} = dG^{\alpha} = -S^{\alpha}dT^{\alpha} + V^{\alpha}dP^{\alpha} \tag{7.8}$$

이 되고 β상에서도 같은 변화가 일어난다. 즉,

$$d\mu^{\beta} = dG^{\beta} = -S^{\beta}dT^{\beta} + V^{\beta}dP^{\beta} \tag{7.16}$$

이다. S^{α}와 V^{α}는 α의 몰 특성이고, S^{β}와 V^{β}는 β의 몰 특성이다.

만약 무한히 작은 변화 과정에서 α와 β상이 평형을 유지한다면 각 상의 T, P, μ는 5장에서 유도된 평형 조건에 의한 제약을 받는다.

$$T^{\alpha} = T^{\beta} \rightarrow dT^{\alpha} = dT^{\beta} = dT \tag{7.17}$$

$$P^{\alpha} = P^{\beta} \rightarrow \ dP^{\alpha} = dP^{\beta} = dP \tag{7.18}$$

$$\mu^{\alpha} = \mu^{\beta} \rightarrow \ d\mu^{\alpha} = d\mu^{\beta} = d\mu \tag{7.19}$$

만약 α와 β상이 과정 중에 평형을 유지한다면, 식 (7.17)에서 두 상은 같은 온도 변화를 갖게 되는 것이 요구된다. 유사한 주장을 압력과 화학 퍼텐셜에도 적용할 수 있다. 따라서 식 (7.8)과 (7.16)은

$$d\mu^{\alpha} = -S^{\alpha}dT + V^{\alpha}dP = d\mu^{\beta} = -S^{\beta}dT + V^{\beta}dP$$

정리하면

$$(S^{\beta} - S^{\alpha})dT = (V^{\beta} - V^{\alpha})dP \tag{7.20}$$

여기서

$$(S^{\beta} - S^{\alpha}) \equiv \Delta S^{\alpha\rightarrow\beta} \tag{7.21}$$

로 표기하면 이는 고려하고자 온도와 압력에서 1몰의 α상이 β으로 변태할 때의 엔트로피 변화량이다. 유사하게 부피에 대하여

$$(V^{\beta} - V^{\alpha}) \equiv \Delta V^{\alpha\rightarrow\beta} \tag{7.22}$$

는 1몰의 α상이 β로 변태할 때의 몰 부피 변화량이다. 따라서 식 (7.20)은

$$\Delta S^{\alpha\rightarrow\beta}dT = \Delta V^{\alpha\rightarrow\beta}dP \tag{7.23}$$

으로 표현되고, 이를 다시 정리하여 미분식으로 나타내면,

$$\frac{dP}{dT} = \frac{\Delta S^{\alpha\rightarrow\beta}}{\Delta V^{\alpha\rightarrow\beta}} \tag{7.24}$$

이는 Clausius-Clapeyron의 미분식이다. 이 결과는 일성분 $P-T$ 도표에서 2상의 평형을 나타내는 상경계의 임의의 점에서 기울기는 관련된 상변태의 엔트로피 변화량과 부피 변화량의 비와 같음을 나타낸다. 아직 두 개의 상 α와 β상의 본성이 구체적으로 적용되지 않았으므로 이 결과는 일반적인 두 개의 상에 적용할 수가 있다. 이 식을 적분하려면 ΔS, ΔV가 온도와 압력에 따라서 변화되는 정보가 요구되는데, 이는 $(\alpha + \beta)$ 평형에 대한 상경계의 $P = P(T)$를 의미한다.

상변태와 관련된 엔트로피 변화는 실험에서 직접 구하지 않는다. 열량계측정은 상변태의 열을 구하는데, 이는 용해열(heat of fusion) 또는 기화열(heat of vaporization) 등이다. 상변태는 가역적 조건에서 등압적(isobaric)으로 일어나므로 변태열은 변태 과정에서의 엔탈피 변화와 같다. 즉,

$$Q^{\alpha\rightarrow\beta} = \Delta H^{\alpha\rightarrow\beta} = H^{\beta} - H^{\alpha} \tag{7.25}$$

이는 다음의 논의로 상변태의 엔트로피와 관련된다. Gibbs 자유 에너지에 대한 정의를 각 상에 대하여 표시하면

$$G^{\alpha} = H^{\alpha} - T^{\alpha} S^{\alpha}, \; G^{\beta} = H^{\beta} - T^{\beta} S^{\beta}$$

α와 β가 평형을 이루면 $\mu^{\alpha} = \mu^{\beta}$, 이는 $G^{\alpha} = G^{\beta}$이다. 따라서

$$G^{\alpha} = H^{\alpha} - T^{\alpha} S^{\alpha} = G^{\beta} = H^{\beta} - T^{\beta} S^{\beta}$$

또한 열적 평형은 $T^{\alpha} = T^{\beta} = T$를 요구하므로

$$H^{\beta} - H^{\alpha} = T(S^{\beta} - S^{\alpha})$$

곡선을 따라 임의의 점 (P, T)에서 일성분계에서 임의의 상변태에 대하여

$$\Delta S^{\alpha \to \beta} = \frac{\Delta H^{\alpha \to \beta}}{T} \tag{7.26}$$

식 (7.25)에 의하면 엔탈피 변화는 상변태 열과 같다. 일성분계에서 상변태에 대한 엔트로피 변화는 상변태 열을 그 온도로 나눈 값과 같다. 이제 식 (7.26)을 Clausius-Clapeyron 식에 대입하면

$$\frac{dP}{dT} = \frac{\Delta H^{\alpha \to \beta}}{T \Delta V^{\alpha \to \beta}} \tag{7.27}$$

이 식은 일성분계에서 상태도 계산에 자주 사용되는 Clausius-Clapeyron 식이다.

4 Clausius-Clapeyron 식의 적분

상경계를 구하기 위하여 식 (7.27)을 적용할 때 변태에 대한 ΔH와 ΔV를 온도와 압력의 함수로 표현된 식을 개발하는 것이 필요하다. 따라서 $\Delta H^{\alpha \to \beta} = \Delta H^{\alpha \to \beta}(T, P)$를 얻기 위하여 관계식

$$d(\Delta H^{\alpha \to \beta}) = d(H^{\beta} - H^{\alpha}) = dH^{\beta} - dH^{\alpha} \tag{7.28}$$

을 사용한다. 4장에서 논의한 계수 관계와 Maxwell 관계식에서

$$dH = C_P dT + V(1 - \alpha T) dP$$

여기서 α는 시스템의 열팽창계수이다. 이를 α와 β상에 적용하면

$$d\Delta H^{\alpha\to\beta} = \Delta C_P dT + \Delta V[(1-\alpha T)]\,dP \tag{7.29}$$

으로 나타나며 여기서

$$\Delta C_P \equiv C_P^{\beta} - C_P^{\alpha} \tag{7.30}$$

이고

$$\Delta[V(1-\alpha T)] = [V^{\beta}(1-\alpha^{\beta} T)] - [V^{\alpha}(1-\alpha^{\alpha} T)] \tag{7.31}$$

이다. 압력의 미분 계수값은 압력 차이가 100,000기압으로 변화해도 무시할 만하다. 따라서 실용적인 목적으로 상변태 엔트로피는 온도만의 함수로 고려할 수 있다. 즉,

$$d\Delta H^{\alpha\to\beta} = \Delta C_P dT \tag{7.32}$$

임의의 물질에 대한 열용량은 다음과 같은 실험식으로 나타낼 수 있다.

$$C_P = a + bT + \frac{c}{T^2} \tag{7.33}$$

따라서 식 (7.24)의 열용량 값의 차이는

$$\Delta C_P = \Delta a + \Delta b T + \frac{\Delta c}{T^2} \tag{7.34}$$

으로 표현되며, $\Delta a = a^{\beta} - a^{\alpha}$ 등을 나타낸다. 그러므로 식 (7.32)의 적분은

$$\int_{T_0}^{T} d\Delta H = \int_{T_0}^{T} d\Delta C_P(T)\,dT = \int_{T_0}^{T}\left[\Delta a + \Delta b\,T + \frac{\Delta c}{T^2}\right]dT$$

즉,

$$\Delta H(T) - \Delta H(T_0) = [\Delta a T + \Delta b\frac{T^2}{2} - \frac{\Delta c}{T}]_{T_0}^{T} \text{ 또는}$$

$$\Delta H(T) = \Delta a T + \Delta b\frac{T^2}{2} - \frac{\Delta c}{T} + \Delta D \tag{7.35}$$

$$\Delta D = \Delta H(T_0) - [\Delta a T_0 + \Delta b\frac{T_0^2}{2} - \frac{\Delta c}{T_0}] \tag{7.36}$$

이들은 식 (7.27)의 분자항의 수치 계산에 사용된다.

식 (7.27)의 분모항의 부피 변화에 대한 계산은 상변태 시의 부피 변화를 온도와 압력의 함수로 나타내야 한다. 즉, $\Delta V^{\alpha\to\beta} = \Delta V^{\alpha\to\beta}(T,P)$ 이다. 정의에 의하여

$$\Delta V^{\alpha\to\beta}(T,P) = V^{\beta}(T,P) - V^{\alpha}(T,P) \tag{7.37}$$

만약 β가 증기상(vapor phase)이고 α가 고상이나 액상이면 $V^{\beta} \gg V^{\alpha}$이다. 예를 들면, 표준 압력과 온도에서 기체 부피는 22,400 cc이고 응집상의 몰 부피는 약 10 cc이다. 또한 증기상이

이상기체에서 벗어남이 거의 무시할 정도이다. 그래서 승화(sublimation)와 기화(vaporization)에 관한 상변태 곡선에서는

$$\Delta V^{\alpha \rightarrow G} = V^G - V^{\alpha} \cong V^G = \frac{RT}{P} \tag{7.38}$$

이다. 만약 α와 β 모두가 응집상(condensed phase, solid or liquid)이라면 두 가지 상에 대한 팽창계수와 압축률에 대한 정보가 요구되는데, 이는 부피 차이를 온도와 압력의 함수로 계산한다. 만약 고려 중인 압력 범위가 수십 기압 범위라면 ΔV값이 일정하다는 가정은 적합하다. 그러나 이 가정은 수천 기압의 범위에서는 적합하지 않다.

이제 β상을 항상 더 높은 온도에서 안정한 상으로 잡는다. 그러면 Clausius- Clapeyron 식 (7.27)의 분자항(ΔH)은 양의 값이다. 따라서 $\alpha-\beta$ 상경계 곡선의 기울기는 분모항의 ΔV에 의하여 결정된다. 승화와 기화에 있어서 ΔV는 큰 양의 값이고, 기울기는 작으며 양의 값이다. 두 개의 상이 모두 응집상이면 $\Delta V^{\alpha \rightarrow \beta}$는 보통 양이나 음일 수도 있다. 해당되는 상경계의 기울기는 같은 부호가 된다. 고체에서 액체로 가면서 부피가 감소하는 경우는 친근하게 접하는 물(water)에서 일어난다. 고체 얼음은 물에 뜬다. 왜냐하면 얼음의 밀도는 물의 밀도보다 작기 때문이다. 얼음의 몰 부피는 물의 그것보다 더 크다. 그리고 $\Delta V = V_{water} - V_{ice}$는 음이 된다. 따라서 물의 $(S+L)$ 경계의 기울기는 음이다(그림 7.2).

4.1 기화와 승화 곡선

만약 상의 하나가 증기거나 기체상이면 Clausius-Clapeyron 식에서 ΔH와 ΔV의 값을 구하여 대입한다. 즉,

$$\frac{dP}{dT} = \frac{\Delta H}{T\Delta V} = \frac{[\Delta a T + (\Delta b/2)T^2 - \Delta c/T + \Delta D]}{T(RT/P)}$$

변수를 분리하면

$$\frac{dP}{P} = \frac{1}{R}[\frac{\Delta a}{T} + \frac{\Delta b}{2} - \frac{\Delta c}{T^3} + \frac{\Delta D}{T^2}]dT$$

적분하면

$$\ln\frac{P}{P_0} = \frac{1}{R}[\Delta a \ln T + \frac{\Delta b}{2}T - \frac{1}{2}\frac{\Delta c}{T^2} - \frac{\Delta D}{T} - C_0] \tag{7.39}$$

여기서

$$C_0 = \left[\Delta a \ln T_0 + \frac{\Delta b}{2} T_0 - \frac{1}{2}\frac{\Delta c}{T^2} - \frac{\Delta D}{T_0}\right] \tag{7.40}$$

이다. (P_0, T_0)는 상경계선 상에 알려진 점의 좌표이다. 이 식은 열용량과 이상기체 근사가 유효한 영역에서 상경계를 나타낸다.

기화(vaporization) 곡선의 식 (7.39)는 관심의 온도 범위가 수백 K에 한정된다면 더 간단한 형태를 가질 수 있다. 다시 식 (7.32)의 상변태열의 변화를 온도의 함수로 생각해 보자. 이 식은 적분 형태로

$$\Delta H(T) = \Delta H(T_0) + \int_{T_0}^{T} \Delta C_P(T) dT \tag{7.41}$$

기화열(heat of vaporization)과 승화열(heat of sublimation)은 전형적으로 100 kJ이다. 응집상과 증기상을 가열하는데 에너지 변화는 수 kJ이다. 그들의 가열과 관련된 에너지 변화는 더 작다. 그래서 온도 범위가 크지 않는 한 식 (7.41)에서 두 번째 항은 무시되고 임의의 온도에서 $\Delta H(T)$는 $\Delta H(T_0)$값으로 취한다. 이와 같이 $\Delta H(T)$가 온도에 무관하면 Clausius-Clapeyron 식은

$$\frac{dP}{P} = \frac{\Delta H}{RT^2} dT$$

으로 되고, 적분은

$$\ln \frac{P}{P_0} = -\frac{\Delta H}{R}\left(\frac{1}{T} - \frac{1}{T_0}\right) \tag{7.42}$$

이 표현은 응집상과 평형을 이루는 증기압(vapor pressure)이 일련의 온도에서 측정된다면, 압력의 log scale대 온도의 역수로 그린 그래프에서 기울기가 $-\frac{\Delta H}{R}$인 직선이 된다. 그림 7.6은 많은 원소들에 대한 그림을 보여 준다. 모든 곡선들은 1기압 아래에서의 압력에서 이 관계를 만족시킨다. 대부분의 곡선에서 채워진 원은 삼중점을 나타낸다. 그 점에서 약간의 기울기 차이는 기화 곡선과 승화 곡선의 전이를 나타낸다.

그림 7.6은 상경계로부터 시스템의 열역학적 특성을 계산하기 위하여 상평형의 열역학적 이해에 사용되는 첫 번째 예이다. 1기압 하에서 증기 압력 곡선의 기울기에서 기화열과 승화열을 계산하는 것이 가능하다.

이 결과의 중요성을 강조하기 위하여 기화열을 구하기 위해 열량계측정이 요구되지 않음을 상기하라. 일련의 온도에서 증기압의 측정 세트는 이 결과를 보여 준다. 주목할 것은 이 기화 곡선의 기울기는 원소의 끓는점(boiling point)의 증가에 따라 기화 곡선의 기울기도 증가한다는 것이다. 이 경향은 Trouton의 규칙으로 대부분 원소의 기화 엔트로피는 끓는점에 따라 증

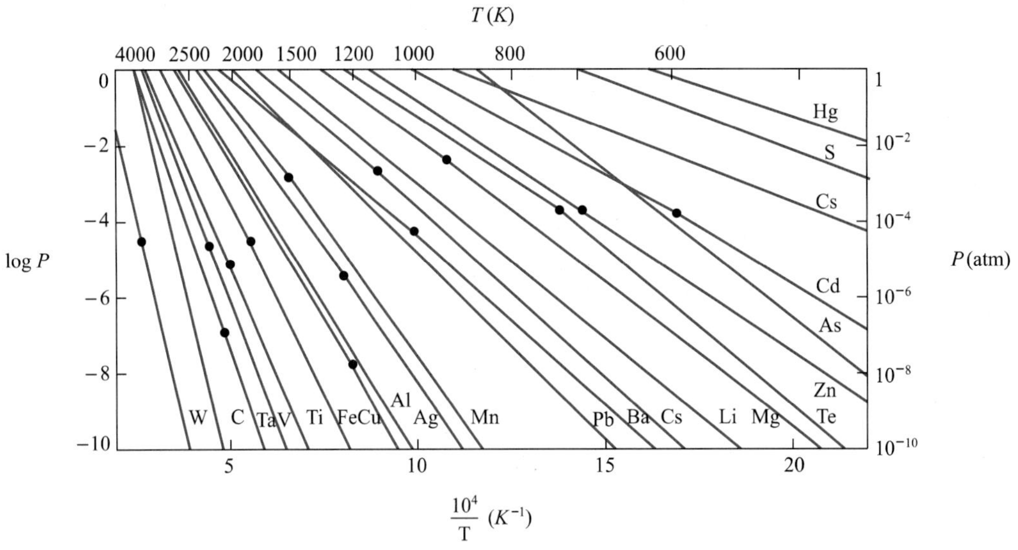

그림 7.6 원소들의 증기압을 1/T 함수로 나타낸 그림.

가한다. 그림 7.6에서 기울기는 기화 엔탈피에 비례하므로 그들의 끓는점이 증가함에 따라 증가한다.

4.2 응집상 사이의 상경계

온도와 압력에 따른 ΔV, ΔS 그리고 ΔH의 변화는 관련된 두 상의 팽창계수와 압축률 그리고 열용량에서의 차이와 관련된다. 근사적인 상경계의 계산은 이 양들의 온도와 압력 의존성을 무시하여 얻어진다. 그러면 식 (7.24)의 적분은

$$P-P_0=\frac{\Delta S}{\Delta V}(T-T_0) \tag{7.43}$$

으로 얻어진다. 여기서 $(P_0,\ T_0)$는 상경계상에 한 알려진 점이다. 이 점은 $P=1$기압에서 평형 온도점이다. 이런 가정으로 상경계는 $(P_0,\ T_0)$점을 지나는 기울기가 $\frac{\Delta S}{\Delta V}$인 직선이다.

다른 방법으로 식 (7.24)의 적분을 이용한다. 즉,

$$dP=\frac{\Delta H}{\Delta V}\frac{dT}{T}$$

$$P-P_0=\frac{\Delta H}{\Delta V}\ln(T-T_0) \tag{7.44}$$

이 결과는 근사가 적용되는 범위에서 식 (7.43)과 동등하다. 로그항을 전개하면

$$\ln\frac{T}{T_0}=\left(\frac{T}{T_0}-1\right)-\frac{1}{2}\left(\frac{T}{T_0}-1\right)^2+\frac{1}{3}\left(\frac{T}{T_0}-1\right)^3+\dots$$

온도 범위가 T_0에 비하여 작으므로 고차항을 무시하면

$$P-P_0=\frac{\Delta H}{\Delta V}\frac{(T-T_0)}{T_0}$$

으로 식 (7.43)과 같다. 왜냐하면 $\Delta S=\dfrac{\Delta H}{T_0}$ 이기 때문이다.

5 삼중점

$P-T$ 일성분계 상태도 상에는 3개의 상이 단지 고립된 점에서 평형으로 공존하는데, 이는 그림 7.4에서 고체, 액체 그리고 기상의 화학 퍼텐셜 3개의 표면이 만나는 한 점이다. 삼중점은 2상의 평형 곡선들인 $(S+L)$, $(S+G)$, $(L+G)$의 3개 곡선들이 만나는 점이다. 만약 시스템이 이 삼중점 아래에 놓이는 화학 퍼텐셜 표면을 갖는 4번째 상을 갖는다면, $(S+L+G)$ 삼중점은 준안정이고 안정한 상태도에는 나타나지 않는다. 이런 경우가 아니라면 삼중점은 안정하고 상태도에 나타난다. 그런 경우 그림 7.4에서 얻어진 삼중점 주위의 배열을 그림 7.7에 나타냈다. 각각의 교차하는 두 상 영역은 안정한 하나의 다리(leg)를 갖는다. 두 상평형은

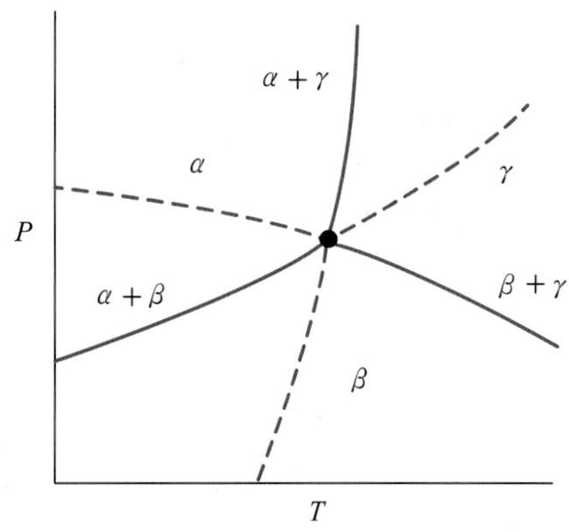

그림 7.7 $P-T$ 상태도에서 모든 삼중점들의 안정과 준안정 평형의 연속.

삼중점을 넘어 확장됨에 따라 준안정이 된다. 준안정 확장은 항상 다른 두 상평형의 안정한 다리 사이에 놓인다. 그래서 삼중점 주위의 한 회로에서 두 상평형 라인 부분은 항상 안정과 준안정의 라인이 교대로 존재한다. 이 구조는 그림 7.7에 나타나는데, 이는 시스템에 존재하는 모든 삼중점의 특징이다.

삼중점 (P_t, T_t)는 3개의 두 상평형 곡선의 교차점이므로 모든 3개 라인에 놓인 점이다. 그래서 점 (P_t, T_t)는 동시에 삼중점 사이의 두 상평형에 관한 3개의 Clausius-Clapeyron 식을 만족해야 한다. 3개의 상변화 쌍의 ΔS, ΔH, ΔV가 반드시 관련된 것도 삼중점의 특징이다. 예를 들면,

$$\begin{aligned}\Delta V^{\alpha\to G} &= V^G - V^\alpha = V^G - V^L + V^L - V^\alpha \\ &= (V^G - V^L) + (V^L - V^\alpha) = \Delta V^{L\to G} + \Delta V^{\alpha\to L}\end{aligned} \tag{7.45}$$

그래서 고체에서 기체로의 변태에 대한 특성 변화는 고체에서 액상으로 그리고 액상에서 기상으로의 특성 변화의 합이 된다. 이 결과 상태 함수는 경로에 무관하다는 원리를 적용한 것이다. 고체에서 직접 증기가 형성되는 부피(엔트로피 또는 엔탈피)의 변화는 먼저 고체가 녹고, 그 다음 액체가 기화되는 과정에서 얻어지는 변화와 같다.

삼중점의 계산을 나타내기 위하여 $(\alpha + L + G)$의 3상 평형을 생각해 보자. 이 점은 물질의 승화, 녹음, 기화 곡선의 교차점이다. 식 (7.42)는 증기상이 관련된 식이다. 윗첨자 (^{s})를 승화 곡선 특성 그리고 상부첨자 (^{v})를 기화 곡선 특성으로 나타내자. 그러면 고체 - 기체 평형에서

$$P^s = A^s e^{-\Delta H^s/RT} \tag{7.46}$$

액상 - 기상 평형에서

$$P^v = A^v e^{-\Delta H^v/RT} \tag{7.47}$$

삼중점은 이 두 곡선 상에 있는 점이므로 $P_t = A^s e^{-\Delta H^s/RT}$ 그리고 $P_t = A^v e^{-\Delta H^v/RT}$의 관계가 만족된다. 이로부터 삼중점의 좌표는

$$T_t = \frac{\Delta H^s - \Delta H^v}{R\ln\left(\dfrac{A^s}{A^v}\right)} \tag{7.48}$$

$$P_t = A^v e^{\Delta H^s/(\Delta H^v - \Delta H^s)} \tag{7.49}$$

으로 구할 수 있다.

승화와 기화에 관한 상수값이 알려진다면 이 식에서 $S-L-G$ 삼중점이 얻어진다.

$S-L-G$ 삼중점에 대한 좀 더 실용적인 계산은 기화와 승화 곡선은 log P 대 $\frac{1}{T}$ 그래프에서 이 삼중점이 나타나는 낮은 압력 범위에서 직선이 됨을 이용한다.

그림 7.8과 같은 그림을 그린다. x축이 $\frac{1}{T}$이므로 온도 증가는 오른쪽에서 왼쪽으로 이동됨을 주의하라. 1기압 라인상에 녹는점(melting point)과 끓는점(boiling point, 평형 증기압이 1기압에서 정의된 온도)을 그린다. 삼중점과 1기압 사이의 압력 차이는 1기압의 분율이므로 녹는점 변화는 1도 이하의 작은 분율이다. 그래서 도표상의 스케일에서 녹는점은 수직선이고 삼중점 T_t는 1기압에서의 녹는점과 차이가 거의 없다. 식 (7.42)를 사용하여 이 온도에서 P_t을 구한다. 끓는점에서 (P_t, T_t)까지 직선을 그린다. 이는 $(L+G)$ 두 상의 평형라인이다.

승화 곡선도 이 그림에서 직선이다. 식 (7.39)에서 융해열(heat of melting), 기화열(heat of vaporization)에서 승화 곡선의 기울기 (ΔH^s)를 계산한다.

$$\Delta H^s = \Delta H^m + \Delta H^v \tag{7.50}$$

그리고 삼중점을 지나도록 기울기 $\frac{\Delta H^S}{R}$을 갖는 직선을 그린다. 만약 고상에서 동소체가 없다면 1기압 아래에서 일성분 상태도는 완성된다.

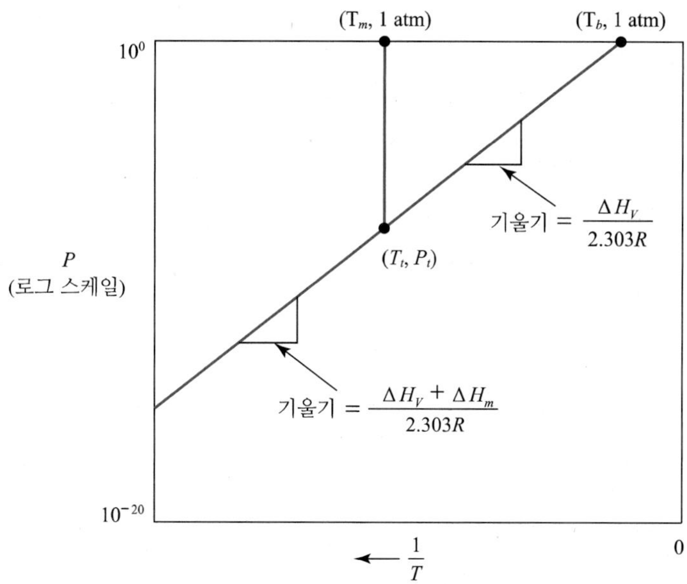

그림 7.8 1기압 아래의 압력에서 $P-T$ 상태도의 구축.

예제 7-1 Si의 상태도

Q 순수 실리콘에 대한 열역학 특성은 부록 *D*와 *E*에 제시되었다. 그림 7.9에서 녹는점과 끓는점은 *M*과 *B*로 나타냈다. T_b =2,750 K에서 $P=1$을 식 (7.44)에 ΔH^v =297 kJ을 대입하여 계수 A^v를 계산하고 상태도를 완성하라.

A $A^v = P^v e^{\Delta H^v} = (1\,\text{atm})e^{297,000/8.314 \cdot 2,750}\ T = 4.38 \times 10^5$ atm.
증기 압력 곡선(vapor pressure curve)은

$$P^v = 4.38 \times 10^5\ (\text{atm})e^{297,000/8.314 \cdot T}$$

삼중점 온도를 m.p와 같게 놓는다. $T_t = T_m$ =1683 K. 이를 증기압(vapor pressure) 식에 대입하여 삼중점 압력을 구하면,

$$P_t = 4.38 \times 10^5\ (\text{atm})e^{297,000/8.314 \cdot 1683} = 2.65 \times 10^{-4}\ \text{atm}$$

삼중점을 점 *O*에 위치시키고 *MO*와 *BO* 라인을 긋는다. 식 (7.50)을 적용하여 승화열(heat of sublimation)을 구하면

$$\Delta H^s = \Delta H^m + \Delta H^v = 46.4 + 297 = 343.4\left(\frac{J}{gram \cdot\ atm}\right)$$

삼중점은 또한 승화 곡선(sublimation curve) 상에 놓인다. 식 (7.46)의 승화열에 대한 계수 A^s를 구하면

$$A^s = P_t e^{343400/8.314 \cdot 1683} = 1.21 \times 10^7\,\text{atm}$$

승화 곡선은

$$P^s = 1.21 \times 10^7 e^{-343,400/8.314 \cdot T}$$

승화 곡선을 그리기 위하여 300 K의 온도에서 그 온도에서의 고체 위의 증기압을 구한다. 이 점은 그림 7.9에서 점 *P*로 나타냈다. *O*에서 *P*까지의 직선은 승화 곡선이다. 고체, 액체 그리고 증기상을 나타낸다. 녹는점과 끓는점 그리고 융해열, 기화열로부터 계산된 1기압 아래에서의 실리콘 상태도는 완성된다. 계산된 삼중점은 (2.65×10^{-4} atm, 1,683 K)이다.

6 일성분 상태도의 다른 나타냄

(P, T) 공간에서 일성분계 상태도의 형상(topology)은 '단순 셀구조(simple cell structure)'로 묘사할 수 있다. 셀의 면적은 1상 영역이고 셀 경계는 2상 영역, 셀 모서리는 3상평형의 삼중점이다. 이 간단한 구축은 시스템에서 상의 상태를 나타내는 변수, P와 T가 열역학적 퍼텐셜

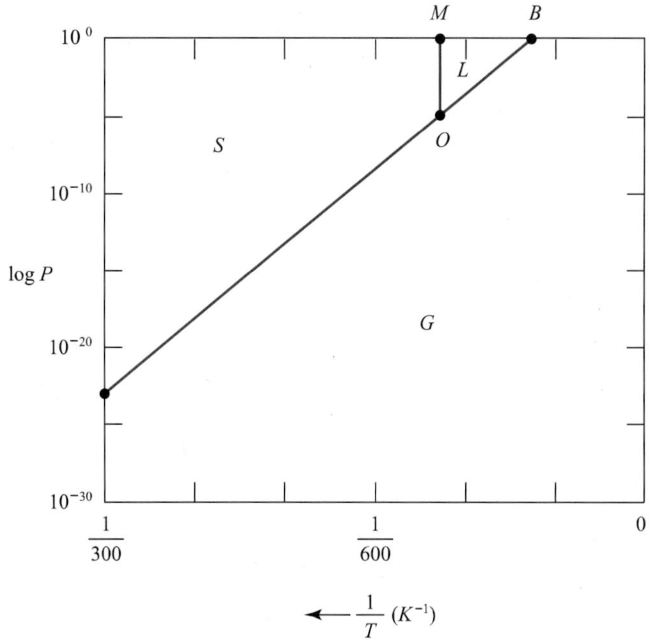

그림 7.9 낮은 압력에서 Si의 상태도 계산.

이기 때문이다. 2상 영역 ($\alpha+\beta$)은 폭(width)이 0인 라인이다. 두 상 시스템에서 α상의 압력과 온도는 두 상이 평형을 이룬다면, β상의 압력과 온도와 같아야 하기 때문이다. 두 개의 평형을 이루는 상의 해당되는 상태는 (P, T) 공간에서 같은 점에 나타난다.

만약 P 또는 T보다 특성이 다른 두 개 상의 상태를 나타내는데 선택된다면, 위의 언급은 맞지 않는다. 관심상의 특성이 압력 P와 몰 부피 V로 나타낸 경우, 다시 말해 상태도가 (P, V) 공간에서 그려졌다고 가정해 보자. 평형 조건은 두 상의 압력이 같아야 함을 요구하나 몰 부피, V^{α}와 V^{β}는 일반적으로 같지 않다. 최종 형태는 그림 7.10에서처럼 (P, T) 도표와는 다른 형상을 보인다.

여기에서 2상 평형은 한 쌍의 점으로 나타낸다. 하나는 압력과 α상의 몰 부피이고, 다른 하나는 β상의 몰 부피이다. 평형에 대한 조건은 압력은 2상에서 같으나 부피에 있어서는 서로 다른 값이다. 그래서 평형인 한 쌍의 점을 연결하는 라인은 타이라인(tie line)이라고 하며 압력이 같으므로 수평선이 된다. α와 β상 사이에 가능한 평형 조건을 나타내는 상태의 집합은 2개의 라인으로 구성되는데, 하나는 압력과 V^{α}의 변화를 나타내는 라인, 또 하나는 압력과 V^{β}를 나타내는 라인이다. 라인 사이의 공간은 평형 상태의 쌍을 연결하는 수평의 타이라인으로 채워진다.

(L + V) 2상 영역은 (P, T) 상태도에서 점 C에서 끝나는데, 이를 임계점(critical point)이라

한다. 기체상의 몰 부피는 압력과 온도의 증가로 감소하는 반면, 액상의 경우 그 값은 증가하여 임계점에서 몰 부피는 일치하고 2상의 특성은 구별되지 않는다. 이 거동은 그림 7.10(b)의 (P, V) 상태도에 잘 나타나 있다. 그러나 (P, T) 상태도에는 특별하게 명확하지 않다. 여기서는 단지 증기압(vapor pressure)의 끝나는 점으로 나타난다.

(P, T) 공간에서 3개의 2상 라인들이 만나는 삼중점을 나타낸 3개상 영역은 (P, V) 상태도에서 3개의 2상 영역이 만나는 수평의 타이라인이 된다. 3개상의 각각은 특별한 몰 부피를 갖는다. 라인은 수평선이 된다. 왜냐하면, P는 퍼텐셜로 3개상 평형에서 같은 값이 요구되기 때문이다.

그림 7.10(c)는 (S, V) 공간에 그려진 같은 상태도를 나타낸다. S와 V는 모두 열역학 퍼텐셜이 아니다. 결국 평형의 2상 구조에서 엔트로피와 부피 모두는 다른 값을 갖는다. 그래서 2상 영역은 타이라인으로 연결된 점의 쌍으로 구성되는데, 타이라인은 일반적으로 수평선이 아니다. (P, T) 도표에서 삼중점에서 S와 V값은 3개상에서 서로 다른 값이다. 그래서 이 조건은 타이 삼각형(tie triangle)으로 나타내는데, 각 꼭짓점은 3개상의 (S, V)값을 나타낸다.

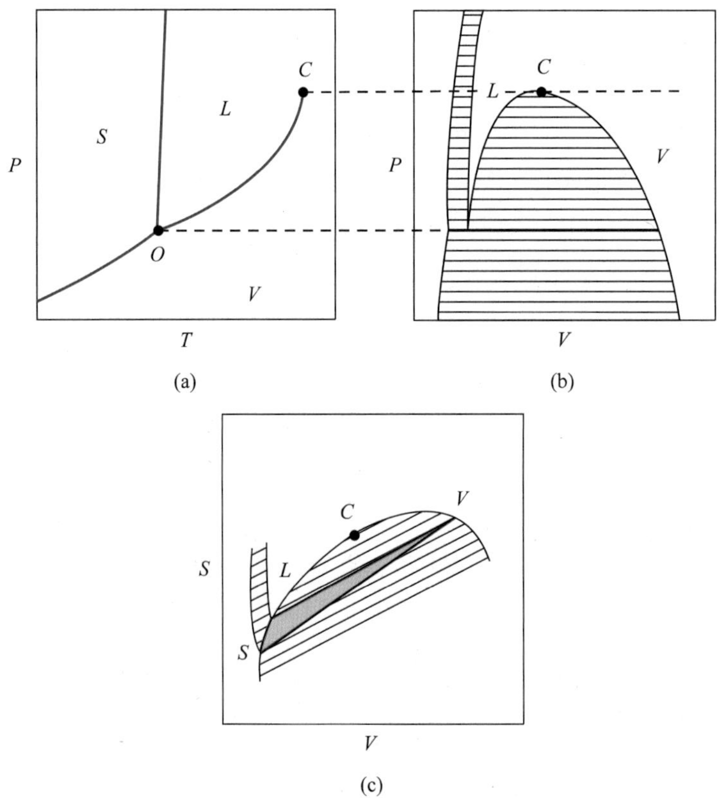

그림 7.10 일성분계에 대한 또 다른 상태도 구축. (a) (T, P) 공간, (b) (V, P) 공간, (c) (V, S) 공간.

일반적인 이성분계(binary system) 상태도는 고정된 압력(보통 1기압)에서 (T, X_2) 공간에 그려진다. 여기서 X_2는 성분 2의 몰 분율(mole fraction)이다. 이 상태도는 그림 7.10(b)에서 (P, V) 상태도와 지형학적으로 유사하다. 왜냐하면 두 경우 변수 T는 열역학적 퍼텐셜이고 다른 변수 (X_2)는 열역학적 퍼텐셜이 아니기 때문이다.

유사하게 일정한 온도와 압력에서 Gibbs 조성 삼각형(composition triangle)의 일반적인 표시는 그림 7.10(c)에서의 상태도를 나타낸다. 이 경우 변수는 2성분의 원자 분율(atomic fraction)로 어느 것도 열역학 퍼텐셜이 아니다. 그래서 3개상 영역은 삼각형이고, 2상 영역은 타이라인으로 채운 면적이다.

일성분계 상태도 각각의 나타냄은 다른 표현에서 표시되지 않은 물질의 상태 사이의 관계에 대한 구체적인 정보를 나타낸다. (P, T) 상태도가 가장 간단한 나타냄이다.

(P, V) 상태도는 경로와 관련된 부피 변화를 영상화해 준다. 그러나 해당되는 온도에 관한 정보를 제공하지 않는다. 관련된 경로의 면적은 시스템이 행한 가역적 일(reversible work)과 관련되며 기화와 응집과 같은 상변화가 관련된 열기관에서 순환(cycle)에 대한 이해에 아주 유용하다.

(S, V) 상태도는 또 다른 특성에 관한 정보를 제공하나 2상과 3상평형의 압력과 온도 등 모든 정보를 보여 주지 않는다.

연습문제

01 일성분계 불균일 시스템에서 평형 조건을 도출할 때 열린계를 고려해야 하는 이유는 무엇인가?

02 온도 범위 5 K < T < 1000 K 그리고 압력 범위 10^{-5} atm < P < 10 atm 사이에서 단원자 이상기체에 대한 화학 퍼텐셜 표면 μ(T, P)를 계산하고 그려라.

03 1기압에서 순수 물(water)의 얼음(ice)은 0 ℃에서 녹는다. 10기압에서 녹는점은 −0.08 ℃로 밝혀졌다. 0 ℃에서 물의 밀도는 1.000 gm/cc이고, 얼음의 밀도는 0.917 gm/cc이다. 이로부터 얼음의 융해 엔트로피를 구하라.

04 1기압에서 순수 티타늄의 hcp 상(ϵ)의 녹는점을 예측하라. ϵ은 1기압에서 1155 K에 준안정이다. $\Delta S^{\epsilon \to \beta} = 3.43$(J/mol.K), $\Delta S_m = 9.6$(J/mol.K), $T_m = 2000$ K로 가정하라.

Chapter 8

Thermodynamics in Materials Sciences

다성분 균일 무반응 시스템: 용액

1 서 론

한 시스템의 화학적 내용물은 시스템이 함유한 각 화학 성분의 몰수(number of moles)를 규정하여 나타낸다. n_k는 성분 k의 몰수이고, 이는 시스템의 익스텐시브 특성이다. 1몰은 Avogadro수 N_0로 6.023×10^{23}개의 원자나 분자 단위의 개수를 말한다. 이에 해당되는 인텐시브 특성은 내용물을 정의하는 것이 아니고 조성을 정의하는 특성으로 성분 k의 몰 분율(mole fraction) X_k이며 이는 $\dfrac{n_k}{n_T}$으로 나타낸다. 이때 n_T는 시스템 내의 모든 성분의 전체 몰수이다. 시스템은 다음의 2가지 방법으로 각 성분의 몰수를 변화시킨다.

- 원자 또는 분자가 시스템의 경계를 가로질러 전달된다.
- 시스템의 경계 내에서 화학 반응이 일어난다.

화학 반응이 일어나는 시스템은 11장에서 취급한다. 열린 다성분 무반응 시스템은 물질의 흐름을 허용하는 경계를 가지고 있는데, 이 장에서 다룰 주제이다.

다성분 시스템의 묘사에 요구되는 중요한 열역학 개념은 화학 퍼텐셜 μ_k이다. 앞서 일성분계 두 상의 평형에 있어서는 두 상에 있어서 성분의 화학 퍼텐셜이 같아야 한다. 다성분 혼합물, 즉 용액(solution)에서 각 성분에 대한 화학 퍼텐셜을 정의하고 이를 구하여 평형에 대한 평형 조건을 도출한다. 또한 용액에 있어서 각 성분에 유사한 정의를 부피, 엔트로피 등의 다른 열역학 특성에 대하여 만들 수 있다. 이것이 부분 몰 특성(partial molal property)이다.

이 특성을 정의하고 구하기 위해서는 실험적으로 구한 다성분 시스템의 열역학 특성의 전체 값이 함유된 각 성분에, 적합한 부분을 할당하는 방법을 개발하는 것이 필요하다. 성분 사이에 그와 같은 기여 분포를 만드는 전략은 부분 몰 특성을 정의하는 것이다. 시스템의 익스텐시브 특성 U', S', V', H' 그리고 G'은 용액에 대하여 해당되는 부분 몰 특성을 갖는다. 실험 정보로부터 부분 몰 특성을 구하는 절차가 도출되고 이들 특성에 존재하는 관계식이 도출된다.

용액에서는 한 성분의 활동도(activity) 개념과 이와 밀접한 관계의 활동도계수(activity coefficient) 개념이 개발된다. 이 양들은 화학 퍼텐셜항으로 정의되므로 이들은 용액의 거동 묘사에 중요한 역할을 한다. 만약 시스템에서 한 성분의 화학 퍼텐셜, 활동도, 활동도 계수가 온도, 압력 그리고 조성의 함수로 알려진다면, 용액에 대한 모든 열역학 특성을 온도, 압력 그리고 조성의 함수로 구할 수 있다. 시스템이 거의 순수(pure) 상태, 즉 묽은 용액(dilute solution)일 경우 부분 몰 특성의 일반적이고 간단함을 보일 수 있다. 묽은 용액의 법칙(law of dilute solution)이 제시되고 논의된다. 이 장의 나머지 부분에서는 약간의 용액 모델이 개발되는데, 이 모델로부터 열역학 특성을 계산하고 그러한 모델의 응용 부분을 논의한다.

2 부분 몰 특성

열역학의 익스텐시브한 특성의 전체 값을 다성분 시스템에서 각 성분에 적합하게 배분하는 전략의 개발은 일반적이고 모든 익스텐시브 특성에 적용할 수 있다. 아마도 시스템의 부피에 이 아이디어를 적용하여 개발하는 것이 가장 쉬울 것 같다.

성분, 즉 독립적으로 변화하는 화학종(chemical species) 수가 C인 용액을 생각해 보자. 이 성분들의 약간은 원소 또는 분자이다. 시스템은 전체 부피 V'을 갖는다. 제기되는 문제는 전체 부피를 현존하는 성분의 각각에 배분하는 유용한 방법은 무엇인가이다. 즉, 성분 1, 2 등과 관련하여 얼마의 cm^3가 적합한가? 그와 같은 부피의 배당 방법은 많이 있을 수 있다. 예를 들면, 전체부피를 시스템 내의 분자 분률로 단순히 곱하는 것이다. 그래서 시스템에서 반이 A이고, $\frac{1}{4}$이 B 그리고 $\frac{1}{4}$이 C이면, 부피의 절반은 A이고, $\frac{1}{4}$이 B 그리고 $\frac{1}{4}$은 C가 기여하게 된다. 이는 A, B, C의 원자당 부피는 모두 같다고 가정한 것이다. 단점은 A, B, C 원자들의 기여 차이를 알 수가 없다. 여러 가지 다양한 방법을 고민해 볼 수 있으나 다음에 논의할 부분 몰 특성의 정의에 기초를 둔 분배 방법이 가장 유용한 방법인 것으로 판명된다.

2.1 부분 몰 특성의 정의

시스템의 부피는 상태 함수이다. 만약 시스템이 다성분이고 열린 시스템이라면, 시스템의 온도와 압력이 변화하여 생겨나는 부피 변화와 더불어 비록 온도와 압력이 일정하다 하더라도 물질이 더해지거나 제거되면 부피는 따라서 변화된다. 그래서 상태 함수 V'은 온도와 압력의 함수일 뿐만 아니라 각 성분의 몰수 $n_1, n_2, \ldots, n_C$의 함수이다. 이를 수학적으로 표현하면

$$V' = V'(T,\ P,\ n_1,\ n_2,\ \ldots,\ n_C) \tag{8.1}$$

으로 나타낸다. 만약 시스템이 어떤 상태에서 각 성분들의 몰수 변화를 포함하는 임의의 무한소의 작은 변화를 겪는다면, 그에 따른 부피 변화는

$$\begin{aligned} dV' = &\left(\frac{\partial V'}{\partial T}\right)_{P,n_k} dT + \left(\frac{\partial V'}{\partial P}\right)_{T,n_k} dP + \left(\frac{\partial V'}{\partial n_1}\right)_{T,P,n_2,\ldots,n_C} dn_1 \\ &+ \left(\frac{\partial V'}{\partial n_2}\right)_{T,P,n_1,\ldots,n_C} dn_2 + \ldots + \left(\frac{\partial V'}{\partial n_C}\right)_{T,P,n_1,\ldots,n_{C-1}} dn_C \end{aligned} \tag{8.2}$$

이는

$$dV' = \left(\frac{\partial V'}{\partial T}\right)_{P,n_k} dT + \left(\frac{\partial V'}{\partial P}\right)_{T,n_k} dP + \sum_{k=1}^{C} \left(\frac{\partial V'}{\partial n_k}\right)_{T,P,n_j \neq n_k} dn_k \tag{8.3}$$

으로 더 간결하게 표현된다. dT와 dP의 계수는 4장에서 정의된 열적 팽창계수와 압축률과 관련되고, 여기서는 고려 중인 용액의 팽창계수와 압축률을 적용할 수 있다. 몰수의 변화와 관련된 계수는

$$\overline{V}_k \equiv \left(\frac{\partial V'}{\partial n_k}\right)_{T,P,n_j \neq n_k} \qquad (k = 1,\ 2,\ \ldots,\ c) \tag{8.4}$$

으로 시스템 내에는 각 성분에 대한 계수가 존재한다. 이들은 시스템 내의 각 성분에 대한 부분 몰 부피로 정의되며 단위(volume/mol)로 표현된다.

유사한 정의가 시스템 내의 익스텐시브 특성에 정의될 수 있다. U', S' H', F', G'에 대한 기호로 B'를 사용하자. 그러면 이 특성에 대한 임의의 온도, 압력 그리고 화학 성분의 변화에 대하여

$$dB' = MdT + NdP + \sum_{k=1}^{C} \overline{B}_k dn_k \tag{8.5}$$

으로 표현되며 성분 k에 대한 부분 몰 B는 dn_k의 계수

$$\overline{B}_k \equiv \left(\frac{\partial B'}{\partial n_k}\right)_{T, P, n_j \neq n_k} \quad (k = 1,\ 2,\ \ldots,\ c) \tag{8.6}$$

이다. 그래서 다성분 시스템을 취급하기 위한 열역학적 양은 일련의 급수로 표현되는데, 이는 각각의 성분들에 대하여 적합하게 정의된 부분 몰 특성이다.

2.2 부분 몰 특성 정의의 결과

온도와 압력이 일정하고 다성분 시스템은 성분 1이 n_1 몰수, 성분 2가 n_2 몰수 등을 더하여 최종 상태가 초기 온도와 압력이 같은 상태로 모든 성분이 혼합된 균일 혼합물을 형성하는 과정을 생각해 보자. 임의의 단계에서 식 (8.3)을 적용하면 $dT=0,\ dP=0$이므로,

$$d V_{T,P}' = \sum_{k=1}^{C} \overline{V}_k dn_k \tag{8.7}$$

으로 표현된다. 이것이 부분 몰 특성의 첫 번째 결과이다.

전체적인 유한 크기의 과정에 대한 부피 변화의 계산은 이 식의 적분이 요구된다. 적분 절차는 성분이 혼합물에 섞여지는 순서인 과정의 연속에 대한 지식에 달려있다. 이 경우 식 (8.7)의 적분은 다음과 같은 사실로 복잡해진다. 예를 들어, 성분 1의 n_1 몰수에 성분 2의 첨가는 조성, 구체적으로 성분 X_2의 몰 분율이 연속적으로 변화된다. 그리고 이 단계에서 $\overline{V}_1$과 $\overline{V}_2$가 변화된다. 적분을 하려면 조성에 따른 $\overline{V}_1$과 $\overline{V}_2$가 변화에 대한 완전한 지식이 필요하다. 이로 인하여 간단한 일반식의 적분이 얻어질 것으로 기대되지 않는다. 따라서 식 (8.7)의 적분을 위한 다른 전략은 다음 2가지 원리를 사용한다.

- $\overline{V}_k$는 인텐시브 특성이므로 이것은 다른 인텐시브 특성에만 의존할 수 있다.
- 상태 함수의 변화는 두 개의 끝 상태에서 가장 간단한 가역 경로를 찾아서 그 경로에 따른 변화를 계산한다.

고려 중인 과정에서 최종 혼합물의 성분으로 모든 C개 성분이 동시에 섞이는 것을 영상화해 보자. 그래서 과정 중에 인텐시브 특성(T, P 그리고 X_k 값의 집합)은 고정된 상태로 남아있고 각각의 $\overline{V}_k$는 일정하다. 이 경우 적분은 간단하다. 즉,

$$V' = \sum_{k=1}^{C} \int_0^{n_k} \overline{V}_k dn_k = \sum_{k=1}^{C} \overline{V}_k \int_0^{n_k} dn_k$$

$$V' = \sum_{k=1}^{C} \overline{V}_k\ n_k \tag{8.8}$$

이는 시스템에 대한 전체 부피는 각 성분의 부분 몰 부피의 가중치 합(weighted sum)임을 나타낸다. 이는 어려움 없이 다른 익스텐시브 특성에 적용할 수 있다. 즉,

$$B' = \sum_{k=1}^{C} \overline{B}_k n_k \tag{8.9}$$

따라서 부분 몰 특성의 정의에 따른 두 번째 결과는 전체 특성의 일부를 각 성분에 할당하고 기여 부분의 합을 전체에 더하는 임의의 전략에 있어서 가장 기본적인 요구사항이다.

이 정의의 세 번째 결과는 Gibbs-Duhem 식이라 한다. 식 (8.9)를 미분하면

$$dB' = \sum_{k=1}^{C} d(\overline{B}_k n_k)$$

으로 이는

$$dB' = \sum_{k=1}^{C} \overline{B}_k dn_k + \sum_{k=1}^{C} n_k d\overline{B}_k$$

으로 표현된다. 이를 식 (8.5)와 비교하면 첫 번째 항은 왼쪽 항과 같으므로 두 번째 항은 0이어야 한다. 즉,

$$\sum_{k=1}^{C} n_k d\overline{B}_k = 0 \tag{8.10}$$

이는 부분 몰 특성은 모두 독립적이지 못함을 나타낸다. 이성분계에서 한 성분이 정해지면 다른 성분의 해당 값을 구하는 기본을 제공한다. 이 절차를 Gibbs-Duhem 식 사용법이라 하며, 후에 더 자세히 논의된다.

2.3 혼합 과정

온도, 압력, 부피 그리고 열역학 3법칙에 의하여 엔트로피는 모두 열역학에서 절대적인 값을 갖는다. 이와 대조를 이루어 에너지 함수 U', H', F', G'는 0의 값을 갖는 공통의 상태가 없다. 한 시스템의 에너지는 어떤 참조 상태에 대하여 계산된다. 이 함수가 관련된 문제는 단지 과정 중에 생긴 변화만 다룬다. 다성분 열린 시스템에서 용액의 에너지 함수를 정의하는데 고려되는 가장 일반적인 과정은 혼합 과정(mixing process)이다.

혼합 과정의 초기 상태는 각 성분들의 집합으로 볼 수 있다. 각각은 용액이 형성되는 온도와 압력에서 어떤 구체적인 상형태(기체, 액체, 고체)에서 순수 성분의 어떤 양을 갖는다. 임의의 특정 성분의 초기 상태는 용액의 형성에 대한 참조 상태(reference state)라고 한다. 용액 형성에 관한 에너지와 용액의 다른 열역학 함수가 언급되는 것도 이 상태이다. 참조 상태는 다

른 상들 간에, 예를 들면 고체와 액체 용액에서 에너지 비교에 특히 중요하다. 그와 같은 비교는 상태도 작성에 기본이 된다(10장 참조). 두 용액이 비교될 때에는 두 용액에 있어서 각 성분의 참조 상태는 같게 선택되어야 한다.

혼합 과정은 일정한 온도와 압력 하에서 참조 상태에 있는 적합한 양의 순수 성분들이 함께 섞여서 균일한 한 용액이 되는 것이다. 윗첨자 (°)를 사용하여 참조 상태의 값을 표시하자. 그러면 B_k^0는 순수 성분 k의 특성 B의 몰당 값이다. 형성된 용액의 특성 B'의 전체 값은 식 (8.9)로 주어진다. 초기 혼합되기 전의 B'의 값은 각 순수 성분값의 합이 된다. 즉,

$$B'^0 = \sum_{k=1}^{C} B_k^0 n_k \tag{8.11}$$

이제 $(n_1, n_2, ..., n_C)$몰의 순수 1, 2, ... C 성분들이 일정한 온도와 압력에서 혼합되었을 때 B의 변화는 최종 상태에서 초기 상태의 값을 뺀 값이 된다.

$$\Delta B_{mix}' = B_{soln}' - B'^0$$

$$\Delta B_{mix}' = \sum_{k=1}^{C} \overline{B}_k n_k - \sum_{k=1}^{C} B_k^0 n_k = \sum_{k=1}^{C} (\overline{B}_k - B_k^0) n_k \tag{8.12}$$

새로운 기호

$$\Delta \overline{B}_k \equiv \overline{B}_k - B_k^0 \tag{8.13}$$

는 성분 k의 1몰이 용액 내에 들어갔을 때 겪는 변화이다. 식 (8.12)는

$$\Delta B_{mix}' = \sum_{k=1}^{C} \Delta \overline{B}_k n_k \tag{8.14}$$

으로 표현된다. 따라서 $\Delta B_{mix}'$는 개개의 성분이 혼합 과정에서 겪는 변화량의 가중치 합 (weighted sum)이다.

용액의 조성을 갖는 $\Delta B_{mix}'$의 미소 변화는 식 (8.12)를 미분하여 얻는다.

$$d\,\Delta B_{mix}' = \sum_{k=1}^{C} [\overline{B}_k dn_k + n_k d\overline{B}_k - B_k^0 dn_k - n_k dB_k^0]$$

오른쪽 항의 두 번째 항은 Gibbs-Duhem 식으로 0이다. 4번째 항도 0이다. 왜냐하면 B_k^0는 참조 상태의 값으로 용액의 조성에 따라 변하지 않는다. 따라서

$$d\,\Delta B_{mix}' = \sum_{k=1}^{C} (\overline{B}_k - B_k^0)\, dn_k = \sum_{k=1}^{C} \Delta \overline{B}_k\, dn_k \tag{8.15}$$

식 (8.14)를 미분하면

$$d\,\Delta B_{mix}{}' = \sum_{k=1}^{C}(\Delta\,\overline{B}_k dn_k + n_k d\,\Delta\overline{B}_k)$$

식 (8.15)와 비교하면 두 번째 항은 0이 된다. 즉,

$$\sum_{k=1}^{C} n_k d\,\Delta\overline{B}_k = 0 \tag{8.16}$$

이는 Gibbs-Duhem 식의 한 형태이다. 부분 몰 특성의 정의의 결과 (8.5), (8.9), (8.10)은 혼합 과정에서의 변화량에 대하여 유사한 식 (8.14)~(8.16)을 갖는다.

2.4 혼합물 특성의 몰 값

부분 몰 특성은 열린 시스템을 고려하므로 앞에서 도출된 한 세트의 식은 임의의 성분의 몰수를 함유하고 있다. 혼합물의 특성을 정규화(normalization)하여 형성된 1몰을 기준으로 표현하는 것이 아주 유용하다. 이는 도출된 식을 전체 몰수 n_T로 나누어 구할 수 있다. 각 특성의 몰당값은 프라임(′) 기호를 쓰지 않고 U, S, V, H, F 그리고 G로 사용한다. 식 (8.5), (8.9), (8.10)을 n_T로 나누면,

$$dB = \sum_{k=1}^{C}\overline{B}_k\, dX_k \tag{8.17}$$

$$B = \sum_{k=1}^{C} X_k \overline{B}_k \tag{8.18}$$

$$\sum_{k=1}^{C} X_k d\overline{B}_k = 0 \tag{8.19}$$

식 (8.14)~(8.16)에도 적용하여 혼합 과정에 대한 몰값을 나타낸다.

$$d\Delta B_{mix} = \sum_{k=1}^{C}\Delta\,\overline{B}_k\, dX_k \tag{8.20}$$

$$\Delta B_{mix} = \sum_{k=1}^{C}\Delta\,\overline{B}_k X_k \tag{8.21}$$

$$\sum_{k=1}^{C} X_k d\,\Delta\overline{B}_k = 0 \tag{8.22}$$

이 결과를 표 8.1에 요약하였다.

표 8.1 부분 몰 특성 정의에 따른 결과 요약

시스템의 임의의 양	시스템의 몰당 양
$\Delta B_{mix}' = \sum_{k=1}^{c} \Delta \overline{B}_k n_k$	$\Delta B_{mix} = \sum_{k=1}^{c} \Delta \overline{B}_k X_k$
$d\Delta B_{mix}' = \sum_{k=1}^{c} \Delta \overline{B}_k dn_k$	$d\Delta B_{mix} = \sum_{k=1}^{c} \Delta \overline{B}_k dX_k$
$\sum_{k=1}^{c} n_k d\Delta \overline{B}_k = 0$	$\sum_{k=1}^{c} X_k d\Delta \overline{B}_k = 0$

3 부분 몰 특성의 구함

부분 몰 특성은 다음의 2가지 넓은 범위의 실험 데이터에서 구할 수 있다.

- 해당되는 용액의 전체 특성, B 또는 ΔB_{mix}의 농도에 대한 함수로 측정
- 농도의 함수로 한 성분에 대한 부분 몰 특성, $\overline{B}_k$ 또는 $\Delta \overline{B}_k$의 측정

이 절에서 논의는 두 성분을 갖는 이성분계(binary system)에 국한하여 논의한다.

3.1 전체 특성에서 부분 몰 특성(PMP) 구하기

어떤 온도와 압력에서 용액이 조성의 함수로 만약 성분의 몰수에 대하여 정규화된 B나 ΔB_{mix}의 전체 값을 알고 있다면, 이 정보로부터 혼합물에서 조성의 함수로 각 성분의 PMP, $\overline{B}_k$와 $\Delta \overline{B}_k$의 값을 계산할 수 있다. 이원계의 경우를 생각해 보자. 식 (8.20)과 (8.21)에서

$$d\Delta B_{mix} = \Delta \overline{B}_1 dX_1 + \Delta \overline{B}_2 dX_2 \tag{8.23}$$

$$\Delta B_{mix} = \Delta \overline{B}_1 X_1 + \Delta \overline{B}_2 X_2 \tag{8.24}$$

몰 분율의 합은 1이므로

$$X_1 + X_2 = 1 \tag{8.25}$$

$$dX_1 + dX_2 = 0, \quad dX_1 = -dX_2 \tag{8.26}$$

식 (8.23)을 다시 쓰면

$$d\Delta B_{mix} = \Delta \overline{B}_1(-dX_2) + \Delta \overline{B}_2 dX_2 = (\Delta \overline{B}_2 - \Delta \overline{B}_1)dX_2 \tag{8.27}$$

$$\frac{d\Delta B_{mix}}{dX_2} = (\Delta \overline{B}_2 - \Delta \overline{B}_1)$$

식 (8.24)와 (8.27)은 미지수 $\Delta \overline{B}_1$와 $\Delta \overline{B}_2$에 대한 2개의 연립 방정식으로 생각할 수 있다. $\Delta \overline{B}_1$을 구하면

$$\Delta \overline{B}_1 = \Delta \overline{B}_2 - \frac{d\Delta B_{mix}}{dX_2}$$

식 (8.24)에 대입하면

$$\Delta B_{mix} = X_1[\Delta \overline{B}_2 - \frac{d\Delta B_{mix}}{dX_2}] + X_2 \Delta \overline{B}_2 = (X_1 + X_2)\Delta \overline{B}_2 - X_1 \frac{d\Delta B_{mix}}{dX_2}$$

따라서

$$\Delta \overline{B}_2 = \Delta \overline{B}_{mix} + (1 - X_2)\frac{d\Delta B_{mix}}{dX_2} \tag{8.28}$$

같은 방법으로 $\Delta \overline{B}_1$에 대하여 구하면

$$\Delta \overline{B}_1 = \Delta \overline{B}_{mix} + (1 - X_1)\frac{d\Delta B_{mix}}{dX_1} \tag{8.29}$$

이 도출은 식 (8.23)과 (8.27)에서 아래첨자 1과 2의 교환이 가능하다.

이 결과를 실험식에서 구한 ΔB_{mix}의 시스템에 적용하기 위하여 실험 데이터를 통계적인 분석을 통하여 수학 함수에 곡선 맞춤(curve fitting)시킨 후 그 미분값을 구한다. 이는

$$\frac{d\Delta B_{mix}}{dX_2} = \frac{d\Delta B_{mix}}{dX_1} \cdot \frac{dX_1}{dX_2} = -\frac{d\Delta B_{mix}}{dX_1} \tag{8.30}$$

이를 식 (8.28)과 (8.29)에 대입하여 PMP를 구한다.

예제 8-1 PMP의 계산 : 부분 몰 엔탈피

Q 혼합물의 엔탈피가 다음과 같이 주어진 이원계 용액에서 두 성분의 부분 몰 엔탈피를 계산하라.

$$\Delta H_{mix} = a X_1 X_2 \tag{8.31}$$

(계속)

Ⓐ 이 함수는 임의의 ΔB_{mix}에 대한 가장 간단한 수학적 표현이다. 왜냐하면 그와 같은 함수는 순수 성분에서 $(X_1 = 1, X_2 = 1)$에서 0이 되어야 하기 때문이다. 식 (8.31)은

$$\Delta H_{mix} = a(1-X_2)X_2 = a(X_2 - X_2^2)$$

그리고 미분값은
$$\frac{d\,\Delta H_{mix}}{dX_2} = a(1-2X_2) \tag{8.32}$$

주의할 것은 전체 미분은 편미분과 같지 않다. 즉,

$$\left(\frac{\partial\,\Delta H_{mix}}{\partial X_2}\right)_{X_1} = aX_1 = a(1-X_2)$$

이다.

이 편미분은 수학적으로 계산할 수 있으나 물리적인 의미는 없다. 왜냐하면 이 원계에서 X_1을 상수로 하고, X_2를 변화시키는 것은 불가능하다. $X_2 = 1 - X_1$이기 때문이다.

이제 성분 2에 대한 부분 몰 엔탈피는

$$\Delta \overline{H}_2 = [aX_1X_2] + X_1[a(1-2X_2)] = aX_1^2 \tag{8.33}$$

또한 성분 1에 대한 값은 $\Delta \overline{H}_1 = aX_2^2$. 전체 엔탈피값은

$$\Delta H_{mix} = X_1(aX_1^2) + X_2(aX_2^2) = aX_1X_2$$

이는 식 (8.31)과 같다.

3.2 그래프에서 부분 몰 특성 구하기

그림 8.1은 ΔB_{mix}을 성분 2의 몰 분율 함수로 나타낸 것이다. B는 임의의 익스텐시브 특성이다.

임의의 조성 X_2^0에서 성분 2에 대한 부분 몰 B는 식 (8.28)을 사용하여 구할 수 있다. 이 식의 각 인자들을 그림에 나타내었다. 점 P에서 곡선의 기울기는 $\frac{d\,\Delta H_{mix}}{dX_2}$이다. 기학학적 고려에서 이 기울기는 길이 BC와 PB의 비이다. 즉, $\frac{d\,\Delta H_{mix}}{dX_2} = \frac{BC}{PB}$.

식 (8.28)에서 $(1-X_2)$는 라인 PB이다. 그림 8.1에서 점 P의 ΔB_{mix}는 AB 길이이다. 따라서

$$\begin{aligned} \Delta \overline{B}_2 &= \Delta \overline{B}_{mix} + (1-X_2)\frac{d\Delta B_{mix}}{dX_2} \\ &= AB + PB \cdot \frac{BC}{PB} = AB + BC = AC. \end{aligned} \tag{8.34}$$

같은 방법으로 $\Delta \overline{B}_1$는 성분 1에서 y축 절편이 된다.

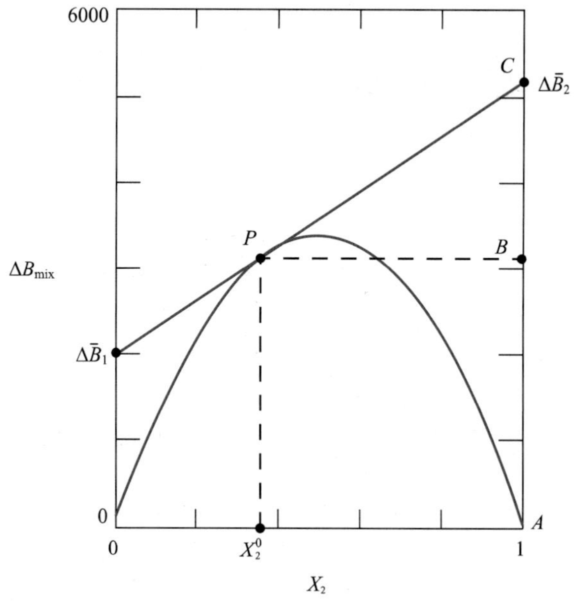

그림 8.1 전체 몰 혼합 특성과 부분 몰 특성 사이의 관계를 나타낸 도표.

그러므로 주어진 성분에서 PMP을 구하려면 그 조성의 ΔB_{mix}에서 접선을 그어 y축과 만나는 절편을 구한다. 이 방법은 PMP 수치 계산에는 추천되지 않으나 PMP 변화의 영상화에는 유용한 도구가 된다. 이는 고체 용액이나 액체 용액에서와 같이 다른 상에서 같은 조성에서와 변화를 비교하는 데 사용된다.

3.3 실험 측정한 한 성분의 PMP에서 다른 성분의 PMP 계산

혼합 Gibbs 자유 에너지에 있어서 전체 변화량을 측정하기보다는 PMP 한 성분의 측정된 값으로부터 다른 관련된 값을 계산하는 것이 더 편리하다. 이 절에서는 성분 2에 대하여 그와 같은 측정값이 주어졌을 때 성분 1에 대한 해당 PMP값을 계산한다. 일단 두 PMP가 결정되면 혼합물의 전체 값이 계산된다.

이에 대한 전략은 식 (8.22)의 Gibbs-Duhem 식의 적분이다. 이성분계에서는

$$X_1 d\Delta\overline{B}_1 + X_2 d\Delta\overline{B}_2 = 0 \tag{8.35}$$

그래서

$$d\Delta\overline{B}_1 = -\frac{X_2}{X_1} d\Delta\overline{B}_2$$

왼쪽 항을 적분하면

$$\int_{X_2=0}^{X_2} d\Delta\overline{B}_1 = \Delta\overline{B}_1 |_{X_2=0}^{X_2} = \Delta\overline{B}_1(X_2) - \Delta\overline{B}_1(X_2=0)$$

$X_2 = 0$(순수성분 1)에서 $\Delta \overline{B}_1 = \overline{B}_1(X_2 = 0) - B_1^0 = B_1^0 - B_1^0 = 0$.

그래서 왼쪽 항의 적분 결과는 $\Delta \overline{B}_1(X_2)$ 이다. 그러므로 전체 식은

$$\Delta \overline{B}_1(X_2) = \int_{X_2=0}^{X_2} -\frac{X_2}{X_1} d\Delta \overline{B}_2$$

이며 $\Delta \overline{B}_2$와 X_2 사이에는 실험 데이터에 곡선 맞춤된 수학식이 얻어진다. 그래서

$$d\Delta \overline{B}_2 = \frac{d\Delta \overline{B}_2}{dX_2} dX_2$$

따라서 적분값은

$$\Delta \overline{B}_1(X_2) = -\int_{X_2=0}^{X_2} \frac{X_2}{X_1} \frac{d\Delta \overline{B}_2}{dX_2} dX_2 \qquad (8.36)$$

이원계에서는 한 개의 독립 변수가 있으므로 적분 안에 있는 미분은 전미분이다.

예제 8-2 혼합 엔탈피의 계산

Q 식 (8.33)으로 주어지는 $\Delta \overline{H}_2 = aX_1^2$ 에서 성분 1의 부분 몰 엔탈피와 이 용액의 혼합 엔탈피를 구하라.

A $\frac{d\Delta \overline{H}_2}{dX_2} = -2aX_1$, 이를 식 (8.36)에 대입하면,

$$\Delta \overline{H}_1(X_2) = -\int_{X_2=0}^{X_2} \frac{X_2}{X_1}(-2aX_1)dX_2$$

$$= \int_{X_2=0}^{X_2} (2a)X_2 dX_2 = 2a\frac{X_2^2}{2}\Big|_0^{X_2} = aX_2^2$$

또한

$$\Delta H_{mix} = X_1 \Delta \overline{H}_1 + X_2 \Delta \overline{H}_2 = X_1(aX_2^2) + X_2(aX_1^2) = aX_1X_2.$$

으로 구해진다. 따라서 3가지 특성, ΔB_{mix}, $\Delta \overline{B}_1$ 그리고 $\Delta \overline{B}_2$에서 하나만 조성의 함수로 알고 있다면, 다른 2항의 값을 구할 수 있다. 만약 ΔB_{mix}가 알려진다면, 식 (8.28)과 (8.29)로 $\Delta \overline{B}_1$, 그리고 $\Delta \overline{B}_2$를 구할 수 있다. 반면에 PMP 중 하나인 $\Delta \overline{B}_1$이 조성의 함수로 알려지면, Gibbs-Duhem 적분식 (8.36)으로 다른 PMP를 구하고 ΔB_{mix}는 식 (8.21)에서 PMP의 가중치 합으로 구한다.

4 PMP 사이의 관계

시스템에서 특성에 대해 개발된 열역학 관계식의 분류 4가지, 법칙(laws), 에너지 정의(definitions), 계수 관계(coefficient relations) 그리고 Maxwell 관계의 각각은 시스템의 PMP 사이의 관계식에 대응항(counterpart)을 갖고 있다. 이 관계식의 대부분은 소위 '부분 몰 연산자(partial molal operator; PM)'를 전체 특성을 나타내는 식에 적용시켜 도출한다. 이 PM 연산자는 $\left(\frac{\partial}{\partial n_k}\right)_{T,P,n_j}$ 으로 정의한다. 기호 n_j는 미분하는 n_k를 제외한 다른 변수를 의미한다. 이 연산자를 임의의 전체 특성 B'에 적용하면 해당되는 PMP를 구할 수 있다.

이 전략을 에너지 정의 관계에 적용하면 엔탈피의 정의는

$$H' = U' + PV' \tag{8.37}$$

PM 연산자를 양변에 적용하면

$$\left(\frac{\partial H'}{\partial n_k}\right)_{T,P,n_j} = \left(\frac{\partial U'}{\partial n_k}\right)_{T,P,n_j} + P\left(\frac{\partial V'}{\partial n_k}\right)_{T,P,n_j} + V'\left(\frac{\partial P}{\partial n_k}\right)_{T,P,n_j}$$

마지막 항은 영(0)이다. 왜냐하면 압력은 PM 연산자에서 상수로 정의되었기 때문이다. 따라서 식 (8.6)의 정의에 따라

$$\overline{H}_k = \overline{U}_k + P\overline{V}_k \tag{8.38}$$

이는 엔탈피에 대한 용액에서 성분 k의 PMP 관계식이다. 같은 전략을 Helmholz와 Gibbs 자유 에너지에 적용하면,

$$\overline{F}_k = \overline{U}_k - T\overline{S}_k \tag{8.39}$$

$$\overline{G}_k = \overline{H}_k - T\overline{S}_k \tag{8.40}$$

으로 표현된다.

전체 특성에서 계수 관계식에 대한 이 전략의 적용을 고려하려면, 먼저 Gibbs 자유 에너지에 대한 열역학 1법칙과 2법칙의 결합식을 고려한다.

$$dG' = -S'dT + V'dP + \delta W'$$

계수 관계식에서

$$-S' = \left(\frac{\partial G'}{\partial T}\right)_{P,n_k}, \quad V' = \left(\frac{\partial G'}{\partial P}\right)_{T,n_k} \tag{8.41}$$

여기서 $\delta W'$에서 암묵적으로(implicitly) 함유된 조성 변수는 미분항 도출에서 상수로 잡음을 알 수 있다.

양변에 PM 연산자를 적용하면

$$-\left(\frac{\partial S'}{\partial n_k}\right)_{T,P,n_j} = [\frac{\partial}{\partial n_k}\left(\frac{\partial G'}{\partial T}\right)_{P,n_k}]_{T,P,n_j}$$

그리고
$$\left(\frac{\partial V'}{\partial n_k}\right)_{T,P,n_j} = [\frac{\partial}{\partial n_k}\left(\frac{\partial G'}{\partial P}\right)_{T,n_k}]_{T,P,n_j}$$

두 식에서 오른쪽 항에서 미분 순서를 바꾸면,

$$-\left(\frac{\partial S'}{\partial n_k}\right)_{T,P,n_j} = [\frac{\partial}{\partial T}\left(\frac{\partial G'}{\partial n_k}\right)_{T,P,n_j}]_{P,n_k}$$

$$\left(\frac{\partial V'}{\partial n_k}\right)_{T,P,n_j} = [\frac{\partial}{\partial P}\left(\frac{\partial G'}{\partial n_k}\right)_{T,P,n_j}]_{T,n_k}$$

따라서
$$-\overline{S}_k = [\frac{\partial \overline{G}_k}{\partial T}]_{P,n_k}, \quad \overline{V}_k = [\frac{\partial \overline{G}_k}{\partial P}]_{T,n_k} \tag{8.42}$$

그래서 계수 관계식은 PMP 관계식의 대응항이 존재한다.

이제 Maxwell 관계식을 고려하면 Gibbs 자유 에너지에서

$$-\left(\frac{\partial S'}{\partial P}\right)_{T,n_k} = \left(\frac{\partial V'}{\partial T}\right)_{P,n_k} \tag{8.43}$$

양변에 PM 연산자를 적용하면,

$$-[\frac{\partial}{\partial n_k}\left(\frac{\partial S'}{\partial P}\right)_{T,n_k}]_{T,P,n_j} = [\frac{\partial}{\partial n_k}\left(\frac{\partial V'}{\partial T}\right)_{P,n_k}]_{T,P,n_j}$$

미분 순서를 바꾸면,

$$-[\frac{\partial}{\partial P}\left(\frac{\partial S'}{\partial n_k}\right)_{T,P,n_j}]_{T,n_k} = [\frac{\partial}{\partial T}\left(\frac{\partial V'}{\partial n_k}\right)_{P,T,n_j}]_{P,n_k}$$

그래서

$$-[\frac{\partial \overline{S}_k}{\partial P}]_{T,n_k} = [\frac{\partial \overline{V}_k}{\partial T}]_{P,n_k} \tag{8.44}$$

이는 Maxwell 관계식과 유사한 관계이다.

1법칙과 2법칙의 합성된 식과 유사한 PMP 상의 관계식을 얻으려면 용액의 조성을 일정하게 유지하고, 온도와 압력에 따른 부분 몰 Gibbs 자유 에너지의 변화를 고려한다. 즉,

$$\overline{G}_k = \overline{G}_k(T, P) \tag{8.45}$$

$\overline{G}_k$는 상태 함수이므로 미분은

$$d\overline{G}_k = \left(\frac{\partial \overline{G}_k}{\partial T}\right)_{P, n_k} dT + \left(\frac{\partial \overline{G}_k}{\partial P}\right)_{T, n_k} dP$$

식 (8.42)에서

$$d\overline{G}_k = -\overline{S}_k dT + \overline{V}_k dP \tag{8.46}$$

조합된 다른 형태도 이 관계식에서 얻을 수 있다. 엔탈피 함수의 유사성을 얻기 위하여 정의식 (8.40)을 이용하면,

$$d\overline{G}_k = d\overline{H}_k - Td\overline{S}_k - \overline{S}_k dT = -\overline{S}_k dT + \overline{V}_k dP$$

$d\overline{H}_k$를 구하면

$$d\overline{H}_k = Td\overline{S}_k + \overline{V}_k dP \tag{8.47}$$

이는 엔탈피 함수의 1법칙과 2법칙이 결합된 유사한 PM 특성이다.

5 다성분계에서 화학 퍼텐셜

화학 퍼텐셜의 아이디어는 5장의 일성분계에서 평형 조건을 찾는 데에서 처음 소개되었다. 이 절에서는 개념이 확장되어 다성분계에 적용된다. 어떤 변화 과정에서 한 성분에 대한 화학 퍼텐셜이 온도, 압력 그리고 조성에 대한 함수로 알려지면, 시스템의 모든 PMP와 전체 특성이 계산될 수 있음을 보인다.

열린 균일 다성분(open homogeneous multicomponent) 시스템의 열역학 상태의 정의는 (C+2)개의 변수에 대한 규정이 필요하다. 왜냐하면 C 성분의 몰수를 변화시켜 상태가 바뀌기 때문이다. 이 시스템의 내부 에너지는

$$U' = U'(S', V', n_1, n_2, \ldots, n_C) \tag{8.48}$$

시스템의 임의의 상태 변화는 (C+2) 변수에 변화를 주므로

$$dU' = TdS' - PdV' + \mu_1 dn_1 + \dots + \mu_C dn_C$$

이는

$$dU' = TdS' - PdV' + \sum_{k=1}^{C} \mu_k dn_k \tag{8.49}$$

각 조성 변수의 계수를 그 성분의 화학 퍼텐셜로 정의한다. 그래서

$$\mu_k \equiv \left(\frac{\partial U'}{\partial n_k} \right)_{S', V', n_j} \tag{8.50}$$

식 (8.49)를 원래의 1법칙과 2법칙의 결합된 식과 비교하면 열린 다성분(open multicomponent) 시스템에서 요구되는 여분의 항은

$$\delta W' = \sum_{k=1}^{C} \mu_k dn_k \tag{8.51}$$

이다. 다른 3개의 에너지 함수에 대하여

$$dH' = TdS' + V'dP + \sum_{k=1}^{C} \mu_k dn_k \tag{8.52}$$

$$dF' = -S'dT - PdV' + \sum_{k=1}^{C} \mu_k dn_k \tag{8.53}$$

$$dG' = -S'dT + V'dP + \sum_{k=1}^{C} \mu_k dn_k \tag{8.54}$$

계수 관계식을 이용하여 화학 퍼텐셜을 나타내면,

$$\mu_k \equiv \left(\frac{\partial U'}{\partial n_k} \right)_{S', V', n_j} = \left(\frac{\partial H'}{\partial n_k} \right)_{S', P', n_j} = \left(\frac{\partial F'}{\partial n_k} \right)_{T, V', n_j} = \left(\frac{\partial G'}{\partial n_k} \right)_{T, P, n_j} \tag{8.55}$$

4개의 미분식은 부분 몰의 양과 유사하다. 그러나 사실상 단지 한 개의 PMP, 즉 Gibbs 자유 에너지 미분량,

$$\mu_k = \left(\frac{\partial G'}{\partial n_k} \right)_{T, P, n_j} = \overline{G}_k \tag{8.56}$$

만 해당된다. μ_k에 대한 다른 표현의 어느 것도 PMP가 아니다. 왜냐하면 그들의 값 계산에서 온도와 압력이 상수로 취급되지 않았기 때문이다. 이 제약, 즉 (T, P)가 일정하다는 것은 식 (8.56)에서 적극적으로 포함되어 있다. 그래서

$$\mu_k = \left(\frac{\partial H'}{\partial n_k}\right)_{S', P, n_j} \neq \overline{H}_k$$

이고, 또한 $\overline{H}_k = \left(\frac{\partial H'}{\partial n_k}\right)_{T, P, n_j} \neq \mu_k$이다.

화학 퍼텐셜과 부분 몰 Gibbs 자유 에너지의 같음은 성분 k의 모든 PMP를 화학 퍼텐셜 항으로 표시하는 기본을 제공한다. 식 (8.42)의 계수관계에서

$$\overline{S}_k = -\left(\frac{\partial \overline{G}_k}{\partial T}\right)_{P, n_k} = -\left(\frac{\partial \mu_k}{\partial T}\right)_{P, n_k} \tag{8.57}$$

$$\overline{V}_k = \left(\frac{\partial \overline{G}_k}{\partial P}\right)_{T, n_k} = -\left(\frac{\partial \mu_k}{\partial P}\right)_{T, n_k} \tag{8.58}$$

엔탈피 값은 정의 관계식 (8.40)에서

$$\overline{H}_k = \overline{G}_k + T\overline{S}_k = \mu_k - T\left(\frac{\partial \mu_k}{\partial T}\right)_{P, n_k} \tag{8.59}$$

부분 몰 내부 에너지도 정의 관계식에서

$$\overline{U}_k = \overline{H}_k - P\overline{V}_k = \mu_k - T\left(\frac{\partial \mu_k}{\partial T}\right)_{P, n_k} - P\left(\frac{\partial \mu_k}{\partial P}\right)_{T, n_k} \tag{8.60}$$

그리고 Helmholz 자유 에너지도

$$\overline{F}_k = \overline{U}_k - T\overline{S}_k = \mu_k - P\left(\frac{\partial \mu_k}{\partial P}\right)_{T, n_k} \tag{8.61}$$

그러므로 만약 k 성분의 화학 퍼텐셜이 온도와 압력의 함수로 알려져서 그 온도와 압력에 대한 미분값이 구해지면, 성분 k의 모든 PMP가 계산된다. 이를 표 8.2에 나타냈다.

표 8.2 부분 몰 특성과 화학 퍼텐셜과의 관계.

$\overline{G}_k = \mu_k$	$\overline{S}_k = -\left(\frac{\partial \mu_k}{\partial T}\right)_{P, n_k}$
$\overline{V}_k = -\left(\frac{\partial \mu_k}{\partial P}\right)_{T, n_k}$	$\overline{H}_k = \mu_k - T\left(\frac{\partial \mu_k}{\partial T}\right)_{P, n_k}$
$\overline{U}_k = \mu_k - T\left(\frac{\partial \mu_k}{\partial T}\right)_{P, n_k} - P\left(\frac{\partial \mu_k}{\partial P}\right)_{T, n_k}$	$\overline{F}_k = \mu_k - P\left(\frac{\partial \mu_k}{\partial P}\right)_{T, n_k}$

$\Delta\mu_k = \mu_k - \mu_k^0$ 인데, 여기서 μ_k^0는 μ_k가 나타나는 곳에서 참조 상태를 말하며 이는 k 성분의 초기 화학 퍼텐셜이다.

다시 이원계를 생각해 보자. 화학 퍼텐셜과 부분 몰 Gibbs 자유 에너지가 같으므로 한 성분의 실험 측정값에서 다른 성분의 화학 퍼텐셜은 Gibbs-Duhem 식에서 구할 수 있다. Gibbs 자유 에너지에 대한 Gibbs-Duhem 식은

$$X_1 d\Delta\overline{G}_1 + X_2 d\Delta\overline{G}_2 = 0$$

$\Delta\overline{G}_k = \Delta\mu_k,\ \ d\Delta\overline{G}_k = d\Delta\mu_k$이므로

$$X_1 d\Delta\mu_1 + X_2 d\Delta\overline{\mu}_2 = 0 \tag{8.62}$$

따라서 식 (8.36)에서

$$\Delta\mu_1 = -\int_{X_2=0}^{X_2} \frac{X_2}{X_1}\frac{d\Delta\mu_2}{dX_2} dX_2 \tag{8.63}$$

이 결과는 $\Delta\mu_2$가 임의의 온도와 압력에서 조성의 함수로 주어지면 $\Delta\mu_1$를 구할 수 있음을 의미한다.

다성분계에 있어서도 똑같은 방법으로 다른 남아있는 모든 성분의 PMP를 계산할 수 있고, 그로부터 전체 특성을 구할 수 있다. 그러므로 시스템의 열역학 거동이 완전히 결정된다.

화학 퍼텐셜이 부분 몰 Gibbs 자유 에너지와 같으므로 온도와 압력에 따른 화학 퍼텐셜은 $\overline{G}_k$와 같다. 즉,

$$d\overline{G}_k = d\mu_k = -\overline{S}_k dT + \overline{V}_k dP \tag{8.64}$$

그리고 $\Delta\overline{G}_k$에 해당되는 식은

$$d\Delta\overline{G}_k = d\Delta\mu_k = -\Delta\overline{S}_k dT + \Delta\overline{V}_k dP \tag{8.65}$$

6 퓨가시티, 활동도 그리고 활동도 계수

비록 화학 퍼텐셜이 시스템의 핵심 인자이지만, 용액의 열역학적 실험 측정은 화학 퍼텐셜의 직접적인 결정을 목표로 하지 않는다. 일반적인 방법은 또 다른 특성, 소위 k 성분의 활동도를 선호하는데, 이는 다음과 같이 화학 퍼텐셜 항으로 정의된다.

$$\mu_k - \mu_k^0 = \Delta\mu_k \equiv RT\ln a_k \tag{8.66}$$

이 식의 로그항에 있는 항 a_k는 주어진 온도, 압력 그리고 조성에서 용액 내의 성분 k의 활동도(activity)이다. 활동도는 몰 분율과 같이 단위가 없는 양이다. 이와 상당히 가까운 양 퓨가시티(fugacity)는 기체 혼합물에서 정의된다.

용액 거동의 또 다른 편리한 척도는 k 성분의 활동도 계수(activity coefficient) γ_k는

$$a_k = \gamma_k X_k \tag{8.67}$$

으로 정의된다. 따라서 식 (8.66)은

$$\mu_k - \mu_k^0 = RT\ln\gamma_k X_k \tag{8.68}$$

또한 활동도 계수도 단위가 없는 양이다.

활동도 a_k의 근원은 식 (8.67)에서 명백해진다. 만약 $\gamma_k = 1$이면 성분 k의 활동도는 k 성분의 몰 분율과 같아지고 화학 퍼텐셜의 거동은 조성(몰 분율)으로 결정된다. $\gamma_k > 1$이면 $a_k > X_k$으로 화학 퍼텐셜을 구하면 성분 k는 몰 분율보다 더 많은 성분이 용액에 함유된 것처럼 거동한다. 유사하게 $\gamma_k < 1$이면 $a_k < X_k$ 으로 성분 k는 조성이 제시하는 것보다 적은 것처럼 거동한다. 활동도 관계식의 로그 형태의 근원이 이 절에서 논의된다. 불균일 시스템에 활동도 개념이 적용됨에 따라 이 형태의 선택이 유용한 것임을 알게 된다.

6.1 이상적인 기체 혼합물의 특성

혼합물의 열역학을 이해하기 위한 최초의 시도는 이상기체 혼합물에 집중되었다. 이 시스템에서 혼합 과정에 대한 열역학 특성을 쉽게 계산할 수 있기 때문이다. 이상기체의 집합에서 혼합 과정은 압력 P, 온도 T에서 순수 기체의 n_k몰이 섞여서 같은 온도와 압력에서 균일한 용액을 형성하는 것이다. 초기 상태는 그림 8.2(a)에 나타냈다. 각 기체들이 격실 내에 들어있

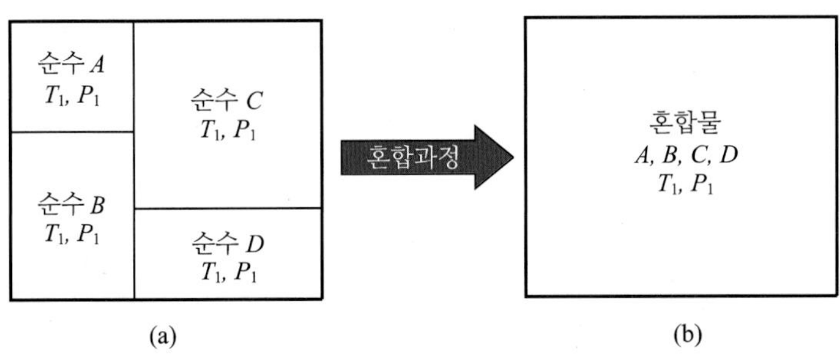

그림 8.2 혼합 과정의 모식도. (a) 초기 상태, (b) 한 균일한 상으로 혼합된 최종 상태.

다. 각각은 혼합물을 형성할 순수 기체의 몰수를 함유한다. 혼합은 격실막이 제거되고 성분들은 혼합되어 균일한 기체 혼합물이 된다. 이제 성분 중에 하나인 k 성분에 집중하자. 초기에 이 성분은 (T, P)로 정의되는 순수 상태이다. 입자들은 이상기체이므로 서로 반응하지 않고 관련된 에너지는 운동 에너지뿐이다. 따라서 혼합된 상태에서 각 성분들은 다른 성분이 없이 시스템의 전체 부피를 차지한 것처럼 거동한다.

만약 전체 압력이 P이면 Dalton의 부분압 법칙에 의하여 각 성분들은 몰수에 비례한 압력을 기여한다. 각 성분은 부분압 P_k을 가하는 것으로 볼 수 있다. 이는

$$P_k = X_k P \tag{8.69}$$

전체 압력은 각 부분압의 합이므로

$$P = \sum_{k=1}^{C} P_k = \sum_{k=1}^{C} X_k P = P \sum_{k=1}^{C} X_k = P$$

왜냐하면 몰 분율의 합은 1이기 때문이다.

혼합 과정 중에 개개의 성분 k에 의한 변화를 생각해 보자. 초기에는 순수 k가 온도 T, 압력 P에서 존재한다. 혼합물에서 압력은 $P_k = X_k P$가 된다. 따라서 혼합 과정은 등온에서 압력이 P에서 P_k로 변화된다. 이때 화학 퍼텐셜의 변화는 식 (8.64)에서

$$d\mu_k = -\overline{S}_k dT + \overline{V}_k dP = \overline{V}_k dP \tag{8.70}$$

혼합 과정이 등온 과정이므로 $dT = 0$이다. 이 식의 적분은 $\overline{V}_k$의 값을 요구한다. 이상기체의 부피는

$$V' = n_T \frac{RT}{P} = (n_1 + n_2 + \ldots + n_C) \frac{RT}{P}$$

그런데 부분 몰 부피는

$$\overline{V}_k = \left(\frac{\partial V'}{\partial n_k} \right)_{T, P, n_j} = (1) \frac{RT}{P} \tag{8.71}$$

이를 식 (8.70)에 대입하여 적분하면

$$\mu_k - \mu_k^0 = \int_P^{P_k} \overline{V}_k dP = \int_P^{P_k} \frac{RT}{P} dP = RT \ln \frac{P_k}{P}$$

부분압 $P_k = X_k P$이므로

$$\mu_k - \mu_k^0 = RT\ln\frac{X_kP}{P} = RT\ln X_k = \Delta\overline{G}_k \tag{8.72}$$

이 식을 활동도와 활동도 계수 식 (8.66)과 (8.67)을 비교하면, 이상기체의 임의의 성분에 대하여 활동도는 몰 분율이고 활동도 계수는 1이다.

표 8.2에 나타낸 관계를 이용하여 다른 PMP를 구할 수 있다. 온도에 대한 미분은

$$\left(\frac{\partial\Delta\mu_k}{\partial T}\right)_{P,\,n_k} = R\ln X_k \tag{8.73}$$

압력 미분은 0이 된다. 즉,

$$\left(\frac{\partial\Delta\mu_k}{\partial P}\right)_{T,\,n_k} = 0 \tag{8.74}$$

표 8.2를 이용하여

$$\Delta\overline{S}_k = -\left(\frac{\partial\Delta\mu_k}{\partial T}\right)_{P,\,n_k} = -R\ln X_k \tag{8.75}$$

$$\Delta\overline{V}_k = \left(\frac{\partial\Delta\mu_k}{\partial P}\right)_{T,\,n_k} = 0 \tag{8.76}$$

$$\Delta\overline{H}_k = \Delta\mu_k + T\left(\frac{\partial\Delta\mu_k}{\partial T}\right)_{P,\,n_k} = RT\ln X_k + T(-R\ln X_k) = 0 \tag{8.77}$$

$$\Delta\overline{U}_k = \Delta\overline{H}_k - P\Delta\overline{V}_k = 0 - 0 = 0 \tag{8.78}$$

$$\Delta\overline{F}_k = \Delta\overline{U}_k - T\Delta\overline{S}_k = 0 - T(-R\ln X_k) = RT\ln X_k \tag{8.79}$$

으로 표현된다. 비록 이 결과가 기체의 혼합 과정에서 얻었지만, 이들은 액체와 고체의 용액에도 채택될 수 있다. 그래서 기체, 액체, 고체이던간에 이 관계를 따르는 혼합물은 일반적으로 이상 용액(ideal solution)이라고 한다. 이들 식과 관계식을 표 8.3에 요약하여 나타냈다. 이 관계식으로 온도와 조성이 주어진다면 다성분 용액의 모든 특성을 구할 수 있다.

이상 용액의 형성에는 혼합열(heat of mixing)이 없고($\Delta H_{mix}=0$), 부피 변화가 없으며 ($\Delta V_{mix}=0$), 내부 에너지 변화가 없다($\Delta U_{mix}=0$). 0이 아닌 다른 효과(ΔG_{mix}, ΔF_{mix}, ΔS_{mix})들은 모두 엔트로피 변화에서 유래한다. 이는 혼합되지 않은 상태에서 균일한 용액으로 될 때의 변화이다. 이 과정 중에 열이 시스템에 전달되지 않았으므로 이상기체 혼합에서 주변과의 열교환이 없다. 식 (8.75)로 계산된 엔트로피 변화는 비가역 과정에서 생겨난 엔트로피이다.

이원계 시스템에서 이 혼합 거동을 그림 8.3에 요약하였는데, 이는 이상 용액의 모든 특성을 조성과 온도의 함수로 나타냈다. 이는 다음의 3가지 특징으로 요약할 수 있다.

표 8.3 이상 용액의 특성.

부분 몰 특성	전체 특성
$\Delta \overline{G}_k = RT\ln X_k$	$\Delta G_{mix} = RT\sum_{k=1}^{c} X_k \ln X_k$
$\Delta \overline{S}_k = -R\ln X_k$	$\Delta S_{mix} = -R\sum_{k=1}^{c} X_k \ln X_k$
$\Delta \overline{V}_k = 0$	$\Delta V_{mix} = 0$
$\Delta \overline{H}_k = 0$	$\Delta H_{mix} = 0$
$\Delta \overline{U}_k = 0$	$\Delta U_{mix} = 0$
$\Delta \overline{F}_k = RT\ln X_k$	$\Delta F_{mix} = RT\sum_{k=1}^{c} X_k \ln X_k$

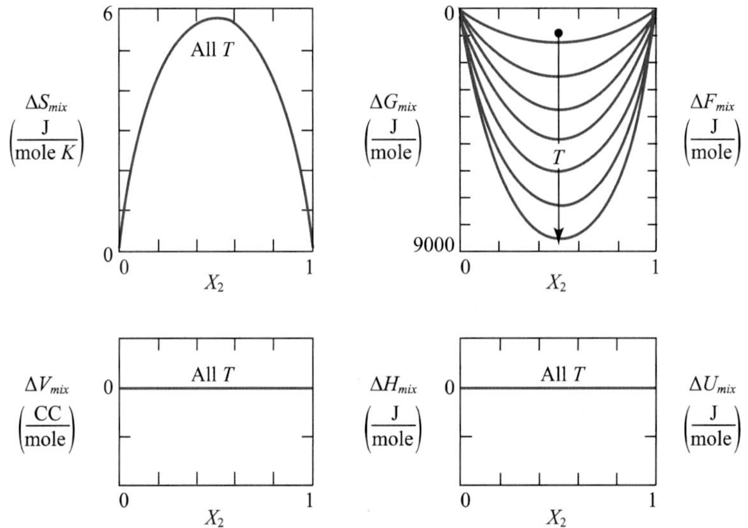

그림 8.3 이상 용액의 특성. ΔG_{mix}, ΔS_{mix}, ΔV_{mix}, ΔH_{mix}, ΔU_{mix} 그리고 ΔF_{mix}. 나타낸 최대 온도는 1,400 K이다.

- 모든 그래프는 조성에 대하여 대칭이다. 성분 1과 2를 바꾸어도 같은 식이 된다.
- ΔG_{mix}, ΔF_{mix}, ΔS_{mix}의 조성에 대한 기울기는 도표의 가장자리인 순수 상태에서 수직이 된다. 왜냐하면 로그 함수를 포함하기 때문이다. 즉, ln x의 미분은 $1/x$이므로 x가 0에 접근함에 따라 무한대가 되기 때문이다.

• 혼합 엔트로피 ΔS_{mix} 는 온도에 독립적이다. 임의의 조성에서 ΔG_{mix} 와 ΔF_{mix} 는 절대 온도에 선형으로 변화된다.

이 도출된 이상 용액은 실제 용액(real solution)과 비교하는 기본으로 아주 유용하다. 실제로 실제 용액의 거동을 '이상 용액에서 벗어남(departure from ideal solution)'으로 특성화하는 것이 아주 유용하다.

6.2 실제 기체의 혼합: 퓨가시티

이상기체 모델을 실제 기체 혼합물에 적용하는 시도는 예측된 거동으로부터 벗어남을 관찰한다. 많은 실용적인 응용에서 이 벗어남은 무시한다. 정확한 분석이나 이상기체 가정이 적용되지 않는 범위에서 실제 기체의 혼합 거동을 묘사하는 좀 더 일반적인 공식화가 필요하다. 이 실제 기체로의 확장을 취급하는 한 전략은 퓨가시티(fugacity) 개념에 기초한다.

혼합 과정에 있어 성분 k에 대한 화학 퍼텐셜의 변화는 식 (8.64)를 적분하여 구한다. 실제 기체에서 부분 몰 부피는 식 (8.71)로 주어지지 않고 실험적으로 결정되어야 한다. 주어진 온도와 압력에서 측정된 부분 몰 부피가 이상기체에서 벗어난 값을 함수 α_k로 주어진다. 즉,

$$\alpha_k = \overline{V}_k - \frac{RT}{P} \tag{8.80}$$

실제 기체의 혼합물에서 한 성분에 대한 혼합과정 중의 화학 퍼텐셜 변화는

$$\begin{aligned}\Delta\mu_k &= \int_P^{P_k} \left(\alpha_k + \frac{RT}{P}\right) dP \\ &= \int_P^{P_k} \alpha_k dP + RT\ln\frac{P_k}{P}\end{aligned} \tag{8.81}$$

그래서 만약 α_k가 결정되면 화학 퍼텐셜을 구할 수 있다.

퓨가시티 f_k는 기체 혼합물의 한 성분의 특성이다. 그것은 압력 단위를 가지며 다음과 같이 정의한다.

$$\mu_k - \mu_k^0 = \Delta\mu_k \equiv RT\ln\frac{f_k}{P} \tag{8.82}$$

따라서 퓨가시티는 이상기체 혼합물에서 부분압 역할을 한다.

실제 기체에서 한 성분의 퓨가시티는 식 (8.81)과 (8.82)를 같게 놓아 구한다.

$$RT\ln\frac{f_k}{P} = \int_P^{P_k} \alpha_k dP + RT\ln\frac{P_k}{P}$$

이로부터

$$f_k = P_k\, e^{\frac{1}{RT}[\int_P^{P_k} \alpha_k dP]} \tag{8.83}$$

α_k가 0에 접근함에 따라 k 성분의 퓨가시티는 부분압에 접근한다.

기체 혼합물에서 성분 중 하나의 퓨가시티를 조성, 온도 그리고 압력의 함수로 결정함은 식 (8.82)를 통하여 그 성분에 대한 화학 퍼텐셜을 계산할 수 있다. 만약 한 성분에 대한 화학 퍼텐셜이 온도, 압력 그리고 조성의 함수로 알 수 있다면, 용액의 모든 특성을 알 수 있다. 온도, 압력 그리고 조성 범위에서 한 성분의 퓨가시티 측정은 실제 혼합물의 거동을 완전히 나타내기에 충분하다.

6.3 활동도와 실제 용액의 거동

활동도 정의 식 (8.66)과 퓨가시티 정의식 (8.82)를 비교하면 간단한 관계가 성립된다. 즉,

$$a_k = \frac{f_k}{P} \tag{8.84}$$

여기서 P는 성분 k에 대한 참조 상태의 압력이다. 이들 양은 기체 혼합물의 거동에 대해 중요한 묘사를 해준다. 그러나 퓨가시티 개념은 기체 혼합물의 응용에 제한된다. 왜냐하면 그 정의는 압력의 특징이 있기 때문이다. 활동도 개념은 그와 같은 제한이 없어서 기체, 액체, 고체 용액의 특성을 나타내는 데 사용할 수 있다.

식 (8.66)의 활동도 정의에서

$$\Delta\mu_k = RT\ln a_k = \Delta\overline{G}_k \tag{8.85}$$

표 8.2를 사용하여 혼합물에서 성분의 부분 몰 특성을 활동도(activity)에 연결시킨다. 온도 미분은

$$\left(\frac{\partial\Delta\mu_k}{\partial T}\right)_{P,n_k} = R\ln a_k + RT\left(\frac{\partial \ln a_k}{\partial T}\right)_{P,n_k} \tag{8.86}$$

압력에 대한 미분은

$$\left(\frac{\partial\Delta\mu_k}{\partial P}\right)_{T,n_k} = RT\left(\frac{\partial \ln a_k}{\partial P}\right)_{T,n_k} \tag{8.87}$$

표 8.4 성분 k의 부분 몰 특성과 활동도와의 관계.

$\Delta \overline{G}_k = RT\ln a_k$	$\Delta \overline{S}_k = -R\ln a_k - RT\left(\frac{\partial \ln a_k}{\partial T}\right)_{P,n_k}$
$\Delta \overline{V}_k = RT\left(\frac{\partial \ln a_k}{\partial P}\right)_{T,n_k}$	$\Delta \overline{H}_k = -RT^2\left(\frac{\partial \ln a_k}{\partial T}\right)_{P,n_k}$
$\Delta \overline{U}_k = -RT^2\left(\frac{\partial \ln a_k}{\partial T}\right)_{P,n_k} - PRT\left(\frac{\partial \ln a_k}{\partial P}\right)_{T,n_k}$	$\Delta \overline{F}_k = RT\ln a_k - PRT\left(\frac{\partial \ln a_k}{\partial P}\right)_{T,n_k}$

이 결과를 표 8.2에 제시된 식에 대입하여 표 8.4에 요약된 양을 구한다.

이원계(binary system)를 다시 생각해 보자. 만약 성분 2의 활동도가 조성의 함수로 주어진다면, 성분 1의 활동도는 Gibbs-Duhem 적분으로 구할 수 있다. 활동도 정의 (8.66)과 화학 퍼텐셜의 적분 (8.63)과 결합하면,

$$\ln a_1 = -\int_{X_2=0}^{X_2} \frac{X_2}{X_1}\frac{d\ln a_2}{dX_2}dX_2 \tag{8.88}$$

약간의 어려운 점은 a_2가 0에 접근함에 따라 $\ln a_2$는 무한대가 되는 것이다. 해석적인 기술로 이 문제를 해결한다.

다성분계에서 한 성분의 활동도를 실험적으로 측정하고 Gibbs-Duhem 식으로 모든 성분의 활동도를 구할 수 있다. 그래서 화학 퍼텐셜과 퓨가시티와 같이 한 성분의 활동도에 대한 정보로 다성분 시스템의 용액 열역학의 특성 파악에 충분하다.

6.4 실제 용액의 거동 묘사를 위한 활동도 계수

식 (8.67)과 (8.68)에서

$$a_k = \gamma_k X_k \tag{8.67}$$

$$\Delta\mu_k = \mu_k - \mu_k^0 = RT\ln\gamma_k X_k = \Delta\overline{G}_k \tag{8.68}$$

임을 정의하였다.

일반적으로 활동도 계수는 온도, 압력, 조성의 함수이고 각 용액에 대하여 실험적으로 구해야 한다. 로그 함수를 사용한 식 (8.68)은

$$\Delta\mu_k = \Delta\overline{G}_k = RT\ln\gamma_k + RT\ln X_k \tag{8.89}$$

오른쪽 식의 두 번째 항은 이상 용액의 혼합 부분 몰 Gibbs 자유 에너지이다. 첫 번째 항은

혼합물에서 성분 k의 이상(ideal) 거동에서 벗어남을 나타내는 항이다. 첫 번째 항은 성분 k의 Gibbs 자유 에너지의 여분(excess)의 기여이다. 이를 윗첨자 $^{(xs)}$로 표시한다. 혼합에 대한 Gibbs 자유 에너지는

$$\Delta \overline{G}_k = \Delta \overline{G}_k^{xs} + \Delta \overline{G}_k^{id} \tag{8.90}$$

여기서

$$\Delta \overline{G}_k^{xs} = RT \ln \gamma_k \tag{8.91}$$

이고

$$\Delta \overline{G}_k^{id} = RT \ln X_k \tag{8.92}$$

이다. 만약 활동도 계수 γ_k가 1보다 크면 성분 k는 조성량보다 더 많은 k 성분이 있는 것처럼 거동한다. 이 경우 잉여 자유 에너지 $\ln\gamma_k$는 양이고 시스템은 '이상 거동에서 양의 벗어남(positive departure from ideal behavior)'을 나타낸다고 말한다. γ_k가 1보다 작으면 잉여 자유 에너지 $\ln\gamma_k$는 음이고 시스템은 이상 거동에서 음의 벗어난 거동을 보인다.

식 (8.89)를 표 8.2에 대입하여 관련된 양을 구한다. 먼저 온도 미분은

$$\left(\frac{\partial \Delta\mu_k}{\partial T}\right)_{P,n_k} = R\ln\gamma_k + RT\left(\frac{\partial \ln\gamma_k}{\partial T}\right)_{P,n_k} + R\ln X_k \tag{8.93}$$

그리고 압력에 대한 미분은

$$\left(\frac{\partial \Delta\mu_k}{\partial p}\right)_{T,n_k} = RT\left(\frac{\partial \ln\gamma_k}{\partial P}\right)_{T,n_k} \tag{8.94}$$

얻어지는 PMP는 표 8.5에 나타냈다.

이원계에서 활동도 계수에 대한 Gibbs-Duhem 적분식을 만들 수 있다. 화학 퍼텐셜에 대한 Gibbs-Duhem 식은

표 8.5 성분 k의 부분 몰 특성과 활동도 계수와의 관계.

전체=잉여+이상	
$\Delta \overline{G}_k = RT\ln\gamma_k + RT\ln X_k$	$\Delta \overline{S}_k = -R\ln\gamma_k - RT\left(\frac{\partial \ln\gamma_k}{\partial T}\right)_{P,n_k} - R\ln X_k$
$\Delta \overline{V}_k = RT\left(\frac{\partial \ln\gamma_k}{\partial P}\right)_{T,n_k} + 0$	$\Delta \overline{H}_k = -RT^2\left(\frac{\partial \ln\gamma_k}{\partial T}\right)_{P,n_k} + 0$
$\Delta \overline{U}_k = -RT^2\left(\frac{\partial \ln\gamma_k}{\partial T}\right)_{P,n_k} - PRT\left(\frac{\partial \ln\gamma_k}{\partial P}\right)_{T,n_k} + 0$	
$\Delta \overline{F}_k = RT\ln\gamma_k - PRT\left(\frac{\partial \ln\gamma_k}{\partial P}\right)_{T,n_k} + RT\ln X_k$	

$$X_1 d\Delta\mu_1 + X_2 d\Delta\mu_2 = 0 \tag{8.95}$$

그런데 $d\Delta\mu_k = RT(d\ln\gamma_k + d\ln X_2)$ 이므로 식 (8.95)는

$$X_1 RT(d\ln\gamma_1 + d\ln X_1) + X_2 RT(d\ln\gamma_2 + d\ln X_2) = 0 \tag{8.96}$$

그리고 $X_1 d\ln X_1 + X_2 d\ln X_2 = X_1 \dfrac{dX_1}{X_1} + X_2 \dfrac{dX_2}{X_2} = dX_1 + dX_2 = 0$ (8.97)

따라서

$$X_1 d\ln\gamma_1 + X_2 d\ln\gamma_2 = 0 \tag{8.98}$$

적분 형태는

$$\ln\gamma_1 = -\int_{X_2=0}^{X_2} \frac{X_2}{X_1} \frac{d\ln\gamma_2}{dX_2} dX_2 \tag{8.99}$$

적분을 구하는 방법은 앞서 논의한 바와 같다.

7 묽은 용액의 거동

순수 성분 1에 약간의 성분 2의 원자를 첨가하여 생긴 묽은 용액(dilute solution)의 형성을 생각해 보자. 성분 2는 용질(solute), 성분 1은 용매(solvent)라고 한다. 이 조성 범위에서 평균 용매 원자들은 순수 상태의 주위 분위기를 갖는다. 단지 약간의 용질 원자가 주위에 존재한다. 그래서 용질 원자가 첨가되는 현저한 영향은 단지 용매 원자의 주변 원자수가 줄어든다는 것이다. 따라서 용매 원자는 이상 용액에 있는 것처럼 거동한다. 이는 실험적으로 모든 용액에 적용되는 제한 법칙(limiting law)인 용매에 대한 Raoult의 법칙(Raoult's law for the solvent)으로 관찰된다. 따라서 용매를 성분 1이라고 하면,

$$\lim_{X_1 \to 1} a_1 = X_1 \tag{8.100}$$

으로 표현된다.

같은 조성 범위에서 모든 용질 원자는 완전히 용매 원자로 둘러싸인다. 즉, 충분한 용질 원자가 첨가되어 영향을 주기 시작할 때까지 각각의 용질 원자는 시스템의 특성에 같은 기여를 하게 된다. 이 조성 범위에서 용질 원자의 평균 특성은 그 농도에 비례한다. 그러나 이 관계는 같은 용매에서 다른 용질이 첨가되면 달라진다. 그래서 이 비례 부분은 상수이며 시스템 내의 용질-용매 조합을 규정한다. 이 거동은 모든 용액에 적용되고 제한 법칙으로서 용질에

대한 Henry 법칙(Henry's law for the solute)으로 알려진다. 성분 2를 용질로 보면,

$$\lim_{X_2 \to 0} a_2 = \gamma_2^0 X_2 \qquad (8.101)$$

계수 γ_2^0을 Henry 법칙 상수라고 한다. 이는 용질에 대한 활동도 계수이며, 이는 이 범위 내의 조성에서 조성에 독립적인 상수이다. 이 상수값은 시스템의 용질과 용매에 의존하며, 주어진 용질-용매 조합에서 온도와 압력에 따라 변화한다.

만약 Henry 법칙 상수가 온도와 압력의 함수로 정해지면, 묽은 용액의 모든 다른 열역학 특성을 구할 수 있다. 이 제한 법칙들을 그림 8.4에 나타냈다. 고정된 압력과 온도에서 이원계의 두 조성의 활동도가 조성의 함수로 주어졌다.

묽은 용액 제한(dilute solution limit)은 이 상태도의 양쪽 끝에 나타난다. 용매에 대한 활동도 그림은 순수 용매의 극한에서 기울기 1을 따라 1에 접근한다. 용질에 있어서 활동도는 제한 범위에서 Henry 법칙 상수와 같은 기울기의 라인을 따라 0으로 접근한다. 이 제한 법칙이 성립되는 용액을 묽은 용액(dilute solution)이라고 부르며, 연구되는 시스템에 따라 조성 범위가 다르다.

두 개의 제한 법칙은 서로 독립적이지 않다. 만약 어느 하나가 가정되면 다른 하나는 Gibbs-Duhem 식으로 활동도 계수의 적분으로 구할 수 있다. 이 법칙은 일반적이기 때문에 실용성을 갖는다. 이 의미는 이들은 모델에 근거한 것이 아니고 묽은 용액 범위에서 모든 시스템에 유효하다. 많은 실용적인 응용에서 묽은 용액이 사용된다. 이 법칙들은 시스템의 거동의 어떤 결과를 예측한다. 왜냐하면 조성에의 특성 의존성의 형태는 시스템의 Henry 법칙 상수의 실험적 측정 없이 도출할 수 없기 때문이다. 상태도 계산과 화학 평형에 대한 응용 예가 10장과 11장에서 제시된다.

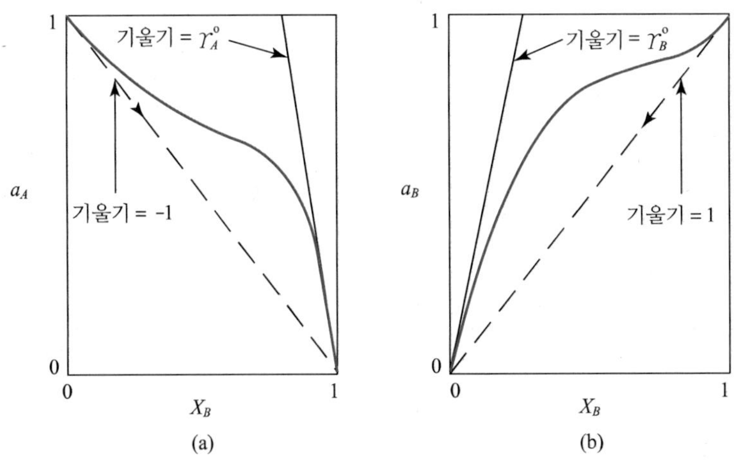

그림 8.4 조성에 따른 활동도의 변화. (a) X_B가 0 근처. (b) X_B가 1 근처.

8 용액 모델

열역학적 용액 거동에 대한 실험 측정의 분석은 각 실험 데이터 세트(data set)에 편리한 수학 함수를 맞춤(fitting)시켜 도출하는 방식을 취한다. 만약 그 분석이 용액 거동의 모델에 근거한다면, 그와 같은 정보에 대한 좀 더 기본적인 이해가 얻어진다. 수학적인 분석은 두 방법에서 유사하다. 후자의 경우 데이터 세트는 이론적 중요성을 갖는 모델에서 파라미터를 구하는 데 사용된다.

용액의 거동에서 가장 간단한 모델은 이상 용액(ideal solution)이다. 이 모델은 조절해야 할 파라미터가 없고 조성과 온도가 주어지면, 모든 특성이 구해진다. 그 결과로 이상 용액은 같은 온도와 조성에서 두 용액 사이에 존재하는 차이를 나타낼 수 없다. 이 절에서는 간단한 모델에서 더 나아간 모델을 소개하여 관련된 파라미터와 그 유용성을 논의한다.

8.1 정규 용액 모델

정규 용액 모델의 정의에는 두 가지 성분을 갖는다. 이들은

(1) 고정된 온도와 압력에서 모든 성분의 혼합물의 엔트로피는 이상 용액에서의 값과 같다. 즉,

$$\Delta \overline{S}_k^{rs} = \Delta \overline{S}_k^{id} = -R \ln X_k \tag{8.102}$$

(2) 혼합물의 엔탈피는 이상 용액과는 다르게 0이 아니고 조성의 함수로 주어진다. 즉,

$$\Delta \overline{H}_k^{rs} = \Delta \overline{H}_k(X_1, X_2, \ldots X_C) \tag{8.103}$$

(1)은 혼합의 여분 엔트로피는 모든 정규 용액에서 0이라는 것이다. 이 정의의 결과로 잉여 부분 몰 Gibbs 자유 에너지는

$$\Delta \overline{G}_k^{xs} = \Delta \overline{H}_k^{xs} - T\Delta \overline{S}_k^{xs}$$

에서

$$(\Delta \overline{G_k^{xs}})^{rs} = (\Delta \overline{H_k^{xs}})^{rs} - T \cdot (0) = \Delta \overline{H_k}(X_1, X_2, \ldots) \tag{8.104}$$

그래서 정규 용액에서는 잉여 부분 몰 Gibbs 자유에너지는 혼합물의 엔탈피와 같고 단지 조성의 함수이다.

식 (8.89)의 활동도 계수의 정의로부터

$$\Delta \overline{G}_k^{xs} = RT \ln \gamma_k = \Delta \overline{H}_k \tag{8.105}$$

그래서 활동도 계수는 혼합열(heat of mixing)에서 구할 수 있다.

$$\gamma_k = e^{\Delta \overline{H}_k / RT} \tag{8.106}$$

앞에서 활동도 계수를 알면 용액의 모든 특성을 구할 수 있음을 논의하였다. 그래서 정규 용액 모델의 적용은 조성의 함수로 혼합열을 구할 수 있다.

식 (8.93), (8.94)와 유사한 식이 용액의 전체 혼합물 특성에 성립된다. 정규 용액의 정의는 용액의 혼합열은 온도의 함수가 될 수 없음을 요구한다. 만약 혼합열이 온도의 함수라면 식 (8.104)에서 잉여 자유 에너지는 온도의 함수이고 온도에 대한 미분값은 0이 되지 않는다. 또한 혼합물의 잉여 엔트로피는 0이 되지 않는다. 이것은 정규 용액의 정의를 위반한다. 혼합열이 온도의 함수인 모델이 실험적 관찰 결과를 설명하기 위하여 제안되는데, 이는 정규 용액이 아니다.

가장 간단한 정규 용액 모델은 한 개의 조정 가능한 파라미터가 혼합열에 포함된다. 즉,

$$\Delta H_{mix} = a_0 X_1 X_2 \tag{8.107}$$

여기서 a_0는 조정 가능한 파라미터이고 상수이다. 활동도와 혼동하지 말자. 이 모델에서 얻어지는 Gibbs 자유 에너지는

$$\Delta G_{mix} = a_0 X_1 X_2 + RT(X_1 \ln X_1 + X_2 \ln X_2) \tag{8.108}$$

a_0의 부호는 잉여 자유 에너지의 부호를 결정하고 이는 이상 거동으로부터 벗어남을 나타낸다.

그림 8.5는 이상 거동에서 양의 벗어남에 대한 이 모델의 ΔS, ΔH, ΔG를 조성과 온도에 대하여 나타낸다. 이 그림에서 중요한 것은 각 특성이 조성에 대하여 대칭성을 보이는 것이다.

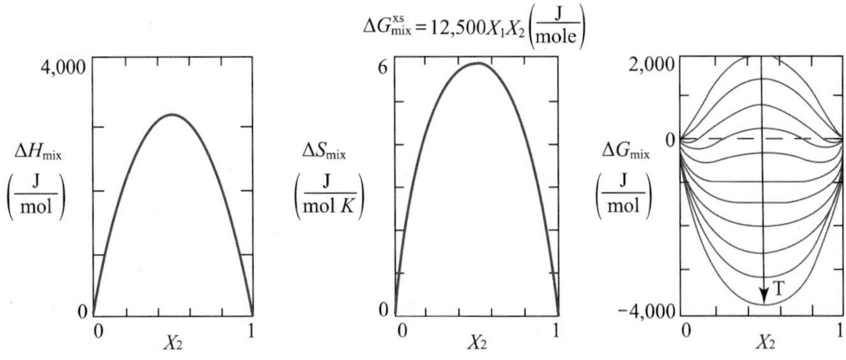

그림 8.5 이상 거동에서 양의 벗어남을 보이는 정규 용액에서 온도와 조성에 다른 혼합 특성의 변화. a_0 = 12,500 J/mol, 최대 온도 1,200 K이다.

$\Delta S, \Delta H$는 이 모델에서 온도의 함수가 아니다. ΔG_{mix}의 온도 의존성은 $T\Delta S_{mix}$항 때문이다. 주어진 조성에서 혼합 자유 에너지는 온도에 따라 선형으로 변화한다. 낮은 온도에서 이상 거동에서 양의 벗어남은 잉여 양의 최대와 최소값을 보인다. 이는 10장에서 논의될 섞임성 갭(miscibility gap)을 만든다.

식 (8.107)의 ΔH_{mix}로 예제 1에서 PMP 계산에 사용되었다. 여기서

$$\Delta \overline{H}_1 = a_0 X_2^2\ ,\ \Delta \overline{H}_2 = a_0 X_1^2 \tag{8.109}$$

이었고, 식 (8.106)에 의하여 활동도 계수는

$$\gamma_1 = e^{a_0 X_2^2/RT},\quad \gamma_2 = e^{a_0 X_1^2/RT} \tag{8.110}$$

로 구해진다. a_0의 부호가 이상 용액에서의 벗어남을 결정한다.

묽은 용액의 극한에서 활동도 계수값을 고려하자. 예를 들어, 용매 1에서 용질 성분 2의 묽은 용액에서 극한은 X_2가 0으로 접근하든가 X_1이 1로 접근하는 경우이다. 식 (8.110)에서 용질 성분 2에 대한 활동도 계수는 Henry 법칙 상수가 된다. 즉,

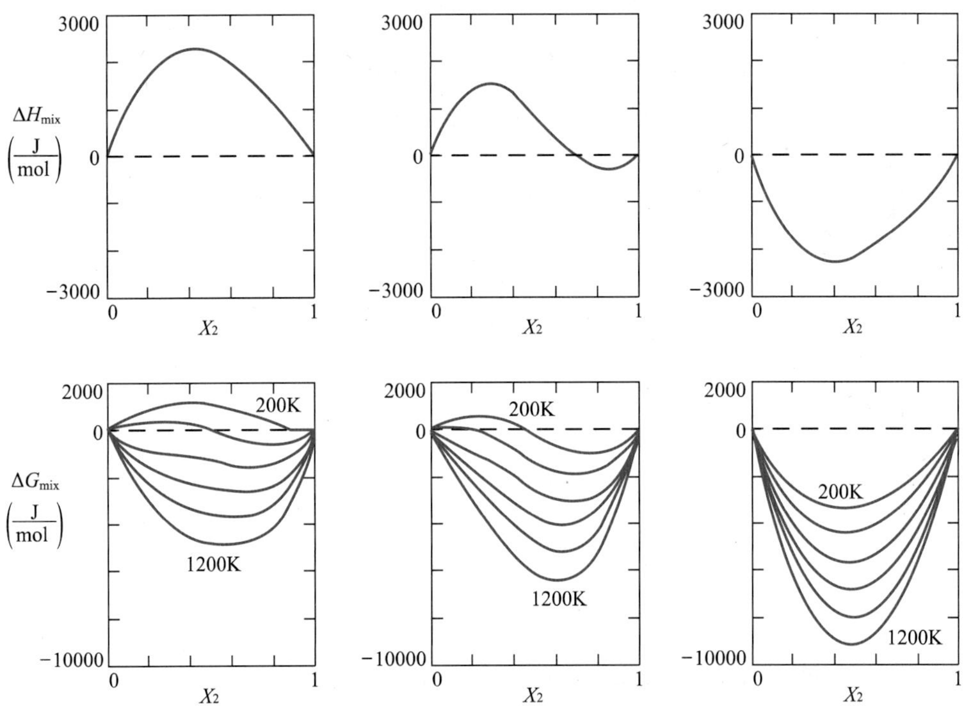

그림 8.6 2개 파라미터 정규 용액 $\Delta H_{mix} = X_1 X_2 (a_1 X_1 + a_2 X_2)$ 모델의 혼합 특성. (a) a_1 = 12,500, a_2 =5,500, (b) a_1 =12,500, a_2 = − 5,500, (c) a_1 = − 12,500, a_2 = − 5,500 J/mol.

$$\gamma_2^0 = e^{a_0/RT} \tag{8.111}$$

다른 끝부분에서 묽은 용액에 대한 유사한 계산은 성분 1에 대한 Henry 법칙 상수를 구할 수 있다. 즉,

$$\gamma_1^0 = e^{a_0/RT} \tag{8.112}$$

그래서 이 간단한 모델은 양쪽 끝부분의 범위에서 같은 값의 Henry 법칙 상수값을 제공한다. 이는 성분 1로 둘러싸인 성분 2의 특성은 성분 2로 둘러싸인 성분 1의 특성이 같다는 것을 의미한다. 비록 성분 1과 성분 2가 유사할 때 유용한 근사가 될 수 있다 하더라도 이러한 상황은 일반적으로 비현실적이다. 명백한 제한에도 불구하고 이 간단한 정규 용액 모델은 용액의 거동을 형상화하는 데 유용한 도구가 된다.

정규 용액 모델의 융통성은 혼합열에 여분의 파라미터를 첨가하여 증가시킬 수 있다. 즉,

$$\Delta H_{mix} = X_1 X_2 (a_0 + a_1 X_2 + a_2 X_2^2 + \ldots) \tag{8.113}$$

조정 가능한 파라미터의 증가로 실험 데이터에 맞춤되는 함수를 구할 수 있다. 해당되는 부분 몰 엔탈피는

$$\Delta \overline{H}_1 = X_2^2 (b_0 + b_1 X_2 + b_2 X_2^2 + \ldots) \tag{8.114}$$

그리고

$$\Delta \overline{H}_2 = X_1^2 (c_0 + c_1 X_2 + c_2 X_2^2 + \ldots) \tag{8.115}$$

여기서 계수 b_i, c_i는 식 (8.113)의 a_i계수에서 구한다. 그림 8.6에 여러 파라미터가 있는 경우 혼합열의 변화를 나타내었다. 이 계산은 식에서 나타난 파라미터가 온도와는 무관한 것을 요구하는 정규 용액에 근거한 것이다.

8.2 비정규 용액 모델

정규 용액 모델을 넘어선 가장 간단한 모델은 혼합의 잉여 자유 에너지(excess free energy of mixing)의 표현에 온도 의존항을 첨가하여 얻어진다. 이는

$$\Delta G_{mix}^{xs} = a_0 X_1 X_2 \left(1 + \frac{b}{T}\right) \tag{8.116}$$

으로 혼합의 잉여 엔트로피(excess entropy of mixing)는

$$\Delta S_{mix}^{xs} = -\left(\frac{\partial \Delta G_{mix}^{xs}}{\partial T}\right)_{P,n_k} = \frac{a_0 b}{T^2} X_1 X_2 \tag{8.117}$$

이고 혼합열은 $\Delta H_{mix}^{xs} = \Delta G_{mix}^{xs} + T\Delta S_{mix}^{xs}$ 으로

$$\Delta H_{mix}^{xs} = \Delta H_{mix} = a_0 X_1 X_2 (1 + \frac{2b}{T}) \tag{8.118}$$

그 다음 단계는 다음과 같이 조성 의존성 파라미터를 첨부한다.

$$\Delta G_{mix}^{xs} = X_1 X_2 (a_0 + a_1 X_2)(1 + \frac{b}{T}) \tag{8.119}$$

이 모델들은 컴퓨터 계산에 대한 용액 모델로 유용하다.

8.3 용액 거동에 대한 원자 모델

이 모델들에 포함된 파라미터들은 용액 거동에 대한 원자 모델의 기본에 물리적인 중요성을 제공한다. 가장 직접적인 원자 모델은 용액의 준화학적 이론(quasichemical theory of solution)이다. 또한 통계열역학으로 결정 구조 내에 원자를 분포시키는 정교한 모델도 존재한다.

용액의 준화학적 이론은 용액을 하나의 큰 분자로 보고 각각의 이웃한 원자들을 화학 결합에 의하여 연결된 것처럼 보는데서 그 이름이 유래한다. 2개의 원자 A와 B로 구성된 이원계에 있어서 결합을 이루는 3가지 형태를 고려할 수 있다. 이들은 A-A, B-B 그리고 A-B이다. 각각의 결합은 특징적인 결합 에너지를 갖고 있다고 가정하자. 이들은 e_{AA}, e_{BB}, e_{AB}로 나타낸다. 각각의 경우 에너지값은 초기에 증기 상태에 있는 것처럼 멀리 떨어진 원자로부터 결합이 형성된다. 그림 8.7은 두 원자 시스템에서 분리된 거리 x에 의한 시스템 에너지 변화를 나타낸다.

이 그래프의 기울기는 원자쌍 사이의 힘의 음의 값이다. 큰 값의 x에서는 증기 상태를 나타

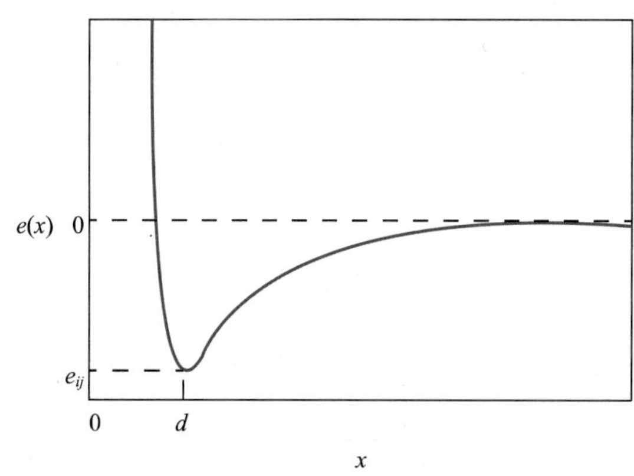

그림 8.7 분리 거리의 함수로 한 쌍의 원자 에너지 변화. 평형 거리 d는 에너지 최소값을 나타낸다.

내고 증기는 참조 상태이므로 에너지값은 0으로 나타낸다. 원자가 가까워짐에 따라 전자 구름(electron cloud)은 반응을 시작하여 서로 끌어당긴다. 아주 작은 값 x에서 이온 코어(ion core)가 반응하여 원자를 밀어낸다. 거리 d는 에너지가 최소가 되는 값으로 평형 간격이 된다. 해당되는 에너지 e_{ij}는 가장 음의 값으로 용액에서 ij 결합에 관련된 에너지가 된다.

준화학적 관점에서 용액의 모든 내부 에너지는 이웃한 원자들 사이의 반응이 포함된다. 이 관점을 좀 더 자세한 증기로부터 결정 형성의 처리와 비교하면 이는 비교적 초보적인 단계이다. 이 간단한 관점의 한 결과는 특별한 결합 에너지는 결합을 이루는 쌍을 제외하고 모든 주위에 독립적이다. 그래서 각각의 결합 형태는 조성에 무관하다. 이 시스템 각각의 결합 형태의 수를 P_{AA}, P_{BB}, P_{AB}라고 하자. 그러면 내부 에너지, 즉 같은 조성의 증기에서 응집(condensation)과 관련된 에너지 변화는

$$U_{soln} = P_{AA}e_{AA} + P_{BB}e_{BB} + P_{AB}e_{AB} \tag{8.120}$$

으로 표현된다.

각 결합 형태의 결합수는 용액의 조성과 배위수(coordination number) z에 관련된다. 배위수 z는 결정에서 한 원자를 둘러싼 가장 가까운 이웃 원자수이다(액체에서도 배위수 z의 분포가 있는데, 이 경우 최인접 이웃의 평균수이다).

간단한 입방정(cubic) 결정 격자에서 $z=6$이고, bcc에서 $z=8$, fcc와 hcp에서 $z=12$이다.

이제 N_0 원자를 함유한 시스템에서 전체 결합수 P_T는

$$P_T = \frac{1}{2}N_0 z \tag{8.121}$$

이다. 인자 1/2가 첨가된 이유는 각각의 결합은 2개의 원자를 나누고 있기 때문이다. 이것이 없으면 결합수를 2번씩 세게 된다.

3가지 형태의 결합수는 독립적으로 변화하지 않는다. AA 결합은 A 원자의 두 끝(ends)을 갖고 AB 결합은 하나의 끝은 A 원자가, 다른 끝은 B 원자가 차지한다. 따라서 A원자의 수는

$$2P_{AA} + P_{AB} = zN_A = zN_0X_A \tag{8.122}$$

B 원자수도

$$2P_{BB} + P_{AB} = zN_B = zN_0X_B \tag{8.123}$$

으로 표현된다. 이 식들에서 P_{AA}와 P_{BB}를 구하면

$$P_{AA} = \frac{1}{2}\left[X_AN_0z - P_{AB}\right] \tag{8.124}$$

$$P_{BB} = \frac{1}{2}\left[X_BN_0z - P_{AB}\right] \tag{8.125}$$

그래서 이원계에서 각각 형태의 결합수를 구하는 데에는 다른 원자(unlike atom) 결합수 P_{AB}만 구하면 된다. 이 모델에서 원자의 배열에 대한 본성에 대한 단순화된 가정이 없다. 식 (8.124)와 (8.125)에서 구한 P_{AA}와 P_{BB}를 내부 에너지 식에 대입하면,

$$U_{soln} = P_{AB}[e_{AB} - \frac{1}{2}(e_{BB} + e_{AB})] + \frac{1}{2}N_0 z [X_A e_{AA} + X_B e_{BB}] \tag{8.126}$$

혼합에 대한 표현으로

$$\Delta U_{mix} = U_{soln} - [X_A U_A^0 + X_B U_B^0] \tag{8.127}$$

여기서 U_A^0와 U_B^0는 순수 A와 순수 B의 몰당 내부 에너지이다. 각각은 용액으로 같은 결정 구조를 갖는 것으로 가정하였다. 순수 A의 N_0 원자를 고려하자. 그 시스템은 단지 AA 결합만 갖는다. 결합수는 $\frac{1}{2}N_0 z$이다. 증기 A에서 각각의 결합 에너지는 e_{AA}이다. 그래서

$$U_A^0 = \frac{1}{2}N_0 z \ e_{AA} \tag{8.128}$$

순수 B에 대하여

$$U_B^0 = \frac{1}{2}N_0 z \ e_{BB} \tag{8.129}$$

이를 식 (8.127)에 대입하면

$$\Delta U_{mix} = P_{AB}[e_{AB} - \frac{1}{2}(e_{BB} + e_{AB})] + \frac{1}{2}N_0 z [X_A e_{AA} + X_B e_{BB}] - [X_A \frac{1}{2}N_0 z e_{AA} + X_B \frac{1}{2}N_0 z \, e_{BB}]$$

그래서

$$\Delta U_{mix} = P_{AB}[e_{AB} - \frac{1}{2}(e_{BB} + e_{AB})] \tag{8.130}$$

응집상에서 혼합물의 내부 에너지는 혼합물의 엔탈피와 아주 유사할 정도로 차이가 없다. 즉,

$$\Delta H_{mix} = \Delta U_{mix} + P \Delta V_{mix} \simeq \Delta U_{mix} \tag{8.131}$$

그래서 식 (8.130)을 용액에 대한 혼합열로 간주할 수 있다. 그러므로 준화학적 이론은 용액의 혼합열을 함유한 다른 원자 결합수와 서로 다른 결합 에너지와 같은 쌍의 평균 결합 에너지의 차이에 비례한다. 이 이론의 주된 제한은 모든 에너지는 최인접 쌍에 제한하여 e_{AA}, e_{BB}, e_{AB}는 조성에 독립적이라는 것이다.

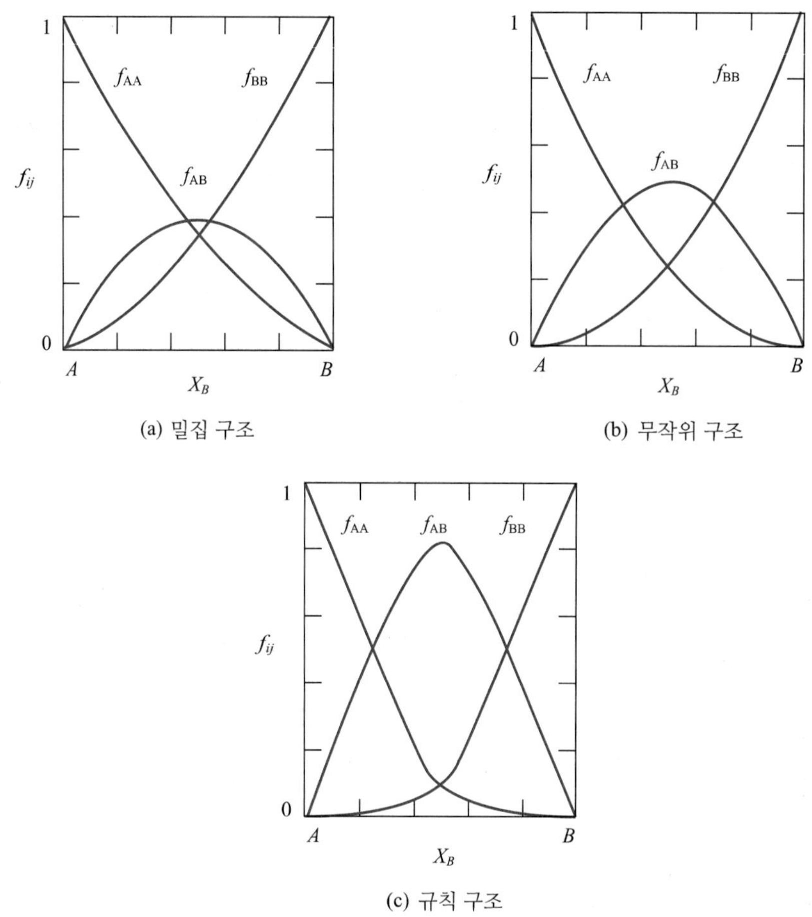

그림 8.8 이원계 용액에서 3가지 결합 형태의 변화, (a) 밀집 구조, (b) 무작위 구조, (c) 규칙 구조.

시스템 내의 다른 원자 결합수 P_{AB}는 용액 거동의 중요한 인자로 작용한다. 이는 시스템 내의 원자 배열을 반영한다. 예를 들면, 같은 원자가 모이기를 좋아하는 그림 8.8(a)에서와 같이 P_{AB}는 작다. 반면에 두 형태의 원자가 규칙(ordered) 구조에서 위치하면 가장 가까운 쌍은 서로 다른 원자들이다(그림 8.8(c)). 무작위 혼합물(random mixture)에서 P_{AB}는 어떤 중간값을 갖는다.

무작위 혼합물의 개념은 혼합물에서 원자 배열을 나타내는 참고점으로 사용된다. 왜냐하면 이상 용액도 또한 용액 거동의 참고로 사용하는데, 이는 무작위 혼합물임을 보일 수 있기 때문이다. 더욱이 무작위 혼합물에 대한 P_{AB} 계산은 용이하다. 조성에 대하여 무작위 값보다 작은 P_{AB}는 밀집(clustering) 경향을 보이고 무작위 값보다 작으면 규칙(ordering) 경향을 보인다.

무작위 용액을 고려하면 이상 용액을 제외하고는 다른 용액에 적합하지 않다. 좀 더 구체적으로 살펴보면 혼합열이 0이 아니면 원자 배열은 무작위일 수 없다. 이는 정규 용액 모델은 개념적인 결함을 갖고 있음을 의미한다. 실제 용액을 나타내기 위해서는 좀 더 세련된 모델이 요구된다. 물론 정규 용액 모델은 다음의 2가지 이유에서 유용하다.

- 어떤 실제 용액에 대한 유효한 근사를 제공한다. 특히 고온에서 엔트로피항($T\Delta S_{mix}$)은 혼합물의 Gibbs 자유 에너지에서 지배적일 때 그러하다.
- 좀 더 세련된 근사를 이해하고 기본적인 개념을 소개할 때 수학적으로 취급할 수 있는 모델을 제공한다.

무작위로 선택한 임의의 자리가 A 원자로 채워지는 확률이 A 원자로 채워지는 구조의 모든 자리의 분율, X_A와 같으면 용액 내의 원자 배열은 무작위로 정의된다. A 원자가 어떤 자리를 차지하는 선호도가 없다. 유사하게 B 원자가 한 자리를 차지할 확률은 X_B이다. 이웃한 자리의 쌍 I과 II를 생각해 보자. 동시적으로 두 사건이 만족된다면 AA 결합을 만든다. 자리 I은 A 원자 자리 II는 A원자로 채워진다. 그래서 확률은

$$f_{AA} = X_A X_A = X_A^2 \tag{8.132}$$

BB 결합도 마찬가지로

$$f_{BB} = X_B X_B = X_B^2 \tag{8.133}$$

AB 결합에서는 I 자리에 A, II 자리에 B, 반대로 I 자리에 B, II 자리에 A의 2가지 배열이 생긴다. 그래서

$$f_{AB} = X_A X_B + X_B X_A = 2X_A X_B \tag{8.134}$$

이 결합 확률은 각 형태에 속하는 결합의 몰 분율로 해석된다. 전체 확률은

$$f_{AA} + f_{BB} + f_{AB} = X_A^2 + X_B^2 + 2X_A X_B = (X_A + X_B)^2 = 1$$

으로 된다.

각 형태의 결합수는 전체 결합수 $\frac{1}{2}N_0 z$에 몰 분율을 곱하면 된다. 따라서

$$P_{AB} = \frac{1}{2}N_0 z f_{AB} = N_0 z X_A X_B \tag{8.135}$$

이를 식 (8.130)에 대입하면 무작위 혼합물의 혼합열은

$$\Delta H_{mix} = N_0 z X_A X_B \left[e_{AB} - \frac{1}{2}(e_{AA} + e_{BB}) \right] \tag{8.136}$$

이는 정규 용액 모델에서

$$\Delta H_{mix} = a_0 X_A X_B \tag{8.137}$$

에서

$$a_0 = N_0 z \left[e_{AB} - \frac{1}{2}(e_{AA} + e_{BB}) \right] \tag{8.138}$$

으로 표현된다.

무작위 용액에서의 혼합물 엔트로피는 이상적인 혼합물 엔트로피와 같음을 보일 수 있다. 용액에는 N_A개의 A 원자와 N_B개의 B 원자가 독립적으로 N_0개의 유용한 자리에 분포되어 있다. 원자가 배열될 수 있는 방법수는 통계열역학에서

$$\Omega = \frac{N_0!}{N_A!\,N_B!} \tag{8.139}$$

Boltzmann 가설을 사용하여

$$\begin{aligned} S &= k \ln \Omega = k \ln \frac{N_0!}{N_A!\,N_B!} \\ &= k \ln \left[\ln N_0! - \ln N_A! - \ln N_B! \right] \end{aligned}$$

Stirling의 근사를 사용하면

$$S = k \left[(N_0 \ln N_0 - N_0) - (N_A \ln N_A - N_A) - (N_B \ln N_B - N_B) \right]$$

$N_0 = N_A + N_B$이므로

$$\begin{aligned} S &= k \left[(N_A + N_B) \ln N_0 - N_A \ln N_A - N_B \ln N_B \right] \\ &= k \left[-N_A (\ln N_A + \ln N_0) - N_B (\ln N_B - \ln N_0) \right] \\ &= -k \left[N_A \ln \frac{N_A}{N_0} + N_B \ln \frac{N_B}{N_0} N_A \right] \\ S &= -k N_0 (X_A \ln X_A + X_B \ln X_B) \end{aligned} \tag{8.140}$$

혼합되지 않은 성분에 대한 $\Omega = 1$이므로 이 결과는 무작위 용액의 혼합물의 엔트로피, ΔS_{mix}로 해석할 수 있다. 이 표현은 이상 용액의 혼합물의 엔트로피와 같다. 정규 용액 모델의 정의에서 이는 정규 용액의 혼합물의 엔트로피이다. 무작위 용액의 혼합물의 자유 에너지는

$$\Delta G_{mix} = \Delta H_{mix} - T \Delta S_{mix}$$

$$\Delta G_{mix} = a_0 X_A X_B + RT(X_A \ln X_A + X_B \ln X_B) \tag{8.141}$$

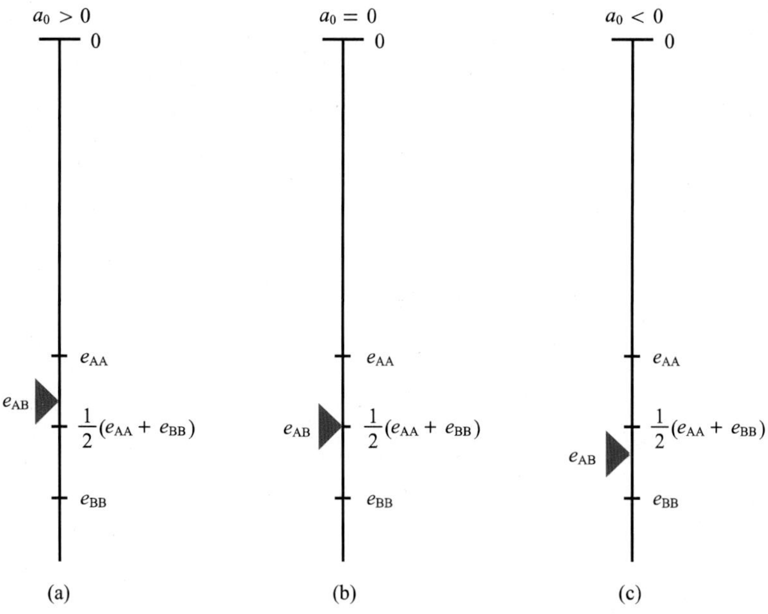

그림 8.9 결합 에너지의 상대적인 값. 이상 용액 거동에서 (a) 양, (b) 0, (c) 음의 벗어남.

정규 용액 모델에서 원자들은 용액에 무작위로 분포되고 파라미터 a_0는 3가지 결합 형태에서 결정된다.

식 (8.141)에서 오른쪽 항 첫 번째는 혼합의 잉여 자유 에너지이고, 이것이 이상 용액으로부터 벗어남을 결정한다. 그림 8.9는 a_0를 결정하는 결합 에너지의 3가지 가능한 조합을 보인다. 이를 수학적으로 표현하면,

$$\text{양의 벗어남(positive departure)} : a_0 > 0 \quad \rightarrow \quad e_{AB} > \frac{1}{2}(e_{AA} + e_{BB}) \tag{8.142}$$

$$\text{음의 벗어남(negative departure)} : a_0 < 0 \quad \rightarrow \quad e_{AB} < \frac{1}{2}(e_{AA} + e_{BB}) \tag{8.143}$$

$$\text{이상 용액(ideal solution)} : a_0 = 0 \quad \rightarrow \quad e_{AB} = \frac{1}{2}(e_{AA} + e_{BB}) \tag{8.144}$$

이 고려는 정의에 함축되어 있는 무작위 혼합(random mixing)을 갖고 있는 정규 용액 모델의 엄격한 적용은 개념적으로 어려움을 제공한다. 예를 들어, 이상 거동에서 양의 벗어남을 보이는 무작위 용액을 생각해 보자. 준화학(quasichemical) 모델에서 같은 원자 결합(like bond)은 다른 원자 결합(unlike bond)보다 더 낮은 에너지를 갖는다. 그래서 시스템은 혼합열을 더 낮추고, 따라서 혼합물의 자유 에너지를 무작위값보다 같은 원자 결합수를 증가시켜 감소하게 된다. 일정한 온도와 압력으로 제한된 시스템에서 Gibbs 자유 에너지를 낮추는 과정

은 자발적이다. 그래서 원자들은 무작위 용액보다 같은 원자 결합을 갖는 배열로 정렬하는 것이 기대된다. 만약 이 과정이 일어나면 원자의 배열은 더 이상 무작위가 아니고 혼합물의 엔트로피는 이상 용액과 정규 용액에 해당되는 무작위값이 아니다.

같은 논쟁이 이상 거동에서 음의 벗어남에도 적용할 수 있다. 다른 원자 결합이 같은 원자 결합보다 더 낮다. 엔탈피와 Gibbs 자유 에너지는 다른 원자 결합수를 증가시켜 에너지를 낮춘다. 따라서 혼합물의 엔트로피는 더 이상 무작위 값(random value)이 아니다.

좀 더 정교한 모델이 혼합물의 엔트로피 계산에서 무작위에서 벗어남과 관련되어 개발된다. Swalin은 단범위와 장범위 규칙(short and long range order) 파라미터를 소개하고 규칙 용액의 혼합물의 엔트로피와 관련시킨다. 통계열역학과 원자의 응집(cluster of atom)에 근거한 모델이 Lupis에 의한 중앙 원자 모델(central atom model), Fontaine에 의한 응집 변분 모델(cluster variation model) 등이 있다. 그러나 정규 용액 모델은 용액 모델의 소개와 개발 전략에 있어 아주 유용한 도구로 남아 있다.

연습문제

01 티타늄 금속은 30 a/0까지 산소를 용해할 수 있다. 원자 분율 X_O=0.12를 함유하는 Ti-O 시스템에서 한 고용체를 생각해 보자. 이 합금의 몰 부피는 10.64 cc/mol이다. 다음을 계산하라.

(a) 용액 내의 산소의 wt%.
(b) 용액 내의 산소의 몰 농도(gm-atoms/cc).
(c) 용액 내의 산소의 질량 농도(gm/cc).

02 Al과 Zn의 면심 입방정(face centered cubic) 고용체에서 혼합 잉여 자유 에너지가 다음과 같이 주어졌다. $\Delta G_{mix} = X_{Al}X_{Zn}(9600\,X_{Zn} + 13200\,X_{Al})(1 - \frac{T}{4000})$. 온도 300 K와 700 K 그리고 조성의 함수로 ΔG_{mix}값을 구하고 곡선을 그려라.

03 묽은 실제 용액에서 용질에 대하여 Henry의 법칙이 성립된다면, 용매에 대한 라울의 법칙을 유도하라.

04 시스템 A-B가 다음과 같이 주어지는 혼합열로 정규 용액을 형성한다. $\Delta H_{mix} = -13{,}500\,X_A X_B$(J/mol)

(a) B에의 용질로서의 A, 그리고 A에의 용질로서의 B에 대한 Henry 법칙 상수를 구하라.
(b) Henry 법칙 상수를 온도의 함수로 그려라.

Chapter 9

Thermodynamics in Materials Sciences

다성분 불균일 시스템

1 서 론

열역학 시스템의 분류체계(hierarchy)를 통한 논리적인 진전은 7장의 일성분 균일 시스템, 8장의 다성분 균일 시스템의 취급에 이어 이 장의 다성분 불균일 등급(class)까지 오게 되었다. 이 등급의 시스템은 재료과학에서 아주 중요하다. 왜냐하면 대부분의 사용 재료들은 2개 또는 그 이상의 상들이 함께 관여하는 미세구조(microstructure)에는 많은 성분이 참여하고 있기 때문이다. 미세구조에서 상의 조성과 배열을 제어함은 곧 물질의 특성을 제어함과 같다. 또한 많은 반응이 있는 시스템에는 1개 이상의 상에서 성분의 반응이 관련된다. 예를 들어, 금속의 산화 반응에는 적어도 3개 이상의 상이 포함된다. 금속, 산소를 포함하는 기체 그리고 생성되는 금속 산화물이 존재한다. 마이크로 전자 소자는 다성분 연결 소자 또는 2개 이상의 다른 상으로 된 층으로 구성되는데, 이는 다른 상의 전자적으로 활동적인 성분을 연결시켜 준다. 모든 것은 또 다른 상인 기판 위에 놓여있다. 다성분, 다상(multi-phase) 시스템의 취급은 기술과 과학에서 넓은 응용을 갖는 것은 분명하다.

이 장에서는 이러한 다성분, 다상 시스템을 나타내는데 필요한 장치를 개발한다. 그 다음에 이 장치는 평형 조건을 찾는 일반적인 전략에 응용된다. 그와 같은 시스템이 평형에 있을 때 열역학적 특성 사이에서 존재하는 일련의 관계식은 고전적인 Gibbs 상규칙(phase rule)을 도출하는 데 기본으로 사용된다. Gibbs 상규칙은 상태도를 만드는데 기본인 일반적인 관계식이고 다성분 다상 시스템의 거동을 이해하는데 이용되는 중요한 생각의 도구이다. 상태도의 구축은 일성분계, 이성분계 그리고 삼성분계의 경우를 논의한다.

이 장에서 유도되는 평형 조건은 상태도에서 나타낸 상의 안정성의 극한을 시스템의 열역학 특성에 연결시키는 한 세트의 식이다. 7장의 일성분계에서 보인 것처럼, 열역학 정보로부터 상태도의 계산은 이 식에서 출발한다. 같은 관계식이 실험적으로 구한 상태도로부터 관련된 상의 열역학적 특성을 예측하는 기초를 제공한다. 7장에서처럼 기화열(heat of vaporization)은 액체와 증기 사이의 상경계로부터 결정할 수 있다. 유사한 응용이 10장에서 이성분계와 삼성분계의 계산에서 보여 준다.

2 다성분, 다상, 무반응 시스템의 묘사

성분이 C개인 다성분 열린계에서 열역학 1법칙과 2법칙이 결합된 식으로 나타낸 내부 에너지는

$$dU' = TdS' - PdV' + \sum_{k=1}^{C} \mu_k dn_k$$

으로 나타낸다. 이 시스템이 P개의 구별되는 상을 갖는다고 가정하자. 그림 9.1은 3개의 상과 각 상은 2개의 성분을 갖는 미세구조를 나타낸다.

각각의 상은 열, 일, 물질을 주변과 교환한다. 주변은 시스템 내에서는 다른 상을 말하고, 전체 시스템의 경우에는 외부를 말한다. 이제 α상에 초점을 맞추어 이들의 출입을 나타내면,

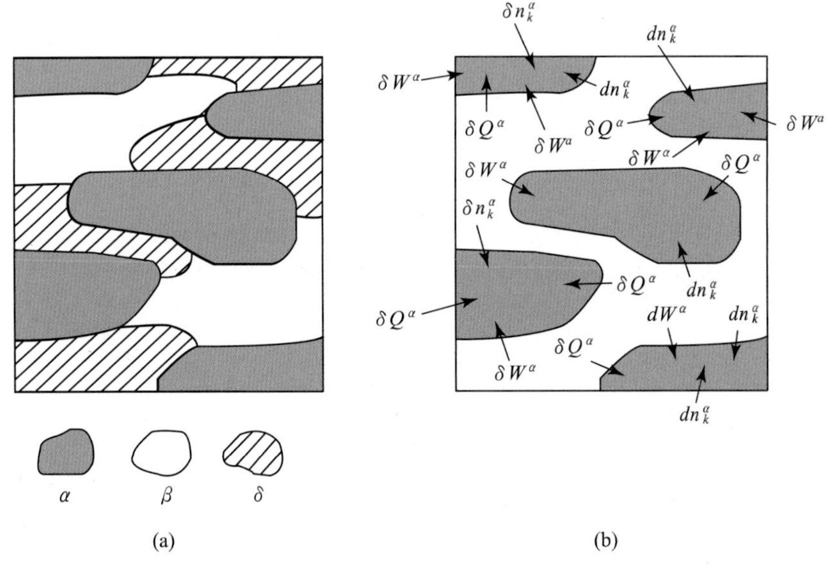

그림 9.1 (a) 3개상을 가진 미세구조, (b) α상은 주위의 다른 상과 열, 일, 물질을 교환한다.

$$dU'^{\alpha} = T^{\alpha} dS'^{\alpha} - P^{\alpha} dV'^{\alpha} + \sum_{k=1}^{C} \mu_k^{\alpha} dn_k^{\alpha} \tag{9.1}$$

이와 같은 관계식은 시스템 내의 모든 상에서 성립된다.

전체 다상 시스템의 거동에 관한 취급은 시스템의 익스텐시브(extensive) 특성에 초점을 맞춘다. 전략은 간단하게 시스템의 익스텐시브 특성의 정의를 사용한다. 시스템의 익스텐시브 특성, V', S', U', H', F' 그리고 G'에 대하여 시스템의 특성값은 각 상의 분리된 값의 합으로 나타낼 수 있다. 즉,

$$B_{sys}' = B'^{I} + B'^{II} + B'^{\alpha} + \ldots + B'^{P}$$

즉,

$$B_{sys}' = \sum_{\alpha=1}^{P} B'^{\alpha} \tag{9.2}$$

으로 표현된다. 여기서 B'은 임의의 익스텐시브 특성이다. 만약 시스템이 어떤 상태에서 임의의 변화를 겪는다면 B_{sys}'의 변화량은 간단히 각 상들이 겪는 변화의 합으로 나타낼 수 있다. 왜냐하면 합의 미분은 각자의 미분양들의 합이기 때문이다. 이는

$$dB_{sys}' = \sum_{\alpha=1}^{P} dB'^{\alpha} \tag{9.3}$$

으로 표현된다. 이 간단한 원리가 다상 시스템에 사용된다.

이 원리의 응용으로 내부 에너지 변화를 생각해 보자. 임의의 무한소의 과정에서 다상 시스템의 내부 에너지는

$$dU_{sys}' = \sum_{\alpha=1}^{P} dU'^{\alpha} \tag{9.4}$$

식 (9.1)을 대입하면

$$dU_{sys}' = \sum_{\alpha=1}^{P} [T^{\alpha} dS'^{\alpha} - P^{\alpha} dV'^{\alpha} + \sum_{k=1}^{C} \mu_k^{\alpha} dn_k^{\alpha}] \tag{9.5}$$

평형 조건의 도출에 관한 전략에는 시스템의 엔트로피 변화가 큰 역할을 하므로 다성분 α 상에 있어 임의의 상태 변화에 따른 엔트로피 변화량은

$$dS'^{\alpha} = \frac{1}{T^{\alpha}} dU'^{\alpha} + \frac{P^{\alpha}}{T^{\alpha}} dV'^{\alpha} - \frac{1}{T^{\alpha}} \sum_{k=1}^{C} \mu_k^{\alpha} dn_k^{\alpha} \tag{9.6}$$

전체 시스템이 임의의 변화를 겪을 경우의 엔트로피 변화는

$$dS_{sys}{}' = \sum_{\alpha=1}^{P} dS'^{\alpha} \tag{9.7}$$

식 (9.6)을 대입하면

$$dS_{sys}{}' = \sum_{\alpha=1}^{P} dS'^{\alpha} = \sum_{\alpha=1}^{P} [\frac{1}{T^{\alpha}} dU'^{\alpha} + \frac{P^{\alpha}}{T^{\alpha}} dV'^{\alpha} - \frac{1}{T^{\alpha}} \sum_{k=1}^{C} \mu_k^{\alpha}\, dn_k^{\alpha}] \tag{9.8}$$

으로 나타낼 수 있다.

3 평형 조건

우선 C 성분을 가진 2개의 상 α와 β가 존재할 때의 평형 상태를 생각해 보자. 엔트로피 변화량은

$$dS_{sys}{}' = dS'^{\alpha} + dS'^{\beta} \tag{9.9}$$

으로 좀 더 자세히는

$$\begin{aligned} dS_{sys}{}' = &\frac{1}{T^{\alpha}} dU'^{\alpha} + \frac{P^{\alpha}}{T^{\alpha}} dV'^{\alpha} - \frac{1}{T^{\alpha}} \sum_{k=1}^{C} \mu_k^{\alpha}\, dn_k^{\alpha} \\ &+ \frac{1}{T^{\beta}} dU'^{\beta} + \frac{P^{\beta}}{T^{\beta}} dV'^{\beta} - \frac{1}{T^{\beta}} \sum_{k=1}^{C} \mu_k^{\beta}\, dn_k^{\beta} \end{aligned} \tag{9.10}$$

만약 시스템이 주위와 고립된다면 변수 $2(2+C)$는 모두 독립적이지 못하다. 이들 중 약간은 고립 제약을 통하여 관련되어 있기 때문이다. 만약 두 개 상이 과정 중에 주위와 고립되어 있다면, 시스템 내에서 어떤 변화가 일어나든지 시스템의 내부 에너지 $U_{sys}{}'$, 부피, $V_{sys}{}'$ 그리고 각 성분 몰수의 합, $\sum_{k=1}^{C} n_k$는 변화될 수 없다. 이 고립 제약은 수학적으로 다음과 같이 쓸 수 있다.

$$dU_{sys}{}' = 0 = dU'^{\alpha} + dU'^{\beta} \rightarrow dU'^{\alpha} = -dU'^{\beta} \tag{9.11}$$

$$dV_{sys}{}' = 0 = dV'^{\alpha} + dV'^{\beta} \rightarrow dV'^{\alpha} = -dV'^{\beta} \tag{9.12}$$

$$dn_{k,sys} = 0 = dn_k^{\alpha} + dn_k^{\beta} \rightarrow dn_k^{\alpha} = -dn_k^{\beta} \tag{9.13}$$

분명히 이 변수 중의 하나에 변화가 일어나면 다른 상에서 반대 변화가 일어나 보상되어 시스템 특성의 전체 값은 변화가 없도록 제약되어 있다. 왜냐하면 시스템은 고립되었기 때문

이다. 식 (9.11)에서 (9.13)의 변수 관계를 이용하여 식 (9.10)에 대입하면

$$dS_{sys,iso}{}' = \frac{1}{T^{\alpha}}dU'^{\alpha} + \frac{P^{\alpha}}{T^{\alpha}}dV'^{\alpha} - \frac{1}{T^{\alpha}}\sum_{k=1}^{C}\mu_k^{\alpha}\,dn_k^{\alpha}$$
$$+\frac{1}{T^{\beta}}(-dU'^{\alpha}) + \frac{P^{\beta}}{T^{\beta}}(-dV'^{\alpha}) - \frac{1}{T^{\beta}}\sum_{k=1}^{C}\mu_k^{\beta}\,(-dn_k^{\beta})$$

정리하면,

$$dS_{sys,iso}{}' = (\frac{1}{T^{\alpha}} - \frac{1}{T^{\beta}})dU'^{\alpha} + (\frac{P^{\alpha}}{T^{\alpha}} - \frac{P^{\beta}}{T^{\beta}})dV'^{\alpha} - \sum_{k=1}^{C}(\frac{\mu_k^{\alpha}}{T^{\alpha}} - \frac{\mu^{\beta}}{T^{\beta}})\,dn_k^{\alpha} \tag{9.14}$$

남아 있는 $(C+2)$개의 변수는 고립계 내에서 독립적으로 변화할 수 있다. 극한값에 대한 조건은 이 표현에서 계수값을 0으로 놓고 구할 수 있다. 즉,

$$\frac{1}{T^{\alpha}} - \frac{1}{T^{\beta}} = 0 \rightarrow T^{\alpha} = T^{\beta} \text{ (열평형)} \tag{9.15}$$

$$\frac{P^{\alpha}}{T^{\alpha}} - \frac{P^{\beta}}{T^{\beta}} = 0 \rightarrow P^{\alpha} = P^{\beta} \text{ (역학 평형)} \tag{9.16}$$

$$\frac{\mu_k^{\alpha}}{T^{\alpha}} - \frac{\mu_k^{\beta}}{T^{\beta}} = 0 \rightarrow \mu_k^{\alpha} = \mu_k^{\beta} \text{ (화학 평형)} \tag{9.17}$$

식 (9.17)은 시스템 내에서 C 성분의 각각에 대하여 성립된다. 이 식은 열역학 평형에서 어떤 2개의 상이 공존할 때 반드시 만족해야 하는 조건을 나타낸다. 이를 다성분 2상 시스템에서 평형 조건이라고 말한다.

이 결과를 임의의 상의 수가 존재하는 시스템에 적용하려면 여러 상의 경우, 2상간의 관계를 고려하는 것이 좋다. 예를 들면, 3개상 α, β, ε의 시스템을 생각해 보자. 이 시스템이 평형을 이루면 α는 β와 평형을 이루고, β는 ε과 평형 그리고 ε은 α와 평형을 이룬다. 두 개의 상 β와 ε의 평형을 고려하면 평형 조건은

$$T^{\beta} = T^{\epsilon},\ P^{\beta} = P^{\epsilon},\ \mu_k^{\beta} = \mu_k^{\epsilon}\ \ (k=1,\ 2,\ ...,\ C) \tag{9.18}$$

이를 α와 β상과의 평형을 고려하면

$$T^{\alpha} = T^{\beta} = T^{\epsilon} \tag{9.19}$$

$$P^{\alpha} = P^{\beta} = P^{\epsilon} \tag{9.20}$$

$$\mu_k^{\alpha} = \mu_k^{\beta} = \mu_k^{\epsilon}\ \ (k=1,\ 2,\ ...,\ C) \tag{9.21}$$

이로부터 P개의 상으로 이루어진 시스템에서 평형 조건은

$$T^I = T^{II} = \dots = T^{\alpha} = T^{\beta} = \dots = T^P \tag{9.22}$$

$$P^I = P^{II} = \dots = P^{\alpha} = P^{\beta} = \dots = P^P \tag{9.23}$$

$$\mu_1^I = \mu_1^{II} = \dots = \mu_1^{\alpha} = \mu_1^{\beta} = \dots = \mu_1^P \tag{9.24a}$$

$$\mu_2^I = \mu_2^{II} = \dots = \mu_2^{\alpha} = \mu_2^{\beta} = \dots = \mu_2^P \tag{9.24b}$$

$$\vdots \quad \vdots \quad \vdots \quad \vdots$$

$$\mu_C^I = \mu_C^{II} = \dots = \mu_C^{\alpha} = \mu_C^{\beta} = \dots = \mu_C^P \tag{9.24c}$$

으로 표현된다. 이를 다시 말하면 다성분, 다상 시스템에서 평형을 이루려면 온도, 압력 그리고 각 성분의 화학 퍼텐셜이 모든 상에서 같아야 한다. 이 식은 상태도의 구축과 계산에 기초를 이룬다.

4 Gibbs 상규칙

성분수가 C인 시스템에서 인텐시브 특성의 항으로 나타낼 때에는 $(C-1)$개의 조성 변수, X_k가 존재한다. 왜냐하면 임의의 주어진 상에서 성분들의 몰 분율은 1이기 때문이다. 따라서 상태를 나타내는 변수는 $(T, P, X_2, X_3, \dots, X_C)$이다. 여기서 X_1은 남아 있는 몰 분율식에서 구하였다고 가정한다. 이 명단에서 변수의 수는 $[2+(C-1)]=(1+C)$이다.

P개의 상이 존재하고 각 상에는 C개의 성분을 가졌다면, 각 상에 존재하는 변수는

상 I: $T^I, P^I, X^I_2, X^I_3, \dots, X^I_C$
상 II : $T^{II}, P^{II}, X^{II}_2, X^{II}_3, \dots, X^{II}_C$
상 α : $T\alpha, P\alpha, X\alpha_2, X\alpha_3, \dots, X\alpha_C$
$\vdots \quad \vdots \quad \vdots \quad \vdots$
상 P : $T^P, P^P, X^P_2, X^P_3, \dots, X^P_C$ (9.25)

각각의 열(row)에는 $(1+C)$개의 변수를 갖는데, P개의 열이 있으므로 이 시스템의 전체 변수는

$$m = P(1+C) \tag{9.26}$$

이다. 시스템이 평형을 이루려면 평형 조건에 따라 식 (9.22)~(9.24)를 만족해야 한다. 이들 식에서 각 열은 $(P-1)$개의 독립된 식을 만든다. 해당되는 열은 $(2+C)$개가 존재한다. 따라서 독립된 식의 수는

$$n = (P-1)(2+C) \tag{9.27}$$

그러므로 자유도(degree of freedom)는

$$\begin{aligned} f = m - n &= [P(1+C)] - [(P-1)(2+C)] \\ &= P + PC - [2P + PC - 2 - C] = C - P + 2 \end{aligned}$$

$$f = C - P + 2 \tag{9.28}$$

으로 된다. 이를 Gibbs 상규칙이라 한다. 즉, 변수 중에서 자유로이 선택할 수 있는 자유도는 조성의 수에서 상의 수를 뺀 값에 2를 더한 값이 된다. 상수 2는 압력과 온도를 말하며 만약 온도를 규정하면 변수 1로 줄어든다.

5 상태도의 구조

상태도는 평형에서 시스템에 존재하는 여러 가지 상들의 안정 영역을 그래프로 나타낸 도표이다. 상태도는 보통 온도(temperature) - 압력(pressure) - 조성(composition) 공간에서 구축된다. 비록 널리 사용되지 않지만, 다른 좌표들로 구축된 상태도가 실용적인 응용에 사용됨이 증가하고 있다.

상태도 구축에서 중요한 사항은 상의 안정성을 알 수 있는 자유도이다. 몇 가지 경우의 자유도를 생각해 보자. 먼저 일성분계에서 안정한 한 개의 상 영역의 자유도는 $f=(1-1+2)=2$로, 예를 들면 온도와 압력의 두 변수를 임의로 설정할 수 있음을 의미한다. 이성분계에서 안정한 한 상의 영역의 자유도는 $f=2-1+2=3$이 된다. 좀 더 일반화된 C 성분계에서 한 상의 영역에 대한 자유도는 $f=(C-1+2)=C+1$이 된다. 그리고 상의 수가 증가할수록 자유도는 감소한다. 즉, 주어진 성분수를 갖는 시스템에서 단상은 가장 높은 자유도를 갖는다. 이는 구체적인 규정을 위해서는 가장 많은 $C+1$개의 독립 변수값이 요구된다. 일성분계에서 상태도는 (P, T) 공간에 작성될 수 있으나 이성분계에서는 3차원 공간이 필요하며, 보통 (T, P, X_2) 공간이 사용된다. 삼원계 시스템의 완벽한 구축을 위해서는 4차원 공간, 예를 들면 (T, P, X_2, X_3)가 요구된다.

인쇄된 종이는 2차원이므로 가장 정량적인 상태도는 시스템 전부를 나타내는데 요구되는 다차원(multi-dimensional) 공간을 가로지르는 단면(cross section)으로 나타낸다. 3차원 상태도의 투영(projection)은 교육적으로 유용하고, 3개의 변수로 묘사되는 상들 사이에 관계를 영상화하는 데 유용하다. 그러나 그와 같은 나타냄은 유용하나 상의 영역에 대한 정량적인 정보를 읽는

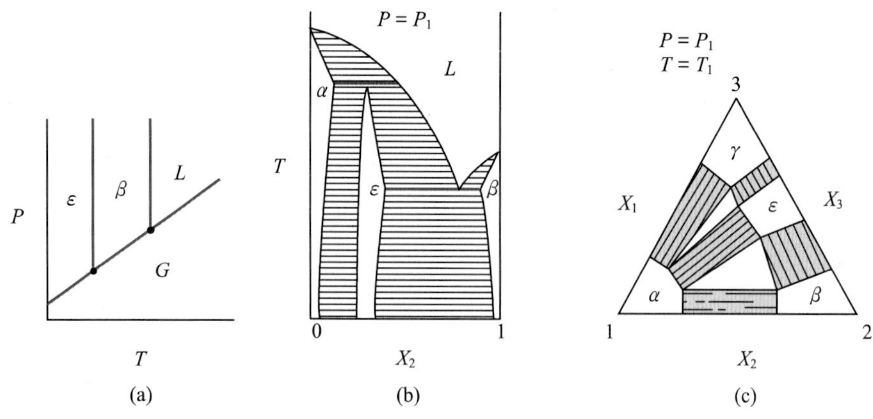

그림 9.2 여러 가지 상태도. (a) 일성분(C=1) 계, (b) 이성분(C=2) 계, (c) 삼성분(C=3) 계.

데 사용할 수 없다. 그와 같은 단면은 시스템에서 하나 또는 그 이상의 변수를 고정시켜 얻어진다.

가장 흔하게 선택된 변수로 나타낸 일성분계, 이성분계 그리고 삼성분계의 상태도는 그림 9.2에 나타냈다.

$P=1$인 일성분계에서 변수는 C+1=2이므로 인쇄용지에 모든 가능한 상태를 나타낼 수 있다(그림 9.2(a)). 대부분의 이성분계는 일정한 압력값에서 작성되는데, 보통은 1기압이 선택된다(그림 9.2(b)). 삼원계 상태도는 온도와 압력이 일정한 값에서 작성된다(그림 9.2(c)).

이들 단면들은 열역학 퍼텐셜인 T, P 그리고 μ_k가 일정한 값에서 취해진다면 해석하기 쉬워지며, 이 변수들은 또한 평형 조건을 잘 함유하게 된다. 상태도에서 2상 또는 3상 혹은 더 높은 다상 영역에서 평형의 조건으로 상수로 요구되는 것은 이 변수들이다. 다상 평형에 참여하는 상의 상태는 상태도가 이 퍼텐셜의 하나 또는 그 이상을 상수로 잡아 그렸을 때 상태도의 면에 놓이게 됨은 필요충분조건이다. 왜냐하면 평형 상태는 모든 값이 같은 값을 갖기 때문이다. 그래서 삼원계 시스템에서 평형으로 공존하는 3개의 상이 조성, 온도 그리고 압력은 상태도의 면에 나타난다.

5.1 열역학 퍼텐셜 공간에 그려진 상태도

임의의 성분수를 가진 상태도의 가장 간단한 형태는 상태도가 열역학 퍼텐셜(T, P, μ_2, μ_3, …, μ_C)의 공간에서 작성될 때 얻어진다. 각각의 화학 퍼텐셜 축은 해당되는 활동도(activity) 값으로 대치하는 것이 편리하다. 그래서(T, P, a_2, a_3, …, a_C) 공간으로 나타낸 상태도는 비록 가장 유용한 나타냄은 아닐지라도 가장 간단한 형태를 나타낸다. 퍼텐셜 공간에서 작성된 C성분계 상태도는 간단한 셀(cell) 구조를 이루기 때문이다. 그와 같은 구조에서 임의의 퍼텐셜의 하나를 상수값을 주어 얻은 단면은 단순 셀구조(cell structure)가 된다.

이성분(binary) 시스템에 대한 셀구조를 그림 9.3(a)에 나타내었다. 이성분계에 있어서 완전한 나타냄을 위해서는 3차원(즉, P, T, a_2)이 요구된다. 이 시스템에 5개의 상이 존재한다고 가정하자. 동소체 α, β, ε 그리고 L과 G이다. 이 5개의 상은 셀부피(cell volume)로 나타난다. 2상 영역은 이 셀을 분리하는 셀경계(cell boundary) 표면이다. 3상 영역은 3개의 셀이 만나는 3중선(triple line)이고, 4개 셀이 만나는 구별되는 사중점(quadruple point)에는 4개상 영역이다. 퍼텐셜 공간에서 작성된 상태도는 간단한 이 배열을 갖는다. 왜냐하면 각 상을 나타내는 변수는 열역학 퍼텐셜로 이는 평형 조건에 의해 평형에 있는 한 개 또는 그 이상의 상에서 같기 때문이다.

그림 9.3(b)는 그림 9.3(a)에서 일정한 압력에서 자른 단면을 나타낸다. α와 ε를 분리하는 라인 상의 점 Q는 두 개 상이 평형에서 공존하는 3개의 변수(T, P 그리고 a_2)의 한 조합을

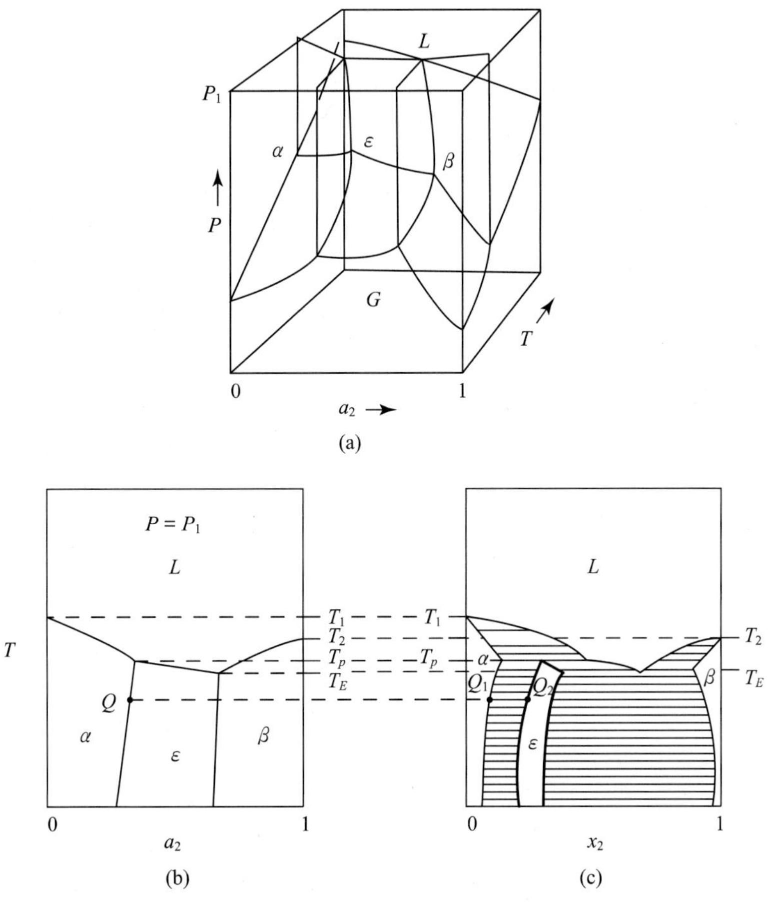

그림 9.3 여러 가지 상태도. (a) 단순 셀구조, (b) 일정한 퍼텐셜 단면 (T, a_2) 공간, (c) 일정한 압력의 단면, (X_2, T) 공간.

나타낸다. 이 두 상 시스템에서 α를 나타내는 3개 변수 $T^\alpha, P^\alpha, a_2^\alpha$와 ε상의 상태를 나타내는 3개 변수 $T^\epsilon, P^\epsilon, a_2^\epsilon$가 같은 점이 된다. 왜냐하면 평형 조건에서 $T^\alpha = T^\epsilon, P^\alpha = P^\epsilon$이고, $\mu_2^\alpha = \mu_2^\epsilon$ 에서 $a_2^\alpha = a_2^\epsilon$ (성분 2의 참조 상태는 두 상에서 같은 것으로 가정하여)이다.

이와 대조를 이루어 만약 상태도를 그리기 위하여 변수가 (T, P, X_2)라면 그림 9.3(c)에서 보는 바와 같이 α와 ε상이 상 사이의 평형 상태를 한 쌍의 분리된 점, Q_1과 Q_2로 나타낸다. 왜냐하면 조성 X_2^α와 X_2^ϵ는 평형 상태에서 같지 않기 때문이다. 이제 일성분계, 이성분계 그리고 삼성분계에 대하여 좀 더 자세히 생각해 보자.

5.2 일성분계

그림 9.4에서와 같이 같은 시스템이 좌표를 달리하여 3가지 다른 나타냄을 보인다. 이들은

- 모두가 열역학 퍼텐셜(T, P)인 경우, 그림 9.4(a)
- 한 변수는 퍼텐셜이고 다른 하나는 아닌(V, P) 경우, 그림 9.4(b)
- 두 변수 모두가 퍼텐셜이 아닌(V, S) 경우, 그림 9.4(c)

(T, P) 공간에서 상태도는 간단한 셀구조로 단상 영역을 나타내는 셀이다. 선형의 셀경계는

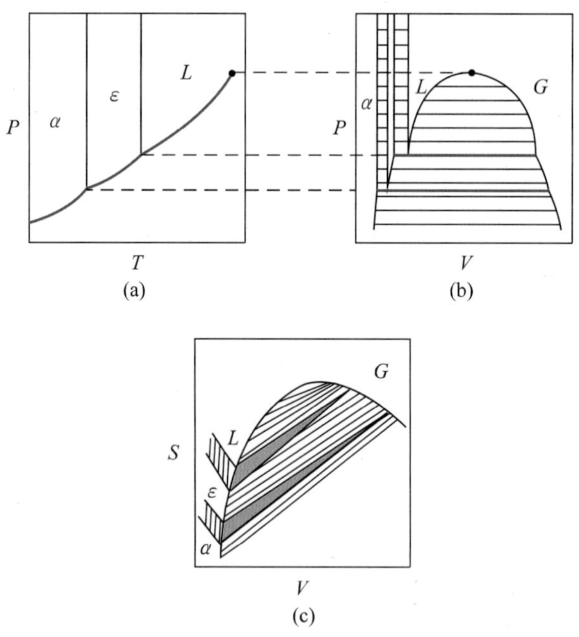

그림 9.4 같은 일성분 상태도의 3가지 표현 방식. (a) 두 변수가 퍼텐셜(T, P), (b) 한 변수가 퍼텐셜 (V, P), (c) 퍼텐셜이 아닌 변수 (S, V).

2개 상의 영역을 나타내고 삼중점은 3개 상의 공존 영역을 나타낸다. (V, P) 공간에서 2상 영역은 넓어져서 면적이 되는데, 수평선(일정한 퍼텐셜 P)으로 연결된 경계의 각각에 한 쌍의 점을 연결한 타이라인(tie-line)으로 공존하는 상을 나타낸다.

3개 상의 평형은 (V, P) 공간에서 3개의 점으로 구성된다. 3개 상의 몰 부피가 다르기 때문이다. 모두 타이라인에 놓이는데 이는 평형인 3개 상의 압력이 같기 때문이다.

(V, S) 공간에서의 상태도 그림 9.4(c)에서 두 상의 안정 영역은 면적으로 구성된다. 평형에 있는 두 상의 임의의 변수쌍은 두 상 영역의 반대 경계에 두 점으로 나타난다. 즉, (V^{α}, S^{α})와 $(V^{\epsilon}, S^{\epsilon})$이다. 그러나 이 상태를 잇는 타이라인은 일반적으로 수평선이 아니다. 왜냐하면 (V^{α}, S^{α})는 $(V^{\epsilon}, S^{\epsilon})$와 같지 않기 때문이다. 3개 상 영역은 타이 삼각형(tie-triangle)로 나타낸다. 왜냐하면 3개 상 어느 것도 같은 값의 S와 V값을 기대할 수 없기 때문이다.

이제 이 구축은 Gibbs 상규칙과 관련하여 해석하는 것이 가능하다. 일성분계에서는 $C=1$이므로

$$f_1 = 1 - P + 2 = 3 - P \tag{9.29}$$

따라서 $P=1$일 때는 $f_1 = 3 - 1 = 2$

$$P=2\text{일 때는 } f_1 = 3 - 2 = 1$$
$$P=3\text{일 때는 } f_1 = 3 - 3 = 0$$

상평형에서 3개 이상의 상의 공존을 기대할 수 없다.

(T, P) 공간에서 주어진 상의 수에 대한 자유도 수는 그 상을 포함하는 영역의 차원과 같다. 한 개의 상의 경우 $f_1 = 2$는 2차원 영역, 즉 면적이다. 2상 영역의 경우 $f_1 = 1$이므로 1차원으로 나타나는 그래프상에 곡선으로 나타난다. 7장에서 이 라인은 Clausius-Clapeyron 식이다. 3개 상 영역은 $f_1 = 0$ 이므로 3개의 상이 만나는, 즉 도표상에 2개 상의 라인이 만나는 삼중점이다. 이제 2개 상과 3개 상의 영역에 대해 생각해 보자.

한 쌍의 상들의 상태 규정은 4개 변수가 요구된다. 즉, $(P^{\alpha}, P^{\epsilon}, T^{\alpha}, T^{\epsilon})$이다. 만약 이 상들이 평형을 이루면 이 변수들은 3개의 식으로 연결된다. 즉, $(P^{\alpha} = P^{\epsilon}, T^{\alpha} = T^{\epsilon}, \mu^{\alpha} = \mu^{\epsilon})$이다. 시스템은 $(4-3)=1$의 자유도를 갖는다. 만약 4개의 변수 중 한 개의 임의의 변수, 말하자면 T^{α}가 주어지면 다른 3개는 3개의 식에서 구할 수 있다. 독립 변수 T^{α}의 주어진 값을 증가시키면 α와 ε이 평형에서 공존하는 상태의 완전한 집합을 구할 수 있다.

α상에 해당되는 T^{α}와 P^{α}의 나타냄은 (T, P) 공간에서 $P^{\alpha} = P^{\alpha}(T^{\alpha})$이다. ε상에 해당되는 상태 집합은 커브 $P^{\epsilon} = P^{\epsilon}(T^{\epsilon})$이다. (T, P) 공간에서 두 커브는 일치한다. 왜냐하면 두 상의 평형 조건은 $P^{\alpha} = P^{\epsilon}$, $T^{\alpha} = T^{\epsilon}$이 요구되기 때문이다. 그래서 $(\alpha + \varepsilon)$ 평형 상태의 해

당되는 점의 위치는 (T, P) 공간에서 한 개의 곡선으로 나타난다.

3개 상이 공존하는 상태의 규정은 모든 3개 상에 대한 상태값을 요구한다. 이는 6개의 변수값이다. 즉, $(\alpha+\varepsilon+G)$ 영역에 있어 $(P^{\alpha}, T^{\alpha}, T^{\epsilon}, P^{\epsilon}, T^{G}, P^{G})$이다. 만약 3개 상이 평형을 이루면 이 변수에 대한 6개의 관계식, 즉 $(T^{\alpha}=T^{\epsilon}=T^{G}$; $P^{\alpha}=P^{\epsilon}=P^{G}$; $\mu^{\alpha}=\mu^{\epsilon}=\mu^{G})$이 성립된다. 6개의 변수와 6개의 식에서 이 시스템의 자유도는 0으로 독립 변수를 갖지 못한다. 3개상의 상태는 유일하게 결정된다.

만약 그 상태가 T와 P의 항으로 나타내면 3개 상을 나타내는 이 변수들의 값은 일치하고, 3개 상의 공존은 (T, P) 공간에서 같은 점에 그려진다. 이 3개 상의 평형은 2개 상 $\alpha+\varepsilon$, $\varepsilon+G$, $\alpha+G$ 사이의 평형에 대한 조건의 부분 집합으로 포함된다. 즉, 2상의 평형을 나타내는 곡선은 이 점을 지나야 한다.

(T, P) 공간에서 일성분 상태도는 2개 상에 의해 둘러싸인 한 상의 면적으로 구성된다. 그림 9.4(a)의 전체적인 구축은 단순 셀구조(simple cell structure)의 배열을 갖는다. 그림 9.4(b)에서처럼 (V, P) 공간에서 그리면 같은 시스템은 다른 나타냄을 보이고 다른 세트의 정보를 제공한다. 고려된 각각의 경우에서 1, 2, 3 상평형, 변수의 개수 그리고 관련된 식의 수는 같다. 일성분계에서 단상영역은 자유도가 2이다. 그러나 이 표현에서 V와 P가 선택되었다. 단상 영역은 면적으로 그려진다.

2개 상의 상태 규정은 4개 변수를 요구한다. 즉, $(P^{\alpha}, P^{\epsilon}, T^{\alpha}, T^{\epsilon})$이다. 만약 이 상들이 평형을 이루면 이 변수들은 3개의 식으로 연결된다. 즉, $(P^{\alpha}=P^{\epsilon}, T^{\alpha}=T^{\epsilon}, \mu^{\alpha}=\mu^{\epsilon})$ 이다. 시스템은 $(4-3)=1$의 자유도를 갖는다. 만약 4개의 변수 중 한 개의 임의의 변수, 말하자면 V^{α}가 주어지면 다른 3개는 3개의 식에서 구할 수 있다. 이는 T와 μ가 각각의 상에서 V의 함수로 알려져야 함이 요구된다. 4장에서 그와 같은 관계식의 도출을 위한 일반적인 절차를 설명하였다. 관심의 영역에서 V^{α}의 증가는 α와 ε이 평형을 이루는 모든 상태의 집합이 얻어진다. α상이 ε상과 평형을 이루는 상태를 나타냄은 곡선 $P^{\alpha}=P^{\alpha}(V^{\alpha})$ 로 (V, P) 공간에 나타낼 수 있다. 해당되는 ε상에 대하여 곡선 $P^{\epsilon}=P^{\epsilon}(V^{\epsilon})$가 그려진다. (T, P) 공간과는 달리 이 두 곡선은 일치하지 않는다. 주어진 $(\alpha+\varepsilon)$ 평형 상태에서 2개의 구별되는 점은 (V^{α}, P^{α})와 $(V^{\epsilon}, P^{\epsilon})$이고, 이들은 타이라인으로 연결되어 서로 관련됨을 나타낸다. 평형 조건은 V^{α}가 V^{ϵ}과 같아야 함을 요구하지 않는다. 그러나 평형 조건은 $P^{\alpha}=P^{\epsilon}$임을 요구한다. 그래서 평형에서 공존하는 $(\alpha+\varepsilon)$ 상태를 나타내는 한 쌍의 점은 같은 값의 압력을 갖는데, 만약 P를 y축에 나타내면 타이라인은 수평선(horizontal)이 된다. 따라서 이 나타냄 그리고 다른 나타냄에서 한 변수는 퍼텐셜이고, 다른 변수는 이에 해당되지 않으면 2상 영역은 면적으로 그려진다. 면적을 둘러싼 곡선은 평형에서 공존할 수 있는 2상 영역의 가능한 상태이다. 평형을 이루는 2개 상의 쌍은 타이라인으로 연결되는 데 이는 수평선이다.

일성분계에서 3개 상의 공존은 자유도가 0이므로 3개 상을 규정하는데에는 6개의 변수 (P^α, V^α, V^ϵ, P^ϵ, V^G, P^G)는 평형에 관한 6개의 조건으로 결정된다. 이 상태는 (V, P) 공간에서 점으로 나타난다. 역학 평형 조건 ($P^\alpha = P^\epsilon = P^G$)는 이 3개 점들이 같은 압력을 갖기를 요구한다. 만약 P가 y축이면 3개 평형 상태는 모두 같은 수평선에 놓인다. 3개 상에 대한 평형의 부분 집합은 2개 상 평형 조건에 해당된다. 3개의 2상 평형 ($\alpha + \varepsilon$), (α +G), (ε +G)는 이 3개 상 타이라인에서 만나야 한다. 그래서 (V, P) 공간에서 또는 한 개 변수가 퍼텐셜이고 다른 것은 아닌 공간에서 3개 상 평형은 수평의 타이라인으로 연결된 3개의 점으로 나타난다. 여기서 3개의 점은 2개 상 영역이 교차하는 점이다. (V, P) 공간에서 (좀 더 일반화하여 한 변수는 퍼텐셜, 다른 변수는 아닌 경우) 나타낸 일성분계는 1개 상은 면적을 갖는다. 2상 영역은 평형으로 존재할 수 있는 2상의 곡선으로 둘러싸인다. 구체적인 상태는 2상 영역을 채우는 수평(일반적으로 일정한 퍼텐셜)의 타이라인으로 연결된다.

변수가 모두 퍼텐셜이 아닌 경우가 그림 9.4(c)에서 V와 S를 변수로 채택한 경우이다. 구축은 (V, P)의 경우와 유사하나 중요한 예외가 있다. 즉, 해당되는 상태를 연결하는 타이라인은 수평으로 제한되지 않는 것이다. 1상 영역은 모든 경우에서처럼 면적이다. 2상 영역은 2개의 곡선으로 구성되는데 하나는 $S^\alpha = S^\alpha(V^\alpha)$ 이고, 다른 하나는 $S^\epsilon = S^\epsilon(V^\epsilon)$ 이다. 구체적인 2상 시스템은 한 쌍의 점들, α 영역에서 (S^α, V^α)이고, ε상 쪽에서는 (S^ϵ, V^ϵ)이다. 이 점들은 (S, V) 면에 임의로 배열된 타이라인을 정의한다.

3상평형은 3개의 점으로 나타나는데, 이는 수평선에 놓이지 않을 뿐만 아니라 전혀 선형적이지 않다. 이 3개 점들은 타이 삼각형을 정의한다. 삼각형의 (α와 ε), (α와 G), (ε와 G)의 변을 형성하는 라인은 해당되는 2상 영역에 해당되는 각각의 터미널 타이라인(treminal tie-line)이다.

일성분계에서 자세한 구축 전략은 단면이 하나 또는 그 이상의 퍼텐셜을 상수로 잡아 2성분계, 3성분계 그리고 더 많은 성분 시스템을 통한 2차원 단면에 적용된다. 각각의 그림에서 위상(topology)은 시스템의 상태를 나타내는데 사용되는 변수의 특성에 의존한다. 두 변수가 퍼텐셜이면 셀구조는 그림 9.4(a)의 규칙에 의한다. 만약 하나가 퍼텐셜이면 구조는 그림 9.4(b)의 나타냄이다. 어느 것도 퍼텐셜이 아니면 그림 9.4(c)의 구축 규칙이 적용된다. 이 구축 규칙은 연립 방정식의 대수학적 나타냄에 근거를 두고 있고, 관련된 시스템의 열역학에 있는 것은 아니다.

5.3 이성분계 상태도

이성분계에서 한 개의 상을 규정하는 데에는 $f=(C+1)=2+1=3$, 즉 3차원이 필요하다. 가장 간단한 구조는 3개의 변수가 열역학 퍼텐셜 (P, T, a_2)인 경우이다. 그림 9.5(a)는 이

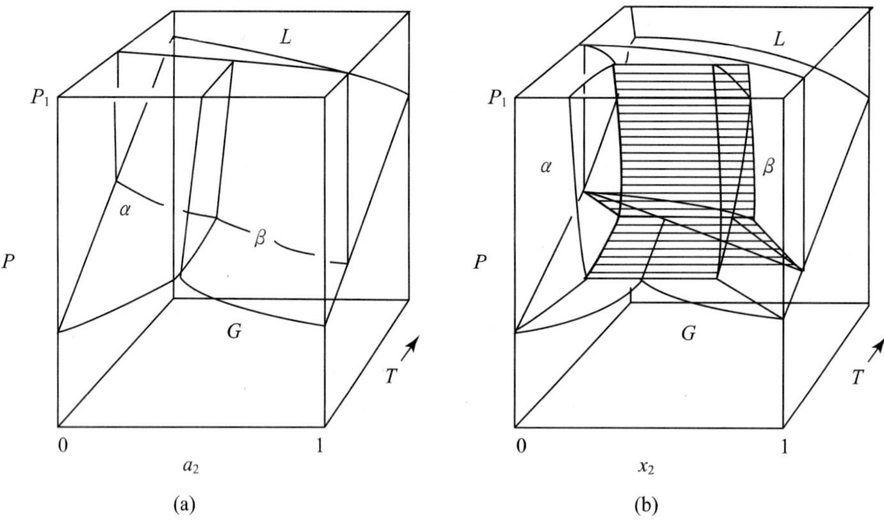

그림 9.5 (a) 단순 셀구조로 나타낸 퍼텐셜 공간 (T, P, a_2)에서 2개의 고상 α, β를 갖는 이원계의 완전한 상태도, (b) (T, P, X_2) 공간에서 좀 더 복잡한 상태도.

성분계에서 셀구조를 보여 준다. 이 간단한 시스템에서 2개의 고체상 α와 β를 나타낸다. 그림 9.5(b)는 같은 시스템을 (T, P, X_2) 공간에 나타낸 것이다. 독립적인 변수인 활동도를 몰분율로 나타낸 것이다. 분명히 (T, P, X_2) 상태도는 셀구조보다 더 복잡하다. 이 도표의 어느 것으로부터 정량적인 정보를 읽기가 가능하지 않다. 왜냐하면 이들은 3차원 표현을 인쇄된 2차원 평면에 투영하였기 때문이다.

상과 관련하여 정량적인 정보는 일정한 퍼텐셜, 보통 일정한 압력에서 3차원 도표에서 단면을 취하여 나타낸다. 등압(isobaric) 단면의 구축은 시스템에서 독립 변수 P의 한 값을 부여하는 것과 같다. 그림 9.6(a)와 (b)는 고정된 P에서 그림 9.5의 단면을 나타낸다. 그림 9.6(c)는

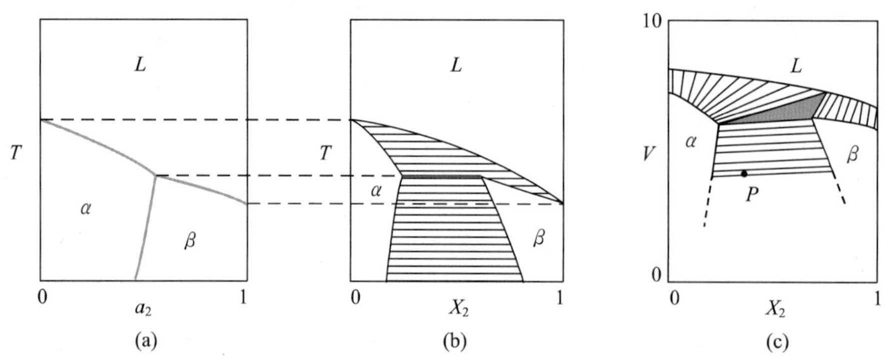

그림 9.6 그림 9.5(a)에서 압력이 일정한 단면의 나타냄. (a) (T, a_2) 퍼텐셜 공간, (b) (T, X_2) 공간, (c) (V, X_2) 공간.

(V, X_2) 공간에서의 나타냄이다. 이 그래프는 2차원이어서 제공된 정보를 바로 읽을 수 있다. 그림 9.6에 나타난 위상(topology)은 일성분계 상태도와 비교할 만하다. 그림 9.4와 9.6에서 한 개, 둘, 그리고 3개 상 영역의 구축에 관련된 규칙은 일성분계에서 언급된 규칙과 근원이 같다. 이는 1, 2, 3상 영역에 대한 자유도가 두 도표에서 같기 때문이다.

이성분계에서 $C=2$ 그리고 Gibbs 상규식에 따라

$$f_2 = 2 - P + 2 = 4 - P \tag{9.30}$$

변수 하나 (P)의 값을 정하면 자유도는 1이 줄어들어

$$f_2{}' = 3 - P \tag{9.31}$$

으로 되는데, 이는 일성분계에서 식 (9.29)와 같다.

5.4 삼성분계 상태도

이 시스템에서는 $C=3$이므로 한 개의 상을 규정하는데 요구되는 변수는 $f=(C+1)=4$이다. 즉, 삼원계 시스템의 완전한 묘사는 4차원이 된다. 이는 수학적으로 다룰 수는 있으나 3차원 세계에 형상화하기가 어렵다. 예를 들어, P를 고정시키면 3차원에서 이를 구축할 수 있게 된다. 교재나 도표로 사용하기 위해서는 3차원 상태도를 인쇄된 종이에 투영시켜 나타낼 수 있다. 그와 같은 도표는 교육용으로 유용할 수 있으나, 그와 같은 투영에서 정량적인 정보를 읽는 것이 가능하지 않다.

인쇄된 페이지에 정량적인 정보를 나타내기 위해서는 1상 시스템에 대한 자유도를 2로 조정하는 것이 가능하다. 삼원계에서 상태를 나타내는 4개의 변수 중 2개 변수를 고정시키면 된다. 고정된 값이 열역학 퍼텐셜이면, 해석의 간단한 규칙을 유지할 수가 있다. 따라서 삼원계는 인쇄된 2차원 페이지에 나타낼 때 온도와 압력이 모두 상수로 취해진다.

그림 9.7은 등압(isobaric), 등온(isothermal) 단면의 같은 상태도의 세 가지 나타냄을 보여준다. 온도에 따른 거동 변화는 온도의 연속에 따라 그와 같은 온도 시리즈가 요구된다. 삼원계 상평형의 3가지 나타냄의 각각에 대한 위상(topology)과 규칙은 그림 9.4의 일성분 시스템의 경우와 같다. 삼원계에서 $C=3$이므로 자유도는

$$f_3 = 3 - P + 2 = 5 - P \tag{9.32}$$

이어서 2개의 변수를 고정하면

$$f_3{}' = 5 - P - 2 = 3 - P \tag{9.33}$$

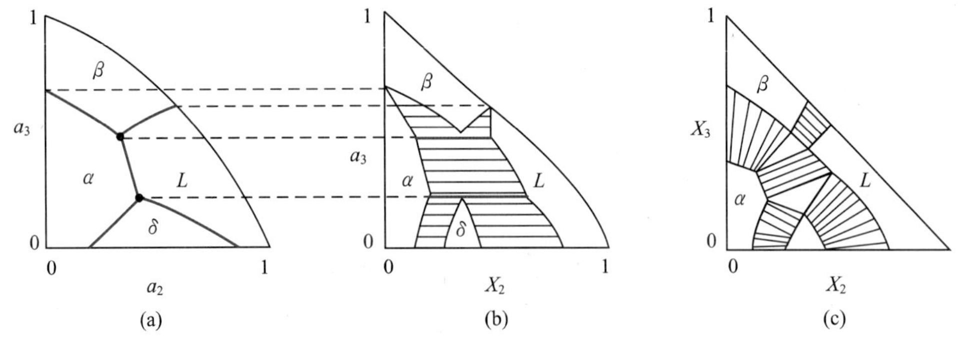

그림 9.7 4차원 삼원계 상태도의 등압, 등온 단면을 통해 형성된 2차원 도표. (a) (a_2, a_3) 공간, (b) (X_2, a_3)공간, (c) (X_2, X_2) 공간.

으로 이는 일성분계에서와 같게 된다.

삼원계 상태도에 대한 가장 공통적인 형식은 T와 P를 고정하고 X_2, X_3 (조성)을 변수로 하여 시스템의 상태를 나타내는 것이다(그림 9.7(c)). 그림 9.8에서는 두 가지 다른 방법이 사용된다. 그림 9.8(a)에서 2개의 독립적인 조성 X_2와 X_3는 표준 직각 좌표에서 수직인 축에 나타낸다. 종속 변수, $X_1 = -(X_2 + X_3)$ 이므로 일정한 X_1의 조성은 -1의 기울기에서 그려진다. 원점 (0, 0)는 순수 성분 1이다.

도표의 경계는 3가지 조성을 0과 1 사이에 제한되므로 2개의 직각 좌표 축과 (1, 0)과 (0, 1)을 지나는 기울기 -1을 갖는 라인이다. 이 삼각형의 임의의 점에 해당하는 조성은 두 축에서 쉽게 읽을 수 있다. 한 시스템의 모퉁이(corner)에 가까운 부분은 묽은 용액(dilute solution)의 거동을 나타내는 데 사용된다. 여기서 한 개의 조성은 종속 변수로 볼 수 있다.

그림 9.8(b)에 나타낸 두 번째 나타냄은 삼원계를 좀 더 넓게 나타내는 데 사용된다. 이 조성 좌표 시스템을 Gibbs 삼각형(triangle)이라고 부른다. 이 도형은 변의 길이가 단위 길이인 정삼각형을 이룬다. 삼각형의 내부는 삼각형의 변과 0°, 60°, 120°을 이루는 라인으로 구성된다. 각각의 코너는 순수 성분을 나타낸다. 각각의 변은 반대편 코너 성분의 조성이 0인 이원계 시스템을 나타낸다. 한 코너의 반대편의 변에 평행한 라인은 그 성분이 일정한 값을 갖는 점들의 집합을 나타낸다. 그림 9.8(b)에서 0° 라인은 도표의 2~3편에서 X_3로 나타낸 성분 3의 일정한 값을 나타낸다. 60° 라인은 X_2의 일정한 값을 나타내고, 120° 라인은 X_1 성분이 일정한 값을 나타낸다. 공간의 임의의 점의 좌표는 평행한 선들을 만들어 읽을 수 있다. A 점은 $X_1 = 0.2$, $X_2 = 0.5$, $X_3 = 0.3$이다. B 점은 $X_1 = 0.7$, $X_2 = 0.1$, $X_3 = 0.2$이다. 비교를 위하여 이를 그림 9.8(a)에 나타냈다.

Gibbs 삼각형은 삼원계를 나타내는데 널리 사용된다. 직각 좌표 시스템은 종속 변수, 여기

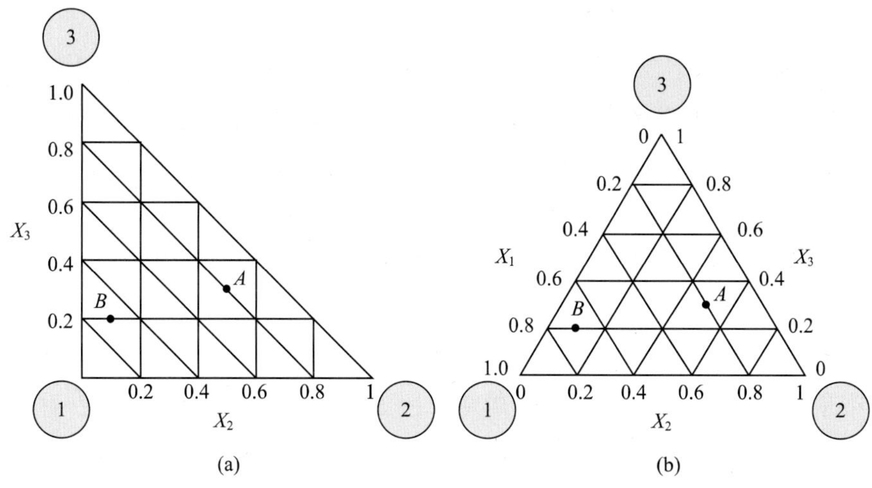

그림 9.8 삼원계에서 등압, 등온 단면에 대한 조성면의 나타냄. (a)수직을 이루는 조성축, (b) Gibbs 삼각형.

서 성분 1에 특별한 중요성을 부여한다. 상경계의 기울기를 요구하는 분석에 사용된다. 직각 좌표 시스템에서 취한 미분은 Gibbs 삼각형에서 보다 쉽게 해석된다. 가장 널리 사용되는 상태도 형태는 고정된 온도와 압력에서 Gibss 삼각형에 몰 분율을 조성축으로 나타낸 것이다. 몰 분율은 퍼텐셜이 아니므로 앞에서의 규칙을 적용한다. 1상 영역은 자유도가 2인 면적이다. 2상 영역은 해당되는 평형 상태를 연결하는 한 쌍의 곡선으로 구성되며 자유도 1을 갖는다. 3상 영역은 자유도가 0으로 변함이 없다. 3상의 고정된 조성은 타이 삼각형의 코너를 형성한다.

6 상태도의 해석

그림 9.4, 9.6 그리고 그림 9.7의 상태도 작성에 있어서 최대 자유도를 2로 줄여서 상태도가 인쇄된 페이지에 나타낼 수 있도록 하였다. 시스템의 어떤 상태는 점으로 나타낼 수 있는데, 이는 축상의 두 변수 각각에 값이 주어 얻어진다. 그와 같은 모든 점에 대한 상태도로부터 다음과 같은 사항을 알 수 있다.

- 평형에서 얼마나 많은 상이 존재하는가
- 어떤 상들인가
- 상태도 축의 변수로 나타낸 열역학 상태
- 언급한 그림의 (b)와 (c)에서 이 상들의 상대적인 양

평형 상태에서 존재하는 상들의 상대적인 양에 대한 정보는 퍼텐셜 좌표에서 작성된 상태도에서 유용하지 않다. 각 그림의 (a)에서 보인 단순 셀구조에서 한 점은 면적의 한 곳에 위치하거나 두 면적 사이의 경계에 또는 삼중점에 놓일 수 있다.

두 변수 공간에 구축된 상태도의 한 축이 퍼텐셜이고, 다른 축은 아닌 경우 그림 9.7(b)의 경우에 제시된 규칙을 따른다. 시스템의 상태를 나타내는 한 점이 단상 영역에 놓이면 평형 상태는 단상이다. 만약 관심의 한 점이 2상 영역의 면적에 놓이면 그림 9.9에서 특별한 타이라인에 놓여야 한다. 왜냐하면, 타이라인의 포괄선(envelope)은 2상 영역을 채우기 때문이다. 점 P로 나타낸 특성을 갖는 시스템은 평형일 때 두 개 상 ε과 L로 구성된다. 이 상들은 A와 B로 나타낸 특성을 갖는다. 따라서 이들의 온도는 $T^{\epsilon} = T^{L}$ (평형에서 퍼텐셜은 같다)이고 그들 조성은 X_2^{ϵ}과 X_2^{L}이다. 평형에서 공존하는 두 상의 상대적인 양은 다음에 논의할 지렛대 규칙(Lever rule)에 의하여 구한다.

6.1 타이라인에 대한 지렛대 규칙

그림 9.9에서 점 P는 지렛대 규칙(lever rule)을 나타낸다. 이 점은 평균 조성이 X_2°이고 온도가 T인 항으로 규정된 시스템의 평형 상태를 나타낸다. 이 상태는 2개 상 $\varepsilon(X_2^{\epsilon}, T^{\epsilon})$과 액상 $L(X_2^{L}, T^{L})$의 혼합물로 구성된다. 이 경우 T는 퍼텐셜이고 따라서 평형 조건은

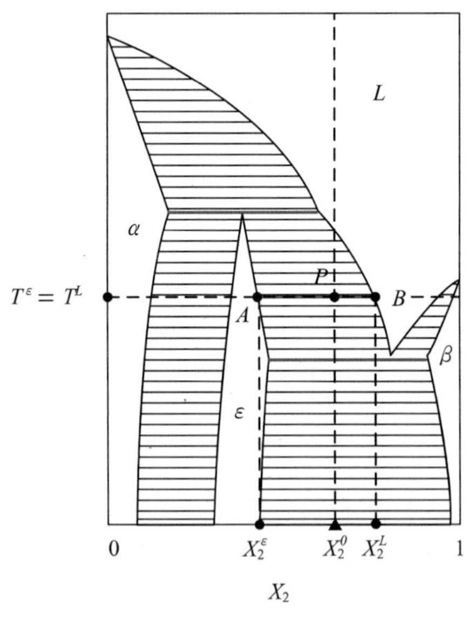

그림 9.9 상태도에서 평형 조성을 나타내는 타이라인 AB.

$T^L = T^\epsilon$ 를 요구한다. 이제 ε상과 L상의 상대적인 양을 구하는 지렛대 규칙에 대하여 논의해 보자.

시스템의 전체 몰수를 n_T라고 하자. 평형에 도달하면 ε상과 L상은 혼합물을 이룬다. 평형에서 ε상에 포함된 몰수는 n^ϵ이고, L상에서는 n^L을 갖는다. 2상 혼합물의 평균 조성은 X_2^0이다. 그러면 시스템에서 성분 2의 전체 몰수는 $n_T X_2^0$ 이다. ε상에서의 성분 2의 전체 몰수는 $n^\epsilon X_2^\epsilon$이고, L상에서 성분 2의 전체 몰수는 $n^L X_2^L$이다. 그리고 성분 2의 몰수는 보존되므로

$$n_T X_2^0 = n^\epsilon X_2^\epsilon + n^L X_2^L \tag{9.34}$$

이제 양변을 n_T로 나누면

$$X_2^0 = \frac{n^\epsilon}{n_T} X_2^\epsilon + \frac{n^L}{n_T} X_2^L = f^\epsilon X_2^\epsilon + f^L X_2^L$$

여기서 f^ϵ과 f^L은 평형일 때 ε과 L상에 존재하는 모든 몰수의 분율이다. 이들은 분율이므로 $f^\epsilon = 1 - f^L$ 이고

$$X_2^0 = f^\epsilon X_2^\epsilon + (1-f^\epsilon) X_2^L = X_2^L + f^\epsilon (X_2^\epsilon - X_2^L)$$

$$f^\epsilon = \frac{X_2^L - X_2^0}{X_2^L - X_2^\epsilon} \tag{9.35}$$

그리고 L상에서 몰 분율은

$$f^L = \frac{X_2^0 - X_2^\epsilon}{X_2^L - X_2^\epsilon} \tag{9.36}$$

이 결과는 그림 9.9에서 알 수 있듯이

$$f^\epsilon = \frac{PB}{AB} \quad \text{그리고} \quad f^L = \frac{AP}{AB} \tag{9.37}$$

을 나타낸다.

이러한 구축법이 지렛대 규칙으로 부르는 이유는 분명하다. 만약 이 양이 무게나 질량으로 본다면 지렛대 규칙은 간단하게 기계적인 유사성으로 영상화할 수 있다. 타이라인을 단단한 지레로 보고 P를 지렛대로 생각해 보자(그림 9.10 참조). α와 β상의 쟁반은 각각 지레의 끝, A와 B에 달려있다. 그러면 지렛대 P에서 $f^\epsilon = \dfrac{PB}{AB}$ 그리고 $f^L = \dfrac{AP}{AB}$는 상대적인 무게를 보여 준다. 만약 지렛대 P가 지레의 α편에 있다면 β상의 작은 값이 큰 값의 α와 균형을

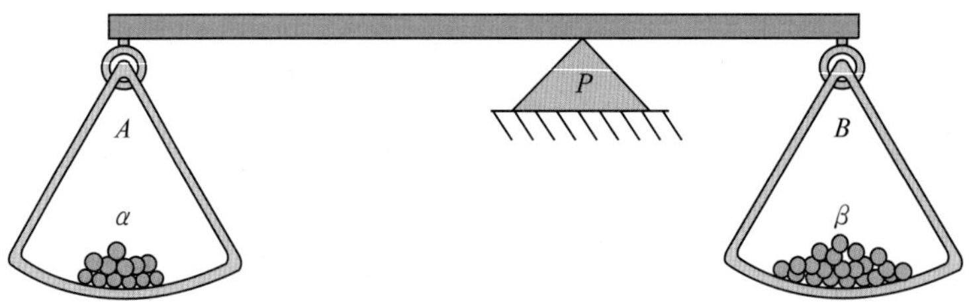

그림 9.10 2상 영역에서 타이라인에 적용된 지렛대 규칙의 역학적 나타냄.

이룬다. 만약 P가 β 끝에 있다면 작은 값의 α는 큰 값의 β와 균형을 이룬다. 2상 혼합물의 연속 시스템은 P가 A에서 B로 이동하면서 이루어진다.

지렛대 규칙 구축은 관련된 2상의 상태를 규정하기 위하여 많은 변수가 사용되어도 2상 영역에 존재하는 모든 타이라인에 적용할 수 있다. 예를 들어, 삼원계에서 한상의 상태에 대한 완벽한 규정은 4개의 변수 ($T^{\alpha}, P^{\alpha}, X_2^{\alpha}, X_3^{\alpha}$)가 요구되며, 4차원 나타냄이 요구된다. 4차원 상태도에서 2상 영역은 4차원 부피에 한 쌍의 평형 상태를 연결하는 타이라인으로 가득 차 있다. 점 P로 나타낸 시스템의 상태는 4개의 변수 (T, P, X_2, X_3)의 값으로 나타낸다. 점 P는 2상 영역에서 α와 β를 연결하는 타이라인에 놓여야 한다. 각각은 4차원에서 점 A와 B로 나타낸다. 평형에서 존재하는 2상의 상대적인 양은 식 (9.37)의 비로 구해진다.

6.2 타이 삼각형에서 지렛대 규칙

두 축이 퍼텐셜인 그림 9.4, 9.6 그리고 9.7(a)의 나타냄에서 3상 영역은 한 점으로 나타난다. (b)의 그림에서 3상 영역은 수평선이다. 공존하는 3상의 실체와 열역학적 상태는 이 표현

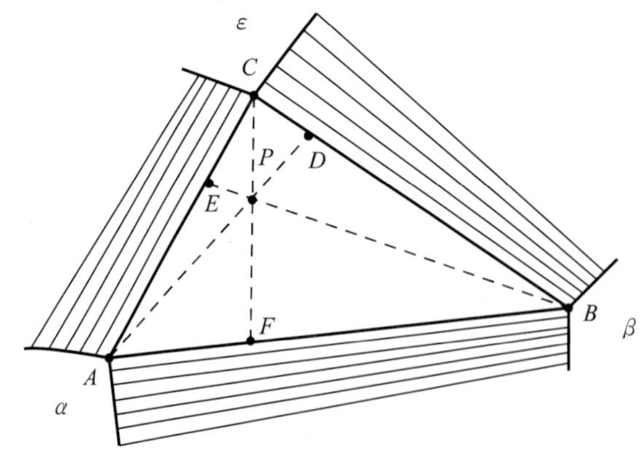

그림 9.11 평균 조성 P에서 평형을 이루는 3상의 상대적인 양을 나타내는 타이 삼각형.

에서 읽을 수 있다. 그러나 3상의 상대적인 양을 구하는 것은 가능하지 않다.

대조를 이루어 만약 상태도가 어느 것도 퍼텐셜이 아닌 변수의 축으로 표시된 (c) 그림에서 3상 영역은 타이 삼각형으로 나타난다. 타이 삼각형은 그림 9.11에 나타내었다. 타이 삼각형 내에 놓인 시스템의 임의의 상태 D는 평형에서 α, β, ε의 3개 상으로 구성된다. 3개 상의 상태는 삼각형의 코너인 A, B, C에 주어진다. P에 해당하는 α, β, ε의 상대적인 양은 지렛대 규칙의 일반화로 주어지는데, 이는 각 성분의 몰수의 보존 원리에서 유도된다. 이를 그림 9.11에 증명 없이 나타낸다.

P점에서 존재하는 특정한 상의 양을 구하기 위하여 각 코너에서 P점을 지나도록 라인을 그린다. 3개 상에 각각에 함유된 구조에서 몰수의 분율은

f^{α}, 이는 길이 $\left(\dfrac{PD}{AD}\right)$ 비로 주어진다.

f^{β}, 이는 길이 $\left(\dfrac{PE}{BE}\right)$ 비로 주어진다.

f^{L}, 이는 길이 $\left(\dfrac{PF}{CF}\right)$ 비로 주어진다.

이 결과는 전체 시스템에서 몰수는 각각의 상에서의 몰수와 역학적인 유사성은, 관련된 양이 상의 무게의 항으로 본다면 타이 삼각형에 대하여 영상화할 수 있다. 각각의 상은 점 A, B, C에 걸쳐있다(그림 9.12 참조). 이 구축에서 계산된 분율은 시스템의 균형을 이루는 3개 상의 상대적인 무게이다.

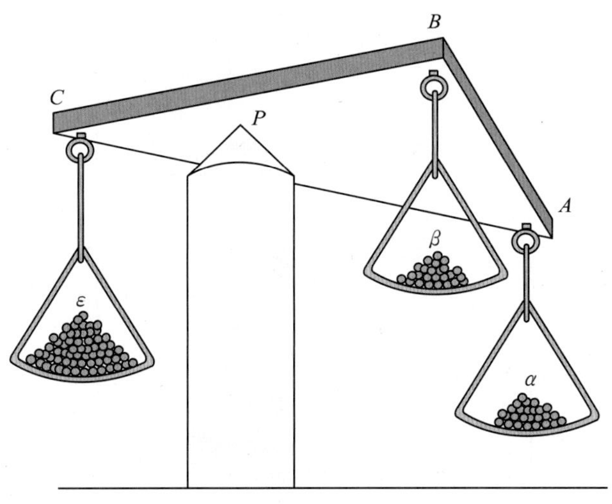

그림 9.12 타이 삼각형에 적용된 지렛대 규칙의 일반화에 대한 역학적 나타냄.

7 재료과학에서 상태도의 응용

이 장에서 검토된 상태도 종류의 각각은 다성분, 다상 시스템에 담겨진 자체 정보를 제공한다. 관련된 상이 나타내는 정보는 상태도에서 선택된 축의 종류로 결정된다. 시스템을 나타내는 선택된 변수의 하나 또는 그 이상의 변수가 열역학 퍼텐셜 변수이냐에 따라서 지배하는 구축 규칙과 생겨난 상태도의 해석을 결정한다. 시스템의 어떤 주어진 상태, 즉 상태도상의 임의의 점에서 얼마나 많은 상이 존재하는가와 그들의 특성은 어떠한가를 말해준다. 어떤 표현에서는 지렛대 규칙이 2상 또는 3상 영역에서 각 상의 상대적인 양에 대하여 정보를 제공한다.

아마도 재료과학에서 도구로 가장 널리 사용되는 것은 내부 구조, 즉 미세구조(microstructure)의 변화를 보고 이해하려는 것일 것이다. 만약 한 과정이 느리게 진행되어 시스템이 근본적으로 각 단계마다 평형을 이룬다면, 경로에 따른 각각의 연속 상태는 해당되는 상태도의 점의 연속으로 나타낼 수 있다. 시스템의 상태가 여러 가지 1, 2, 3상 영역을 통하여 상태도에서 움직임에 따라 각 점에서 시스템의 상태를 예측한다. 이 정보는 시스템에서 일어나는 변화에 대한 통찰을 제공한다.

고전적인 예가 그림 9.13에서 조성 X_2^0을 갖는 액체 재료의 응고를 들 수 있다.

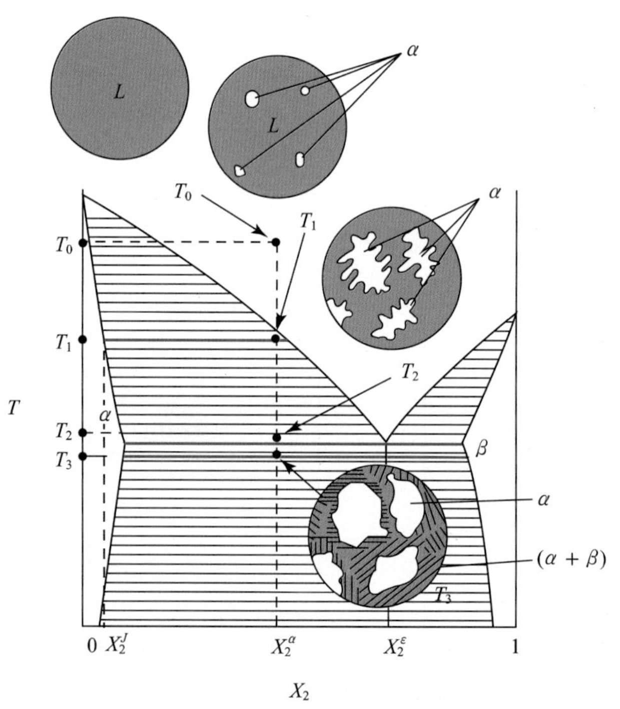

그림 9.13 공정 시스템에서 아공정 조성의 재료의 응고 과정에서 생겨나는 미세조직.

초기에 그 재료는 온도 T_0에서 녹아서 액체 상태로 평형을 이룬다. 주조물의 온도가 내려가면 시스템의 상태는 $(\alpha + L)$ 영역을 가로지르게 된다. 온도 T_1에서 X_2^0보다 성분 2가 약간 많은 액상에서 작은 양의 조성 X_2^α의 고체상 α가 생겨나 평형을 이룬다. 이때 α상의 입자가 핵생성(nucleation)되고 성장(growth)됨이 요구된다.

온도가 T_2로 내려감에 따라 각 상의 균형은 지렛대 규칙에 의하여 이동되어 α상의 조성은 변화되고 액체가 감소함에 따라 α양도 증가한다. 온도 T_2에서 평형 시스템은 약 40% α와 60% 액체로 구성된다. 액체의 조성은 X_2^e이다.

3상 영역 바로 아래인 온도 T_3에서 시스템은 2개의 고체상 $(\alpha + \beta)$에서 약 70%가 α이고, 30%가 β상으로 구성되는데 이는 지렛대 규칙에서 도출된다. 이는 T_2 온도에 존재하는 액체가 등온 과정으로 응고되어(T_2와 T_3 온도 차이는 아주 작다) α와 β의 혼합물이 된다. 이 최종 응고 과정은 두 상의 핵생성과 그들 상호간의 성장 협력으로 액상으로 성장한다. 최종 구조는 α 40%이고, 60%는 $(\alpha + \beta)$의 혼합물이다. 이들 혼합물 구조는 α와 β가 교대로 있는 층상 구조를 이룬다. 이와 같이 상태도는 응고 과정에서 미세구조의 형성에 골격을 제공한다. 다른 조성 X_2^0의 재료에 대한 거동 패턴도 쉽게 유추할 수 있다. 이러한 종류의 반응을 공정 반응(eutectic reaction)이라고 한다. 이는 물론 천천히 응고되었을 때 생겨나는 미세조직이다.

앞에서 언급한 한 과정의 연속을 예측하는데 관련된 전략은 쉽게 이해된다. 시스템의 상태도에서 과정 중에 일어나는 각각의 연속 상태를 그린다. 상태도를 사용하여 '어느 상이 존재하는가?' 그리고 '각각의 양은 얼마인가?'라는 질문에 '과거의 조건에서 현재 조건으로 진행하기 위하여 구조에 어떤 변화를 겪어야 하는가?'라고 질문하라. 그리고 최종적으로 '구조에서 이 변화를 이루기 위하여 어떤 과정이 요구되는가?'라고 질문한다. 이 전략은 임의의 복잡성을 갖는 상태도의 시스템에도 적용할 수 있다.

만약 시스템이 아주 느리게 변화하여 각각의 연속 상태는 평형과 크게 다르지 않을 경우, 이 간단한 전략을 적용할 수 있다. 보통 재료 속의 변화 속도는 각각의 과정 중 상태가 평형 상태에 있지 못할 정도로 빠르게 진행한다. 조성, 온도 그리고 압력(보통 stress)의 구배(gradient)가 시스템 내에 존재한다. 그 상태는 상태 공간에서 한 점으로 나타나지 않는다. 왜냐하면 인텐시브 특성이 균일하지 않기 때문이다. 이 경우 상태도는 시스템이 변화해가는 상태의 가이드 역할을 하고 비록 정성적이긴 하나 시스템이 지나가는 것으로 기대되는 변화의 전체적인 연속을 예측하게 한다.

시스템이 비록 평형과 멀리 떨어져 있어도 상태도는 미세구조 분석에서 유용한 정량적인 정보를 제공할 수 있다. 예를 들면, 그림 9.14(a)의 상태도를 살펴보자.

조성 X_2^0의 재료를 우선 가열하여 온도 T_a에서 평형에 도달하게 한다. 그 다음 온도 T_p로

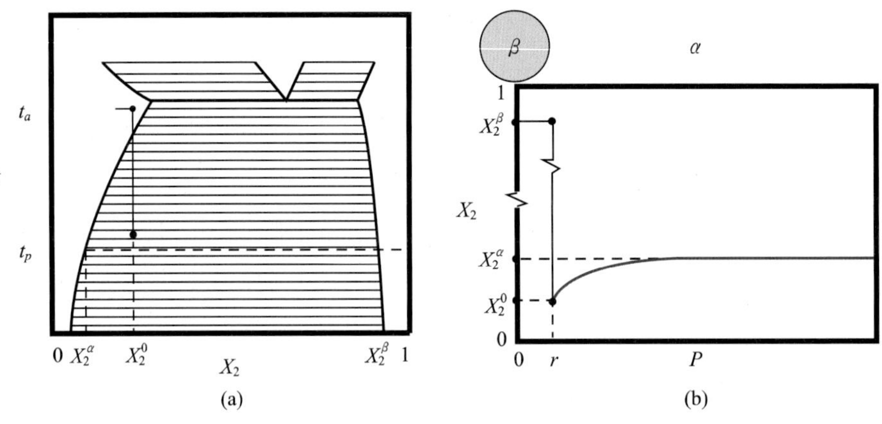

그림 9.14 2상 영역 $\alpha+\beta$. (a) 석출 현상을 보이는 2상 영역, (b) 성장하는 석출 물과 매트릭스 사이의 농도 profile.

급냉시키고 오랜 시간 그 온도로 유지한다. 만약 급냉이 빨라서 온도 변화 동안에 아무런 변화가 없다면, 온도 T_p에서 시작 구조는 100% α상이다. 이 구조는 과포화(supersaturation) 상태이다. 이는 온도 T_p에서 평형 상태의 α 조성 X_2^α보다 더 높은 농도의 용질을 갖는다. 온도 T_p에서 평형 상태는 조성이 각각 X_2^α와 X_2^β인 α와 β의 혼합물이고 지렛대 규칙에 의하여 최종 구조는 약 10%의 β와 90%의 α로 구성된다. 그래서 시스템이 진행되고 있는 상태는 α상 매트릭스에 작은 입자의 β상이 분산되어 있다.

그림 9.14(b)는 β입자의 성장 중에 존재하는 단면의 조성 프로파일이다. 입자에서 멀리 있으면 ($\rho \gg r$) 조성은 아직 변화되지 않아서 X_2^0로 남아 있다. 상태도의 근본 사용 목적 중의 하나는 성장 중에 ($\alpha+\beta$) 계면에서 조성 값의 예측이다. 적용된 원리는 계면에서 성립하는 국부적 평형(local equilibrium)이다. 좀 더 구체적으로 이는 열역학적 평형 조건이 한쪽엔 α와 다른 쪽엔 β를 함유하는 부피의 계면에 놓인 부피 요소(volume element)에 적용됨을 의미한다. 이 원리는 계면을 가로질러 열역학적 퍼텐셜 T, P, μ_k에는 불연속이 없음을 주장한다. 이는 열역학적 평형 조건이 국부적으로(locally) 계면에서 만족됨을 나타낸다. 상태도는 이 조건의 도식적 표현이므로 이 조건은 조성 X_2^α와 X_2^β에서 1기압과 온도 T_p에서 유일하게 만족된다. 이 조성값은 확산(diffusion) 문제에서 경계 조건을 제공하고, 이는 궁극적으로 입자가 성장하는 속도를 예측하게 한다. 그림 9.14(b)에서 스케치된 조성 분포는 α상에서 농도 구배를 보여 준다. 용질(성분 2)은 농도 구배에 따른 확산에 의해 β상으로 흘러들어간다. β입자는 성분 2가 많으므로 이 흐름은 β입자의 성장을 지원하는 데 필요하다. 실제 시스템에서 입자의 성장을 복잡하게 하는 다른 인자들 (예를 들면, 계면은 성장 중에 유지해야 하는 구조를 갖고, 느린 계면 반응은 국부적 평형(local equilibrium)의 가정을 어기고 모세관 현상(capillarity)과 응력으

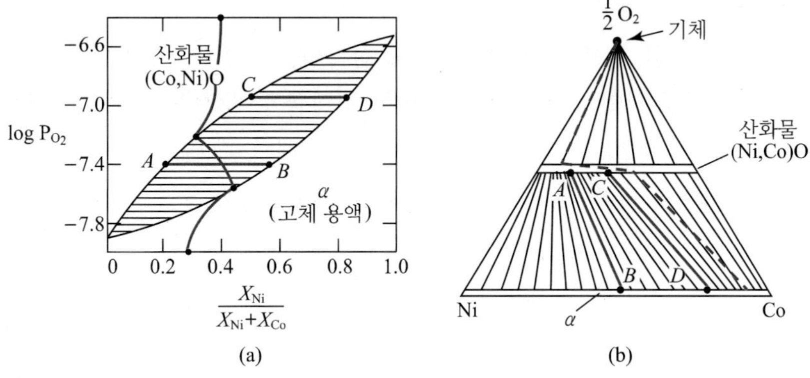

그림 9.15 (a) 조성－화학 퍼텐셜(산소) 공간에서 Ni－Co－O 시스템의 등압, 등온 삼원계 도표, (b) 조성 공간에서 도표.

로 인한 효과 등의 작용)의 관여가 간단한 석출 현상에서 발견된다.

삼원계에서 등온, 등압 단면(isobaric section)은 한 개의 조성 변수를 화학 퍼텐셜 μ_3를 선택하여 구축할 수 있다. 그림 9.15(a)는 Ni－Co－O 시스템에서 한 예이다. 그와 같은 상태도의 구축 규칙은 그림 9.7(b)에 해당된다. 다른 조성축은 비 $\frac{X_{Ni}}{X_{Ni}+X_{CO}}$로 나타냈다. 이 변수는 산소 조성의 고정된 값에 따라 가능한 조성 범위에서 0에서 1까지 변화한다.

이 도표에서 퍼텐셜 사용은 $\mu_O^\alpha = \mu_O^\beta$로 나타낸 타이라인을 보면 자명해진다. μ_O를 y축으로 하면 모든 타이라인은 수평선이 된다. 더욱이 3상 평형에서 $\mu_O^\alpha = \mu_O^\beta = \mu_O^\epsilon$ 이므로 3상 영역 역시 수평선으로 나타난다. 이 관찰 결과는 화학 퍼텐셜을 한축으로 그려진 삼원계 등온

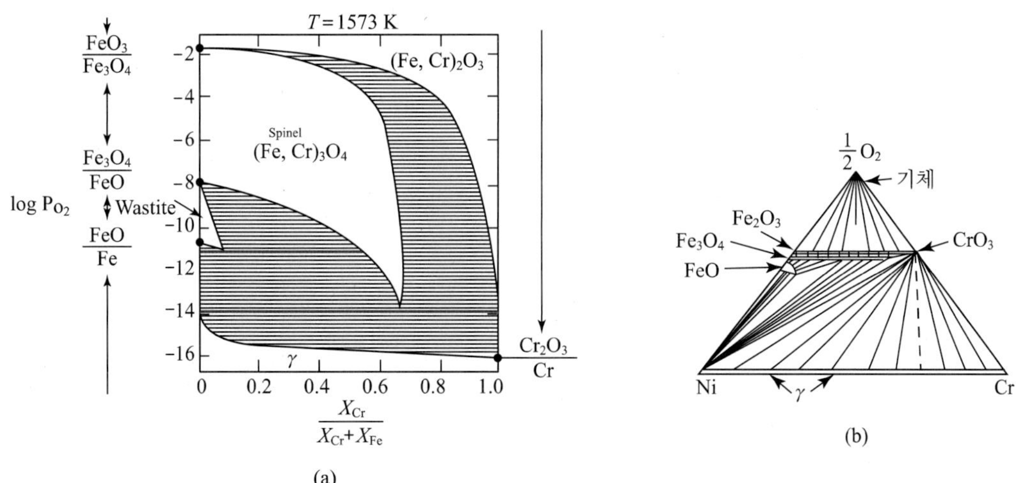

그림 9.16 삼원계 Fe－Cr－O의 퍼텐셜－조성 도표.

(ternary isotherm)은 보통이고 친근한 이원계 (T, X_2)와 같은 구축을 보인다.

그림 9.15(b)는 몰 분율 축을 갖는 표준 Gibbs 삼각형을 보인다. 그림 9.15(a)는 한 성분이 산소, 염소, 질소 등의 부분압의 조절은 그의 화학 퍼텐셜을 제어하는 것이다. 실제로 도표상에 y축은 log P_{O_2}로 대치할 수 있다. 이는 고정된 온도에서 μ_O에 비례한다. 제어된 분위기하에서 거동의 분석은 이 같은 상태도로 단순화된다. 그림 9.16은 좀 더 복잡한 시스템이 Fe-Cr-O에 대한 유사한 그림을 나타낸다.

연습문제

01 4개 상 α, β, γ 그리고 L을 함유한 3개 성분 Cu, Ni, Zn의 시스템을 생각해 보자.

(a) 각 상의 상태를 규정하는데 요구되는 변수를 열거하라.
(b) 이 시스템에 대한 평형 조건을 열거하라.
(c) 이 시스템의 자유도를 구하라.

02 순수 물에 대하여 $(P,\ V)$ 공간에서 상태도를 스케치하라. 고체 물이 액체로 변화하면서 수축됨이 일어나는 현상이 어떻게 표현됨을 설명하라.

03 그림 9.5(a)에서 보인 이원계 시스템에서 일정한 온도에서의 $(a_2,\ P)$ 단면을 스케치하라. 순수 성분의 삼중점 사이에 놓인 온도를 선택하라. 그에 따라 얻어진 셀구조를 사용하여 이 시스템에 대한 합리적인 $(X_2,\ T)$ 도표를 스케치하라.

04 그림 9.15에 보인 Co－Ni 상태도에서 $X_{\mathrm{Ni}} = 0.20$인 Co－Ni 합금이 공기 중에서 1,600 K에서 가열된다. 산소 퍼텐셜은 기체상에서 거의 0에서 합금 속에서 큰 값의 음으로 변화된다. 만약 이 과정이 diffusion controlled이면 이 변화에는 불연속이 없어야 한다. 그림 9.15에서의 곡선은 산화 과정에서 어떤 점에서의 시스템 상태를 나타낸다.

(a) 이 일련의 과정에 해당되는 미세구조를 스케치하라.
(b) 이 미세구조의 계면에 이름을 붙여 계면에서의 조성을 구하라.

Chapter

10

Thermodynamics in Materials Sciences

상태도의 열역학

1 서 론

최근에 상태도를 계산하는 전략 개발은 컴퓨터의 발전에 맞추어 빠른 성장을 보이고 있다. 현저한 양의 이원계 금속과 세라믹 상태도가 실험적으로 완성 되어 있는 반면에 그에 대한 정보는 항상 완전하거나 일치하지가 않았다. 그와 같은 연구의 열역학적 측정과 모델 시스템의 계산과의 연계는 측정 상태도를 확립하는데 단단한 기초지식을 제공하고, 또한 측정이 유용하지 않은 영역으로의 확장에 그 기초를 제공한다. 비교적 적은 수의 삼원계 시스템이 개발되었다. 왜냐하면 가능한 삼원계 시스템의 수는 이원계 시스템보다 더 많기 때문이다. 그래서 이원계 정보에서 삼원계와 더 높은 차수의 상태도로의 확장에 대한 전략은 아주 유용하다. 또한 여기에서 얻는 열역학 지식은 미세구조 변태 중에 핵생성 그리고 성장과 같은 운동론을 결정하는 인자들을 이해하는 데 기초를 제공한다. 상태도와 열역학과의 연결은 이 장에서 자세히 논의하는 주제이다.

이 연결을 영상화하는데 가장 유용한 도구는 자유 에너지 - 조성(composition), 즉 G - X 도표(diagram)이다. 재료의 구조에서 상의 혼합(mixing) 과정에서의 자유 에너지와 상태도와의 상호작용(interplay)으로 이원계에서 어떻게 2상 또는 3개상 영역이 발생되는가를 나타내기 위한 논리가 개발되었다. 상태도에서 섞임성갭(miscibility gap)을 형성하는 특별한 G - X 곡선이 제시되었다. 간단한 용액 모델에 근거한 상태도의 계산은 개발 방법을 제시하고 나아가 열역학적 데이터베이스와 정교한 용액 모델에 근거한 상태도의 컴퓨터 계산의 기초를 제시한다. 그래서 이 연결은 실험적으로 구한 상태도에서 열역학 특성을 예측하는 역전(inverting)의 전략(strategy)이 허용된다. 삼원계 상태도를 나타내는 이 개념의 일반화는 끝부분에서 논의된다.

2 자유 에너지 조성(G-X) 도표

시스템 내의 상의 안정 영역과 그 아래에 깔린 열역학 지식과의 연결은 G-X 도표로 가장 편리하게 영상화하여 나타낼 수 있다. 주어진 상에 대하여 이 도표는 주어진 압력과 온도에서 성분 2의 몰 분율 대 혼합에서의 Gibbs 자유 에너지의 그림이다. 그림 8.3은 일련의 온도에서 이상 용액(ideal solution)에 대한 그림을 보여 준다. 이 곡선의 각각은 친근한 수학적 형태(표 8.3 참조)

$$\Delta G_{mix} = RT(X_1 \ln X_1 + X_2 \ln X_2) \tag{10.1}$$

으로 표현된다. 이는 $X_2 = 0.5$에서 대칭이고 $X_2 = 0$와 $X_2 = 1.0$에서 수직의 기울기를 갖는다. 최소값($X_2 = 0.5$)은 $-RT\ \ln2$이다. 그래서 그 크기는 최소값에서 절대 온도에 선형으로 증가한다.

실제 용액(Real solution)에 대한 G-X 도표 형태는

$$\Delta G_{mix} = \Delta G_{mix}^{xs} + RT(X_1 \ln X_1 + X_2 \ln X_2) \tag{10.2}$$

를 취한다. 여기서 혼합 잉여 자유 에너지(excess free energy of mixing)는 양 또는 음의 값이 될 수 있고 일반적으로 조성, 압력에 의존한다. 그림 10.1은 잉여 자유 에너지의 기여로 이상 용액의 혼합에 대한 자유 에너지가 어떻게 변화되는가를 보여 준다. 이 잉여 자유 에너지에 대한 여러 가지 모델은 8장에서 논의되었다.

시스템에 존재하는 각 상은 자체의 G-X 도표를 갖는다. 상의 안정성과 반응의 안정 영역에 대한 경쟁은 시스템 내의 모든 G-X 곡선을 비교하면 된다. 혼합의 자유 에너지의 비교가

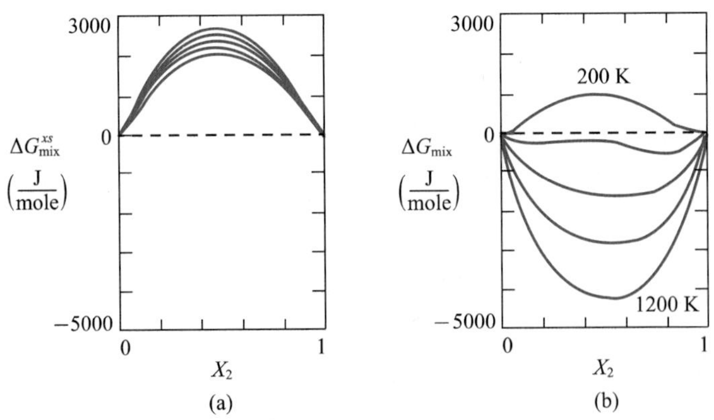

그림 10.1 온도 함수로 나타낸 유연한 세 가지 파라미터 용액 모델에 대한 Gibbs 자유 에너지 대 조성의 도표.

가능하려면 모든 상에서 각각 성분의 에너지는 같은 참조 상태(reference state)에서 언급되어야 한다. 이 점은 자체적으로 분명하나 그에 맞는 조절은 결코 하찮은 일이 아니다.

2.1 G-X 곡선의 참조 상태

각 상에 대하여 구축할 수 있는 G-X 곡선은 어떤 혼합되지 않은 초기 조건에서 서로 혼합되어 용액이 형성되는 혼합 과정에서 도출된다. 각 성분에 대한 초기 조건은 그 성분의 참조 상태라고 부른다. 참조 상태에 대한 규정은 4가지 종류에 대한 규정이 필요하다. 즉, (1) 압력, (2) 온도, (3) 조성 그리고 (4) 상 형태이다.

참조 상태는 시스템 내의 각각의 성분에 대하여 정의되어야 한다. 8장에서 개발된 용액 모델에서 이 4개 인자의 선택은 은연 중 포함(implicit)되어 있다. 여기서는 이 가정들에 대하여 좀 더 적극적(explicit)으로 나타낼 필요가 있다. 이들 용액 모델에서 혼합에 대한 자유 에너지 표현은 혼합 과정 초기에 각 성분들의 조건은 다음과 같이 가정하였다.

- 압력 : 용액과 같은 압력
- 온도 : 용액과 같은 온도
- 조성 : 순수 성분
- 상 형태 : 용액과 같은 상 형태

그래서 1기압, 750 K에서 성분 1과 성분 2의 액체 용액 묘사에서 이상 용액 모델은 성분 1의 참조 상태는 1기압, 750 K에서 순수 액체 1이다. 그리고 성분 2의 참조 상태는 1기압, 750 K에서 순수 액체 2이다. 만약 이상 용액 모델이 1기압, 750 K에서 성분 1과 성분 2의 고용체(solid solution)을 나타낸다면, 성분 1에 대한 암묵적으로 가정된 참조 상태는 1기압, 750 K에서 순수 고체이고, 같은 온도와 압력에서 성분 2도 순수 고체이다. 고용체에서 성분 1과 성분 2의 혼합 에너지와 액상 용액에서 혼합 에너지 비교는 적합하지 않다. 이는 참조 상태를 고려하지 않았기 때문이다. 비교를 위해서는 성분 1의 참조 상태는 액상 용액과 고용체에서 모두 같게 잡아야 하고, 성분 2도 마찬가지이다. 이 비교를 위하여 참조 상태를 적합하게 변화시켜야 한다.

참조 상태를 변화시키기 위한 절차는 비교적 간단하다. 이는 2개의 참조 상태 사이에 Gibbs 자유 에너지 차이에 대한 정보만 요구된다. 이에 대하여 자세히 논해보자.

혼합에 관한 Gibbs 자유 에너지에 대한 표현은 참조 상태의 선택을 구체적으로 표현하는 것이다. 예를 들면,

$$\Delta G^{\alpha}_{mix}\ (\alpha;\alpha) = X^{\alpha}_1(\overline{G}^{\alpha}_1 - G^{0\alpha}_1) + X^{\alpha}_2(\overline{G}^{\alpha}_2 - G^{0\alpha}_2) \tag{10.3}$$

$$\Delta G^{L}_{mix}\ (L;L) = X^{L}_1(\overline{G}^{L}_1 - G^{0L}_1) + X^{L}_2(\overline{G}^{L}_2 - G^{0L}_2) \tag{10.4}$$

괄호 속의 기호는 성분 1과 2의 참조 상태의 선택을 나타낸다. 이는 오른쪽 항에서 윗첨자

(^{0})를 사용하여 좀 더 구체적으로 표현된다. 이제 두 용액의 혼합 거동의 비교가 가능하기 위해서는 참조 상태를 같게 놓는 것이 필요하다. 이는 다음의 4가지 중 하나를 선택할 수 있다.

	I	II	III	IV
α 용액에 대한 참조 상태	$\{\alpha;\alpha\}$	$\{\alpha;L\}$	$\{L;\alpha\}$	$\{L;L\}$
L 용액에 대한 참조 상태	$\{\alpha;\alpha\}$	$\{\alpha;L\}$	$\{L;\alpha\}$	$\{L;L\}$

4개 중 어느 것의 선택도 성분 1의 참조 상태가 두 상에서 같고, 성분 2의 참조 상태도 같아야 한다는 요구 조건을 만족한다. 이를 위하여 II의 참조 상태를 선택해 보자.

$$\Delta G_{mix}^{\alpha}(\alpha;L) = X_1^{\alpha}(\overline{G}_1^{\alpha} - G_1^{0\alpha}) + X_2^{\alpha}(\overline{G}_2^{\alpha} - G_2^{0L}) \tag{10.5}$$

$$\Delta G_{mix}^{L}(\alpha;L) = X_1^{L}(\overline{G}_1^{L} - G_1^{0\alpha}) + X_2^{L}(\overline{G}_2^{L} - G_2^{0L}) \tag{10.6}$$

식 (10.5)를 다시 쓰면

$$\begin{aligned}\Delta G_{mix}^{\alpha}(\alpha;L) &= X_1^{\alpha}(\overline{G}_1^{\alpha} - G_1^{0\alpha}) + X_2^{\alpha}(\overline{G}_2^{\alpha} - G_2^{0\alpha} + G_2^{0\alpha} - G_2^{0L}) \\ &= X_1^{\alpha}(\overline{G}_1^{\alpha} - G_1^{0\alpha}) + X_2^{\alpha}(\overline{G}_2^{\alpha} - G_2^{0\alpha}) + X_2^{\alpha}(G_2^{0\alpha} - G_2^{0L})\end{aligned}$$

오른쪽 2개 항은 식 (10.3)의 오른쪽 항과 같고 마지막 항은

$$G_2^{0\alpha} - G_2^{0L} = \Delta G_2^{0\ L\to\alpha}$$

으로 이는 순수 성분 2가 액상에서 α상으로 변태될 때의 몰당 자유 에너지 변화이다. 따라서 식 (10.5)를 다시 쓰면,

$$\Delta G_{mix}^{\alpha}(\alpha;L) = \Delta G_{mix}^{\alpha}(\alpha;\alpha) + X_2^{\alpha}\Delta G_2^{0L\to\alpha} \tag{10.7}$$

액상 용액에서도 같은 방법으로

$$\Delta G_{mix}^{L}(\alpha;L) = \Delta G_{mix}^{L}(L;L) + X_1^{L}\Delta G_1^{0\alpha\to L} \tag{10.8}$$

오른쪽 첫 번째 항은 식 (10.1)과 (10.2)와 같은 용액 모델에서 계산할 수 있다. 두 번째 항은 순수 성분에 대한 액상과 α상 사이의 Gibbs 자유 에너지 차이에 대한 정보를 요구한다. 그림 10.2(a)는 성분 2의 참조 상태의 변화가 α상의 G-X 곡선에 미치는 영향을 나타냈다. 식 (10.7)에서 몰 분율에 따라 선형으로 변화되는 것을 점선(dashed line)으로 표시하였다. 양쪽 끝부분에 있어서는

$$X_2 = 0\text{일 때 } \Delta G_{mix} = 0,\ X_2 = 1\text{일 때 } \Delta G_{mix} = \Delta G_2^{0\,\alpha\to L}$$

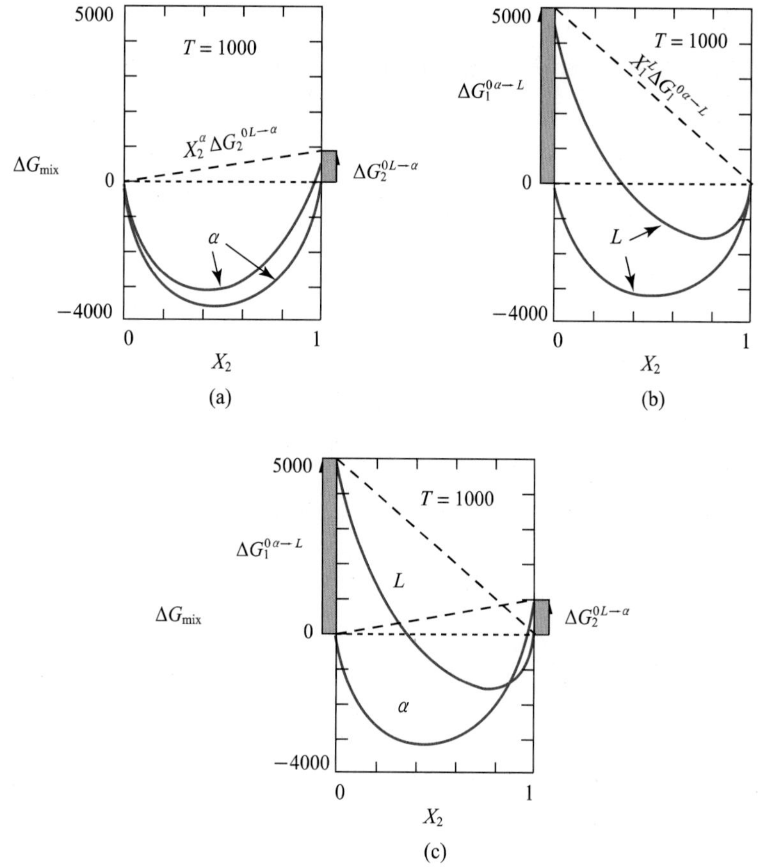

그림 10.2 순수 물질 1과 2의 참조 상태가 G－X 도표의 형태에 미치는 영향. (a) 고용체 α, (b) 액상 L, (c) 두 상의 비교.

최종 ΔG_{mix}^{α} 곡선은 점 (0, 0)과 (1, $\Delta G_2^{0\,\alpha\rightarrow L}$)이다.

그림 10.2(b)는 액체 용액을 나타낸다. 식 (10.8)에서 $X_2=0$과 1의 값으로 (0, $\Delta G_1^{0\,\alpha\rightarrow L}$)과 (1, 0)이다. 이 두 곡선들은 같은 도표 내에 중첩시키면 그림 10.2(c)와 같으며, α 고용체와 액체 용액의 혼합 거동을 비교할 수 있게 된다.

또 다른 조합을 선택한 경우에는 다른 선형항을 $\Delta G_{mix}\{i\,;j\}$에 더하고 G－X 그래프에 다른 점선을 첨가한다. 일반적인 원리로 특정한 상 안에 성분의 참조 상태의 선정은 해당되는 G－X 곡선에서 $X_2=0$과 1에서 곡선이 매달리는 점(hanging point)을 결정한다. 만약 주어진 한 성분에 대하여 참조 상태가 고려하는 용액과 같은 상인 경우, G－X 곡선은 원점에서 매달린다. 만약 참조 상태가 다르면 곡선은 용액과 참조 상태의 상형태 사이의 자유 에너지 차이에 해당하는 값을 y축으로 하여 그 점에서 매달리게 된다.

용액에 대한 참조 상태 변화는 그 용액에서 성분의 활동도와 활동도 계수의 계산값을 변화시킨다. 이는 활동도 정의에서 은연 중 나타났다. 왜냐하면 그것은 화학 퍼텐셜에 대한 참조 상태를 포함하기 때문이다. 활동도(activity) 정의를 고려하면,

$$\mu_k - \mu_k^0 = RT \ln a_k \tag{8.66}$$

α상에 있는 성분 2에 적용하면,

$$\mu_2^\alpha - \mu_2^{0\alpha} = \overline{G}_2^\alpha - G_2^{0\alpha} = RT \ln a_2^\alpha \tag{10.9}$$

이제 성분 2가 다른 상 β로 참조 상태가 바뀌었다면 α상에 있는 성분 2의 활동도는

$$\overline{G}_2^\alpha - G_2^{0\beta} = RT \ln a_2^{/\alpha} \tag{10.10}$$

분명히 $a_2{}'^\alpha$와 a_2^α는 같지 않다. 왼쪽 항에 $G_2^{0\alpha}$을 빼주고 다시 더해주면

$$\overline{G}_2^\alpha - G_2^{0\alpha} + G_2^{0\alpha} - G_2^{0\beta} = RT \ln a_2{}'^\alpha$$

$$RT \ln a_2^\alpha + \Delta G_2^{0\,\beta\to\alpha} = RT \ln a_2{}'^\alpha$$

새로운 활동도값을 구하면,

$$a_2{}'^\alpha = a_2^\alpha e^{\Delta G_2^{0\alpha\to\beta}/RT} \tag{10.11}$$

그리고

$$\gamma_2{}'^\alpha = \gamma_2{}'^\alpha X_2^\alpha = \gamma_2^\alpha X_2^\alpha e^{\Delta G_2^{0\alpha\to\beta}/RT}$$

$$\gamma_2{}'^\alpha = \gamma_2^\alpha e^{\Delta G_2^{0\alpha\to\beta}/RT} \tag{10.12}$$

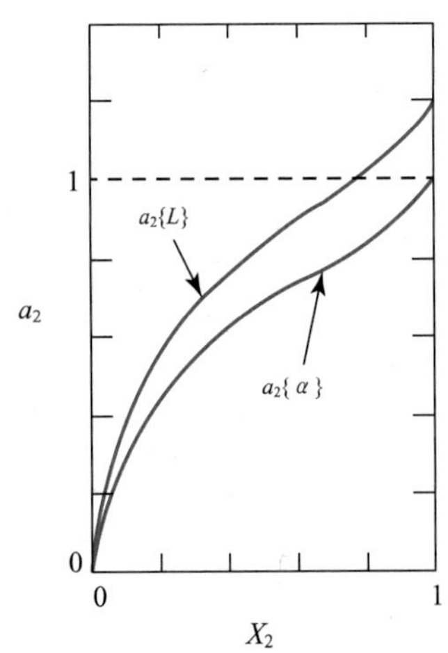

그림 10.3 참조 상태의 변화에 따른 조성의 함수로 나타낸 α상의 활동도. $\Delta G^{0\alpha\to L}$ 값은 음으로 가정하였다.

그래서 한 성분의 참조 상태를 바꿈은 임의의 조성에서 활동도 또는 활동도 계수에 일정한 온도에서 조성의 시리즈에 대한 상수값을 곱하는 효과가 있다. 그림 10.3에서와 같이 y축 값을 일정한 인자로 늘려주게 된다. 그 인자값은 온도에 따라 식 (10.12)에서 나타낸 것처럼 지수 함수로 복잡하게 변화된다.

2.2 공통접선 구축과 2상 평형

9장에서 이원계에서 2상 영역의 구조는 평형에 의한 조건, 즉

$$T^{\alpha}=T^{\beta},\ P^{\alpha}=P^{\beta},\ \mu_1^{\alpha}=\mu_1^{\beta},\ \mu_2^{\alpha}=\mu_2^{\beta}$$

에 의하여 결정됨을 논의하였다. G-X 도표에 이 조건의 기하학적인 표현 방법인 공통 접선 구축 방법을 그림 10.4에 나타냈다. 이 도표는 일정한 압력과 온도에서 작성되었다. 그래서 2상에 대하여 기계적이고 열적인 평형 조건은 모든 점에서 유효하다. 이를 좀 더 확실히 하기 위하여 β상을 액상이라고 가정하자. α상과 액상과의 화학 평형(chemical equilibrium)은 그림 10.4에서 점 N과 P에 해당하는 조성에서 유일하게 만족된다.

이 주장을 확인하기 위하여 그림 8.1의 구축을 기억해 보자. 임의의 익스텐시브 특성에 대한 조성의 함수로 ΔB_{mix}가 주어지면, 임의의 조성 X_2에 대한 부분 몰 특성(partial molal property) $\Delta \overline{B}_1$과 $\Delta \overline{B}_2$는 X_2에서 곡선에 그은 접선이 도표의 양쪽에서 만나는 교점으로 구할 수 있다. G-X 도표에서 이 교점은 성분의 부분 몰 Gibbs 자유 에너지인데, 이는 그들의

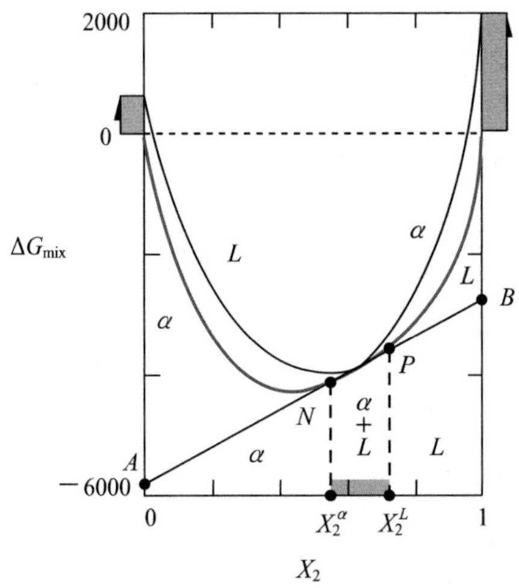

그림 10.4 참조 상태를 일치시킨 두 개의 다른 상을 나타낸 G-X 도표.

화학 퍼텐셜로 도표가 그려진 참조 상태에 비교되어 나타낸다. 두 상에 대한 G-X 곡선은 교차하므로 그림 10.4에서 X_2^α와 X_2^L로 표시된 유일한 조성은 두 개의 곡선에 대한 한 개의 접선, 즉 공통 접선을 그어 구할 수 있다.

공통 접선이 y축과 만나는 점을 각각 A와 B로 나타냈다. 이를 좀 자세하게 분석하면 성분 1에서

$$\Delta\mu_1^\alpha = \mu_1^\alpha(X_2^\alpha) - \mu_1^{0\alpha} = \Delta\mu_1^L = \mu_1^L(X_2^L) - \mu_1^{0\alpha}$$

따라서
$$\mu_2^\alpha(X_2^\alpha) = \mu_1^L(X_2^L) \tag{10.13}$$

그리고 성분 2에서

$$\Delta\mu_2^\alpha = \mu_2^\alpha(X_2^\alpha) - \mu_2^{0L} = \Delta\mu_2^L = \mu_2^L(X_2^L) - \mu_2^{0L}$$

그러므로
$$\mu_2^\alpha(X_2^\alpha) = \mu_2^L(X_2^L) \tag{10.14}$$

식 (10.13)과 (10.14)는 2상에 있어서 평형 조건이 된다. 그래서 한 쌍의 상에 대한 2개의 G-X 곡선에 대한 공통 접선 라인(common tangent line)의 구축은 G-X 곡선이 그려진 온도와 압력에서 평형으로 공존하는 두 상의 조성을 나타낸다. 이 조성들은 일정한 압력과 온도의 상태도에서 평형의 타이라인의 각각의 끝점을 나타낸다.

공통 접선 구축과 2상 평형을 다른 관점에서 바라볼 수 있다. 5장에서 언급했듯이 일정한 압력과 온도로 제한되는 시스템에서 평형 조건은 Gibbs 자유 에너지가 최소값이 되는 것이다. 달리 말하면 그 시스템이 같은 온도와 압력에서 보여 줄 수 있는 모든 가능한 상태들을 비교하면, 평형 상태는 최소의 Gibbs 자유 에너지를 갖는 상태이다. G-X 곡선은 일정한 압력과 온도에서 용액의 열역학적 거동을 나타낸다. 그래서 평형 기준은 용액 거동의 나타냄에 응용할 수 있다.

이 적용을 나타내기 위하여 그림 10.5와 같이 한 개의 고체상 α의 G-X 곡선을 생각해 보자. 관심의 초점은 조성 X_2^0이다. 이 조성을 평균 조성으로 하는 점 A와 B에 해당하는 조성과 몰당 Gibbs 자유 에너지를 갖는 두 고체 용액을 기계적인 혼합물(mechanical mixture)로 구성된 시스템을 만들 수 있다. 즉, 고용체 A의 $\dfrac{EF}{DF}$ 부분과 고용체 B의 $\dfrac{EF}{DF}$ 부분은 요구되는 평균 조성을 만족한다. 이 기계적인 혼합물의 자유 에너지는 AB 라인을 따라 C점에 위치한다. 점 M은 같은 조성의 한 개의 균일한 고용체의 자유 에너지를 나타낸다. 점 M은 C보다 아래에 있으므로 균일한 고용체가 기계적인 혼합물보다 더 낮은 Gibbs 자유 에너지를 가지므로 더 안정하다. 이 G-X 곡선은 어디에서든지 위로 오목(concave upward)하므로 이 조건은 어느 조합의 AB에 성립된다. 따라서 이러한 시스템에서는 균일한 한 상의 고용체를 형성하는 것이 열역학적으로 안정하다.

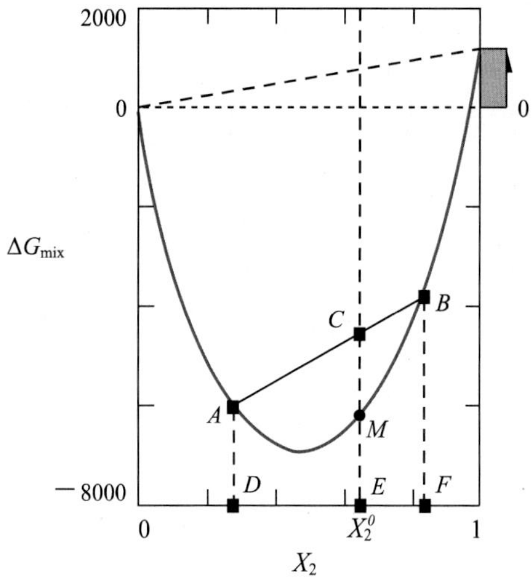

그림 10.5 위로 오목(concave upward)한 G－X 곡선.

이제 같은 원리를 그림 10.6에서와 같이 두 개의 다른 상에 대한 안정 영역의 나타냄에 적용해 보자.

공통 접선 구축 방법에 의해 평형에서 두 상은 각각 N과 P의 조성으로 존재한다. X_2^α와 X_2^β 사이의 조성 X_2^0인 시스템을 생각해 보자. 기계적 혼합물의 자유 에너지는 N과 P를 연결하는 선상에 놓인다. $\left(\dfrac{EF}{DF}\right)$의 α상과 $\left(\dfrac{DE}{DF}\right)$ 부분의 β상의 혼합물은 평균 조성 E를 갖고

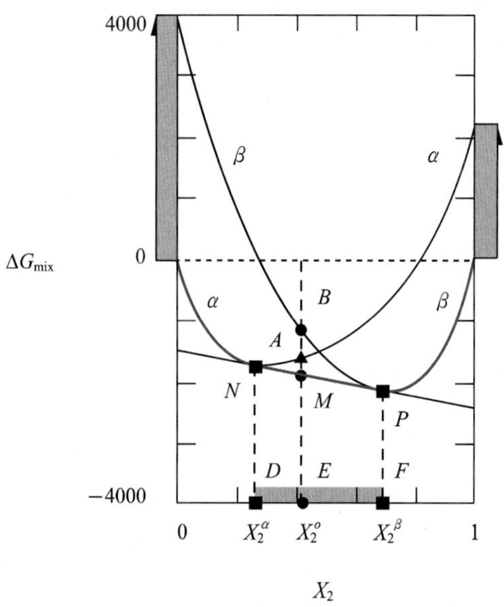

그림 10.6 α와 β상의 G－X 곡선.

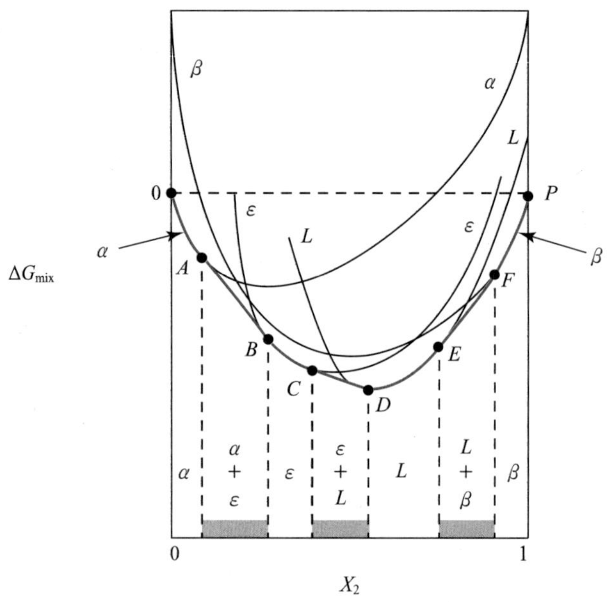

그림 10.7 단단한 줄 구축 방법

자유 에너지는 점 M이다. 먼저 조성 X_2^0인 α상을 생각해 보자. 그의 자유 에너지는 점 A로 표시된다. 유사하게 β상 시스템에서 자유 에너지는 B로 표시된다. 평균 조성 X_2^0을 가지면서 α와 β상의 임의의 조합된 혼합물은 M점 위의 자유 에너지를 갖는다. 따라서 M점은 가장 낮은 에너지를 갖는 안정한 상태이다.

일반적인 원리로 그림 10.7에서와 같은 임의의 수의 상들이 나타나는 시스템을 고려하자. 시스템의 평형 배열의 연속은 단상과 2상 영역은 단상 곡선 부분과 공통 접선으로 나타낸 영역의 조합이다. 이 부분은 OA－AB－BC－CD－DE－EF－FP이다. 이것을 단단한 줄 구축(taut string construction)이라고 부른다. 이 상들의 자유 에너지 곡선은 점 O에 단단히 맨 줄을 P까지 늘어져 있다. 점 O에서 P까지 교대로 곡선의 부분과 공통 접선에 의해 형성된 직선은 각 조성에서 최소값의 Gibbs 자유 에너지를 갖는다.

2.3 이원계 상태도에서 2상 영역

공통 접선 구축 방법으로 고정된 온도에서 2상 영역의 상경계 조성을 구할 수 있다. 등압 이성분계 상태도에서 안정한 조성 영역을 구하기 위해서는 구하고자 하는 상태도의 온도 범위에서 이 방법을 반복해야 한다. 이 구축에 있어 열역학적 거동의 다른 인자가 상태도 배열을 결정한다.

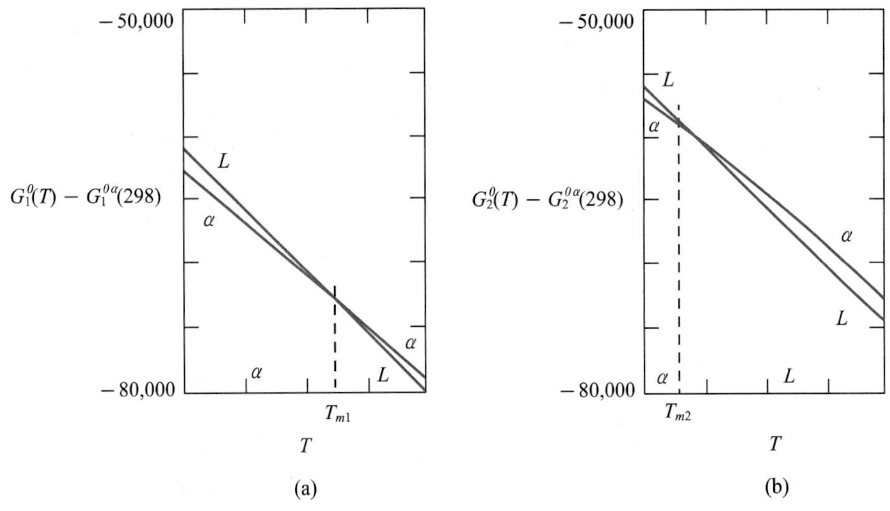

그림 10.8 액상과 고상의 온도에 따른 몰 자유 에너지. (a) 성분 1, (b) 성분 2.

- 혼합 잉여 자유 에너지와 이상 자유 에너지로 나타내는 두 경쟁상의 혼합에서의 거동
- Gibbs 자유 에너지의 차이로 나타난 순수 성분에 대한 2상 영역의 상대적인 안정도의 온도에 따른 변화

순수 성분에 있어서 상평형에 관한 상대적인 안정도는 일정한 압력에서 온도에 따른 그 상의 Gibbs 자유 에너지 변화에 대한 정보로부터 알 수 있다. 이 정보는 임의의 성분에 대한 그 상의 열용량, 상변태 엔트로피 그리고 298 K에서 절대 엔트로피로 구할 수 있다. 그림 10.8은 성분 1(8a)과 성분 2(8b)에 대하여 고체상과 액체상에 대한 정보를 온도의 함수로 나타낸 것이다.

각각의 경우 두 곡선은 자유 에너지가 같은 녹는점에서 만난다. 녹는점 아래에서 α의 자유 에너지가 낮아서 안정하고 녹는점 위의 온도에서는 액체상의 자유 에너지가 작고 안정한 상이 된다. 임의의 온도 T_1에서 두 상간의 Gibbs 자유 에너지 차이는 두 곡선 사이의 수직선으로 정량적으로 구할 수 있다.

주어진 상에서 조성과 온도에 따른 혼합 거동의 변화의 예는 그림 8.3, 8.4 그리고 8.5에 나타내었다. $\Delta G_{mix} = \Delta H_{mix} - T\Delta S_{mix}$이므로 온도가 증가할수록 두 번째 항의 기여가 증가하여 혼합 자유 에너지는 좀 더 음의 값으로 된다. 그림 8.4와 같이 이상적 거동에서 양의 벗어남을 갖는 시스템에서는 충분히 낮은 온도에서 정성적으로 다른 혼합 패턴이 개발된다. 이 색다른 거동의 결과는 이 절의 마지막 부분에서 논의된다.

2상 영역 $(\alpha + L)$을 형성하는 열역학 거동의 패턴은 그림 10.9와 같이 융점 사이에 놓인 온도 구간에서 온도의 연속으로 G−X 곡선을 계산하고 이를 그림으로 그려 나타낼 수 있다.

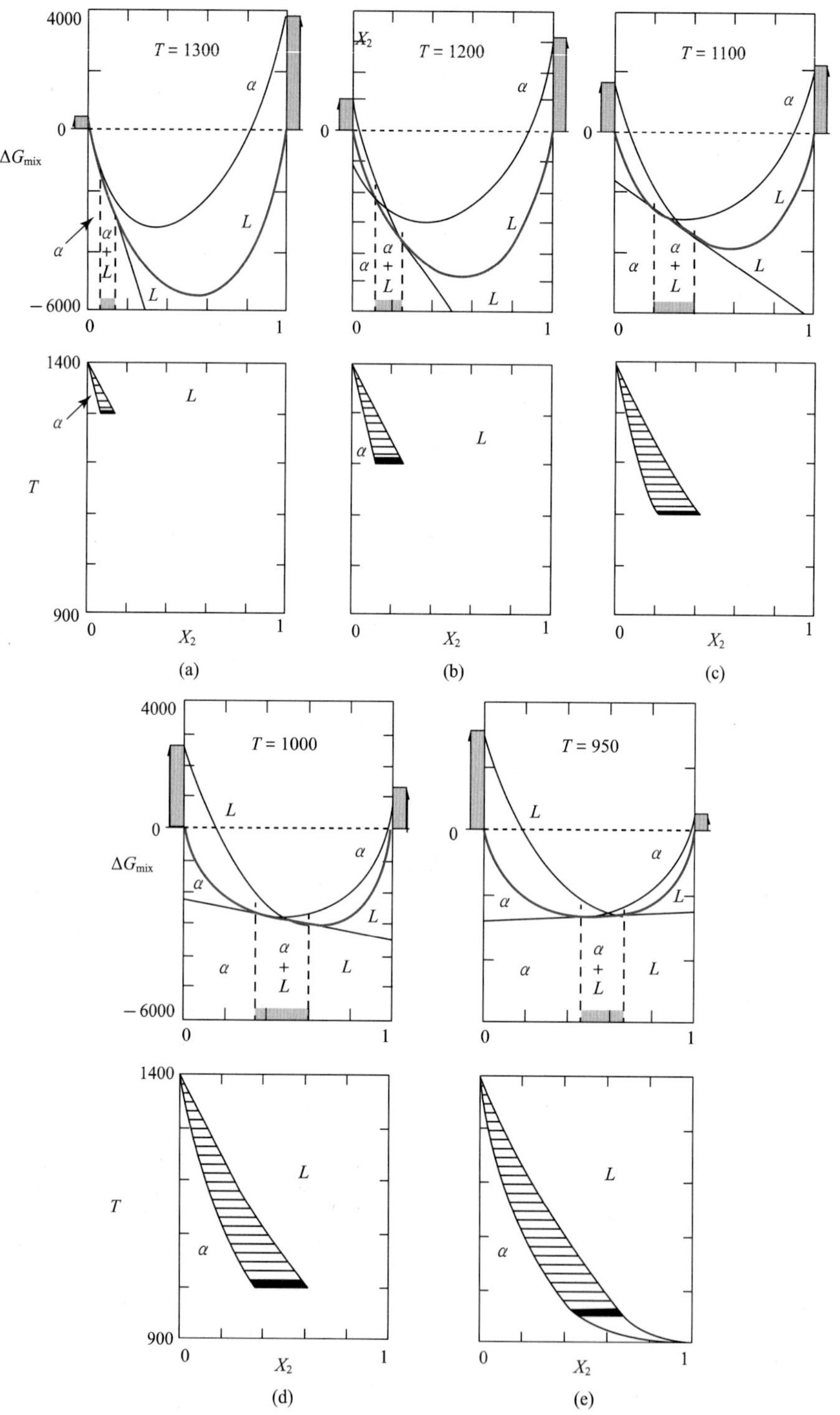

그림 10.9 이원계 (X_2, T) 공간에서 간단한 2상 영역을 나타낸 시스템의 온도별 G−X 곡선. $a_0^\alpha = 1{,}000$, $a_0^L = 6{,}000$(J/mol). (a) 1,300 K, (b) 1,200 K, (c) 1,100 K, (d) 1,000 K, (e) 950 K.

각 성분에 대한 각각의 온도에서 그 성분에 대하여 안정한 상을 참조 상태로 선택한다. 그와 같은 상태도 작성에서 관습적인 방법으로 성분 1을 더 높은 녹는점을 갖는 성분으로 선택한다. 이 관습으로 녹는점 사이의 온도에서 순수 성분 1의 참조 상태는 고체상 α이고 성분 2의 참조 상태는 액체상 L이다. 그래서 각각의 G-X 도표에서 α에 대한 혼합(mixing) 곡선은 도표의 성분 1쪽에서는 0점을 지나고 액상은 성분 2쪽에서 0점을 지난다. 특별한 온도 T에서 도표의 성분 2쪽에서 α상의 걸침점(hanging point)은 그림 10.8(b)에서 온도 T에서 액체와 고체 사이의 자유 에너지 차이로 구할 수 있다. 유사하게 액체상의 성분 1쪽에서의 걸침점은 그림 10.8(a)에서 구한다. 참조 상태에 해당되는 직선 라인을 더하여 혼합에 대한 곡선은 이 점들에서 걸쳐지게 된다.

성분 1의 녹는점에서 α와 L 곡선은 원점에서 만난다. 왜냐하면 그림 10.8(a)에서 성분 1의 걸침점이 일치하고 $G_1^{0\alpha} = G_1^{0L}$ 이기 때문이다. 온도가 감소함에 따라 성분 1쪽에서의 걸침점은 서로 분리되고, 성분 2쪽에서는 서로 다가간다. 그래서 두 상의 혼합 곡선이 만나는 점이 조성축을 가로질러 움직인다. 따라서 온도가 감소함에 따라 공통 접선 구축 방법에 의한 교차점도 왼쪽에서 오른쪽으로 이동한다. 최종적으로 성분 2의 녹는점에서 α와 L의 만나는 점은 성분 2쪽 부분에서 원점이 된다.

이 패턴의 거동은 어느 상이건 간에 모든 단조로운 2상 영역의 특징이다. 정량적인 자세함은 관련된 조성과 상에 달렸지만, 정성적인 경향은 지배적이다. 그러나 모든 2상 영역이 단조로운 것은 아니다. 약간은 경계에서 최대나 최소값을 보인다. 그림 10.10은 이 배열을 만드는 적합한 G-X 도표와 함께 최소값을 갖는 2상 영역을 나타낸다. 이 경우 순수 성분의 거동은 특징적인 단조로운 2상 영역과 유사하다. 최소값은 주로 α와 L상의 혼합 거동의 차이에서 도출된다. 액체상은 고체상보다 이상적 용액에서 아주 많이 음으로 벗어난다. 결과적으로 성분 2의 녹는점 아래 온도에서 액체 곡선은 고체 곡선을 두 번 교차한다(그림 10.10(b)). 각각의 만남에는 공통 접선 구축이 관련되어 2상 영역이 생겨난다.

온도가 점점 감소함에 따라 액체상은 순수 성분의 고체상보다 더 불안정하게 되어 액상이 고체상보다 위로 올라가게 된다. 교차점과 관련된 2상 영역은 서로 가까워진다. 온도 T_3에서 두 혼합에 관한 곡선은 한 점에서 만난다. 2상 영역 쌍은 합쳐져서 한 점이 된다. 더 낮은 온도에서 고체상 곡선은 모든 조성에서 액체상 곡선 아래에 있게 된다. 액체상은 더 이상 평형에서 공존하지 않는다. 이 구축은 그와 같은 2상 영역의 특성을 보여 준다. 양쪽 상경계, 액상선(liquidus)과 고상선(solidus)은 온도와 조성이 일치하는 최소값을 갖는다.

최대값(사실, 최대와 최소)을 보이는 2상 영역은 실험적으로 관찰되고 유사한 방법의 구축으로 생겨난다.

상태도에서 흔히 만나는 2상 영역의 또 다른 배열은 혼화성갭(miscibility gap)이라고 한다.

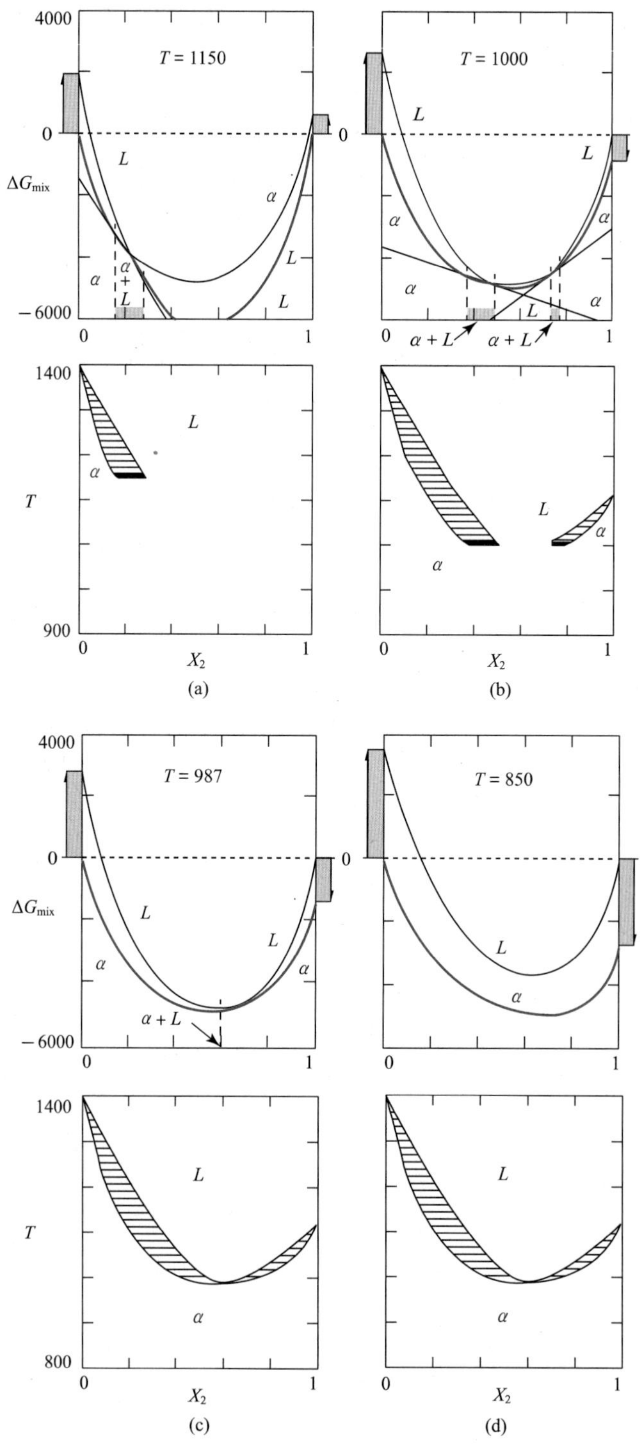

그림 10.10 최소값(minimum)을 갖는 2상 영역을 발생시키는 시스템의 온도별 G−X 도표. (a) 1,150 K, (b) 1,000 K, (c) 987 K, (d) 850 K. $a_0^\alpha = 6{,}000$(J/mol), $a_0^L = -2{,}000$(J/mol)

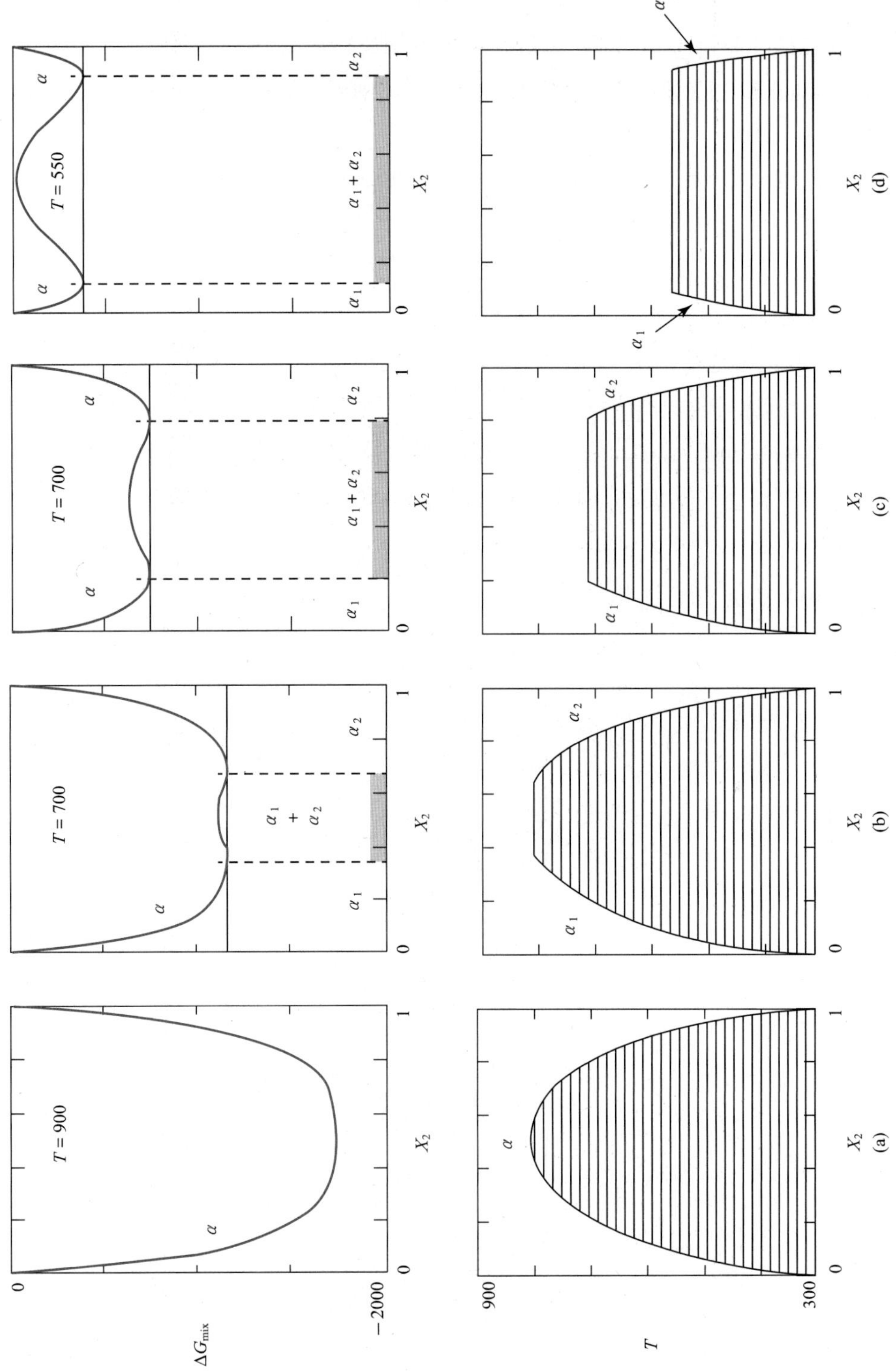

그림 10.11 혼화성갭을 발생시키는 열역학적 거동 패턴. $a_0^{\alpha} = 13{,}700$(J/mol).

2상 영역의 이 등급은 그림 10.9와 10.10에서 보인 특성처럼 2개의 상 사이의 경쟁이라기보다는 한 상으로부터 특정한 범위에서 나타나는 것이 독특하다. 혼화성갭은 낮은 온도에서 이상 용액(ideal solution) 거동에서 양의 벗어남을 보이는 상에서 나타난다. 그림 10.11은 이 거동을 나타낸다.

잉여 자유 에너지가 양이고 온도에 아주 민감하지 않다고 가정하자. 그러면 온도가 감소함에 따라 이상적인 자유 에너지의 기여 $\Delta G_{mix}^{id} = -T\Delta S_{mix}^{id}$ 는 감소하고 충분히 낮은 온도에서 전체 자유 에너지 곡선은 그림 10.11(b)에서처럼 주름진 기복(undulation)이 생긴다. 이 기복이 처음 나타나는 온도를 혼화성갭에 대한 임계 온도(critical temperature)라고 부르며, T_C로 나타낸다. 여기에 공통 접선이 구축되며 이 경우 접선은 같은 곡선에서 두 점 사이에 생긴다. 최소 자유 에너지 고려가 적용되어 같은 상이나 접선의 두 점에서 조성이 다른 두 용액의 혼합물이 다른 혼합물보다 더 작은 자유 에너지를 갖는다. 그래서 평형 조건은 두 상의 혼합물이나 같은 구조(즉, 액상, fcc, 또는 bcc 등)를 가지며 조성이 다르다. 좀 더 온도가 낮아지면 이상 용액의 기여는 감소하고 기복은 더 팽창하며, 2상 영역의 폭은 더 넓어진다(그림 10.11(c), (d)).

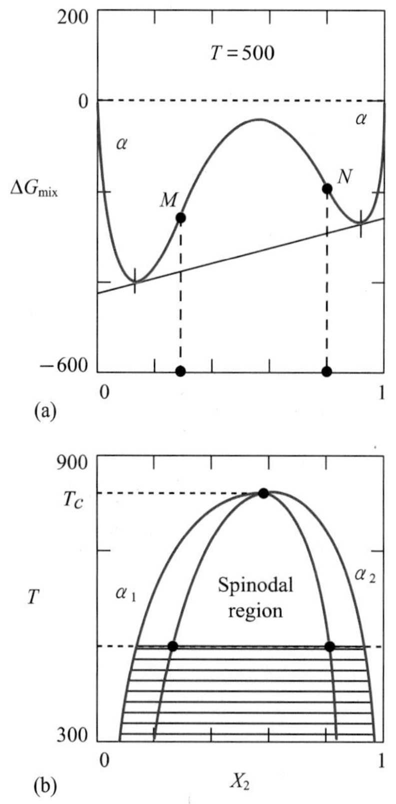

그림 10. 12 혼화성갭 내에서 스피노달 영역.

혼화성갭의 흥미로운 특성은 그림 10.12에 나타냈다. G-X 곡선의 기복은 변곡점 M과 N을 갖는다. 이곳에서 혼합 자유 에너지 곡선은 아래로 오목(concave downward)이 된다. 온도가 올라가면 이 변곡점은 서로 가까워지고 임계 온도에서 합쳐진다. 그래서 혼화성갭 영역(domain)이 형성되고 이를 스피노달 영역(spinodal region)이라고 부른다. 이는 모든 혼화성갭 구조의 특성이다. 스피노달 영역의 경계는 G-X 곡선의 변곡점(inflection point)의 모음이다. 이는 수학적으로 G-X 곡선의 X에 대한 이차 미분값이 0이 되는 점들이다.

이 영역에 존재하는 용액은 특별하고 유용한 거동을 보인다. 예를 들면, 이 영역에서 조성에 따른 화학 퍼텐셜의 변화를 생각해 보자. 위로 오목(concave upward)인 G-X 곡선을 갖는 정상적인 용액에서 성분 2의 화학 퍼텐셜은 성분 2가 증가함에 따라 증가한다(그림 10.13(a)). 이는 그림 8.1에서 혼합 곡선에 임의의 조성에서 접선과 축과의 교점은 부분 몰 특성의 기하학적 결정에서 알 수 있다. 만약 곡선이 위로 오목이면 보통의 경우로 곡선상의 접선은 성분 2쪽으로 움직임에 따라 접선은 반시계 방향으로 회전한다. 그래서 축에서의 절편 $\Delta\mu_2$는 위로 이동하고, 그림 10.13(a)에서 X_2가 증가함에 따라 $\Delta\mu_2$도 증가한다.

스피노달 영역에서는 G-X 곡선이 아래로 오목(concave downward)이므로 접선은 조성이 성분 2로 감에 따라 시계 방향으로 회전한다(그림 10.12(b)). 그래서 이 영역에서 성분 2의 증가는 화학 퍼텐셜의 감소를 가져온다(그림 10.13(b)).

이 비정상적인 거동의 한 결과로 스피노달 영역에서는 언덕 위로의 확산(uphill diffusion)을 들 수 있다. 정상적인 상황에서는 만약 시스템이 균일한 조성을 갖지 않으면, 원자들은 이 불

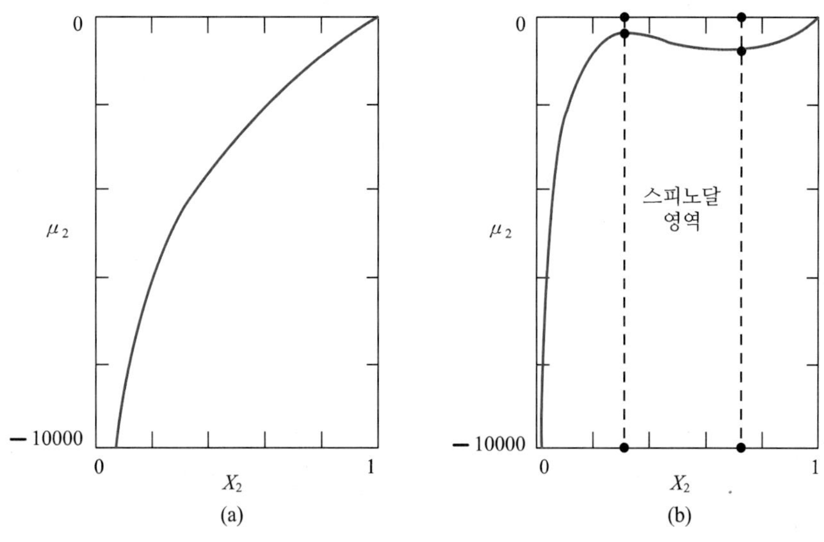

그림 10. 13 조성에 따른 화학 퍼텐셜의 변화. (a)정상 시스템, (b) 혼화성갭 내의 스피노달 영역. 계산은 정규 용액 모델. 650 K. (a)에서 a_0 =4,000, (b)에서 a_0 =12,500(J/mol).

균일을 해소하기 위한 방향으로 움직이게 되어, 한 성분의 흐름은 조성이 높은 곳에서 낮은 곳으로 진행된다. 한 시스템을 통하여 한 성분의 원자의 흐름을 확산(diffusion)이라고 부른다.

보통의 시스템에서는 화학 퍼텐셜과 농도는 함께 증가하거나 감소하는데, 이에 따라 흐름의 방향 또한 화학 퍼텐셜이 높은 영역에서 낮은 영역으로 진행된다. 이는 화학 퍼텐셜 구배를 내려가는 것이다. 최종 평형 조건은 균일한 화학 퍼텐셜이므로 이 과정은 자발적(spontaneous)으로 진행된다. 왜냐하면 이 흐름은 화학 퍼텐셜의 차이를 줄여주기 때문이다. 그러나 스피노달 영역 내에서 화학 퍼텐셜과 농도는 반대 방향으로 진행된다. 이 중 높은 화학 퍼텐셜 영역에서 낮은 퍼텐셜 영역으로의 흐름은 자발적이다. 시스템은 당연히 퍼텐셜을 줄이려는 방향으로 작용한다. 그러나 이 경우 원자들은 농도가 낮은 영역에서 농도가 높은 영역으로 흐르게 되어 흐름은 농도 구배에 상승(up)의 움직임을 보인다. 그래서 평형으로 향하는 시스템의 움직임은 불균일 조성이 된다. 즉, 시스템은 자발적으로 혼합되지 않는다.

이 현상을 보여 주는 또 다른 설명을 그림 10.14에 나타냈다. 조성 X_2^0을 갖는 시스템이 초기에는 혼화성갭의 임계 온도 위의 온도 T_a에서 평형을 이루었다고 가정하자. 그래서 시스템은 균일한 조성을 갖는다. 시료는 곧 바로 온도 T_1으로 급냉되어 스피노달 영역 내에 놓이게 된다. 온도 T_1에서 존재하는 균일 조성 X_2^0는 그림 10.14에서 점 P로 주어지는 혼합 자유 에너지를 갖는다. 이제 그림에서 M과 N으로 나타낸 두 용액의 혼합물을 생각해 보자. 이 불균일 구조의 자유 에너지는 라인 MN을 따라 놓인다. 만약 평균 조성이 X_2^0라면 자유 에너지는 점 Q로 주어진다. Q는 P 아래에 있으므로 두 용액 $(M+N)$은 P에 있는 균일 용액보

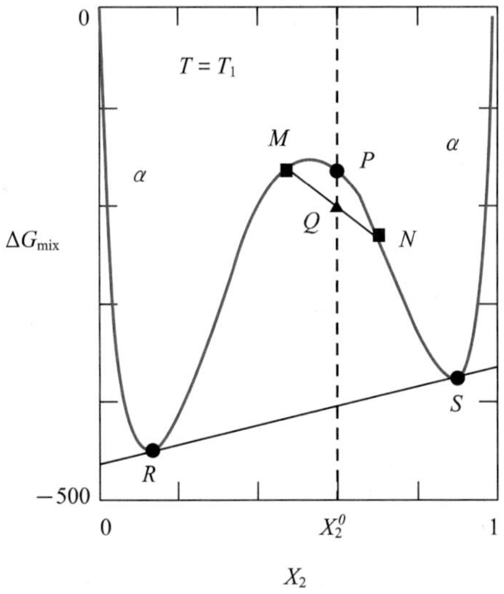

그림 10.14 스피노달 영역에서 스피노달 분해.

다 더 안정하다. 이러한 농도의 동요(fluctuation)는 시간에 따라 언덕 위로의 확산으로 증폭되어 최종적으로는 R과 S에서 공통 접선으로 주어지는 조성의 혼합물을 형성한다. 이 과정은 단지 스피노달 영역에서만 일어나고 이를 스피노달 분해(spinodal decomposition)라고 한다. 생겨난 구조는 기술적으로 유용하다. 왜냐하면 이 분해는 전형적으로 낮은 온도에서 일어나고 아주 미세한 나노스케일 미세구조를 형성하기 때문이다.

2.4 3상 평형

다음으로 3가지 상 α, L 그리고 β을 형성하는 이원계를 생각해 보자. 여기서 α와 β상은 다른 결정 구조를 갖는다. 그와 같은 시스템의 열역학적 거동의 묘사는 혼합 거동과 모든 3개 상의 순수 성분에 대한 상대적인 안정도에 대한 정보가 요구된다. 그 다음에는 같은 G-X 도표상에 3상에 대한 각각의 ΔG_{mix}를 그리고 이들의 자유 에너지를 비교한다. 이 비교에서

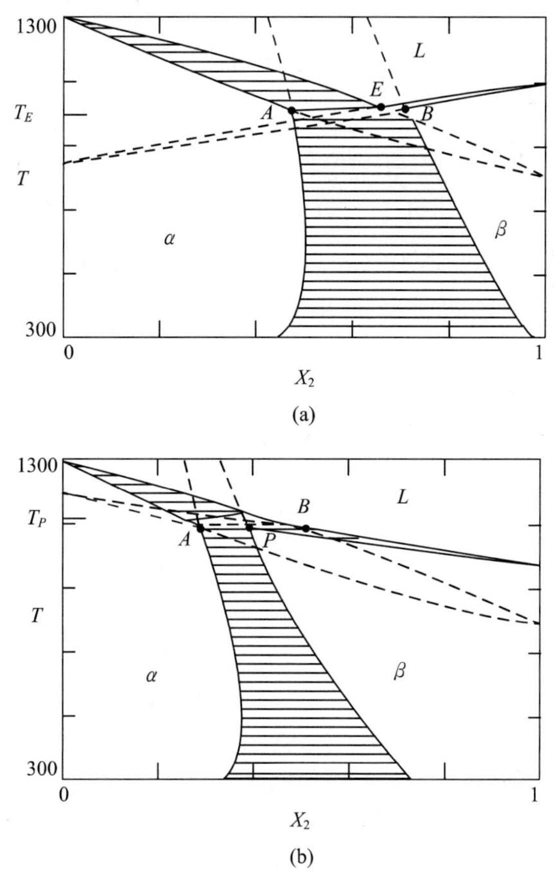

그림 10.15 3개 상(α, β, L)을 공유하는 3개의 2상 영역의 교차로가 생긴다. (a) 공정 도표, (b) 포정 도표.

모든 3상에서 성분 1의 거동은 같은 참조 상태로 언급되어야 하고, 성분 2에서도 같은 조건이 성립된다.

이들 상에서 둘씩 취한 G-X 곡선은 3개의 쌍이 형성된다. 이 3개의 혼합 곡선 사이의 반응에서 시스템은 적어도 3개의 가능한 2상 영역을 형성한다. 즉, $(\alpha + L)$, $(\beta + L)$, $(\alpha + \beta)$이다. 만약 주어진 온도에서 2개의 G-X 곡선이 만나면 공통 접선 구축이 존재하고 이로부터 상경계가 얻어진다. 2상 영역의 완성은 관심의 온도 영역에서 얻어진 상경계의 모음으로 완성된다.

그림 10.15(a)에서는 공정(eutectic) 반응을 만드는 시스템에서 2상 영역, $(\alpha+L)$과 $(\beta+L)$의 반응을 나타낸다. $(\alpha+L)$과 $(\beta+L)$ 영역의 기울기는 서로 반대 방향으로 되어 있다. 액상 곡선과 만나는 점 E는 공정 반응의 조성과 온도를 정의한다. 점 E를 통한 일정한 온도는 $(\alpha + \beta + L)$의 평형을 나타낸다. 온도는 $(\alpha + L)$ 영역에서 고상선 곡선을 A에서 그리고 $(\beta + L)$의 고상선 곡선을 B에서 만난다. 점 A와 B는 액상과 평형을 이루는 α와 β의 조성이고, α와 β도 평형을 이룬다. 따라서 $(\alpha + \beta)$ 경계도 점 A와 B를 지나야 한다. 공정선(eutectic line) 아래로 확장된 $(\alpha + L)$, $(\beta + L)$은 그림 10.15(a)에서 점선으로 나타냈는데, 이는 준안정(metastable) 2상 평형을 이룬다. 라인 위로 확장된 $(\alpha + \beta)$ 영역도 마찬가지이다.

이 구축에 관여된 G-X 곡선의 연속은 그림 10.16에 나타냈다. 온도가 감소함에 따라 액체상은 고체상에 대하여 점차적으로 덜 안정된다. 액체상의 걸침점(hanging point)과 곡선은 (G-X) 공간에서 위로 움직인다. α와 L 그리고 β와 L의 교차점은 서로 가까이 움직이고 관련된 공통 접선은 서로를 향하며 회전한다. 공정 온도에서 $(\alpha + L)$와 $(\beta + L)$의 공통 접선은 일치하며, 3상 평형 $(\alpha + L + \beta)$의 조건을 만족한다. $(\alpha + \beta)$의 공통 접선도 공정 온도에서 이 라인과 일치한다. 공정 온도 아래에서 $(\alpha + L)$과 $(\beta + L)$ 공통 접선 구축은 여전히 존재하나 $(\alpha + \beta)$ 라인이 더 낮은 자유 에너지를 갖는다(그림 10.16(d)). 그래서 온도 T_E 아래에서 $(\alpha + L)$과 $(\beta + L)$ 평형은 준안정이다. 이 준안정 평형은 기술적으로 중요하다. 왜냐하면 이들은 공정 액체가 응고할 때의 과정에서 핵심 역할을 하는데, 이는 과정 진행 속도와 미세구조 스케일을 결정하기 때문이다.

만약 $(\alpha+L)$과 $(\beta+L)$ 영역의 기울기가 같은 방향으로 되어 있으면, 포정(peritectic) 상태도가 얻어진다(그림 10.15(b)). $(\alpha + L)$과 $(\beta + L)$의 액상선 곡선이 만나는 점 B는 3상의 평형 온도를 결정한다.

이 액상 조성과 평형을 이루는 고체상은 A와 P로 나타냈다. 이 고체상은 서로 평형을 이루며 따라서 포정 반응 온도 (T_P)에서 $(\alpha + \beta)$의 조성이 된다. 해당되는 G-X 곡선은 그림 10.17에 나타냈다.

온도가 낮아짐에 따라 액상 G-X 곡선이 위로 움직이며 $(\alpha + L)$ 공통 접선은 처음으로 β

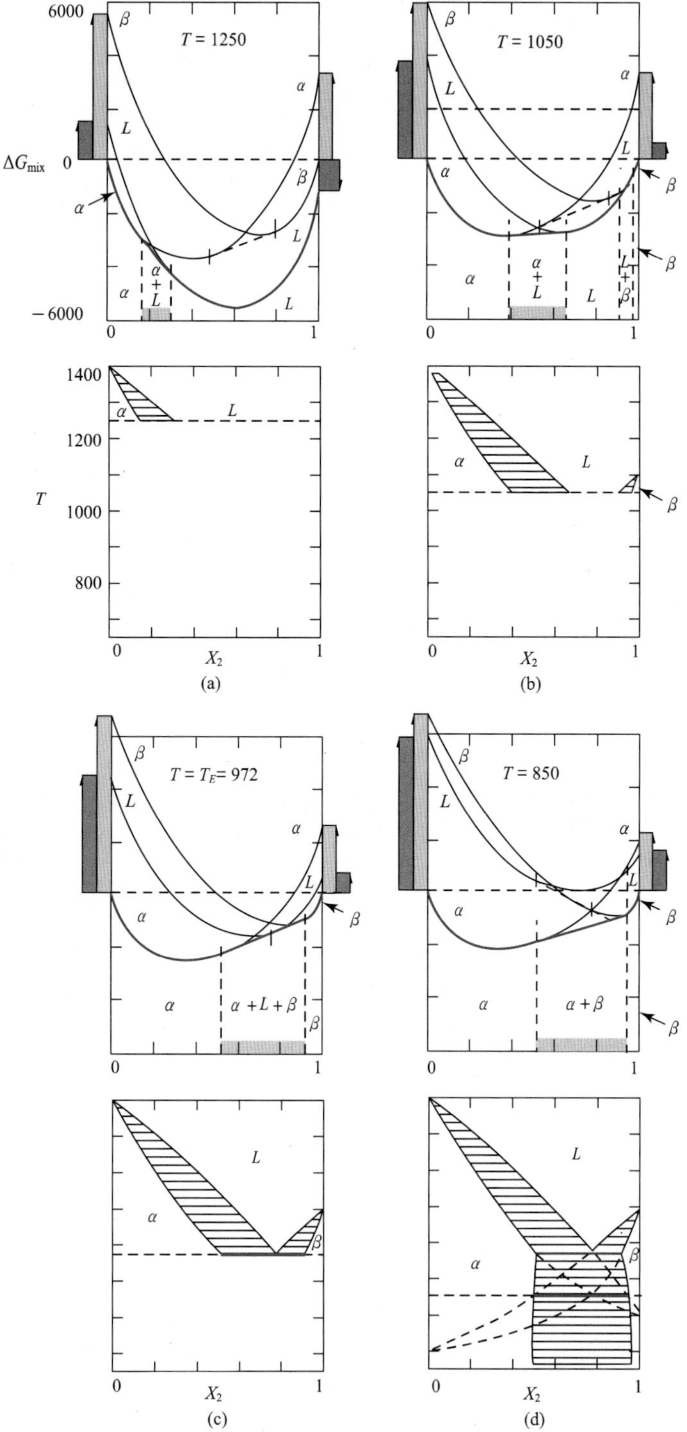

그림 10.16 3개의 상에서 공정반응 상태도를 만드는 열역학 거동의 패턴. $a_0^L = 6{,}000$, $a_0^\alpha = 8{,}000$ 그리고 $a_0^\beta = 9{,}000$(J/mol)의 정규 용액 모델.

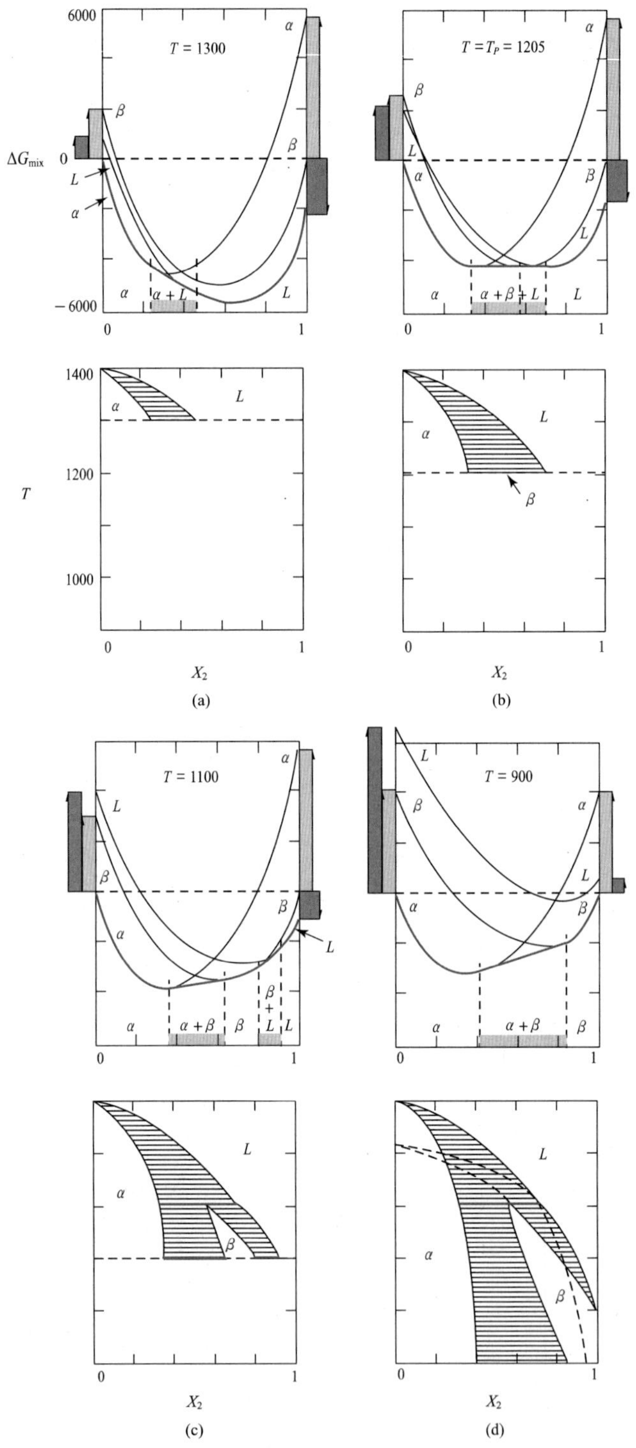

그림 10.17 3개의 상에서 포정반응 상태도를 만드는 열역학 거동의 패턴. $a_0^L=10,000$, $a_0^\alpha=1,500$ 그리고 $a_0^\beta=6,000$(J/mol)의 정규 용액 모델.

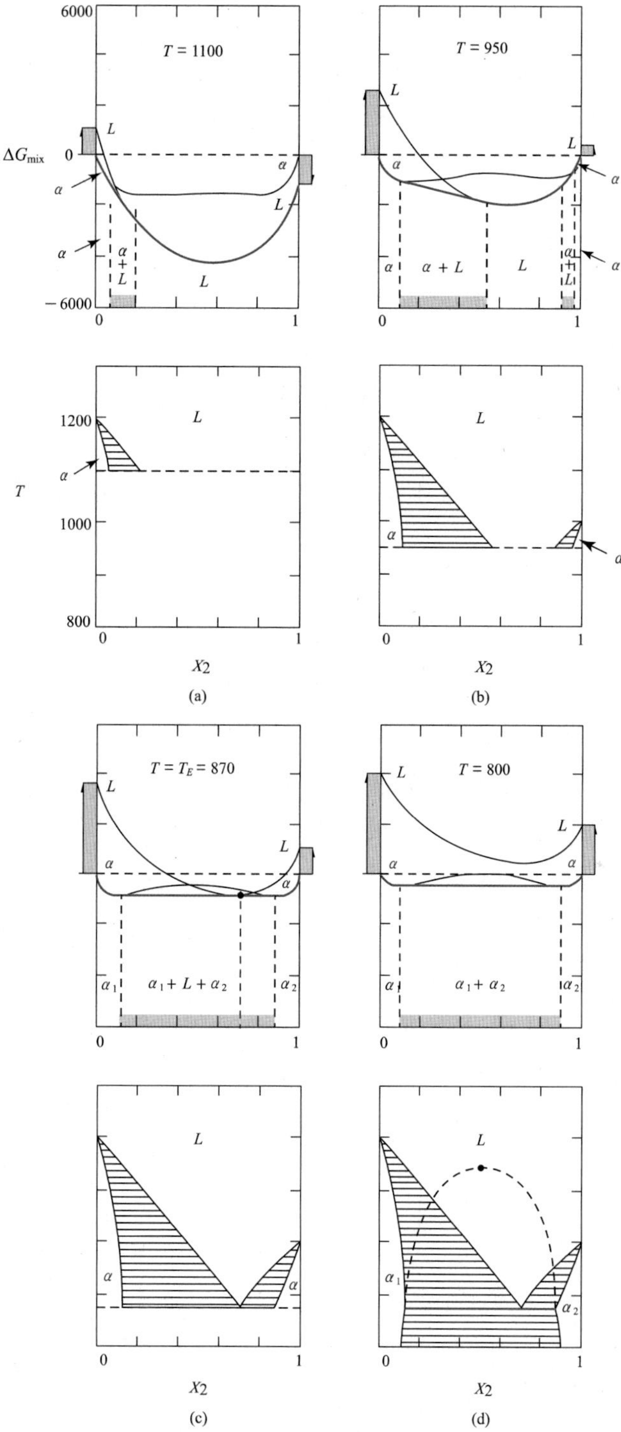

그림 10.18 α상에서 고상-고상 영역이 혼화성갭인 공정반응 상태도를 만드는 열역학 거동 패턴. $a_0^L = 9{,}000$, $a_0^\alpha = 19{,}000$(J/mol)의 정규 용액 모델.

곡선과 한 점에서 만나는데, 이는 3개상 포정 평형으로 확인된다. 안정한 $(\beta + L)$ 평형은 빠르게 상태도 가장자리로 움직여서 β상의 녹는점에서 사라지고 $(\alpha + \beta)$ 영역은 상온까지 내려온다.

만약 α상이 혼화성갭을 갖는다면 단지 두 개의 상(α와 L)으로부터 공정과 포정 상태도를 만들 수 있다. 각각의 경우 혼화성갭의 임계 온도는 충분히 높은 온도에 놓여야 하고, 그래서 α상의 기복이 생긴 G－X 곡선은 액상과 반응해야 한다. 그러면 혼화성갭은 3상 라인에서 준안정이 되고 최대값은 실험적으로 관찰되지 않는다. 그와 같은 공정 시스템에 해당되는 G－X 곡선의 온도에 따른 변화는 그림 10.18에 나타냈다.

이 형태의 상태도가 α, β, L에서 나온 것인지 아니면, 한 상이 혼화성갭을 가져 2상에서 나온 것인지를 알려면 결정 구조를 확인해보면 안다. Cu와 Ag는 간단한 공정 상태도를 형성하나 Cu와 Ag 모두 fcc이다. 그래서 낮은 온도 2상 영역은 실제로는 혼화성갭이다.

2.5 중간상

보통의 공정이나 포정 상태도를 만들기 위해서는 3개의 상이 요구된다. 이원계의 대부분은 3개 이상의 상을 나타낸다. 용질을 순수 성분에 첨가하여 얻어지는 고용체는 상태도의 가장자리에 위치하게 되어 터미널 고용체(terminal solid solution)라고 부른다. 만약 성분 중 하나가 동소체 형태를 가지면 여분의 터미널 고용체가 생겨난다. 더불어 순수 성분에 나타나지 않는 다른 구조의 상이 존재할 수 있다. 이를 중간상(intermediate phase)이라고 부른다. 각각 여분의 상은 자체 G－X 곡선을 갖고 다른 상과 반응하여 상태도를 만들게 된다.

임의의 주어진 온도에서 X_2가 0에서 1로 지남에 따라 안정된 한 상과 2상 영역이 연속되어 나타남은, 시스템이 나타낼 수 있는 모든 상의 순수 성분의 참조 상태를 잘 선택하여 작성된 모든 G－X 도표의 집합에서 결정된다. 그림 10.7에서 나타낸 단단한 줄(taut string) 구축은 최소 에너지를 가져 안정된 하나의 상과 2개 상이 교대로 나타난다. 터미널 상에 대한 G－X 곡선은 상태도 끝에서 항상 수직(vertical) 기울기를 갖는다. 온도가 변함에 따라 곡선은 (G－X) 공간에서 각각에 대하여 움직인다. 교차점은 움직이고 공통 접선은 회전한다. 때때로 공통 접선은 3개 상의 영역에 해당하는 유일한 온도를 지나고 일치하며, 온도가 변함에 따라 상을 제거하거나 새로운 상을 소개하기도 한다. 그림 10.19는 한 개의 중간상 ε을 가진 상태도에 해당되는 G－X 도표의 모음을 나타낸다.

온도 T_1과 T_2 사이에 $(\alpha + L)$과 $(L + \varepsilon)$의 접선은 회전하고 일치하여 $(\alpha + L + \varepsilon)$ 공정을 형성한다. 액체 곡선은 이 라인을 들어올려 2개의 고상을 남긴다. T_2와 T_3 사이에 β 곡선은 $(\varepsilon + L)$ 평형 라인을 만나고 포정$(\varepsilon + \beta + L)$ 평형을 이룬다. 그 다음 β 곡선은 $(\varepsilon + L)$를 지나

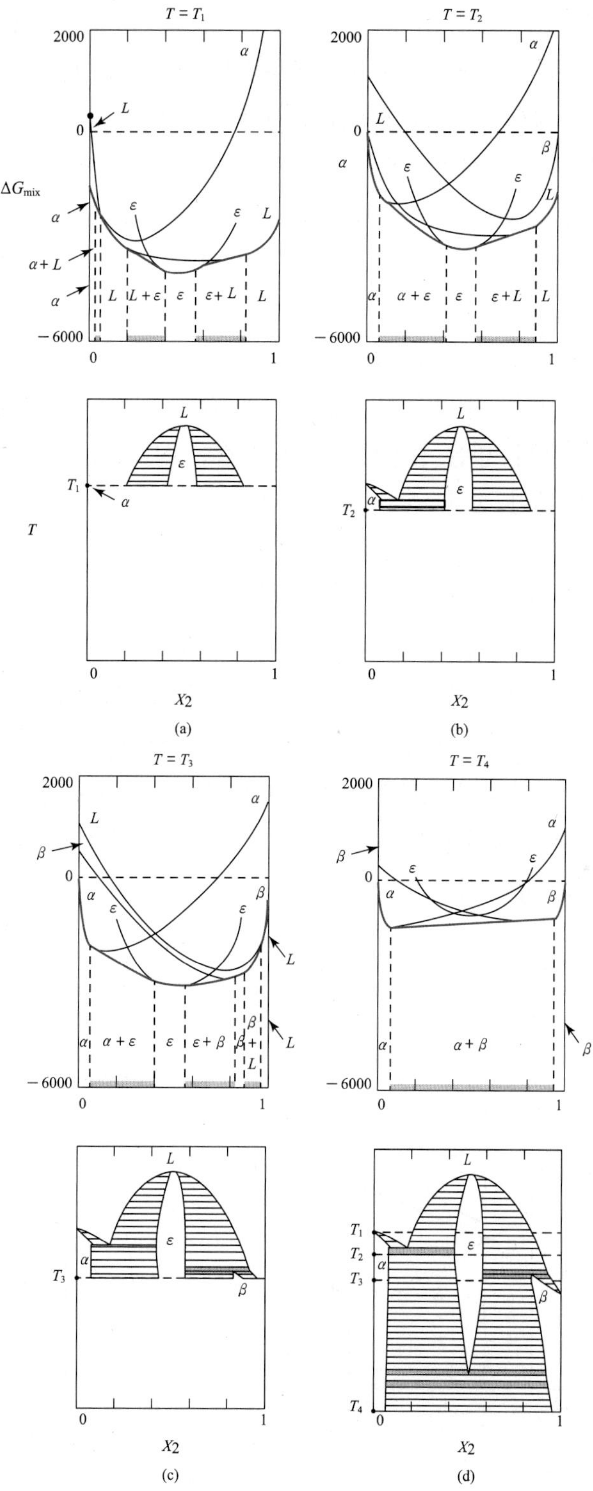

그림 10.19 한 개의 중간상을 가진 상태도에 해당되는 G – X 도표.

서 두 개의 2상 영역 $(\varepsilon+\beta)$와 $(\beta+L)$을 형성한다. 온도 T_3와 T_4 사이에 $(\alpha+\varepsilon)$과 $(\varepsilon+\beta)$ 공통 접선은 회전하며 일치하여 $(\alpha+\varepsilon+\beta)$의 공액 라인을 형성한다. ε-곡선은 라인을 들어 올려 가장 낮은 온도에서 $(\alpha+\beta)$ 영역을 남긴다.

중간상들은 특히 세라믹 시스템에서 화학 화합물 특성을 갖는다. 즉, 상의 조성이 A_2B나 AB_3처럼 어떤 고정된 비율에서 크게 벗어나지 않는다. 상태도에서 그와 같은 중간상은 라인 화합물(line compound)로 나타난다(그림 10.20). 즉, 비록 ε으로 명명된 단상 영역이 구조와 폭을 가지고 있더라도 이 폭은 너무 작아서 상태도가 그려지는 스케일에서 분해되기가 어려워진다. 이 라인 화합물에 대한 G-X 곡선은 실용적인 목적으로 한 점에 나타낸다. 이 점은 그림 10.20에서 P로 나타냈다. P에서 ΔG_{mix}값은 참조 상태로부터 라인 화합물의 형성 자유 에너지로 생각할 수 있다. 많은 중간상을 가진 복잡한 상태도는 온도의 함수로 각 화합물의 형성 자유 에너지에 대한 정보로부터 구축된다.

라인 화합물의 열역학적 중요한 특성은 그림 10.20에 나타냈다. 라인 화합물의 아주 제한된 범위를 가로질러 조성에서의 작은 변화는 화합물의 화학 퍼텐셜에서 큰 변화를 동반한다. ε상이 α상과 평형을 이루었을 때 X_2값은 화학식량(stoichiometric)값보다 작다. 그 조성에서 ε에서 성분 2의 화학 퍼텐셜은 점 M으로 주어진다. 이는 α와 ε을 연결하는 공통 접선의 성분 2쪽에서의 교점이다. 액상과 평형을 이루는 ε에 대하여 ε에서의 X_2값은 화학식량(stoichiometric)값보다 약간 크다. 성분 2의 화학 퍼텐셜은 N으로 주어진다. 그래서 라인 화합물 내에서 상태도에서의 스케일 때문에 분해가 안되는 조성 변화가 화학 퍼텐셜의 큰 변화를 동반한다.

이 거동은 대부분의 고체 상태의 라인 화합물에서 2성분은 그 상의 결정구조에서 구체적인

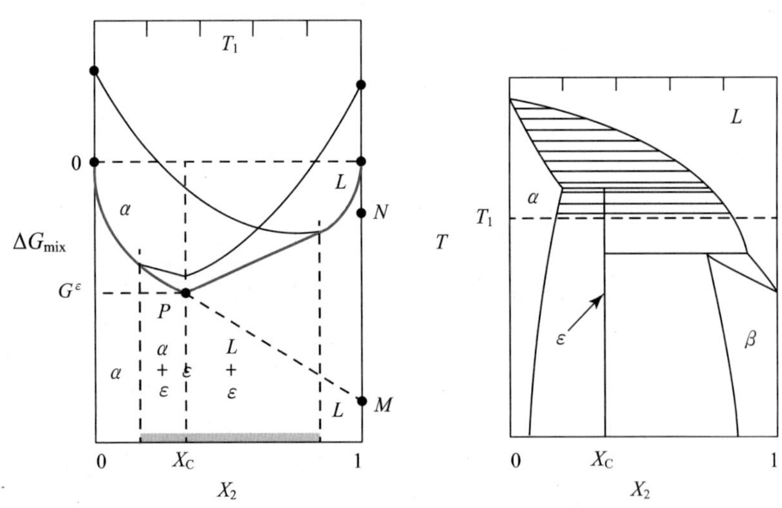

그림 10.20 중간상이 라인 화합물을 갖는 상태도와 관련된 G-X 곡선.

자리(site)를 차지한다. 각각의 성분은 자체의 부격자(sublattice)를 갖는다. 화합물은 화학식량이다. 왜냐하면 두 형태의 자리 비율은 결정 구조의 기하학으로 고정된다. 이 고정된 비율에서 벗어남은 결정 구조에 결함을 만든다. 예를 들면, 성분 2가 약간 많은 조성은 성분 1의 부격자에서 약간의 자리가 빈(vacant) 상태로 이루어진다. 역으로 성분 2는 정상 격자 자리에 침입형 위치로 끼어들게 되는데, 그와 같은 격자 결함을 형성하는 에너지는 열역학 에너지에 비하여 규모상 크다. 따라서 화학 퍼텐셜의 큰 변화는 그들의 형성과 관련된다.

2.6 준안정 상태도

$G, L, \varepsilon, ..., P$와 같이 p개의 상을 포함하는 시스템을 생각해 보자. 이들 상에 대한 G-X 곡선의 쌍쌍의 만남(pairwise intersection)은 공통 접선에 의하여 2상 영역을 만든다. 생겨나는 2상 영역은 적어도 $\frac{p!}{[2!\ldots(p-2)!]}$개 더하기 시스템이 갖는 혼화성갭수이다. 이들 중 어느 부

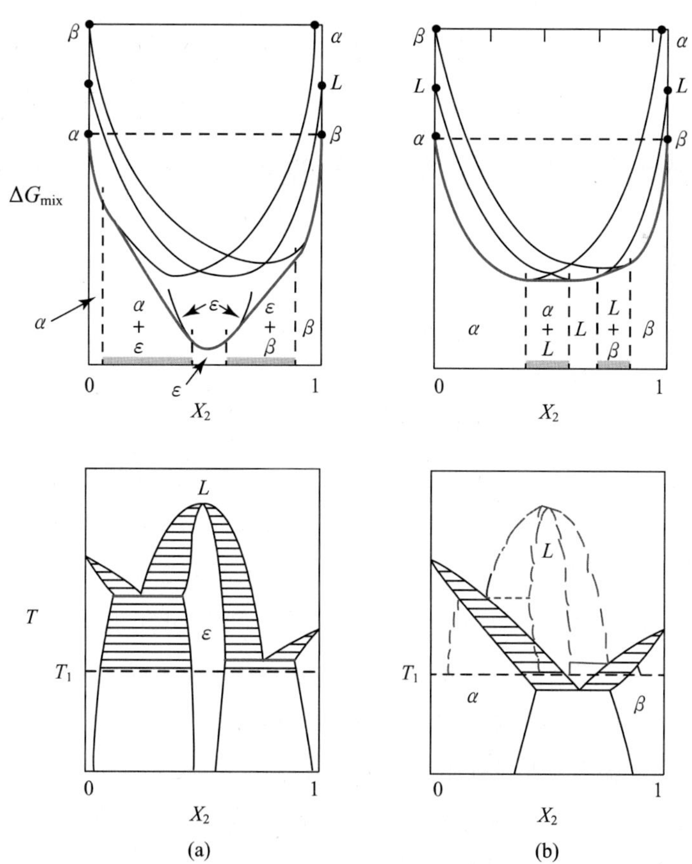

그림 10.21 중간상 ε상이 느리게 형성되어 안정한 상태도 (a)에서 준안정 상태도 (b)의 형성.

분은 안정하여 평형 상태도에 나타난다. 다른 부분은 준안정하다. 어떤 2상 영역은 전 영역에서 준안정하여 안정한 상태도에는 나타나지 않는다.

준안정 구조는 재료과학에서 어떻게 미세구조가 형성되는가를 이해하는데 중요한 역할을 한다. 공액 시스템에서 $(\alpha + L)$과 $(\beta + L)$ 평형의 준안정의 확장은 공정 응고와 최종 미세구조 제어에 핵심 역할을 하는 것을 보였다. 어떤 시스템에서 석출 강화(precipitation hardening)를 개발하고 제어하는 데에는 과정 중 용질이 많은 영역(solute rich zone)의 형성은 상태도에서 준안정 혼화성갭이 없는 것과 자주 관련된다. 금속 응고 기술에서 미세결정(microcrystalline) 또는 금속 유리의 개발은 안정한 상이 없음과 관련된다. 왜냐하면 안정한 상은 느리게 핵생성되고 성장하기 때문이다.

실험 중에 시스템에서 안정하다고 알려진 어떤 특정한 상이 형성되지 않는다면, 시스템의 거동은 준안정 상태도의 사용으로 해석할 수 있다. 그림 10.21은 이 전략의 적용을 나타낸 것이다. 안정한 상태도는 그림 10.21(a)에 나타냈다. 그림 10.21(b)의 구축에 있어 간단히 ε상의 G－X 곡선을 뺀 것으로 액상이 현저하게 낮은 온도까지 안정하여 이 시스템은 낮은 온도 유리상의 형성을 선호한다.

3 이원계 상태도에 대한 열역학 모델

상태도를 도출할 한 세트의 G－X 곡선을 계산하기 위해서는 두 종류의 정보가 필요하다. 이는 혼합 거동(mixing behavior)의 열역학에 대한 정보와 순수 성분들의 상대적인 에너지 정보이다. 이상 용액 모델과 정규 용액 모델이 혼합 거동을 묘사하는 기본 정보를 제공한다. 순수 성분들의 상의 안정도는 절대값의 엔트로피, 열용량 그리고 이 성분들에서 일어날 수 있는 변태 시의 엔트로피가 요구된다. 이 정보들은 임의의 온도에서 각 상에서 성분들에 대한 화학 퍼텐셜 변화를 나타내는 표현을 도출하기 위하여 사용된다. 화학 퍼텐셜에 대한 도출된 모델 표현을 2개의 화학 평형 조건에 대입하면 상경계 조성에 관한 2개 식이 제공된다. 원칙적으로 이 식들로부터 그 온도에서 X_2^{α}와 X_2^{β}에 대하여 풀 수 있다. 이런 방법을 일련의 온도 범위에서 반복한다면 $(\alpha + \beta)$ 영역을 구하게 된다. 시스템에서 2개 상에 대한 다른 조합의 반복은 두 상과 교점의 완벽한 세트의 해를 완성시킨다. 도표의 안정과 준안정 부분은 알려진 일성분 상태도의 알고 있는 안정 부분에서 유추할 수 있다. 이 전략은 우선 가장 간단한 모델인 각 상의 혼합 거동이 이상적이고 순수 성분의 거동이 간단한 경우를 제시한다. 그 다음 절차는 정규 용액 모델 중에서 가장 간단한 용액 모델에 대하여 제시된다. 그리고 상태도에서 라인 화합물로 취급되는 중간상의 존재를 논의한다.

3.1 상태도에 대한 이상 용액 모델

2상 영역의 상경계를 계산하기 위하여 용액 모델을 이용하여 성분들의 화학 퍼텐셜에 대한 표현을 도출할 필요가 있다. α와 β 상으로 구성된 시스템을 생각해 보자.

이상 용액(ideal solution)에서 한 성분의 화학 퍼텐셜은

$$\Delta\mu_k = \mu_k^\alpha - \mu_k^{0\,\alpha} = RT\ln X_k^\alpha$$

이원계 시스템에서 성분들에 대한 α상에서의 화학 퍼텐셜은

$$\mu_1^\alpha = \mu_1^{0\,\alpha} + RT\ln X_1^\alpha = G_1^{0\,\alpha} + RT\ln X_1^\alpha \tag{10.15}$$

$$\mu_2^\alpha = \mu_2^{0\,\alpha} + RT\ln X_2^\alpha = G_2^{0\,\alpha} + RT\ln X_2^\alpha \tag{10.16}$$

β상에서의 화학 퍼텐셜은

$$\mu_1^\beta = \mu_1^{0\,\beta} + RT\ln X_1^\beta = G_1^{0\,\beta} + RT\ln X_1^\beta \tag{10.17}$$

$$\mu_2^\beta = \mu_2^{0\,\beta} + RT\ln X_2^\beta = G_2^{0\,\beta} + RT\ln X_2^\beta \tag{10.18}$$

임의의 온도 T를 선택하면 α상과 β상의 평형 조건은

$$\mu_1^\alpha = \mu_1^\beta,\ \ \mu_2^\alpha = \mu_2^\beta$$

식 (10.15)와 (10.17)을 같게 놓으면,

$$\mu_1^\alpha = G_1^{0\,\alpha} + RT\ln X_1^\alpha = \mu_1^\beta = G_1^{0\,\beta} + RT\ln X_1^\beta$$

각 상에서 X_2를 조성 변수로 선택하면

$$G_1^{0\,\alpha} + RT\ln(1 - X_2^\alpha) = G_1^{0\,\beta} + RT\ln(1 - X_2^\beta)$$

$$\frac{(1 - X_2^\beta)}{(1 - X_2^\alpha)} = e^{-(\Delta G_1^{0\alpha\to\beta}/RT)} \equiv K_1(T) \tag{10.19}$$

같은 방법으로 식 (10.16)과 (10.18)을 같게 놓으면

$$\mu_2^\alpha = G_2^{0\,\alpha} + RT\ln X_2^\alpha = \mu_2^\beta = G_2^{0\,\beta} + RT\ln X_2^\beta$$

재정렬하면

$$\frac{X_2^\beta}{X_2^\alpha} = e^{-(\Delta G_2^{0\alpha\to\beta}/RT)} \equiv K_2(T) \tag{10.20}$$

함수 $K_1(T)$와 $K_2(T)$는 ΔG_1^0과 ΔG_2^0에서 순수 성분의 상대적인 안정도 정보를 함유한다.

식 (10.19)와 (10.20)은 두 용액 모두가 이상 용액일 때 $(\alpha + \beta)$ 영역을 정의하는 평형에서의 조건을 나타낸다. 이들은 X_2^α와 X_2^β에 선형인 연립 방정식이다. 해는 간단히 구해진다. 즉,

$$X_2^\alpha = \frac{K_1 - 1}{K_1 - K_2} \tag{10.21}$$

$$X_2^\beta = K_2 X_2^\alpha = K_2 \frac{K_1 - 1}{K_1 - K_2} \tag{10.22}$$

식 (10.21)은 $X_2^\alpha = X_2^\alpha(T^\alpha)$으로 $(\alpha + \beta)$ 영역의 α상 쪽의 상경계에서 온도와 관련된 조성을 나타낸다. 식 (10.22)는 β상 쪽의 $X_2^\beta = X_2^\beta(T^\beta)$이다. 이상 용액 모델의 상태도를 계산하기 위해서 성분 1과 성분 2의 α에서 β로의 변태의 온도 함수인 ΔG_k^0의 계산만이 남아 있다. 이 온도 함수의 예측 또한 쉽게 얻어진다. 임의의 순수 성분에 대하여

$$\Delta G^0(T) = \Delta H^0(T) - T\Delta S^0(T) \tag{10.23}$$

여기서 ΔH^0는 임의의 온도에서 변태에 대한 엔탈피이고, ΔS^0는 변태 엔트로피이다. 일정한 압력에서 이 온도 함수들은 각각

$$\Delta H^0(T) = \Delta H^0(T_0) + \int_{T_0}^{T} \Delta C_P(T)\, dT \tag{10.24}$$

그리고 $$\Delta S^0(T) = \Delta S^0(T_0) + \int_{T_0}^{T} \frac{\Delta C_P(T)}{T}\, dT \tag{10.25}$$

으로 표현된다. 여기서 $\Delta C_P(T)$는 순수 성분을 형성하는 α와 β상 사이의 열용량 차이이다. T_0가 그 성분에 대한 α와 β상의 평형 온도라면, $\Delta H^0(T_0)$와 $\Delta S^0(T_0)$는 각각 순수 성분에 대한 평형 온도에서 변태의 엔탈피(heat)와 엔트로피이다. 더욱이 두 양은 평형 온도에서 $\Delta H^0(T_0) = T\,\Delta S^0(T_0)$의 관계가 성립된다.

이제 2상 사이의 열용량 차이가 무시할 만하면 식 (10.24)와 (10.25)에서 다른 항에 대하여 작으므로 무시한다. 이는 변태에 대한 열과 엔트로피는 온도에 무관하다고 가정하는 것과 같다. 그러면 식 (10.23)은

$$\Delta G^0(T) = \Delta H^0(T_0) - T\Delta S^0(T_0) = T_0\,\Delta S^0(T_0) - T\Delta S^0(T_0) \tag{10.26}$$

$$\Delta G^0(T) = \Delta S^0(T_0)[T_0 - T]$$

관습으로 α상은 낮은 온도에서 안정된 상이고, β상은 고온에서 안정된 상으로 잡으면

$\Delta S^0(T_0)$는 양의 값이 된다. 온도 구간 $T < T_0$에서는 변태 $\alpha \rightarrow \beta$의 $\Delta G^0(T)$는 양이므로 α가 안정하고, 온도 구간 $T > T_0$에서는 변태 $\alpha \rightarrow \beta$의 $\Delta G^0(T)$는 음이므로 β가 안정하다.

순수 성분에 대한 자유 에너지 차이의 온도 의존성이 선형으로 알려졌으므로, 식 (10.21)과 (10.22)에서 $K_1(T)$과 $K_2(T)$를 구하는 것이 가능하다. 즉,

$$K_1(T) = e^{-[\Delta S_1^0(T_{01} - T)/RT]} \tag{10.27}$$

$$K_2(T) = e^{-[\Delta S_2^0(T_{02} - T)/RT]} \tag{10.28}$$

그래서 2상 영역에 대한 이상 용액 모델에서 조절 가능한 파라미터는

$$T_{01},\ T_{02},\ \Delta S_1^0,\ \Delta S_2^0\ \ (\text{or}\ \ \Delta H_1^0,\ \Delta H_2^0)$$

이다.

위의 예를 좀 더 명백하게 하기 위하여 α가 고체상이고, β가 액체상이라고 하자. 요구되는 데이터는 두 순수 성분의 녹는점(melting point)과 용융 엔트로피(entropy of fusion)이다. 컴퓨터 프로그램을 작성하는 것은 비교적 간단하다. 프로그램의 입력 데이터는 두 순수 성분의 녹는점과 용융(fusion) 엔트로피 값이다. 각 온도에서 ΔG_k^0의 항으로 나타낸다. 그 다음 이 값들을 식 (10.21)과 (10.22)에 대입하여 X_2^α와 X_2^β를 구하여 그린다.

이상 용액 모델은 유연함이 많지 않다. 왜냐하면 혼합 과정에의 기여항에 조절 가능한 파라미터가 없다. 2상 영역의 끝을 고정시키는 2개의 평형 온도가 주어지면 남아있는 조절 가능한 파라미터는 단지 순수 성분 1과 2의 변태의 엔트로피항뿐이다. 그림 10.22는 엔트로피 차이에 의한 여러 조합으로 이상 용액 모델에서 얻을 수 있는 2상 영역 구조의 제한된 패턴을 보여준다. 두 변태 엔트로피값이 작다면 영역은 작고 직선적이다. 모두가 크다면 두 영역은 넓고 직선적이다. 하나의 변태 엔트로피는 크고, 나머지 하나는 작다면 작은 엔트로피 변화를 갖는 쪽의 반대편이 영역이 좁고 큰 엔트로피 쪽은 넓은 영역을 갖는다.

다음으로 α, β, L의 3상을 갖는 이원계에 대한 이상용액 모델을 생각해 보자. 3가지 2상 영역의 형성이 가능하다. 즉, $(\alpha + \beta)$, $(\alpha + L)$, $(\beta + L)$ 영역이다. 만약 모든 3개 상의 혼합 거동이 이상적이라면 위에서 개발된 절차가 각각의 경우에 적용되어 3개의 2상 영역을 계산할 수 있다. 이 경우 2상 평형에서와 같이 각 성분에 대한 T_0와 ΔS^0값을 아는 것이 필요하다. 그러나 6개의 성분에 관한 값은 독립적이지 않다. 왜냐하면

$$\Delta S_1^{0\,\alpha \rightarrow L} = \Delta S_1^{0\,\alpha \rightarrow \beta} + \Delta S_1^{0\,\beta \rightarrow L} \tag{10.29}$$

이기 때문이다. 성분 2에 대하여도 유사한 관계가 성립된다. 그래서 3상 시스템에 대한 이상 용액 모델에 담긴 12개의 파리미터에서 단지 8개가 독립적이다. 그와 같은 시스템에 대한 모

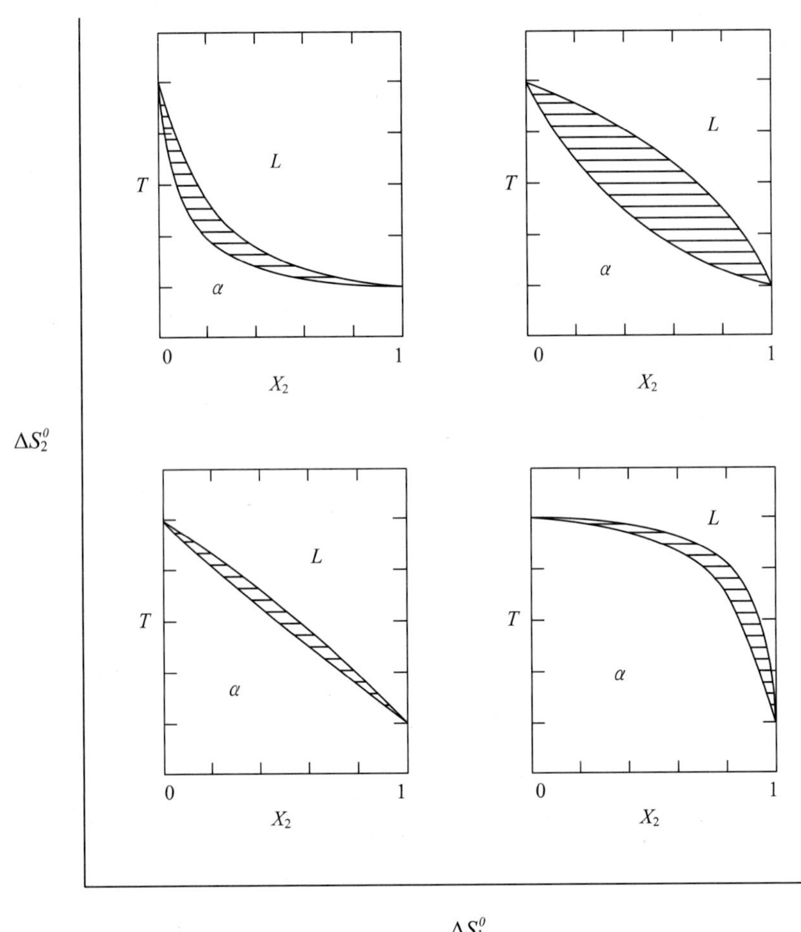

그림 10.22 이상 용액 모델에서 형성된 2상 영역.

델을 구축함에 있어 이 관계를 잘 인식함이 중요하다. 3개의 2상 영역 계산은 식 (10.21)과 (10.22)와 더불어 적합하게 계산된 K_1과 K_2를 사용하여 구한다. 그림 10.15(a)와 (b)의 상태도는 공액(eutectic) 반응과 포정(peritectic) 반응 시스템에서 구한 것이다. 낮은 온도에서 $(\alpha + \beta)$ 영역의 넓어짐은 $T \rightarrow 0\,\mathrm{K}$으로 감에 따라 K_1과 K_2의 거동으로부터 도출된 것이다.

3.2 상태도의 정규 용액 모델

가장 간단한 정규 용액 모델은

$$\Delta G_{mix}^{xs} = \Delta H_{mix} = a_0 X_1 X_2 \tag{10.30}$$

에서
$$\Delta \overline{H}_k = \Delta \overline{G}_k^{xs} = a_0(1-X_k)^2 \quad (k=1,2) \tag{10.31}$$

으로 2상 영역에 대하여 이상 용액 모델보다 좀 더 유연한 묘사를 제공한다. 이 모델은 각 상에 대하여 여분의 파라미터 a_0^α, a_0^β을 제공한다. 이 파라미터는 의화학적(quasi-chemical) 모델에서 상 내에 같은 원자 결합(like bond)과 다른 원자 결합(unlike bond)의 상대적인 에너지를 결정한다. 한 개의 상에서 정규 용액은 혼화성갭을 만든다. 또한 2상 영역에서 혼합 파라미터에 따라 모델은 단조로운 구조뿐만 아니라 최대값 또는 최소값 구조 형태를 만든다.

α상에서 성분 k의 화학 퍼텐셜은

$$\mu_k^\alpha = \mu_k^{0\,\alpha} + \Delta \overline{G}_k^{xs\,\alpha} + RT\ln X_k^\alpha \tag{10.32}$$

여기서 잉여 부분 Gibbs 자유 에너지는 조성과 온도의 함수이다. 언급된 간단한 정규 용액 모델에서는 식 (10.31)에 따라서

$$\mu_k^\alpha = \mu_k^{0\,\alpha} + a_0^\alpha(1-X_k^\alpha)^2 + RT\ln X_k^\alpha \tag{10.33}$$

으로 표현된다.

2상 영역 $(\alpha+\beta)$을 나타내기 위한 식을 만들기 위해서는 우선 두 성분에 대한 화학 퍼텐셜을 표현하는 것이 필요하다. 그 표현식은 다음과 같다. 우선 α상에 있어서는

$$\mu_1^\alpha = \mu_1^{0\,\alpha} + a_0^\alpha(X_2^\alpha)^2 + RT\ln(1-X_2^\alpha) \tag{10.34}$$

$$\mu_2^\alpha = \mu_2^{0\,\alpha} + a_0^\alpha(1-X_2^\alpha)^2 + RT\ln X_2^\alpha \tag{10.35}$$

그리고 β상에서도

$$\mu_1^\beta = \mu_1^{0\,\beta} + a_0^\beta(X_2^\beta)^2 + RT\ln(1-X_2^\beta) \tag{10.36}$$

$$\mu_2^\beta = \mu_2^{0\,\beta} + a_0^\beta(1-X_2^\beta)^2 + RT\ln X_2^\beta \tag{10.37}$$

으로 표현된다. 이를 이상 용액 모델과 비교해 보라.

평형 조건으로 식 (10.34)와 (10.36)이 같게 되어

$$\frac{\Delta G_1^{0\,\alpha\to\beta}}{RT} + \frac{a_0^\beta}{RT}(X_2^\beta)^2 - \frac{a_0^\alpha}{RT}(X_2^\alpha)^2 + \ln\frac{(1-X_2^\beta)}{(1-X_2^\alpha)} = 0 \tag{10.38}$$

그리고 식 (10.35)와 식 (10.37)에서

$$\frac{\Delta G_2^{0\,\alpha\to\beta}}{RT} + \frac{a_0^\beta}{RT}(1-X_2^\beta)^2 - \frac{a_0^\alpha}{RT}(1-X_2^\alpha)^2 + \ln\frac{X_2^\beta}{X_2^\alpha} = 0 \tag{10.39}$$

2상 영역의 모델 계산에서 파라미터 a_0^α와 a_0^β는 순수 성분에 대한 ΔG^0값의 온도 의존성과 함께 입력 데이터로 들어가야 한다. 그래서 이 양들은 임의의 주어진 온도에서 상수들이다. 그러면 식 (10.38)과 (10.39)는 화학 평형의 조건에 대한 구체적인 표현이며, X_2^α와 X_2^β와의 연립 방정식이다. 이상 용액 모델과는 달리 이 쌍의 식에서 해석적인 해를 얻는 것은 가능하지 않다. 반복적인(iterative) 수치 계산(numerical calculation) 기술이 요구된다. Lupis는 이 수치해석법에 대하여 논하였다. 그와 같은 절차는 표준 수학 응용 프로그램에서 유용하고 효율적으로 계산된다. 완전한 2상 영역의 상경계를 계산하기 위해서는 온도를 선택하고, ΔG^0을 구하고 해를 구하여 도표를 그린다. 온도의 증가분과 알고리즘을 반복하여 2상 영역을 완성한다.

정규 용액 모델에 대한 상경계를 계산하기 위한 컴퓨터 프로그램은 쉽게 임의의 용액 모델로 일반화할 수 있다. 왜냐하면 단지 식 (10.32)에서 부분 몰 잉여 자유 에너지에 대한 좀 더 일반적인 표현을 입력하는 것만이 필요하기 때문이다.

주어진 상에서 a_0가 양이면 충분히 낮은 온도에서 혼화성갭을 보인다. 이를 그림 10.11에 나타냈다. 간단한 정규 용액 모델에서 혼합에 관한 잉여 자유 에너지는 식 (10.30)으로 주어지는 대칭 포물선이다. 이상 용액 성분의 기여 또한 $X_2 = 0.5$에서 대칭을 가지므로 ΔG_{mix} 또한 대칭이다. 여러 가지 온도에서 이 모델에서 계산된 G－X 곡선은 그림 8.5에 나타냈다. 상 경계는 이미 언급된 수치해석의 알고리즘으로 계산할 수 있다.

스피노달 영역의 경계와 혼화성갭의 임계 온도는 수치해석 기법 없이 이 모델에서 구할 수 있다. 스피노달 영역은 ΔG_{mix} 곡선이 아래로 오목(concave downward)인 조건이다. 임의의 주어진 온도에서 이 조건의 극한은 G－X 곡선에서 곡률의 부호가 바뀌는 변곡점(inflection point)으로 정의한다. 수학적으로 한 함수를 나타내는 곡선상에 변곡점은 함수의 2차 미분값이 0이 되는 점이다. 이 경우 함수는 $\Delta G_{mix} = a_0 X_1 X_2 + RT(X_1 \ln X_1 + X_2 \ln X_2)$이며, 2차 미분을 취한다. 이때 주의할 것은 X_1과 X_2는 서로 관련되며 미분은 전체 미분(total derivative)이다. 즉,

$$\frac{d^2 \Delta G_{mix}}{dX_2^2} = -2a_0 + \frac{RT}{X_1 X_2}$$

으로 된다. 이를 0으로 놓고 재정렬하면

$$X_1 X_2 = \frac{RT}{2a_0} \tag{10.40}$$

이 식은 스피노달 영역 경계의 조성이 온도에 따른 변화를 나타낸다. 따라서 스피노달 경계는 $X_2 = 0.5$에서 대칭의 포물선이다.

온도가 증가함에 따라 이 변곡점들은 서로를 향해 이동하며 임계 온도 T_c에서 $X_2=0.5$에서 만난다. 이 조건을 식 (10.40)에 대입하면

$$(0.5)(0.5) = \frac{RT_c}{2a_0}$$

임계 온도에 대하여 풀면

$$T_c = \frac{a_0}{2R} \tag{10.41}$$

그러므로 간단한 정규 용액 모델에서 임의의 상의 양의 혼합열은 식 (10.41)에서 주어진 온도 아래에서 혼화성갭을 보임을 의미한다. 이 혼화성갭이 안정한 것인지 또는 준안정 상태인지 또는 다른 상과 반응하여 여분의 2상 영역을 형성할 것인가는 시스템의 G-X 곡선을 비교하여 결정된다. 그림 10.18은 임계 온도가 액체상이 열역학적으로 안정한 영역 내에 놓인다. 혼화성갭과 액체상 사이의 반응은 공정(eutectic) 반응 도표를 만든다.

3.3 주맥 곡선

어떤 온도 T_1에서 2상 영역에 대한 G-X 곡선을 생각해 보자. 이 시스템은 2개의 곡선이 한 점에서 교차한다면, 관심의 온도에서 2상 영역을 형성한다. 그러면 공통 접선이 두 곡선을 연결하여 구축되고 평형 조건을 통하여 2상 영역의 경계를 정의할 수 있다. 두 곡선이 만나는 점은 반드시 2상 영역 내에 있어야 한다. 그것은 다음 조건으로 정의할 수 있다.

$$\Delta G^{\alpha}_{mix}(\alpha;\beta) = \Delta G^{\beta}_{mix}(\alpha;\beta) \tag{10.42}$$

여기서 선정된 참조 상태는 2상에서 반드시 같아야 한다. 만약 온도 범위가 $(\alpha+\beta)$ 영역을 추적하였다면 만나는 점(crossing point)은 영역 내에 놓인 곡선으로 나타낸다. 이를 주맥 곡선(midrib curve)이고 부른다. 이 주맥 곡선은 반드시 2상 영역의 중앙에 있을 필요는 없지만, 영역 내에 있음이 보장된다. 그것은 (X_2, T) 공간에서 2상 영역을 위치시키는 유용한 수단을 제공한다. 또한 기술적으로 중요한 다른 응용도 갖고 있다. 가장 간단한 정규 용액 모델에 대한 주맥 곡선의 특성을 논의해 보자.

$\alpha+L$ 2상 영역을 생각해 보자. α상은 성분 1의 참조 상태로, 액체상은 성분 2의 참조 상태로 선택한다. 이 2상의 혼합 자유 에너지는 다음과 같이 나타낸다.

$$\Delta G^{\alpha}_{mix}(\alpha;L) = a_0^{\alpha}X_1^{\alpha}X_2^{\alpha} + RT(X_1^{\alpha}\ln X_1^{\alpha} + X_2^{\alpha}\ln X_2^{\alpha}) - X_2^{\alpha}\Delta G_2^{0\ \alpha\to L} \tag{10.43}$$

$$\Delta G^{L}_{mix}(\alpha;L) = a_0^{L}X_1^{L}X_2^{L} + RT(X_1^{L}\ln X_1^{L} + X_2^{L}\ln X_2^{L}) + X_1^{L}\Delta G_1^{0\ \alpha\to L} \tag{10.44}$$

각각의 식에서 마지막 항은 요구되는 참조 상태의 변화를 수용하는 항이다. 임의의 온도 T^* 에서 주맥점은 식 (10.42)에서 두 곡선의 교점이 된다. 두 상에서 X_2의 값은 같으므로 $X_2^{\alpha}= X_2^{L}= X^*$이고, $X_1^{\alpha}= X_1^{L}=(1- X^*)$이다. 식 (10.43)과 식 (10.44)를 식 (10.42)에 치환하면

$$a_0^{\alpha}X^*(1-X^*)-X^*\Delta G_2^{0\,\alpha\to\beta}=a_0^{L}X^*(1-X^*)+(1-X^*)\Delta G_1^{0\,\alpha\to L}$$

재정렬하면

$$(a_0^{\alpha}-a_0^{L})X^*(1-X^*)=(1-X^*)\Delta G_1^{0\,\alpha\to L}+X^*\Delta G_2^{0\,\alpha\to\beta}$$

순수 성분에 대한 자유 에너지를 예측하기 위하여 식 (10.26)을 적용하면

$$(a_0^{\alpha}-a_0^{L})X^*(1-X^*)=(1-X^*)\Delta S_1^{0\,\alpha\to L}(T_{01}-T^*)+X^*\Delta S_2^{0\,\alpha\to\beta}(T_{02}-T^*)$$

$\Delta a_0=(a_0^{L}-a_0^{\alpha})$ 그리고 엔트로피에 대한 기호를 단순화하면

$$\begin{aligned}&-\Delta a_0X^*(1-X^*)-(1-X^*)\,T_{01}\Delta S_1^0-X^*\,T_{02}\Delta S_2^0\\&=-T^*[(1-X^*)\Delta S_1^0+X^*\Delta S_2^0]\end{aligned}$$

주맥 곡선에 대한 식을 얻기 위하여 T^*를 구하면

$$T^*=\frac{\Delta a_0X^*(1-X^*)+(1-X^*)\,T_{01}\Delta S_1^0+X^*\,T_{02}\Delta S_2^0}{[(1-X^*)\Delta S_1^0+X^*\Delta S_2^0]} \tag{10.45}$$

으로 얻어진다. 이 식의 확인으로 $X^*\to 0$의 경우를 생각해 보자. $X^*=0$이면 $1-X^*=1$. 따라서 $X^*\to 0$의 경우 $T^*=T_{01}$으로 된다. 이는 상태도에서 요구되는 조건이다. 유사하게 $X^*\to 1$의 경우 $T^*=T_{02}$로 된다. 따라서 상태도의 양쪽 끝에서 주맥 곡선은 녹는점을 통하여 지나간다.

2상 영역이 최대 또는 최소값을 형성하는 극한의 경우를 확인하기 위해서는 주맥 곡선의 기울기를 조사하는 것이 유용하다. 식 (10.45)에서 X^*에 대한 미분을 구하면

$$\frac{dT^*}{dX^*}=\frac{\Delta a_0[(1-X^*)^2\Delta S_1^0-(X^*)^2\Delta S_2^0]+[T_{02}-T_{01}]\Delta S_1^0\Delta S_2^0}{[(1-X^*)\Delta S_1^0+X^*\Delta S_2^0]^2} \tag{10.46}$$

상태의 양쪽에서 T^*의 기울기는 극한의 경우를 조사하여 알 수 있다.

$X^*\to 0$의 경우 $T^*=T_{01}$ 순수 성분 1의 녹는점이다. 이 경우 식 (10.46)은

$$\frac{dT^*}{dX^*} = \frac{\Delta a_0 - \Delta S_2^0 \Delta T_0}{\Delta S_1^0} \tag{10.47}$$

여기서 $\Delta T_0 = T_{01} - T_{02}$, 즉 순수 성분의 녹는점 차이이다. 유사하게 $X^* \rightarrow 1$의 경우 $T^* = T_{02}$ 그리고

$$\frac{dT^*}{dX^*} = \frac{-\Delta a_0 - \Delta S_1^0 \Delta T_0}{\Delta S_2^0} \tag{10.48}$$

으로 얻어진다. 더 높은 녹는점을 갖는 성분을 1로 잡는 관습을 따른다. $X^* = 0$에서 주맥 곡선의 기울기가 음이라면, 2상 영역은 단조롭거나 최소값을 갖는다. 그러나 $X^* = 0$에서 기울기가 양이면 2상 영역은 최대값을 갖는다. 최대값을 갖는 조건은

$$\Delta a_0 = a_0^L - a_0^\alpha > \Delta S_2^0 \Delta T_0 \tag{10.49}$$

이다.

$X^* = 1$에서 주맥 곡선의 기울기를 조사하자. 만약 이 기울기가 음이면 2상 영역은 단조롭거나 최대값을 보인다. 그러나 기울기가 양이면 2상 영역은 최소값을 보여야 한다. 이 조건은 식 (10.48)에서 분자항이 양이어야 한다. 그래서

$$\Delta a_0 = a_0^L - a_0^\alpha < -\Delta S_1^0 \Delta T_0 \tag{10.50}$$

이 얻어진다. 결론적으로 말하자면 가장 간단한 정규 용액 모델에서 순수 성분의 용융(fusion) 엔트로피와 용액 파라미터와의 차이는 2상 영역이 단조롭거나 극대 또는 극소값을 갖는가를 결정한다. 그림 10.10은 식 (10.50)을 만족하는 파라미터를 갖는 모델로 계산한 상태도이다.

주맥 곡선은 또 다른 용도로 어떤 운동학적(kinetic) 현상을 해석하는 데 사용된다. 그림 10.23의 2상 영역과 관련된 G－X 곡선을 생각해 보자. 조성 X'의 시료가 초기에 T_a까지 가열하고 안정한 β상으로 평형을 이루게 하였다. 처리 중에 이 시료를 T_1까지 급냉하여 그 온도를 유지한다. T_1에 도달하였을 때 여전히 β상이고, 열역학적 상태는 점 P로 주어진다. T_1에서 평형 구조의 Gibbs 자유 에너지는 점 R로 주어진 2상 혼합물이다. 그러나 Q로 명명된 준안정 조건이 자발적으로 P에서 형성될 수 있다. 왜냐하면 Q는 P보다 에너지가 낮기 때문이다. 더욱이 평형 2상 혼합물은 2개의 용액으로 구성되는데, X'과 다른 조성으로 이 상태의 형성은 조성 변화를 고체상을 통한 성분의 확산이 요구된다. 고체 상태 확산은 비교적 느린 과정이다. 이와 대조를 이루어 Q로 명명된 상태의 형성은 아무런 조성 변화를 요구하지 않고, 단지 β에서 α로의 결정 구조만 변화된다. 이 과정의 운동론에 의존하여 β상과 같은 조성의

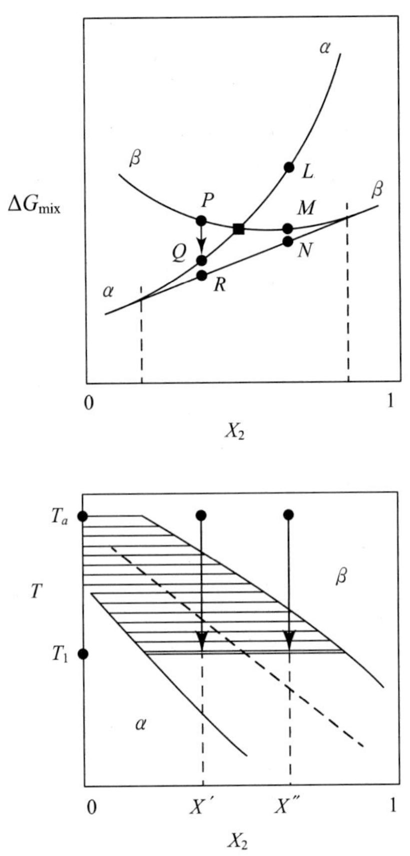

그림 10.23 두 개의 G－X 곡선의 교차점이 변태 과정에서의 역할.

α상의 형성이 가능하고, 최종 구조는 β상이 분해하여 형성된 것과는 완전히 다른 미세구조를 갖는 중간 상태를 형성할 수 있다.

이와 대조를 이루어 만약 출발 합금 조성이 X''이라면, 주맥점의 다른쪽 부분 T_1에서 바로 급냉한(as-quenched) 조건은 M이다. 같은 조성의 α상은 M보다 더 높은 L 위치이다. 분명히 같은 조성 X''의 α는 직접 β로부터 생겨날 수 없고, 상변태는 2상 혼합물 N으로 진행되어야 한다. 주맥은 2상 영역을 2개 영역으로 구분시킨다. 한 영역에서 조성 변화가 없는 구조 변화가 안정한 구조로 가는 중간에 일어날 수 있고, 다른 영역에서는 그와 같은 일이 일어날 수 없다.

주맥 곡선은 $(X_2,\ T)$ 공간에서 2상 영역을 위치시키고 그의 곡률을 제공하며, 단조로움 또는 최대, 최소를 갖는가를 나타낸다. 식 (10.45)는 가장 간단한 정규 용액 모델에 대한 곡선을 나타내는데, 이는 수치해석 없이 해를 구하고 그릴 수 있다. 이 결과는 쉽게 일반화하여 좀 더 정교한 용액 모델에 포함할 수 있다.

3.4 2상 영역을 갖는 정규 용액 상태도의 패턴

가장 간단한 정규 용액 모델에서 2개의 상 α와 L로부터 상태도의 패턴을 도출할 수 있다. 이를 그림 10.24에 나타냈다. 이 그림에서 모든 상태도는 순수 성분에 대하여 같은 녹는점과 용융 엔트로피를 갖는다. 개발된 패턴은 순전히 a_0^α와 a_0^L의 혼합 파라미터의 변화에 의한 것이다. 도표의 최상 열은 a_0^α값에 고정되고, a_0^L의 변화에 의한 것이다. 각 도표는 고체 용액에

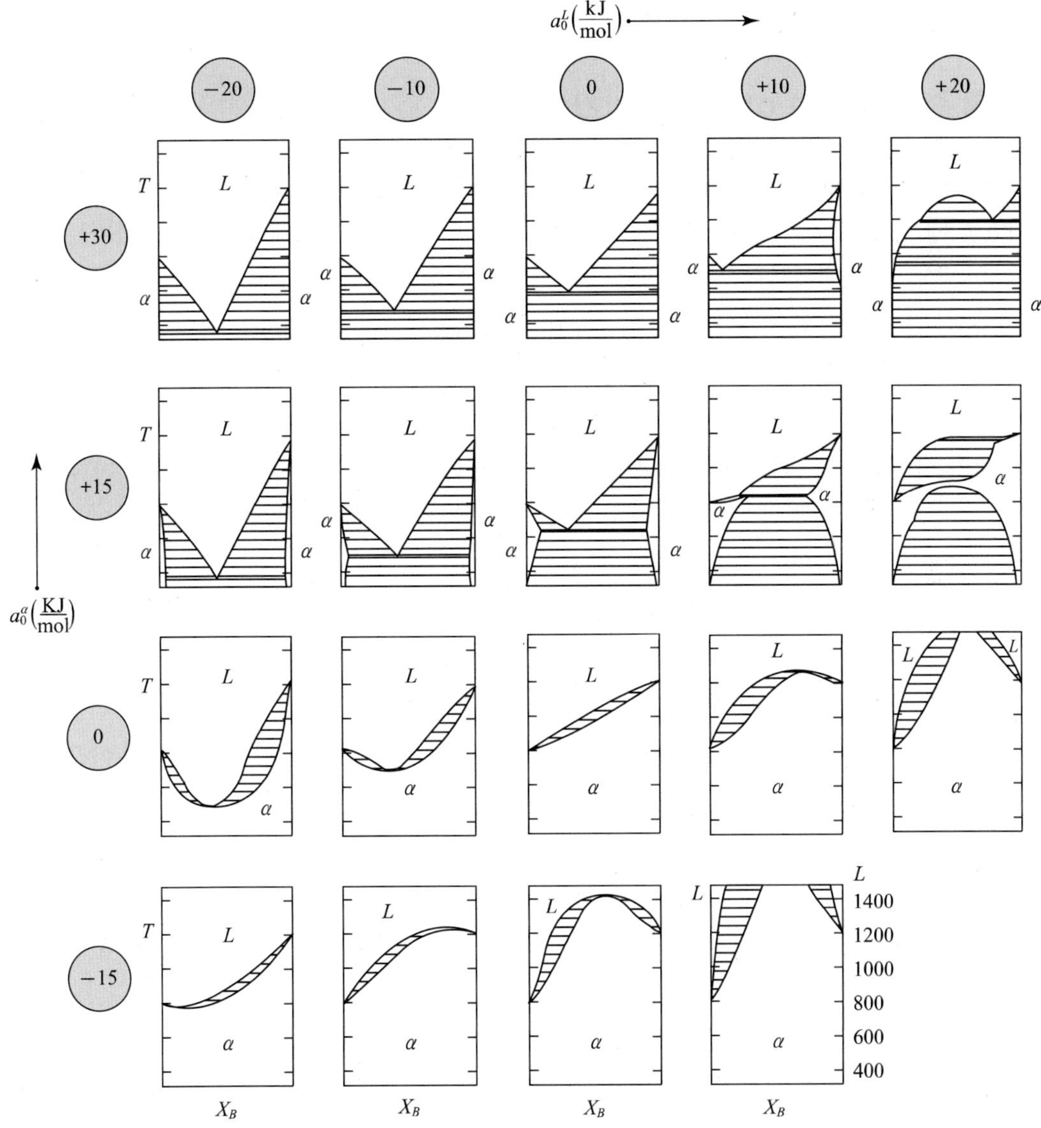

그림 10.24 정규 용액 모델로 형성된 α, L 상의 상태도 패턴.

서 혼화성갭과 알려진 임계 온도 T_c를 갖는다. 아래 열에 있는 도표는 작은 값의 a_0^L을 갖는다. 도표의 첫 번째 컬럼(column)의 Δa_0는 식 (10.50)의 부등식을 만족하고 $(\alpha + L)$ 영역이 최소값을 만든다. 중간 컬럼은 단조로운 $(\alpha + \beta)$을 만드는 Δa_0값을 갖고 마지막 컬럼은 $(\alpha + L)$ 영역이 최대값을 갖는 Δa_0값을 갖는다. 그림 10.24에서 $(a_0^L - a_0^\alpha) > 0$의 요구 조건은 액체상이 고체상의 임계 온도 위의 임계 온도를 갖는 혼화성갭을 가짐을 의미한다. 넓은 범위의 상태도가 가장 간단한 정규 용액 모델에 의해 혼화성갭과 2상 영역이 얻어지는 것은 분명하다.

3.5 3개 또는 그 이상의 상을 갖는 상태도

이 모델은 혼화성갭과 극한값을 갖는 2상 영역을 개발할 능력이 있으므로, 3번째 상이 첨가되었을 때 형성될 수 있는 다양한 상태도가 너무 넓어서 여기서 체계적으로 논의하기는 어렵다. 이상 용액 모델에서처럼 3개 또는 그 이상의 상을 갖는 상태도를 계산하는 전략은, 식 (10.38)과 (10.39)를 적용하여 구조에 나타낼 수 있는 모든 가능한 2상 영역의 계산에 근거를 둔다. 이 2상 영역의 교점은 3상 불변 평형 라인(invariant equilibrium line)을 생성한다. 이 평형에서 어느 것이 안정하고 어느 것이 준안정인가를 가려내는 문제는 하찮은 일이 아니며, 시스템 내의 상의 수가 증가함에 따라 복잡성이 증가한다. 상태도의 컴퓨터 계산에서 이 문제는 평형 조건보다는 바로 최소 Gibbs 자유 에너지의 원리에 근거하여 풀어갈 수 있다. 이 전략은 다음 절에서 논의된다.

여분의 상들이 상태도 모델에 가담될 때 중요하고 도전적인 문제가 나타난다. 모든 상에 있어서 각 성분에 대한 참조 상태는 같아야 하는 것이 기본이기 때문에, 각각의 순수 성분에 대한 참조상에 비교하여 시스템 내의 모든 상의 안정성을 예측하는 것이 필요하다. 4개 상(액체 L, fcc α, bcc β 그리고 육방정(hexagonal) ε을 함유한 시스템을 생각해 보자. 주어진 온도에서 α(fcc) 상이 순수 성분 1의 참조 상태로 설정되었다고 가정하자. 주어진 온도에서 G-X 도표를 개발하려면 성분 1의 L, β 그리고 ε에 대한 자유 에너지의 예측을 구할 필요가 있다. 같은 정보가 성분 2에 대해서도 예측되어야 한다. 이 예측은 액상에 대하여 식 (10.26)을 사용하여 바로 구할 수 있다. 그러나 성분 1은 임의의 온도와 압력에서 β 또는 ε으로 존재하지 않을 수도 있다.

예를 들어, Al-Zn 시스템을 생각해 보자. 순수 Al은 fcc(α)이고 Zn-rich 쪽의 터미널 상은 hcp(ε)이다. 임의의 온도 T에서 hcp(ε) 상에 대한 G-X 도표 계산은 온도 T에서 순수 Al에 대한 hcp와 fcc 형태의 자유 에너지 차이의 예측을 요구한다. 그러나 Al은 임의의 온도와 압력에서 육방정 형태로 존재하지 않는다. 그래서 순수 Al은 이상 형태에서 안정한 영역으로부터 외삽(extrapolation)은 가능하지 않다. 이 정보를 얻기 위해서 또 다른 전략이 세워져야 한다. 가장 공통적인 접근은 상경계의 실험적 측정을 하고 모델 계산을 전환시켜 순수 성분 k에서 발생하지 않는 상변태에 대한 ΔG_k^0, ΔS_k^0 그리고 T_k^0에 대한 정보를 얻는다. 예제 10-1을 통하여 논의해 보자.

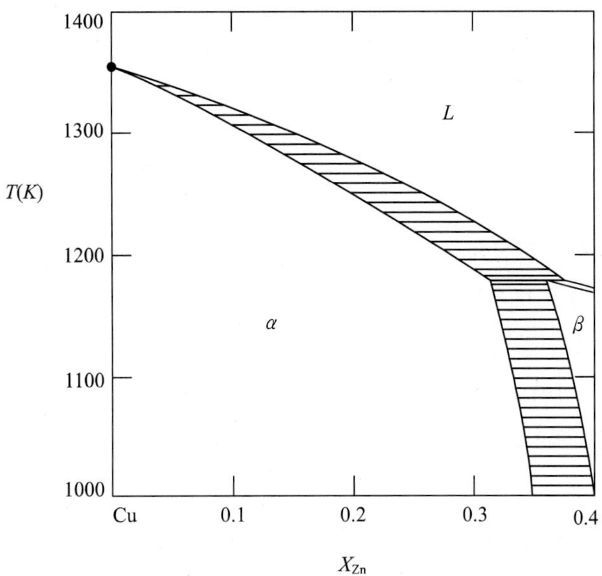

그림 10.25 고온에서 Cu-Zn 상태도의 구리가 많은 영역.

예제 10-1 1,200 K에서 상경계 정보를 사용하여 $\Delta G_{Zn}^{0\alpha\rightarrow\epsilon}$ 예측

Q 그림 10.25는 Cu-Zn 상태도의 부분을 보여 준다. 이 예의 목적으로 액체와 α상은 이상 용액을 이룬다고 가정하자. 다음의 정보가 알려졌다.

$$\text{Cu: } T_m = 1{,}356 \text{ K}, \ \Delta S_{Cu}^{0\alpha\rightarrow L} = 9.59 \text{ J/mol-K}$$

$$\text{Zn: } T_m = 692 \text{ K}, \ \Delta S_{Zn}^{0\epsilon\rightarrow L} = 9.64 \text{ J/mol-K}$$

1,200 K에서 상태도에서 읽은 조성은 $X_{Zn}^{\alpha} = 0.27$, $X_{Zn}^{L} = 0.34$이다. 이상 용액에서 두 조성비는 식 (10.20)의 $K_{Zn}(1{,}200 \text{ K})$와 관련된다. 즉,

$$\frac{K_{Zn}^L}{K_{Zn}^{\alpha}} = K_{Zn} = e^{-(\Delta G^{0\alpha\rightarrow L}/RT)}$$

(계속)

Ⓐ $\Delta G_{Zn}^{0\alpha\rightarrow L} = -8.314 \times 1{,}200 \times \ln\dfrac{0.34}{0.27} = -2{,}300\ \text{J/mol}$

식 (10.26)을 사용하여 1,200 K에서

$$\Delta G_{Zn}^{0\epsilon\rightarrow L} = \Delta S_{Zn}^{0\epsilon\rightarrow L}(T_{M_{Zn}} - T)\ .$$
$$= 9.64(692 - 1{,}200) = -4{,}900\ \text{J/mol}$$

그런데

$$\Delta G_{Zn}^{0\alpha\rightarrow\epsilon} = G_{Zn}^{0\epsilon} - G_{Zn}^{0\alpha} = G_{Zn}^{0\epsilon} - G_{Zn}^{0L} + G_{Zn}^{0L} - G_{Zn}^{0\alpha}$$
$$= \Delta G_{Zn}^{0\epsilon\rightarrow L} - \Delta G_{Zn}^{0\alpha\rightarrow L}$$

그러므로 $\Delta G_{Zn}^{0\alpha\rightarrow\epsilon} = -(-4{,}900) + (-2{,}300) = +2{,}600\ \text{J/mol}.$

이는 비록 fcc Zn은 실험실에서 형성되지 않더라도 1,200 K에서 hcp Zn에 비교하여 fcc Zn의 Gibbs 자유 에너지의 예측(estimate)을 제공한다. 이 예는 두 용액이 이상 용액을 가정한 상태도 모델의 가장 간단한 모델에 기초한 것이다. 관련된 상에 대한 이 전략은 2상 $(\alpha + L)$ 영역에 더 많은 점이 관련된 좀 더 정교한 모델을 통하여 적용할 수 있는데, 이는 통계적으로 이 양에 대한 예측을 제공하기 위해서이다. 일단 fcc Zn에 대한 유효한 예측이 얻어지고 Zn이 fcc상에 용해되는 다른 경우에서 얻어져도, 이 결과는 Zn을 한 성분으로 한 모든 상태도와 삼원계 또는 그 이상의 시스템을 포함하여 fcc상을 포함한 모든 상태도에 사용될 수 있다.

3.6 라인 화합물을 갖는 상태도의 모델화

그림 10.19에서 10.21까지의 그림은 상태도의 구조를 결정하는 데 중간상의 역할을 나타낸다. 그와 같은 상의 조성 범위는 너무 좁아서 상태도에서 분해하기가 어렵고, 그와 같은 상의 단상 영역은 상태도에서 수직선으로 그려진다. 이 경우 라인 화합물에 대한 G−X 곡선은 라인 화합물 조성에서 도표 내에 성분에 대한 참조 상태에서 화합물의 형성 자유 에너지는 한 점으로 나타내는 것으로 충분하다(그림 10.20 참조).

시스템에서 G−X 곡선 계산에서 자유 에너지는 용액의 그램원자당 에너지로 주어진다. 그러나 표에서 주어지는 라인 화합물에 대한 형성 에너지 정보는 화합물의 몰당 에너지로 주어진다. 만약 화합물이 M_uX_v로 주어지면 화합물 1몰은 M과 X 원자의 $(u+v)$ 그램원자를 함유한다. 그래서 G−X 도표상에 나타냄에서 요구되는 자유 에너지는 표에 기록된 ΔG_f^0를 $(u+v)$로 나눈 값이 된다. 그림 10.20에서 점 P에 해당되는 값 G^ϵ은 화합물의 형성 반응에서 결정된다. 즉,

$$2A + B = A_2B \qquad \Delta G_f^0$$

$$G^{\epsilon} = \frac{\Delta G_f^0}{2+1} = \frac{\Delta G_f^0}{3}.$$

라인 화합물의 취급 예로 그림 10.20에서 터미널 α상이 묽은 용액이고, 간단한 정규 용액 모델을 따른다고 가정하자. 묽은 용액에서 성분의 화학 퍼텐셜은 Raoult 법칙과 Henry 법칙에서

$$\text{Raoult 법칙} \ \Delta\mu_1^{\alpha} = RT\ln(1 - X_2^{\alpha}) \tag{10.51}$$

$$\text{Henry 법칙} \ \Delta\mu_2^{\alpha} = RT\ln\gamma_2^{0\alpha} + RT\ln X_2^{\alpha} \tag{10.52}$$

여기서 X_2는 성분 2에 대한 몰 분율이고 $\gamma^{0\alpha}$는 용액에 대한 Henry 법칙 상수이다. 간단한 정규 용액 모델에서 $RT\ln\gamma^{0\alpha} = a_0$이다. 그래서 이 모델로부터 Henry 법칙은

$$\text{Henry 법칙} \ \Delta\mu_2^{\alpha} = a_0 + RT\ln X_2^{\alpha} \tag{10.53}$$

식 (10.51)과 (10.53)은 $X_2 = 0$과 $X_2 = 1$에서 묽은 용액 범위에서 임의의 조성 X_2에서 α상의 G-X 곡선에 대한 접선의 식은 두 점 (x_1, y_1), (x_2, y_2)을 지나는 라인의 식 $y - y_1 = \frac{y_2 - y_1}{x_2 - x_1}(x - x_1)$에서 구한다. 절편이 식 (10.51)과 (10.53)으로 주어지는 접선에 대하여 $x_1 = 0$과 $x_2 = 1$이고, y_1과 y_2는 이 식으로 주어진다. 이를 대입하면

$$y = [a_0 + RT\ln X_2 - RT\ln(1 - X_2)]\,x + RT\ln(1 - X_2)$$

용액은 묽은 용액으로 가정하였으므로 $X_2 << 1$, $1 - X_2 \cong 1$ 그리고 $RT\ln(1 - X_2) \cong \ln(1) = 0$이다. 그러므로

$$y = [a_0 + RT\ln X_2^{\alpha}]\,x \tag{10.54}$$

이것이 묽은 용액 범위에서 α상에 대한 G-X 곡선에 접선식이다. 조성 X_2에서 곡선과 만난다.

그림 10.20에서 $(\alpha + \varepsilon)$ 영역의 α상 쪽의 상경계를 나타내는 $X_2 = X_2^{\alpha}$값은 점 P를 지나는 특별한 접선에 놓인다. 점 P는 $y = G^{\epsilon}$이고 $x = X^{\epsilon}$이다. X^{ϵ}는 ε상에서 성분 2의 몰 분율이다. 이 값을 식 (10.54)에 대입하면

$$G^{\epsilon} = [a_0 + RT\ln X_2^{\alpha}]\,X^{\epsilon}$$

상경계에 대하여 풀면

$$\ln X_2^{\alpha} = \frac{1}{RT}\left(\frac{G^{\epsilon}}{X^{\epsilon}} - a_0\right) \tag{10.55}$$

이것이 $(\alpha+\varepsilon)$ 영역의 α쪽에서 상경계에 대한 식으로 터미널 α상에 대한 용해도 라인으로 알려진다.

화합물 형성의 자유 에너지의 정의에 의한 에너지 관계식을 적용하면

$$\Delta G_f^\epsilon = \Delta H_f^\epsilon - T\Delta S_f^\epsilon$$

이다. 여기서 ΔH_f^ϵ, ΔS_f^ϵ는 각각 화합물 1몰의 형성 엔탈피와 형성 엔트로피이다. 해당되는 ε상의 그램원자당 값은 $G^\epsilon = H^\epsilon - TS^\epsilon$이고 1몰의 화합물 내의 그램원자수로 ΔH_f^ϵ, ΔS_f^ϵ를 나누어서 구한다. 그러면

$$\ln X_2^\alpha = \frac{1}{RT}\left(\frac{H^\epsilon - TS^\epsilon}{X^\epsilon} - a_0\right) = \left(\frac{H^\epsilon - a_0 X^\epsilon}{X^\epsilon R}\right)\frac{1}{T} - \frac{S^\epsilon}{X^\epsilon R}$$

여기서 H^ϵ과 S^ϵ은 형성된 화합물의 그램원자당 값이다. 그래서 α상에서 용해도(solubility limit)는 온도에 따라서

$$X_2^\alpha = Ae^{B/RT} \tag{10.56}$$

으로 변화한다. 여기서

$$A = e^{-(S^\epsilon/X^\epsilon R)}, \quad B = \frac{H^\epsilon - a_0 X^\epsilon}{X^\epsilon}$$

이다.

대부분의 화합물에서 형성열은 음의 값이고, 관련된 반응은 발열(exothermic) 반응이다. 그래서 식 (10.56)에서 B는 음이고, 온도에 따라 용해도 X_2^α는 증가한다. 더욱이 화합물이 더 안정할수록, 즉 형성 자유 에너지가 더 음이 될수록 터미널 α상에서 용해도 극한은 더 작아진다.

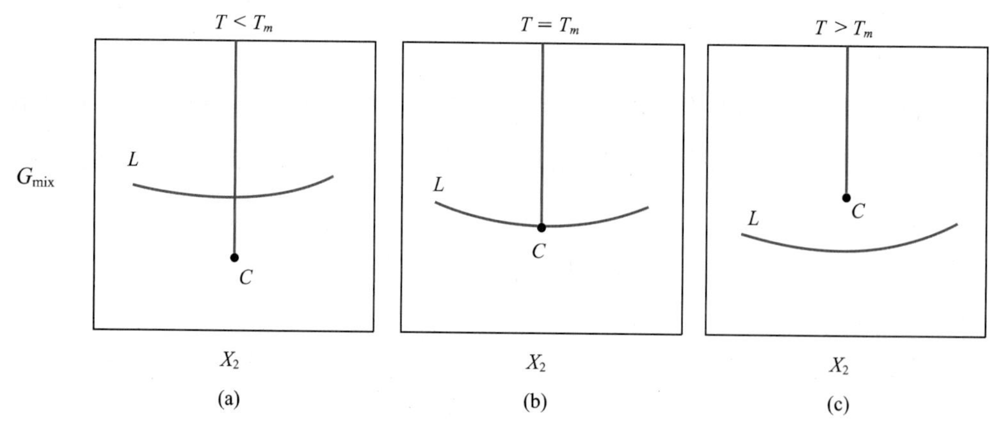

그림 10.26 중간 라인 화합물의 합동(congruent) 녹는점에 대한 조건.

온도가 상승함에 따라 중간 화합물은 그림 10.21에서의 ε상과 같이 합동 녹음(congruent melting)이거나, 그림 10.20에서처럼 2개의 다른 상으로 분해된다. 합동 녹는점을 정의하는 조건은 그림 10.26에 나타냈다. 온도가 증가함에 따라 화합물의 형성 자유 에너지는 점차적으로 덜 음의 값이 된다. 동시에 액상 G-X 곡선은 액상의 안정성이 증가함에 따라 아래로 내려온다. 그림 10.26(b)에서 합동 녹는점에서 화합물의 형성 자유 에너지는 액체상의 혼합 에너지와 같아진다.

$$\Delta G_{mix}^{L} = G^{\epsilon} = H^{\epsilon} - T_{mc}S^{\epsilon}$$

$$\Delta G_{mix}^{L\,xs} + RT_{mc}[(1-X^{\epsilon})\ln(1-X^{\epsilon}) + X^{\epsilon}\ln X^{\epsilon}] = H^{\epsilon} - T_{mc}S^{\epsilon}$$

으로 표현된다. 이는 화합물의 열과 엔트로피 값 계산에서 참조 상태는 성분에 대하여 순수 액상으로 가정하였다. 만약 이 양들이 순수 고체 상태로 언급되면 여분의 항이 첨가되어 성분

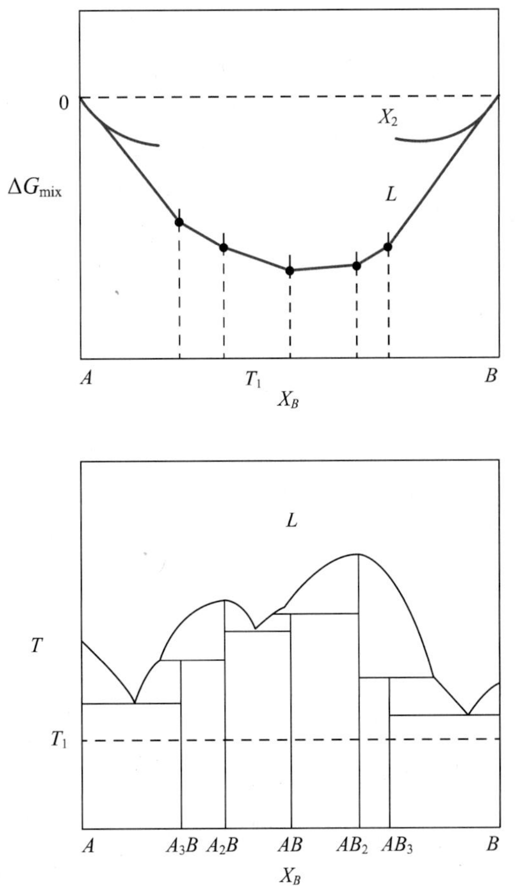

그림 10.27 제한적인 터미널 용해도와 다수의 중간 라인 화합물로 이루어진 시스템의 G-X 곡선.

의 참조 상태가 일치를 이루어야 한다. 혼합 잉여 자유 에너지가 온도의 함수가 아니라고 가정하여 녹는점을 구하면

$$T_{mc} = \frac{H^{\epsilon} - \Delta G_{mix}^{L\,xs}}{R[(1-X^{\epsilon})\ln(1-X^{\epsilon}) + X^{\epsilon}\ln X^{\epsilon}] + S^{\epsilon}} \tag{10.57}$$

액상에서 잉여 자유 에너지는 양 또는 음일 수 있다. 남아 있는 항은 음이다. 이 결과에서 얻을 수 있는 결론은 화합물의 형성열이 더 크면(더 음의 값), 합동 녹는점은 더 높아진다.

그림 10.27은 터미널 용액이 묽은 용액이고 모든 중간상들은 라인 화합물인 상태도를 나타내고, 온도 T_1에서 (G－X) 도표를 개략적으로 나타낸 것이다. 전체 도표는 액상에 대한 모델 그리고 화합물의 엔탈피와 엔트로피이며, 형성 Gibbs 자유 에너지를 각 상에 대한 온도 함수로 예측할 수 있는 것에서 도출할 수 있다. 이 종류의 상태도는 화학에서 취급되는 전형적인 시스템이다. 여기서는 참여하는 상은 근본적으로 조성에서 화학식량이기 때문이다.

4 삼성분 시스템에 대한 열역학 모델

이원계 상태도를 모델링하는데 개발된 전략은 바로 삼성분 시스템의 나타냄에도 확장하여 적용할 수 있다. 4개의 변수(즉, T, P, X_2 그리고 X_3)가 한 상의 상태를 나타내는 데 요구된다. 그래서 어떤 온도와 압력에서 이원계의 혼합 거동을 나타내는 (G－X) 곡선은 그림 10.28에서처럼 한 상에 대하여 (G－X_2－X_3) 표면으로 확장된다.

전형적인 $(G-X-X)$ 표면은 선택된 참조 상태에 비교하여 순수 성분의 자유 에너지를 나타내는 3점으로부터 Gibbs 삼각형에 걸쳐 걸려있는 변형된 포물선(distorted paraboloid)이다. 그림 10.28에서 프리즘의 한쪽과 교차 곡선은 해당되는 이원계 G－X 곡선이다.

그림 8.1에서 보인 접선－절편(tangent line-intercept) 구축은 이원계에서 임의의 조성에서 성분에 대한 부분 몰 특성(PMP)의 영상화를 보여 준다. 유사한 구축이 그림 10.28에서 삼성분 시스템에서 ΔB_{mix} 대 조성의 그래프에서 표면에 적용된다. 임의의 조성 P에서 각 성분의 PMP를 구하기 위하여 그 조성에서 표면에 점 P'의 접평면(tangent plane)을 구축한다. 접평면이 각 축과의 절편에 해당되는 PMP이다.

안정성에 대한 2개의 다른 상형태 간의 경쟁은 두 상에 대한 3개 성분의 참조 상태로, 이 상들의 두 개의 $(G-X-X)$ 표면을 중첩시켜 나타낼 수 있다(그림 10.29 참조). 삼성분계에서 2개 상 사이에 화학 평형에 대한 조건은

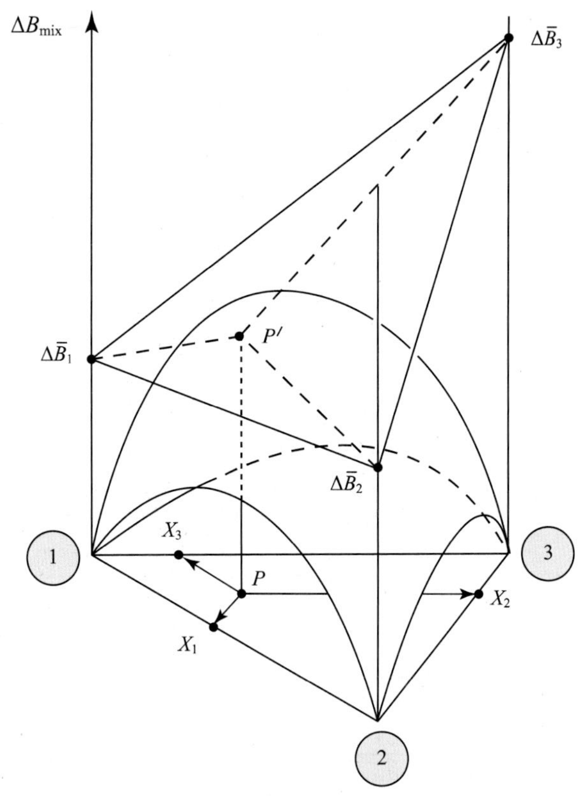

그림 10.28 Gibbs 삼각형 상에 표면으로 나타낸 삼원계 용액의 혼합 거동.

$$\mu_1^{\alpha} = \mu_1^{\beta}, \quad \mu_2^{\alpha} = \mu_2^{\beta}, \quad \mu_3^{\alpha} = \mu_3^{\beta} \tag{10.58}$$

만약 참조 상태가 일치되게 선정되었다면 그 조건은

$$\Delta\mu_1^{\alpha} = \Delta\mu_1^{\beta}, \quad \Delta\mu_2^{\alpha} = \Delta\mu_2^{\beta}, \quad \Delta\mu_3^{\alpha} = \Delta\mu_3^{\beta} \tag{10.59}$$

으로 쓸 수 있다. 만약 P^{α}가 α 표면의 한 점을 나타내고, P^{β}가 β상 표면의 한 점이라면 이 쌍의 점은 P^{α}에서 접면과 P^{β}에서 접면이 같은 면일 때에만 평형에서 존재하는 한 쌍의 조성을 나타낸다. 만약 이 조건이 점들의 쌍에 성립되면 3축 상의 절편은 P^{α}와 P^{β}에 대하여 같고, 2상 평형 조건이 만족된다. 그래서 이원계에서 공통 접선 구축은 삼원계 2상 평형으로 확장된다. 그러나 접선은 두 표면을 접촉하는 접면이 된다. P^{α}와 P^{β}점은 Gibbs 삼각형에서 타이라인의 끝으로 투영된다. 공통 접면이 두 표면을 굴러감에 따라 조성면에서 2상 영역은 형성되는 투영된 연속의 접선점의 쌍으로 확인된다.

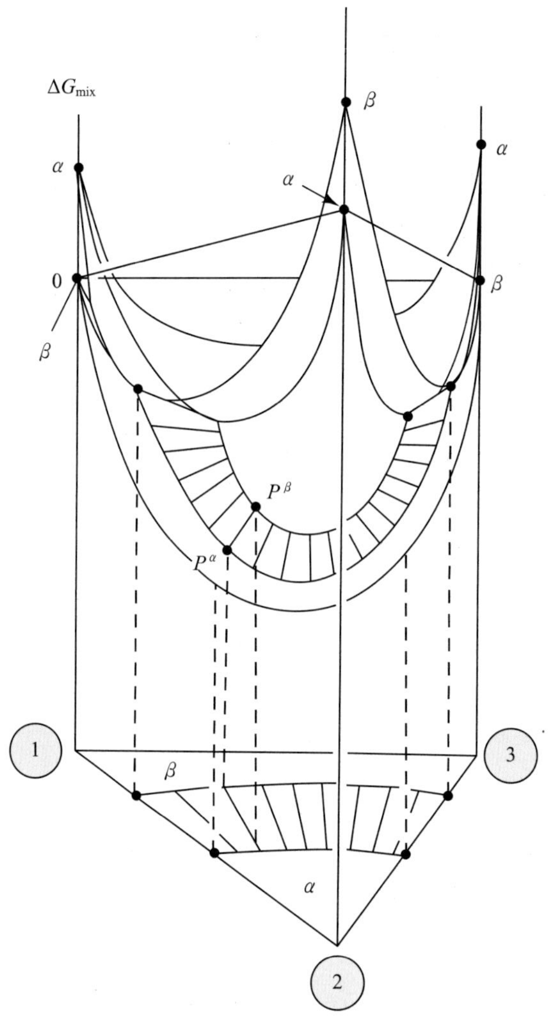

그림 10.29 공통 접평면 구축.

관련된 구축은 3차원이므로 삼원계에서 형성된 상의 경쟁을 나타내는 그래프에 의한 가시화는 이원계 (G－X) 구축만큼 유용하지 않다. 물론 구축은 유용하고 어떤 응용에는 유용한 생각의 도구가 된다.

식 (10.58)은 관련된 상의 용액 모델로부터 삼원계에서 2상 영역을 계산하는 기초를 형성한다. 다성분계에서 임의의 성분에 대하여

$$\mu_k^I = \mu_k^{0I} + \Delta \overline{G}_k^{xs\ I} + RT\ln X_k^I \quad [I = \alpha, \beta;\ k = 1, 2, 3] \tag{10.60}$$

평형의 조건에서 다음의 3개 식을 얻는다.

$$\Delta G_k^{0\,\alpha\to\beta} + [\Delta \overline{G}_k^{xs\,\beta} - \Delta \overline{G}_k^{xs\,\alpha}] + RT\ln\frac{X_k^\beta}{X_k^\alpha} = 0 \quad (k=1,2,3) \tag{10.61}$$

용액 모델에서 조성과 온도의 항으로 잉여 자유 에너지를 구할 수 있다.

순수 성분에 대한 상변태 자유 에너지 변화는 각각의 일성분계에서 계산할 수 있다. 이 시스템의 3개 식은 4개의 변수 X_2^α, X_2^β, X_3^α, X_3^β를 관련시킨다. 그래서 자유도 1이 남게 된다. $(\alpha+\beta)$ 평형을 나타내는 한 세트의 조성쌍을 계산하기 위하여 4개의 변수 중의 하나 X_2^α을 선택할 필요가 있다. 식 (10.61)을 사용하여 선택한 값 X_2^α에 대한 다른 3개 값을 구한다. 반복적으로 해를 구하는 루틴(routine)이 이 목적으로 사용된다. X_2^α값이 점차 증가하고 계산이 반복되어 2상 영역을 이루는 타이라인의 전체 집합을 완성한다.

Gibbs 자유 에너지의 최소 원리를 삼원계에서 상의 안정성 논의에 적용할 수 있다. 감선(taut string) 구축이 강한 탄성면(taut elastic sheet) 구축으로 대치된다. 자유 에너지 표면은 일

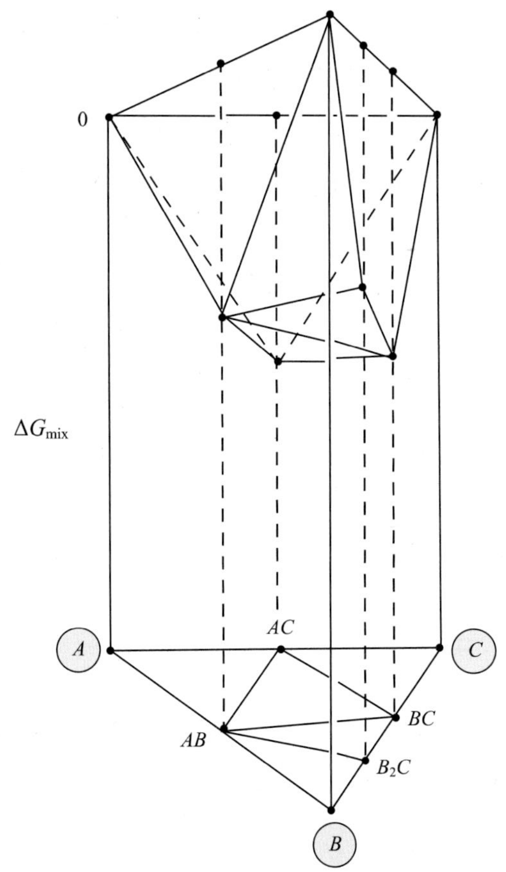

그림 10.30 강한 탄성면 구축 방법.

성분 축에 적합한 고정점에 걸린 강건한 표면으로(rigid surface)로 간주된다. 탄성면(elastic sheet)이 도표의 세 코너에 붙어있고 자유 에너지 표면에 대하여 강하게 당겨진다. 특별한 상의 표면과 접촉하면 그 상은 최소 에너지를 갖고 안정하다. 표면 사이에 탄성면은 2상 평형을 나타내는 공통면 구축의 흔적을 보인다. 3개의 자유 에너지 표면에서 면이 당겨지면 3상 타이 삼각형은 평형 조건을 나타낸다. 이 영상화는 라인 화합물을 갖는 시스템에도 유용하다. 그래서 한 개의 상 영역은 그림 10.30의 Gibbs 삼각형의 한 점으로 나타난다.

5 퍼텐셜 공간에서 상태도의 계산

만약 시스템에서 상의 상태를 나타내는데 사용되는 좌표가 열역학 퍼텐셜에서 선정되면 최종 상태도는 간단한 셀(cell) 구조를 이룬다. (X_2, T) 공간에서 작성된 보통 이원계 상태도의 상대역은 (a_2, T) 공간에서 등압(isobaric) 단면이다. 퍼텐셜 공간에서 이원계 상태도를 계산하는데 필요한 열역학 정보는 3절에서 모델링한 좀 더 친근한 (X_2, T) 도표에서 요구한 것과 일치한다. 이 계산은 화학 퍼텐셜과 조성 사이의 관계를 나타낸 모델을 요구하므로 조성과 활동도 사이의 해당 관련이 은연 중 관련된다. (a_2, T) 도표를 계산하는 데 새로운 정보 요구는 없다.

(a_2, T) 공간에서 2상 영역은 그를 분리하는 상에 대한 안정성의 극한을 설정하는 한 개의 곡선을 나타낸다. 그 곡선의 정량적인 형태는 성분 2의 활동도를 정의하는데 사용된 참조 상태의 선택에 의존한다. 그림 10.31은 간단한 이상용액 상태도에서 이러한 점을 나타낸다. 그

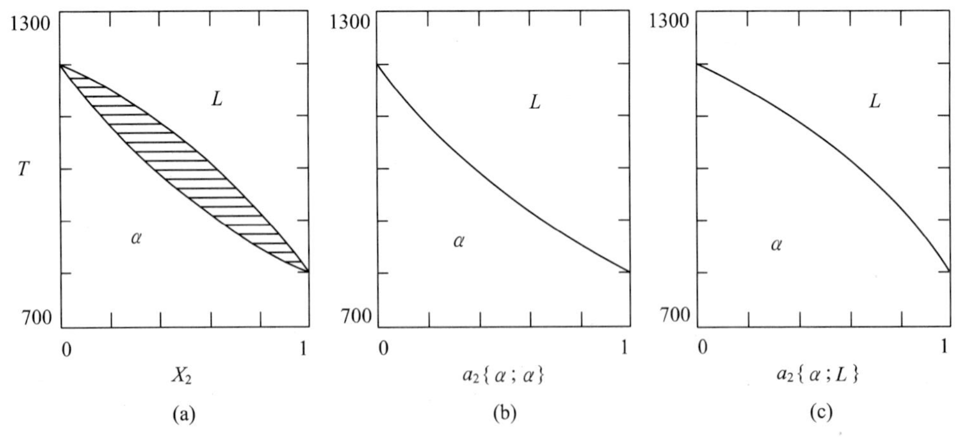

그림 10.31 이상용액 모델의 상태도. (a) (X_2, T) 공간, (b) (a_2, T) 공간, (c) (a_2, T) 공간, a_2의 참조 상태는 (b)에서는 α상, (c)에서는 L상.

림 10.31(a)는 (X_2, T) 공간에서의 도표를 나타낸다.

먼저 성분 2에 대하여 α상 형태를 참조 상태로 선택한 경우를 생각해 보자. 그러면 α상 고용체에서 이상 용액 모델에 의하여 $a_2^\alpha = X_2^\alpha$ 이다. 같은 관계가 L상에는 성립되지 않는다. 왜냐하면 L 용액에서 a_2가 X_2와 일치하려면 성분 2의 참조 상태는 용액과 같이 L이 되어야 하기 때문이다. $(\alpha + L)$ 영역의 α 경계를 나타내는 식은 식 (10.21)에서 $X_2^\alpha = X_2^\alpha(T^\alpha)$이다. 이 참조 상태의 선택으로 $a_2^\alpha = X_2^\alpha$ 이다. 같은 식이 그림 10.31(b)에서 보인 (a_2, T) 상태도에서 $(\alpha + L)$ 평형 조건을 나타낸다. 그래서 이 이상 용액 모델에서 성분 2에 대한 이 참조 상태의 선택은 $(\alpha + L)$ 평형을 나타내는 곡선은 그림 10.31(a)의 $(\alpha + L)$ 영역의 α쪽 곡선과 일치한다. 같은 논리로 만약 L상이 모든 온도에서 성분 2에 대한 참조 상태로 선정되면 (a_2, T) 상태도에서 2상 영역은 그림 10.31(c)와 같이 그림 10.31(a)에서의 $(\alpha + L)$ 영역의 액상쪽 커브와 일치한다.

(X_2, T) 상태도에서 적합한 상경계와 (a_2, T) 상태도에서 2상 영역과는 간단히 일치가 이루어지는데, 이는 이상 용액 모델이기 때문이다. 이상 용액에서는 적합한 참조 상태의 선택으로 활동도는 몰 분율과 같아지기 때문이다. 일반적으로 a_2와 X_2는 같은 상에서 함수적으로 관련되지만, 서로 같지는 않다. (a_2, T) 상태도에서 2상 영역의 곡선을 얻는 쉬운 방법은 3절에서 언급한 조성-온도 도표로 계산하는 것이다. 그 다음 활동도와 조성 사이의 모델 관계를 이용하여 $X_2(T)$를 $a_2(T)$로 전환하는 것이다.

퍼텐셜 공간에서 상태도를 구축하는데 있어서 활동도 축상에 나타나는 성분에 대한 참조 상태의 선정이 적극적인 것이 중요하다. 그래서 도표상의 모든 상의 혼합 거동 모델링에 이 선택을 유지하는 것이다. (a_2, T) 공간에서 3개의 2상 평형이 교차에 의하여 3개 상의 평형이 이루어지므로, 관련된 2개 상의 평형을 나타내는 3개 곡선의 교차점으로 나타낸다. 이는 3개 상이 공존할 때 평형의 조건은 3개 상에서 성분 2의 화학 퍼텐셜이 같아야 함이 요구된다. 모든 상에 대하여 참조 상태를 같게 선정하였으므로 이는 삼중점에서 성분 2의 활동도는 3개 상에서 모두 같아야 함을 의미한다. 그래서 3개 상평형은 3개의 관련된 2개 상평형 곡선이 만나는 삼중점으로 나타난다.

6 상태도의 컴퓨터 계산

9장과 10장에서 개발된 상태도의 토대는 이원계, 삼원계, 그리고 더 높은 차수의 상태도의 사료 깊은 계산에 기초를 제공한다. 이 제목은 재료과학의 중심이 되어서 월간으로 발행되는 'Bulletin of Alloy Phase Diagrams'가 상태도의 컴퓨터 계산에 초점을 맞추어 수년간 발행되었다.

다양한 상태도의 축적이 금속과 세라믹 시스템에 구축되었다. 이 축적의 초기판(version)은 $(T-X_2)$ 공간을 채우는 온도와 조성의 연속으로 평형에서 존재하는 상의 직접 관찰에 완전히 의존하였다. 좀 더 최근의 축적은 유연한 상태도에 대한 열역학적 모델을 사용하여 상평형의 직접 관찰과 팽창하는 데이터베이스에서 열역학적 측정을 적분하여 최적화된 상태도에 도달하였다. 아미도 가장 사료 깊은 것은 F*A*C*T*(Facility for the analysis of chemical Thermodynamics)의 서비스를 통하여 제공되었다. 이는 온라인을 통해 Ecole Polytechnique, CRCT, Montreal, Quebec, Canada에 접근할 수 있다.

연습문제

01 A−B 시스템은 β상과 액체상에서 정규 용액 모델을 형성한다. 이 상들에 대한 혼합열에 대한 파라미터는 $a_0^\beta = -8{,}200$ J/mol, $a_0^L = -10{,}500$ J/mol이다.

(a) 800 K에서 β상과 액상에 대한 ΔG_{mix}를 계산하고 곡선을 그려라.

순수 A는 1,050 K에서 녹고 녹음열은 8,200 J/mol이다. 순수 B는 660 K에서 녹고 녹음열은 6,800 J/mol이다.

(b) $\Delta G_{mix}^\beta[\beta;L]$과 $\Delta G_{mix}^L[\beta;L]$를 그리고 비교하기 위하여 참조 상태를 변화시켜라. 고용체와 순수 상태에 대한 열용량 차이를 무시하라.

02 액체 용액의 혼합 자유 에너지(J/mol)는 다음과 같이 주어진다.

$$\Delta G_{mix}[L;L] = 8400\, X_A X_B + RT[X_A \ln X_A + X_B \ln X_B]$$

(a) 이 용액에 대한 600 K에서 조성의 함수로 성분 B의 활동도를 계산하고 그려라.

(b) 600 K에서 순수 B의 free energy of fusion은 −1,200 J/mol이다. 참조 상태(L ; α)에 대한 조성의 함수로 성분 B의 활동도를 계산하고 그려라.

03 다음 용액 모델에 대한 상경계와 스피노달 경계를 계산하고 그려라.

$$\Delta G_{mix}^\alpha = 10.600\, X_1 X_2 + RT[X_1 \ln X_1 + X_2 \ln X_2]$$

04 다음의 정규 용액에서 혼화성갭에 대한 임계 온도를 구하라.

$$\Delta H_{mix} = X_1 X_2 [4{,}850\, X_1 + 12{,}300\, X_2]\,.$$

Chapter

11

Thermodynamics in Materials Sciences

다성분, 다상 반응 시스템

1 서 론

화학 반응(chemical reaction)에 대한 핵심이 되는 생각에는 화학적 분자(chemical molecule)의 영상화에 있다. 한 분자는 시스템 내의 약간의 원소(element)들의 원자들이 한 구체적인 기하학적 형태이면서 또한 에너지적인 배열(configuration)로 정렬(arrangement) 된 것이다. 예를 들어, CO_2, H_2O, H_2, CH_4, Al_2O_3, HNO_3 등이 있다. 이들은 분자 내에 각 원소들의 원자수를 정확하게 나타낸다. 분자 형태의 혼합물(mixture)로 구성된 시스템에서 원자들은 자발적으로 존재하는 여러 가지 분자들 중에서 그들 자체를 재분포하게 된다. 이 재배열(rearrangement)은 반드시 시스템 내의 각 원소의 원자수가 변함 없게 이루어져야 한다. 그와 같은 원자들의 재배열을 화학 반응(chemical reaction)이라고 부른다. 그리고 이러한 종류의 변화를 할 수 있는 시스템을 반응 시스템(reacting system)이라고 부른다. 그와 같은 과정(process)은 각 원소의 원자수가 보존됨이 요구되며, 앞서 언급한 시스템 내의 분자 형태로 존재하는 원자의 재배열이라는 생각은 다음과 같은 화학식으로 간결하게 나타낼 수 있다. 즉,

$$C + O_2 = CO_2$$

또는

$$2H_2 + O_2 = 2H_2O$$

이 표현들을 화학 반응이라고 하는데, 이는 근본적으로 그와 같은 시스템에서 원소의 원자들의 수의 보존을 언급한다. 또한 동등한 식으로 모든 계수를 같은 값으로 나누어서 얻을 수 있다. 즉,

$$H_2 + \frac{1}{2}O_2 = H_2O$$

으로 이들은 3개의 성분을 함유한 시스템에서 수소와 산소 원자의 보존에 대한 언급과 동등하다.

만약 한 시스템이 e개의 원소(elements)와 C개의 성분(components)이 분자 형태로 존재한다면, r개의 독립적인 보존에 관한 언급인 반응식의 수는

$$r = C - e \tag{11.1}$$

로 나타낼 수 있다. 그래서 원소 C와 O($e = 2$)을 함유하고 분자종(molecular species) O_2, CO, CO_2($C = 3$)를 함유한 시스템은 한 개의 독립적인 화학 반응식으로

$$2CO + O_2 = 2CO_2$$

이고 그와 같은 시스템을 일변수 반응 시스템(univariant reacting system)이라고 부른다. 구별을 위하여 화학 반응에 대한 식은 따로 대괄호로 속에 일련번호로 표기하도록 한다.

만약 시스템이 탄소 원소 C를 성분으로 함유한다면 C=4, 즉 C, O_2, CO 그리고 CO_2이고 독립된 화학 방정식은 $r = 4 - 2 = 2$이다. 이들은

$$C + O_2 = CO_2 \qquad [1]$$

$$2C + O_2 = 2CO \qquad [2]$$

이 시스템에서 다른 반응식은

$$C + CO_2 = 2CO \qquad [3]$$

으로 쓸 수 있다. 그러나 이것은 원소 보존에서 앞의 두 식과 독립적이지 않다. 만약 반응 [1]과 [2]가 시스템에서 일어난 반응이라면, 반응 [3]도 일어난다. 왜냐하면 식 [3]은 [3]=[2]−[1]의 선형 조합으로 구할 수 있기 때문이다. 그래서 이 시스템은 이변수 반응 시스템(bivariant reacting system)이다.

$r = (C - e) > 1$인 시스템은 다변수 반응 시스템(multivariant reacting system)이라 한다. 다변수 반응 시스템을 다루는데 필요한 열역학 장치의 개발이 이 장의 주제이다. 그 취급은 먼저 기체상에서의 반응에 초점을 맞춘다. 여기서 성분들은 분자 형태로 존재한다. 평형을 찾기 위한 일반적인 전략은 먼저 일변수 시스템에 적용하여 어떻게 반응하는 시스템이 반응하지 않는(non-reacting) 시스템과 다른가를 분명하게 확인한다. 그 유도는 친근한 법칙인 질량 작용 법칙(law of mass action)과 반응에 대한 평형 상수의 정의를 이끈다. 이 변수 시스템의 취급은 한 개 이상의 독립적인 반응이 일어났을 때 어떻게 이 결과를 일반화하는가를 보여 준다. 이변수 시스템에서 다변수 시스템으로의 일반화는 쉽게 이루어진다.

다상(multi-phase)의 취급은 기체상에서 반응을 나타낼 때 사용한 방법과 유사하다. 고체,

액체 그리고 라인 화합물에서 기상에서 가졌던 분자의 화학적 개념은 분명한 의미를 잃는다. 결정은 O_2나 CO_2 같은 분자 단위들의 정규적인 배열은 거의 없다. 대부분의 고체 화합물은 이온 결합, 공유 결합 그리고 금속 결합의 화합물로 구성된 결정이다.

SiO_2, Al_2O_3, NaCl, FeO와 같은 분자식은 결합 특성과 결정 구조의 기하 형태에서 일어난다. 그와 같은 모든 화합물은 엄격한 원자로 특징짓는 분자 비율에서 벗어나는 결함을 보인다(제13장 참조). 그와 같은 시스템의 자세한 취급은 제10장에서 개발된 조성에서 그와 같은 벗어남을 허용하는 상태도를 통하여 공식화된다. 그러나 그와 같은 취급은 허구의 분자식이 존재한다는 가정을 사용하면 취급은 아주 단순화시킬 수 있다. 이 단순화는 중요하다. 왜냐하면 그와 같은 복잡한 시스템의 분석을 좀 더 실용적으로 만들기 때문이다. 이 점을 제3절에서 자세히 논의한다.

다성분, 다상 반응 시스템의 취급은 우위 도표(predominance diagram) 형태로 성분 사이의 경쟁을 나타낸다. 그와 같은 도표의 개발에 관한 전략과 같은 시스템에 대한 상태도와의 관계는 4절에서 논의할 것이다.

2 기상에서의 반응

반응 시스템에서 평형 조건을 찾아내는 일반적인 전략의 적용은, 이미 논의된 다성분, 다상, 반응하지 않는 시스템에서 한 세트의 평형 조건식에 집중하여 화학 퍼텐셜 사이의 새로운 관계식을 구하는 것이다. 이 관계식은 직접 화학 반응에 참여하고 화학식에 간결하게 나타난 원소들의 보존(conservation)에서 도출된다. 이 연결의 간단한 예는 모든 성분이 기체인 일변수 반응 시스템의 묘사에서 논의된다. 이 종류의 시스템이 먼저 취급된다.

2.1 기체상에서 일변수 반응

3개의 성분 O_2, CO 그리고 CO_2 인 기체 혼합물을 생각해 보자. $r = C - e = 3 - 2 = 1$이므로 일변수 시스템이다. 따라서 단지 하나의 화학식

$$2CO + O_2 = 2CO_2$$

을 갖는다. 그와 같은 시스템에서 평형 조건을 찾기 위하여 먼저 엔트로피 변화에 대한 표현을 고려한다. 열역학 1법칙과 2법칙과의 조합식으로

$$dU' = TdS' - PdV' + \sum_{k=1}^{C} \mu_k dn_k \tag{11.2}$$

이 식에서 엔트로피 변화에 대하여 구하면

$$dS' = \frac{1}{T}dU' + \frac{P}{T}dV' - \frac{1}{T}\sum_{k=1}^{C} \mu_k dn_k$$

이 시스템에 3개 성분을 대입하면

$$dS' = \frac{1}{T}dU' + \frac{P}{T}dV' - \frac{1}{T}\left[\mu_{CO}\,\mathrm{dn}_{CO} + \mu_{O_2}\mathrm{dn}_{O_2} + \mu_{CO_2}\mathrm{dn}_{CO_2}\right] \tag{11.3}$$

일반적인 기준은 고립계에서 엔트로피가 최대가 된다. 만약 시스템이 주위와 고립되어 있다면 내부 에너지 변화는 변화할 수 없으므로

$$dU' = 0 \tag{11.4}$$

부피도 변화할 수 없으므로

$$dV' = 0 \tag{11.5}$$

그리고 세 번째 고립의 제약은 물질은 경계를 가로지를 수 없으므로

$$dn_k = 0 \ (k = 1,\ 2,\ ...,\ \mathrm{C}) \tag{11.6}$$

이다. 그러나 시스템이 화학 반응을 일으킨다면 이 세트의 조건, 특히 식 (11.6)의 조건은 더 이상 고립계에서 성립되지 않는다. 물질이 시스템의 경계를 가로지를 수 없다 하더라도 각 성분의 몰수는 여전히 변화를 하게 된다. 이 시스템 내의 원자는 과정 중에 분자 성분에 재배치되면서 어떤 성분의 원자수를 증가하거나, 다른 성분의 원자수를 증가시킨다. 그래서 화학 반응을 할 수 있는 고립계에서는

$$dn_k \neq 0 \ (k = 1,\ 2,\ ...,\ \mathrm{C}) \tag{11.7}$$

이 된다. 그러나 원자들이 분자 사이에서 재정렬되든 간에 시스템에서 각 원소의 그램원자수(gram atom)는 변화될 수 없다. 고립된 시스템에서 원자들은 창조되거나 소멸될 수 없다. 그래서 반응하는 시스템 내에 적용된 고립 제약은

$$dm_i = 0 \ (i = 1,\ 2,\ ...,\ \mathrm{e}) \tag{11.8}$$

여기서 m_i는 시스템에서 원소 i의 전체 그램원자수이다. 이 조건은 시스템에서 각각의 원소에 적용된다. 고립 제약의 재공식화는 반응하는 시스템과 반응하지 않는 시스템 사이의 근본

적인 차이를 나타낸다. 이 차이의 중요성을 이제 논의할 것이다.

고려 중인 시스템은 2개의 원소 탄소(C)와 산소(O)를 함유한다. 시스템 내의 탄소 그램원자수를 계산하는 것은 쉽다. 각각의 CO 분자는 한 개의 탄소 원자를 갖고 각각의 CO_2 분자는 한 개의 탄소 원자를 갖고 있기 때문이다. 그래서 탄소 원자의 그램원자수는

$$m_C = n_{CO_2} + n_{CO} \tag{11.9}$$

이고, 산소 원자의 그램원자수는

$$m_O = 2n_{CO_2} + n_{CO} + 2n_{O_2} \tag{11.10}$$

으로 표현된다.

만약 시스템이 고립되어 있다면 시스템 내에 어떤 반응이 일어나든지 탄소와 산소 원자수는 변화되지 않는다. 이제 새로운 고립의 제약(isolation constraint)은 식 (11.9)와 (11.10)을 미분하여 얻을 수 있다. 즉, 미분량을 0으로 놓으면,

$$dm_C = 0 = dn_{CO_2} + dn_{CO} \tag{11.11}$$

$$dm_O = 0 = 2\,dn_{CO_2} + dn_{CO} + 2\,dn_{O_2} \tag{11.12}$$

식 (11.11)에서 고립된 시스템은

$$dn_{CO} = -\,dn_{CO_2} \tag{11.13}$$

식 (11.12)에서

$$dn_{O_2} = -\frac{1}{2}[dn_{CO} + 2\,dn_{CO_2}]$$

따라서

$$dn_{O_2} = -\frac{1}{2}\,dn_{CO_2} \tag{11.14}$$

이 보존식에서 알 수 있는 것은 비록 이 시스템에는 3개의 성분이 있더라도 단지 하나의 몰수만이 독립적으로 변화될 수 있음을 나타낸다. 이를 식 (11.3)에 대입하면

$$dS_{iso}{}' = \frac{1}{T}(0) + \frac{P}{T}(0) - \frac{1}{T}\left[\mu_{CO}(-\,dn_{CO_2}) + \mu_{O_2}(-\frac{1}{2}dn_{CO_2}) + \mu_{CO_2}dn_{CO_2}\right]$$

이는
$$dS'_{iso} = -\frac{1}{T}\left[\mu_{CO_2} - (\mu_{CO} + \frac{1}{2}\mu_{O_2})\right]dn_{CO_2} \tag{11.15}$$

여기서 식 (11.15)의 대괄호는 화학 퍼텐셜의 선형 조합(linear combination)인데, 이는 반응에 대한 친화도(Affinity for the reaction) A으로 정의한다. 즉,

$$A = \left[\mu_{CO_2} - (\mu_{CO} + \frac{1}{2}\mu_{CO_2})\right] \tag{11.16}$$

그러면 식 (11.15)

$$dS_{iso}' = -\frac{1}{T} \cdot A \cdot dn_{CO_2} \tag{11.17}$$

만약 기체 혼합물의 온도, 압력 그리고 조성을 안다면 성분의 화학 퍼텐셜, 그리고 애피니티(친화도)를 계산할 수 있다. 주어진 상태에서 A가 음이라고 하자. 이는 반응물(reactant)의 화학 퍼텐셜이 생성물(product)보다 더 큰 것을 의미한다. 그리고 식 (11.17)에서 엔트로피가 증가할 때를 조사하면, A가 음이면 dS가 양이 되기 위해서 dn_{CO_2}가 양이어야 한다. 따라서 유일한 방법은 생성물의 몰수가 증가되어야 한다. 그래서 생성물이 형성된다.

반면에 주어진 조성에서 A가 양이면 생성물의 화학 퍼텐셜이 반응물의 그것보다 더 높은 것을 의미하고, dS가 양이 되기 위하여 dn_{CO_2}가 음이어야 하고 생성물은 분해된다.

엔트로피가 최대에 해당되는 평형 조건은 dn_{CO_2}의 계수를 0으로 놓고 구할 수 있다. 즉,

$$A = \left[\mu_{CO_2} - (\mu_{CO} + \frac{1}{2}\mu_{CO_2})\right] = 0 \tag{11.18}$$

따라서 조성이 반응물의 화학 퍼텐셜이 생성물의 그것과 같은 때에 평형이 얻어진다. 조성이 $\mu_{반응물} > \mu_{생성물}$이면 생성물이 형성되고, $\mu_{반응물} < \mu_{생성물}$이면 생성물은 분해된다. 이 관계식은 화학 반응 시스템을 취급하는 데 필요한 여분의 열역학적 장치이다.

이 결과를 일반화하기 위하여 2개의 원소 M과 X 그리고 3개의 성분, 즉 분자 $M_a X_b$, 분자 X_2 그리고 분자 $M_r X_s$로 구성된 시스템을 생각해 보자. 만약 이 시스템이 주위와 고립되어 있다면 내부의 임의의 화학 반응에 대한 엔트로피 변화는

$$dS' = -\frac{1}{T}\left[\mu_{M_aX_b} dn_{M_aX_b} + \mu_{X_2} dn_{X_2} + \mu_{M_rX_s} dn_{M_rX_s}\right] \tag{11.19}$$

각 원소의 그램원자수는 임의의 시간에서 성분의 몰수로 나타낼 수 있다.

$$m_M = a\, n_{M_aX_b} + (0)\, n_{X_2} + r\, n_{M_rX_s}$$

그리고 $m_X = b\, n_{M_aX_b} + 2\, n_{X_2} + s\, n_{M_rX_s}$

각 경우의 계수는 분자 성분에 해당되는 식으로 주어진다.

고립 제약(isolation constraints) 조건은

$$dm_M = 0 = a\, dn_{M_aX_b} + (0) dn_{X_2} + r\, dn_{M_rX_s} \rightarrow dn_{M_aX_b} = -\frac{r}{a} dn_{M_rX_s} \tag{11.20}$$

그리고 $$dm_X = 0 = b\, dn_{M_aX_b} + 2dn_{X_2} + s\, dn_{M_rX_s}$$

$$dn_{X_2} = -\frac{1}{2}(b\, dn_{M_aX_b} + s\, dn_{M_rX_s}) = \frac{1}{2}(-\frac{br}{a}dn_{M_rX_s} + sdn_{M_rX_s})$$

$$dn_{X_2} = -\frac{(as-br)}{2a}dn_{M_rX_s} \tag{11.21}$$

이 관계식을 식 (11.19)에 대입하면

$$dS_{iso}' = -\frac{1}{T}\left[\mu_{M_aX_b}(-\frac{r}{a}) + \mu_{X_2}(-\frac{as-br}{2a}) + \mu_{M_rX_s}\right]dn_{M_rX_s}$$

$$dS_{iso}' = -\frac{1}{T}\left[\mu_{M_rX_s} - (\frac{r}{a}\mu_{M_aX_b} + \frac{as-br}{2a}\mu_{X_2})\right]dn_{M_rX_s} \tag{11.22}$$

식 (11.17)과 비교하여 애피니티는

$$A = \left[\mu_{M_rX_s} - (\frac{r}{a}\mu_{M_aX_b} + \frac{as-br}{2a}\mu_{X_2})\right] \tag{11.23}$$

첫 번째 항은 다음에 제시하는 반응식 [5]에서 생성물의 화학 퍼텐셜이고, 괄호 속의 항은 반응물의 화학 퍼텐셜이다.

$$\left(\frac{r}{a}\right)M_aX_b + \left(\frac{as-br}{2a}\right)X_2 = M_rX_s \qquad [5]$$

식 (11.22)는 일반적인 형태

$$dS_{iso}' = -\frac{1}{T}A\ dn_{M_rX_s} \tag{11.24}$$

이고 평형에 관한 조건은

$$A = \left[\mu_{M_rX_s} - (\frac{r}{a}\mu_{M_aX_b} + \frac{as-br}{2a}\mu_{X_2})\right] = 0 \tag{11.25}$$

만약 주어진 조성에서 $A>0$이면 $dn_{M_rX_s}$는 음이어야 엔트로피 변화는 양이 되므로 반응은 생성물이 분해되는 방향으로 진행되고, $A<0$이면 생성물은 자발적으로 형성된다.

이 결과는 임의의 화학 반응에서 성립된다. 예를 들면,

$$lM + mM = rR + sS \qquad [6]$$

그러면 화학 애피니티는

$$A = \mu_{\text{product}} - \mu_{\text{reactant}} \tag{11.26}$$

따라서 $$A = (r\mu_R + s\mu_S) - (l\mu_L + m\mu_M) \tag{11.27}$$

으로 표현된다.

식 (8.66)에서 용액 내에 있는 성분 k의 활동도 a_k의 정의를 고려하여 화학 퍼텐셜을 표현하면,

$$\mu_k = \mu_k^0 + RT\ln a_k = G_k^0 + RT\ln a_k \tag{11.28}$$

여기서 G_k^0는 성분 k가 참조 상태에 있을 때 몰당 Gibbs 자유 에너지이다. 그러므로 식 (11.27)은

$$A = \left[r(G_R^0 + RT\ln a_R) + s(G_S^0 + RT\ln a_S)\right]\left[l(G_L^0 + RT\ln a_L) + m(G_M^0 + RT\ln a_M)\right]$$
$$A = \left[rG_R^0 + sG_S^0 - (lG_L^0 + mG_M^0)\right] + RT\left[(r\ln a_R + s\ln a_S) - (l\ln a_L + m\ln a_M)\right]$$

화학 반응에 대한 표준 자유 에너지 변화는

$$\Delta G^0 \equiv \left[rG_R^0 + sG_S^0 - (lG_L^0 + mG_M^0)\right] \tag{11.29}$$

그러면 $$A = \Delta G^0 + RT\ln\left(\frac{a_R^r a_S^s}{a_L^l a_M^m}\right) \tag{11.30}$$

새로이 반응에 대한 비(quotient of the reaction) Q를 정의하면,

$$Q \equiv \left(\frac{a_R^r a_S^s}{a_L^l a_M^m}\right) \tag{11.31}$$

이는 생성물의 활동도와 반응물의 활동도와의 비이다. 그래서

$$A = \Delta G^0 + RT\ln Q \tag{11.32}$$

초기 상태가 어떻든 간에 시스템은 자발적 반응을 진행시켜 평형 상태의 조성이 형성되며 평형을 유지한다. 그 평형 조성에서 Q는 특별한 값을 가져 Q_{equil}로 표시한다. 이 양은 다시 K로 표시하고 반응에 대한 평형 상수(equilibrium constant for the reaction)라고 한다. 그래서

$$K \equiv Q_{equil} = \left(\frac{a_R^r a_S^s}{a_L^l a_M^m}\right)_{equil} \tag{11.33}$$

으로 표기한다. 따라서 K는 활동도비(quotient of activity)가 평형 조성을 이루었을 때의 값이다. 평형에서는 $A = 0$이므로 $Q = K$가 된다. 이 관계를 식 (11.32)에 대입하면 우리에게 친근

한 질량 작용 법칙을 얻는다.

$$A = 0 = \Delta G^0 + RT\ln K$$

따라서 일변수 반응 시스템에서 평형에 대한 조건은

$$\Delta G^0 = -RT\ln K \tag{11.34}$$

이 식이 화학 반응을 다루는 실제 문제에 널리 사용되는 식이다.

이 관계를 일반적인 식 (11.32)에 대입하면

$$A = -RT\ln K + RT\ln Q = RT\ln\frac{Q}{K} \tag{11.35}$$

으로 표현된다.

애피니티에 대한 이 표현은 완전히 식 (11.27)이나 식 (11.32)와 동등하다. 단순화시키는 가정도 없고 단지 기호 단순화만 있을 뿐이다. 애피니티가 음인 조성 범위에서는 생성물이 형성됨을 기억하라. 식 (11.35)에서 $\left(\frac{Q}{K}\right) < 1$이면 애피니티는 0보다 작고 생성물이 형성된다. A가 양이면 생성물은 분해된다. 이는 $\left(\frac{Q}{K}\right) > 1$에 대한 범위이다. $\left(\frac{Q}{K}\right) = 1$인 값에서 A는 0이 되고, 시스템은 평형을 갖는다. 이를 그림 11.1에 나타냈다.

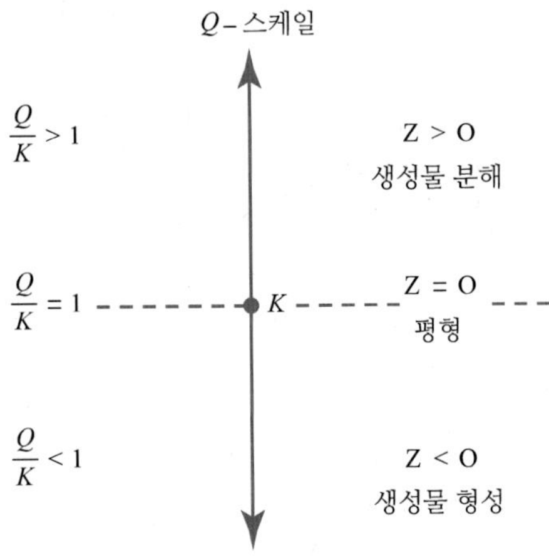

그림 11.1 자발적 분해와 생성물 형성 범위를 보여 주는 애피니티와 (Q/K)의 스케일.

예제 11-1 화학 반응의 방향

Q 1기압에서 한 기체 혼합물은 다음의 조성을 갖는다.

성분	H_2	O_2	H_2O
몰 분율	0.01	0.03	0.96

700 ℃에서 다음의 반응식

$$2H_2 + O_2 = 2H_2O \qquad \Delta G^0 = -393\ \text{kJ}$$

에 대하여 자발적 변화의 방향을 결정하라.

A 700 ℃(973 K)에서 이 반응에 대한 평형 상수는 식 (11.34)를 재배열하여

$$K = e^{-(\Delta G^0/RT)} = e^{-(-393,000)/(8.314\times 973)} = 1.25\times 10^{21}$$

으로 평형 상수는 단위가 없음을 주지하라. 기체 혼합물은 이상 용액으로 간주할 수 있다. 그래서 성분의 활동도(activity)는 혼합물의 몰 분율로 나타낼 수 있다. 혼합물에 대한 활동도의 적정한 비는

$$Q = \frac{a^2_{H_2O}}{a^2_{H_2}a_{O_2}} = \frac{X^2_{H_2O}}{X^2_{H_2}X_{O_2}} = \frac{(0.96)^2}{(0.001)^2(0.03)} = 3.1\times 10^5$$

따라서

$$\frac{Q}{K} = \frac{3.1\times 10^5}{1.3\times 10^{21}} = 2.4\times 10^{-16} << 1.$$

그림 11.1에 의하면 이 시스템에는 생성물 H_2O을 형성하려는 강한 경향이 있다.

예제 11-2 평형일 때의 조성

Q 예제 11-1에서 시스템의 평형 조성은 얼마인가?

A 실용적인 면에서 평형 상수의 크기는 평형에서 활동도의 적정한 비의 분자항은 분모항보다 10^{21}배 더 크다. 이는 시스템이 다른 성분보다 물의 양을 최대로 함을 의미한다. 그러나 모든 수소 양이 물로 변환된다면 모든 산소가 소모되는 것은 아니다. 0.01몰의 수소가 물로 전환되는데, 산소의 0.005몰이 소모된다. 이 과정에서 0.01몰의 물이 여분으로 생겨난다. 초기 혼합물의 각 몰에 대하여 최종 혼합물은 무시할만한 양의 수소를 포함하고, 0.96 + 0.01 = 0.97몰의 물, 0.03 - 0.005 = 0.025몰의 여분의 산소를 함유한다. 전체 몰수는 1.00몰에서 0.97 + 0.025 = 0.995몰로 줄어든다. 몰 분율로 표시한 최종 조성은

성분	H_2	O_2	H_2O
몰 분율	negligible	$\frac{0.025}{0.995} = 0.0251$	$\frac{0.970}{0.995} = 0.9749$

식 (11.34)는 평형 조건을 나타내는데, 이 형태는 평형 상수와 반응에 대한 표준 자유 에너지 변화 사이의 지수 함수 관계를 나타낸다. 기술적으로 관심 있는 화학 반응에 대한 ΔG^0 의 측정된 값은 약 100 kJ에서 −1,000 kJ 범위에 걸쳐 있다. 그 결과 K값은 수백, 수천 배에 달한다. 실제 문제에서 관심의 시스템의 임의의 조성에서 얻은 Q값은 수백수천 배이다. 그래서 예제 11−1에서와 같이 Q와 K의 차이도 수백수천 배이다. 예제 11−1에서 제시된 시스템의 주어진 조성에서 어느 방향이 평형인가에 대한 정성적인 대답은 보통 쉽게 얻어진다.

평형 근처에 가까이 있는 조성을 갖는 시스템에서 $\frac{Q}{K}$는 1에 가까워진다. 이 경우 Q나 K는 이 정성적 질문에 정확하게 답할 필요가 없다. 대조를 이루어 예제 11−2에서 제시된 질문과 같이 초기 조성이 주어지면 평형에서의 조성은 평형 상수에 대한 정확한 지식과 원소 보존으로부터의 계산이 요구된다. 그와 같은 문제에 대한 일반적 전략은 다음 절에서 논의 된다.

2.2 기체상에서 다변수 반응

두 개의 독립적인 화학 반응을 갖는 시스템은 다변수 반응 시스템의 가장 간단한 예이다. 탄소(C)와 산소(O)를 가진 시스템을 생각해 보자. 3개의 성분(CO, CO_2, O_2)에 더하여 4번째 성분 탄소 증기($C(g)$)의 측정이 가능한 양을 갖는다. 이 시스템에서 $e=2$, $c=4$이고 $r=4-2=2$이다. 따라서 시스템은 이변수 반응 시스템(bivariant reacting system)이다.

탄소와 산소의 그램원자수에 대한 표현은

$$m_C = (1)n_{C(g)} + (0)n_{O_2} + (1)n_{CO_2} + (1)n_{CO} \tag{11.36}$$

$$m_O = (0)n_{C(g)} + (2)n_{O_2} + (2)n_{CO_2} + (1)n_{CO} \tag{11.37}$$

조성에 대한 고립 제약은

$$dm_C = dn_{C(g)} + dn_{CO_2} + dn_{CO} = 0 \tag{11.38}$$

$$dm_O = 2dn_{O_2} + 2dn_{CO_2} + dn_{CO} = 0 \tag{11.39}$$

그래서 4개의 조성 변수가 두 개의 선형식과 연결된다. 이 시스템 식은 자유도(degree of freedom)가 2가 된다. 이제 dn_{CO}, dn_{CO_2}를 독립 변수로 선택하자. 식 (11.38)에서

$$dn_{C(g)} = -(dn_{CO_2} + dn_{CO}) \tag{11.40}$$

식 (11.39)에서

$$dn_{O_2} = -\left(dn_{CO_2} + \frac{1}{2}dn_{CO}\right) \tag{11.41}$$

으로 나타낸다. 이 고립계에서의 엔트로피 변화는 각 성분에 대한 항 4개를 포함한다. 즉,

$$dS_{iso}{}' = -\frac{1}{T}\left[\mu_{C(g)}dn_{C(g)} + \mu_{O_2}dn_{O_2} + \mu_{CO_2}dn_{CO_2} + \mu_{CO}\,dn_{CO}\right]$$

식 (11.40)과 (11.41)를 사용하여 종속 변수(dependent variable)들을 제거하면

$$dS_{iso}{}' = -\frac{1}{T}\left[\mu_{C(g)}(-dn_{CO_2} - dn_{CO}) + \mu_{O_2}(-dn_{CO_2} - dn_{CO}) + \mu_{CO_2}dn_{CO_2} + \mu_{CO}\,dn_{CO}\right]$$

정리하면

$$dS_{iso}{}' = -\frac{1}{T}\left[[\mu_{CO} - (\mu_{C(g)} + \frac{1}{2}\mu_{O_2})]\,dn_{CO} + [\mu_{CO_2} - (\mu_{C(g)} + \mu_{O_2})]\,dn_{CO_2}\right] \tag{11.42}$$

dn_{CO} 항의 계수는 반응 $C(g) + \frac{1}{2}O_2 = CO$에 대한 애피니티 $A_{[CO]}$이다. 그리고 dn_{CO_2}항의 계수는 반응 $C(g) + O_2 = CO_2$에 대한 애피니티 $A_{[CO_2]}$이다. 그래서 식 (11.42)는

$$dS_{iso}{}' = -\frac{1}{T}\left[A_{[CO]}\,dn_{CO} + A_{[CO_2]}\,dn_{CO_2}\right] \tag{11.43}$$

이 식은 시스템이 주위로부터 고립될 때 나타낼 수 있는 엔트로피 변화를 두 개의 독립 변수로 나타낸 것이다. 엔트로피에서 제약된 최대값은 미분량의 계수를 0으로 하고 구한다. 그래서 평형에 관한 이변수 시스템에서

$$A_{[CO]} = \mu_{CO} - (\mu_{C(g)} + \frac{1}{2}\mu_{O_2}) = 0 \tag{11.44}$$

$$A_{[CO_2]} = \mu_{CO_2} - (\mu_{C(g)} + \mu_{O_2}) = 0 \tag{11.45}$$

식 (11.34)를 적용하면

$$\Delta G^0_{[CO]} = -RT\ln K_{[CO]} \tag{11.46}$$

$$\Delta G^0_{[CO_2]} = -RT\ln K_{[CO_2]} \tag{11.47}$$

표준 자유 에너지 변화와 평형 상수는 시스템을 나타내는 (CO)와 (CO_2) 형성 반응에 적용된 값이다.

이변수(bivariant) 경우의 평형 조건의 도출은 쉬우나 식 (11.43)에 엔트로피 증가의 요구에 근거한 자발적 변화에 대한 조건은 명확하지 않다. 예를 들면, 두 애피니티가 같은 부호를 가져도 dn_{CO}, dn_{CO_2}항이 반대 부호를 갖고 여전히 양의 엔트로피를 갖는 것이 가능하다. 고립

된 이변수 시스템에서 엔트로피 증가는 관련된 양의 값에 전적으로 의존한다. 따라서 일반적인 언급을 할 수 없게 된다. 이 상황은 다변수 시스템(multivariant system)에서 여분의 독자적인 반응식이 더해짐에 따라 복잡함은 가중된다.

만약 시스템이 2개의 독립적인 화학 반응을 진행한다면 반응 시스템은 이변수라고 한다. 그러나 다른 성분들 사이에 가능한 다른 반응을 식으로 표현할 수 있으나 이 반응식들은 모두 독립적이지 못하다. 그들은 2개의 독립된 반응식의 선형 조합으로 나타낼 수 있기 때문이다.

앞에서 소개된 반응

$$C(g) + CO_2 = 2CO \qquad [7]$$

은 계수를 두 배로 한 [CO] 반응에서 [CO_2] 반응을 빼면 얻어짐을 보였다. 그래서 이 반응은 [7]=2[CO]-[CO_2]이다. 반응식 [7]에서 화학량론(stoichiometric) 언급은 [CO_2]와 [CO]에서의 화학량론의 선형 조합의 결과이므로 독립적인 언급이 아니다.

반응은 또한 다음과 같이 쓸 수 있다.

$$2CO + O_2 = 2CO_2 \qquad [8]$$

이 반응은 [8]=2[CO]-2[CO_2]이다.

반응 [7]과 [8]에 대한 애피니티는 반응 [CO_2]와 [CO]에 대한 애피니티의 유사한 선형 조합임을 쉽게 나타낼 수 있다. 반응식 [7]에 대한 애피니티는

$$A_{[7]} = 2\mu_{CO} - (\mu_{C(g)} + \mu_{CO_2}) \tag{11.48}$$

$A_{[CO]}$와 $A_{[CO_2]}$의 선형 조합으로

$$\begin{aligned} A_{[7]} &= 2A_{[CO]} - A_{[CO_2]} = 2[\mu_{CO} - (\mu_{C(g)} + \frac{1}{2}\mu_{O_2})] - [\mu_{CO_2} - (\mu_{C(g)} + \mu_{O_2})] \\ &= 2\mu_{CO} - 2\mu_{C(g)} - \mu_{O_2} - \mu_{CO_2} + \mu_{C(g)} + \mu_{O_2} = 2\mu_{CO} - (\mu_{C(g)} + \mu_{CO_2}) \end{aligned}$$

또한
$$2A_{[CO]} - A_{[CO_2]} = 2\mu_{CO} - (\mu_{C(g)} + \mu_{CO_2}) = A_{[7]} \tag{11.49}$$

$A_{[8]} = 2A_{[CO]} - 2A_{[CO_2]}$ 관계도 쉽게 유도할 수 있다.

또한 애피니티 사이의 관계식은 이 반응에 대한 표준 자유 에너지 변화와 평형 상수 사이의 관계를 의미한다. 예를 들면,

$$A_{[k]} = mA_{[i]} - nA_{[j]} \tag{11.50}$$

의 관계에서 식 (11.32) 각각의 애피니티를 식 (11.50)에 대입하면,

$$\Delta G^0_{[k]} + RT\ln K_{[k]} = m(\Delta G^0_{[i]} + RT\ln K_{[i]}) - n(\Delta G^0_{[j]} + RT\ln K_{[j]})$$

해당하는 항을 비교하면

$$\Delta G^0_{[k]} = m\Delta G^0_{[i]} - n\Delta G^0_{[j]} \tag{11.51}$$

$$K_{[k]} = \frac{K^m_{[i]}}{K^n_{[j]}} \tag{11.52}$$

따라서 다른 반응의 선형 조합인 임의의 반응은 기여 반응에 대한 ΔG^0값의 선형 조합인 표준 자유 에너지 변화를 갖는다. 그와 같은 반응의 평형 상수는 반응에 관련된 선형 조합의 계수에 해당하는 곱을 한 K값이다.

평형에서 $A_{[CO]}$와 $A_{[CO_2]}$는 독립적으로 0이므로 반응 [7]에 대한 애피니티는 식 (11.50)으로 이들의 선형 조합의 값이다. 시스템이 평형에 도달하면

$$A_{[7]} = 0 \tag{11.53}$$

유사하게 반응 [8]에 대한 애피니티는 평형에서 0이다. 즉,

$$A_{[8]} = 0 \tag{11.54}$$

그래서 시스템의 평형 상태를 나타내는 작용식은

$$\Delta G^0_{[j]} = -RT\ln K_{[j]} \quad [j = 1, 2, 3, 4] \tag{11.55}$$

이 4가지 식에서 단지 2개만이 독립적이다.

위의 주장을 직접적으로 e 원소들과 C 성분들로 구성된 다변수 반응(multivariant reacting) 시스템으로 확장할 수 있다. 많은 성분수를 가진 시스템에서 $r = (C - e)$의 독립된 식이 평형 상태를 나타내는 식 (11.55)의 형태를 갖는다. 그러나 시스템 내의 성분 사이에 쓸 수 있는 모든 가능한 반응에 대하여 식 (11.55)와 같은 식을 쓸 수 있으나 단지 r개의 식만이 독립이다.

다변수 반응 시스템(multivariant reacting system)에서 평형 조건을 결정하는 전략은 화학 평형에 대한 독립 조건과 보존되어야 할 원소의 그램원자수를 요구하는 식을 사용한다. 단상의 시스템이 C 성분을 함유하면 평형 상태는 C 성분 각각의 몰 분율에 값을 주어 규정한다. 만약 그 성분들이 e 원소로부터 성립되었다면 e개의 원자 보존식이 있는데, 각 원소에 대한 식은 다음의 형태

$$m_j = \sum_{k=1}^{C} b_{jk} n_k \quad (j = 1, 2, \ldots, e) \tag{11.56}$$

여기서 계수 b_{jk}는 k 분자에 함유된 원소 j의 원자수이다. 만약 k가 원소 j를 함유하지 않았다면 그 성분에 대하여 $b_{jk}=0$이다. 여기서 이 식들은 미지의 n_k에 선형이다. $r=(C-e)$개의 독립적인 반응식이 있고 각각은 평형에 관한 식 (11.55)를 갖고 해당되는 평형 상수에 관한 값을 갖는다. 이 평형 상수 각각은 식 (11.33)과 같은 식으로 시스템의 조성과 관련된다. 이 관계식은 보통 선형(linear)이 아니다. 왜냐하면 관련된 활동도 값은 지수 함수를 갖기 때문이다. $r=(C-e)$개의 평형 상수 관계식을 원자 보존식에 더하면 전체는 $[e+(C-e)]=C$개의 미지수를 갖는 식이 얻어지고, 시스템의 상태는 수학적으로 완전히 결정된다.

예제 11-3 평형 상수 계산

Q 기체 혼합물(gas mixture)은 다음의 조성을 갖는다.

성분	H_2	O_2	H_2O	CO	CO_2	CH_4
몰 분율	0.05	0.05	0.15	0.25	0.40	0.10

600 ℃에서 이 혼합물의 평형 상수를 구하라.

A 이 시스템에 대한 식 (11.56)에 해당되는 원소 보존식은

$$m_C=(0)n_{H_2}+(0)n_{H_2O}+(0)n_{O_2}+(1)n_{CO}+(1)n_{CO_2}+(1)n_{CH_4}$$
$$m_O=(0)n_{H_2}+(1)n_{H_2O}+(2)n_{O_2}+(1)n_{CO}+(2)n_{CO_2}+(0)n_{CH_4}$$
$$m_H=(2)n_{H_2}+(2)n_{H_2O}+(0)n_{O_2}+(0)n_{CO}+(0)n_{CO_2}+(4)n_{CH_4}$$

임의의 순간에 시스템 내의 전체 몰수는 각 성분의 몰수의 합이다. 즉,

$$n_T=n_{H_2}+n_{O_2}+n_{H_2O}+n_{CO}+n_{CO_2}+n_{CH_4}$$

이 시스템에는 $C=6$, $e=3$으로 3개의 독립적인 반응식이 있다. 이들은

$$2H_2+O_2=2H_2O \qquad [1]$$
$$2CO+O_2=2CO_2 \qquad [2]$$
$$CH_4+2O_2=2H_2O+CO_2 \qquad [3]$$

600 ℃에서 이 반응에 대한 표준 자유 에너지 변화는 부록 G에서 찾을 수 있다.

$$\Delta G^0_{[1]}=-406{,}200,\ \Delta G^0_{[2]}=-414{,}500,\ \Delta G^0_{[3]}=-797{,}900$$

기체 혼합물을 이상기체로 가정하여 활동도 몰 분율로 잡으면 해당되는 평형 상수는

$$K_{[1]}=\frac{X^2_{H_2O}}{X^2_{H_2}X_{O_2}}=2.02\times10^{24}$$

$$K_{[2]}=\frac{X^2_{CO_2}}{X^2_{CO}X_{O_2}}=6.34\times10^{24}$$

(계속)

$$K_{[3]} = \frac{X_{H_2O}^2 X_{CO_2}}{X_{CH_4} X_{O_2}^2} = 5.53 \times 10^{47}$$

각 성분에 대한 몰 분율은 $X_k = \dfrac{n_k}{n_T}$ 이다. 따라서 7개의 식이 7개의 변수(6개의 n_k와 n_T)를 관련시킨다. 7개의 연립 방정식에서 계산된 기체상의 평형 조성은

성분	H_2	H_2O	CO	CO_2	CH_4	O_2
몰 분율	0.136	0.144	0.231	0.445	0.052	1.6×10^{-24}

예제 11-3에서 제시된 문제는 전형적인 문제이다. 시스템의 초기 조성이 알려지고 이로부터 각 원소의 그램원자수 m_j를 계산할 수 있다. 조성의 분자식은 시스템의 원소 보존식에 해당되는 반응식의 계수를 제공한다. $r = C - e$개의 독립적인 화학 반응은 공식화하여 나타

TEMPERATURE =1000 K:
TOTAL PRESSURE =1000e +00 ATM:

INITIAL COMPOSITION:

CO(g)	Co_2(g)	SO2
3.12E-01	5.09E-01	1.79E-01

FQUILIBRIUM COMPOSITION:

1 COS (g)	p=9.25E-03
2 S_2O (g)	p=2.34E-04
3 SO_3 (g)	p=6.03E-10
4 SO_2 (g)	p=3.22E-02
5 SO (g)	p=5.19E-06
6 CS_2 (g)	p=1.13E-05
7 CS (g)	p=6.23E-10
8 S_8 (g)	p=3.44E-08
9 S_7 (g)	p=4.47E-07
10 S_6 (g)	p=6.84E-06
11 S_5 (g)	p=2.75E-05
12 S_4 (g)	p=6.60E-06
13 S_3 (g)	p=2.15E-03
14 S_2 (g)	p=7.30E-02
15 S (g)	p=1.39E-09
16 C_3O_2 (g)	p=4.68E-23
17 CO_2 (g)	p=8.78E-01
18 CO (g)	p=5.30E-03
19 O_3 (g)	p=8.78E-36
20 O_2 (g)	p=1.00E-16
21 O (g)	p=1.56E-18
22 C_5 (g)	p=3.39E-64
23 C_4 (g)	p=1.75E-59
24 C_3 (g)	p=2.39E-46
25 C_2 (g)	p=1.37E-43

그림 11.2 GASMIX로 계산된 1,000 K의 주어진 초기 조성을 갖는 기체 혼합물의 평형 조성의 예(from DeHoff RT).

낼 수 있다. ΔG^0의 값은 이 반응에서 얻을 수 있다. 보통의 분자 성분에 대하여 원소로부터 성분을 형성하는 반응에 대한 값 ΔH_f^0와 ΔS_f^0을 표에 나타냈다(부록 G, H, I).

$\Delta G^0 = \Delta H^0 - T\Delta S^0$ 이므로 이 정보는 임의의 온도에서 ΔG_f^0의 계산을 가능케 한다. 평형 상수 K는 평형 조건에 대하여 식 (11.55)에서처럼 각 반응에 대하여 구한다. C개 미지수와 C개 방정식은 e개 선형인 원소 보존식으로부터 도출한다. 남아 있는 $C-e$식은 평형 상수에서 나오고 이는 비선형이다. 좀 더 구체적인 계산은 컴퓨터를 활용하여 구하는데, 그림 11.2는 SOLGAMIX 프로그램에서 계산된 예를 보여 주고 있다.

3 다상 시스템에서 반응

실용적인 관심 시스템에 대한 재료는 다성분, 다상이고 화학 반응도 일으키는 것이 보통이다. 예를 들면, 금속의 산화에는 3개의 상이 포함된다. 금속, 세라믹 산화물 그리고 산소의 공급원인 기체상이다. 그와 같은 시스템의 표현은 각 상에서 성분은 화학종(chemical species)들이고, 이들의 조성은 시스템이 평형에 있지 않으면 독립적으로 변화할 수 있다.

기체상에서 참여 리스트는 원칙적으로 시스템 내의 원소들이 결합하여 형성하는 모든 알려진 분자종(species)을 포함한다. 만약 전기적 효과가 중요하다면 이 리스트는 이온종(ionic species)에까지 확장된다. 금속상에서 리스트는 보통 시스템에서의 원소와 화합한다. 왜냐하면 분자 조합은 금속에 녹으면서 기본적인 성분으로 분리되기 때문이다. 세라믹상은 넓은 범위의 이온 결합, 공유 결합 그리고 극성 고체(polar solid) 상으로 보통 화학에서 화합물(compound)로 나타내는 산화물(oxides), 탄화물(carbides), 질화물(nitrides), 황화물(sulfates) 등을 포함한다. 만약 화학량론 조성의 변화가 관심이 있다면 화합물상 묘사에 원소 성분의 몰수 변화가 포함되어야 하고, 전기장이 관여되면 성분들은 충분히 세라믹상을 이루는 이온종으로 잡아야 한다. 이온종 한 개의 상이 전해질(electrolyte)이면 거동에 중요한 역할을 하게 된다.

예를 들어, Cu 금속의 산화를 생각해 보자. 보통 3개의 상이 관여된다. 금속 상(α), 기체상(g), 그리고 세라믹상으로 산화 구리(Copper oxide(ε))로 보통 Cu_2O이다. 제한된 범위의 산소 퍼텐셜과 온도에서 CuO가 또한 형성된다.

평형에서 3개 상은 용액(solution)이다. 약간의 산소 원자들이 Cu 금속에 용해되고 약간의 Cu 증기는 산소와 같이 기체 내에 있고, 산화물상은 화학량론 조성에서 벗어난다. 약간의 성분은 한 상에 있으나 다른 상에는 없다. 기체상은 분자 형태의 산소 O_2를 함유한다. Cu 금속 내의 산소는 단원자(monatomic)이다. 구리에 산소를 녹이기 위해 산소 분자는 금속/기체 계면에서 원자로 분해되어야 한다. 산화물 내의 산소는 산소 이온으로, 구리는 구리 이온으로 존재한다. 이 이온들은 금속 내에서나 증기 어디에든 존재할 수 없다. 다른 이온종이 산화물에 결함으로 존재할 수 있다. 성분들은 다음과 같이 취할 수 있다.

Cu^{α}, $Cu^{++\epsilon}$, $O^{-\epsilon}$, Cu^{g}, O_2^{g}. 이 리스트조차 총망라한 것이 아니다. 기체상에 대한 분광학적 분석은 단원자 산소(monatomic oxygen) O_1, 오존 O_3 그리고 다양한 구리와 산소의 착화물(complex) 이온으로 아주 작게 존재하나 감지될만한 양은 아니다.

대부분의 응용에 있어서 고려된 성분 리스트는 시스템의 거동을 나타내는데 충분하나, 이는 앞에서 고려된 총망라 리스트보다 짧다. 독립된 정보에서 몰수의 변화가 무시될 만하면 그런 성분은 시스템 거동의 표현에서 제거된다. Cu–O 시스템에서 가장 간단한 처리는 단지 3개의 성분(Cu(α), CuO(ε), O_2(g))으로 가시화한다. 시스템(α, ε, g) 각각의 상은 성분(Cu, CuO, O_2)으로 본다. 왜냐하면 상의 성분은 불변(invariant)으로 가정하였기 때문이다.

이 레벨의 정교함에서는 2개의 원소와 3개의 성분과 3개의 상이 존재하는 시스템이다. $r=(C-e)=(3-2)=1$으로 이는 일변수 시스템이다.

평형 조건을 찾는 전략은 3상, 삼성분계에 적용할 수 있다. 임의의 시간에서 시스템 내의 Cu 원자수는

$$m_{Cu}=n_{Cu}^{\alpha}+n_{CuO}^{\epsilon} \tag{11.57}$$

산소 원자수는

$$m_{O}=2n_{O_2}^{g}+n_{CuO}^{\epsilon} \tag{11.58}$$

고립계에서 각 원소의 원자수는 보존된다.

$$dm_{Cu}=0=dn_{Cu}^{\alpha}+dn_{CuO}^{\epsilon} \rightarrow dn_{Cu}^{\alpha}=-dn_{CuO}^{\epsilon}$$

$$dm_{O}=0=2dn_{O_2}^{g}+dn_{CuO}^{\epsilon} \rightarrow dn_{O_2}^{g}=-\frac{1}{2}dn_{CuO}^{\epsilon}$$

이 3상 시스템의 엔트로피 변화에 대한 표현은 각 상에 대하여 U'과 V'항을 포함한다. 이 항들은 내부 에너지와 부피의 고립 제약을 받으면, 열평형($T^{\alpha}=T^{\epsilon}=T^{g}$)과 역학 평형($P^{\alpha}=P^{\epsilon}=P^{g}$) 조건을 갖는다. 현재 논의에서는 화학적 효과만 초점이 맞추어지므로 엔트로피는

$$dS_{iso}'=[[...]]-\frac{1}{T}\left[\mu_{Cu}^{\alpha}dn_{Cu}^{\alpha}+\mu_{CuO}^{\epsilon}dn_{CuO}^{\epsilon}+\mu_{O_2}^{g}dn_{O_2}^{g}\right] \tag{11.59}$$

여기서 [[...]]는 4개의 조성이 관여하지 않은 항이다. 이제 원자수 보존 조건을 적용하면

$$dS_{iso}' = [[...]] - \frac{1}{T}\left[\mu^{\alpha}_{Cu}(-dn^{\epsilon}_{CuO}) + \mu^{\epsilon}_{CuO}dn^{\epsilon}_{CuO} + \mu^{g}_{O_2}(-\frac{1}{2}dn^{\epsilon}_{CuO})\right]$$

$$dS_{iso}' = [[...]] - \frac{1}{T}\left[\mu^{\epsilon}_{CuO} - (\mu^{\alpha}_{Cu} + \frac{1}{2}\mu^{g}_{O_2})\right](dn^{\epsilon}_{CuO}) \tag{11.60}$$

평형 조건을 찾기 위하여 계수를 0으로 놓는다. 이는 다음 반응의 애피니티에 해당된다.

$$Cu(\alpha) + \frac{1}{2}O_2(g) = CuO(\varepsilon)$$

$$A_{[Cu\,O]} = \mu^{\epsilon}_{CuO} - (\mu^{\alpha}_{Cu} + \frac{1}{2}\mu^{g}_{O_2}) \tag{11.61}$$

평형 조건은

$$A_{[Cu\,O]} = \mu^{\epsilon}_{CuO} - (\mu^{\alpha}_{Cu} + \frac{1}{2}\mu^{g}_{O_2}) = 0 \tag{11.62}$$

이다. 화학 퍼텐셜을 해당되는 활동도로 표시하면

$$\Delta G^{0}_{CuO} = -RT\ln K_{CuO} \tag{11.63}$$

여기서

$$\Delta G^{0}_{CuO} = G^{0}_{CuO} - (G^{0}_{Cu} + \frac{1}{2}G^{0}_{O_2}) \tag{11.64}$$

그리고

$$K_{CuO} = \frac{a_{CuO}}{a_{Cu}\,a^{1/2}_{O_2}} \tag{11.65}$$

다상 반응 시스템에서 평형에 대한 조건은 기체상 반응에 대하여 도출된 조건과 공식적으로 일치한다.

예제 11-4 산소의 부분압

Q 순수 구리가 900 ℃에서 CuO와 평형을 이루는 시스템에서 존재하는 산소의 부분압을 구하라. 900 ℃에서 Cu와 O_2로부터 CuO의 형성 표준 자유 에너지는 $\Delta G^0 = -184$ kJ이다.

A 반응에 대한 평형 상수는 $K = e^{-(184,000/8.314\times1173)} = e^{+18.9} = 1.56\times10^{8}$이다. 활동도의 적합한 비는 $a_{Cu}=1$, $a_{CuO}=1$로 놓아 구한다. 왜냐하면 이들은 주어진 조건에서 참조 상태(reference stste)에 있기 때문이다.

(계속)

그리고 $a_{O_2} = \frac{P_{O_2}}{P^0_{O_2}}$ 이다. 이는 시스템의 부분압 대 참조 상태에서의 압력과 비이다. 반응에 대한 ΔG^0을 구하는데 사용된 참조 상태는 1기압이므로, 산소의 활동도는 수치적으로 부분압 P_{O_2}와 같다. 그래서 평형 상수식 (11.65)에서

$$K_{CuO} = \frac{a_{CuO}}{a_{Cu}\, a_{O_2}^{1/2}} = \frac{1}{1 \cdot \ P_{O_2}^{1/2}} = 1.58 \times 10^8 \text{ 이다. 따라서}$$

$$P_{O_2} = \left(\frac{1}{1.58 \times 10^8} \right)^2 = 4.2 \times 10^{-17} \text{ atm}$$

만약 $r = C - e > 1$이면 반응 시스템은 다변수이다. 일변수 시스템에서 다변수 시스템으로의 확장은 같은 논리적 연속을 따른다. 결과는 같고 화학 평형 조건은 다음 형태의 한 세트의 식에 해당된다.

$$A_{[j]} = 0 \quad [j = 1, 2, \ldots, r] \tag{11.66}$$

그리고 동등한 작용식은

$$\Delta G^0_{[j]} = -RT \ln K_{[j]} \quad [j = 1, 2, \ldots, r] \tag{11.67}$$

여기서 r은 시스템에서 독립적인 반응식의 수이다. 시스템 내의 성분 간의 임의의 화학 반응은 독립적인 반응의 선형 조합이므로 식 (11.67)과 (11.66) 시스템에서 성분 간에 쓸 수 있는 모든 화학 반응에 적용된다.

다성분, 다상 반응 시스템과 관련해서 실제 문제를 취급하는데에는 특별한 응용에 흥미있는 서너 성분간에 존재하는 하나의 평형에 한정하는 것이 편리하다. 이 전략은 실제로 가능하다. 왜냐하면 식 (11.67)과 같은 식은 모든 반응에 성립되기 때문이다. 그와 같은 단순화에는 주의가 필요하다. 왜냐하면 그렇게 유도된 평형 상황은 준안정(metastable)일 수 있기 때문이다. 고려하는 시스템에서 하나 또는 그 이상의 성분만이 실제 안정된 평형 상태에서 우위종(predominance species)일 수 있기 때문이다. 이렇게 유도된 결론은 잘못될 수 있다. 모든 성분이 참여하는 다변수 평형에 나타냄은 '시스템에 대한 우위 도표'라 부르는데, 이는 4절에서 논의할 것이다.

4 일반적인 반응 시스템에서 거동 패턴

반응에 대한 평형 상수의 계산은 반응 시스템에서 실제 문제를 푸는 해의 핵심이다. 반면에 평형 상수는 반응에 대한 표준 자유 에너지 변화, 식 (11.67)의 ΔG^0의 정보에서 계산된다. 온도와 압력에 따른 평형 상태의 변화는 ΔG^0의 변화로 추적할 수 있다.

표준 자유 에너지 변화는 참조 상태에 있는 성분들의 자유 에너지의 합으로 정의되므로, 온도와 압력에 따른 ΔG^0의 변화는 간단한 일성분 시스템에 대한 열역학적 관계를 사용하여 계산한다.

4.1 산화 반응에 대한 Richardson-Ellingham 도표

임의의 반응에 대한 표준 자유 에너지 변화는 다음과 같은 정의에 의한 관계식으로 반응의 표준 엔탈피 변화와 엔트로피 변화항으로 나타낸다. 즉,

$$\Delta G^0 = \Delta H^0 - T\Delta S^0 \tag{11.68}$$

재료과학에서 대부분의 반응 시스템(reacting system)의 연구는 1기압에서 온도에 따른 시스템의 거동 변화가 가장 중요하다. 일정한 압력에서 온도에 따른 엔탈피 변화는

$$\Delta H^0(T) = \Delta H^0(T_0) + \int_{T_0}^{T} \Delta C_P^0(T)\,dT \tag{11.69}$$

여기서 ΔC_P^0는 생성물의 순수 성분의 열용량에서 반응물의 열용량을 뺀 것이다. 열역학 과정과 관련된 에너지 스케일로 보면 반응열(heat of reaction)은 아주 큰 수로 수백 kJ이다. 반응물과 생성물의 온도 변화에 따른 관련된 열교환은 수십 kJ이다. 생성물과 반응물의 열효과로 인한 차이는 1/10만큼 더 작다. 식 (11.69)의 두 번째 항은 대부분 실용적 목적에서 무시할 만하고 반응열은 온도에 무관하다. 엔트로피 반응도 유사한 관찰이 이어진다. 관계식은

$$\Delta S^0(T) = \Delta S^0(T_0) + \int_{T_0}^{T} \frac{\Delta C_P^0(T)}{T}\,dT \tag{11.70}$$

으로 여기서 두 번째 항은 무시할 수 있다. 그래서 식 (11.68)의 엔탈피와 엔트로피항이 상수로 취급된다.

이 근사로 식 (11.68)의 ΔH^0, ΔS^0을 상수로 하여 반응에 대한 $\Delta G^0(T)$ 대 온도의 그래

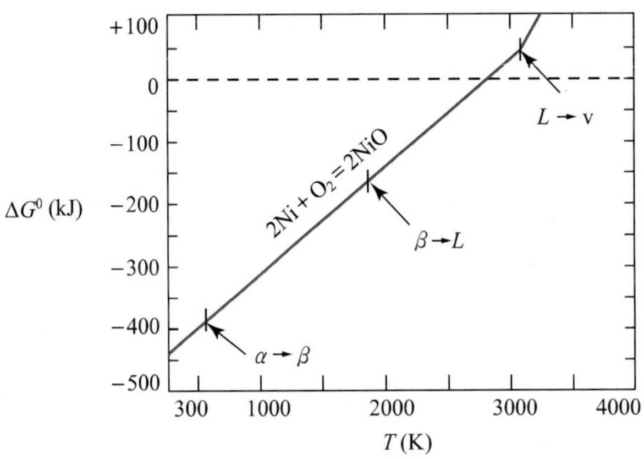

그림 11.3 온도의 함수로 나타낸 NiO의 형성에 대한 표준 자유 에너지 변화.

프가 얻어진다. $\Delta G^0(T)$는 직선이고 기울기는 $-\Delta S^0$이고 $T=0$ K에서 절편은 반응에 대한 엔탈피 ΔH^0와 같다. 그림 11.3은 Ni 산화물 형성에 대한 그림이다. 선형에서 벗어남이 현저하나 대부분의 응용에서 중요하지 않다. 직선 곡선은 기울기에서 3개의 불연속이 존재한다. 이들은 반응에서 성분의 상전이와 관련된다.

예를 들면, 1,450 ℃에서 Ni 금속은 녹는다. 그 아래 온도에서 Ni의 참조 상태는 반응 2Ni(c) + O_2=2NiO(c)를 갖는 순수 결정 (FCC) Ni이다.

Ni의 녹는점 위의 온도에서 반응의 성분에 대한 참조 상태는 순수 액체 Ni이다. $\Delta G^0(T)$ 그림은 2Ni(l)+O_2=2NiO(c)을 나타낸다. 이 반응의 엔탈피와 엔트로피는 Ni의 참조 상태의 차이에 해당하는 양만큼 다르다. 이는 2Ni(c)=2Ni(l)의 반응식으로 나타낼 수 있다. 이 차이는 Ni 융해열(heat of fusion)의 엔트로피의 2배되는 양이다. 그래서 녹는점에서 기울기는 2ΔS_f^0 만큼 변하고 $T=0$ K에서 절편은 $2\Delta H_f^0$ 이다. 기울기와 절편에서 좀 더 급격한 변화는 3,380 ℃에서 일어나고 이는 Ni의 기화(vaporization)와 관련된다. 기화 엔트로피는 전형적으로 용해 엔트로피보다 10배 더 크다. 곡선상에 나타난 굴절은 기울기가 줄어드는데, 이는 생성물 NiO의 상변화로 추적할 수 있다. 그래서 $\Delta G^0(T)$ 대 온도의 그래프는 직선 부분과 반응물의 상전이에 따른 기울기에서 불연속이 일어나는 굴절된 선이다.

실용적인 질문 중에는 '온도 1,000 ℃에서 어느 금속이 산화에 더 저항할까?' 또는 '1,400 ℃에서 질화물 중 어느 것이 좀 더 안정되어 분해되지 않는가?'가 있다. 이에 대한 해답을 찾기 위해서는 화합물계(compound family)의 안정성을 비교하는 것이 유용하다. 그와 같은 비교는 유사 화합물의 거동 패턴으로 유용하다. 산화물, 질화물, 탄화물의 비교를 개발하는데 모든 반응에 공통 성분의 같은 몰수를 관련시키기 위하여 반응의 항으로 공식화 하는 것이 유용하다. 그래서 산화 거동을 비교하기 위하여 1몰의 산소의 항으로 모든 반응식을 쓰고 균형을 맞춘다.

그림 11.4는 이와 같이 공식화된 그림으로 1940년 독립적으로 소개된 Richardson Ellingham 도표로 알려진다. 많은 산화 반응에 대한 표준 자유 에너지 변화를 이 도표 상에 온도의 함수로 그려졌다. 주어진 반응을 나타내는 곡선은 굴절된 선으로 금속이나 산화물의 상전이에서 일어나는 기울기를 변화로 갖는다. 각각의 라인 부분은 식 (11.68)로 주어지고 기울기는 $-\Delta S^0$ 이고 $T=0$ K에서 절편은 반응에 대한 엔탈피 ΔH^0와 같다. 금속과 산화물이 고체 상태인 낮은 온도에서 라인들은 근본적으로 같은 기울기를 갖는다. 분명히 이 반응에 대한 주된 기여는 1몰의 기체가 응집되는 것과 관련된 부피 변화에서 옴을 반영한다. 고체상의 엔트로피 사이의 차이는 이 효과에 비교하여 작다. 이 점을 지지하는 다음의 반응 $C+O_2=CO_2$의 경우 그림에서 거의 수평선이다. 이 경우 1몰의 기체는 1몰 기체를 만들어 부피 변화는 근본적으로 0이다. 부피 변화와 관련된 엔트로피는 0이다. 유사한 반응 $2C+O_2=2CO$는 음의 기울기를 갖는다. 왜냐하면 시스템은 1몰 기체에서 2몰로 팽창하기 때문이다.

금속을 산화물로 변환시키는 반응 엔트로피는 유사한 값을 가지므로 곡선 사이의 중요한 차이는 반응열로 각 곡선의 $T=0$ K에서의 절편으로 나타낸다. 온도 스케일이 ℃ 단위로 그려져서 0 K의 절편은 왼쪽의 −273 ℃이다. 차트의 위에서 아래로 반응 라인의 순서는 1몰의 산소량에 해당되는 반응열(heat of reaction)이다.

이 차트에서 나타낸 산화 반응들은 소모된 산소 1몰을 근거로 사용되었으므로 산화물이 M_uO_v 식을 갖는다면, 반응에 대한 화학식은

$$\frac{2u}{v}M + O_2 = \frac{2}{v}M_u O_v \tag{11.71}$$

그리고 모든 반응에 대한 평형 상수는

$$K = \frac{a_{M_uO_v}^{(2/v)}}{a_M^{(2u/v)}\, P_{O_2}} \tag{11.72}$$

이다.

이 경우 차트에서 결정된 P_{O_2}값은 순수 금속과 산화물이 평형을 이룬 산소의 부분압이다. 이 P_{O_2}값은 자주 산화물의 분해(dissociation) 압력이라고 부른다. 왜냐하면 산화물의 안정성의 극한(limit of stability)을 말해주기 때문이다. 만약 고려 중인 주어진 대기압에서 P_{O_2}값이 산화물과의 평형을 이룬 압력보다 낮으면 산화물은 자발적으로 분해되는데, 이는 금속과 산소로 분해됨을 말한다.

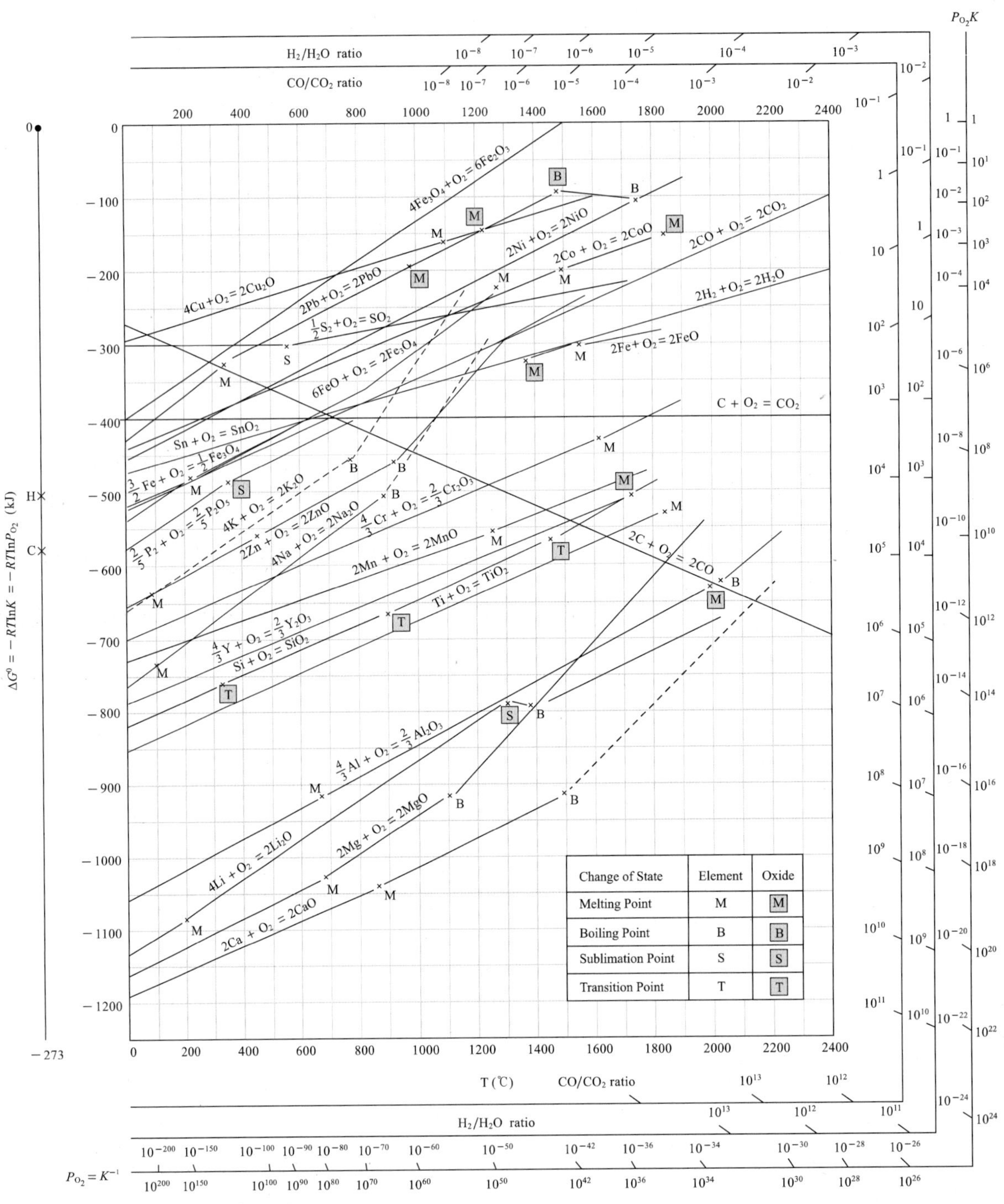

그림 11.4 산화물 형성에 대한 Richardson Ellingham 도표.

또한 도표상에 다른 눈금을 첨가하여 평형 상수와 분해 압력을 도표에서 바로 읽도록 하는 것이 아주 유용하다.

임의의 반응은 $\Delta G^0 = -RT\ln K = (-R\ln K)\cdot T$ 이므로 $(\Delta G^0, T)$의 조합은 어떤 특정한 값 K를 나타낸다. $(\Delta G^0, T)$ 공간에서 같은 값 K를 공유하는 점은 원점에서 기울기 $(-R\ln K)$를 갖는 직선이다. 그림 11.5와 같이 그와 같은 직선들이 겹쳐지면 차트의 임의의 점에서 해당되는 평형 상수를 바로 읽을 수 있다. 같은 정보를 간단히 오른쪽과 아래 부분에 스케일을 구축해서 얻을 수 있다.

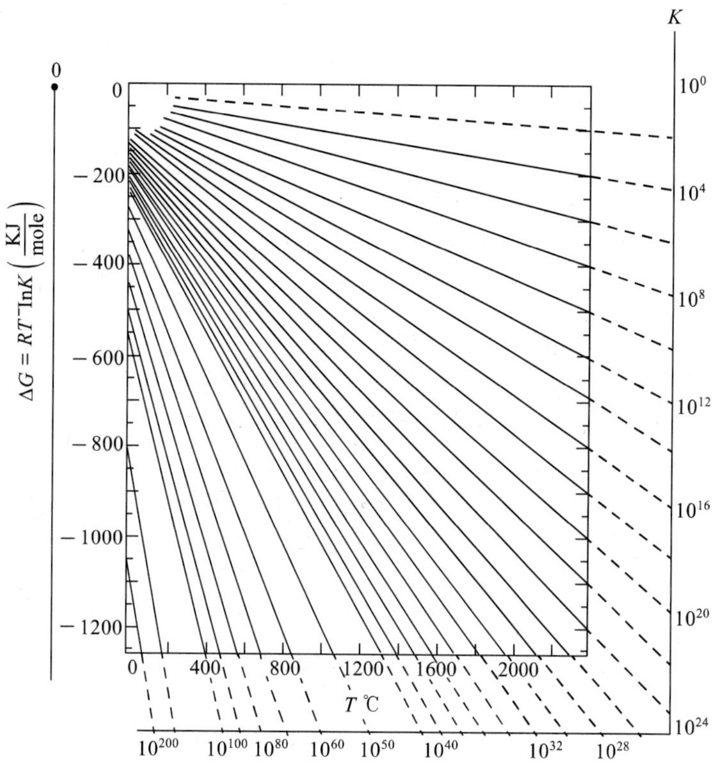

그림 11.5 Richardson Ellingham 도표에 일정한 평형 상수 K의 라인.

예제 11-5 평형 상수의 계산

Q 700 ℃에서 Zn의 산화에 대한 평형 상수를 구하라.

A 차트에서 Zinc oxide 반응 라인을 찾는다. 700 ℃에서 이 반응에 대한 ΔG^0 값을 읽는다.

$$\Delta G^0_{700} = -500 \text{ kJ}$$

(계속)

이 조건에서 평형 상수는

$$K = e^{-(500{,}000/8.314 \times 973)} = 7 \times 10^{26}.$$

K 눈금에서 해를 구하려면 700 ℃에서 ZnO의 점을 찾는다. 이 점과 원점 O사이에서 직선을 그리고 K 눈금에서 만나는 점 10^{26}과 10^{27} 사이에서 구한다.

예제 11-6 **ZnO의 용해 압력**

Q 700°C에서 ZnO의 용해 압력(dissociation pressure)을 구하라.

A 예제 11-5에서 구한 K값은 7×10^{26}이었다. 식 (11.73)에서

$$P_{O_2} = \frac{1}{K} = 1.4 \times 10^{-27}\ \text{atm}.$$

또한 도표의(그림 11.4) P_{O_2} 눈금에서 구할 수 있다. 700 ℃에서 ZnO 반응 라인에 마크한다. 그 다음 이 점에서 원점을 통하여 직선을 긋는다. P_{O_2} 눈금에서 만나는 점을 읽는다. 이는 10^{-27}과 10^{-26} 사이이다.

식 (11.73)에서의 가정이 유효하지 않으면 시스템에서 금속이나 묽은 용액(dilute solution)에서 용질 등의 활동도를 측정하거나 모델링하여 계산에 넣어야 한다. 만약 이원계 금속 시스템(binary metallic system)에서 용매(solvent)가 불활성(noble)이면(이는 산화물을 자발적으로 형성하지 않음을 나타냄), K 눈금이 평형 상수를 구하는데 사용되고, 좀 더 일반적인 형태 식 (11.72)를 사용하고 산화물의 활동도는 1로 잡는다. 만약 합금에서 두 번째 원소가 반응하여 산화물을 만들면 좀 더 정교한 취급이 요구된다.

예제 11-7 **산소의 부분압 계산**

Q 1기압 700 ℃에서 ZnO와 X_{zn}=0.005를 갖는 Au-Zn 합금(alloy)과 평형을 이루는 산소의 부분압을 구하라. 이 묽은 용액의 Henry 법칙 상수는 700 ℃에서 8.5이다. 용액에서 Zn의 활동도 상에 그의 효과를 제외하고 Au는 이 시스템에서 비활성으로 취급하라.

A 이 합금에서 Zn의 활동도는

$$a_{Zn} = \gamma^0_{Zn} X_{Zn} = 8.5 \times (0.005) = 0.0425$$

(계속)

이를 평형 상수 계산에 넣고 차트의 K 눈금에서 읽으면
P_{O_2}을 구하면

$$P_{O_2} = \frac{1}{(0.0425)^2 \times (7 \times 10^{26})} = 7.9 \times 10^{-25}\ \text{atm}$$

시스템에서 산소의 부분압을 산소 퍼텐셜로 부른다. 이 용어는 시스템에서 산소의 화학 퍼텐셜은 산소 부분압에서 결정된다. 즉,

$$\mu_{O_2} = \mu^0_{O_2} + RT \ln P_{O_2} \tag{11.73}$$

만약 산소 퍼텐셜이 임의의 온도에서 평형값보다 위에 있으면 금속은 산화되고 산화물은 안정하다. 만약 산소 퍼텐셜이 시스템 온도에서 평형 상수값보다 작으면 산화물은 불안정하여 분해된다. 이것을 그림 11.6에 나타내었다.

700 ℃에서 Zn의 산화에 대한 표준 자유 에너지 변화는 도표에서 B로 나타내고 해당되는 평형 산소 퍼텐셜은 점 C로 나타냈다. 이제 P_{O_2} 눈금에서 점 E로 나타낸 산소 퍼텐셜을 갖

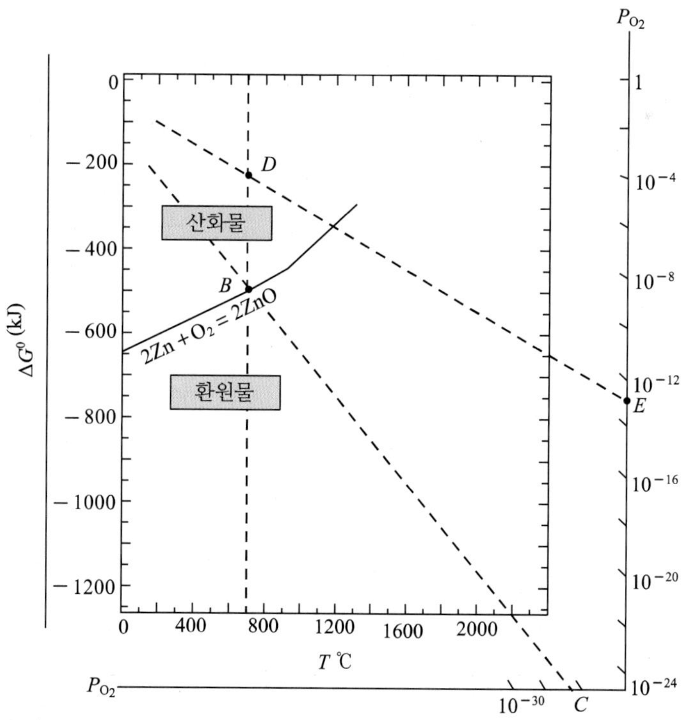

그림 11.6 Zn, ZnO, O_2 사이의 평형을 나타내는 라인.

는 시스템을 생각해 보자. P_{O_2} 눈금 구축에 있어 점 D의 y값은 ΔG 단위로 $RT\ln(P_{O_2})_E$이다. 길이 $(B-D)$는 그래프에서

$$B-D = RT\ln(P_{O_2})_{eq.} - RT\ln(P_{O_2})_E = RT\ln\frac{(P_{O_2})_{eq.}}{(P_{O_2})_E}$$

이 차이는 부분압이 $(P_{O_2})_E$일 때 반응에 대한 애피니티이다. 식 (11.35)에서 $A = RT\ \ln\frac{Q}{K}$이다. 만약 금속과 산화물의 활동도를 1로 잡으면 $Q = \frac{1}{(P_{O_2})_E}$이고 $K = \frac{1}{(P_{O_2})_{eq.}}$이므로

$$A = RT\ln\frac{(P_{O_2})_{eq.}}{(P_{O_2})_E} = B-D \tag{11.74}$$

따라서 임의의 주어진 비평형 산소 퍼텐셜을 나타내는 차트상의 한 점에서 평형 라인까지의 수직 거리는 그 조성에서 반응에 대한 애피니티와 같다. 만약 D가 라인 위에 있으면 애피니티 $(B-D)$는 음이고, 생성물 산화물은 자발적으로 형성된다. Richardson-Ellingham 도표로 평형 라인 위의 점들은 금속의 산화에 해당되는 애피니티를 갖는다. 라인 아래 점들은 양의 애피니티를 가져 생성물은 분해된다. 이 영역에서 산화물은 불안정하고 분해된다.

예제 11-8 **산화 반응에 대한 애피니티 계산**

Q 1,000 ℃에서 산소 퍼텐셜이 10^{-16} atm의 시스템에서 Cu, Ni, Zn, Ti 그리고 Al에 대한 산화 반응의 애피니티를 구하라.

A 1,000 ℃에서 반응에 대한 표준 자유 에너지는 도표에서

성분	Cu_2O	NiO	ZnO	TiO_2	Al_2O_3
$\Delta G^0_{1000}(kJ)$	−176	−255	−427	−682	−853

1,000 ℃에서 10^{-16} atm에 해당하는 $RT\ln P_{O_2}$값은

$$D=(8.314)\times(1273)\times\ln(10^{-16}) = -390{,}000\ \text{J} = -390\ \text{kJ}.$$

각 반응에 대한 ΔG^0에서 D를 뺀 값은

성분	Cu_2O	NiO	ZnO	TiO_2	Al_2O_3
$A_{1000}(kJ)$	+214	+135	−37	−297	−463

애피니티는 $\mu_{product} - \mu_{react}$ 이므로 $A > 0$이면 $\mu_{product} > \mu_{react}$ 이어서 생성물은 분해된다. 결론은 이 압력에서 CuO와 NiO는 환원시키는 반면 ZnO, TiO_2, Al_2O_3는 안정하다.

임의의 주어진 산소 퍼텐셜에 대한 반응의 애피니티는 차트에서의 평형 라인에서 수직 거리로 나타낼 수 있다는 것은 거동 패턴을 유추하는 데 유용한 도구이다. 예를 들어, 금속 M과 그의 산화물 M_uO_v를 함유하는 고정된 산소 압력을 갖는 시스템을 생각해 보자. 그림 11.6에서 Zn과 ZnO에 대한 예를 보였는데 이 전략은 일반적이다. 점 E는 원점을 통한 라인을 위치시킨다. 시스템 온도가 변화되면 D는 라인 DE를 따라 움직인다. 이 라인은 P_{O_2}가 분해 압력인 온도 T_{eq}에서 M의 평형 반응 라인을 교차한다. 더 낮은 온도에서 D는 라인 위에 있는 M은 산화된다. T_{eq} 위에서 이 분위기는 M으로 환원된다. 그래서 산화물이 이 분위기에서 가열되면 T_{eq}까지 안정하다가 온도가 더 증가하면 분해되기 시작한다.

약간의 구축작업으로 산화물의 상대적인 안정도를 가시화할 수 있다. 도표상에 임의의 온도 T를 생각해 보자. 점 D로 나타내는 임의의 분위기에 대한 산소 퍼텐셜은 P_{O_2} 눈금에서 얻을 수 있다. D 위에 놓인 평형 라인을 갖는 산화물은 환원되고, 즉 불안정하고 아래에 있는 것은 안정하다. 분명히 임의의 주어진 온도에서 산화물의 안정성은 평형 라인이 온도 라인을 교차하는 정도로 주어진다.

이 관찰은 실험실에서 높은 온도에서 한 특별한 금속의 산화를 방지하는 전략에 대한 기본을 제공한다. 예를 들어, Ni 시료의 산화는 Ti 칩으로 진공상태(encapsulated)로 하여 방지할 수 있다. 이는 단지 Ti 막대를 선반에서 작업하여 칩을 모아 준비한다. 이제까지 가장 안정한 산화물인 TiO_2 형성은 시스템에서 산소 퍼텐셜을 구축한다. 이 산소 퍼텐셜은 NiO의 분해 압력 아래에 있어 Ni 시료는 깨끗하게 남아 있다.

애피니티를 구하는 이 주장을 바로 확장하여 금속과 산화물이 순수 참조 상태에 있지 않아 활동도가 1이 아닌 경우에도 적용할 수 있다. 이 경우 그림 11.6에서 점 B는 평형 상수 K를 갖고 있어 K 눈금에서 구할 수 있다. K 위에서 활동도비 Q를 갖는 평형이 아닌 시스템은 온도 T에서 해당되는 점 D로 나타낼 수 있다. 이 상태에서 애피니티는 식 (11.35)로 주어지고 또한 수직 거리 $(B-D)$에 해당된다. 만약 D가 B 위에 있으면 금속은 산화되고 산화물은 안정되고 D가 B 아래에 있으면 산화물은 분해된다.

4.2 CO/CO_2 와 H_2/H_2O 혼합물에서 산화 반응

앞절에서 기체상에 존재하는 성분은 산소로만 가정하였다. 그래서 산소 부분압을 제어하는 유일한 수단은 시스템의 전체 압력을 줄이는 것이다. 실험실에서 얻을 수 있는 진공은 약 10^{-10} atm이므로 이는 대부분의 분해 압력보다 아주 위에 있다. 따라서 산화를 제어하는 이 접근은 유연하지 않고 아주 제한되어 있다. 1기압에서 산소 퍼텐셜을 제어하여 산화 반응을 제어하는 가장 편한 방법은 기체상의 화학 조성의 제어를 하는 것이다. 이 제어를 제공하는 가장 단순한 분위기는 CO/CO_2이거나 H_2/H_2O 또는 둘 모두를 포함한 혼합물을 사용하는 것이다. 이 두 가지 분위기의 거동에 대한 이해에 요구되는 개발은 똑같다.

CO와 CO_2를 포함하는 분위기에서 산화 거동에 초점을 맞추어 보자. 임의의 온도에서 산소 퍼텐셜, 이는 평형 기압에서 산소의 부분압인데, CO와 CO_2의 부분압의 비로 제어된다. 이 관계식은 3성분을 함유한 분위기에 평형 조건을 적용하여 얻는다.

이 일변수 시스템을 나타내는 반응은

$$2CO + O_2 = 2CO_2$$

이다. 이 반응의 표준 자유 에너지 변화는 Richardson-Ellingham 도표에 온도의 함수로 그려져 있다. 기체 혼합물이 이상기체일 때를 가정하여 이 반응의 평형 상수는

$$K = \frac{X_{CO_2}^2}{X_{CO}^2}\frac{1}{X_{O_2}} = \frac{P_{CO_2}^2}{P_{CO}^2}\frac{1}{P_{O_2}} \tag{11.75}$$

으로 나타낸다. 시스템의 전체 압력은 1기압으로 가정하였다. 임의의 온도에서 ΔG^0는 차트에서 읽고 K 눈금에서 K값을 구한다. 그 온도에서 산소 부분압에 대하여 유일한 비 (P_{CO_2}/P_{CO})값이 존재한다.

$$P_{O_2} = \frac{P_{CO_2}^2}{P_{CO}^2}\frac{1}{K} \tag{11.76}$$

이 비보다 큰 값은 산소 퍼텐셜을 높인다. 산소 퍼텐셜을 감소시키기 위해 환원 기체 CO의 농도를 증가시킨다.

그림 11.5에서 구축은 차트의 y축은 $[RT\ln P_{O_2}]$ 스케일로 해석할 수 있음을 생각해 보자. 연결은 식 (11.75)와 관련된 평형 조건을 통해 얻어진다.

$$\Delta G_{[CO_2]}^0 = \Delta H_{[CO_2]}^0 - T\Delta S_{[CO_2]}^0 = -RT\ln\left(\frac{P_{CO_2}^2}{P_{CO}^2}\frac{1}{P_{O_2}}\right)$$

이는

$$\Delta H_{[CO_2]}^0 - T\Delta S_{[CO_2]}^0 = -RT\ln\frac{P_{CO_2}^2}{P_{CO}^2} - RT\ln\frac{1}{P_{O_2}}$$

$$RT\ln P_{O_2} = \Delta H_{[CO_2]}^0 + T\left[R\ln\left(\frac{P_{CO_2}}{P_{CO}}\right)^2 - \Delta S_{[CO_2]}^0\right] \tag{11.77}$$

고정된 비 $\left(\frac{P_{CO_2}}{P_{CO}}\right)$에 대한 그림은 (RT ln P_{O_2}) 대 T 차트는 $T=0\,\mathrm{K}$에서 절편이 $\Delta H^0_{[CO_2]}$이고, 기울기는 식 (11.77)의 괄호 속의 항이다. 그림 11.7은 직선의 덮개(envelope)를 보여 주는데 모두는 $T=0\,\mathrm{K}$ 라인에서 점 C를 지난다. 이는 일정한 (CO/CO_2)비이다.

따라서 이미 논의된 K와 P_{O_2} 눈금과 같은 방법으로 (CO/CO_2) 스케일을 도표 주변에 만든다.

특별한 온도에서 임의의 주어진 CO/CO_2 혼합물의 산소 퍼텐셜을 계산하기 위하여 K-스케일을 사용하여 CO/CO_2 반응에 대한 평형 상수를 결정하고, 식 (11.76)에 대입하여 주어진 분위기와 온도에서 산소의 부분압을 구한다. 그래프에서 산소 퍼텐셜을 구하려면 그림 11.7을 이용하여 주어진 CO/CO_2 스케일에서 C를 연결하는 직선을 그린다. 그림에서 A점이다. 이 라인과 관심의 온도 1,000 ℃와의 교점을 P로 표시한다. 그리고 이에 해당하는 산소 부분압은

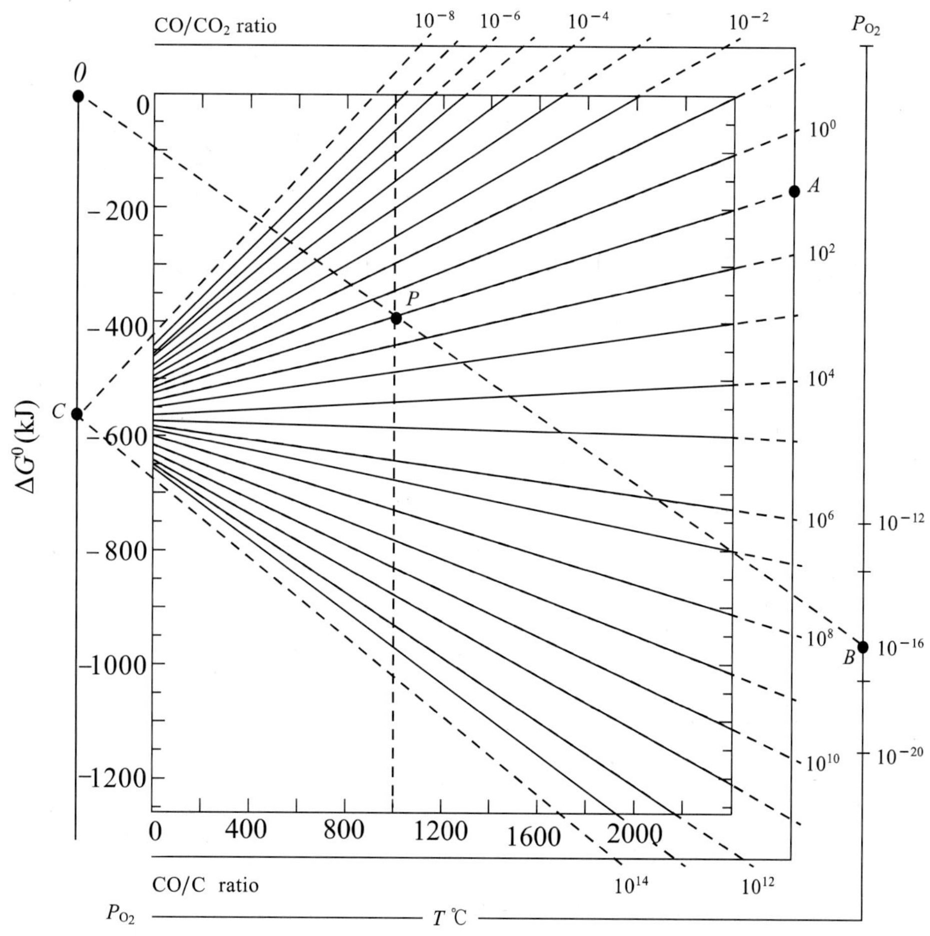

그림 11.7 기체상에서 CO/CO_2의 고정된 값에 해당되는 Richardson-Ellingham 도표상의 점의 위치.

앞서와 같이 구한다. O에서 P를 통하여 직선을 그리고 P_{O_2}와의 교점을 B라 한다. 이 구축은 임의의 조합의 (CO/CO_2)비와 온도에 대하여 산소 퍼텐셜을 읽는 데 사용된다.

(H_2/H_2O)비를 산소 부분압과 관련시키는 것은 덮개의 교점은 $\Delta H^0_{H_2O}$ 라는 것을 제외하고는 같다. 이를 H라고 명명하고 (H_2/H_2O) 눈금이 적용된다. 모든 4개의 눈금 K, P_{O_2}, (CO/CO_2) 그리고 (H_2/H_2O)는 그림 11.4에 구축되었다.

예제 11-9 Ellingham 도표에서 산소 부분압 계산

Q 1,200 ℃에서 (CO_2/CO)비가 10^{-4}인 기체 혼합물에 대하여 산소 퍼텐셜을 예측하라.

A 1,200 ℃에서 ($CO-CO_2$) 반응에 대한 표준 자유 에너지 변화는 그림 11.4에서 읽는다. $\Delta G^0 = -310$ kJ. 해당되는 평형 상수는

$$K = e^{-(-310{,}000/8.314 \times 1473)} = 9.8 \times 10^{10}$$

해당되는 산소 부분압은 식 (11.77)에서

$$P_{O_2} = \frac{P^2_{CO_2}}{P^2_{CO}} \frac{1}{K} = (10^{-4})^2 \frac{1}{9.8 \times 10^{10}} = 1.0 \times 10^{-19} \text{ atm.}$$

그래프에서 같은 결과를 얻기 위하여 C점에서 (CO/CO_2) 눈금에서 10^{+4}값과 연결한다. 이 라인에서 1,200 ℃와 만나는 점을 표시한다. 이 점은 (1,200, −530)이다. O에서 라인을 그어 P_{O_2} 눈금에서 읽는다.

$$P_{O_2} \cong 10^{-19} \text{ atm.}$$

예제 11-10 수소 분위기에서 수증기의 양

Q 900 ℃에서 열처리된 Cu 시료의 산화를 방지하기 위하여 수소 분위기에서 견딜 수 있는 최대 물의 양은 얼마인가?

A (H_2/H_2O) 눈금으로 Cu, CuO와 900 ℃에서 평형을 이루는 비를 구한다. H 점에서 Cu와 Cu_2O의 ΔG^0가 900 ℃에서 교차점을 구한다. 이 점의 좌표는 (900, −184)이다. 해당되는 비는

$$\frac{P_{H_2}}{P_{H_2O}} \cong \frac{1}{10^3} = 10^{-3}$$

해당되는 산소 부분압은 약 10^{-8} atm이고 분위기 조성 계산에 무시할 수 있다. 수증기의 부분압이 10^{-3}, 즉 0.1% 이하이면 900 ℃에서 산화 구리(copper oxide)의 형성은 방지된다. 수증기의 조성은 분위기의 이슬점(dew point)을 측정하여 모니터할 수 있다.

앞절에서 논의는 Richardson-Ellingham 도표를 사용하여 평형에 있지 않는 시스템의 애피니티를 계산함을 (CO/CO_2) 눈금과 (H_2/H_2O) 눈금에도 적용할 수 있다. 예를 들면, (CO/CO_2) 비로 주어진 분위기 조성의 임의의 결합과 차트의 점 D와 온도는 그림 11.6에서 한 점 D와 같이 그린다. 모든 그와 같은 점은 해당되는 산소 퍼텐셜을 갖는다. 평형 라인 B에서 수직인 거리 D는 반응에 대한 금속 M의 산화를 나타낸다. 즉,

$$\frac{2u}{v}M + 2CO_2 = \frac{2}{v}M_uO_v + 2CO \qquad (11.78)$$

만약 D가 B 위에 있으면 분위기는 M을 산화시키고 만약 D가 B 아래에 있으면 산화물은 분해된다.

5 우위 도표와 다변수 시스템의 평형

e개의 원소(element)와 $r = (C - e)$개의 독립적인 반응을 갖는 C개의 성분을 갖는 시스템을 생각해 보자. 이 시스템에서 화학 평형에 대한 조건은 식 (11.67) 형태를 갖는 식으로 나타낸다. 즉,

$$\Delta G^0_{[j]} = -RT\ln K_{[j]} \quad [j = 1, 2, \ldots, r] \qquad (11.67)$$

이 형태의 식은 비록 r개의 식만이 독립적이지만, 시스템 내의 성분 사이에 모든 가능한 화학 반응에 대하여 반응식을 쓸 수 있다. 나머지 식들은 독립된 식에서 도출할 수 있다. 성분 수가 증가할수록 평형 상태의 계산과 나타냄은 점점 더 다루기 어려워진다.

다변수 시스템 거동의 편리한 나타냄은 반응하는 시스템으로 복잡한 거동을 표시하도록 작성된 우위 도표에 담겨 있다. 시스템의 상태를 나타내는데 필요한 독립적인 퍼텐셜 모음 중에 주어진 응용에서 특별 관심의 2개를 시스템의 거동을 나타내는 데 변수로 선정한다. 남아 있는 퍼텐셜의 하나를 제외하고 모든 것은 고정된다. 이는 2차원 그래프상에 시스템에서 우위를 위해 경쟁하는 성분 사이의 경쟁을 나타냄을 허용한다. 관련된 변수는 열역학 퍼텐셜이므로 그와 같은 우위 도표는 셀 구조를 갖는다. 이는 경쟁 성분의 우위의 극한인 라인에 의해 분리된 특별한 성분의 우위 영역을 나타내는 면적을 갖는다. 이 라인들은 삼중점(triple point)에서 만난다. 우위 도표는 퍼텐셜 공간에서 그린 상태도와 유사한 형태를 갖는다. 그러나 앞서 나타내듯이 우위 도표는 그와 같은 상태도의 근사적인 표현을 제공하나 상태도와 일치하는 것은 아니다. 상태도에서 우위의 영역은 상태도에서 나타내는 안정 영역과 일치하지 않는다.

5.1 Pourbaix 고온 산화 반응 도표

이 형태의 우위 도표는 독립 변수로 산소 퍼텐셜과 온도를 선택하고 한 개 이상의 안정된 산화물을 보이는 금속의 여러 가지 산화물의 우위의 영역(domain)을 보여 준다. MO와 MO_2의 산화물을 보이는 금속 M을 생각해 보자.

4개 성분(M, O_2, MO 그리고 MO_2) 그리고 2개의 원소(M과 O)는 $r=4-2=2$의 독립된 반응식을 갖는다. 이는 이변수이다. 성분 사이에 전체 3개의 반응을 쓸 수 있다. Richardson-Ellingham 도표의 개발에서처럼 반응식은 1몰의 O_2로 나타내는 것이 편리하다.

$$2M + O_2 = 2MO \quad [9]$$

$$M + O_2 = MO_2 \quad [10]$$

$$2MO + O_2 = 2MO_2 \quad [11]$$

기호 R을 각 식의 반응물 쪽에서 산소가 아닌 다른 성분을, P를 생성물의 성분을 나타낸다고 하면 각 반응은

$$xR + O_2 = yP \quad [12]$$

의 형태로 나타낼 수 있다.

그리고 각각의 반응과 관련된 평형 조건은

$$\Delta G^0 = -RT\ln K = -RT\ln\frac{a_P^y}{a_R^x}\frac{1}{P_{O_2}} \quad (11.79)$$

또한 $\Delta H^0 - T\Delta S^0 = -RT\ln f + RT\ln P_{O_2}$로 나타내며 여기서

$$f \equiv \frac{a_P^y}{a_R^x} \quad (11.80)$$

으로 나타내고, 이를 반응에 대한 우위비(predominance ratio for the reaction)이라고 부른다.

만약 $f \gg 1$이면 반응에서 생성물 성분이 평형에서 선점하고 $f \ll 1$이면 반응에서 반응물 성분이 평형에서 선점한다. 산소 부분압을 구하면

$$\ln P_{O_2} = \frac{\Delta H^0}{RT} + \left[\ln f - \frac{\Delta S^0}{R}\right] \quad (11.81)$$

이 식의 실용적인 사용을 위해 로그 함수의 베이스는 ln10=2.303을 이용하여

$$\log P_{O_2} = \frac{\Delta H^0}{R'T} + \left[\log f - \frac{\Delta S^0}{R'}\right] \tag{11.82}$$

여기서 $R' = 2.303\,R = 19.147$ J/mole K이다. 이것이 우위 도표를 구축하는 작용식이다. 이는 모든 산화 반응에 적용되고 O_2의 계수는 1이다. 식 (11.79)가 평형 조건이다.

ΔH^0, ΔS^0가 온도에 무관하다고 가정하여 반응에 대하여 ΔC_P와 관련된 적분은 무시할 만하다. 고정된 f값에 대하여 $\log P_{O_2}$ 대 $\left(\frac{1}{T}\right)$ 그림은 $\left(\frac{\Delta H^0}{R'}\right)$의 기울기를 가진 직선이고, 절편은 $\left[\log f - \frac{\Delta S^0}{R'}\right]$이다. $\frac{1}{T}$ 눈금을 반대로 그리는 것이 관습이어서 온도는 정성적으로 왼쪽에서 오른쪽으로 증가한다. 이 관습은 기울기의 부호를 $-\frac{\Delta H^0}{R'}$로 바꾼다. 산화 반응은 발열 반응(exothermic: 반응에서 열이 나와서 시스템이 흡수한 열은 음이다)이다. 이 그림에서 기울기는 양이다.

그림 11.8은 식 [9]와 같은 반응에 대한 식 (11.81)의 그림이다. 여기에서 우위비는 (predominance ratio) f는 파라미터로 취급하고 10^{-4}에서 10^{+4}까지 변화되도록 허용한다. 로그 스케일이므로 f에서 각 10배 크기는 절편의 1 unit를 나타낸다. 라인 아래 $f \ll 1$에서 반응물이 평형에서 선점한다. 라인 위 $f \gg 1$인 경우 생성물 성분이 평형에서 우위의 종이다. $f = 1$ 근처의 f 범위에서는 생성물 또는 반응물 어느 것도 우위에 있다고 말할 수 없다. 경쟁하는 성분 사이에 $f = 1$을 우위의 극한이라고 정의하는 것이 편리하다. $f = 1$의 조건을 가진 라인은

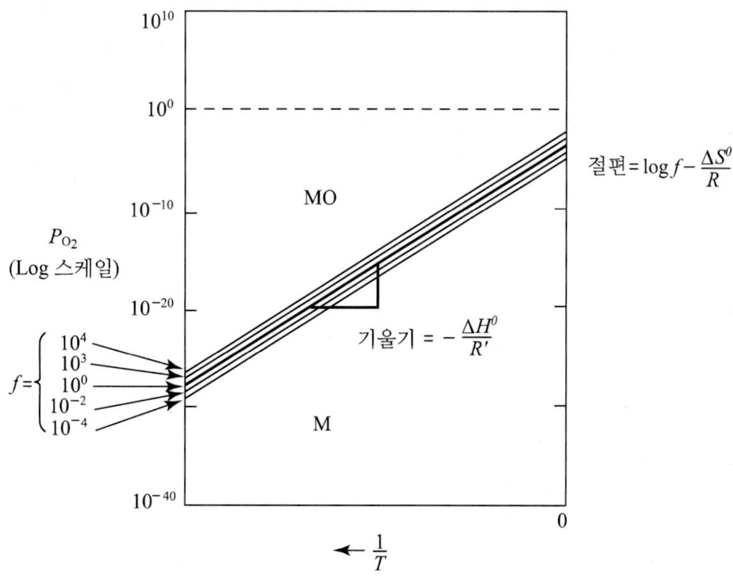

그림 11.8 온도에 따른 반응식[9]에 대한 평형 산소 퍼텐셜.

관련된 성분의 우위 영역 사이의 경계 역할을 한다.

식 [9], [10], [11]로 나타내는 3성분 사이의 경쟁은 그림 11.8에서 한 개의 반응에 대하여 보인 것처럼 평행한 3개 라인의 덮개로 나타낸다. 이 3개 반응에 대한 ΔH^0, ΔS^0값은 독립적이지 않음을 주지하라. [11] 반응은 [9]와 [10] 반응의 선형 조합이다. 이 예에서는 [11]= 2[10] − [9]이다. 그림 11.9(a)는 3개 경쟁 라인의 평행 라인을 나타낸다. 그림 11.9(b)는 그들의 공통 교점 주위 영역의 굵은 라인에 초점을 맞추어 보자. 한 점에서 교차하는 3개의 라인은 3개의 화학 반응 사이의 선형 관계를 나타내는 기울기와 절편 사이의 관계에서 대수적으로 도출할 수 있다. 이 3개 교차 라인의 부분은 경쟁하는 성분 각각의 우위 영역을 감싼다. 삼중점 이후로 이 라인의 연장은 점선으로 나타냈다. 왜냐하면 각각의 경우 세 번째 성분이 독립적으로 우위를 보인 영역에서 두 성분 사이의 경쟁을 나타내기 때문이다.

그림 11.9(a)의 OA 라인 아래에서 M은 MO에 대하여 우위이다. OC 라인 위에서 MO_2는 MO에 대하여 우위이다. 그래서 접선 부분 OB는 MO가 M과 MO_2에 대하여 우위 영역에서 M과 MO_2 사이의 경쟁을 나타낸다. 같은 주장이 OD와 OF에도 적용할 수 있다.

고온 산화 우위 도표를 만들기 위해서 주어진 금속에 대한 모든 산화물을 열거하는 것이 필요하다. 산화물 형태의 형성열과 엔트로피가 입력으로 얻어져야 한다. 그 다음으로 금속과 산화물뿐만 아니라 산화물 사이의 모든 가능한 반응의 총망라 리스트를 합친다.

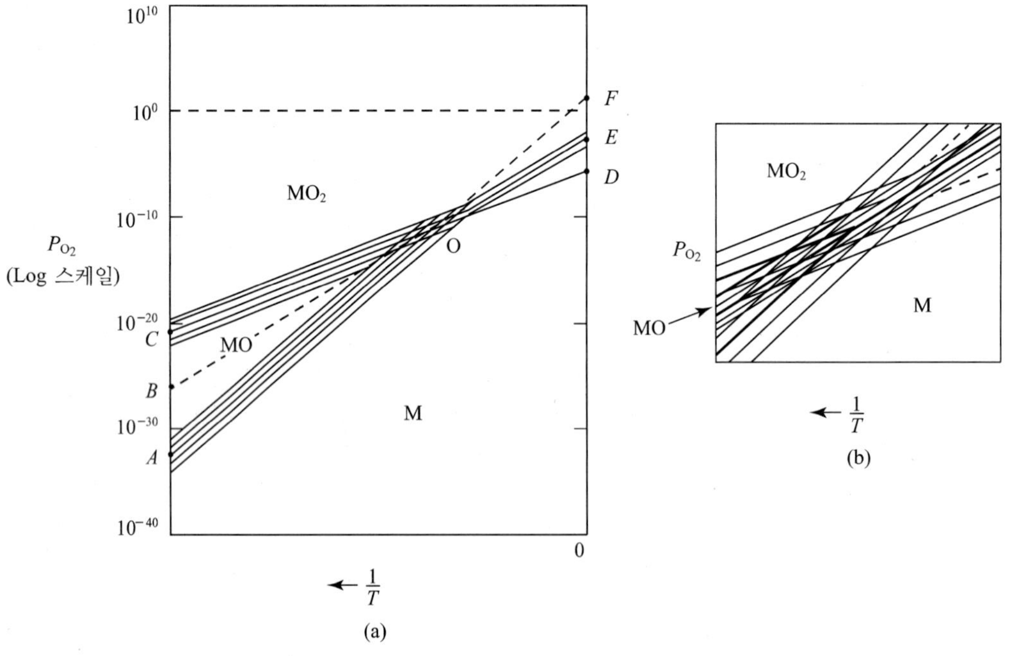

그림 11.9 (a) 3개의 경쟁 성분 M, MO, MO_2를 갖는 시스템의 우위 도표. (b) 확대된 삼중점 근처의 우위 도표.

주어진 정보에서 $\Delta H^0, \Delta S^0$를 계산할 수 있다. 이 도표상에 산화 반응식은

$$xM_aO_b + O_2 = yM_uO_v$$

이 식의 균형을 위하여 계수는

$$x = \frac{2u}{va - ub}, \quad y = \frac{2a}{va - ub} \tag{11.83}$$

$b=0$로 놓아 순수 금속 M이 관련된 반응을 포함시킨다. 모든 반응의 엔탈피와 엔트로피는 형성 반응에서

$$\Delta H^0_{[f]} = y\,\Delta H^0_{f,\,M_uO_v} - x\,\Delta H^0_{f,\,M_aO_b} \tag{11.84}$$

그리고 유사하게 엔트로피에도 적용된다.

그와 같은 도표를 만들기 위한 효율적인 접근은 우위의 극한 라인의 삼중점의 교차로 형성되는 삼중점의 계산에 초점을 맞추어야 한다. 산소보다 성분의 리스트, 즉 금속과 모든 산화물로 시작한다. 한 번에 3개씩 이 성분들의 배열의 총망라 리스트를 만든다. 이것은 시스템 내의 가능한 삼중점을 나타낸다. 임의의 삼중점의 좌표는 임의 2개 또는 3개 라인의 교점으로 계산할 수 있다. 예를 들면, 3개의 산화물 M_2O, MO 그리고 MO_2에 대한 우위의 극한에서 형성된 삼중점을 생각해 보자.

1몰의 산소에 근거한 해당되는 산화 반응은 식 (11.83)에서 검수 또는 계산으로 계수를 가진 식으로 쓸 수 있다.

$$2M_2O + O_2 = 4MO \tag{A}$$

$$\frac{2}{3}M_2O + O_2 = \frac{4}{3}MO_2 \tag{B}$$

$$2MO + O_2 = 2MO_2 \tag{C}$$

이 화합물의 형성열과 형성 엔트로피에서 $\Delta H^0, \Delta S^0$를 계산한다. 반응 [C]는 [A]와 [B]의 선형 조합임을 상기하라. 식 (11.82)에 근거한 표현을 반응 [B]와 [C]에 대한 우위의 극한에 관한 식을 제공한다.

$$\log P_{O_2} = \frac{\Delta H^0_{[A]}}{R'T} - \frac{\Delta S^0_{[A]}}{R'}$$

$$\log P_{O_2} = \frac{\Delta H^0_{[B]}}{R'T} - \frac{\Delta S^0_{[B]}}{R'}$$

$$\log P_{O_2} = \frac{\Delta H^0_{[C]}}{R'T} - \frac{\Delta S^0_{[C]}}{R'}$$

이 라인들의 기울기와 교점은 관련되므로 이 라인들은 한 점에서 만난다. 이 삼중점의 좌표는 $(\frac{1}{T}, \log P_{O_2})$ 공간에서 이 식들을 연립으로 풀어 구할 수 있다. 이 관계식은

$$\frac{1}{T} = \frac{\Delta S^0_{[A]} - \Delta S^0_{[B]}}{\Delta H^0_{[A]} - \Delta H^0_{[B]}} \tag{11.85}$$

$$\log P_{O_2} = \frac{\Delta H^0_{[B]}\,\Delta S^0_{[A]} - \Delta H^0_{[A]}\,\Delta S^0_{[B]}}{R'(\Delta H^0_{[A]} - \Delta H^0_{[B]})} \tag{11.86}$$

모든 삼중점들의 좌표는 이와 같은 식에서 구한다. 도표의 영역 밖에 있는 삼중점($(\frac{1}{T})$가 음인 경우 $P_{O_2} > 10^{10}$인 경우)은 극한에서 제거한다. 삼중점의 부분 집합도 고려에서 제거할 수 있다. 왜냐하면, 삼중점이 삼중점 형성에 관련 안된 성분의 우위 영역에 놓이기 때문이다. 이 부분 집합은 모든 반응의 우위비의 분석에서 결정될 수 있는데 이는 주어진 삼중점에서 3개의 성분은 포함하지 않는다. 남아 있는 삼중점은 모두 최종 도표에 나타난다. 도표를 완성하려면 삼중점 쌍 사이에 우위의 극한을 나타내는 직선을 구축하라. 마지막으로 그 영역에서 우위의 성분으로 둘러싸는 영역의 라벨을 붙인다.

예제 11-11 우위 도표의 각성

Q Mn과 그의 산화물에 대한 우위 도표를 완성하라.

성분	H^0_f(kJ)	S^0_f(J/K)
Mn	0	0
MnO	−385	−73
Mn_3O_4	−1387	−357
MnO_2	−521	−184

(Mn_2O_3는 어떤 조건에서 관찰되는 데 여기서는 무시한다.)

A 먼저 이 산화물을 서로 결합하거나 금속 Mn과 결합하는 모든 화학 반응을 쓴다. 이들은 $\frac{4!}{2!2!}$, 즉 6개의 반응식이 있다. 이 6개의 반응에 대한 ΔH^0와 ΔS^0의 값을 구한다. 이들은 위에서 주어진 양의 선형 조합이다. 이들을 사용하여 기울기와 교점을 구하고 식 (11.82)에서 $f=1$으로 놓고 우위의 극한을 그린다. 그 다음 4개에서 한 번에 3개를 취하는 가능한 조합을 쓴다. $\frac{4!}{3!1!}$, 즉 4개의 가능한 삼중점이 있다. 식 (11.85)와 (11.86)을 사용하여 도표 내에 삼중점을 구한다.

(계속)

삼중점	$\frac{1}{T} K^{-1}$	$\log P_{O_2}$
[Mn, MnO, Mn_3O_4]	-4.24×10^{-4}	24.21
[Mn, MnO, MnO_2]	-1.53×10^{-4}	13.76
[Mn, Mn_3O_4, MnO_2]	-3.19×10^{-4}	10.48
[MnO, Mn_3O_4, MnO_2]	$--2.81 \times 10^{-4}$	7.60

이 경우 삼중점 3개가 (1/T)의 음의 값을 보인다. 이는 수학적으로 가능하나 열역학적으로 가능하지 않다. 단지 삼중점(Mn, Mn_3O_4, MnO_2)이 도표 내에 놓인다. 그러나 이 점은 아주 높은 산소 퍼텐셜, 즉 10^8 atm의 산소 압력에서 일어난다. 그림 11.10에서 도표를 완성하기 위하여 점들을 연결한다.

5.2 두 조성축을 갖는 우위 도표

금속 M이 두 개의 독립적인 조성 변수를 함유한 분위기와의 반응을 생각해 보자. 가장 공통적인 예는 산소와 황, O_2와 S_2를 포함하는 분위기에서 여러 가지 화합물의 우위 영역을 나타내는 도표이다. 도표의 축은 퍼텐셜로 $\log P_{O_2}$와 $\log P_{S_2}$로 잡는다. 그와 같은 도표의 작성을 위하여 온도는 반드시 고정되어야 한다. 경쟁하는 성분들은 산화물 황화물 그리고 M, S 그리고 O를 화학 공식으로 갖는 성분들이다. 3가지 형태의 화학식이 구축된다.

$$S_2\text{가 없을 경우 : } x_1 M_a S_b O_c + O_2 = y_1 M_u S_v O_w \qquad [13]$$

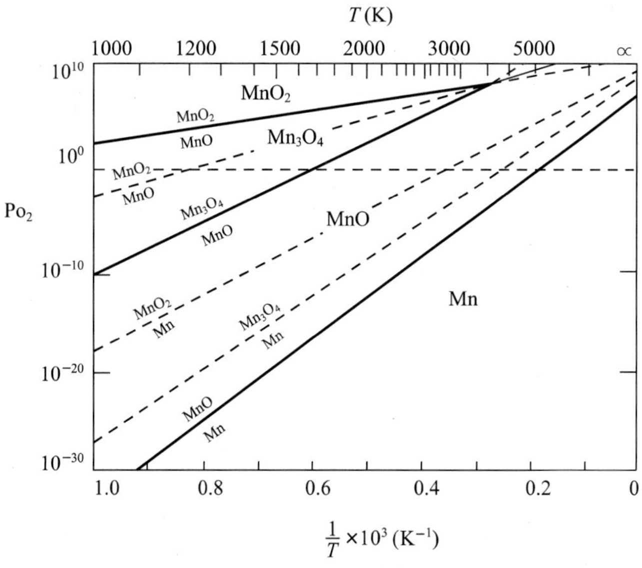

그림 11.10 M－O 시스템의 우위 도표.

$$O_2\text{가 없을 경우 : } x_2 M_a S_b O_c + S_2 = y_2 M_u S_v O_w \quad [14]$$

$$O_2, S_2\text{가 있을 경우 : } x_3 M_a S_b O_c + O_2 + m S_2 = y_3 M_u S_v O_w \quad [15]$$

식 [13]은 정상적인 간단한 산화 반응식이고, 식 (11.83)의 화학식의 화학량론 계수를 갖는 식과 동일하다. 그러나 성분은 $\frac{b}{a} = \frac{v}{u}$ 이면 S를 함유한다. 같은 언급이 식 [14]의 황화물식에 적용된다. 식 [15]에서 식의 계수는

$$x_3 = \frac{2u}{aw - cu}, \quad y_3 = \frac{2a}{aw - cu}, \quad m = \frac{av - ub}{aw - cu} \tag{11.87}$$

이다.

예제 11-12 화학 반응식의 완성

Q 성분 MS_2, O_2, S_2 그리고 $M_2S_3O_5$를 갖는 화학 반응식을 완성하라.

A 식 [15]에서 주어진 화학식과 비교하면

$M_a S_b O_c$는 $\qquad MS_2 \rightarrow a = 1, b = 2, c = 0$

$M_u S_v O_w$는 $\qquad M_2 S_3 O_5 \rightarrow u = 2,\ v = 3,\ w = 5$

그래서 $\qquad (aw - cu) = (1 \times 5 - 0 \times 2) = 5,$

$\qquad (av - ub) = (1 \times 3 - 2 \times 2) = -1$

해당되는 계수는

$$x_3 = \frac{2 \times 2}{5} = \frac{4}{5},\ y_3 = \frac{2 \times 1}{5} = \frac{2}{5},\ m = -\frac{1}{5}$$

화학 반응식은 $\frac{4}{5}MS_2 + O_2 = \frac{1}{5}S_2 + \frac{2}{5}M_2S_3O_5$ 이다. m의 값이 음이므로 S_2를 오른쪽으로 옮긴다. 수적 균형을 체크하면 $\frac{4}{5}$몰의 M 원자와 2몰의 산소 그리고 $\frac{8}{5}$몰의 S 원자가 식의 양쪽에 존재한다.

시스템 내에 존재하는 것으로 고려되는 성분의 리스트는 경쟁하는 성분 사이의 관계식의 총망라 열거를 보여준다. 이 반응의 임의의 반응에 대한 평형 조건은

$$\Delta G^0_{[j]} = -RT\ln K_{[j]} = R'T\log K_{[j]}\ [j = 1, 2, \ldots, r] \tag{11.88}$$

S_2를 포함하지 않는 식 [13]의 반응에 대하여

$$K_{[13]} = \frac{f_{[13]}}{P_{O_2}}$$

여기서 $f_{[13]}$은 산소를 포함하지 않는 성분에 대한 우위비이다. 식 (11.88)은

$$\Delta G^0_{[13]} = -R'T\log f_{[13]} + R'T\log P_{O_2}$$

우위의 극한 $f_{[13]} = 1$에서 $\log f_{[13]} = 0$이다. 그래서 이 반응에 대한 우위의 극한을 정의하는 식은

$$\log P_{O_2} = \frac{\Delta G^0_{[13]}}{R'T} \tag{11.89}$$

유사한 방법으로 식 [14]에 대하여 우위의 극한은

$$\log P_{S_2} = \frac{\Delta G^0_{[14]}}{R'T} \tag{11.90}$$

S_2와 O_2 모두를 포함하는 반응에 대한 평형 상수는

$$K_{[15]} = \frac{f_{[15]}}{P_{O_2} P^m_{S_2}}$$

식 (11.88)은

$$\Delta G^0_{[15]} = -R'T[\log f_{[15]} - \log P_{O_2} - m\log P_{S_2}]$$

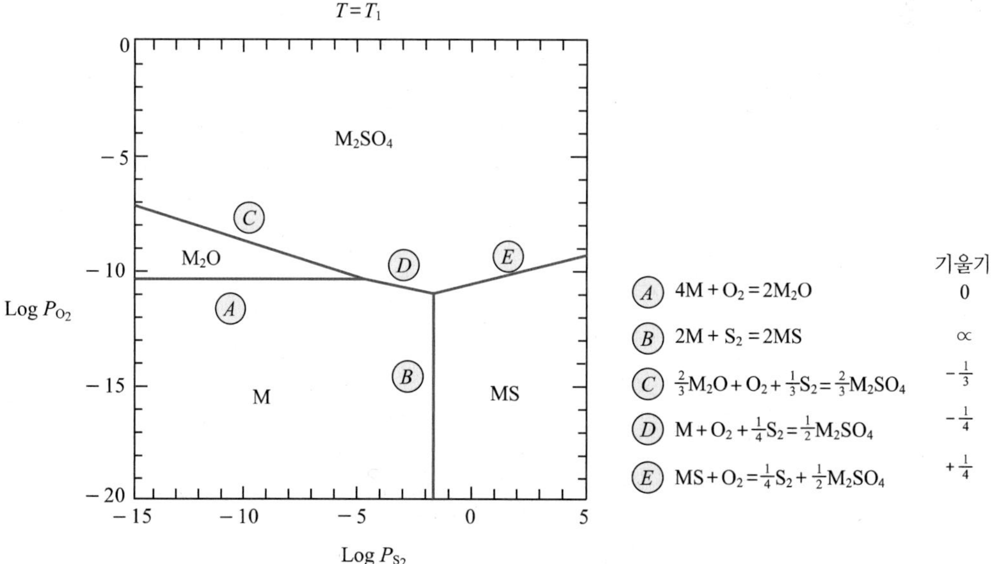

그림 11.11 산소와 황을 모두 포함하는 기체와 반응하는 시스템에 대한 우위 도표.

이 반응에 대한 우위의 극한 $f_{[15]}=1$로 놓아 얻을 수 있다. 그러면

$$\log P_{O_2} = -m \log P_{S_2} + \frac{\Delta G^0_{[15]}}{R' T} \tag{11.91}$$

식 (11.89), (11.90), (11.91)은 3개 반응식에 대한 우위의 극한식이다. $\log P_{O_2}$대 $\log P_{S_2}$를 그림 11.11과 같이 그려 놓으면 이 식들은 간단한 결과를 도출한다.

이 스케일에서 식 (11.89)는 $\log P_{O_2}$는 일정하고 이는 수평선으로 그려진다. 이는 S_2가 관련되지 않은 반응식 [13]에서 경쟁은 분위기에서 S_2의 내용과 무관함을 반영한다. 식 (11.90)은 $\log P_{S_2}$가 일정하고 이는 수직 라인으로 그려진다. S_2와 O_2 모두를 포함하는 반응 [15]는 직선으로 그려지며 기울기는 $-m$이고 식 (11.87)에서 절편 ($\log P_{S_2}=0$, 즉 $P_{S_2}=1$)이다. 산소-황 분위기 1,000 ℃에서 이에 대한 우위 도표의 예가 그림 11.12에 나타냈다.

5.3 우위 도표의 해석

우위 도표는 다변수 반응 시스템의 거동을 나타내는 편리한 도구이다. 이의 구축은 시스템은 평형에 도달하고, 반응물의 반응열과 엔트로피는 근본적으로 온도에 무관하다는 가정을 잘 알고 있다. 한 시스템에 대한 우위 도표와 같은 시스템에 대한 상태도를 구별하는 것은 중요하다. 그림 11.13은 Fe-O 시스템에서 우위 도표와 상태도를 비교한 것이다. 그림

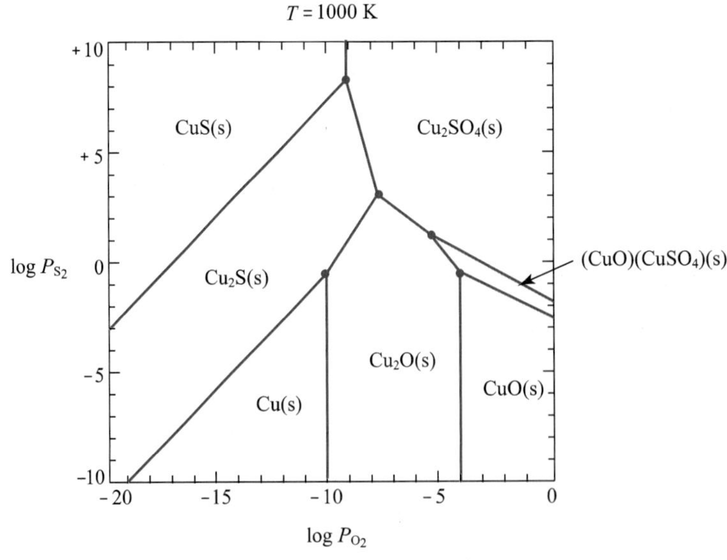

그림 11.12 1,000 K에서 Cu-O-S 시스템의 계산된 우위 도표.

11.13(a)에서 보인 상은 α와 γ 척이 많은 터미널상, 액체 그리고 3개의 중간상, 2개의 라인 화합물, Fe_2O_3와 Fe_3O_4 그리고 위스타이트(wustite), 이는 FeO 근처에서 변하는 조성을 갖고 있다. 그림에서 P점의 조성과 온도에서 시스템은 단상으로 평형에서 위스타이트(wustite)이다.

이와 대조를 이루어 우위 도표는 3개의 중간 화합물 Fe_2O_3와 Fe_3O_4 그리고 FeO를 상이기보다는 성분으로 갖는다. 그림 11.13(b)의 우위 도표에서 해당 점에서 시스템은 모든 성분 Fe, FeO, Fe_2O_3와 Fe_3O_4의 혼합물로 구성된다. 이 견해에서 분자식 FeO로 된 성분이 점 P에서 모든 나머지 성분에 대하여 우위에 있다. 평형에서 시스템은 화학성분 FeO로 구성됨을 예측한다.

근본적인 점에서 이 표현은 아주 다르다. 그러나 주의깊은 조작으로 시스템의 다른 표현은 하나에서 또 다른 것으로 변환할 수 있다. 구체적으로 시스템의 참 상태도는 M이나 O가 아닌 M_2O나 M_2O_5 같은 중간 분자 조성을 갖는 성분을 사용하여 시스템 묘사에서 도출될 수 있다. 그러나 이 변환된 우위 도표판에는 상의 안정성의 극한이 정확하게 $f_{[j]}=1$ 조건으로 주어지는 우위의 극한에 해당되지 않는다. 해당되는 가정에서 참가자는 모두 $a_j=1$을 갖는 참조 상태에 있어야 한다는 것이다.

물론 우위 도표는 가해준 열역학 퍼텐셜 함수로 화합물 형성 패턴을 나타내는 유일한 기본을 제공한다. 견딜만한 분위기 조성에서 극한을 가하는데 사용하여 분위기 조성 설계에 기본을 형성하고, 손상 재료가 겪는 가능한 화학적 그리고 열적 이력을 제안한다.

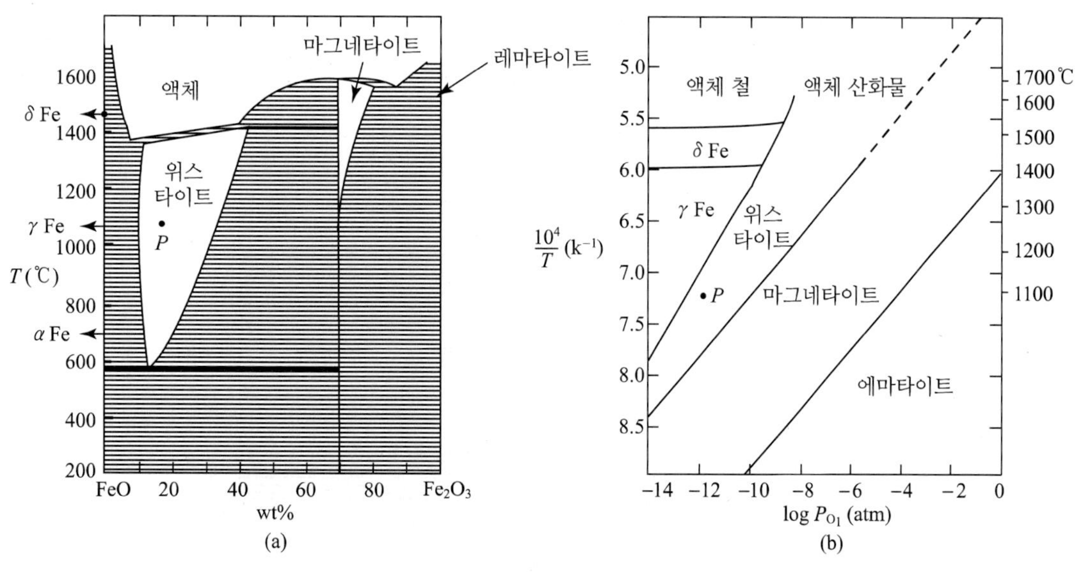

그림 11.13 Fe – O 시스템에 대한 (a)상태도와 (b) 유사한 우위 도표와의 비교.

6 상태도에서 성분으로서의 화합물

화학 문헌, 특히 세라믹 재료에서 화합물 조성을 상태도로 나타내는데, 성분으로 사용하는 것이 보통이다. 이것이 정당화되는 곳에서 시스템의 거동 묘사는 크게 단순화된다. 그러나 항상 정당화되는 것은 아니다.

그림 11.14는 Alumina-Silica 시스템에 대한 상태도를 나타낸다. 이 도표에서 성분은 Al_2O_3와 SiO_2로 잡는다. 이 시스템에 존재하는 4개의 상(알루미나, 뮬라이트(mulite), 실리카, 액상)은 용액이다. 이 용액은 혼합물로 보는데, 성분이 Al, Si, O가 아니고 Al_2O_3와 SiO_2가 성분이다. 이 상들의 혼합에 대한 자유 에너지는 Al_2O_3와 SiO_2의 몰 분율로 나타낸다. 이 시스템의 화학 퍼텐셜과 활동도는 성분 Al_2O_3와 SiO_2의 특성이다.

$$\mu_{Al_2O_3} \equiv \left(\frac{\partial G^{\alpha}}{\partial n_{Al_2O_3}} \right)_{T,P,n_{SiO_2}}$$

또한 상경계를 결정하는 평형 조건은 잘 알고 있다. 예를 들면, $(\alpha + \varepsilon)$[알루미나+뮬라이트] 2상 평형은

$$\mu^{\alpha}_{Al_2O_3} = \mu^{\epsilon}_{Al_2O_3},\ \mu^{\alpha}_{SiO_2} = \mu^{\epsilon}_{SiO_2}$$

이 상태도의 계산은 상에 대한 용액 모델에 근거한다. 상대적인 안정성 그리고 정보는 많은

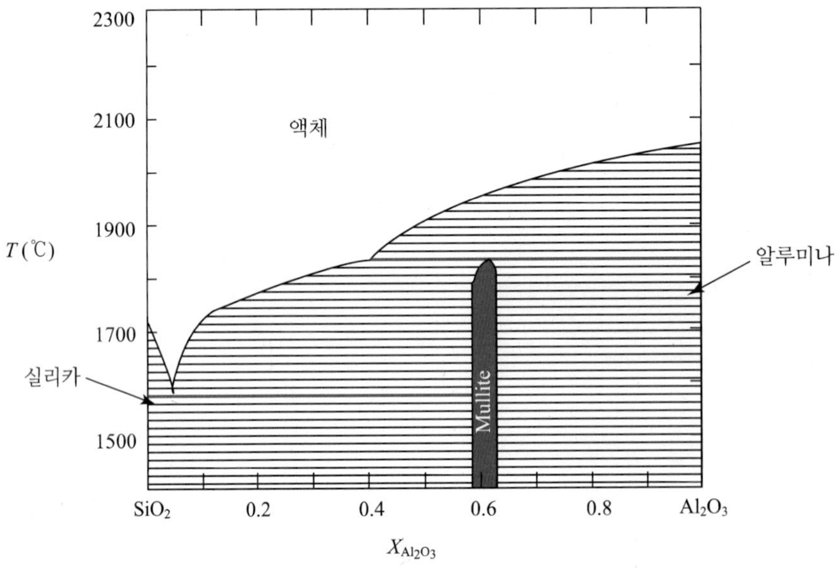

그림 11.14 분자 화합물을 성분으로 취급한 알루미나-실리카 상태도.

목적에서 이 나타냄으로 시스템의 거동을 이해하는 데 적합하다.

좀 더 정교한 레벨에서 이 상태도는 실제적으로 삼원계 Al-Si-O 상태도를 통한 의 이원계 단면이다. 그림 11.4에서 x축을 나타낸 조성은 Al-O 이원계 쪽의 Al_2O_3와 Si-O 이원계 쪽의 SiO_2와 연결한 직선이다. 그 라인에 의해 만나는 단상 영역은 작으나 유한 크기의 조성 범위를 갖는다. 의 이원계 조성 라인 밖에 놓인 모든 방향에서 화학량론비에서 벗어난다. 이 작은 벗어남은 구조에서 결함과 관련되므로 특성에 현저한 영향을 준다. 시스템을 이원계 알루미나-실리카 시스템으로 취급하거나 삼원계 Al-Si-O 시스템 인가는 응용 목적에 달려있다.

많은 경우 이원계 상태도 상에 2개의 화합물로 이루어진 시스템에서 상 관계를 나타내는 것은 가능하지 않다. 그림 11.15는 시스템 A-B-C에 대한 삼원계 등온선을 보여 준다. 이 시스템은 AB, AC, BC 이원계에 중간 화합물을 갖는다. 화합물 AB와 AC는 삼원계에서 2상 영역의 끝에 놓인다. 그리고 보여 준 온도에서 이원계 시스템을 형성하는 것으로 취급할 수 있다. 또한 이원계 시스템이 화합물 AC와 BC를 성분으로 하여 만들 수 있다. 그러나 AB와 BC를 두 화합물을 사용한 이원계는 만들 수 없다. 이 화합물 조성을 연결하는 라인을 따라 조성의 연속으로 취한 평형은 타이라인과 라인 밖에 있는 조성을 연결하는 타이 삼각형을 함유한다. 이 영역에서 시스템의 거동은 화합물 조성 AB와 BC가 관여된 이원계 상태도로 나타낼 수 없다.

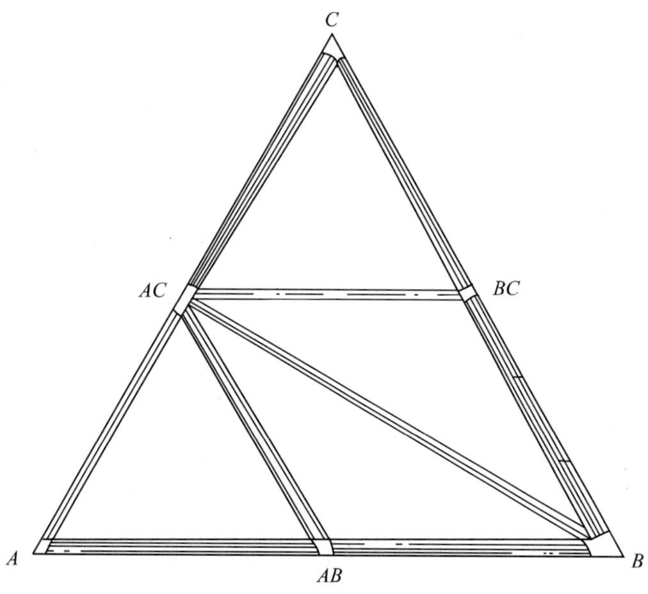

그림 11.15 3개의 라인 화합물 AB, AC, BC를 갖는 삼원계 상태도.

연습문제

01 고온에서 다음의 조성을 갖는 기체 혼합물을 생각해 보자.

$$H_2,\ H_2O,\ O_2,\ SiO_2(g),\ SiH_4,\ Si(g).$$

(a) 이 시스템에 존재하는 원소들을 열거하라.
(b) 이 시스템은 얼마나 많은 독립된 식을 갖는가?
(c) 모든 가능한 방정식의 완벽한 명단을 작성하라.
(d) 이 명단에서 독립적인 반응식을 선택하라.
(e) 남아있는 식 중에서 하나를 골라 이 식은 독립적인 식의 선형 조합임을 보여라.

02 1,200 K에서 어떤 기체 혼합물은 다음의 조성을 갖는다.

성분	CO	CO_2	O_2
몰 분율	0.25	0.60	0.15

다음의 반응 $CO+\frac{1}{2}O_2=CO_2$에 대한 애피니티를 구하라. 반응은 어느 쪽으로 진행되는가?

03 Ni는 산소를 함유한 분위기에 노출되면 NiO가 형성된다.

(a) 온도의 함수로 NiO 형성의 표준 자유 에너지를 구하라.
(b) 온도의 함수로 이 반응에 대한 평형 상수를 구하고 그려라.
(c) Ni와 NiO가 순수하다고 가정하여 962 K에서 평형 산소 부분압을 구하라.
(d) 962 K에서 공기 중에 순수 Ni와 NiO를 갖는 시스템의 애피니티를 구하라.

04 800 ℃에서 수증기에 대한 Si의 산화에 대하여 생각해 보자.

(a) SiO_2와 H_2O의 표준 자유 에너지를 구하라.
(b) 이들을 조합하여 반응 $Si+2H_2O=SiO_2+2H_2$에 대한 ΔG^0를 구하라.
(c) 800 ℃에서 평형 상수와 Si와 그 산화물이 평형을 이루는 (H_2/H_2O)비를 구하라.
(d) Si-실리카 시스템에서 평형 산소 부분압을 구하라.
(e) 800 ℃에서 (c)에서 구한 (H_2/H_2O) 비로 혼합 기체에서 평형 산소 분압을 구하라.
(f) (d)와 (e)에서 구한 산소 압력을 비교하라.

Chapter

12

Thermodynamics in Materials Sciences

열역학에서 모세관 효과

1 서 론

이 장에서는 계면(interface)에 관한 기초적인 열역학 관계를 설명한다. 표면(surface)과 계면이란 용어는 저자에 따라 다르게 사용되기도 하지만, 일반적인 용어로 계면은 임의의 두 상의 경계와 같은 결정상의 결정립과 결정립이 만나는 입경계(grain boundary)도 포함된다. 표면이란 응축상(condensed phase)과 증기상(vapor phase)과의 경계를 나타낸다. 정확하지는 않으나 보통 표면화학(surface chemistry)이라고 하는 표면과 계면의 연구 분야는 많은 면을 지닌(multifaced) 주제로 구성된 연구 분야이다. 보통 직업적인 관점에서 이 분야에 접근하게 된다. 예를 들면, 물리 야금학자는 입경계(grain boundary)의 원자와 미세구조에 관심이 많고, 생물학자나 광물학자는 계면에서 전기효과와 용액에서 흡착(adsorption)에 고분자 화학자는 콜로이드 안정성(colloid stability)에 그리고 윤활공학자는 표면 필름의 유전학에 관심을 갖는다. 젖음(wetting)과 청결(detergency), 고체에의 기체 흡착(gas adsorption)은 많은 분야에서 공통이다. 표면화학의 바탕에 놓여있는 것은 약간의 열역학적인 개념으로 이는 특별한 사용의 개발에 기본이 된다.

한 개 이상의 상으로 구성된 열역학 시스템은 반드시 내부 계면(internal interfaces)을 가져야 한다. 즉, 한 상의 인텐시브 특성으로부터 이웃한 상의 그 특성으로의 전이(transition)가 수용되는(accomodate) 영역을 말한다. 이 전이 영역은 수 원자 크기의 길이에 달하므로 이 영역은 거의 기하학적으로 2차원이고 보통 이를 표면(surface) 또는 두 상 사이의 계면(interface)이라고 부른다.

이 전이 영역과 기하학적 형태의 효과는 재료과학에서 특별히 중요하다. 고체 재료는 내부 미세구조(microstructure)를 갖고 있고, 미세구조의 기하는 재료의 거동에 중심 역할을 한다.

재료는 내부 미세구조를 변화시키는 조건인 열처리(heat treatment), 고온 압입, 그리고 압출(extrusion)에 의하여 변화되고 제어된다. 미세구조에서의 양상은 그들을 감싸고 있는 경계에 의하여 정의되므로, 계면의 열역학 거동은 재료 공정과 사용 중의 거동에 있어 핵심 역할을 맡게 된다.

두 개의 상 사이에 위치한 원자들은 반드시 어느 상의 특성이 아닌 이웃의 패턴을 가져야 한다. 그래서 계면의 각 원소들은 '표면 에너지' 또는 계면 에너지(interfacial energy)라고 부르는 여분의 에너지를 갖는다. 이 표면 에너지는 표면의 기하를 통한 이웃한 상의 특성에 영향을 미친다. 이 관계식에서 작동되는 기하학적 특성은 표면 또는 계면의 국부적인 곡률이다. 2절에서는 표면 곡률과 관련된 기하학적 개념과 곡률 간의 관계 그리고 계면의 다른 기하학적 특성을 개발한다.

시스템에서 계면의 곡률로부터 유도되는 열역학 특성에의 효과를 보통 모세관 효과(capillarity effect)라고 부른다. 왜냐하면 이 현상의 연구는 주로 실험적으로 미세한 모세 유리 튜브(glass tube)로 연구되었기 때문이다. 이 유리 튜브는 재생 가능한 내부 반경 또는 곡률을 비교적 쉽게 만들 수 있었기 때문이다. 이 모세관 현상은 곡선의 계면을 갖는 다성분 2상 시스템에서 평형에 대한 조건에서 도출할 수 있다. 따라서 평형 조건을 찾기 위한 일반적인 전략을 3절에서 논한다. 곡선 계면의 존재 하에 기계적인 평형 조건은 변화된다. 순전히 기계적인 평형 조건에 대하여 4절에서 논의되고 이 도출 결과는 5절에서 논의된다.

대부분의 미세조직에서 발견되는 두 번째 기하학적인 양상(feature)은 3개의 계면이 만나서 하나의 라인을 형성하는데, 이를 구조에서 삼중선(triple line)이라고 한다. 삼중선에서 평형 조건은 7절에서 논의된다. 내부 입경계를 따라 액체상이 고체상으로 침투하는 젖음에의 적용과 미세구조의 기하형태의 개발은 이 결과를 보여 준다.

상 사이에 존재하는 전이 영역(transition zone)에서 원자의 배열은 이웃한 어떤 상과도 다르므로 전이 영역의 특성도 이웃한 어떤 상과도 다르게 된다. 특히 시스템이 평형에 도달하였을 때 성분의 조성은 이웃한 어느 상보다 전이 영역에서 현저히 달라질 것이다. 이 현상을 흡착(adsorption)이라 하며, 이는 8절에서 논의된다.

2 표면의 기하학

표면의 열역학 특성과 이웃한 상 사이의 관계식을 도출하려면, 먼저 표면상의 한 점 P 근처의 기하(geometry)를 묘사할 필요가 있다. 소위 점 P에서 주법선 곡률(principal normal curvature)이라고 부르는 양이 정의된다. 더불어 이웃한 상에서 생긴 운동학적 과정의 결과로

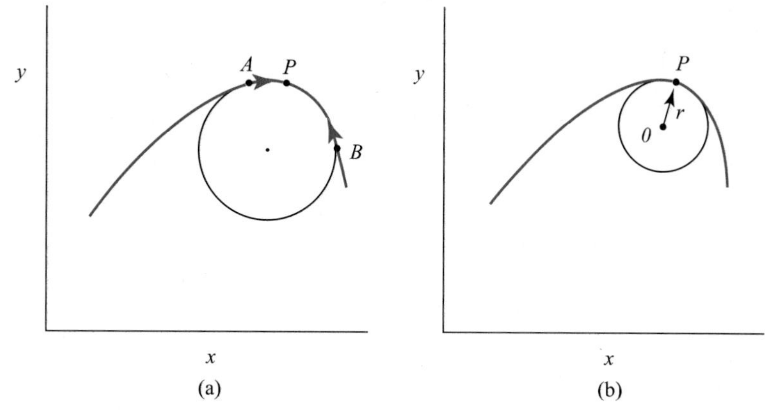

그림 12.1 2차원 라인의 점 P에서 곡률의 정의.

곡선진 표면이 공간에서 움직인다면, 표면의 면적 변화는 표면의 국부적인(local) 곡률의 변위(displacement)를 통해서 생긴 부피와 관련된다.

먼저 그림 12.1의 2차원 공간에서 곡선상에 한 점 P의 곡률의 정의를 생각해 보자. 이 구축에서 곡선상의 두 점 A와 B를 선택한다. 평면에서 임의의 3점을 통해 한 개의 원(circle)을 그릴 수 있는데, 점 A, P, B를 지나는 원을 그리자. 이 원은 중심과 반경을 갖는다. 이제 점 A와 B를 P로 접근시켜 극한의 경우에서 점 A와 B가 P에 도달하면 하나의 유일한 원이 생겨난다. 이 원을 점 P에서 접촉원(osculating circle)이라고 부른다. 왜냐하면 원은 이 점에서 라인과 접촉하기 때문이다. 그 원은 O에서 중심을 갖는데, 이를 P에 대한 곡률의 중심이라고 부르고, 반경 r은 점 P에서 곡률의 반경이라고 부른다. 또한 반경의 역수, 즉

$$\kappa = \frac{1}{r} \tag{12.1}$$

을 점 P에서 곡선의 국부적인 곡률(local curvature of the curve)이라고 부른다. 일반적으로 P가 곡선을 따라 움직이면 κ도 연속으로 변한다.

이제 그림 12.2에서와 같이 3차원 공간에 있는 부드럽게 곡선진 표면의 한 요소를 생각해 보자. 임의의 점 P에 접선면(tangent plane)이 있고 이 면에 수직인 단위 벡터 $\widehat{N}$이 존재하는데, 이를 점 P에서 법선 벡터(normal vector)라고 부른다. 그림 12.2(a)의 점 P에서 접선면에 수직이고 법선 벡터를 함유한 면은 표면과 만나서 그림 12.1의 곡선을 형성한다. 따라서 P를 통한 이 라인의 곡률(curvature)은 그림 12.1에서 구한 값을 갖는다.

만약 교차면이 법선 벡터를 함유한 또 다른 방위로 회전하면, 교차 곡선은 일반적으로 달라진다. 점 P에서 국부적인 곡률은 그림 12.2(b)에서와 같이 교차면이 회전함에 따라 변화된다. 미분 기하학(differential geometry)에서 교차하는 곡선의 곡률이 최대와 최소가 되는 2개의 방

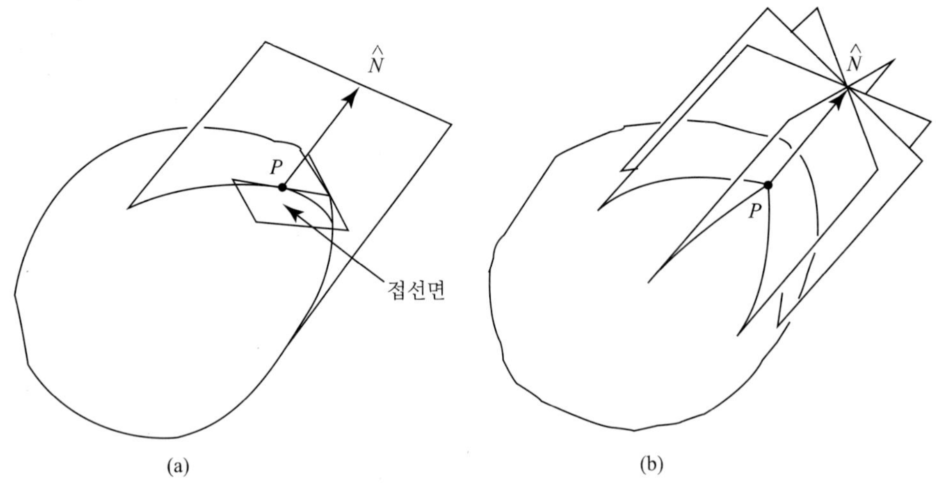

그림 12.2 (a) 표면에서 점 P를 지나고 표면 법선 벡터를 포함하는 한 면이 곡률과의 교차. (b) 교차면의 방위에 따라 변화하는 국부적인 곡률.

위가 있음을 보인다. 이들은 표면 위의 점 P에서 주방향(principal direction)이라고 부른다. 또한 이들의 방향은 서로 수직이다.

이러한 관찰은 그림 12.3과 같이 나타낼 수 있다. 벡터 $\hat{N}$은 점 P에서 법선 벡터이고 $\hat{u}, \hat{v}$은 주방향에서 단위 벡터이다. 반경 r_1, r_2는 점 P에서 곡률의 주반경들(principal radii)이다. 그리고 $\kappa_1 = \dfrac{1}{r_1}$, $\kappa_2 = \dfrac{1}{r_2}$은 점 P에서 주법선 곡률(principal normal curvature)라고 부른다. 후자의 두 양은 국부적인 표면 기하(local surface geometry)를 나타내는 데 가장 편리한 파라미터이다.

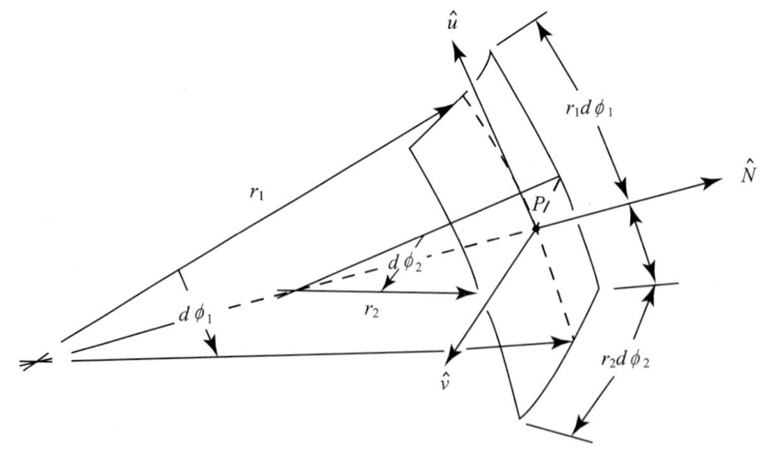

그림 12.3 법선 벡터 $\hat{N}$과 주방향, $\hat{u}, \hat{v}$는 점 P에서 벡터 $\hat{N}$에 수직한 두 면을 정의한다. 길이 r_1, r_2는 각각 이 면들의 번경이다.

곡률과 관련된 두 종류의 기하학적인 특성이 응용에서 유용하게 사용된다. 이들은

$$H \equiv \frac{1}{2}(\kappa_1 + \kappa_2) \tag{12.2}$$

는 P에서 표면의 국부적인 평균 곡률(local mean curvature)이라고 부른다.

그리고 곱의 표현으로

$$K \equiv \kappa_1 \kappa_2 \tag{12.3}$$

은 때때로 P에서의 전체 곡률(total curvature)이라고 부른다. 열역학에서는 국부적인 평균 곡률 H를 통하여 미세구조의 기하 형태에 작용된다.

이제 미세조직에서 β상을 둘러싼 표면 같이 부드러운 닫힌 표면(smooth closed surface)을 생각해 보자. 점 P의 β상에서 곡률점(curvature point)의 중심으로 향하는 벡터에는 곡률의 부호가 양으로 밖으로 향하면 음으로 정의된다. 그림 12.4에서와 같이 3종류의 표면 요소가 상을 둘러싼 부드러운 표면에서 발견된다. 이들은

- 볼록면(convex surface), 두 벡터가 안으로 향한다.
- 오목면(concave surface), 두 벡터가 밖으로 향한다.
- 안장면(saddle surface), 두 벡터가 반대 방향으로 향한다.

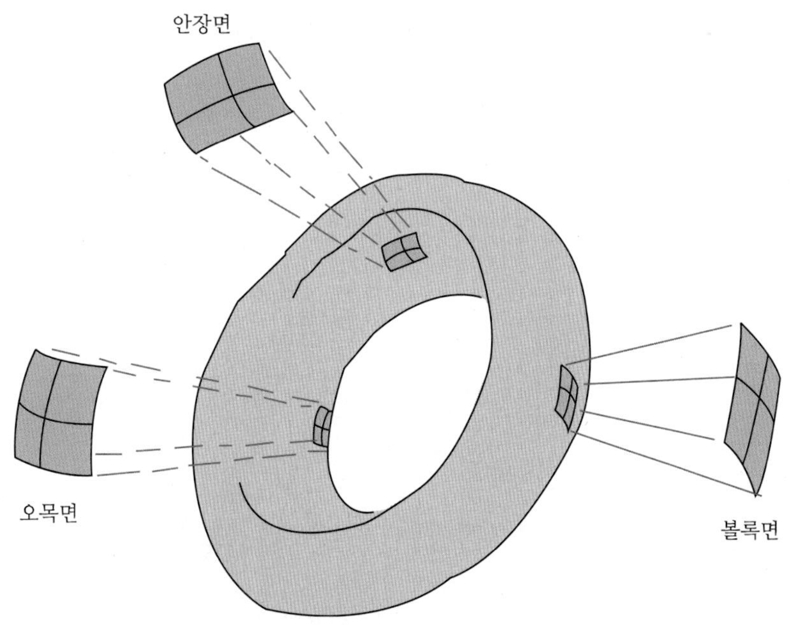

그림 12.4 그릇(Bowl)에서 대한 표면 요소의 3개 등급. (a) 볼록, (b) 오복 그리고 (c) 안장면.

그러므로 볼록 표면 요소에서 국부적인 평균 곡률 H는 항상 양이고, 오목 표면요소에서는 항상 음이고, 인장(saddle) 표면에서는 곡률의 상대적인 값에 따라 양이 되거나 음이 된다.

그림 12.3은 점 P에서 곡률의 주반경(principal radii of curvature) r_1, r_2를 갖고 회전 $d\phi_1, d\phi_2$을 하여 무한소(infinitesimal) 호(arc)로 생겨난 표면 요소를 나타낸다. 표면 길이는 $r_1 d\phi_1$, $r_2 d\phi_2$가 되고 면적 요소는

$$dA_0 = r_1 d\phi_1 \, r_2 \, d\phi_2 \tag{12.4}$$

으로 표현된다.

이제 이웃한 상에서 한 과정의 진행 결과로 계면은 그림 12.5에서와 같이 법선(normal)을 따라 거리 δn만큼 움직였다고 가정해 보자. 이 변위(displacement)로 생겨난 부피 변화는

$$\delta V = \delta n \, dA_0 = \delta n \, r_1 d\phi_1 \; r_2 d\phi_2 \tag{12.5}$$

반면 반경은 $r_1 + \delta n$, $r_2 + \delta n$으로 변화된다. 그리고 변위 후에 면적은

$$\begin{aligned} dA_1 &= (r_1 + \delta n)(r_2 + \delta n) d\phi_1 d\phi_2 \\ &= \left(r_1 r_2 + (r_1 + r_2)\delta n + \delta n^2 \right) d\phi_1 d\phi_2 \end{aligned}$$

고차항 δn^2은 무시하면

$$\delta A = dA_1 - dA_0 = (r_1 + r_2)\, \delta n \; d\phi_1 d\phi_2$$

오른쪽 항에 $r_1 r_2$를 나누고 또 다시 곱하면

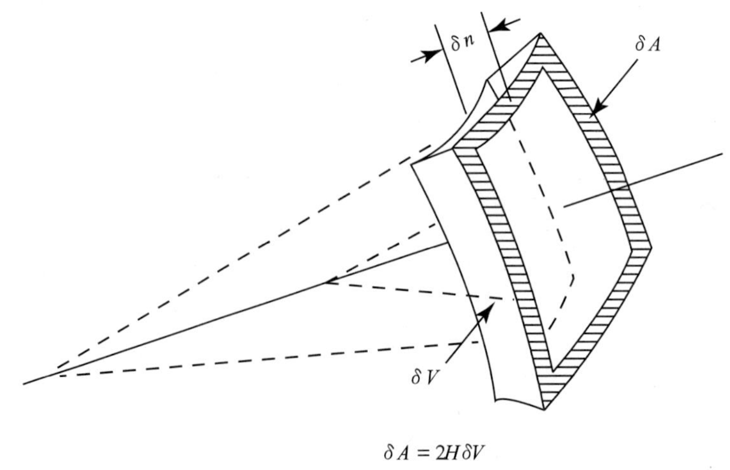

그림 12.5 표면 요소의 법선을 따라 δn의 변위는 부피 δV와 면적 δA의 변화를 가져온다.

$$\delta A = \frac{r_1 + r_2}{r_1 r_2} \delta n \, r_1 r_2 \, d\phi_1 d\phi_2 \tag{12.6}$$

그런데 $\dfrac{r_1 + r_2}{r_1 r_2} = \dfrac{1}{r_1} + \dfrac{1}{r_2} = \kappa_1 + \kappa_2 = 2H$이고, 나머지 항은 부피 δV를 나타낸다. 곡면에서의 움직임에 따른 표면 면적의 변화는 부피 변화와 관련되고 관계식은

$$\delta A = 2H \, \delta V \tag{12.7}$$

이 관계식은 시스템을 나타내는 변수 사이(면적과 부피)의 제약을 나타내고, 곡면의 내부 계면을 갖는 시스템의 평형 조건을 도출하는 데 중요한 역할을 한다.

3 표면 잉여 특성

이 절에서는 한 시스템의 익스텐시브 특성(extensive property)의 전체 값의 적당한 부분은 내부 계면의 기여에 의한 것이라는 J. Willard Gibbs가 개발한 장치를 소개한다. Gibbs는 두 상 사이의 전이 영역(transition region)은 너무 얇아서 특성을 직접 측정할 수 없다는 것을 인지하였다. 그는 표면의 기여 부분을 거시적 시스템의 측정 가능한 특성의 항으로 구하는 전략을 제안하였다. 이 전략은 표면 잉여(surface excess) 열역학 특성의 정의를 이끌었다.

그림 12.6은 α, β상과 그들 사이의 전이 영역으로 구성된 시스템을 나타낸다. 전이 영역의 경계는 인텐시브 특성(intensive property)이 α값에서 β값으로 모든 변화가 일어나는 영역을

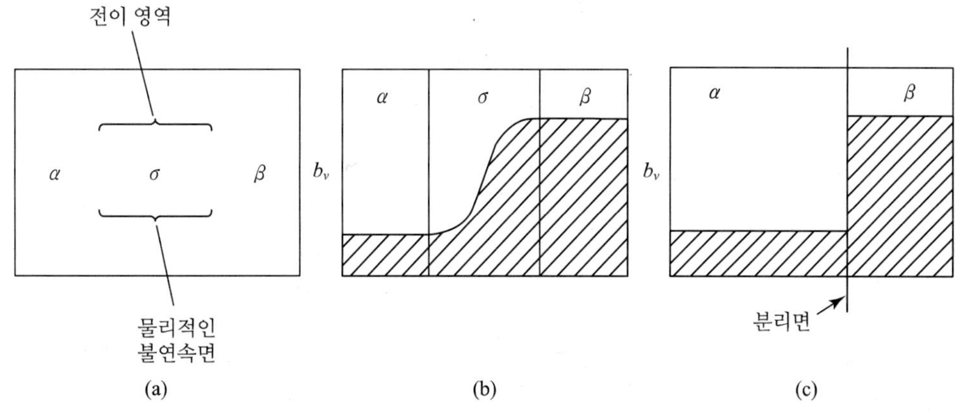

그림 12.6 (a) 두 상 사이에서 불연속 표면을 정의하는 전이 영역, σ. (b) 전이 영역에서 밀도 b_v의 변화. (c) 분리면에 의한 밀도 b_v의 변화를 단계 함수로 나타낸 가상적인 시스템.

둘러싸는 한, 자세히 정의할 필요가 없다.

Gibbs는 사실 전이 영역은 표면이 아니고 작지만 유한 두께의 슬라브(slab)임을 인지하고, 전이 영역을 '불연속 물리적 표면(physical surface of discontinuity)'이라고 하였다.

이제 B'을 임의의 익스텐시브(extensive) 열역학 특성이라고 하자. 해당되는 B의 국부 밀도(local density)는 시스템 내의 임의 점 P에서 정의할 수 있다. 관심 대상의 특성에 대한 B'의 값을 갖는 작은 부피 V'을 생각해 보자. 점 P에서 특성 B의 국부 밀도는

$$\lim_{V' \to 0} \frac{B'}{V'} = b_v \tag{12.8}$$

으로 주어진다.

시스템 내에서 b_v는 각 점에서 정의된 값을 가지므로 b_v는 인텐시브 특성이다. P에 이웃한 부피 요소 dv에 함유된 특성 B'의 값은 $b_v dv$이다. 따라서 전체 값 B'은 b_v를 부피에 대한 적분값이 된다. 즉,

$$B' = \iiint_{V'} b_v dv \tag{12.9}$$

이 식은 불균일(non-uniform) 시스템을 나타내는 기본적인 개념이 된다.

시스템이 내부 평형을 이루고 외부 힘이 작용하지 않는다면 각 상에서 인텐시브 특성은 불연속 물리 표면, 전이 영역 밖에서는 위치에 따라 변화하지 않는다. 그림 12.6(b)는 불연속 물리 표면에서 위치에 따른 b_v를 나타낸다. 고려 중인 시스템이 일정한 단면적을 갖는다고 가정해 보자. 그러면 시스템의 $B_{sys}{}'$의 전체 값은 그림 12.6(b)에서 보듯이 곡선 아래의 빗금친 면적에 비례한다.

그 다음으로 Gibbs는 분리면(dividing surface)이라 하는 2차원의 기하학적인 표면을 소개한다. 이 분리 표면의 위치는 불연속 물리 표면 내에 있어야 한다는 것을 제외하고는 그 위치는 임의적이다(그림 12.6(c)). 주어진 응용에서 실제 위치에 대한 어떤 선택은 다른 것보다 더 편리하다. 일단 그 위치가 한 특성과 연계하여 선택되면 모든 다른 특성에 대하여도 잔류되어야 한다.

B'의 표면 잉여는 계면의 존재와 관련된 시스템의 전체 B'의 부분인데, 이는 가상적인 시스템에서 b_v^α, b_v^β가 α와 β상에서 불연속이 나타나는 분리면까지 유지된다(그림 12.6(c)). 이 양은 알고 있는 밀도 b_v^α, b_v^β 값과 분리 표면 위치로부터 계산할 수 있다.

전체적인 시스템에 대한 B'의 표면 잉여는 다음과 같이 정의된다.

$$B'^s \equiv B_{sys}{}' - B_{hyp}{}' \tag{12.10}$$

즉, B'^s는 실제 시스템에 대한 $B_{sys}{}'$와 인텐시브 특성 b_v^α, b_v^β값과 분리 표면 위치로부터 계산된 값과의 차이이다. 이 양은 그림 12.6(b)에서 곡선 아래 면적과 그림 12.6(c)에서 계단 함수 하의 면적과의 차이에 비례함을 알 수 있다. A를 시스템에서 계면의 면적이라고 하자. 그러면 B의 비표면 잉여(specific surface excess)는 다음과 같이 정의한다.

$$B^s \equiv \frac{B'^s}{A} \tag{12.11}$$

B' 단위 면적당의 값을 갖는 양은 임의의 익스텐시브 열역학 특성에 정의할 수 있다. 예를 들면, S^s는 α/β 계면에 대한 비표면 잉여 엔트로피(specific surface excess entropy)이고 G^s는 α/β 계면에 대한 비표면 잉여 Gibbs 자유 에너지 등을 나타낸다. 특히 관심 있는 양은 7절에서 소개될 성분 k의 비표면 잉여 몰수이다. 왜냐하면 이 항은 흡착(adsorption) 현상을 나타내는데 핵심 역할을 하기 때문이다. 또한 비표면 잉여 양은 인텐시브 변수이다.

식 (12.10)과 (12.11)을 조합하여 정리하면,

$$B_{sys}{}' = B_{hyp}{}' + B'^s = B_{hyp}{}' + B^s A \tag{12.12}$$

으로 표현되며 가상적(hypothetical) 시스템은 α와 β로 구성되므로

$$B_{sys}{}' = B_{hyp}{}'^\alpha + B_{hyp}{}'^\beta + B^s A \tag{12.13}$$

이 시스템에서 상태의 임의의 변화는 계면 면적의 변화를 포함하므로 시스템의 임의의 미소 변화는

$$dB_{sys}{}' = dB_{hyp}{}'^\alpha + dB_{hyp}{}'^\beta + B^s dA \tag{12.14}$$

으로 표현된다.

4 곡선 계면을 가진 시스템에서의 평형 조건

평형 조건을 찾는 일반적인 전략(strategy)을 곡면 계면으로 분리된 α와 β상을 갖고 C개 성분을 갖는 시스템에 적용해 보자. 먼지 시스템의 엔트로피 변화에 대한 표현은 식 (12.14)에서

$$dS_{sys}{}' = dS_{hyp}^{'\alpha} + dS_{hyp}^{'\beta} + S^s dA \tag{12.15}$$

으로 표현된다. 여기서 S^s는 비표면 잉여 엔트로피이다. 가상의 시스템은 전이 영역 밖의 각 상의 엔트로피의 밀도가 분리면까지 확장되므로

$$dS_{sys}{}' = \left[\frac{1}{T^\alpha}dU_{hyp}{}'^\alpha + \frac{P^\alpha}{T^\alpha}dV_{hyp}{}'^\alpha - \sum_{k=1}^{C}\frac{\mu_k^\alpha}{T^\alpha}dn_{k,\,hyp}^\alpha\right] + \left[\frac{1}{T^\beta}dU_{hyp}{}'^\beta + \frac{P^\beta}{T^\beta}dV_{hyp}{}'^\beta - \sum_{k=1}^{C}\frac{\mu_k^\beta}{T^\beta}dn_{k,\,hyp}^\beta\right] + S^s dA \tag{12.16}$$

그 다음 고립에 의한 제약식을 나타낸다. 내부 계면을 갖는 고립 시스템에서 내부 에너지가 일정한 제약은

$$dU_{sys}{}' = 0 = dU_{hyp}{}'^\alpha + dU_{hyp}{}'^\beta + U^s dA$$

즉,
$$dU_{sys}^{/\beta} = -(dU_{hyp}^{/\alpha} + U^s dA) \tag{12.17}$$

부피가 일정하다는 제약은

$$dV_{sys}{}' = 0 = dV_{hyp}{}'^\alpha + dV_{hyp}{}'^\beta + V^s dA$$

표면 잉여 부피(Surface excess volume) V^s는 0이 된다. 왜냐하면 표면 잉여 특성을 정의하는데 가상적 시스템의 전체 부피는 실제 시스템과 같다고 가정하였기 때문이다. 그래서 이는 간단히

$$dV_{hyp}{}'^\alpha = -dV_{hyp}{}'^\beta \tag{12.18}$$

으로 표현할 수 있다. 각 성분에 대한 전체 몰수는 일정하므로

$$dn_{k,sys}{}' = 0 = dn_{k,hyp}{}'^\alpha + dn_{k,hyp}{}'^\beta + \Gamma_k dA$$

즉, Γ_k는 성분 k의 비계면 잉여(specific interfacial excess)로 다음과 같이 정의된다.

$$\Gamma_k = \frac{n_k^s}{A}$$

따라서
$$dn_{k,hyp}{}'^\beta = -(dn_{k,hyp}{}'^\alpha + \Gamma_k dA) \tag{12.19}$$

고립 제약식들인 식 (12.17)~(12.19)를 식 (12.16)에 대입하면

$$dS_{sys,iso}{}' = \left[\frac{1}{T^\alpha}dU_{hyp}{}'^\alpha + \frac{P^\alpha}{T^\alpha}dV_{hyp}{}'^\alpha - \sum_{k=1}^{C}\frac{\mu_k^\alpha}{T^\alpha}dn_{k,\,hyp}^\alpha\right] + \left[\frac{1}{T^\beta}(-dU_{hyp}{}'^\alpha - U^s dA) + \frac{P^\beta}{T^\beta}(-dV'^\alpha) - \sum_{k=1}^{C}\frac{\mu_k^\beta}{T^\beta}(-dn_{k,\,hyp}^\alpha \Gamma_k dA)\right] + S^s dA$$

같은 항을 모으면

$$dS_{sys,iso}{}' = \left[\frac{1}{T^\alpha} - \frac{1}{T^\beta}\right] dU_{hyp}{}'^\alpha + \left[\frac{P^\alpha}{T^\alpha} - \frac{P^\beta}{T^\beta}\right] dV_{hyp}{}'^\alpha \\ - \sum_{k=1}^{C}\left[\frac{\mu_k^\alpha}{T^\alpha} - \frac{\mu_k^\beta}{T^\beta}\right] dn_{k,hyp}^\alpha + \left[S^s - \frac{1}{T^\beta}U^s + \sum_{k=1}^{C}\frac{\mu_k^\beta}{T^\beta}\Gamma_k\right] dA \tag{12.20}$$

이 식에서 변수들은 아직 독립적이지 못하다. 왜냐하면 식 (12.7)에서 면적과 부피 사이의 관계식이 존재하기 때문이다. 이 관계식을 적용하기 위하여 우선 표면 곡률에 대한 부호를 결정할 필요가 있다. β상에 대하여 표면이 블록이면 곡률은 양이라고 정의하자. 그러면 표면에 의해 둘러싸인 부피는 β상이고 식 (12.7)은

$$dA = 2H\, dV_{hyp}{}'^\beta = -2H\, dV_{hyp}{}'^\alpha \tag{12.21}$$

으로 된다. 이를 식 (12.20)에 대입하면

$$dS_{sys,iso}{}' = \left[\frac{1}{T^\alpha} - \frac{1}{T^\beta}\right] dU_{hyp}{}'^\alpha \\ + \left[\left(\frac{P^\alpha}{T^\alpha} - \frac{P^\beta}{T^\beta}\right) - \left(S^s - \frac{1}{T^\beta}U^s + \sum_{k=1}^{C}\frac{\mu_k^\beta}{T^\beta}\Gamma_k\right)2H\right] dV_{hyp}{}'^\alpha \\ - \sum_{k=1}^{C}\left[\frac{\mu_k^\alpha}{T^\alpha} - \frac{\mu_k^\beta}{T^\beta}\right] dn_{k,hyp}^\alpha \tag{12.22}$$

이 시스템에서 평형에 대한 조건은 미분항의 계수를 0으로 놓아서 구한다. 내부 에너지의 계수는 열적 평형 조건, 즉

$$\frac{1}{T^\alpha} - \frac{1}{T^\beta} = 0 \;\rightarrow\; T^\alpha = T^\beta \tag{12.23}$$

dn_k항의 계수는 화학 평형의 조건, 즉

$$\frac{\mu_k^\alpha}{T^\alpha} - \frac{\mu_k^\beta}{T^\beta} = 0 \;\rightarrow\; \mu_k^\alpha = \mu_k^\beta \quad [k = 1, 2, \ldots, C] \tag{12.24}$$

이 조건은 곡면 계면이 없는 시스템에서 얻는 조건과 같다. 그러나 역학 평형에 대한 조건은 다르게 나타난다. 즉,

$$\left(\frac{P^\alpha}{T^\alpha} - \frac{P^\beta}{T^\beta}\right) - \left(S^s - \frac{1}{T^\beta}U^s + \sum_{k=1}^{C}\frac{\mu_k^\beta}{T^\beta}\Gamma_k\right)2H$$

식 (12.23)에서 온도가 같으므로 이를 T라고 하면, 이 식은

$$(P^{\alpha} - P^{\beta}) + (U^s - TS^s - \sum_{k=1}^{C} \mu_k^{\beta} \Gamma_k) 2H = 0 \quad (12.25)$$

여기서 새로이 비 계면 잉여 자유 에너지(specific interfacial free energy) γ를 정의하면,

$$\gamma \equiv U^s - TS^s - \sum_{k=1}^{C} \mu_k \Gamma_k \quad (12.26)$$

식 (12.25)의 역학 평형 조건은

$$P^{\beta} - P^{\alpha} = 2\gamma H \quad (12.27)$$

그래서 곡면 계면을 가진 2상 시스템에서의 평형에서 두 상에서의 압력은 같지 않다. γ는 항상 양의 값임을 알 수 있다. β상에서 압력이 α상에서의 압력보다 크거나 작은 것은 평균 곡률 H의 부호에 달려있다. 앞에서 선택한 관습에 따라 β상의 닫혀진 입자의 내부 압력은 평형에서 외부보다 내부에서 더 크다. 압력차의 크기는 입자가 더 작으면 작을수록, 좀 더 일반적으로 말하자면 H가 증가함에 따라 커진다. 곡면 표면에 의해 가해진 영향은 역학 평형 조건에 직접적으로 소급할 수 있다.

γ의 또 다른 가시화는 곡면을 가진 2상 시스템에 대한 열역학 1법칙과 2법칙의 조합식을 개발하여 얻을 수 있다. 표면 잉여 양의 정의로부터 그와 같은 시스템이 겪는 내부 에너지 변화는

$$dU_{sys}' = dU_{hyp}'^{\alpha} + dU_{hyp}'^{\beta} + U^s\, dA \quad (12.28)$$

균일한 가상적인 시스템에서 1법칙과 2법칙의 조합식을 적용하면,

$$\begin{aligned} dU_{sys}' = & \left[T^{\alpha} dS_{hyp}'^{\alpha} - P^{\alpha} dV_{hyp}'^{\alpha} + \sum_{k=1}^{C} \mu_k^{\alpha} dn_{k,hyp}^{\alpha}\right] \\ & + \left[T^{\beta} dS_{hyp}'^{\beta} - P^{\beta} dV_{hyp}'^{\beta} + \sum_{k=1}^{C} \mu_k^{\beta} dn_{k,hyp}^{\beta}\right] + U^s\, dA \end{aligned} \quad (12.29)$$

상태가 변함에 따라 두 상이 평형을 유지한다면 식 (12.23)과 (12.24)에서 $T^{\alpha} = T^{\beta} = T$로 대치되고, $\mu_k^{\alpha} = \mu_k^{\beta} = \mu_k$로 대치된다. 따라서 식 (12.29)는

$$\begin{aligned} dU_{sys}' = & T(dS_{hyp}'^{\alpha} + dS_{hyp}'^{\beta}) - P^{\alpha} dV_{hyp}'^{\alpha} - P^{\beta} dV_{hyp}'^{\beta} \\ & + \sum_{k=1}^{C} \mu_k (dn_{k,hyp}^{\alpha} + dn_{k,hyp}^{\beta}) + U^s\, dA \end{aligned} \quad (12.30)$$

식 (12.14)를 이용하여 괄호 속의 항을 다시 쓰면

$$dU_{sys}' = T(dS_{sys}' - S^S dA) - P^\alpha dV_{hyp}'^\alpha - P^\beta dV_{hyp}'^\beta + \sum_{k=1}^{C} \mu_k (dn_{sys} - \Gamma_k dA) + U^s\, dA \tag{12.31}$$

같은 항끼리 모으면

$$dU_{sys}' = TdS_{sys}' - P^\alpha dV_{hyp}'^\alpha - P^\beta dV_{hyp}'^\beta + \sum_{k=1}^{C} \mu_k dn_{sys} + (U^s - TS^s - \sum_{k=1}^{C} \mu_k \Gamma_k) dA$$

dA의 계수는 γ이므로

$$dU_{sys}' = TdS_{sys}' - P^\alpha dV_{hyp}'^\alpha - P^\beta dV_{hyp}'^\beta + \sum_{k=1}^{C} \mu_k dn_{sys} + \gamma dA \tag{12.32}$$

분명히 γ는 내부 면적 변화가 있는 2상 시스템의 내부 에너지의 변화량으로 나타낼 수 있다.

$$\gamma = \left(\frac{\partial U'}{\partial A}\right)_{S',\, V'^\alpha,\, V'^\beta, n_k} \tag{12.33}$$

일성분계($C=1$)에서 분리면의 위치를 $\Gamma_k=0$인 곳을 선택하는 것이 가능하다. 이 경우 식 (12.26)은 간단히

$$\gamma = U^s - TS^s = F^s = G^s \tag{12.34}$$

즉, γ는 비계면 자유 에너지이다. 이 경우에 Gibbs 자유 에너지와 Helmholz 자유 에너지는 같다. 왜냐하면 V^s는 0이기 때문이다. 이 계면 특성은 에너지/단위 면적의 단위를 갖고 J/m^2로 나타낸다. γ값은 관련된 두 상의 본성에 의존한다. 표 12.1은 다양한 표면과 계면에 대하여 측정한 γ값을 나타낸다. 나머지는 부록 F에 제시되었다.

예제 12-1 곡률에 의한 압력 변화

Q 80 ℃에서 물증기로부터 과냉된 직경이 1 um인 물방울의 압력을 구하라. 80 ℃에서 증기압은 0.52 atm이다. 물의 비계면 자유 에너지는 80 erg/cm²로 잡아라.

A 구형 입자에서 평균 곡률은 $H=\frac{1}{r}$이다. 식 (12.27)에서

$$P^L = P^V + 2\gamma\left(\frac{1}{r}\right) = 0.52 \text{ atm}$$

$$+2(80 \text{ erg/cm}^2)(1/0.5\times10^{-4} \text{ cm})\left(\frac{1J}{10^7 erg}\right)\left(\frac{82.06\, cc-atm}{8.314\, J}\right) = 0.52+3.16=3.68 \text{ atm}$$

표 12.1 여러 가지 계면의 표면 에너지값

재료	γ (ergs/cm^2)(T° C)*	재료	γ (ergs/cm^2)(T° C)*
녹는점에서 액체 금속			
Cesium	60(mp)	Gold	1140(mp)
Lead	450(mp)	Copper	1300(mp)
Aluminum	866(mp)	Nickel	1780(mp)
Silicon	730(mp)	Rhemium	2700(mp)
순수 금속의 고상-증기 표면			
Bismuth	550(250)	Copper	1780(925)
Aluminum	980(450)	Nickel	2280(1060)
Gold	1400(1100)	Tungsten	2800(2000)
순수 금속의 고상-액상 계면			
Sodium	20	Gold	132
Lithium	30	Copper	177
Lead	33	Platinum	240
순수 금속 입계			
Aluminum	324(450)	Copper	625(925)
Iron(δ phase)	468(1450)	Nickel	866(1060)
Iron(γ phase)	756(1350)	Tungsten	1080(2000)
화합물			
Water(liquid)	72(25)	MgO	1000(25)
NaCl (100) face	300(25)	TiC	1190(1100)
Be_2O_3 (liquid)	80(900)	CaF_2 (111)	450(25)
Al_2O_3 (liquid)	700(2080)	$CaCO_3$ (1010)	230(25)
Al_2O_3 (solid)	905(1850)	LiF (100)	340(25)

* Multiply by 10^{-3} to convert to J/m^2.

5 표면 장력: 표면 자유 에너지의 역학적 유사성

표면 자유 에너지(surface free energy)로부터 유도된 역학적 효과는 불연속의 물리적 표면에서 접선 방향으로 작용된 힘으로부터 야기된 것으로 해석할 수 있다. 그림 12.7(a)는 임의의 주곡률을 갖는 면적 요소를 나타낸다. 만약 이 면적 요소를 표면에서 잘라내면 그 요소는 줄어들어 사라지게 된다. 이 요소의 수축을 막으려면 요소 주위로 접선 방향으로 인장력(tensile force)을 가해줌이 필요하다.

표면의 표면 장력(surface tension) σ를 이 힘의 정규화된(normalized) 표현으로 단위 길이당 힘은 보통 dyne/cm로 정의한다. 표면 장력에서 야기되는 AB상에 작용하는 힘은 $F_1 = \sigma r_1 d\phi_1$ 이다. 유사하게 CD상에 작용하는 힘은 $F_1 = \sigma r_1 d\phi_1$ 이다. BC와 DA에 각각 작용하는 힘은 $F_2 = \sigma r_2 d\phi_2$ 이다. 이 힘들이 표면에 작용하고 있다. 표면이 곡선이므로 이 힘들은 표면 법선(normal) $\hat{N}$과 $\frac{1}{2}d\phi_1$과 $\frac{1}{2}d\phi_2$의 작은 각을 이루고 있다. 따라서 표면에 수직하게 작용하는 힘은 부분 AB에서

$$F_1 \sin\left(\frac{1}{2}d\phi_2\right) \cong F_1 d\phi_2 = \sigma r_1 d\phi_1 \left(\frac{1}{2}d\phi_2\right) \tag{12.35}$$

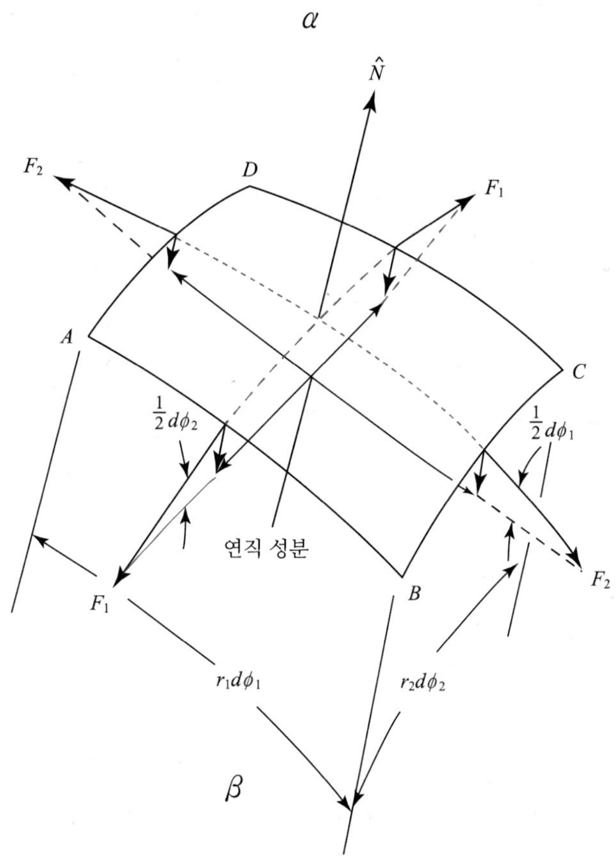

그림 12.7a 표면 장력에서 유도된 표면 요소에 작용하는 힘.

작은 각도에서는 sin x → x이기 때문이다. CD 부분도 같은 값을 갖는다. BC와 DA 부분의 수직 성분은 같은 방법으로

$$F_2 \sin\left(\frac{1}{2}d\phi_1\right) \cong F_2 d\phi_1 = \sigma r_2 d\phi_2 \left(\frac{1}{2}d\phi_1\right) \tag{12.36}$$

그러므로 표면에 수직으로 작용하는 전체 힘은

$$F_{surf} = 2\left[\sigma r_1 d\phi_1 \left(\frac{1}{2}d\phi_2\right)\right] + 2\left[\sigma r_2 d\phi_2 \left(\frac{1}{2}d\phi_1\right)\right]$$

$$F_{surf} = \sigma [r_1 + r_2]\, d\phi_1 d\phi_2 \tag{12.37}$$

β상에 작용하는 수직 힘은

$$F^{\beta} = F^{\alpha} + F_{surf} \tag{12.38}$$

α상에 작용하는 힘은 α상에서의 압력 P^{α}와 해당 면적의 곱으로 나타낼 수 있다. 즉,

$$F^{\alpha} = P^{\alpha} r_1 r_2\, d\phi_1 d\phi_2 \tag{12.39}$$

마찬가지로 β상에 작용하는 힘은 β상의 압력 P^{β}와 해당 면적의 곱으로 나타낼 수 있다. 즉,

$$F^{\beta} = P^{\beta} r_1 r_2\, d\phi_1 d\phi_2 \tag{12.40}$$

이들을 식 (12.38)에 대입하면

$$P^{\beta} r_1 r_2\, d\phi_1 d\phi_2 = P^{\alpha} r_1 r_2\, d\phi_1 d\phi_2 + \sigma [r_1 + r_2]\, d\phi_1 d\phi_2$$

$r_1 r_2\, d\phi_1 d\phi_2$으로 나누면

$$P^{\beta} = P^{\alpha} + \sigma \frac{r_1 + r_2}{r_1 r_2} \tag{12.41}$$

$$\frac{r_1 + r_2}{r_1 r_2} = \frac{1}{r_1} + \frac{1}{r_2} \tag{12.42}$$

따라서

$$P^{\beta} = P^{\alpha} + 2\sigma H \tag{12.43}$$

이 식은 식 (12.27)과 비교하면 γ가 σ로 대치된 같은 식이다. 그래서 간단한 1성분계 2상 시스템에서는 두 상이 등방성(isotropic) 유체(fluid)이므로 표면 장력, 이는 표면에 작용하는 역학적인 힘인데, 표면 자유 에너지, 이는 계면의 존재 하에 생겨난 잉여 에너지는 같아진다. 이는 Laplace 또는 Laplace와 Young 식으로 잘 알려진 식이다. 구표면(spherical surface)에서

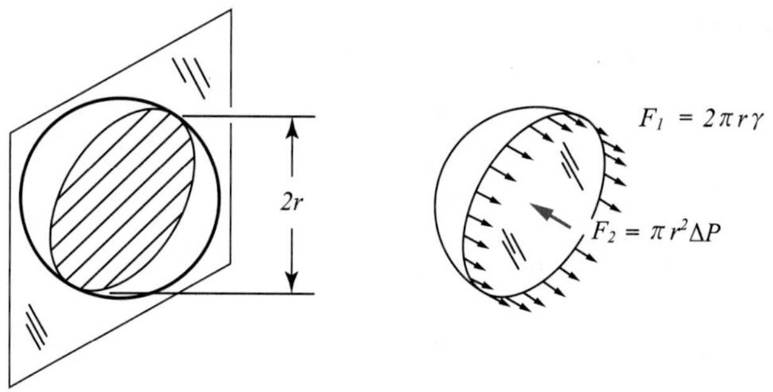

그림 12.7b Guggenheim에 의한 Laplace 식의 도출 방법.

는 $r_1 = r_2$이므로 식 (12.22)는

$$\Delta P = \frac{2\gamma}{r} \tag{12.44}$$

식 (12.44)의 또 다른 방법의 유도는 Guggenheim에 의한 방법으로 이를 소개한다. 그림 12.7(b)와 같이 구형의 상을 면으로 둘로 쪼개어 한 개의 반구에 작용하는 힘의 균형을 생각해 보자. 평형 상태에서 자른 원 주변의 표면 장력의 적분에 의해 결정되는 힘 F_1은 자른 표면을 가로질러 구의 내부와 외부 사이의 압력 차이를 적분하여 얻어지는 힘 F_2와 같으며 반대 방향이다. 즉,

$$F_1 = 2\pi r\gamma = F_2 = \pi r^2 \, \Delta P$$

즉, $\Delta P = \frac{2\gamma}{r}$가 된다.

비록 이 도출의 결함을 찾기 어려우나 표면 장력을 힘 벡터로 취급하는데 따르는 문제는 Young 식에서 논의된다.

식 (12.43)과 (12.44)의 Laplace 식은 곡면(curved surface)을 가로지르는 압력 강하를 나타낸다. 그러나 그 관계는

$$\Delta P = \gamma \frac{dA}{dV} \tag{12.45}$$

의 관계가 성립됨을 주지하는 것이 중요하고 비록 곡선 표면에서 dA/dV는 $(\frac{1}{r_1} + \frac{1}{r_2})$이라 하더라도 평편한 면을 갖는 다면체(즉, 표면의 곡률이 없는 입체의 부피)에도 적용된다. 예를 들면, 간단한 예가 측면이 2λ인 정육면체(cube)에서

$$\frac{dA}{dV} = \frac{2}{\lambda} \tag{12.46}$$

로 정육면체에 있어서 압력차는

$$\Delta P = \frac{2\gamma}{\lambda} \tag{12.47}$$

가 된다. 정육면체를 통한 단면을 나타내는 힘의 균형을 구하여도 같은 결과를 얻게 된다. 그러나 정육면체는 그것이 단단하지 않으면 경계를 가로질러 압력차를 지지할 수 없다. 그래서 식 (12.43)은 2개의 상이 유체인 경우 Laplace 식에 대한 충분한 나타냄으로 간주된다. 한 쌍의 고체이면 식 (12.45)가 사용되어야 한다. 이 내용으로 강건한 상 내에서 정의되는 압력의 의미를 묻게 되는데 이는 측정할 수 없다. 이 질문에 대한 답은 고체에서 응력(stress) 상태의 분포가 요구된다. 그와 같은 압력은 γ가 표면 퍼텐셜(surface potential)인 것과 유사하게 정의된 양, 즉 부피 퍼텐셜(volume potential)로 고려하는 것으로 충분하다.

단위는 (dyne/cm)와 erg/cm^2=(dyne-cm/cm^2)으로 변환가능하다. 그러나 두 상 중 하나가 결정이면 상황은 상당히 복잡해진다. 비계면 자유 에너지는 스칼라, 즉 표면상의 각 점에서 한 값을 갖는 시스템의 특성이고, 결정의 방위에 따라 변화한다. 표면 장력은 일반적인 경우로 표면 응력(surface stress)으로 되고 텐서(tensor)가 된다.

5.1 증기압에의 곡률 효과

그림 12.8에서 보듯이 2개의 단일 성분계를 생각해 보자. 시스템 (a)에는 평면 계면(planar interface)이 평형 상태를 이루는 액체와 증기를 분리시키는 반면, 시스템 (b)에는 평형을 이루는 2개의 상이 곡선 계면으로 분리되어 있다. 두 시스템은 같은 온도를 유지한다. 만약 작은 양의 물질 dn몰을 시스템 (a)에서 시스템 (b)로 전달하였다면, 최종 자유 에너지 변화는 여러 가지 방법으로 나타낼 수 있다.

먼저 각 시스템은 평형 상태에 있어서 균일한 화학 퍼텐셜을 가져서 시스템 (a)에는 μ_0와 시스템 (b)에는 μ_C를 갖는다. 만약 dn몰이 시스템 (a)에서 제거된다면 시스템의 자유 에너지는 $\mu_0 dn$만큼 감소된다. 반면에 dn몰이 시스템 (b)에 더해지면 자유 에너지를 $\mu_C dn$만큼 증가

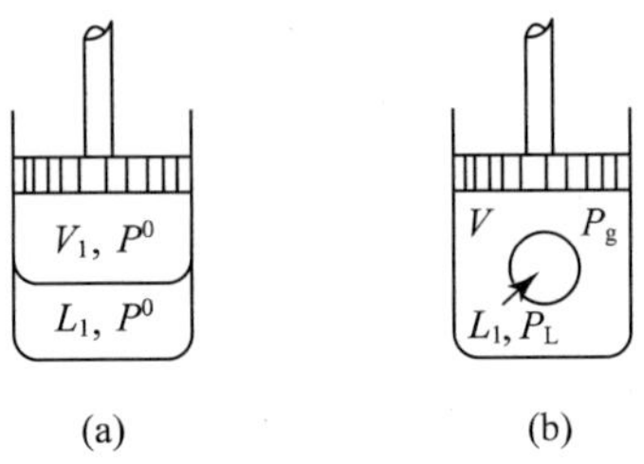

그림 12.8 Kelvin 식 유도를 위한 모델.

시키는 데 자유 에너지의 전체 변화는

$$dG = (\mu_C - \mu_0)dn \tag{12.48}$$

이 된다. 만약 시스템 (a)와 (b)가 함께 되어 한 개의 시스템을 구성한다면, 이 변화는 간단히 시스템의 한 부분에 가해진 압력에서의 변화를 가져온다. 만약 dn몰이 증기상으로 전달된다면 전체 에너지 변화는

$$dG = dn \int_{P^0}^{P_g} VdP = RT dn \ \ln \frac{P_g}{P^0}. \tag{12.49}$$

이는 이상기체로 거동을 가정한 것이다. 분명히 식 (12.48)과 (12.49)는 서로 일치한다. 만약 액상으로 dn몰이 전달된다면,

$$dG = dn\, v_l (P_l - P^0) \tag{12.50}$$

여기서 v_l은 액체의 몰 부피로 비압축성(incompressible)으로 가정하였다. 식 (12.49)와 (12.50)의 오른쪽 항을 같게 놓으면

$$RT \ln \frac{P_g}{P^0} = v_l (P_l - P^0) \tag{12.51}$$

그러나

$$\begin{aligned}(P_l - P^0) &= P_l - P_g + (P_g - P^0) \\ &= \gamma\left(\frac{1}{r_1} + \frac{1}{r_2}\right) + (P_g - P^0)\end{aligned} \tag{12.52}$$

그러므로

$$RT \ln \frac{P_g}{P^0} = v_l \left[\gamma\left(\frac{1}{r_1} + \frac{1}{r_2}\right) + (P_g - P^0)\right] \tag{12.53}$$

P_g는 P^0과 단지 약간의 차이가 있을 뿐이므로 $P_g - P^0 = \Delta P^0$로 쓰면 식 (12.53)은

$$\begin{aligned}RT \ln\left(\frac{P^0 + \Delta P^0}{P^0}\right) &= RT \ln\left(1 + \frac{\Delta P^0}{P^0}\right) \\ &= v_l \left[\gamma\left(\frac{1}{r_1} + \frac{1}{r_2}\right) + \Delta P^0\right]\end{aligned} \tag{12.54}$$

로그항을 전개하여 단지 첫 번째 항만 취하면

$$\Delta P^0 \approx \frac{P^0}{RT} v_l \left[\gamma\left(\frac{1}{r_1} + \frac{1}{r_2}\right) + \Delta P^0\right] = \frac{v_l}{v_g}\left[\gamma\left(\frac{1}{r_1} + \frac{1}{r_2}\right) + \Delta P^0\right] \tag{12.55}$$

여기서 $v_g = \dfrac{RT}{P^0}$는 증기의 몰 부피이다. 분명히 $v_l \ll v_g$이고 따라서 $\Delta P^0 \ll (\dfrac{1}{r_1}+\dfrac{1}{r_2})$ 이어서 식 (12.34)의 오른쪽 항의 ΔP^0는 무시한다. 그래서

$$\Delta P^0 \approx \frac{v_l}{v_g}\gamma(\frac{1}{r_1}+\frac{1}{r_2}) \tag{12.56}$$

이것은 곡선 표면에서 증기압의 증기에 대한 Kelvin 또는 Gibbs-Thomson 식이라고 부른다. 이는 $r_1 = r_2$인 구면에 자주 사용된다. 그래서 액체의 몰 부피는 $v_l = M/\rho_l$이며, 여기서 M은 액체의 분자량이고, ρ_l은 밀도이다. 그래서

$$\Delta P^0 \approx \frac{2MP^0\gamma}{rRT\rho_l} \tag{12.57}$$

논의된 상황은 작은 방울과 평형을 이루는 증기압에 적용할 수 있다. 볼록면에서 $P_g > P^0$이다. 반대 상황이 오목면 상에 존재하는데, 여기서 r은 증기상으로부터 측정하여 앞의 유도에서 음으로 간주해야 한다. 그래서 모세관에 젖는(wetting) 액체상의 증기압은 정상의 증기압보다 더 작아야 한다. 이 상황을 그림 12.9에 나타내었다.

다소 추상적이기는 하나 더 간단한 도출을 생각해 보자. 앞의 것은 곡면이기 때문에 액체의 증기압의 증가와 관련되거나 좀 더 정확하게는 dA/dV의 0이 아닌 본성 때문이다. 그러나 계면의 모양은 안에 담긴 큰 액체에 대하여 의미를 갖는 파라미터가 아니다. 이 액체의 변화된 상태는 곡면 계면의 존재 때문에 증가된 압력으로 나타내고, 그래서 앞의 도출은 이 압력이 증기압에 가해진 효과이다. 이 효과는 비활성 기체(inert gas)가 그림 12.9에서 시스템 (a)에 시스템 전체 압력이 P_l로 증가될 양과 같이 더해진다면, 그것과 구별되지 않는다. 액체상에 대한 기본적인 식을 쓰면,

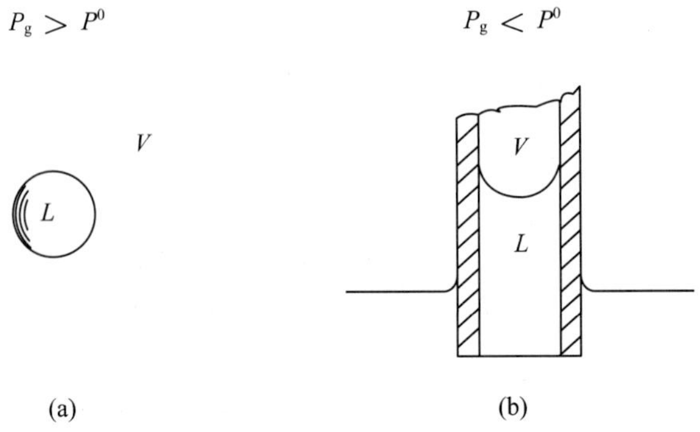

그림 12.9 모세관 현상으로 정상적인 증기압보다 (a) 더 큰 경우, (b) 더 작은 경우.

$$dG = -SdT + VdP + \mu dn \tag{12.58}$$

화학 퍼텐셜에서 압력의 효과는

$$\frac{\partial \mu}{\partial P} = v_l \tag{12.59}$$

화학 퍼텐셜은 증기압의 항으로 쓸 수 있다.

$$\mu = \mu^0 + RT \ln P_g \tag{12.60}$$

치환하고 적분하면

$$RT \int_{P^0}^{P_g} d\ln P_g = v_l \int_{P^0}^{P_l} dP \tag{12.61}$$

이는 식 (12.51)에서의 결과로 된다.

$$\ln\left(\frac{P_g}{P^0}\right) = \frac{v_l}{RT}(P_l - P^0)$$

25 ℃ 물에서 액상 내의 압력과 증기압에 대한 표면 효과의 크기가 표 12.2에 나타나 있다. 계산은 물방울(water droplet)과 음의 곡률에 대한 계산(즉, 그림 12.9(b)에서 보인 요철(meniscus))을 제시하였다. 각각의 경우 증기상은 단지 물로 구성된 것으로 가정하였다.

표 12.2 물의 298 K에서 물방울 형성에서 평형 액상 압력과 증기압.

$d=2r$	r(cm)	ΔP(atm)	$\frac{P_s}{P^0}$	방울(atm)		요철(atm)	
				$P_l = P_s + \Delta P$	P_s	P_l	P_x
1 cm	5×10^{-1}	2.842×10^{-4}	1.	0.03154	0.03126	0.03097	0.03126
1 mm	5×10^{-2}	2.842×10^{-3}	1.	0.03410	0.03126	0.02842	0.03126
100 μ	5×10^{-3}	2.842×10^{-2}	1.	0.05968	0.03126	0.00284	0.03126
10 μ	5×10^{-4}	2.842×10^{-1}	1.000209	0.3154	0.03127	−0.2529	0.03125
1 μ	5×10^{-5}	2.842	1.00209	2.873	0.03133	−2.811	0.03119
1000 Å	5×10^{-6}	2.842×10^{1}	1.0211	28.45	0.03192	−28.39	0.03061
100 Å	5×10^{-7}	2.842×10^{2}	1.233	284.2	0.03854	−284.2	0.02535
10 Å	5×10^{-8}	2.842×10^{3}	8.101	2842.0	0.2532	−2842.	0.003859

* 계산은 일성분계에 대한 것으로 물 이외의 다른 기체는 없다.
P^0=23.756 mm=0.03126 atm.

6 상태도에서 모세관 효과

재료 시스템의 거동에 곡면 계면의 영향은 주로 역학 평형 조건의 변화로 생겨난 상태도에서 상경계의 이동을 통하여 나타난다. 한 상의 녹는점은 고체상이 미세한 입자로 존재한다면 변한다. 액상과 평형을 이루는 증기압은 액상이 방울의 분산으로 되어 있으면 증가된다. 이원계에서 상경계는 적게 존재하는 상(minor phase)이 미세하게 분리되어 있으면 약간 이동된다. 이 특별한 상이 아주 미세하지 않으면 이 효과는 보통 작지만, 재료과학에서 발생하는 많은 미세구조 과정을 결정하는 데 중요한 역할을 하게 된다.

6.1 일성분계에서 상경계의 이동

일성분계 2상 $\alpha+\beta$ 시스템에서 α/β 경계의 곡률이 평형 조건에 중요 역할을 하는 것을 알고 있는데, 이 조건들은

$$T^{\alpha}=T^{\beta} \tag{12.62}$$

$$P^{\beta}=P^{\alpha}+2\gamma H \tag{12.63}$$

$$\mu^{\alpha}=\mu^{\beta} \tag{12.64}$$

으로 요약된다. 식 (12.63)은 β상에 대하여 볼록이면 표면 요소에 대하여 H는 양이다. 다음의 개발 논리는 7장에서 논의된 Clausius-Clapeyron 식의 일반화이다.

만약 α상의 부피 요소가 상태에서의 임의의 변화를 받는다면, 화학 퍼텐셜은 다음 식과 같이 온도와 압력의 임의의 변화와 관련된다.

$$d\mu^{\alpha}=-S^{\alpha}dT^{\alpha}+V^{\alpha}dP^{\alpha} \tag{12.65}$$

유사하게 β상에도 적용하면,

$$d\mu^{\beta}=-S^{\beta}dT^{\beta}+V^{\beta}dP^{\beta} \tag{12.66}$$

상태 변화에서 α상과 β상이 평형을 유지하면 식 (12.62)~(12.64) 조건이 성립되어야 하므로

$$dT^{\alpha}=dT^{\beta}=dT \tag{12.67}$$

$$dP^{\beta}=dP^{\alpha}+2\gamma dH \tag{12.68}$$

$$d\mu^{\alpha}=d\mu^{\beta}=d\mu \tag{12.69}$$

식 (12.68)에서 β상에서의 압력은 두 개의 독립적인 영향으로 변화된다. 즉, α상의 압력과

α/β 계면의 곡률이다. 마지막 5개의 식을 결합하여 하나의 표현을 만들면,

$$d\mu^{\beta} = -S^{\beta}dT + V^{\beta}(dP^{\alpha} + 2\gamma dH) = d\mu^{\alpha} = -S^{\alpha}dT + V^{\alpha}dP^{\alpha}$$

같은 항을 모으면

$$(S^{\alpha} - S^{\beta})dT - (V^{\alpha} - V^{\beta})dP^{\alpha} + 2\gamma V^{\beta}dH = 0 \tag{12.70}$$

7장의 정의를 따르면 $\Delta S \equiv S^{\alpha} - S^{\beta}$, $\Delta V \equiv V^{\alpha} - V^{\beta}$이고, 관습에 따르면 β상이 시스템에서 곡률 부호의 정의에 대한 참조 상이므로 이 정의는 참조 (β)상에서 α상으로의 변화를 정의한다. 이 관습은 앞으로도 계속 유지하여 사용된다. 이 정의로 식 (12.70)은

$$\Delta S\, dT - \Delta V\, dP^{\alpha} + 2\gamma V^{\beta}dH = 0 \tag{12.71}$$

앞의 두 항은 Clausius-Clapeyron 식 유도에서 나온 항이고, 3번째 항은 기하학적인 효과에 의한 변화인 모세관 효과를 평형 조건에 포함시킨 것이다.

6.2 곡면과 평형을 이루는 증기압

증기압의 곡률 효과에 대한 표현을 도출하기 위하여 두 개의 액상-증기상을 갖는 시스템을 생각해 보자. 두 시스템은 같은 온도로 유지되고 그림 12.10에서와 같이 평균 곡률 H의 차이가 있다. 여기서 β상은 액체이고 α상은 증기이다. $dT=0$이므로 식 (12.71)은

$$-\Delta V\, dP^{\alpha} + 2\gamma V^{\beta}dH = 0 \tag{12.72}$$

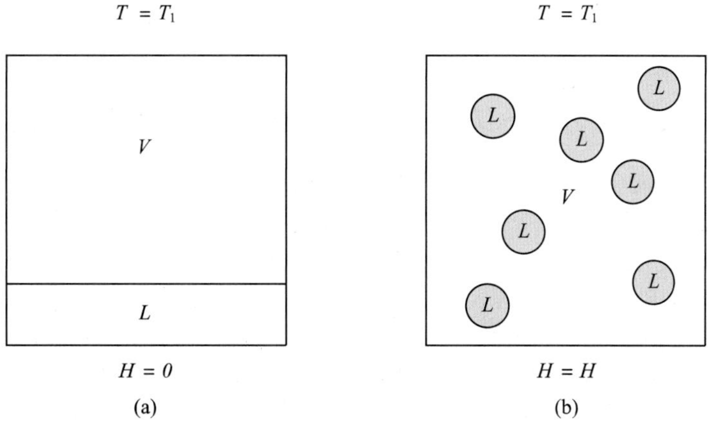

그림 12.10 같은 온도에서 액상과 증기 시스템 (a) $H=0$, (b) $H=H$.

만약 증기가 이상기체처럼 거동한다고 가정하면

$$\Delta V = V^G - V^L \cong V^G = \frac{RT}{P}$$

왜냐하면 액체의 1몰 부피는 기체보다 아주 작기 때문이다. 식 (12.72)는

$$-\frac{RT}{P}dP + 2\gamma V^L dH = 0$$

즉,

$$d\ln P = \frac{2\gamma V^L}{RT}dH \tag{12.73}$$

γ와 V^L은 시스템에서 계면의 곡률에 대하여 현저한 변화를 보이는 함수가 아니므로 상수로 가정하여 적분할 수 있다. 그래서

$$\int_{P(H=0)}^{P(H)} d\ln P = \int_{H=0}^{H} \frac{2\gamma V^L}{RT}dH = \frac{2\gamma V^L}{RT}\int_{H=0}^{H} dH$$

$$\ln\left[\frac{P(H)}{P(H=0)}\right] = \frac{2\gamma V^L}{RT}H$$

$$P(H) = P(H=0)e^{(2\gamma V^L/RT)H} \tag{12.74}$$

여기서 $P(H)$는 표면 평균 곡률 H를 갖는 액체 방울의 시스템이고, $P(H=0)$는 같은 온도에서 큰 액체상의 증기압이다. H는 길이$^{-1}$의 단위를 가지므로 지수 함수의 H의 계수는 길이의 단위를 가져야 한다. 이 양은 액체-증기 시스템에 대한 모세관 길이 스케일(capillary length scale), λ_v라고 부른다. 즉,

$$\lambda_v \equiv \frac{2\gamma V^L}{RT} \tag{12.75}$$

따라서 식 (12.56)은

$$P(H) = P(H=0)e^{\lambda_v H} \tag{12.76}$$

이는 근사식으로 지수 함수를 전개하여 일차항만을 취한다.

$$P(H) = P(H=0)[1 + \lambda_v H] \tag{12.77}$$

이 근사는 $\lambda_v H \ll 1$인 경우 잘 성립한다. 액체 방울을 함유한 시스템에서 증기압은 같은 온도에서 벌크 액체에서의 증기압보다 더 크다고 결론지을 수 있다. 곡률 효과가 심각하기 위해서 $\lambda_v H$는 약 0.01보다 커야 한다. 표 12.3은 다양한 액체의 녹는점에서 전형적인 모세관 길이(capillary length)를 나타냈다. 분명히 모세관 효과는 곡률의 반경(radius of curvature)이 약 1 um보다 더 작을 때 그 효과가 현저해진다.

표 12.3 전형적인 모세관 길이 스케일.

	액체-증기 λ_n(nm)	고체-액체 λ_m(nm)
Water	0.8	0.2
Metals	1	0.4
Salts	2	–
Oxides	0.8	–

예제 12-2 모세관 효과에 의한 증기압

Q 900 K에서 Zn 증기 내에 흩어져 있는 액체 Zn 방울을 가진 시스템에서 증기압을 계산하고, 반경의 함수로 그려라. 이 온도에서 큰 액체상에 Zn의 증기압은 1×10^{-2} atm이고, 액체의 몰 부피는 9.5 cc/mole이고, $\gamma=380$ erg/cm^{2}이다.

A 이 시스템에 대한 모세 길이 스케일은

$$\lambda_v=\frac{2(380\frac{\mathrm{erg}}{\mathrm{cm}^2})(9.5\frac{\mathrm{cc}}{\mathrm{mole}})}{(8.314\frac{\mathrm{J}}{\mathrm{mole-K}})(10^7\frac{\mathrm{erg}}{\mathrm{J}})(900\,\mathrm{K})}=9.6\times10^{-8}\,\mathrm{cm}$$

이 식을 식 (12.58)에 대입하면 $P(r)=(1\times10^{-2}\mathrm{atm})\,e^{(\frac{9.6\times10^{-8}\mathrm{cm}}{r\ \mathrm{cm}})}$

이 결과를 그림 12.11에 나타내었다. 계산된 증기압은 크기가 1 um 이하로 되면서 큰 액체상 거동에서 현저하게 벗어난다.

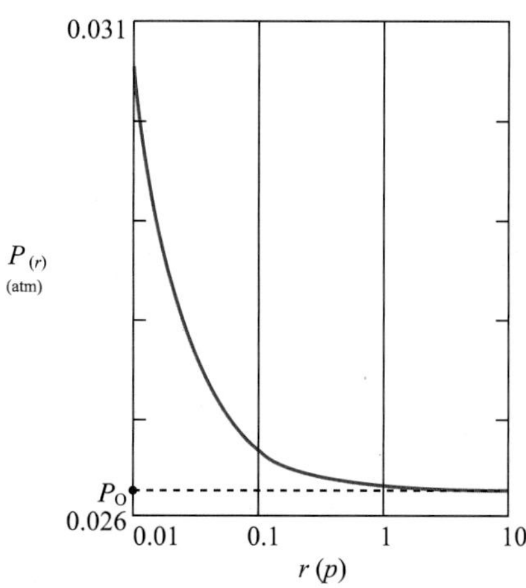

그림 12.11 방울 반경의 함수로 나타낸 Zn 증기압.

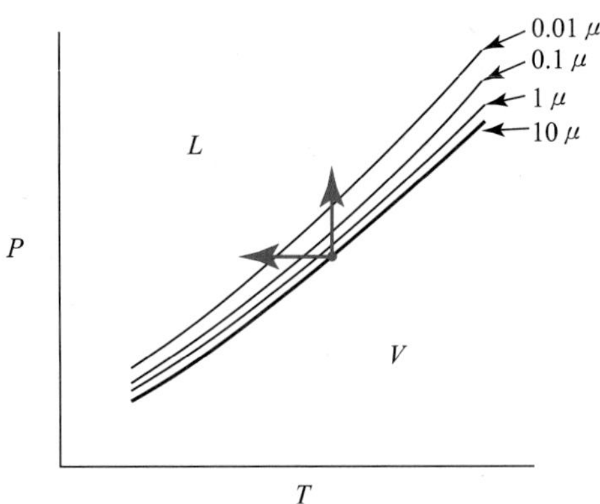

그림 12.12 $L+V$ 시스템에서 방울의 크기에 따른 증기압 곡선의 이동.

식 (12.77)은 액체-증기 곡선을 따라 각 온도에서 곡률 함수로 증기압의 이동을 나타낸다. 주어진 값의 H에서 이 효과는 그림 12.12에서와 같이 (P, T) 도표상에 증기압의 이동을 나타낸다. 모세관 효과에 의한 이동은 고정된 압력에서 기화(vaporization) 온도의 하강으로 나타난다. 이는 식 (12.53)에서 같은 증기압을 갖는 평형 온도를 비교한 것이다. 이 응용은 다음 절의 고체-액체에도 적용된다.

6.3 녹는점에서의 곡률 효과

그림 12.13에서 두 개의 일성분, 2상 시스템을 비교해 보자. 식 (12.71)에서 관습으로 β상은 미세하게 분리된 고체상이고, α는 액체상이다.
이 비교에서 $dP=0$이므로 식 (12.71)은

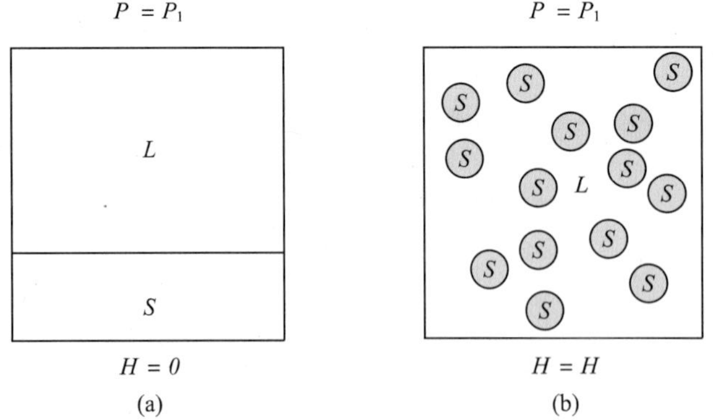

그림 12.13 같은 압력에서 일성분계 고상과 액상의 경계가 (a) $H=0$, (b) $H=H$를 갖는 시스템의 비교.

$$\Delta S\, dT + 2\gamma V^s dH = 0 \qquad (12.78)$$

여기서

$$dT = -\frac{2\gamma V^s}{\Delta S} dH$$

적분하면
$$\int_{T(H=0)}^{T(H)} dT = -\int_{H=0}^{H} \frac{2\gamma V^s}{\Delta S} dH = -\frac{2\gamma V^s}{\Delta S} H$$

으로 된다. $\frac{2\gamma V^s}{\Delta S}$는 곡률의 함수가 아니다. 따라서

$$T(H) = T(H=0) - \frac{2\gamma V^s}{\Delta S} H \qquad (12.79)$$

여기서 $T(H)$는 평균 곡률 H를 갖는 고체 입자 시스템의 평형 녹는점이고, $T(H=0)$는 같은 압력에서 벌크의 녹는점이다. 이 식은 다시

$$T(H) = T(H=0)[1 - \lambda_m H] \qquad (12.80)$$

으로 표현할 수 있어 λ_m은 융해에 관한 모세관 길이로

$$\lambda_m = \frac{2\gamma V^s}{T(H=0)\Delta S} H = \frac{2\gamma V^s}{\Delta H} \qquad (12.81)$$

으로 주어진다. 융해열은 $\Delta H = T(H=0)\Delta S$이다. $\Delta S = S^L - S^S$이므로 시스템의 융해 엔트로피는은 양이다. 고체-액체 시스템에서 고체 입자의 곡률을 증가시키면 녹는점을 낮출 수 있다. 녹는점 곡선을 따라 각각의 P값에 이 결과를 적용하면 그림 12.14에서처럼 경계를 더 낮은 온도로 이동시키게 된다. 전형적인 모세관 길이 스케일값을 표 12.3에 나타냈다.

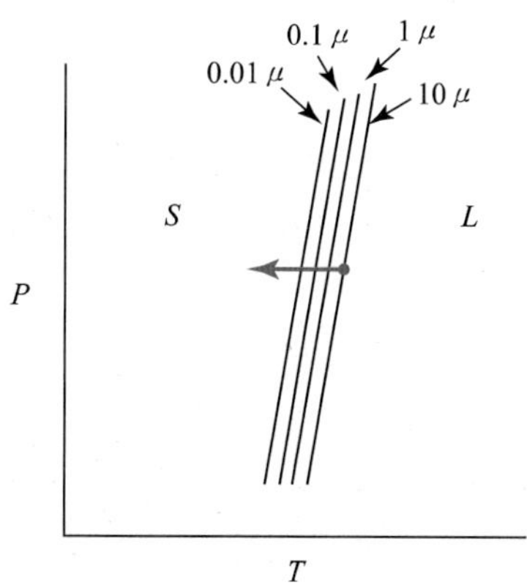

그림 12.14 액상에 퍼져있는 고상 입자의 크기에 따른 녹는점 곡선의 이동.

예제 12-3 **모세관 효과에 의한 녹는점 강하**

Q 액체를 벌크 녹는점 아래로 냉각시키면 고체상이 형성되고 수지상(dendrite)으로 성장한다. 생겨난 미세구조의 스케일, 이는 미세한 결정립(fine grained) 혹은 큰 결정립 구조 인지 여부와 응고 속도를 나타내는데, 그들이 성장하면서 나무 형상(tree-like) 구조의 tip의 크기에 따라 영향을 받는다. 이번에는 끝부분 반경은 끝부분 근처의 액체와 그를 둘러싼 과냉 액체 사이의 온도차로 결정된다. Si의 벌크 녹는점보다 5 ℃ 과냉된 주위 액체 내로 끝부분 반경이 0.1 μm을 가진 실리콘 수지상에 대하여 이 온도차를 계산하라. 액체-고체 계면의 표면 에너지는 150 erg/cm^{2}이다.

A 벌크 실리콘의 녹는점은 1,683 K, 용융열은 46.5 kJ/mole, 그리고 고체 실리콘의 몰 부피는 11.2 cc/mole이다. 이 시스템의 모세관 길이 스케일은 식 (12.80)에서

$$\lambda_m = \frac{2(150\,\frac{\text{erg}}{\text{cm}^2})(10^{-7}\frac{\text{J}}{\text{erg}})(11.2\,\frac{\text{cc}}{\text{mole}})}{(46500\,\frac{\text{J}}{\text{mole}})} = 7.2\times10^{-9}\ \text{cm}$$

수지상 끝부분의 부피 요소에서 액체와 고체는 국부적 평형을 이루어 계면에서의 액체 온도는 식 (12.62)에서

$$T = 1683\left[1-(7.2\times10^{-9}\text{cm})\frac{1}{0.1\,\mu\text{m}\,(\frac{10^{-4}\text{cm}}{\mu\text{m}})}\right] = 1681.8\,\text{K}$$

주위의 과냉 액체 온도는

$$T^L = 1683-5 = 1678\,\text{K}$$

따라서 주변 액체보다 tip의 온도가 더 높아서 끝부분에서 액체로 열흐름이 있고 응고가 진행되어 고체 실리콘 수지상이 형성된다.

예제 12-4 **모세관 효과에 의한 곡률 반경**

Q 예제 12-3과 같은 끝부분 크기의 수지상 배열이 과냉된 실리콘 액체에 분포되어 있다고 가정하자. 만약 끝부분이 T^L보다 낮은 온도에 있어 열이 주변 액체에서 끝부분으로 흘러가서 끝부분을 녹인다. 성장하거나 녹지 않는 끝부분의 반경을 구하라.

A 끝부분 반경이 평형의 녹는 온도가 주변 과냉각 액체와 온도가 같다면(1,678 K), 끝부분은 그대로 유지된다. 이는 $T(H)$는 1,678 K로 놓고 $H=1/r$에서 구한다. 즉,

$$1{,}678\ \text{K} = 1{,}683\ \text{K}[1-(7.2\times10^{-9}\ \text{cm})\times\frac{1}{r}]$$

$$r = \frac{(7.2\times10^{-9}\text{cm})(1{,}683\text{K})}{1{,}683\text{K}-1{,}678\text{K}} = 2.4\times10^{-6}\ \text{cm} = 0.024\,\mu\text{m}$$

이 값은 성장에 대한 임계 반경이다. 0.024 μm보다 작으면 녹고 더 큰 것은 성장한다.

6.4 이원계에서 상경계 이동

모세관(capillary) 효과로 특징짓는 역학 평형의 변경된 조건은 이원계에서 $\alpha+\beta$ 영역의 경계에도 적용할 수 있다. 식 (12.23), (12.24), (12.27)은 2상의 다성분 시스템에 대한 평형 조건이다. 이 원계에서 $C=2$이고 이 식들은

$$T^{\alpha}=T^{\beta},\ \ \mu_1^{\alpha}=\mu_1^{\beta},\ \ \mu_2^{\alpha}=\mu_2^{\beta},\ P^{\beta}=P^{\alpha}+2\gamma H,$$

으로 표현된다.

잠시 α상에서 성분 1의 거동에 집중하자. 화학 퍼텐셜은 인텐시브 특성이므로 이는 온도, 압력 그리고 α상 조성의 함수이다. 즉,

$$d\mu_1^{\alpha}=-\overline{S}_1^{\alpha}dT^{\alpha}+\overline{V}_1^{\alpha}dP^{\alpha}+\mu_{12}^{\alpha}dX_2^{\alpha} \tag{12.82}$$

여기서 성분 2의 몰 분율이 독립된 조성 변수로 선정되었다. $\overline{S}_1^{\alpha}, \overline{V}_1^{\alpha}$는 성분 1에 대한 부분 몰 엔트로피와 부피이다. 계수

$$\mu_{12}^{\alpha}\equiv\left(\frac{\partial\mu_1}{\partial X_2}\right)_{T,P}^{\alpha} \tag{12.83}$$

는 α상에서 조성에 따른 성분 1의 화학 퍼텐셜의 변화이다. 유사 방법으로 μ_{22}^{α}, μ_{12}^{β} 그리고 μ_{22}^{β}에 대하여 나타낼 수 있다. $\alpha+\beta$ 시스템의 상태가 변함에 따라 α와 β가 평형을 유지한다면 평형 조건은

$$dT^{\alpha}=dT^{\beta}=dT \tag{12.84}$$

$$dP^{\beta}=dP^{\alpha}+2\gamma dH \tag{12.85}$$

$$d\mu_1^{\alpha}=d\mu_1^{\beta} \tag{12.86}$$

$$d\mu_2^{\alpha}=d\mu_2^{\beta} \tag{12.87}$$

식 (12.82)와 같은 표현을 식 (12.86)에 대입하면,

$$\begin{aligned} d\mu_1^{\alpha}&=-\overline{S}_1^{\alpha}dT^{\alpha}+\overline{V}_1^{\alpha}dP^{\alpha}+\mu_{12}^{\alpha}dX_2^{\alpha}\\ &=d\mu_1^{\beta}=-\overline{S}_1^{\beta}dT^{\beta}+\overline{V}_1^{\beta}dP^{\beta}+\mu_{12}^{\beta}dX_2^{\beta}\end{aligned}$$

평형 조건식 (12.84)~(12.87)에서 dT와 $dP^{\beta}=dP^{\alpha}+2\gamma dH$으로 표현하면

$$d\mu_1^{\alpha}=-\overline{S}_1^{\alpha}dT+\overline{V}_1^{\alpha}dP^{\alpha}+\mu_{12}^{\alpha}dX_2^{\alpha}=d\mu_1^{\beta}=-\overline{S}_1^{\beta}dT+\overline{V}_1^{\beta}[dP^{\alpha}+2\gamma dH]+\mu_{12}^{\beta}dX_2^{\beta}$$

유사항을 모으면

$$-(\overline{S}_1^{\alpha}-\overline{S}_1^{\beta})dT+(\overline{V}_1^{\alpha}-\overline{V}_1^{\beta})dP^{\alpha}-2\gamma\overline{V}_1^{\beta}dH+\mu_{12}^{\alpha}dX_2^{\alpha}-\mu_{12}^{\beta}dX_2^{\beta}=0$$

이제

$$\Delta\overline{S}_1\equiv(\overline{S}_1^{\alpha}-\overline{S}_1^{\beta}) \tag{12.88}$$

$$\Delta\overline{V}_1\equiv(\overline{V}_1^{\alpha}-\overline{V}_1^{\beta}) \tag{12.89}$$

으로 정의한다. 주지할 것은 이 양들은 성분 1에 대한 PMP의 차이이다. 따라서

$$-\Delta\overline{S}_1dT+\Delta\overline{V}_1dP^{\alpha}-2\gamma\overline{V}_1^{\beta}dH+\mu_{12}^{\alpha}dX_2^{\alpha}-\mu_{12}^{\beta}dX_2^{\beta}=0 \tag{12.90}$$

식 (12.87)에도 같은 도출이 이루어져

$$-\Delta\overline{S}_2dT+\Delta\overline{V}_2dP^{\alpha}-2\gamma\overline{V}_2^{\beta}dH+\mu_{22}^{\alpha}dX_2^{\alpha}-\mu_{22}^{\beta}dX_2^{\beta}=0 \tag{12.91}$$

식 (12.90)와 (12.91)은 식 (12.71)의 일성분 시스템을 이원계로 일반화한 것이다. 이들은 5개의 변수 T, P, H, X_2^{α}, X_2^{β}를 관련시키는 두 개의 식을 나타낸다. 상경계 조건에서 H 영향을 개발하기 위하여 온도와 압력을 고정시킬 필요가 있다. $dT=0$, $dP^{\alpha}=0$로 하여 식 (12.90)과 (12.91)은

$$2\gamma\overline{V}_1^{\beta}dH+\mu_{12}^{\alpha}dX_2^{\alpha}-\mu_{12}^{\beta}dX_2^{\beta}=0 \tag{12.92}$$

$$2\gamma\overline{V}_2^{\beta}dH+\mu_{22}^{\alpha}dX_2^{\alpha}-\mu_{22}^{\beta}dX_2^{\beta}=0 \tag{12.93}$$

으로 표현된다.

임의의 상에 대하여 Gibbs-Duhem 식은

$$X_1d\mu_1+X_2d\mu_2=0$$

식 (12.82)에서 고정된 압력과 온도에서

$$(d\mu_1)_{T,P}=\mu_{12}dX_2$$

유사하게 $(d\mu_2)_{T,P}=\mu_{22}dX_2$ 이다. 이를 Gibbs-Duhem 식에 대입하면

$$X_1\mu_{12}dX_2+X_2\mu_{22}dX_2=0$$

$$\mu_{22}=-\frac{X_1}{X_2}\mu_{12} \tag{12.94}$$

이를 각각 식 (12.92)와 (12.93)의 α, β상에 적용할 수 있다.

$$\mu_{12}^{\alpha}\left(\frac{dX_2^{\alpha}}{dH}\right)-\mu_{12}^{\beta}\left(\frac{dX_2^{\beta}}{dH}\right)=2\gamma\overline{V}_1^{\beta} \tag{12.95}$$

$$-\frac{X_1^{\alpha}}{X_2^{\alpha}}\mu_{12}^{\alpha}\left(\frac{dX_2^{\alpha}}{dH}\right)+\frac{X_1^{\beta}}{X_2^{\beta}}\mu_{12}^{\beta}\left(\frac{dX_2^{\beta}}{dH}\right)=2\gamma\overline{V}_2^{\beta} \tag{12.96}$$

두 식에서

$$\left(\frac{dX_2^{\alpha}}{dH}\right)=2\gamma(X_1^{\beta}\overline{V}_1^{\beta}+X_2^{\beta}\overline{V}_2^{\beta})\frac{X_2^{\alpha}}{\mu_{12}^{\alpha}(X_2^{\alpha}-X_2^{\beta})} \tag{12.97}$$

$$\left(\frac{dX_2^{\beta}}{dH}\right)=2\gamma(X_1^{\alpha}\overline{V}_1^{\beta}+X_2^{\alpha}\overline{V}_2^{\beta})\frac{X_2^{\beta}}{\mu_{12}^{\beta}(X_2^{\alpha}-X_2^{\beta})} \tag{12.98}$$

식 (12.97)의 괄호는 β상의 몰 부피 V^{β}이고 식 (12.98)의 괄호는 단위가 부피/몰이나 어느 상의 몰 부피와 같지 않다.

성분 1의 화학 퍼텐셜은 일반적으로 성분 2가 증가함에 따라 감소하여(단 혼화성갭 내는 제외) μ_{12}항은 음이다. 성분 2는 β상에 많고 α상에서 용질로 선택하자. 그래서 $X_2^{\beta} > X_2^{\alpha}$ 이다. 그러면 두 미분식은 모두 양이 된다. $(\alpha+\beta)$ 영역의 상경계에서 조성에서의 이동을 그림 12.15에 나타냈다. α/β 경계의 곡률이 증가함에 따라 두 상은 성분 2가 더 많아진다. 이동의 크기는 μ_{12} 인자에 특별히 예민하고, $(X_2^{\beta}-X_2^{\alpha})$의 두 상의 폭에 예민하다. 분명히 2상 영역이 좁아지면 좁아질수록 이동의 크기는 크다.

일반적이지만 이 결과는 α상과 β상이 모두 묽은 용액인 경우에 자주 적용된다. α상은 성분 2에서 묽은 용액이고 β상은 성분 1에 묽은 용액이다. α상에서의 성분 1의 화학 퍼텐셜은

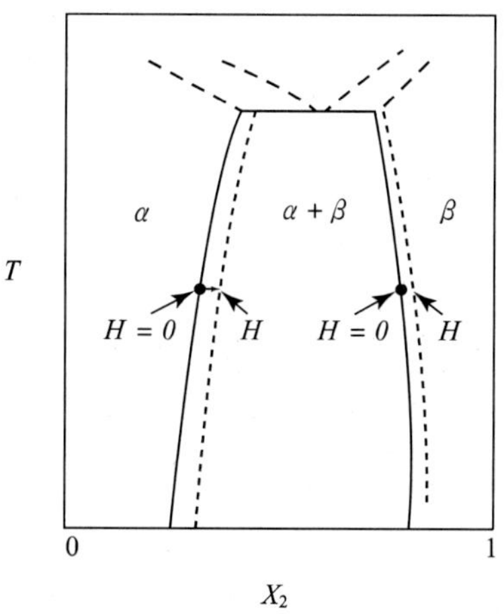

그림 12.15 이원계에서 α, β 상의 평형 조성에서 계면 곡률의 효과.

용매에 대한 Raoult 법칙이 성립되어

$$\mu_1^\alpha = \mu_1^{0\alpha} + RT\ln X_1^\alpha$$

따라서

$$\mu_{12}^\alpha = \left(\frac{d\mu_1^\alpha}{dX_2^\alpha}\right)_{T,P} = \left(\frac{d\mu_1^\alpha}{dX_1^\alpha}\right)_{T,P} \frac{dX_1^\alpha}{dX_2^\alpha} = -\frac{RT}{X_1^\alpha} \cong -RT$$

왜냐하면, 묽은 농도 α에서 $X_1^\alpha \cong 1$ 이기 때문이다. β상에서 성분 1은 용매이고 Henry 법칙에서

$$\mu_1^\beta = \mu_1^{0\beta} + RT\ln \gamma_1^0 + RT\ln X_1^\beta$$

여기서 γ_1^0는 Henry 법칙 상수로 조성에 무관하다. 요구되는 미분은

$$\mu_{12}^\beta = \left(\frac{d\mu_1^\beta}{dX_2^\beta}\right)_{T,P} = \left(\frac{d\mu_1^\beta}{dX_1^\beta}\right)_{T,P} \frac{dX_1^\beta}{dX_2^\beta} = -\frac{RT}{X_1^\beta}$$

α, β는 묽은 용액이므로 $X_2^\alpha - X_2^\beta \cong -X_2^\beta \cong -1$이다. 이 값으로 식 (12.97)과 (12.98)은

$$\left(\frac{dX_2^\alpha}{dH}\right) = 2\gamma \overline{V}_2^\beta \frac{X_2^\alpha}{-RT(-1)} = \frac{2\gamma \overline{V}_2^\beta}{RT} X_2^\alpha \tag{12.99}$$

$$\left(\frac{dX_2^\beta}{dH}\right) = 2\gamma \overline{V}_1^\beta \frac{X_2^\beta}{-(\frac{RT}{X_1^\beta})(-1)} = \frac{2\gamma \overline{V}_1^\beta}{RT} X_2^\beta \tag{12.100}$$

식 (12.98)에서 부피 인자는 β상에서 성분 1의 부분 몰 부피로 간단히 하였다. 식 (12.99)를 변수를 분리하여 적분하면

$$\int_{X_2^\alpha(H=0)}^{X_2^\alpha(H)} \left(\frac{dX_2^\alpha}{X_2^\alpha}\right) = \int_{H=0}^{H} \frac{2\gamma \overline{V}_1^\beta}{RT} dH$$

여기서 $X_2^\alpha(H=0)$는 2상 영역에서 평편한 계면(flat interface)을 갖는 시스템에서 α쪽 조성이고, $X_2^\alpha(H)$는 평균 곡률 H를 갖는 $(\alpha+\beta)$ 계면을 갖는 시스템에서 α 조성이다. 오른쪽 항의 적분항은 H의 함수가 아니므로 전체 적분은

$$\ln\left(\frac{X_2^\alpha(H)}{X_2^\alpha(H=0)}\right) = \frac{2\gamma \overline{V}_1^\beta}{RT} H \tag{12.101}$$

조성 이동에 관한 모세관 길이 스케일은

$$\lambda^{\alpha} = \frac{2\gamma \overline{V}_1^{\beta}}{RT} \tag{12.102}$$

이를 식 (12.83)에 대입하여

$$X_2^{\alpha}(H) = X_2^{\alpha}(H=0)e^{\lambda^{\alpha} H} \tag{12.103}$$

이는 근사적으로

$$X_2^{\alpha}(H) = X_2^{\alpha}(H=0)[1+\lambda^{\alpha} H] \tag{12.104}$$

그래서 α상에서 성분 2의 조성은(이 경우 용질) α/β 계면이 평균 곡률 H를 시스템이 평편한 계면을 갖는 벌크 시스템의 농도보다 더 크다. 용해도에서 이 증가는 계면의 평균 곡률 H에 비례한다.

유사한 결과가 β상에서 용질의 농도는 식 (12.100)을 적분하여 얻는다.

$$X_1^{\beta}(H) = X_1^{\beta}(H=0)e^{-\lambda^{\beta} H} \tag{12.105}$$

β상에서 성분 1은 용질임을 주지하라. 그리고 지수항의 음의 부호를 주의하자.

β상의 모세관 길이 스케일

$$\lambda_c^{\beta} \equiv \frac{2\gamma \overline{V}_1^{\beta}}{RT} \tag{12.106}$$

만약 $\lambda_c^{\beta} H$ 가 1보다 작으면

$$X_1^{\beta}(H) = X_1^{\beta}(H=0)[1-\lambda_c^{\beta} H] \tag{12.107}$$

따라서 β상에서 용질인 성분 1의 평형 농도는 계면의 평균 곡률 계면의 평균 곡률에 비례하여 감소한다.

H의 부호 선택에 있어서 β과 비교하여 표면 요소가 볼록이면 평균 곡률은 양이다. 만약 시스템에서 α상이 입자로 되어 있다면, 관습에서 H는 음이 된다. 그와 같은 시스템에서 모세관 이동(capillary shift)을 나타내는 식은 같고 변함이 없는데, H는 음이므로 상경계 이동(phase boundary shift)은 조성축에서 반대 방향으로 된다.

식 (12.104)와 (12.107)로 주어진 일정한 압력과 온도에서 조성에의 이동은 경계를 따라 각 온도에서 구할 수 있다. α와 β상 경계는 그림 12.15처럼 변화된다. 만약 α와 β상이 묽은 농도

가 아니어도 그 효과는 정성적으로 유사하므로 일반식 (12.97)과 (12.98)이 적용되어야 한다.

6.5 국부 평형과 모세관 이동의 적용

이 절에서의 논의는 평균 곡률이 일정한 계면을 갖는 2상으로 구성된 시스템을 가시화한다. 그와 같은 미세구조의 가장 간단한 예는 같은 반경 r을 갖는, 그래서 $H=1/r$인 구형의 β상 입자들의 집합으로 구성된다. 실제 미세구조에서는 계면에서 평균 곡률값의 분포가 존재한다. 가장 간단한 구형 입자에서도 크기의 분포가 존재한다. 그래서 그림 12.10과 12.13은 실제 구조에서는 존재하지 않는다.

위에서 개발된 결과는 일반적으로 2상 미세구조에서 계면의 요소에 국부 평형의 원리(principle of local equilibrium)를 적용하여 실제에 사용된다. 각각의 계면 요소는 평균 곡률 H의 값을 갖는다. 계면에 이웃한 α와 β상의 부피 요소는 국부적으로(locally) 평형을 이룬다고 가정한다. 즉, 자세히 말하면 평형 조건, 온도와 화학 퍼텐셜이 같음과 계면의 국부적인 곡률로 결정되는 압력 차이를 야기하는 역학적 평형 조건이 계면에서 접촉하는 α와 β 부피 요소에 모두 유지된다. 식 (12.104)와 (12.107) 조건도 이 부피 요소에서 유지된다. 만약 국부 평형의 원리가 미세구조에서 각각의 개발 요소에 적용된다면 그 가정으로부터 연역(deduction)은 진행되는 미세구조의 변화를 이해하는데 사용될 수 있는 효과를 야기한다. 그림 12.16(a)는 α 매트릭스(matrix)에 β 입자의 분산으로 구성된 미세구조를 보인다. 고온에서 오래 노출하면 그와 같은 구조는 그림 12.16(b)와 (c)로 구조가 크게(coarse)된다. 이 과정은 조대화(coarsening) 또는 Oswald 성숙(ripening)이라고 부른다. 작은 입자는 작아져서 없어지고 큰 입자는 성장한다. 이 과정은 그림 12.17에서 두 입자 사이의 반응에 집중하여 이해할 수 있다.

식 (12.104)에 의하면 작은 입자에 이웃한 α에서의 용질 농도는 모세관 현상에 의해 이웃한 큰 입자보다 더 이동(shift)된다. 그래서 α상에서 생겨난 농도 차이는 용질의 흐름이 작은 입자의 높은 농도에서 이웃한 큰 입자의 낮은 농도로 확산이 일어난다. 결과로 이 확산 과정에

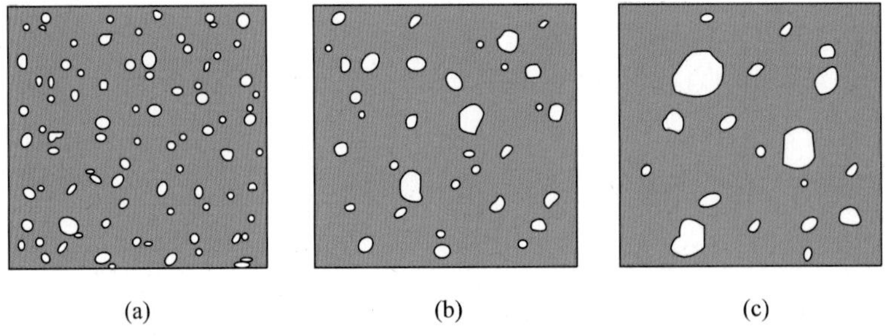

그림 12.16 3단계로 나타낸 조대화 과정.

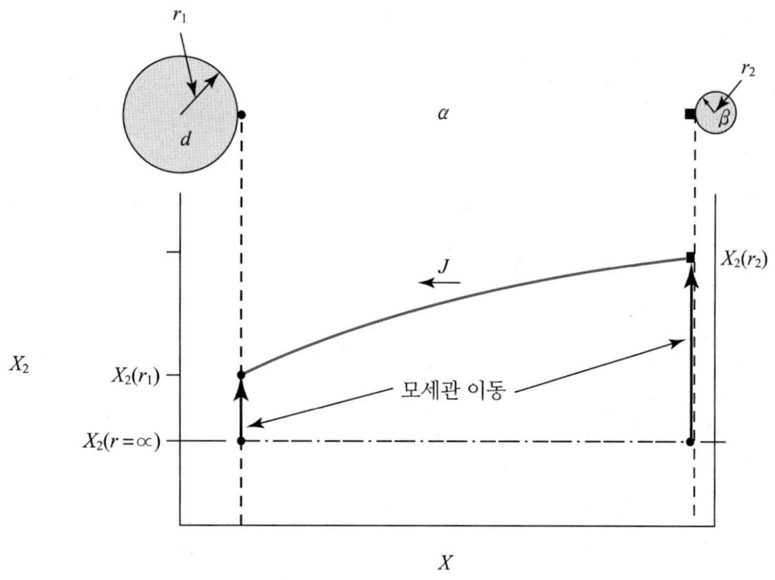

그림 12.17 모세관 효과에 의한 매트릭스 조성 변화를 의미하는 국부 평형의 원리.

용질을 공급하는 작은 입자는 줄어들고 큰 입자는 용질이 쌓이므로 성장하게 된다. 한 쌍의 계면 요소의 반응의 반복으로 미세구조에서 조대화가 일어난다.

국부 평형의 원리(principle of local equilibrium)를 통하여 상태도에서 모세관 이동(capillarity shift)의 적용은 미세구조를 변화시키는 다양한 과정의 분석에 적용된다. 이들은 조대화, 수지상 결정 성장(dendrite growth), 공액과 공석 상변태, 세라믹에서 분말처리 그리고 분말 야금(powder metallurgy), 입성장(grain growth), 그리고 핵생성(nucleation) 등이 포함된다.

7 결정의 평형 상태: The Gibbs-Wulff 구축

Laplace 그리고 Kelvin 식에 대한 앞서의 언급에서는 주로 작은 방울, 거품, 고체 입자, 또는 기공(void)에 해당되는 것들이다. 왜냐하면 그것은 단위 부피당 비교적 높은 양의 계면 면적을 가진 구조로 계면 에너지가 시스템의 전체 에너지의 큰 부분을 차지한다. 이 구조들은 구형으로 최소 표면적을 가져 시스템의 에너지에 최소 기여를 하게 된다. 그러나 결정 고체는 구별되는 입자나 고체 내의 기공을 논의함에 따라 근본적으로 적합한 밀러 지수로 정의되는 무한개의 구별되는 결정면을 갖는 것이 가능하다. 그러나 실제로는 이들 중 약간만 중요하다. 물론 결정 고체의 표면은 각각이 자체의 표면 장력 γ_i를 지닌 다른 형태로 구성된 것을 고려해야 한다. 사실 간단한 그림으로 무리수(irrational) 결정면(즉, 높은 밀러지수를 가진 면)은 높은 값의 γ_i를 보일 것으로 기대된다.

그림 12.18(a)와 (b)는 유사한 결정 배열의 표면을 나타낸다. 그림 12.18(b)에는 그림 12.18(a)의 작은 지수면(low index plane)의 약간 어긋난 배열의 표면을 나타낸다. 작은 지수면에서 벗어남은 원래 표면에서 구분되는 계단(discrete step)을 만들고, 각 계단은 유한 크기의 면적에 기여하고 그러므로 시스템의 계면 에너지에 기여한다. 좀 더 현실적인 모델은 그림 12.18(c)에 나타냈다. 그림 18(b)의 렛지(ledge)와 테라스(terrace)에 더하여 흡착원자(adatoms), 빈자리(vacancy) 그리고 꼬임(kink)을 나타냈다. 분명히 γ는 계면 배열의 함수이고, 극좌표(polar diagram)에 나타낼 수 있다. 방사선 좌표는 γ에 비례하는 길이를 갖고 각도 좌표는 γ에 해당하는 벡터 법선의 배열이다. 각도 좌표에 대한 γ의 변화는 정성적으로 그림 12.19(a)와 같이 나타난다. 작은 지수면은 γ 표면에서 꼭짓점(cusp)과 일치한다. 그와 같은 γ-도면에 의한 단면은 그림 12.19(b)에 나타냈다. 고온에서 γ-도면은 다소 더 간단하게 되고 계면에서 무질서가 증가되어 작은 지수면을 제외한 모든 유일함이 모호해진다.

이 장의 6절에서는 비계면 자유 에너지값이 등방성(isotropic)이라고 가정하였다. 이는 고려 중인 계면 요소의 방위에 의존하지 않음을 나타낸다. 만약 관련된 상의 하나 또는 모두가 결정질이라면 이 가정은 잘 맞지 않는 근사이다. 앞서 우리는 평형을 이루는 증기에 노출된 다

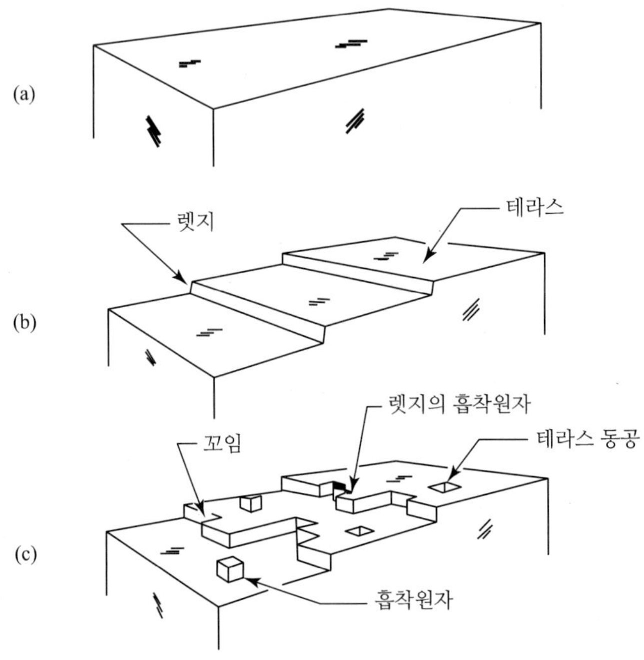

그림 12.18 (a) 작은 지수를 가진 표면, (b) 약간 벗어난 큰 지수 표면, (c) 좀 더 현실적인 고체 표면.

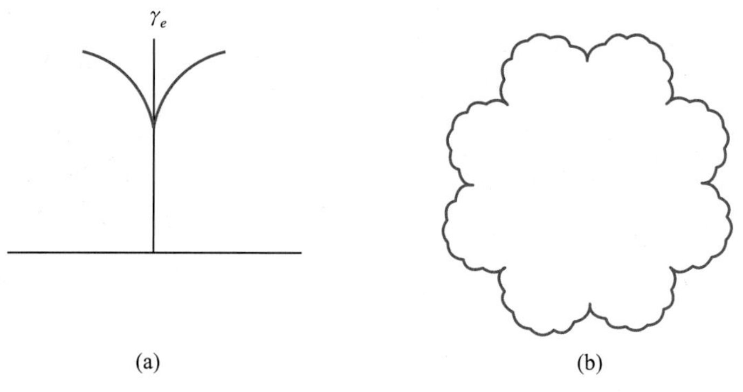

그림 12.19 (a) 작은 지수 결정면 근처에서 각도에 따른 γ의 변화, (b) 낮은 온도에서 γ-도면의 단면.

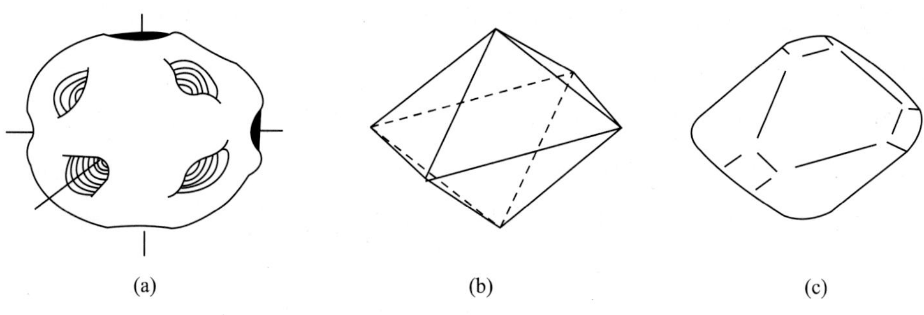

그림 12.20 (a) 구좌표로 나타낸 표면 에너지. 표면은 (b) 각면으로 이루진 평형 형태와 (c) 둥근 모서리와 코너로 구성된 각면 형태로 구성된다.

른 결정면들은 표면 에너지가 다름을 알고 있다. 따라서 조밀(closed packed) 면에 노출된 원자들은 무리수 결정(irrational crystal)면에 놓인 원자보다 좀 더 벌크 결정에서의 더 가까운 이웃을 갖는 배열을 갖는다. 일반적으로 γ값은 노출된 결정면의 방위에 따라 현저하게 변화한다.

그림 12.20(a)에서 방위의 구(sphere) 상에 $\gamma(\theta, \phi)$의 그림을 가시화해 보자. 조밀 적층면(closed packed plane)에 해당되는 배열은 이 γ-도면에서 꼭짓점 형태로 국부적인 최소값을 보인다. 왜냐하면 그들의 표면 에너지는 이웃한 배열보다 현저하게 작기 때문이다. 결정은 이 작은 에너지 배열을 갖는 표면 각면(surface facet)을 선호하여 표면 에너지를 최소화한다. 그래서 최종 평형 형태는 각면으로 완전히 둘러싸인 다면체(polyhedron)이거나 부드럽게 굽어진 면으로 둘러싸인 각면으로 구성된다(그림 12.20(b)와 그림 12.20(c)).

평형에서 결정의 형태는 다시 한 번 평형 조건을 찾는 전략을 적용하여 그와 같은 γ-도면에서 모델링할 수 있다. 이 전략을 개발하기 위하여 다시 한 번 다면체에서 약간의 특성을 검토해볼 필요가 있다.

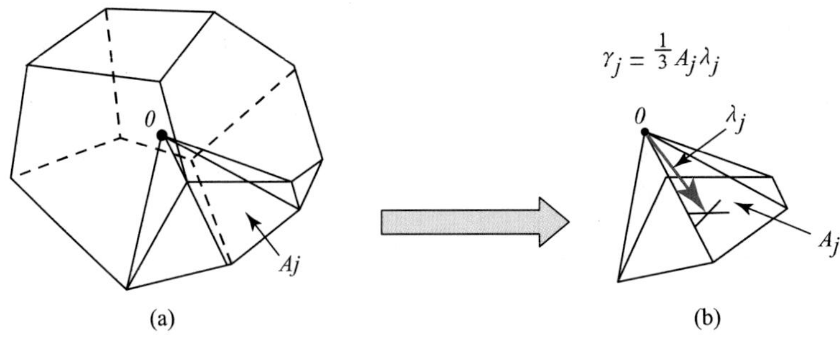

그림 12.21 평편한 각면 다면체의 부피 계산.

다면체의 부피는 구와 같이 표면적과 반경과 관련된다. 그림 12.21(a)에서 1에서 F까지 각 면에 라벨을 붙이자. 점 O는 질량중심(centroid; center of mass)이다. j번째 면의 면적을 A_j라고 하자. λ_j를 질량중심에서 j번째 면까지 수직 거리로 정의한다. 이 특성은 j번째 면에 대한 페달 함수(pedal function)으로 부른다. 질량중심 O에서 j번째 면의 코너까지 라인을 긋는다. j번째 면을 밑변으로 하는 피라미드가 형성된다. O는 정점(apex)이고, λ_j는 위도(altitude)이다. 이피라미드의 부피는 $\frac{1}{3}A_j\lambda_j$이다. 다면체의 전체 부피는 이들의 합으로 나타낼 수 있다. 즉,

$$V^c = \sum_{j=1}^{F} \frac{1}{3}A_j\lambda_j \tag{12.108}$$

이다. 이 다면체의 기하에서 각면을 거리 $d\lambda_j$만큼 변위시킨(displaced) 기하와 비교해 보자. j번째 면의 부피는 $A_j d\lambda_j$만큼 변화된다. 따라서 다면체의 전체 부피 변화는 각 면의 변화량의 합이므로

$$dV^c = \sum_{j=1}^{F} A_j\, d\lambda_j \tag{12.109}$$

또한 부피 변화는 식 (12.108)을 미분하여 얻는다.

$$dV^c = \sum_{j=1}^{F} \frac{1}{3}[A_j\, d\lambda_j + \lambda_j dA_j] \tag{12.110}$$

두 표현을 같게 놓으면,

$$\sum_{j=1}^{F} A_j\, d\lambda_j = \frac{1}{2}\sum_{j=1}^{F} \lambda_j dA_j \tag{12.111}$$

이를 식 (12.109)에 대입하면 각면 결정(faceted crystal)의 부피 변화와 각면의 면적 변화와의

관계식을 얻는다. 즉,

$$dV^c = \frac{1}{2}\sum_{j=1}^{F} \lambda_j \, dA_j \tag{12.112}$$

이 표현은 부드러운(smooth) 표면에 대한 식 (12.7)과 유사하다.

그 다음 평형 조건을 찾는 일반적 전략을 적용해 보자. α를 증기(v)와 β를 결정(c)이라고 하면 식 (12.20)은

$$dS^{/}_{sys,\,iso} = \left[\frac{1}{T^v} - \frac{1}{T^c}\right] dU_{hyp}{}'^{v} + \left[\frac{P^v}{T^v} - \frac{P^c}{T^c}\right] dV_{hyp}{}'^{v} - \sum_{j=1}^{F}\left[\frac{\mu_k^v}{T^v} - \frac{\mu_k^c}{T^c}\right] dn^v_{k,\,hyp} - \sum_{j=1}^{F}\frac{\gamma_j}{T^c}\, dA_j \tag{12.113}$$

여기서 j번째 면에 대한

$$\gamma_j = U_j^s - TS_j^s - \sum_{k=1}^{F}\mu_k \Gamma_{kj} \tag{12.114}$$

이다. 식 (12.113)에서 두 번째 항의 미분은 $dV_{hyp}{}'^{c}$로 전환시킬 수 있다. 왜냐하면 고립계에서 $dV_{hyp}{}'^{v} = -dV_{hyp}{}'^{c}$이기 때문이다. 식 (12.94)를 적용하면

$$dS_{sys,\,iso}{}' = \left[\frac{1}{T^v} - \frac{1}{T^c}\right] dU_{hyp}{}'^{v} + \left[\frac{P^v}{T^v} - \frac{P^c}{T^c}\right]\left[-\frac{1}{2}\sum_{j=1}^{F}\lambda_j dA_j\right] - \sum_{k=1}^{C}\left[\frac{\mu_k^v}{T^v} - \frac{\mu_k^c}{T^c}\right] dn^v_{k,\,hyp} - \sum_{j=1}^{F}\frac{\gamma_j}{T^c}\, dA_j \tag{12.115}$$

같은 항끼리 모으면

$$dS_{sys,\,iso}{}' = \left[\frac{1}{T^v} - \frac{1}{T^c}\right] dU_{hyp}{}'^{v} - \sum_{k=1}^{C}\left[\frac{\mu_k^v}{T^v} - \frac{\mu_k^c}{T^c}\right] dn^v_{k,\,hyp} + \sum_{j=1}^{F}\left[\left(\frac{P^c}{T^c} - \frac{P^v}{T^v}\right)\frac{1}{2}\lambda_j - \frac{\gamma_j}{T^c}\right] dA_j$$

이는 고립계의 엔트로피를 독립 변수로 나타냈고, 평형 조건은 계수를 0으로 놓아 구한다. 첫 번째 (C+1)항은 보통의 열적, 화학적 평형을 나타내고 나머지 F항은

$$\left(\frac{P^c}{T^c} - \frac{P^v}{T^v}\right)\frac{1}{2}\lambda_j - \frac{\gamma_j}{T^c} = 0$$

열적 평형에서 $T^c = T^v = T$ 이므로

$$P^c = P^v + 2\frac{\gamma_j}{\lambda_j} \qquad [j = 1, 2, \ldots, F] \tag{12.116}$$

이 역학 평형 조건은 식 (12.27)의 부드럽게 굽어진 계면의 조건과 유사하다.

식 (12.116)에서 압력은 결정에 대한 값과 증기상의 압력값은 같고, 노출된 면에서 같으므로 평형에서 모든 면에 대하여

$$\frac{\gamma_j}{\lambda_j} = 상수 \tag{12.117}$$

이어야 한다. 이는 페달 함수는 각면의 에너지에 비례한다. 작은 표면 에너지를 갖는 각면은 결정의 질량중심에서 더 가까운 위치를 차지한다. 그 결과 이 각면이 최종 결정의 표면 면적을 더 많이 차지한다.

식 (12.117)은 평형에서 Gibbs-Wulff 구축의 정량적으로 결정의 형태를 결정하는 기본을 제공한다. 그림 12.22(a)는 2차원의 γ의 극도면 대 방위를 나타낸다. 임의의 주어진 배열에서 극도면(polar plot)의 반경 벡터(radius vector) r은 표면 에너지에 비례한다. 각 반경 벡터(radius vector)의 끝부분에서 수직한 면을 구하는 것을 반복하여 구상에 모든 반경 벡터에 적용하면, 결정의 역학적 평형을 만족하는 형태를 보여 준다. 다양한 극도면에 대한 평형 형태를 그림 12.23에 나타냈다.

미세 결정에 대한 역학 평형에 대한 조건은 증기압과 평형 조성의 모세관 이동으로 나타내고, 이는 식 (12.74), (12.80), (12.97), (12.98)에 표현되었다. 각 경우 γH와 γ_j/λ_j로 대치되어 나타난다.

앞서의 도출은 평형의 필요한 조건과 관련된다. 그러나 그 해가 충분한지는 분명하지 않다. 즉, Wulff 이론은 최소 에너지를 주는 다각형(polygon)을 정의하나 다면체 이외의 다른 가능

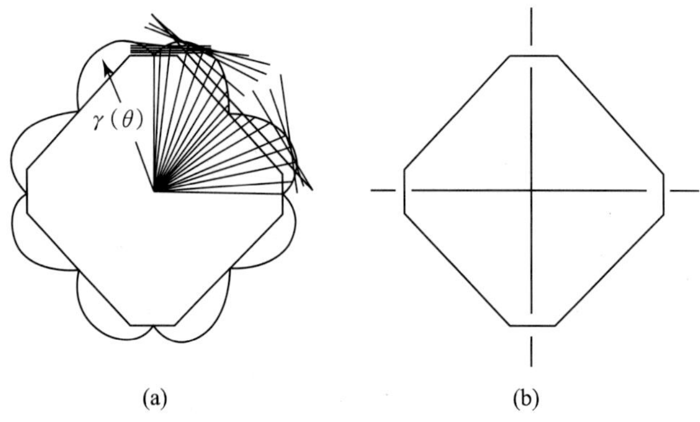

그림 12.22 (a) 2차원 γ 대 방위에 대한 극도면, (b) Gibbs-Wulff 구축.

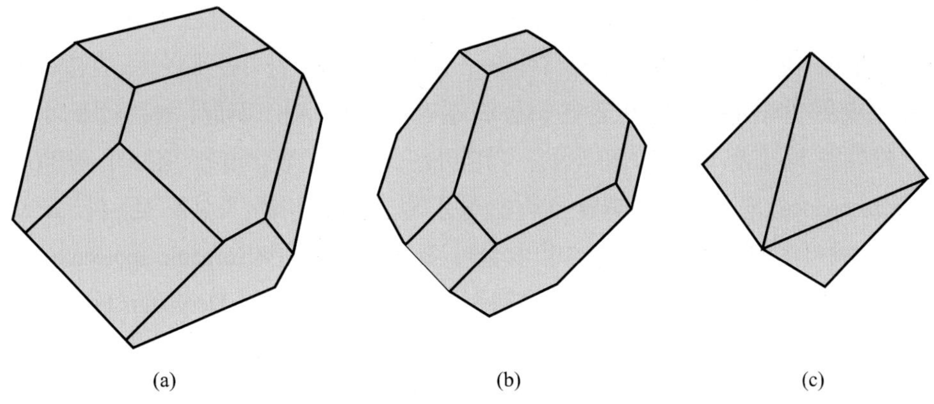

그림 12.23 다양한 γ 극도면에서 도출된 평형 결정 형태.

한 형태를 고려하지 않는다. 비록 이 문제는 심각한 논의를 불러일으켰으나 Wulff 구축은 일반적으로 인정되고 있다.

Kelvin 식은 물리학에서 아주 중요한 식이다. 비록 새로운 상의 형성에 해당되는 열역학 인자는 핵생성 이론에서 논의되지만, 작은 입자나 방울과 관련된 더 높은 활동도 또는 증기압은 평면 표면에 대하여 포화된 영역에서 석출이나 응축으로 새로운 상의 형성에 장벽을 나타내는 것이 분명하다. 즉, Kelvin 식만으로 열역학적으로 과포화(supersaturation)가 요구된다. 역으로 음의 곡률 표면과 관련된 더 작은 증기압은 여러 가지 모드의 재료 손상과 관련하여 중요한 표현을 갖는다. 예를 들면, 대기 중에 노출된 취성재료에서 표면 크랙(surface crack)은 일반적으로 그와 같은 재료에서 크랙 꼭지점(crack tip)과 관련된 아주 작은 반경의 곡률로 인하여 액체물(liquid water)이 젖음된 것으로 고려돼야 한다. 그래서 손상된 자리에서 재료의 표면 장력은 고체-공기 경계보다는 고체-물 계면의 표면 장력(surface tension)이다. 더욱이 액체의 존재 하에 가능한 여러 가지 부식(corrosion) 기구가 쉽게 발생되는 것으로 간주해야 한다. 고체에서 입성장(grain growth)은 활동도에의 곡률 효과, 그래서 큰 결정립과 작은 결정립 사이의 화학 퍼텐셜 구배에 기인한다. 이것을 Ostwald 조대화이라고 부른다. 또한 이 효과는 포화된 수용액과 접촉하는 시스템에서 더 작은 결정립의 소모로 큰 결정립의 형성을 야기시키는데, 이는 지질학적으로 중요한 현상이고 고체에서 결정립 경계홈(즉, 표면과 입경계와의 교점과 관련된 큰 곡률 때문에 고체 표면에서 입경계 이완 개발)이 생긴다.

식 (12.57)은 많은 수의 액체에서 작은 방울의 증가된 증기압의 경우에서 실험적으로 증명되었음을 주지하는 것은 흥미롭다. 그러나 미세한 모세관과 크랙에서 액체의 줄어든 증기압으로 그의 진실성에 대한 현저한 모순들이 존재한다. Shereshefsky와 그의 동료들은 미세한 모세관에서 물과 유기 액체는 Kelvin 식에서 예측된 것보다 더 낮은 증기압을 나타냄을 밝혔다. 비록 이 관찰이 다소 의심됨에도 불구하고 놀라운 것은 아니다. 작은 직경의 모세관에 함유된 액체의 현저한 부분은 비교적 모세관을 구성하는 고체에 가까운데, 이는 변함없이 공유와 이온 결합을 만족하는 표면이 많은 고농도 실리카 유리이다. 그래서 높은 정도의 결합과 표면과 가까운 액체층 사이의 규칙성을 기대하는 것은 합리적이다. 핵자기 공명(nuclear magnetic resonance) 방법으로 모래와 접촉한 물은 벌크 물과 다른 특성을 갖는다. 그 효과는 분명히 표면에서 수백 Å 뻗어 있다. 만약 물이 흡착된 유기 분자(organic molecule)의 층에 의해 실리카 표면에서 분리된다면 표면 효과는 감소된다. 유사하게 Deryagin, Fedyakin 그리고 그의 동료들은 새로이 인발된(drawn) 유리 모세관과의 접촉 결과로 존재하는 비정상(anomalous) 물의 상태에 대한 약간의 관찰을 하였다. 이 연구에서 놀라운 점은 비정상적인 특성은 물이 표면 근처에서 제거된 후에도 유지된다는 것이다. 이 관찰은 반응성의 실리카 표면에 의해 촉매가 되어 형성된 고분자성 구조의 증거로 해석된다. 미국에서는 표면 유기(surface-induced) 특성이 명백하게 유지되면 불순물, 아마도 물에서의 콜로이드 실리카의 존재에 의하여 설명될 수 있는 연구에 앞서 다분자물(poly-water)의 양을 만드는 데 현저한 노력을 기울였다.

8 삼중선에서 평형

그림 12.24와 같이 기본적인 3개의 상 $(\alpha+\beta+\varepsilon)$ 시스템을 생각해 보자. 이들 상은 쌍으로 만나서 $\alpha\beta$, $\alpha\varepsilon$, $\beta\varepsilon$의 계면을 이룬다. 각 계면은 비계면 자유 에너지를 갖는데, 이를 $\gamma_{\alpha\beta}$, $\gamma_{\beta\epsilon}$, $\gamma_{\alpha\epsilon}$으로 나타낸다. 이 절에서 표면 에너지는 등방성(isotropic)으로 가정한다. 3개 상은 $\alpha\beta\varepsilon$으로 나타내는 라인을 따라 만났다. 이를 삼중선이라고 부른다. 또한 3개의 계면은 이 삼중선을 따라 만난다. 그림 12.25는 점 P에서의 단면을 나타내는데 이 단면은 국부적으로 삼중선에 수직이다. 세 계면의 흔적은 내부각도 ϕ_α, ϕ_β, ϕ_ϵ을 형성한다.

이 시스템의 평형 조건은 일반적인 전략을 적용하여 얻는다. 엔트로피 변화는

$$dS_{sys}{}' = dS_{hyp}{}'^{\alpha} + dS_{hyp}{}'^{\beta} + dS_{hyp}{}'^{\epsilon} + S^s_{\alpha\beta}\,dA_{\alpha\beta} + S^s_{\beta\epsilon}\,dA_{\beta\epsilon} + S^s_{\alpha\epsilon}\,dA_{\alpha\epsilon} \tag{12.118}$$

고립 제약은

$$dU_{sys}{}' = 0 = dU_{hyp}{}'^{\alpha} + dU_{hyp}{}'^{\beta} + dU_{hyp}{}'^{\epsilon} + U^s_{\alpha\beta}\,dA_{\alpha\beta} + U^s_{\beta\epsilon}\,dA_{\beta\epsilon} + U^s_{\alpha\epsilon}\,dA_{\alpha\epsilon} \tag{12.119}$$

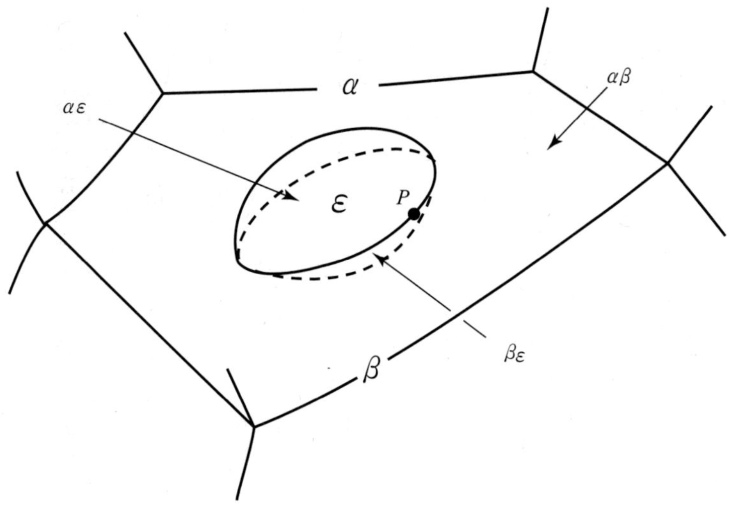

그림 12.24 3상 미세구조에서 전형적인 삼중선.

$$dV_{sys}' = 0 = dV_{hyp}'^{\alpha} + dV_{hyp}'^{\beta} + dV_{hyp}'^{\epsilon} \qquad (12.120)$$

$$dn_{k,sys}' = 0 = dn_{hyp}'^{\alpha} + dn_{hyp}'^{\beta} + dn_{hyp}'^{\epsilon} + \Gamma_{k,\alpha\beta} dA_{\alpha\beta} + \Gamma_{k,\beta\epsilon} dA_{\beta\epsilon} + \Gamma_{k,\alpha\epsilon} dA_{\alpha\epsilon} \quad (k = 1, 2, \ldots, C) \qquad (12.121)$$

엔트로피 표현에 대한 종속 변수를 제거하기 위하여 고립 제약을 적용하면 열평형, 역학 평형, 화학 평형에 대한 조건은 이미 친근한 식을 만들고, 여분의 식을 만든다. 이들은

$$dS_{sys}' = [\ldots 2(C+2)\, terms] - \frac{\gamma_{\alpha\beta}}{T} dA_{\alpha\beta} + \frac{\gamma_{\beta\epsilon}}{T} dA_{\beta\epsilon} + \frac{\gamma_{\alpha\epsilon}}{T} dA_{\alpha\epsilon} \qquad (12.122)$$

3개 계면의 미소 면적 변화는 독립적이지 않다. 따라서 삼중선의 임의의 변위와 관련된 면적 변화 사이의 관계식을 도출할 필요가 있다.

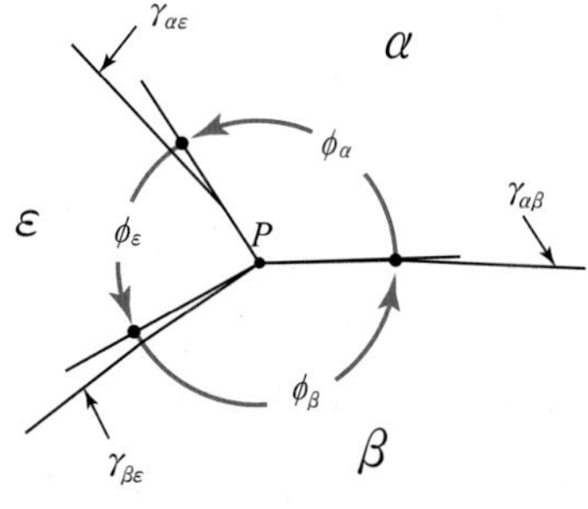

그림 12.25 점 P에서 삼중선에 수직한 면에서의 국부적인 미세구조.

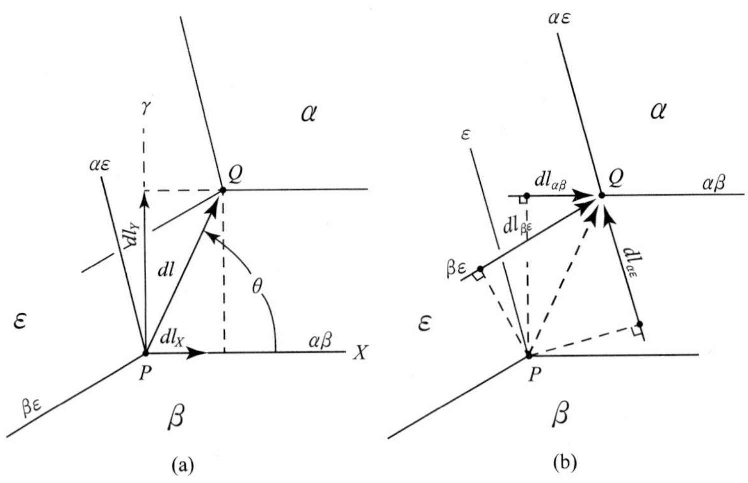

그림 12.26 (a) 삼중점 P가 Q로의 임의의 변위, (b) 이에 따른 계면 길이 변화.

크기와 방향이 임의의 삼중선의 변위 dl을 그림 12.26에 나타내었다. 3개 계면의 면적 변화는 길이 변화 $dl_{\alpha\beta}$, $dl_{\beta\epsilon}$, $dl_{\alpha\epsilon}$의 변화로 정해진다. 삼중선을 따라 길이 dL의 요소에 대한 각 경계의 면적 변화는

$$dA_{\alpha\beta} = dL \cdot dl[\cos\theta\cos\phi_\epsilon + \sin\theta\sin\phi_\epsilon]$$
$$dA_{\beta\epsilon} = -dL \cdot dl[\cos\theta\cos\phi_\alpha - \sin\theta\sin\phi_\alpha]$$
$$dA_{\beta\epsilon} = -dL \cdot dl[\cos\theta]$$

θ는 삼중선에서 임의의 방향으로의 변위를 나타낸다. 이 결과를 식 (12.122)에 대입하면

$$dS_{sys}' = [\ldots] + \frac{1}{T}(dL \cdot dl)[\gamma_{\alpha\beta}(\cos\theta\cos\epsilon + \sin\theta\sin\epsilon)$$
$$+ \gamma_{\beta\epsilon}(\cos\theta\cos\phi_\alpha - \sin\theta\sin\phi_\alpha) + \gamma_{\alpha\epsilon}\cos\theta]$$

같은 항을 모으면

$$dS_{sys}' = [\ldots] + \frac{1}{T}(-dL)[\gamma_{\alpha\beta}\cos\phi_\epsilon + \gamma_{\beta\epsilon}\cos\phi_\alpha + \gamma_{\alpha\epsilon}]dl\cos\theta$$
$$+ \frac{1}{T}(-dL)[\gamma_{\alpha\beta}\sin\phi_\epsilon - \gamma_{\beta\epsilon}\sin\phi_\alpha]dl\sin\theta$$

$$dS_{sys}' = [\ldots] + \frac{1}{T}(-dL)[\gamma_{\alpha\beta}\cos\phi_\epsilon + \gamma_{\beta\epsilon}\cos\phi_\alpha + \gamma_{\alpha\epsilon}]dl_x \qquad (12.123)$$
$$+ \frac{1}{T}(-dL)[\gamma_{\alpha\beta}\sin\phi_\epsilon - \gamma_{\beta\epsilon}\sin\phi_\alpha]dl_y$$

dl_x, dl_y는 독립 변수이므로 계수항을 0으로 놓아 평형 조건을 도출한다. [...] 항은 보통의 열평형, 역학 평형 그리고 화학 평형 조건을 제시한다. 식 (12.123)의 나머지 두 항을 0으로 놓으면,

$$\gamma_{\alpha\beta}\cos\phi_\epsilon + \gamma_{\beta\epsilon}\cos\phi_\alpha + \gamma_{\alpha\epsilon} = 0 \tag{12.124}$$

$$\gamma_{\alpha\beta}\sin\phi_\epsilon - \gamma_{\beta\epsilon}\sin\phi_\alpha = 0 \tag{12.125}$$

이 식들은 크기 $\gamma_{\alpha\beta}, \gamma_{\beta\epsilon}, \gamma_{\alpha\epsilon}$가 삼중점에 작용하는 3개 힘벡터(force vector)의 역학적인 균형과 동일하다. 식 (12.124)는 x방향의 힘의 합, 식 (12.125)는 y방향의 힘의 합이다.

또한 이들 두 식은 다음과 같이 쓸 수 있다.

$$\frac{\gamma_{\alpha\beta}}{\sin\phi_\epsilon} = \frac{\gamma_{\beta\epsilon}}{\sin\phi_\alpha} = \frac{\gamma_{\alpha\epsilon}}{\sin\phi_\beta} \tag{12.126}$$

또한 식을 약간 정리하면

$$\frac{\gamma_{\beta\epsilon}}{\gamma_{\alpha\beta}} = \frac{\sin\phi_\alpha}{\sin\phi_\epsilon} \tag{12.127}$$

$$\frac{\gamma_{\alpha\epsilon}}{\gamma_{\alpha\beta}} = \frac{\sin\phi_\beta}{\sin\phi_\epsilon} \tag{12.128}$$

따라서 3개의 표면 에너지 중에서 임의의 한 개의 절대값을 독립적으로 구하면, 다른 2개의 값은 삼중선에 수직한 단면에서 표면 흔적의 각도를 측정하여 구할 수 있다.

예제 12-5 계면 에너지 계산

Q Ni 두 결정(bi-crystal)이 증기와 평형을 이루고 있다. 입경계가 자유 표면과 만나면 그림 12.27과 같이 흠(groove)이 형성된다. Ni-vapor 계면의 표면 에너지는 1,400 K에서 거의 등방성이고, 값은 1,780 erg/cm^2 = 1.78 J/m^{2}이다. 이 입경계의 계면 에너지를 구하라.

A 흠(groove) 원점에서 이면각(surface normal 사이의 각도)을 측정한다. 입경계 에너지는 표면 에너지보다 현저히 작으므로 각도는 거의 0°이다. 그와 같은 각도를 결정하는 정확한 방법은 간섭 현미경으로 수직으로 아래를 보고 간섭 프린지(interference fringe)를 분석한다. 접선 라인 사이의 각도는 168°이다. 나머지 각도는 서로 같고 $(360-\phi_v)/2$이다. 식 (12.127)에서

$$\frac{\gamma_{gb}}{\gamma_{sv}} = \frac{\sin\phi_v}{\sin\frac{(360-\phi_v)}{2}} = \frac{\sin 168^\circ}{\sin 96^\circ} = \frac{0.208}{0.994} = 0.209$$

$$\gamma_{gb} = 0.209\,\gamma_{sv} = 0.209 \times 1.78\,\frac{J}{m^2} = 0.37\,\frac{J}{m^2}.$$

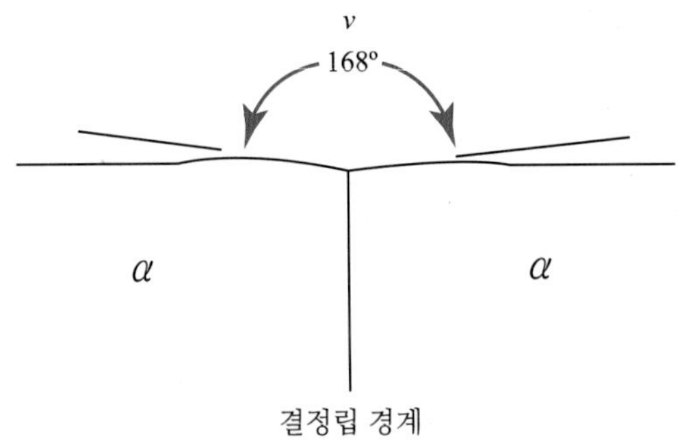

그림 12.27 고체상의 입경계가 자유 표면과 만나 형성한 흠.

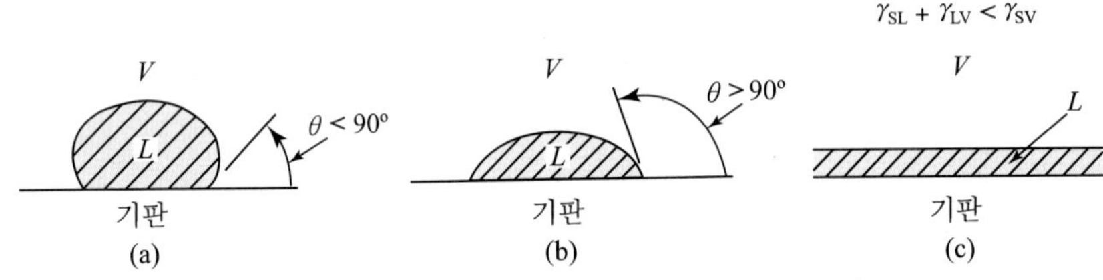

그림 12.28 고착 방울 실험에서 이면각 측정.

그림 12.28에서와 같이 표면 에너지는 고착 방울(sessile drop) 실험으로 구한다. 액체 방울이 비활성 기판(inert substrate)에 놓이고 증기와 평형을 이룬다. 금속, 유리, 세라믹에서 이 실험은 머플로(muffle furnace)에서 실행된다. 왜냐하면 시스템은 방울의 녹는점보다 높은 온도여야 하기 때문이다. 망원경으로 관찰하고 그림자를 기록한다. 방울 형태는 중력과 모세관 효과로 형성되어 그림 12.28에서 각 θ를 이룬다. 표면은 비활성이므로 표면은 평편하고 수직 방향으로 평형을 이루어지지 않는다. 식 (12.124)가 성립되며 $\phi_\epsilon = \pi$, $\phi_\alpha = (\pi - \theta)$ 이고, α, β, ϵ은 기체(V), 액체(L), 고체(S)상이다. 식 (12.124)은

$$\gamma_{VL}\cos(\pi - \theta) + \gamma_{LS}\cos\pi + \gamma_{VS} = 0 \tag{12.129}$$

그래서

$$\gamma_{VL}\cos\theta - \gamma_{LS} + \gamma_{VS} = 0$$

즉,

$$\cos\theta = \frac{\gamma_{VS} - \gamma_{LS}}{\gamma_{VL}} \tag{12.130}$$

이면각 θ는 액체가 기판을 젖음 경향의 척도로 잡는다. 그림 12.28에서 θ가 90°보다 크면 액체는 기판상에 있는 구슬(bead)이 된다. θ가 0°에 접근하면 방울은 분산되어 기판의 면적을 증가시킨다. 극한 경우인 θ가 0°, 즉 cos $\theta = 1$인 경우,

$$\gamma_{VS} = \gamma_{VL} + \gamma_{LS} \tag{12.131}$$

이 된다.

만약 L－기판과 L－V 계면이 기판－V 계면 에너지보다 작은 에너지를 가지면, 시스템은 높은 에너지(SV)를 작은 에너지(LS) 계면 에너지로 대치하여 기판－증기 계면 에너지를 최소화할 수 있다. 그림 12.28(c)는 액상이 고체 기판을 완전히 필름으로 덮고 있는 것을 고상이 젖는다고 말한다.

이와 같은 현상은 재료의 미세구조 기하에 영향을 주어 가끔 재난 효과를 가져온다. 그림 12.29는 매트릭스 α의 입경계에서 β상의 입자를 보여 준다. $\gamma_{\alpha\beta}$가 등방성이고 $\alpha\beta\alpha$ 삼중선에서 두 계면은 같은 에너지를 갖는다. 3번째 $\alpha\alpha$는 입경계이다. 식 (12.124)에서

$$\gamma_{\alpha\alpha} = 2\gamma_{\alpha\beta}\cos\frac{\theta}{2} \tag{12.132}$$

만약 θ가 0°이면 이는 $\gamma_{\alpha\alpha} = 2\gamma_{\alpha\beta}$이면 β상은 입경계를 완전히 젖는다. 이 극한값보다 작은 $\gamma_{\alpha\beta}$에서는 시스템은 입경계를 두 $\alpha\beta$계면으로 덮어 에너지를 최소화하여 평형에서 β쌍은 입경계 필름으로 존재한다(그림 12.29(b)).

만약 재료 처리 과정 중에 재료가 β상이 액체인 온도 이상에 있으면, 미세구조의 모든 입경계는 액체 필름으로 대치되고, 재료는 분리된 결정립으로 분해된다. 이 현상은 가끔 다결정을 분리된 결정으로 만들어 결정립의 형상과 크기를 조사한다. 만약 같은 현상이 합금 인고트(alloy ingot)의 고온 가공 중에 일어나면 결정립 구조의 붕괴는 재앙이 된다.

삼중선에서 평형 각도는 재료과학에서 미세구조의 생성에 영향을 주는 중요한 역할을 한다. 작은 양의 액체상의 존재는 중요한 세라믹의 소결을 가속시켜 준다. 만약 액체가 얇은 유리 필름으로 잔류하면 역학 특성은 현저하게 나빠진다. 세라믹 소결의 마지막 단계에서 기공(porosity)의 형상은 내부 기공(internal porosity)의 표면을 교차하는 입경계에서 개발된 이면각에 의해 영향을 받는다. 젖음 경향은 접착제(adhesive)와 땜납(solder)에 중요하다.

접촉하고 있는 두 개의 상이 계면을 정의하듯이 3개 상의 시스템도 그와 같은 계면을 정의

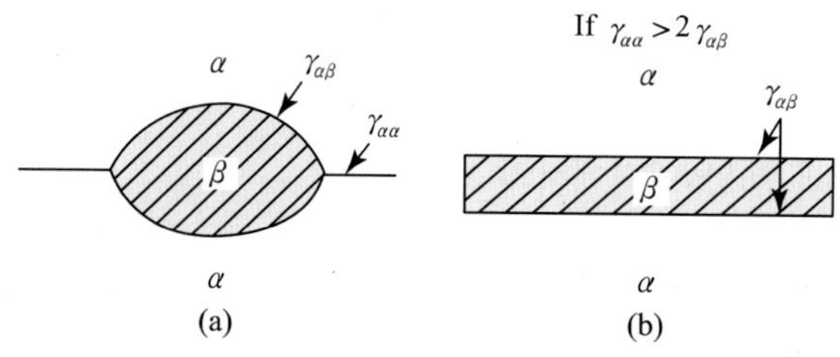

그림 12.29 (a) 입경계에서 입자, (b) 필름 형태로 젖음 상태.

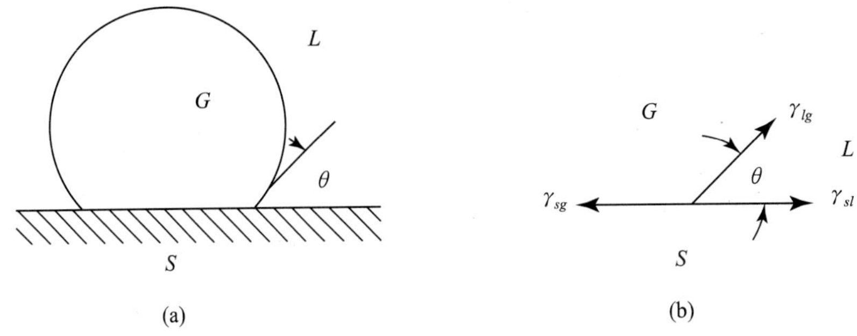

그림 12.30 (a) 3상 접촉의 모식도, (b) 표면 장력의 균형.

한다. 이 3개의 상은 분리되는 3개의 계면의 공동 만남으로 형성되는 라인을 따라 만나게 된다. 그와 같은 예는 그림 12.30(a)에서 나타낸 대로 액상에 잠긴 고체 표면에 붙어있는 기체 방울이다. 이 3개의 계면은 접촉각(contact angle)이라는 각도를 정의하는데, 이는 액체가 고체 표면에 젖음 정도를 나타낸다. 이 상황은 표면 장력이 평형 상태에서는 반드시 그래야 하는 힘벡터(force vector)로 간주하여 분석하는 것이 편리하다. 이를 그림 12.30(b)에 나타냈다.

분명히 수평 성분의 평형은

$$\gamma_{\mathrm{lg}} \cos\theta = \gamma_{sg} - \gamma_{sl} \tag{12.133}$$

사실 이 식은 이 시스템을 나타내는 Young의 식이다. 그러나 수평 성분에 대한 힘의 균형을 한 다음 수직 성분에 대하여 분석해 보면, 평편하고 단단한 표면을 갖는 이 예에서는 만족되지 않음을 발견하게 된다. 이 난처함으로 과거의 연구자들은 아주 큰 국부적인 응력 상태가 3상이 접촉하는 라인에 존재하여 표면의 움푹들어감(dimpling)을 야기시키고, 아래 방향의 수직 성분인 고상-액상 그리고 고상-기상 계면의 장력을 발생시킨다고 생각하게 하였다. 이 시스템에 2법칙을 적용해보면 알 수 있듯이 이는 아주 불필요한 것이다.

그림 12.31과 같이 액체-기체 계면이 거리 dN만큼 이동된 가상적 변화(virtual variation)를 생각해 보자. 이 양은 균일하지 않고 계면을 따라 변화되어 각 상의 부피가 일정하도록 변화된다. 그래서 평형에 대한 요구 조건은

$$\gamma_{\mathrm{lg}}\, dA_{\mathrm{lg}} + \gamma_{sg} dA_{sg} + \gamma_{sl} dA_{sl} = 0 \tag{12.134}$$

고체-기체, 고체-액체 계면 면적에서의 변화는

$$dA_{sl} = -dA_{sg} = \int_L \frac{dN}{\sin\theta}\, dL \tag{12.135}$$

여기서 L은 3상 교점의 변화의 길이이다. A_{lg}의 변화는 두 개의 성분으로 구성된다. 하나는

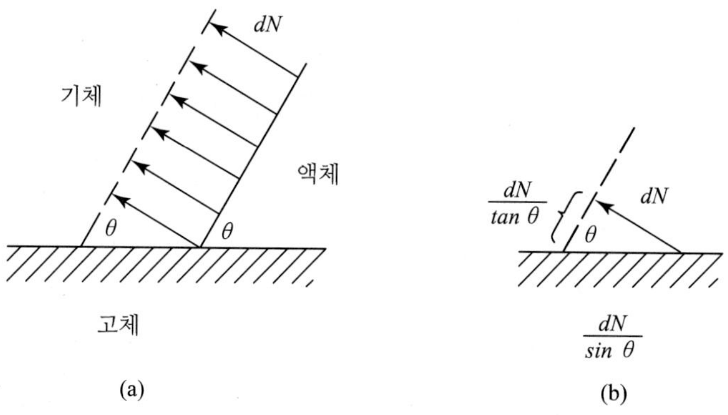

그림 12.31 면적의 가상적 변화에 의한 Young의 식 도출.

표면의 병진(translation)에 의한 것과 다른 하나는 곡률의 변화에 의한 것이다.

$$dA_{\rm lg} = \int_L \frac{dN}{\tan\theta} dL + \int_{A_{\rm lg}} dN(c_1 + c_2)\, dA_{\rm lg} \qquad (12.136)$$

첫 번째 항은 그림 12.31(b)에 잘 나타나 있다. 유사하게 액상의 부피 변화 $dV_l = -dV_g$를 2개 항, 하나는 병진에 의한 것과 표면의 팽창에 의한 것으로 그림 12.32와 같이 나타낼 수 있다.

그래서

$$dV_l = \int_{A_{\rm lg}} dN dA_{\rm lg} + \frac{1}{2}\int_L \frac{(dN)^2}{\tan\theta} dL \qquad (12.137)$$

dN은 작으므로 식 (12.137)에서 $(dN)^2$은 아주 작으므로 2번째 항은 무시된다. 그러나 가상적 변화 중에 각 상의 부피는 일정하게 남아 있으므로 비교에 의하여 식 (12.137)의 첫 번째 항과 식 (12.136)의 2번째 항은 $(dN)^2$이다. 식 (12.136)의 첫 번째 항은 dN 크기이므로 현저한 오류

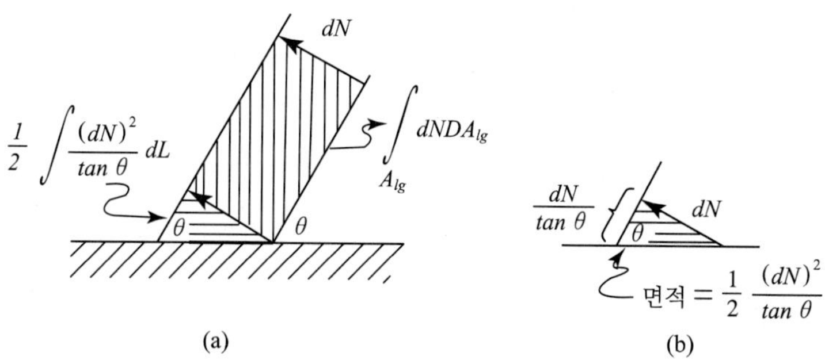

그림 12.32 액체-기체 계면의 병진에 의한 액상의 부피 변화.

없이 두 번째 적분은 무시될 수 있다. 그래서

$$dA_{\mathrm{lg}} = \int_L \frac{dN}{\tan\theta} dL \tag{12.138}$$

식 (12.135)와 (12.137)을 식 (12.134)에 대입하면

$$\gamma_{\mathrm{lg}} \int_L \frac{dN}{\tan\theta} dL + (\gamma_{sl} - \gamma_{sg}) \int_L \frac{dN}{\sin\theta} dL = 0 \tag{12.139}$$

θ는 계면 장력의 함수이고, 위치의 함수는 아니므로 적분 밖으로 나오면,

$$\left(\frac{\gamma_{\mathrm{lg}}}{\tan\theta} + \frac{(\gamma_{sl} - \gamma_{sg})}{\sin\theta}\right) \int_L dN dL = 0 \tag{12.140}$$

즉,

$$\gamma_{\mathrm{lg}} \cos\theta = \gamma_{sg} - \gamma_{sl} \tag{12.141}$$

앞의 계산은 두 유체 상이 만나는 강건한 평면 표면을 함유한 구체적인 시스템의 경우였다. 일반적인 경우로 공통의 라인에서 3개의 다른 상이 만나는 경우에도 힘의 균형(force balance) 방법으로 쉽게 취급할 수 있다. 그림 12.33에서 힘의 수직 성분의 균형은

$$\gamma_{12} \sin(\pi - \theta_1) = \gamma_{23} \sin(\pi - \theta_3) \tag{12.142}$$

분명히 유사한 계산을 γ_{13}와 γ_{12} 또는 γ_{23}을 포함한 계면에도 수행할 수 있어 평형을 이루는 3상 접촉에서 일반식

$$\frac{\gamma_{12}}{\sin\theta_3} = \frac{\gamma_{23}}{\sin\theta_1} = \frac{\gamma_{13}}{\sin\theta_2} \tag{12.143}$$

이 유도된다.

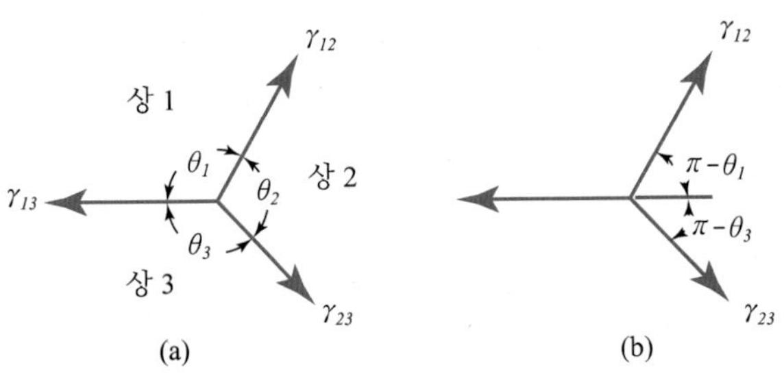

그림 12.33 일반적인 경우의 3상의 접촉.

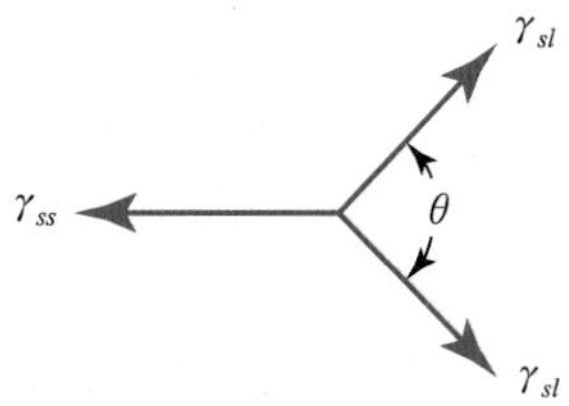

그림 12.34 고체 결정립에 액체 첨가물.

또 다른 3상 접촉의 특별한 경우는 그림 12.34와 같이 고체 입경계에 액체 불순물과 같은 두 개의 상에 3번째 상의 접촉이다.
이 경우 평형 조건은 식 (12.143)에서

$$\gamma_{ss} = 2\gamma_{sl} \cos \frac{\theta}{2} \tag{12.144}$$

이 경우 가능한 거동의 범위는 그림 12.35에 나타냈다. $\gamma_{ss} \approx \gamma_{sl}$ 이면 3경계면의 정점은 대략 3개의 똑같은 결정립의 평형, 즉 120°로 만나는 결정립이다. 만약 $\gamma_{ss} \ll \gamma_{sl}$이면 불순물은 강한 외부장이 없을 때 고립된 액체상과 같이 거동하고 구형으로 가정한다. 그러나 $\gamma_{ss} \gg \gamma_{sl}$이면 시스템의 자유 에너지는 입경계, 즉 고체-고체 계면을 소모하여 고체-액체 계면의 면적을 증가시켜 감소된다. 이는 입경계 젖음이 된다.

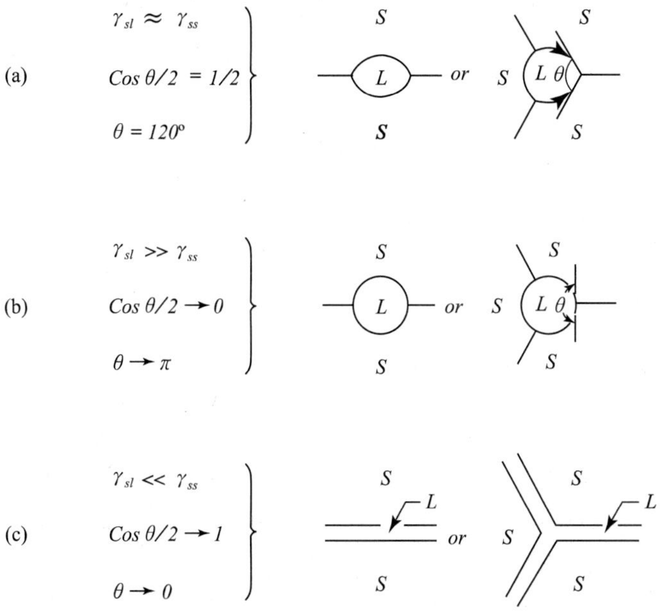

(a) $\gamma_{sl} \approx \gamma_{ss}$, $\cos\theta/2 = 1/2$, $\theta = 120°$

(b) $\gamma_{sl} >> \gamma_{ss}$, $\cos\theta/2 \rightarrow 0$, $\theta \rightarrow \pi$

(c) $\gamma_{sl} << \gamma_{ss}$, $\cos\theta/2 \rightarrow 1$, $\theta \rightarrow 0$

그림 12.35 고체 결정립에서 액체 첨가물의 가능한 형상의 범위.

9 표면에서 흡착

모든 익스텐시브 열역학 특성은 시스템에서 계면과 관련된 비잉여 양의(specific excess) 기여를 한다. 특히 임의의 성분의 몰수는 양이든 음이든 간에 그와 같은 표면 잉여를 보일 것으로 기대된다. 이때 성분 k는 '평형을 이룬 시스템에서 표면 또는 계면에 흡착되었다'라고 말한다. 계면에서 성분 흡착(adsorption)의 표현에 대한 일반적 방법을 이 절에서 논의한다. 취급은 액체-증기와 고체-증기에 한정한다. 왜냐하면 이 시스템은 간단하고 개발 전략 도출을 할 수 있기 때문이다. 더 일반적인 취급은 전문 참고문헌을 참조하길 바란다.

9.1 흡착의 측정

그림 12.36(a)에는 α와 증기상 사이에 평편한 표면을 갖는 시스템을 통한 성분 k의 농도 변화를 나타냈다. 여기서 α는 액체이거나 고체이다. 일반적으로 임계점(critical point) 주변을 제외하고 증기상에서 임의의 성분의 농도는 α에 비하여 무시할 만하다. 왜냐하면 증기의 몰부피는 V^{α}보다 아주 크기 때문이다. 그래서 만약 β상이 증기상이면 $C_k^{\beta} \approx 0$이다. 그림 12.36(b)는 표면 잉여 양을 C_k^{α}가 x_s에서 분리면까지 일정하게 잡아서 정의하는 가상적 시스템을 나타낸다. 3절에서 임의의 익스텐시브 특성의 표면 잉여는 그림 12.36(b)의 곡선 아래 면적과 가상적 시스템의 계단 함수의 면적과의 차이로 가시화할 수 있다. 성분 k에 있어서 이 차이는 그림 12.36(b)에서 빗금친 면적이다. 이를 수학적으로 표시하면,

$$n_k^s = n_k - C_k^{\alpha} \cdot Ax_s = \int_a^b C_k A\,dx - C_k^{\alpha} \cdot Ax_s \qquad (12.145)$$

그림 12.36(c)는 $x_s{}'$에서 분리면의 또 다른 선택을 나타내고 성분 k의 표면 잉여를 가시화함을 나타낸다. 빗금친 면적은 그림 12.36(b)의 2배가 된다. 분명히 k의 표면 잉여값은 분리 표면의 선택에 아주 예민하다. 표면 불연속의 두께가 한 원자 크기이므로 10 nm의 분율에 해당하는 분리면의 변위는 성분 k의 표면 잉여나 다른 표면 잉여 특성의 값에 현저한 변화를 주게 된다.

이 불합리한 상황은 Gibbs에 의한 또 다른 전략으로 피할 수 있다. 즉, 분리면의 위치 선택에 무관한 흡착의 축소 측정(reduced measure of adsorption)을 정의하는 것이다.

x_s에서 분리면의 정의된 모든 성분의 전체 몰수는

$$n_T^s = n_T - C_T^{\alpha} \cdot Ax_s = \int_a^b C_T A\,dx - C_T^{\alpha} \cdot Ax_s \qquad (12.146)$$

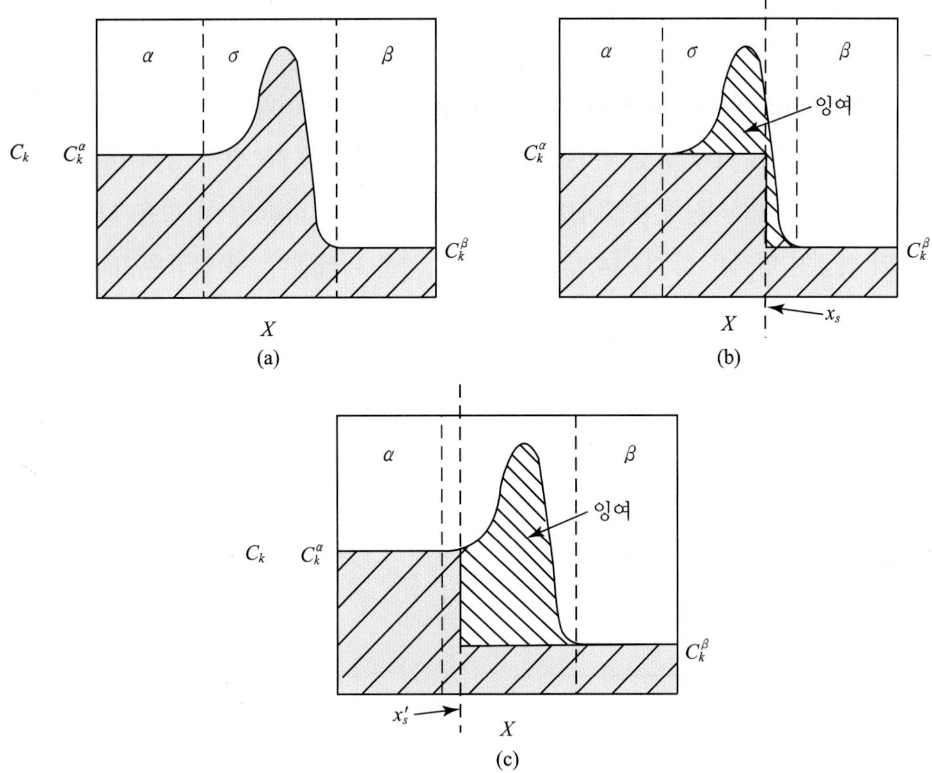

그림 12.36 (a) α와 β 상 사이에 불연속의 물리적 표면을 통한 성분 k의 분포, (b) x_r에서 분리면을 갖는 가성적인 시스템, (c) x_s의 또 다른 선택.

여기서 $C_T = \sum_{k=1}^{C} C_k$ 이다. 이제 식 (12.145)와 (12.146)에서 분리면의 위치를 제거한다. 먼저 식 (12.146)에서 Ax_s를 구하면

$$Ax_s = \frac{1}{C_T^\alpha}[\int_a^b C_T(x)\,A\,dx - n_T^s]$$

이를 식 (12.145)에 대입하면

$$n_k^s = \int_a^b C_k A\,dx - C_k^\alpha \frac{1}{C_T^\alpha}[\int_a^b C_T(x) A\,dx - n_T^s]$$

표면 잉여항을 왼쪽 항으로 모으면,

$$n_k^s - \frac{C_k^\alpha}{C_T^\alpha} n_T^s = \int_a^b C_k A\,dx - \frac{C_k^\alpha}{C_T^\alpha}\int_a^b C_T(x) A\,dx \tag{12.147}$$

오른쪽 항의 적분은 분리면의 정의를 요구하지 않는다. 왜냐하면 x_s가 소거되었기 때문이다. 그래서 왼쪽 항의 양도 분리면의 위치에 무관하다. 이 적분은 그림 12.37에 나타냈다.

먼저 그림 12.37(a)의 성분 k에 대한 곡선 아래의 전체 면적이다. 두 번째 적분은 모든 성분의 몰수에 대한 곡선 아래의 면적이다. 식 (12.147)의 오른쪽 두 번째 항의 적분은 $C_k^\alpha / C_T^\alpha = X_k^\alpha$로 α상에서 k의 몰 분율을 곱한다. 그림 12.37(b)의 하한은 이 항을 나타낸다. 그림 12.37(c)의 빗금친 면적은 식 (12.147)의 왼쪽 항의 양을 나타낸다. 이 면적은 표면 불연속에서 성분 k의 전체 원자수를 나타내고, 이는 이 영역에서 전체 원자수의 분율에 비례하여 줄어들었다. 왼쪽 항에서 정의된 양은 '성분 k의 축소 표면 잉여'라고 부른다.

해당되는 성부 k의 비축소 표면 잉여 $\overline{\Gamma}_k$는 다음과 같이 얻는다.

$$\overline{\Gamma}_k \equiv \frac{n_k^s - X_k^\alpha n_T^s}{A} \tag{12.148}$$

또한 이 특성은 분리면의 위치 선정과 무관하다.

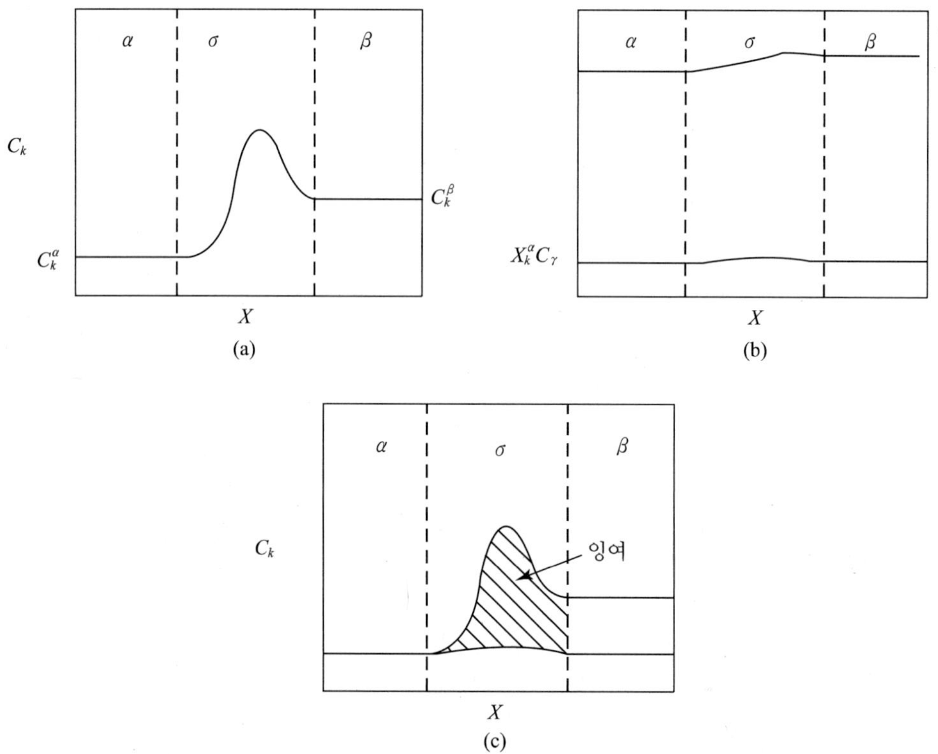

그림 12.37 (a) 불연속의 물리적 표면을 통한 성분 k의 농도 분포, (b) 위치에 따른 전체 농도 변화, (c) 성분 k의 축소 표면 잉여를 나타낸 빗금친 부분.

9.2 Gibbs 흡착식

Gibbs – Duhem 식의 일반화에 기초한 전략은 흡착 현상을 설명하는 작용식을 도출한다. 평편한 내부 계면을 갖는 2상 다성분 시스템을 생각해 보자. 만약 시스템이 내부 평형에 있다면 온도, 압력 그리고 화학 퍼텐셜은 시스템에서 한 개의 값을 갖는다. 평편한 계면을 갖는 2상 시스템에 대한 1법칙과 2법칙의 조합식은

$$dU_{sys}' = TdS_{sys}' - PdV_{sys}' + \sum_{k=1}^{C} \mu_k dn_{k,sys} + \gamma dA \tag{12.149}$$

2상에 대하여 분리된 항으로 나타낼 필요가 없다. 왜냐하면 인텐시브 특성은 두 상에서 같기 때문이다. 식 (12.149)를 적분하면

$$U_{sys}' = TS_{sys}' - PV_{sys}' + \sum_{k=1}^{C} \mu_k n_{k,sys} + \gamma A \tag{12.150}$$

이를 전체 미분을 취하면

$$\begin{aligned} dU_{sys}' = {} & TdS_{sys}' + S_{sys}'dT - PdV_{sys}' - V_{sys}'dP \\ & + \sum_{k=1}^{C} \mu_k dn_{k,sys} + \sum_{k=1}^{C} n_{k,sys} d\mu_k + \gamma dA + Ad\gamma \end{aligned} \tag{12.151}$$

식 (12.149)와 비교하면 일반화된 Gibbs-Duhem 식은

$$S_{sys}'dT - V_{sys}'dP + \sum_{k=1}^{C} n_{k,sys} d\mu_k + Ad\gamma = 0 \tag{12.152}$$

각각의 시스템 특성을 해당되는 표면 잉여 특성식으로 나타내면

$$\begin{aligned} & [S_{hyp}'^{\alpha} + S_{hyp}'^{\beta} + S'^{s}]dT - [V_{hyp}'^{\alpha} + V_{hyp}'^{\beta}]dP \\ & + \sum_{k=1}^{C} [n_{k,hyp}^{\alpha} + n_{k,hyp}^{\beta} + n_k^s] d\mu_k + Ad\gamma = 0 \end{aligned} \tag{12.153}$$

시스템의 균일한 가상적인 부분의 각각에 분리된 Gibbs-Duhem 식이 성립된다.

$$S_{sys}'^{J}dT - V_{sys}'^{J}dP + \sum_{k=1}^{C} n_{k,sys}^{J} d\mu_k + Ad\gamma = 0 \quad [J = \alpha, \beta] \tag{12.154}$$

식 (12.153)에서 이를 제거하면

$$S'^{s}dT + \sum_{k=1}^{C} n_k^s \, d\mu_k + Ad\gamma = 0 \tag{12.155}$$

$d\gamma$에 대하여 풀면

$$d\gamma = -\frac{S'^s}{A}dT - \sum_{k=1}^{C}\frac{n_k^s}{A}d\mu_k = -s^s dT - \sum_{k=1}^{C}\Gamma_k d\mu_k \qquad (12.156)$$

여기서 s^s와 Γ_k는 비계면 특성(specific interfacial property)이다. 이를 축소 비계면 특성(reduced specific interfacial property)으로 나타내면,

$$d\gamma = -\bar{s}^s dT - \sum_{k=1}^{C}\bar{\Gamma}_k d\mu_k \qquad (12.157)$$

이는 가장 유용한 형태이다. 왜냐하면 이 양들은 분리면의 선택에 무관하다. 이 식은 보통 일정한 온도에서 나타내므로 $dT=0$, 따라서

$$d\gamma = -\sum_{k=1}^{C}\bar{\Gamma}_k d\mu_k \qquad (12.158)$$

이원계에서는 합의 항이 2개이다. 성분 1의 표면 잉여항이 0이 되도록 분리면을 잘 선택한다. 그러면 식 (12.158)은

$$d\gamma = -\bar{\Gamma}_2 d\mu_2$$

따라서 축소 비표면 잉여(reduced specific surface excess)는

$$\bar{\Gamma}_2 = -\frac{d\gamma}{d\mu_2} \qquad (12.159)$$

만약 성분 2가 묽은 용액에서 용질이라면 Henry 법칙은 μ_2를 X_2와 연결시킨다. 그리고 $d\mu_2 = RT\ln X_2$ 이므로 흡착식은

$$\bar{\Gamma}_2 = -\frac{d\gamma}{RTd\ln X_2} = -\frac{X_2}{RT}\frac{d\gamma}{dX_2} \qquad (12.160)$$

묽은 용액에서 용질의 첨가가 표면 자유 에너지를 감소시키면, 즉 $\frac{d\gamma}{dX_2} < 0$, 그 성분의 표면 잉여는 양이 되고 용질은 표면에 흡착된다. 만약 용질의 첨가로 표면 에너지가 증가되면 용질은 평형에서 표면으로 떨어져 나간다.

10 표면 장력의 측정

액상 – 기상에서 표면 장력의 모세관 상승(capillary rise) 측정 방법은 표면 장력을 힘으로 취급하여 라인을 따라 적분하는 것으로 측정하는 편리한 방법 중의 하나이다. 이 방법에서 관련된 파라미터는 그림 12.38에 나타냈다.

실제 상온에서 정밀하게 구멍이 뚫린 유리 모세관(glass capillary)에서 측정하려는 액체의 열려진 용기에 넣고 평면 액체 표면 위에 요철면(meniscus) 높이는 카세토미터(cathetometer)로 결정된다. 모세관에서 액체의 칼럼은 기계적인 평형을 이루고(그림 12.38(b)), 지지하는 힘은

$$F_s = 2\pi r \, \gamma \cos\theta \tag{12.161}$$

이는 중력의 힘과 균형을 이루어야 하므로

$$F_g = \pi r^2 h \, (\rho_l - \rho_g) \, g \tag{12.162}$$

즉,

$$\gamma = \frac{h \Delta\rho \ g r}{2\cos\theta} \tag{12.163}$$

유리에서 수용액의 경우처럼 완전한 젖음이 가정된다. 즉, $\theta = 0$ 그리고 $\cos\theta = 1$. 유리 내의 수은인 경우 반대가 되어 젖음은 일어나지 않고 θ는 180°로 간주하여 $\cos\theta = -1$이다. 그래서 이 경우 h는 음이다. 모세관에서 수은의 레벨은 줄어들게 된다. 이를 그림 12.39에 나타냈다.

모세관 상승(capillary rise) 방법은 흥미롭다. 왜냐하면 그것은 Laplace와 Kelvin 식의 도출에 대한 편리한 모델을 제공하기 때문이다. 모세관과 액체가 닫힌 시스템을 구성한다고 가정

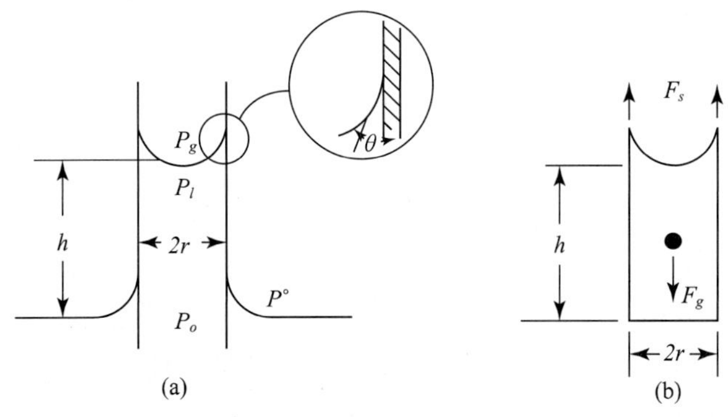

그림 12.38 표면 장력 측정을 위한 모세관 상승 방법.

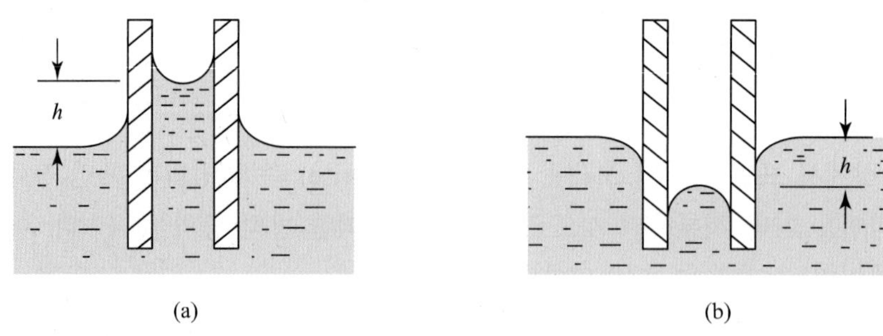

그림 12.39 모세관 상승 (a) 완전한 젖음(유리관에서 물) 시스템과 (b) 젖지 않는 시스템(유리 내의 수은)

해 보자. 기상은 액체와 평형을 이루는 증기만이다. 그림 12.38에서 증기 - 액상 계면을 가로질러 압력 강하는

$$P_g - P_l = (P^0 - \rho_g gh) - (P^0 - \rho_l gh). \tag{12.164}$$

또는

$$\Delta P = P_g - P_l = \Delta\rho gh = \frac{2\gamma\cos\theta}{r} \tag{12.165}$$

이는 그림 12.40에서 쉽게 알 수 있다.

구면 계면으로 가정하여 표면의 곡률의 반경 R은

$$R = \frac{r}{\cos\theta} \tag{12.166}$$

그래서

$$\Delta P = \frac{2\gamma}{R} \tag{12.167}$$

유사하게 Kelvin 식은 그림 12.38을 직접 조사하여 도출할 수 있다. 즉,

$$P_g - P^0 = -\rho_g gh = -\frac{\rho_g}{\rho_l}\frac{2\gamma}{R} \tag{12.168}$$

여기서 R은 양으로 정의된다.

액체의 표면 장력을 측정하는 다른 공통적인 방법은 유리 슬라이드(glass slide) 또는 선고리(wire ring)를 표면을 통하여 당기는데 요구되는 힘의 직접적인 측정이나, 거품 내에서 Laplace 압력을 직접 측정하거나 늘어진(pendant) 또는 고착 방울의 형태 결정이다. 후자의 방법은 확실하지 않다. 액체 방울 또는 기체 거품의 형태는 닫힌 형식이 아니고 수치적으로 구해야 하므로 표면 장력과 중력 효과의 작용에 의하여 결정된다.

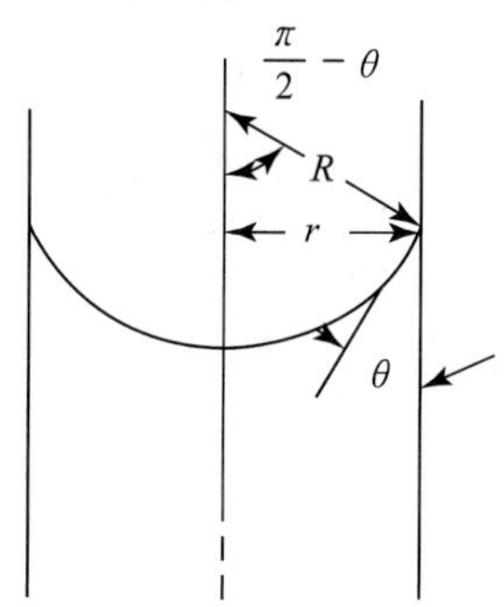

그림 12.40 모세관 반경 r, 접촉각 θ, 표면에서 곡률의 반경 R과의 관계를 나타낸 모식도.

모세관 상승 방법도 앞서 말한 대로 간단하지가 않다. 액체상의 형태는 구형이 아니고 고착 방울에 영향을 주는 같은 중력의 영향을 받는다. 더욱이 계면에 의해 지지되는 액체의 질량에 의한 요철면 형태의 효과는 간단한 모델에서 고려되지 않는다. 사실 이 방법과 많은 주제들이 고전적인 교재 Adamson과 Adam에 의해 검토되었다.

고체 표면 장력의 측정은 분명히 어떤 어려움을 나타낸다. 흥미있는 기술 중의 하나는 녹는 점 바로 아래의 온도에서 얇은 금속 와이어와 막(foil)에서 크립의 관찰이다. 이 온도에서 입경계 미끄러짐(grain boundary sliding)에 의한 변형, 전위 이동(dislocation flow) 그리고 벌크 확산이 아주 작은 하중에 일어나서 벌크 고체가 응력을 지지하지 못하게 한다. 그러나 그를 닮은 유체에서 고체의 표면 장력은 하중을 지지할 수 있다. 이것은 얇은 와이어 또는 막에 작은 인장 하중을 가해 주면 알 수 있다. 하중에 따른 크립 변형률(creep rate)의 선형 의존성은 유한 양의 인장 하중(tensile loading)에서 크립 0축을 통하여 알 수 있다. 크립 0과 표면 장력 사이의 관계는 그림 12.41에서 가상적 일(virtual work)의 원리나 힘의 균형 방법으로 개발된다. 외부 힘 F를 시스템에 가해주면 자유 에너지 변화는

$$dG = -SdT + VdP + \mu dn + \gamma dA - Fdx \tag{12.169}$$

여기서 파리미터 x는 힘의 병진(translation)을 나타낸다. 그러므로 이 경우 평형 조건은

$$\gamma\, dA = F dx \tag{12.170}$$

관심의 면적은 간단히

$$A = 2\pi r h$$

여기서 h는 wire의 길이이고

$$dA = 2\pi h\, dr + 2\pi r\, dh$$

첫 번째 근사로 이 과정은 일정한 부피에서 일어난다고 가정할 수 있다.

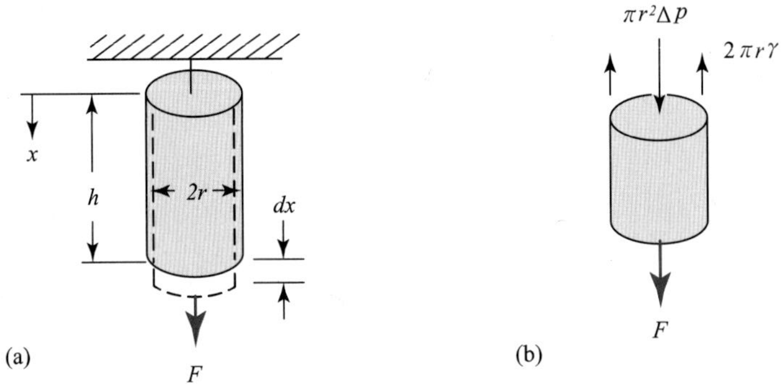

그림 12.41 얇은 와이어에서 0 크립 방법. (a) 가상적 일, (b) 힘균형

$$dV = d(\pi r^2 h) = 2\pi r h\, dr + \pi r^2\, dh = 0$$

그래서
$$dr = -\frac{rdh}{2h}$$

그리고
$$dA = \pi r\, dh$$

그런데 $dh = dx$ 이므로 식 (12.170)에서

$$\gamma = \frac{F}{\pi r} \tag{12.171}$$

그림 12.41(b)의 와이어 요소에 가해진 힘의 균형을 고려하여 가해준 힘 F는 단면의 원주 주변의 적분 표면 장력뿐만 아니라 표면 곡률에 야기되는 내부 압력에 의해 균형을 이룬다. πr^2에 가해진 압력은

$$\Delta P = \gamma\left(\frac{1}{r_1} + \frac{1}{r_2}\right) = \frac{\gamma}{r}$$

인데 이는 실린더 표면에 대한 주반경의 하나는 무한대이기 때문이다. 그래서 식 (12.171)과 일치하여

$$F = 2\pi r\,\gamma - \pi r\gamma = \pi r\,\gamma$$

으로 된다.

다결정 금속에 있어서 가상의 변형(virtual deformation)을 동반하는 입경계 면적에서 변화를 고려할 필요가 있다. 와이어 시료에서 이 경계들은 그림 12.42에서 나타낸 대로 축에 수직인 wire를 대략적인 면으로 가정한다. 가상 일의 원리를 사용하여 늘어날(extension) d_x에서 외부 표면적에서의 변화는 앞에서와 같이

$$dA_{ex} = \pi r\, dh$$

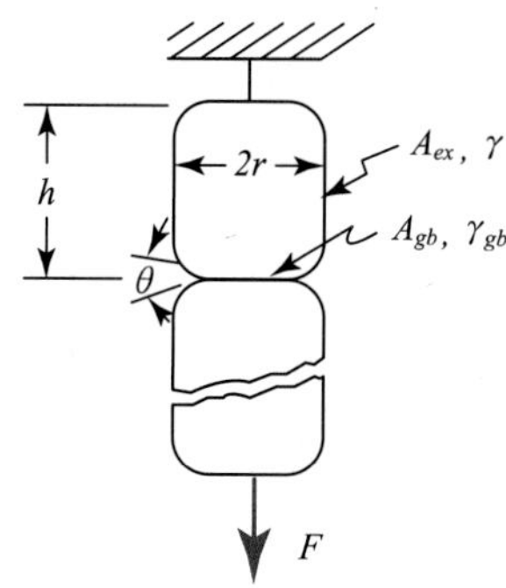

그림 12.42 다결정에서 0 크립 방법.

반면에 입경계의 면적은

$$dA_{gb} = -\frac{\pi r^2 dh}{h}$$

만약 h가 와이어를 따라 입경계의 평균 간격이라면,

$$F = \pi r \gamma - \frac{\pi r^2}{h}\gamma_{gb} \tag{12.172}$$

비록 γ_{gb}는 일반적으로 알려져 있지 않으나 각도 θ는 직접 측정되는데, 이는 γ_{gb}는 Young 식에 의하여 γ와 관련된다. 그래서

$$F = \pi r \gamma \left(1 - 2\frac{r}{h}\cos\frac{\theta}{2}\right) \tag{12.173}$$

다결정막에 대한 비교할만할 취급은 Murr에 의하여 자세히 주어졌다.

이 기술은 녹는점보다 현저히 아래의 온도이거나 비금속 재료에서는 유효하지 않다. 그와 같은 재료에 다소 적용할 수 있는 기술은 작은 크기 때문에 용해도의 증가가 관측된다면, 평균 표면 장력을 주는 Kelvin 식의 사용이 포함된다. 다른 결정면의 상대적인 표면 장력을 주는 작은 결정의 평형 형태의 측정, 결정을 벽개하는데 드는 일의 측정(즉, 새로운 표면을 만들기 위하여 의문의 한 방법이다. 왜냐하면 관련된 과정은 비가역이기 때문이다), 용액열(heat of solution)의 측정 엔트로피 산정과 함께 표면 엔탈피 변화 측정에서 표면 자유 에너지를 예측하게 한다. 이들과 다른 기술은 Adamson, Murr, 그리고 Woodruff에 의해 주어졌다.

11 표면 응력

이 장의 초기에 표면 장력 γ는 표면 또는 계면 면적을 단위 면적만큼 증가시키기 위하여 시스템에 가해져야 하는 일로 정의하였고, 시스템 내에 다른 형태의 표면이 있으면 해당되는 다른 값의 γ_i가 존재하였다. 표면 장력의 단위는 에너지/면적으로 수학적으로 힘/길이와 구별되지 않으므로, γ는 표면 내에 작용하는 응력으로 간주할 수 있다. 일성분계의 액체와 그 증기 사이의 표면을 생각해 보자. 액체는 전단 응력을 지지하지 못하므로 표면층에서 응력(즉, 힘/길이)은 그림 12.43에서 나타낸 바와 같이 모든 방향에서 같다.

즉, 액체의 표면은 균일한 2축 응력(biaxial stress) 상태이어야 한다. 이 표면의 면적을 증가시키는데 요구되는 일은 변형 방향에서 독립적이다. 모든 경우에서

$$\int Fdx = \int \gamma\, dA \tag{12.174}$$

이를 그림 12.44에 나타냈다.

분명 액체의 경우 앞서 정의된 표면 장력은 모든 면에서 표면 내에 작용하는 응력이다. 고체의 경우에 표면 응력의 전단 성분은 0일 필요가 없어 그림 12.43(b)와 같을 필요가 없다. 결국 고체 표면의 면적을 증가시키는데 요구되는 일은 변형이 수행되는 방향에 의존하고, 양

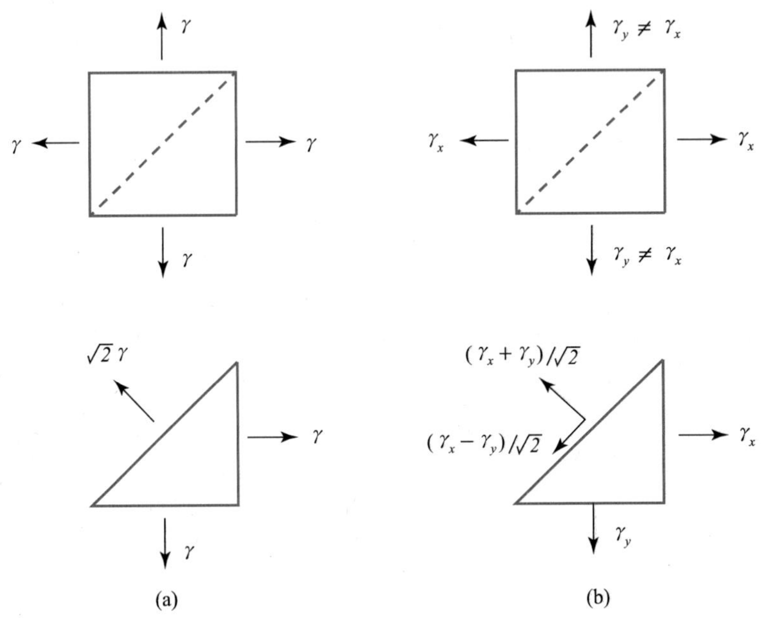

그림 12.43 (a) 균일한 2축 응력에서 생겨난 전단 응력이 0이 되는 경우, (b) 불균일 2축 응력하의 유한 크기의 전단 응력.

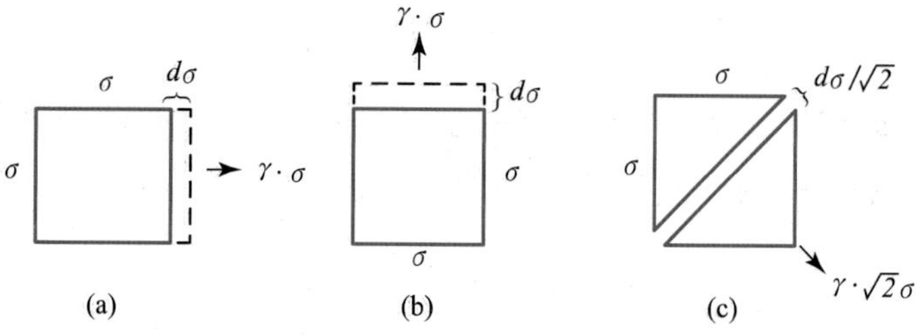

그림 12.44 액체 표면의 면의 3가지 동등 증가. 다른 방향의 표면의 팽창으로 수행되며, 각각은 γ만의 일이 요구된다.

$\gamma\, dA$는 고체 표면의 항에서는 부적합하게 정의되어 $A\sum_{u,v}\sigma_{uv}\, d\epsilon_{uv}$로 대치되어야 한다. 여기서 $\sigma_{u,v}$는 응력 텐서(stress tensor)이고 ϵ_{uv}는 스트레인 텐서(strain tensor)이다. ϵ_{uv}로 나타내는 변형이 탄성 또는 소성이냐에 따라 $\sigma_{u,v}$는 상수로 가정할 수 없고, ϵ_{uv}의 함수이고 가능하면 표면 경화(surface hardening)의 경우처럼 이전 스트레인 역사의 함수가 된다. 분명이 주제의 정밀한 취급은 복잡해서 고급 논제에서 다루어야 한다. 그러면 γ의 의미는 무엇일까? 그리고 고체 표면에서 이전에 도출된 Laplace, Kelvin, Wulff, Young, Gibbs 식은 여전히 적용 가능한가? 일반적으로 γ는 구별이 될지라도 현저한 흡착이 없는 단성분 시스템에서 비표면 자유 에너지 g^s와 같다고 인지되고 있다. 그것은 또한 Gibbs가 지적한 대로 기존의 표면을 변형시키는데 요구되는 일과 구별하여 새로운 표면을 창출하는 데 요구되는 일이다. 이 장에서 사용된 유도는 새로운 표면(음 또는 양의 감각에서)의 형성을 포함하므로 최종 식은 유효하다. 즉, γ가 표면 응력으로 해석되지 않고 표면의 변형이 포함되지 않는다면, 고체 시스템에도 유효하다. 대부분은 γ 또는 표면 자유 에너지로 개발될 수 있으나 불행하게도 구체적으로 일성분 시스템에서만 성립된다.

Shuttleworth는 고체 표면의 구체적인 형태의 열역학을 자세히 취급하였다. 그 변형을 그림 12.45에 나타냈다. 고체는 일성분계이고 표면을 변형하는 데 요구되는 일은 2개 항의 합이다. 이는 표면에서 수직 성분에 대한 팽창을 나타낸다. 그는 $\sigma_1 = \sigma_2$인 등방성 시스템 또는 모든 방향으로 같은 양이 변형되는 (즉, $dA_1 = dA_2$)로 제한하였다. 어는 경우에서 표면 응력에 대하여 수행한 일은

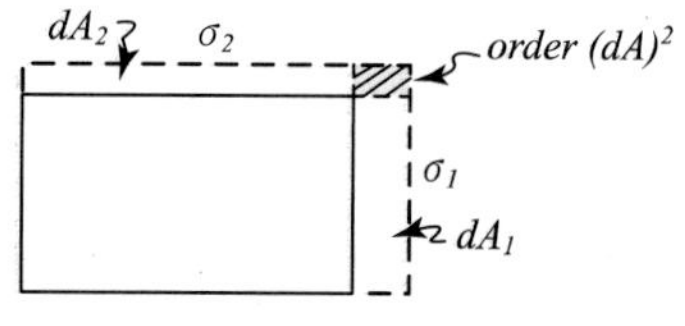

그림 12.45 표면 변형 성분.

$$일= \sigma dA \tag{12.175}$$

여기서 $\sigma = (\sigma_1 + \sigma_2)/2$는 표면 응력이고 $dA = dA_1 + dA_2$이다. 시스템에 행한 이 일은 표면 자유 에너지에서 증가를 나타낸다. 즉, 단성분 시스템에서

$$dG^s = \sigma dA = d(Ag^s) = g^s dA + Adg^s \tag{12.176}$$

일정한 온도에서

$$dg^s = (\frac{\partial g^s}{\partial A})dA \tag{12.177}$$

그래서

$$\sigma dA = g^s dA + A(\frac{\partial g^s}{\partial A})dA \tag{12.178}$$

즉,

$$\sigma = g^s + A(\frac{\partial g^s}{\partial A}) \tag{12.179}$$

일성분계에서 g^s와 γ는 같게 놓을 수 있으므로 식 (12.94)는 고체에서 표면 응력을 예측하는 수단을 제공한다. Shuttleworth는 0 K에서 간단한 결정의 표면 응력의 이론적 예측을 수행하였다. NaCl에 대하여 g^s, 즉 γ는 155 erg/cm^{2}이나 σ는 -130 dyne/cm이었다. 즉, 이 경우 표면은 압축 응력을 받아 그림 12.46(a)의 기대되는 작은 결정의 cubic 형태의 변형을 가져온다. 그와 같은 응력은 전위(dislocation)를 끌어들이게 된다. 그림 12.46(b)와 (c)의 동공(vacancy)은 응력과 변형을 이완시켜 양의 표면 응력을 제시하는 격자 상수 측정과 일치한다. 고체에서 표면 자유 에너지, 표면 장력, 표면 응력의 기본적인 중요성에도 불구하고 그들의 정의와 사용 심지어는 부호에도 불확실성이 존재한다.

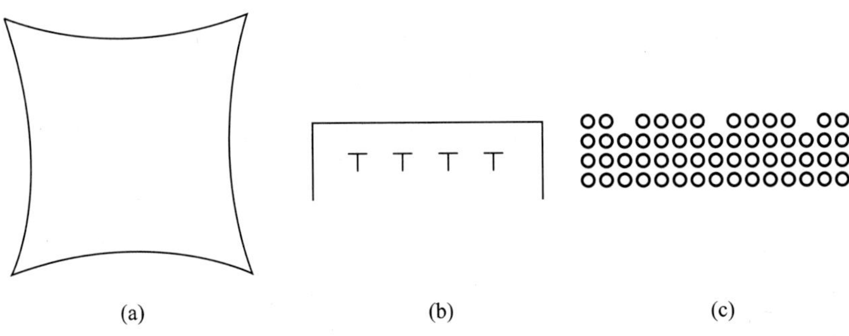

그림 12.46 (a) 압축 표면 응력을 갖는 작은 정육면체 결정의 평형 형태. 응력이완(stress relief)이 (b) 전위에 의하거나 (c) 동공에 의한다.

12 크게 굽어진 표면

이 장에서 논의한 표면의 내부 에너지와 곡률에의 의존성을 나타내는 $C_1dc_1 + C_2dc_2$는 곡률의 반경이 표면에서 불균일 영역의 두께보다 현저하게 더 클 때 모든 시스템에서 고려하지 않았다. 이들 시스템은 아주 큰 곡률을 가지지 않는 시스템이다. 크게 굽어진 층을 가진 시스템은 증기층에 구형 핵을 가져 응축(양의 곡률)과 날카로운 크랙의 꼭지점에서 증기로부터 응축하는 액체(음의 곡률)를 포함한다. 두 시스템은 실용적인 관심이 있다. 그러나 그와 같은 경우에 곡률 효과의 자세한 고려를 하지 못하였다. 이에 대한 실제 이유는 작은 방울이 아주 작아서 그와 같은 효과가 고려되는 원자의 '통계적인 수'보다 적게 된다. 문헌적으로 열역학이 그와 같은 시스템에 의미가 없게 된다. 왜냐하면 열역학은 큰 시스템의 평균 특성만을 취급하기 때문이다. 이 고려가 무시된다면 앞서의 평형 조건에 근거한 방법론적 취급은 가능하고 Buff에 의한 설명도 가능하다. 곡률 계수가 적어도 1차항에서 같게 취급하여 $C_1 = C_2 = C$로 하면

$$dU = TdS - P^{\alpha}dV^{\alpha} - P^{\beta}dV^{\beta} + \sum_i \mu_i dn_i + \gamma dA + C\ d(c_1 + c_2) \qquad (12.180)$$

즉, 관심을 구형 표면으로 제한하면

$$dU = TdS - P^{\alpha}dV^{\alpha} - P^{\beta}dV^{\beta} + \sum_i \mu_i dn_i + \gamma dA + 2Cdc \qquad (12.181)$$

$$dU^s = TdS^s + \sum_i \mu_i dn_i^{\ s} + \gamma dA + 2Cdc \qquad (12.182)$$

모든 인텐시브 특성이 상수가 되는 조건하에서 이 식의 적분은 곡률의 일정함, 표면의 내부 에너지 그리고 자유 에너지를 포함한다. 평형 위치에서 거리 dN의 이동으로 Helmholz 자유 에너지는 불변으로

$$(P^{\alpha} - P^{\beta})dV^{\alpha} = \gamma dA + 2Cdc \qquad (12.183)$$

dA와 dV^{α}를 대입하고 $-c^2dN$를 dc 대신에 대입하면, 크게 굽어진 구형 표면에 대한 Laplace 식은

$$(P^{\alpha} - P^{\beta}) = 2\gamma c - \frac{2c^2C}{A} = \frac{2\gamma}{r} - \frac{2C}{Ar^2} \qquad (12.184)$$

이고 이에 대한 Kelvin 식은 기상에서 이상기체 거동을 가정하고 액상에서 비압축성(incompressible)이라고 가정하면,

$$\Delta P^0 \approx \frac{v_l}{v_g}\left(\frac{2\gamma}{r} - \frac{2C}{Ar^2}\right) \qquad (12.185)$$

곡률에 대한 유사한 교정은 이 장에서 도출된 다른 기본적인 식에 해당된다. 식 (12.184)와

(12.185)는 $c = 1/r$에 의존하나 단지 실험적인 계수 외에 C의 해석이 부족하다. 그러나 표면 에너지의 미분량은

$$d\gamma = -s^s dT - \sum_i \Gamma_i d\mu_i + 2\left(\frac{C}{A}\right)dc \tag{12.186}$$

이제 일성분계에서 계면이 $\gamma = 0$이 되는 위치에 놓이면 이 관계는

$$\left(\frac{\partial \gamma}{\partial c}\right)_T = \frac{2C}{A} = -r^2\left(\frac{\partial \gamma}{\partial r}\right)_T \tag{12.187}$$

그리고 Laplace와 Kelvin 식은 각각

$$(P^\alpha - P^\beta) = \frac{2\gamma}{r} + \left(\frac{\partial \gamma}{\partial r}\right)_T \tag{12.188}$$

$$\Delta P^0 \approx \frac{v_l}{v_g}\left[\frac{2\gamma}{r} + \left(\frac{\partial \gamma}{\partial r}\right)_T\right] \tag{12.189}$$

γ의 곡률의 의존은 통계적인 수단으로 구하여

$$\frac{\gamma_r}{\gamma_\infty} = \frac{1}{1 + \frac{2\delta}{r}} \tag{12.190}$$

여기서 γ_r은 반경 r의 표면의 표면 장력이고 γ_∞는 평면 표면의 표면 장력이다. δ량은 분자 차원의 치수를 갖는 것으로 예측된다. 식 (12.190)은

$$\left(\frac{\partial \gamma}{\partial r}\right)_T = -\frac{2\delta\gamma_\infty}{(2\delta + r)^2} \tag{12.191}$$

그리고 치환하면

$$(P^\alpha - P^\beta) = \frac{2\gamma_\infty}{(r + 2\delta)}\left[1 - \frac{\delta}{(r + 2\delta)}\right] \tag{12.192}$$

그리고

$$\Delta P^0 = \frac{v_l}{v_g}\left[\frac{2\gamma_\infty}{(r + 2\delta)}\right]\left[1 - \frac{\delta}{(r + 2\delta)}\right] \tag{12.193}$$

즉, 곡률의 반경이 감소함에 따라 표면 장력은 증가하여 굽어진 표면을 가로질러 압력 강하와 방울 크기로의 증기압 의존은 교정하지 않은 Laplace와 Kelvin 식보다 약간 작다. 또한 이 효과는 분자 치수에서의 작은 방울 크기에서 현저하다. 따라서 작은 수의 분자를 포함한 시스템에 적용한다. 이에는 전통적인 열역학 파라미터가 확실한 의미를 갖지 못한다. 즉, 5개의 물 분자로 구성된 구형의 방울의 표면적은 무엇인가라는 질문이 대두하게 된다.

연습문제

01 1,400 K에서 평편한 표면상에 액체 구리의 증기압을 구하라. 1,400 K에서 액체 구리에 현수된 직경 0.5 μm의 구리 증기 버블내의 평형 증기압을 구하라.

02 892 K 온도 아래에서 A-B 상태도는 중간상 없이 묽은 터미널 고용체 α와 β로 구성된다. 680 K에서 용해도는 $X_2^\alpha = 0.025$, $X_2^\beta = 0.967$이다. β의 몰 부피는 9.5 cc/mol이고, β 내의 성분 1의 부분 몰 부피는 11.2 cc/mol이다.

(a) α상과 β상의 모세관 길이 스케일을 계산하라.
(b) 입자 크기의 함수로 평형 계면 조성을 계산하라. 입자들은 구형으로 가정하라.

03 순수 티타늄은 1,155 K에서 ε에서 β로의 상변태가 일어난다. Ti에 원소 B는 β 안정화 원소가 된다. β와 ε은 이상 고용체라고 가정한다. 시스템의 특성은 다음과 같다.

성분	$T_k^{\epsilon \to \beta}$	$\Delta S_k^{\epsilon \to \beta}$ (J/Kmol)	V^β(cc/mol)
Ti	1,155 K	3.4	11.5
B	830	5.2	9.7

$\gamma = 470$ ergs/cm^{2}이다.

(a) 1,100 K에서 벌크 조성 X_B^ϵ와 X_B^β를 계산하라.
(b) $X_B = 0.12$를 갖는 합금이 β상에서 급냉되어 ε상이 핵생성과 성장한다. 입자 반경의 함수로 β상에서 계면 조성을 계산하고 그려라.
(c) 상태도에서 모세관 이동을 스케치하라.

04 마이크로전자칩에서 연결선으로 Au 얇은 박막이 사용된다. 막이 0.1 μm 두께이고 대나무 결정립(bamboo grain) 구조를 갖는다고 하자. 600 K에서 Au의 입경계 에너지는 420 ergs/cm^{2}이다. 표면에너지를 1,440 ergs/cm^{2}으로 잡는다.

(a) 입경계가 외부 표면을 만났을 때 이면각을 구하라.
(b) 평형 결정립 형태가 필름 상에 hole을 만드는 임계 입경계 간격 s_c를 구하라.

Chapter

13 결정 결함과 연속 시스템에서의 평형

1 서 론

일반적으로 안정된 고체는 결정질이다. 성분의 원자들은 서로 공간상에 잘 정의된 위치에서 진동한다. 국부적인 패턴은 3차원 공간에서 반복된다. 이 특징적인 주기적 구조는 고체의 물리적, 전자적, 역학적 그리고 화학적 특성의 대부분을 결정하는 데 중요한 역할을 한다.

고체 결정은 완벽하지 않다. 결함들은 원자의 배열 공간에서 고립된 점, 라인을 따라서 또는 구조에서 표면으로 나타난다. 표면에 관한 결함은 12장에서 논의되었고, 전위로 알려진 선 결함은 연성의 결정에서 역학 거동을 지배하고, 전자 재료에서 중요한 결함이 된다. 그러나 그들의 거동은 전통적으로 열역학 항으로 공식화되지 않았다. 이와 대조를 이루어 점 결함(point defect)의 거동에 관한 대부분은 열역학적으로 공식화되었다.

고체의 거동에서 점 결함에 의한 중요한 역할은 확산(diffusion)에 있다. 즉, 결정 격자 내에 성분들의 원자 하나씩의 이동(transport)이다. 재료과학에서 미세구조에 변화를 일으키는 대부분의 과정은 확산을 포함한다. 확산에서 기본적인 단계는 정상적인 자리에서 이웃한 점 결함으로의 원자의 이동이다. 석출(precipitation), 상변화(phase change), 소결(sintering), 산화(oxidation), 고체상 결합(solid state bonding) 그리고 크립 형태들은 시스템 내의 점 결함의 존재에 의존한다. 점 결함은 도체의 비저항(resistivity), 절연체에서의 손실 그리고 반도체의 전기전도도(conductivity)에 영향을 준다.

점 결함의 영향은 특히 화학식량과 비화학식량 세라믹 그리고 중간 화합물(intermetallic compounds)에서 중요한데, 여기에서는 다양한 형태의 결함이 성능을 제어한다. 이 장에서는 한 번 더 평형 조건을 찾는 일반적인 전략을 적용하여 기본적인 결정에서 점 결함의 거동에 대한 열역학적 표현을 개발하는 것으로 시작한다. 그 다음 이 접근은 화학식량의 이원계 화합물로 확장하는데, 이는 정의에 의하여 시스템을 구성하는 두 원소의 고정된 구성비로 구성된다. 이 결과는 좀 더 복잡한 비화학식량의 화합물에 적용하는 배경이 된다.

2 원소 결정에서 점 결함

한 점 결함의 개념은 결정에서 정상적으로 원자들에 의해 점유된 주기적인 격자 자리가 존재함을 가정한다. 기초적인 결정에서 존재하는 중요 등급의 점 결함은 동공(vacancy)과 침입(interstitial)이다. 그림 13.1(a)와 같이 정상적인 격자 자리가 원자에 의해 차지되지 않았을 때 동공이 존재한다. 반면 침입 결함은 그림 13.1(b)와 같이 한 원자가 정상적인 격자 자리보다 결정 내 다른 자리에 놓일 때 생겨난다. 한 결정은 평형에서 완전하지 않다. 기초적인 결정에서 점 결함의 농도는 정상적으로 아주 작다. 극한의 경우 녹는점 가까이에서 조차 결함은 10,000개의 자리 중 한 자리 정도이다. 결정에서 침입의 농도는 같은 조건에서 동공보다 더 작을 것으로 기대된다. 말할 것도 없이 이 작은 분율의 결함이 재료과학에서 중요한 역할을 한다.

2.1 비어있는 격자 자리를 가진 결정에서 평형 조건

평형에서 결함의 농도를 구하기 위하여 친근한 전략을 적용해 보자. 균일한 결정상 α와 그의 증기상(g)으로 구성된 시스템을 생각해 보자. 열역학 1법칙과 2법칙과의 조합된 식에서 결정의 내부 에너지는 엔트로피, 부피 그리고 각 성분의 몰수뿐만 아니라 동공수에 의하여 변화된다. 즉,

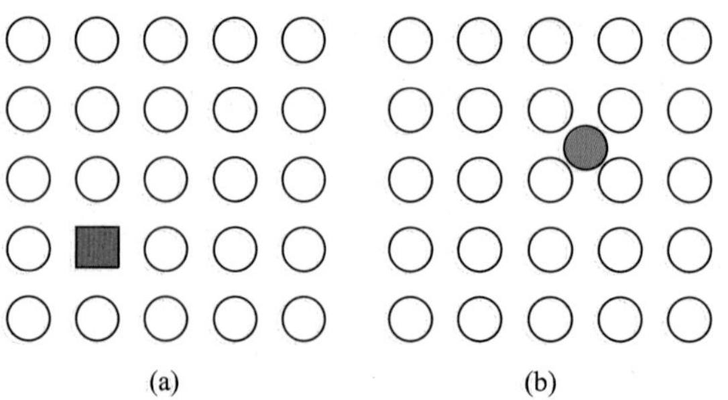

그림 13.1 원소 결정에서 존재하는 2종류의 점결함. (a) 동공, (b) 침입.

$$U'^{\alpha} = U'^{\alpha}(S'^{\alpha}, V'^{\alpha}, n_1^{\alpha}, n_2^{\alpha}, \ldots, n_C^{\alpha}, n_v^{\alpha}) \tag{13.1}$$

여기서 n_v는 결정 내의 빈 자리수이다. 시스템이 상태 변화를 일으켰을 때 내부 에너지 변화는

$$dU'^{\alpha} = T^{\alpha}dS'^{\alpha} - P^{\alpha}dV'^{\alpha} + \sum_{k=1}^{C} \mu_k^{\alpha} dn_k^{\alpha} + \mu_v^{\alpha} dn_v^{\alpha} \tag{13.2}$$

μ_v^{α}는 결정 내에서 한 동공의 화학 퍼텐셜이다. 증기상에 대하여도 유사한 표현은

$$dU'^{g} = T^{g}dS'^{g} - P^{g}dV'^{g} + \sum_{k=1}^{C} \mu_k^{g} dn_k^{g} \tag{13.3}$$

이어 엔트로피항을 구하고 시스템의 엔트로피 변화를 구하면,

$$\begin{aligned} dS_{sys}' = & \frac{1}{T^{\alpha}}dU'^{\alpha} + \frac{P^{\alpha}}{T^{\alpha}}dV'^{\alpha} - \frac{1}{T^{\alpha}}\sum_{k=1}^{C} \mu_k^{\alpha} dn_k^{\alpha} - \frac{1}{T^{\alpha}}\mu_v^{\alpha} dn_v^{\alpha} \\ & + \frac{1}{T^{g}}dU'^{g} + \frac{P^{tg}}{T^{g}}dV'^{g} - \frac{1}{T^{g}}\sum_{k=1}^{C} \mu_k^{g} dn_k^{g} \end{aligned} \tag{13.4}$$

평형 조건을 도출하기 위하여 고립계를 고려하면

$$dU_{sys}' = 0 = dU'^{\alpha} + dU'^{g} \rightarrow dU'^{g} = -dU'^{\alpha} \tag{13.5}$$

$$dV_{sys}' = 0 = dV'^{\alpha} + dV'^{g} \rightarrow dV'^{g} = -dV'^{\alpha} \tag{13.6}$$

$$dn_{k,sys} = 0 = dn_k^{\alpha} + dn_k^{g} \rightarrow dn_k^{g} = -dn_k^{\alpha} \tag{13.7}$$

시스템을 주위와 고립시키면 결정 내 격자 자릿수에 아무런 제한이 없다. 격자 자리는 결정 내의 원자를 표면까지 이동시키거나 그 역으로 작용하여 생성하거나 소멸시킬 수 있다. 그래서 동공수 n_v는 고립계에서 제한시킬 수 없다. 이 고립 제약을 이용하여 식 (13.4)의 같은 항끼리 모으면,

$$\begin{aligned} dS_{sys}' = & \left(\frac{1}{T^{\alpha}} - \frac{1}{T^{g}}\right)dU'^{\alpha} + \left(\frac{P^{\alpha}}{T^{\alpha}} - \frac{P^{g}}{T^{g}}\right)dV'^{\alpha} \\ & - \sum_{k=1}^{C}\left(\frac{\mu_k^{\alpha}}{T^{\alpha}} - \frac{\mu_k^{g}}{T^{g}}\right)dn_k^{\alpha} - \frac{\mu_v^{\alpha}}{T^{\alpha}}dn_v^{\alpha} \end{aligned} \tag{13.8}$$

이 식에서 n_v는 고립계에서 독립적으로 변한다. 왜냐하면 격자 자리는 시스템에서 다른 변화 없이 소멸되거나 만들어질 수 있기 때문이다.

시스템의 평형 상태에 해당되는 엔트로피의 최대값은 시스템의 독립 변수의 계수를 0으로 놓아서 구한다. 이는 열평형, 역학 평형 그리고 화학 평형에 대한 친근한 결과를 도출한다.

이와 더불어 다음 조건이 도출된다.

$$\mu_v^\alpha = 0 \tag{13.9}$$

그러므로 평형 상태에서 결정 내의 동공의 화학 퍼텐셜은 0이다.

2.2 평형에서 결정 내의 동공 농도

빈자리와 원자에 의해 채워진 자리의 혼합물은 동공과 정상적인 원자와의 묽은 용액으로 간주할 수 있다. 동공을 포함한 임의의 성분의 화학 퍼텐셜은 부분 몰 Gibbs 자유 에너지이다. 8장에서 부분 몰 Gibbs 자유 에너지는 이상적 부분과 잉여 부분으로 구분된다. 그리고 동공에 대한 표현은

$$\Delta\mu_v = \Delta\overline{G}_v = \Delta\overline{G}_v^{xs} + \Delta\overline{G}_v^{id} \tag{13.10}$$

이것은

$$\mu_v^\alpha - \mu_v^{0\alpha} = [\Delta\overline{H}_v - T\Delta\overline{S}_v^{xs}] + kT\ln X_v^\alpha \tag{13.11}$$

여기서 X_v^α는 결정 내의 빈자리의 몰 분율이고 $\Delta\overline{H}_v$와 $\Delta\overline{S}_v^{xs}$는 동공과 관련된 부분 몰 특성이다. 이 식의 값은 완전 결정에서 결함 결정의 형성에서 얻어진 것이다. 완전 결정에서는 결함이 없으므로 $\mu_v^{0\alpha} = 0$ 이고 용액 내의 동공의 화학 퍼텐셜은 식 (13.11)에서

$$\mu_v^\alpha = [\Delta\overline{H}_v - T\Delta\overline{S}_v^{xs}] + kT\ln X_v^\alpha \tag{13.12}$$

k는 Boltzmann 상수이다. 평형에서 식 (13.9)에 의하여

$$\mu_v^\alpha = 0 = [\Delta\overline{H}_v - T\Delta\overline{S}_v^{xs}] + kT\ln X_v^\alpha \tag{13.13}$$

따라서 결정 내에서 빈자리의 평형 몰 분율은

$$X_v = e^{(\Delta\overline{S}_v^{xs}/k)}\, e^{(-\Delta\overline{H}_v/kT)} \tag{13.14}$$

으로 나타낼 수 있다. 이 식에서 $\Delta\overline{H}_v$는 한 동공의 생성 엔탈피로 생각할 수 있다. $\Delta\overline{S}_v^{xs}$는 이 과정과 관련된 잉여 엔트로피(excess entropy)이다. 물리적으로는 빈자리를 둘러싼 원자의 진동(vibrational) 거동의 변화와 관련된다. 많은 고체에서 이 양은 $\Delta\overline{S}_v^{vib}$라고 표기한다. 동공의 형성 엔탈피는 양이므로 식 (13.14)에서 동공의 농도는 온도가 증가함에 따라 증가한다.

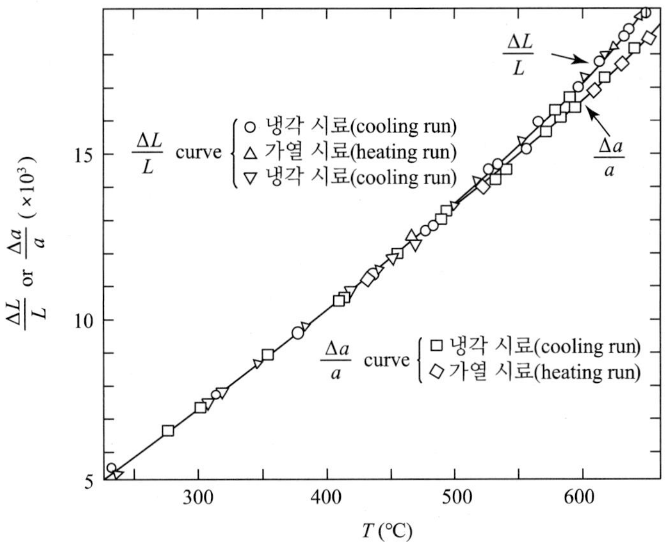

그림 13.2 결정에서 팽창계 측정과 X-ray 격자 파라미터 측정과의 몰 부피의 비교.

이 관계식의 실험은 보통 간접적이다. 예를 들어, 전도체에서 결함은 전자의 흐름에 대하여 산란 중심(scattering center)으로 행동한다. 동공의 묽은 용액에서 각 동공은 전자 흐름의 산란에 동일한 기여를 한다. 따라서 전기 비저항은 동공 농도에 비례한다. 그래서 전기 비저항은 다른 변화가 없다면 동공 농도를 모니터하는 데 사용할 수 있다.

주의깊게 시행하는 열분석(thermal analysis) 또한 동공 농도 변화를 모니터링하는 데 사용될 수 있다. 결함 농도만 빼고 똑같은 시료를 가열하는데 요구되는 전기 일률(power)의 측정은 변형(deformation)이나 중성자 조사(neutron irradiation) 후의 아닐링(annealing) 중에 침입 또는 동공 소멸(vacancy annihilation) 과정을 추적하는 데 사용된다.

드물게 평형 동공 농도를 온도의 함수로 직접 측정하는 방법이 수행된다(그림 13.2). 한 시료에서 길이를 온도의 함수로 예민한 팽창계(dilatometer)에서 측정한다. 길이 측정은 시편의 부피 변화로 전환시킬 수 있다. 부피는 부분적으로 원자간 거리가 온도에 따라 팽창하거나 온도에 따라 빈자리의 수가 증가한 결과이다. 온도에 따른 X-선(ray) 측정은 격자 상수를 측정하여 평균 원자간 거리를 구할 수 있다. X-선 측정에서 측정된 부피는 결함이 없는 시료의 부피이다. 직접 측정한 부피에서 X-선에서 측정한 부피를 빼면 결정에서 빈자리의 부피이고, 따라서 동공의 수를 알 수 있다. 식 (13.14)에서 측정된 동공 농도의 로그 스케일 대 $1/T$ 도표는 기울기가 $\Delta \overline{H}_v/k$의 선형이고 $(1/T=0)$에서의 절편은 $\Delta \overline{S}_v^{vib}$/k이다. 이것을 그림 13.3에 나타내었다. 표 13.1은 금속 시스템에 대한 동공 특성을 나타낸다.

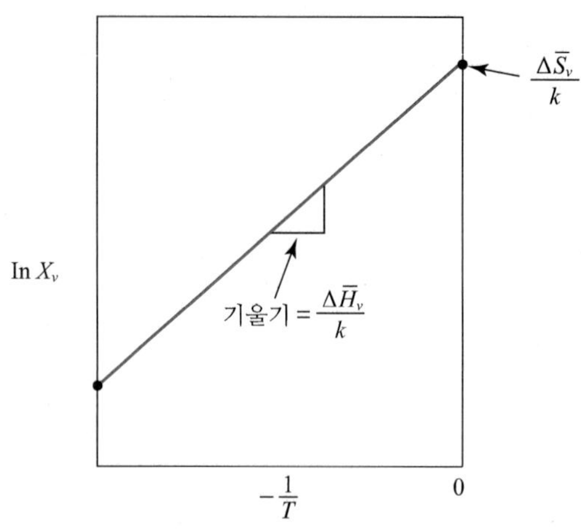

그림 13.3 동공의 원자 분률 대 온도의 Arrhenius 그래프.

표 13.1 전형적인 금속에서 동공 특성.

금속	$X_v(T_m)$	$\Delta\overline{S_v}$ (J/gm-atom K)	$\Delta\overline{H_v}$ (KJ/gm-atom)
Aluminum	9.0×10^{-4}	19	74
Copper	1.9×10^{-4}	12	113
Gold	7.2×10^{-4}	10	92
Lead	2.0×10^{-4}	21	56
Platinum	6.0×10^{-4}	9	135
Silver	1.7×10^{-4}	12	101

2.3 침입형 결함과 동공쌍

원소 결정에서 유사한 결과들은 다른 결함들에서 쉽게 확장할 수 있다. 평형에서 침입 형 결함의 화학 퍼텐셜은 0인데, 이는 결함 농도와 온도 사이의 일반적인 식

$$X_D = f_D e^{(\Delta \overline{S}_D^{xs}/k)}\, e^{(-\Delta \overline{H}_D/kT)} \tag{13.15}$$

이 존재함을 의미한다. 여기서 f_D는 침입형 자릿수와 정상적인 격자 자릿수와의 비이다.

이론적인 계산에서 하나의 동공을 형성하는 엔탈피는 침입형 결함의 형성과 관련된 엔탈피보다 현저하게 작다. 같은 온도에서 침입형 결함의 농도는 평형에서 동공 농도보다 더 작다(보통 수백 배)고 기대할 수 있다. 그래서 침입형 결함은 거의 평형에 가까운데에서 일어나는 과정에 참여하지 않을 것으로 기대된다. 그러나 이들은 평형에서 멀리 있는 결정 내에서 중요

한 역할을 한다. 예를 들면, 중성자 조사에서 높은 에너지의 중성자와 정상적인 자리에 위치한 원자와의 충돌은 큰 거리에 걸쳐 원자들을 변위시킨다. 이 변위된 원자들은 모두 자리가 채워진 영역에서 멈추고 이 원자들은 침입형 자리에 자리를 잡는다. 이 원자들이 떠난 빈 공간이 동공이다. 연속된 아닐링 동안 같은 수의 동공과 침입형 결함의 집합은 재결합되어 정상적인 격자 자리가 된다. 그러나 침입형 결함은 대부분의 응용에서 중요한 역할을 하지 않는다.

원소 결정에서 결함은 조합(combination)에서 발생하기도 한다. 이 결함에서 가장 알려진 것은 동공쌍(divacancy)이다. 이는 이웃한 빈자리의 한 쌍이다. 그와 같은 결함은 하나의 동공보다 현저하게 더 큰 운동성이 있다. 그러나 결정에서 그와 같은 결함의 평형 농도는 한 개의 동공의 농도보다 아주 작다. 식 (13.14)를 적용하면

$$X_{vv} = e^{(\Delta \overline{S}^{xs}_{vv}/k)}\, e^{(-\Delta \overline{H}_{vv}/kT)} \tag{13.16}$$

여기서 vv는 동공쌍의 특성을 표시한다.

동공쌍의 형성은 두 단계로 이루어진 것으로 형상화하는 것이 유용하다.

- 완전 결정으로부터 분리된 두 동공의 형성
- 두 개의 분리된 한 개의 동공으로부터 동공 형성

첫 번째 과정과 관련된 엔탈피 변화는 간단히 $2\Delta \overline{H}_v$ 이다. $\Delta \overline{H}_{int}$, 즉 반응 엔탈피는 두 번째 과정과 관련된 엔탈피 변화이다. 그래서 동공의 형성 엔탈피는

$$\Delta \overline{H}_{vv} = 2\Delta \overline{H}_v + \Delta \overline{H}_{int} \tag{13.17}$$

같은 논리로 잉여 엔트로피에 적용하면

$$\Delta \overline{S}_{vv} = 2\Delta \overline{S}_v + \Delta \overline{S}_{int} \tag{13.18}$$

$\Delta \overline{H}_{int}$, $\Delta \overline{S}_{int}$ 는 동공쌍에 대한 반응 엔탈피와 엔트로피이며, 둘 다 음인 것으로 기대된다. 왜냐하면 동공쌍에 대한 특성 값은 고립된 동공의 한 쌍의 경우보다 더 작은 것으로 기대할 수 있기 때문이다. 식 (13.16)은

$$X_{vv} = e^{[(2\Delta \overline{S}_v + \Delta \overline{S}_{int.})/k]}\, e^{[-(2\Delta \overline{H}_v + \Delta \overline{H}_{int.})/kT]}$$

$$X_{vv} = [e^{[\Delta \overline{S}_v/k]} - e^{[-\Delta \overline{H}_v/kT]}]^2\, e^{(\Delta \overline{S}_v/k)}\, e^{-(\Delta \overline{H}_{int.})/kT}$$

$$X_{vv} = (X_v)^2\, e^{(\Delta \overline{S}_v/k)}\, e^{-(\Delta \overline{H}_{int.})/kT} \tag{13.19}$$

따라서 평형에서 동공쌍의 농도는 한 개의 동공 농도의 제곱보다 다소 크다. 작은 몰 분율의 제곱은 더 작은 몰 분율이 되므로 동공쌍의 평형 농도는 아마도 대부분의 과정에서 현저한 역할을 하지 못할 것이다. 그러나 농도가 높은 고온에서 급냉하거나, 중성자 조사 또는 이온 주입법(ion implantation)에서 흔히 하는 이온 타격(ion bombardment)으로 결정 내에 과포화 동공 농도를 소개하는 것이 가능하다. 평형에서 아주 먼 이 조건에서 현저한 동공쌍 농도가 개발되고, 이 동공들이 확산 속도를 향상시키는 역할을 하게 된다.

3 화학량적 화합물 결정에서 점 결함

8장에서 이원계와 다원계 용액에 대한 열역학적 표현을 논의하였다. 8장에서 고체상의 결정 구조는 구체적으로 취급하지 않았다. 왜냐하면 현상학적 접근은 그와 같은 사항을 요구하지 않았기 때문이다. 다시 말해 그와 같은 결정은 격자 자리의 단순 등급(single class of lattice site)으로 구성되어 시스템의 임의의 성분의 원자가 쉽게 점유할 수 있는 자리로 가정하였다.

많은 중간상(intermediate phase)과 라인 화합물(line compound)은 2개(또는 그 이상)의 구별되는 격자 자리(lattice site)의 등급(class)이 있다. 그림 13.4에서 보듯이 이를 하부격자(sublattice)라고 부른다. 이온 결정에서 한 세트의 격자는 양이온(cation) 그리고 음이온(anion) 격자이다. 그와 같은 결정에서 한 세트의 자리는 양이온 자리 그리고 다른 자리는 음이온 자리라고 부른다. 이 특성은 결정의 결합이 이온 결합이 아니어도 성립된다. 이 경우 좀 더 전기음성도(electronegative)가 큰 원자는 음이온 자리를 차지하고, 전기음성도가 덜한 원자는 양이온 자리를 차지한다.

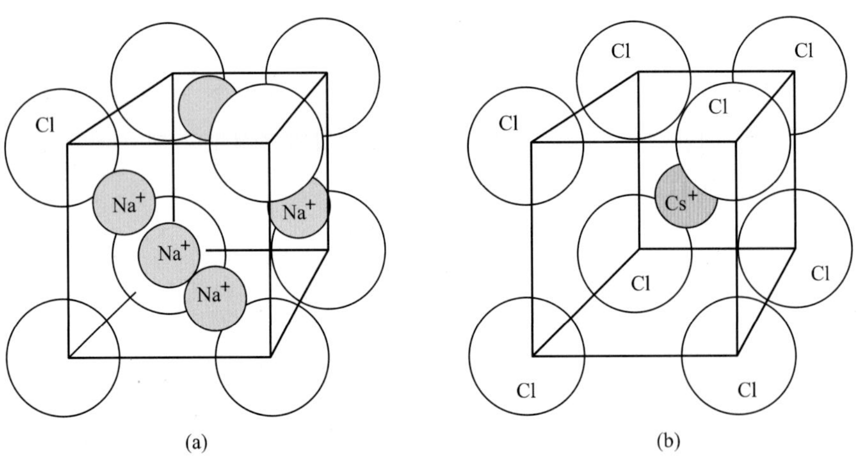

그림 13.4 격자 자리의 두 개 등급을 가진 결정 구조. (a) NaCl, (b) CsCl.

화합물 결정에서 음이온(또는 더 큰 전기음성도) 성분은 항상 그렇지 않더라도 전형적으로 산소, 질소, 탄소, 황, 염소 등과 같은 비금속 원소들이다. 이 원소들을 X로 표기한다. 좀 더 다른 금속성의 양이온은 M으로 표기한다. 빈자리(vacant site)는 V로 표기한다. 성분들(원자 또는 이온)은 M 자리, X 자리 또는 침입형(i) 자리를 차지한다. 최종적으로 영상화된 각각의 참여자는 관련된 전하량(electric charge)을 갖는다.

단지 두 가지 정상 격자 자리를 갖는 간단한 결정에서도 다양한 결함이 생겨날 수 있다. 이 다양함을 적극적으로 나타내기 위하여 널리 사용되는 기호를 Kroger와 Vink가 개발하였다. 이 기호는 특별한 결함에 3가지 중요한 요소로 나타낸다.

- 결함 자리를 차지하는 원소(M, X, V 또는 치환형 원소)
- 점유 자리의 형태에 대한 아래첨자(M, X, i)
- 자리와 관련된 잉여 전하에 대한 윗첨자[(^{x}), ($^{\cdot}$), ($'$)]

첫 번째와 두 번째 표기는 자체적으로 분명하다. 결함과 관련된 전기적 전하를 나타내는데 사용되는 기호는 약간의 논의가 필요하다. 전하는 한 특별한 자리와 정상적으로 관련된 것과 비교하여 국부적인 잉여 전하를 나타내는 것이 편리하다.

만약 자리를 차지한 참여자가 그 자리를 정상적으로 차지한 종(species)의 전하를 띤다면 윗첨자$^{(X)}$를 사용한다. 그래서 알루미나 결정(Al_2O_3)에서 정상 자리(normal site)는 Al_{Al}^{X} 그리고 O_O^X로 표기한다. 유사하게 알루미나 양이온 자리에 3가 Cr 이온은 Cr_{Al}^{X}로 표기한다. 왜냐하면 Cr은 구조에서 알루미늄 이온과 같은 전하를 띠기 때문이다.

윗첨자 ($^{\cdot}$)는 잉여 양전하를 나타낸다. 따라서 $Al_i^{\cdot\cdot\cdot}$은 3가 Al 이온이 침입형 자리를 차지하였는데, 3개의 양전하는 모두 잉여 전하임을 나타낸다. $Ca_K^{\cdot}$는 KCl에서 1가 칼륨 이온자리에 2가 Ca 이온이 있음을 나타낸다.

윗첨자($'$)는 잉여 음전하를 나타낸다. 침입형 자리에 산소 이온은 O_i''으로 나타내고, Mg_{Al}'은 Al 자리에 2가 Mg 이온을 나타낸다. 여러 가지 예를 표 13.2에 나타냈다.

어떤 하부격자(sublattice) 상에 있는 빈격자 자리(vacant lattice site)는 정상적으로 점유된 자리와 같은 크기이나 반대 전하의 잉여 전하를 갖는다. 예를 들면, 양이온 동공을 만들기 위하여 양이온 자리에서 양이온의 제거는 주변의 양이온과 관련하여 음의 잉여 전하를 남겨 더 이상 균형이 잡히지 않는다. 그래서 KCl에서 양이온 자리의 동공은 V_K'으로 표기하고, 알루미나에서 양이온 자리의 동공 기호는 V_{Al}''', MgO에서 음이온 자리의 동공은 $V_O^{\cdot\cdot}$이다. 양이온 자리의 동공은 잉여 음전하를 운반하고 음이온 자리의 동공은 잉여 양전하를 운반한다.

표 13.2 정상 조성 MX와 정상의 원자가 M은 +2, X는 −2를 갖는 화합물에 적용된 Kroger-Vink 기호로 나타낸 결함 표시.

결함	잉여 전하	기호
M 부격자의 동공(Vacancy on M sublattice)	−2	V_M''
X 부격자의 동공(Vacancy on X sublattice)	+2	$V_X^{\cdot\cdot}$
침입형 자리의 M(M atom in interstitial site)	+2	$M_i^{\cdot\cdot}$
침입형 자리의 X(X atom in interstitial site)	−2	V_i''
X자리의 M 원자(M atom on X site)	+4	$M_X^{\cdot\cdot}$
M자리의 X 원자(X atom on M site)	−4	X_M''''
M과 X자리의 동공쌍(divacancy on M and X sites)	0	$(V_M V_X)$
X자리에 M과 침입형 쌍을 이룬 M (M interstitial paired with M on X site)	+6	$(M_i M_X)$ ······
M자리에 전하 +3을 갖는 용질 양이온 L (solute cation L with +3 charge on M site)	+1	$L_M^{\cdot}$
X자리에 전하 −3을 갖는 용질 음이온 Y (solute anion Y with −3 charge on X site)	+1	$Y_X^{\cdot}$
자유전자(free(unattached) electron)	+1	e'
전자동공(electron hole)	+1	$h^{\cdot}$

3.1 Frenkel 결함

화합물 결정에서 결함의 평형 농도는 고립 제약을 형성하는 보존식에 주의를 집중하여 일반적인 전략으로부터 도출할 수 있다. 그 결과는 11장 4절에서 유도한 다변수 반응 시스템(multi-variate reacting system)에서 평형에 대한 조건과 유사한 형태를 갖는다. 실제 이 조건들은 결함 반응(defect reaction), 애피니티, 결함 형성 에너지 그리고 해당되는 평형 상수의 항으로 공식화할 수 있다. 이 결과는 이 절에서 이원계 화합물에서 가장 간단한 결함 형태인 Frenkel 결함에서 제시된다. Frenkel 결함은 정상의 M 자리에서 M 이온을 제거하고 이를 침입형 자리에 옮겨놓은 것으로(그림 13.5), 양이온 하부격자에서 형성된다. 또한 음이온 하부격자 상에도 Frenkel 결함을 형성하는 것이 가능하다.

Frenkel 결함은 진성 결합(intrinsic defect)이라고도 한다. 왜냐하면 이 결함은 결정의 주위와 임의의 반응이 없이 형성될 수 있기 때문이다.

M의 정상 원자가(valence)가 +2이고, X의 원자가는 −2인 결정 MX를 생각해 보자. 만약 이 결정이 양이온 자리에서 도출된 Frenkel 결함을 포함한다면 4가지의 구별되는 참여가 결정

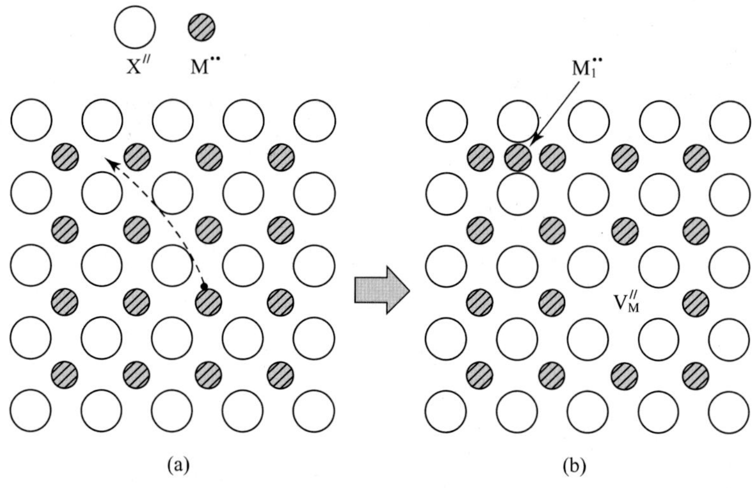

그림 13.5 Frenkel 결함의 형성 과정.

내에 존재한다. 즉, M_M^X, X_X^X, $V_M^{//}$, $M_i^{\cdot\cdot}$(그림 13.5). 이 기호가 의미하는 것은 양이온(M) 자리에 M 이온, 음이온 (X) 자리에 음이온 X, 양이온 하부격자에 동공 그리고 침입형 자리에 M 이온이 존재함을 나타낸다. 이 참여자들의 수는 결정 내에서 변할 수 있으나 이 변화들은 독립적이지 않다. 각각의 참여자들에 대한 화학 퍼텐셜을 일정한 온도와 압력에서 각각의 특정한 참여수에 대하여 결정의 Gibbs 자유 에너지의 변화율로 정의하는 것이 가능하다.

그와 같은 시스템의 평형 조건을 구하기 위하여 앞에서 사용된 친근한 전략을 적용한다. 먼저 균질한 결정질에 각각의 가능한 참여자수의 변화를 함께 하는 엔트로피를 구한다. 즉,

$$dS_{sys}' = \frac{1}{T}dU' + \frac{P}{T}dV' - \frac{1}{T}[\mu_{M_M}dn_{M_M} + \mu_{X_X}dn_{X_X} + \mu_{V_M}dn_{V_M} + \mu_{M_i}dn_{M_i}] \tag{13.20}$$

고립계에서 $dU' = 0$ 그리고 $dV' = 0$이다. M과 X 원자의 보존에서

$$dm_X = dn_{X_X} = 0 \tag{13.21}$$

$$dm_M = 0 = dn_{M_M} + dn_{M_i} \rightarrow dn_{M_M} = -dn_{M_i} \tag{13.22}$$

왜냐하면 모든 X 원자들은 음이온 자리에 남아 있고, M 원자만 양이온 자리와 침입형 자리에 분포되기 때문이다. 더욱이 각각의 Frenkel 결함은 하나의 동공과 하나의 침입형 원자로 구성된다. 그래서

$$dn_{V_M} = dn_{M_i} \tag{13.23}$$

이 식을 식 (13.20)에 대입하면

$$dS_{sys}{}' = -\frac{1}{T}[\mu_{M_M}(-dn_{M_i}) + \mu_{X_X}(0) + \mu_{V_M}dn_{M_i} + \mu_{M_i}dn_{M_i}]$$

$$dS_{sys}{}' = -\frac{1}{T}[\mu_{M_i} + \mu_{V_M} - \mu_{M_M}]dn_{M_i} \tag{13.24}$$

괄호는 결함 반응(defect reaction)의 애피니티로 생각할 수 있다. 즉, 결함 반응(defect reaction) 식은

$$M_M = V_M + M_i \qquad [1]$$

으로 이 식은 정상적인 M 자리에서 M 원자의 Frenkel 쌍(pair)이 형성되는 단위 과정(unit process)을 나타낸다. 평형 조건은 애피니티를 0으로 놓아 구한다.

$$\mu_{M_i} + \mu_{V_M} - \mu_{M_M} = 0 \tag{13.25}$$

각각의 화학 퍼텐셜은

$$\mu_k = \mu_k^0 + \Delta\overline{G}_k^{xs} + kT\ln X_k$$

$$\mu_k = G_k^0 + (\overline{G}_k^{xs} - G_k^0) + kT\ln X_k$$

$$\mu_k = \overline{G}_k^{xs} + kT\ln X_k \;\; [k = M_i,\ V_M,\ M_M] \tag{13.26}$$

식 (13.25)에 대입하면

$$[\overline{G}_{V_M}^{xs} + \overline{G}_{M_i}^{xs} - \overline{G}_{M_M}^{xs}] + kT[\ln X_{V_M} + \ln X_{M_i} - \ln X_{M_M}] = 0 \tag{13.27}$$

이 결과는 질량 작용 법칙과 유사한 형태로

$$\Delta\overline{G}_{fd}^{xs} = -kT\ln K_{fd} \tag{13.28}$$

으로 표현되고, 여기서

$$\Delta\overline{G}_{fd}^{xs} = \overline{G}_{V_M}^{xs} + \overline{G}_{M_i}^{xs} - \overline{G}_{M_M}^{xs} \tag{13.29}$$

그리고

$$K_{fd} = \frac{X_{V_M}X_{M_i}}{X_{M_M}} \tag{13.30}$$

이다. 식 (11.34)와 (13.30) 사이에 중요한 차이가 있다. $\Delta\overline{G}_{fd}^{xs}$는 반응에서 표준 자유 에너지 변화가 아니다. 평형에서 성분의 부분 몰 잉여 자유 에너지이다. 유사하게 식 (13.28)의 K_{fd}는 반응이 평형 상수에 대해 정의된 적합한 활동도비가 아니다. 이들은 결정 내에서 참여자의 원자 분율로 나타낸 표현이지 활동도가 아니다. 물론 질량 작용 법칙과 유사한 형태이다.

그 용액은 아주 묽으므로 Raoul 법칙을 용매 M_M에 적용하면

$$\Delta\overline{G}^{xs}_{M_M} = 0 = \overline{G}^{xs}_{M_M} - G^0_{M_M} \rightarrow \overline{G}^{xs}_{M_M} = G^0_{M_M} \tag{13.31}$$

더욱이 X_{M_M}은 거의 1에 가깝다. 식 (13.27)은 다음과 같이 쓸 수 있다.

$$[\overline{G}^{xs}_{V_M} + \overline{G}^{xs}_{M_i} - G^0_{M_M}] + kT[\ln X_{V_M} X_{M_i}] = 0$$

$$X_{V_M} X_{M_i} = e^{-\frac{1}{kT}[\overline{G}^{xs}_{V_M} + \overline{G}^{xs}_{M_i} - G^0_{M_M}]} \tag{13.32}$$

그런데

$$[\overline{G}^{xs}_{V_M} + \overline{G}^{xs}_{M_i} - G^0_{M_M}] = [\overline{H}_{V_M} + \overline{H}_{M_i} - \overline{H}^0_{M_M}] \tag{13.33}$$

$$- T[\overline{S}^{xs}_{V_M} + \overline{S}^{xs}_{M_i} - S^0_{M_M}] = \Delta\overline{H}_{fd} - T\Delta\overline{S}_{fd}$$

$\Delta\overline{H}_{fd}$는 결함 형성 엔탈피이다. 왜냐하면 잉여 엔탈피가 전체 엔탈피이기 때문이다. 평형 조건식 (13.32)는

$$X_{V_M} X_{M_i} = e^{\frac{1}{k}(\Delta\overline{S}^{xs}_{fd})} e^{-\frac{1}{kT}(\Delta\overline{H}_{fd})} \tag{13.34}$$

최종적으로 동공과 침입형 수는 같으므로 $X_{V_M} = X_{M_i}$ 이다. 그래서 $X_{V_M} X_{M_i} = (X_{V_M})^2 = (X_{fd})^2$ 이다. 여기서 X_{fd}는 결정 구조에서 Frenkel 결함의 원자 분율(atom fraction)이다. 그러므로

$$X_{V_M} X_{M_i} = (X_{V_M})^2 = (X_{fd})^2 = e^{\frac{1}{k}(\Delta\overline{S}^{xs}_{fd})} e^{-\frac{1}{kT}(\Delta\overline{H}_{fd})}$$

즉,

$$X_{fd} = e^{\frac{1}{2k}(\Delta\overline{S}^{xs}_{fd})} e^{-\frac{1}{2kT}(\Delta\overline{H}_{fd})} \tag{13.35}$$

만약 $\Delta\overline{H}_{fd}$와 $\Delta\overline{S}^{xs}_{fd}$가 온도에 둔감하면 Frenkel 결함의 평형 농도는 온도에 따라 증가하며, 이는 전형적인 Arrhenius 함수 형태이다.

3.2 Schottky 결함

식이 MX인 결정의 경우 양이온과 음이온은 같은 수의 전하를 갖는다. MX 결정에서 Schottky 결함은 빈 여기에서 양이온 자리와 빈 음이온 자리로 구성된다(그림 13.6). 여기에서 Schottky 결함은 결정의 전기 중성(charge neutrality)을 방해하지 않는다. Frenkel 결함과 같이 Schottky 결함은 진성(intrinsic)이다. 왜냐하면 결정에 원자를 더하거나 빼거나 또는 전하를 공

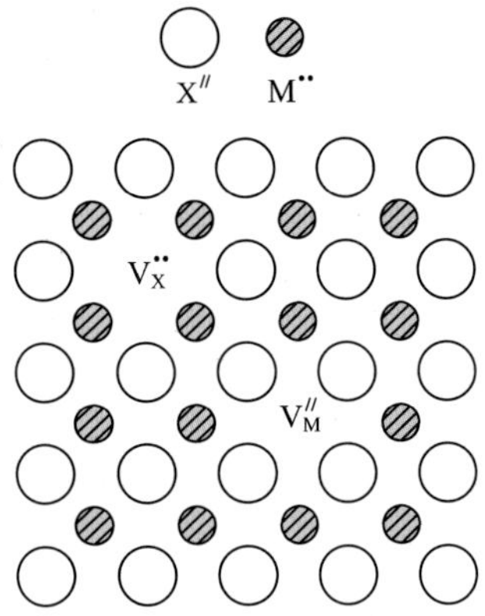

그림 13.6 Schottky 결함 형성.

급하여 형성된 것이 아니기 때문이다.

MX 공식을 갖는 결정에서 Schottky 결함의 평형 농도를 구하는데에는 관련된 엔트로피 변화를 양이온과 음이온 동공수의 변화로 나타낸다. 즉,

$$dS_{sys}{}' = \frac{1}{T}dU' + \frac{P}{T}dV' - \frac{1}{T}[\mu_{M_M}dn_{M_M} + \mu_{X_X}dn_{X_X} + \mu_{V_X}dn_{V_X} + \mu_{V_M}dn_{V_M}] \tag{13.36}$$

이 경우 고립 제약은 $dU' = 0$ 그리고 $dV' = 0$이다. M과 X 원자의 보존에서

$$\begin{aligned} dm_M &= dn_{M_M} = 0 \\ dm_X &= dn_{X_X} = 0 \end{aligned} \tag{13.37}$$

음이온 자리와 양이온 자리의 비가 1 : 1로 제한되는 조건은 각각 동공의 같은 수가 형성됨을 나타낸다. 즉,

$$dn_{V_X} = dn_{V_M} \tag{13.38}$$

이를 엔트로피 변화식에 대입하면

$$dS_{sys,\,iso}{}' = -\frac{1}{T}[\mu_{V_X}dn_{V_X} + \mu_{V_M}dn_{V_M}] = -\frac{1}{T}[\mu_{V_X} + \mu_{V_M}]dn_{V_M} \tag{13.39}$$

반응식은

$$0 = V_X + V_M \qquad [2]$$

이는 초기의 완전 결정에 2개 동공의 형성을 나타낸다. 여기서 0은 초기 결함이 없는 결정을

의미한다. 평형 조건은 식 (13.39)의 계수를 0으로 놓는다. 즉,

$$\mu_{V_X} + \mu_{V_M} = 0 \tag{13.40}$$

식 (13.25)와 (13.35)를 연결하는 식은 임의의 온도 T에서 Schottky 결함의 평형 농도에 대한 표현을 나타낸다. 즉,

$$X_{sd} = e^{\frac{1}{2k}(\Delta \overline{S}_{sd}^{xs})} e^{-\frac{1}{2kT}(\Delta \overline{H}_{sd})} \tag{13.41}$$

여기서 $\Delta \overline{S}_{sd}^{xs}$는 완전 결정에서 한 쌍의 동공 형성과 관련된 잉여 엔트로피이고 $\Delta \overline{H}_{sd}$는 해당되는 엔탈피 변화이다.

구조식 $M_u X_v$를 갖는 결정에서 M 자리와 X 자리비가 $\frac{u}{v}$이고, 양이온과 음이온비의 보존에서 Schottky 결함은 u 양이온 동공과 v 음이온 동공으로 구성된다. 이는 Schottky 결함 형성에서 전기적 중성이 유지된다. 평형 조건은 결정 격자비에 제약을 반영하여 결함식에 이 계수가 포함된다. 형성식은

$$0 = u V_M + v V_X \qquad [3]$$

3.3 이원계 화합물에서 결합된 결함

한 양이온 자리는 정상적으로 M 이온이 차지하며 양전하 $e z_M$을 지닌다. 여기서 z_M은 양이온의 원자가이고, e는 전자의 전하량이다. 만약 자리가 비면 이는 그 자리를 차지하는 M

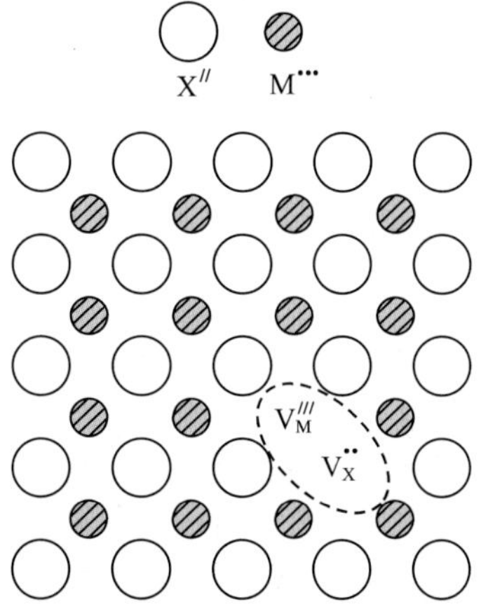

그림 13.7 두 개의 하부 격자에 있는 동공을 끌어당겨 형성한 복잡한 동공들.

이온이 없다는 뜻인데, 그러면 주변 음이온과 관련하여 보상 안된 음전하가 존재한다. 유사하게 음이온의 빈자리는 $(-ez_X)$의 전하를 운반한다. 여기서 z_X는 음이온의 정상적인 원자가이다. z_X는 음이므로 잉여 전하(excess charge)는 양이다. 결정에서 반대로 하전된 것은 서로 끌어당겨서 양이온-음이온 쌍을 형성한다(그림 13.7). 만약 z_X와 z_M이 같다면 동공 결합물(vacancy complex)은 0의 잉여 전하를 갖는다. 좀 더 일반적인 경우로 z_X와 z_M이 같지 않다면 복합물은 최종 전하(net charge)를 운반한다.

이 관계를 결합 반응으로 다음과 같이 쓸 수 있다.

$$V_M + V_X = (V_M V_X) \qquad [4]$$

여기서 기호 $(V_M V_X)$은 반대로 하전된 동공쌍으로 구성된 복합 결함(complex defect)을 나타낸다. 반응에 대한 평형 조건은 해당하는 애피니티를 0으로 놓는다.

$$\mu_{(V_M V_X)} - (\mu_{V_M} + \mu_{V_X}) = 0 \qquad (13.42)$$

그래서

$$\frac{X_{(V_M V_X)}}{X_{V_M} X_{V_X}} = e^{(\Delta \overline{S}^{xs}_{mx}/k)} \, e^{-(\Delta \overline{H}_{mx}/kT)} \qquad (13.43)$$

여기서 $\Delta \overline{S}^{xs}_{mx}$는 잉여 엔트로피 차이이고, $\Delta \overline{H}_{mx}$는 식 [4]로 나타낸 과정에 대한 엔탈피 차이이다. 엔트로피 차이는 작다. 엔탈피 차이는 음이다. 왜냐하면 반대로 하전된 동공들은 자발적으로 끌어당기기 때문이다. 그래서 복합물 농도는 2개의 한 개의 동공 곱보다 끌어당김 에너지에 의존한 양만큼 더 크다. 엔탈피 차이는 평형에서 동공쌍의 분리 거리에서 무한대로 분리된 동공쌍의 에너지와의 에너지 차이로 예측할 수 있다. 이 예측은 이온 결정에서 합리적인 정확성을 주는데 여기서 잉여 전하는 크게 자리와 관련된다. 좀 더 정교한 모델이 다른 형태의 결함이 중요한 역할을 하는 화합물 결정 구조의 거동을 나타내는 데 요구된다.

3.4 화학량적 화합물 결정에서 결함 사이의 다변수 평형

이 절에서는 주위와 고립된 화합물 $M_u X_v$의 결정에서 결함 농도를 결정하는 전략을 논의한다. 그래서 형성될 수 있는 결함의 집합은 진성으로 생각할 수 있다. 왜냐하면 주위와 아무런 반응이 없기 때문이다. 주위와 반응이 있는 경우는 다음 절에서 논의한다. 이 결정에서 존재할 수 있는 참가자(entity)는 M_M, M_i, V_M, V_X, X_i, X_V 들이다. 또한 결함 복합물(defect complex)은 존재하나 이 책에서는 무시한다.

평형 조건을 찾는 일반적인 전략을 적용하는데에는 엔트로피 변화량에 6가지 참여 부분의

$\mu_k dn_k$의 항을 포함시킨다.

$$dS_{sys}' = \frac{1}{T}dU' + \frac{P}{T}dV' \qquad (13.44)$$
$$- \frac{1}{T}[\mu_{M_M}dn_{M_M} + \mu_{M_i}dn_{M_i} + \mu_{X_X}dn_{X_X} + \mu_{X_i}dn_{X_i} + \mu_{V_X}dn_{V_X} + \mu_{V_M}dn_{V_M}]$$

보통의 내부 에너지, 부피의 고립 제약에 더하여 3개의 제약식이 고립된 결정에서의 참여 몰수에 작용된다.

- M의 보존

$$dm_M = dn_{M_M} + dn_{M_i} = 0 \rightarrow dn_{M_M} = -dn_{M_i} \qquad (13.45)$$

- X의 보존

$$dm_X = dn_{X_X} + dn_{X_i} = 0 \rightarrow dn_{X_X} = -dn_{X_i} \qquad (13.46)$$

- 두 부격자에서 자리비의 보존

$$v\,dn_{S_M} = u\,dn_{S_X} \qquad (13.47)$$

여기서 n_S는 격자에서 각 자리 종류의 자리수를 말한다. 자리는 점유되거나 비어있으므로

$$v[dn_{M_M} + dn_{V_M}] = u[dn_{X_X} + dn_{V_X}] \qquad (13.48)$$

그래서 6개의 dn_k양의 3개 항이 다른 3개 항에 의존하므로 dn_{M_i}, dn_{X_i} 그리고 dn_{V_X}를 독립변수로 취한다. 세 번째 식에서 dn_{V_M}을 3개 변수로 취하면,

$$dn_{V_M} = \frac{u}{v}[dn_{X_X} + dn_{V_X}] - dn_{M_M} \qquad (13.49)$$

이를 식 (13.44)에 대입하고 정리하면,

$$dS_{sys,iso}' = -\frac{1}{T}[(\mu_{M_i} + \mu_{V_M} - \mu_{M_M})dn_{M_i} \qquad (13.50)$$
$$+ (\mu_{X_i} + \mu_{V_X} - \mu_{X_X})dn_{X_i} + (\frac{u}{v}\mu_{V_M} + \mu_{V_X})dn_{V_X}]$$

평형 조건을 찾기 위하여 각 계수를 0으로 놓는다. 3 계수들은 다음 3개의 결함 반응식에 대한 애피니티이다.

$$M_M = M_i + V_M \qquad [5]$$

$$X_X = X_i + V_X \qquad [6]$$

$$\text{null} = u\,V_M + v\,V_X \qquad [7]$$

앞의 두 개의 식은 양이온과 음이온 부격자상에 Frenkel 결함 형성에 해당되는 식이고, 세 번째 식은 $M_u X_v$ 결정에서의 Schottky 결함 반응이다.

각 참여종(entities)의 농도를 해당하는 부격자에서 자리의 분율로 나타내는 것이 관습이다. 이 조성의 척도를 괄호(bracket)로 나타낸다. 그래서 $[V_M]$은 비어있는 양이온 자릿수와 양이온 자리 전체 수와의 비 $\frac{n_{V_M}}{n_{S_M}}$이다. 유사하게 $[X_i] = \frac{n_{X_i}}{n_{S_X}}$이다.

이제 1몰의 화합물 $M_u X_v$에 집중해 보자. 이는 $(u+v)N_0$ 격자 자리를 가진 결정이다. 여기서 N_0는 Avogadro수이다. M 자리의 수는 $u\,N_0$이고, X 자릿수는 $v\,N_0$이다. 그래서 1몰의 화합물에서 양이온 동공의 전체 수는 $n_{V_M} = uN_0[V_M]$이고, 양이온 칩입형 수는 $n_{M_i} = uN_0[M_i]$, 음이온 동공수는 $n_{V_X} = vN_0[V_X]$이고, 음이온 침입형 수는 $n_{X_i} = vN_0[X_i]$이다.

양이온 격자 상에 Frenkel 결함의 형성에 해당되는 평형 조건은 식 [5]에서

$$\frac{[M_i][V_M]}{[M_M]} = K_{fd,c} = K^0_{fd,c}\, e^{-(\Delta \overline{H}_{fd,c}/kT)}$$

여기서 $K^0_{fd,c}$ 는 엔트로피항이고 $\Delta \overline{H}_{fd,c}$는 양이온 격자에 Frenkel 결함의 형성 엔탈피이다. 결함 농도가 작으므로 $[M_M]$은 1로 할 수 있다. 유사한 근사가 $[X_X]$에도 적용된다. 식 [5]에서 [7]까지의 평형 조건은

$$[M_i]\ [V_M] = K^0_{fd,c}\, e^{-(\Delta \overline{H}_{fd,c}/kT)} \qquad (13.51)$$

$$[X_i]\ [V_X] = K^0_{fd,c}\, e^{-(\Delta \overline{H}_{fd,c}/kT)} \qquad (13.52)$$

$$[V_M]^u [V_X]^v = K^0_{sd}\, e^{-(\Delta \overline{H}_{sd}/kT)} \qquad (13.53)$$

K^0_r 계수는 이 식에서 엔트로피 인자를 함유한다. 이 결과는 $[V_M]$, $[M_i]$, $[V_X]$ 그리고 $[X_i]$ 중에서 3개 식을 나타낸다. 4번째 조건은 결정에서 전기 중성도(charge neutrality)로부터 구해진다.

4개 결함 실체의 각각은 관련된 잉여 전하를 갖는다. 만약 z가 점유된 양이온 자리에 정상적 전하라면 $-(\frac{u}{v})z$는 정상적 음이온 자리의 전하이다. 예를 들면, Al_2O_3 결정에서 $z = +3$이고, 음이온 자리는 $-(\frac{2}{3})(+3) = -2$이다. 따라서 각 실체와 관련된 잉여 전하는

- 양이온 동공, V_M $\qquad -z$
- 양이온 침입형, M_i $\qquad +z$

• 음이온 동공, V_X $+(\frac{u}{v})z$

• 음이온 침입형, X_i $-(\frac{u}{v})z$

전기 중성도는 전체 잉여 전하의 합이 0이 되어야 함을 요구한다. 수학적으로 표현하면

$$-zn_{V_M}+zn_{M_i}+\frac{u}{v}zn_{V_X}-\frac{u}{v}zn_{X_i}=0$$

결함 농도에 이를 대입하여 간단히 하면,

$$-[V_M]+[M_i]+\frac{u}{v}[V_X]-\frac{u}{v}[V_i]=0 \tag{13.54}$$

만약 엔트로피와 에너지항이 알려지면 식 (13.51)에서 (13.54)는 4개 변수에 4개의 식을 제공한다. 그래서 모든 4개의 결함 농도는 주어진 온도에서 결정에 대한 계산을 할 수 있다. 불행히도 이 형태의 잘 정리되고 일치되는 정보가 유용하지 않고 충분히 연구된 [2]의 경우에도 그러하다. 그와 같은 정보의 심각한 장애는 화합물 결정에서 불순물 원자와 관련된다. 그러나 이 식은 4개 형태의 결함에 대한 상대적인 값을 제공한다. 예를 들면, 사파이어(undoped alumina)는 1,200~1,500 ℃ 범위에서 지배적인 결함이 V_{Al}''' 으로 10^{10} 낮은 음이온 결함 농도와 10^{20} 더 작은 Al 침입형 농도를 갖는다.

4 비화학량적 화합물 결정

화학 물질이 화학량적이라는 것, 이는 구체적으로 이들을 이루고 있는 원자와 원소의 수는 작은 크기의 정수로 이루어졌고, 이러한 인식은 많은 물질이 분자로 존재한다는 발견에서 유래한다. H_2O, CO_2, CH_4는 친근한 화학량적 화합물이다. 원소 M과 X가 결합하여 결정 화합물 M_uX_v을 형성할 때 최종 구조는 2개의 부격자로 형성된다. 정상적으로 하나는 M 원자로 채워지고 다른 격자는 X 원자로 채워진다. 결정 구조의 기하에서 두 종류의 자릿수는 $\frac{u}{v}$ 비가 되고, 이 비는 화학량적이다. 완전 결정에서 모든 M 자리는 M 원자로, X 자리는 X 원자로 채워지고 시스템의 조성은 화학량적이고, x와 M의 비는 $\frac{u}{v}$ 이다. 만약 결정이 진성 결함만 포함하면 조성은 여전히 화학량적이다.

실제 결정의 결함 구조는 진성 결함에만 한정되지 않는다. 주변과의 반응은 결정에서의

자리에 원자의 내부 배열에 한하지 않는 결함을 형성한다. 산화 분위기에서 화합물 $M_u O_v$는 화학량비 ($\frac{u}{v}$)보다 더 많은 산소를 포함한다. 화합물의 조성은 화학량비에서 벗어나 산소가 많음이 된다. 그러나 화합물에 대한 결정의 기하는 자리의 비 ($\frac{u}{v}$)로 머물도록 요구한다. 그래서 잉여 산소 원자는 다음의 하나에 수용되어야 한다.

- 산소 이온을 침입형 위치에 놓거나
- 산소 이온을 정상적인 음이온 부격자 자리에 놓거나 동시에 양이온 부격자에서 동공을 만든다.

첫 번째의 경우 화합물은 '산소 잉여(oxygen excess)'라고 한다. 이 경우 식 $M_u O_{v+\delta}$으로 나타낸다. δ는 시스템에서 잉여 산소 양을 나타낸다. 두 번째 경우는 '금속 부족'이라고 하고 $M_{u-\delta} O_v$으로 쓴다. 두 경우 모두 시스템에서 산소 대 금속의 비가 ($\frac{u}{v}$)보다 크다. 예를 들어, 화학량적 화학식 MO_2인 산화물이 조성 $MO_{2.05}$으로 분석될 수 있다. 화학량적에서 벗어난 산소 잉여 화합물 $MO_{2+0.05}$이거나 금속 부족 화합물 $M_{1-0.024}O_2$이다. 주목할 것은 O/M비 2.05/1에 해당하는 δ값은 두 경우 모두 같지 않다는 것이다. 어느 경우에도 결함에 해당되는 값은 측정된 조성에서 계산한다. 산소 잉여의 경우 δ는 침입형 산소 원자 대 시스템의 음이온 자리의 비이다. 금속 부족 모델에서 δ는 빈 양이온 자리의 분율이다.

대조를 이루어 금속 대 산소 원자 비율이 ($\frac{u}{v}$)보다 작으면, 화합물은 금속 풍부(metal rich)이다. 산소에 대한 금속의 여분은 다음과 같이 수용된다.

- 금속 이온을 침입형 자리에 놓는다(금속 잉여).
- 금속 이온을 정상적인 양이온 자리에 놓고 같은 수의 음이온 동공을 음이온 부격자에서 만든다(산소 부족).

금속 잉여의 경우는 $M_{u+\delta}O_v$로 나타낸다. 다른 방법으로 산소 부족인 경우를 $M_uO_{v-\delta}$으로 표시한다. 첫 번째 경우의 δ는 침입형 금속 원자 대 양이온 자리와의 비이고, 산소 부족인 경우의 표현에서 δ는 빈 음이온 자리의 분율이다.

실제 $M_u O_v$ 결정에서 위에 열거한 4개의 결함이 시스템에 동시에 존재할 것으로 기대된다. 사실 원칙적으로 모든 가능한 결함과 가시화할 수 있는 결함 조합은 열역학 평형에서 존재할 것으로 기대된다. 그러나 결함 형태의 상대적인 농도는 수백 배로 변화되므로 약간의 결함은 무시할 정도로 작게 존재하고 다른 것은 지배적일 수 있다. 주어진 조건에서 어떤 결함이 중요한가를 확인하는 것은 그들의 열역학적 특성에 의존한다.

4.1 다양한 결함을 갖는 화합물 결정에서 평형

충분한 농도로 존재하여 시스템의 거동에 역할을 하는 결함을 확인하는 문제는 11장에서 개발된 균일 다변수 반응(multivariant reacting) 시스템에서의 묘사와 유사하다. 가시화할 수 있는 모든 결함은 주변 기압과 평형에 있는 임의의 실제 화합물 결정에 존재할 것으로 기대된다. 결정의 내부 에너지와 엔트로피는 각 실체수의 함수이다. 각각은 dU' 또는 dG'에 대한 표현에서 계수 관계로 유도된 화학 퍼텐셜을 갖는다. 어떤 상태에서 임의의 변화에 대한 그와 같은 결정의 엔트로피 변화는

$$dS_{sys}^{'\alpha} = \frac{1}{T^\alpha} dU^{'\alpha} + \frac{P^\alpha}{T^\alpha} dV^{'\alpha} - \frac{1}{T^\alpha} \sum_{k=1}^{C} \mu_k^\alpha dn_k^\alpha \tag{13.55}$$

여기서 Σ는 결정 내에 분리하여 셀 수 있는 실체의 완전한 리스트를 포함한다. 이들은

- 정상적인 부격자 자리에서의 이온과 원자들
- 각 부격자에서의 빈자리
- 침입형 자리에서의 이온과 원자들
- 각각의 부격자에서 불순물 이온과 원자들
- 시스템 내의 결합 안 된 전자와 구멍(hole)들
- 이들 실체들의 조합

만약 열거된 원자, 이온 그리고 결함의 구별되는 형태의 전체수가 C^α라면 엔트로피 표현식에는 $[C^\alpha + 2]$ 항이 존재한다.

화학량적에서 벗어남은 주위와 성분을 고려해야 한다. 주위와 평형을 이루는 화합물 결정의 최종 상태를 정의하는 조건을 도출하는데에는 그 성분과 주변 기체의 엔트로피 변화를 포함하는 것이 필요하다. 다음에는 주위가 하나의 기체상으로 가정한다.

$$dS'^g = \frac{1}{T^g} dU'^g + \frac{P^g}{T^g} dV'^g - \frac{1}{T^g} \sum_{k=1}^{C^g} \mu_k^g dn_k^g \tag{13.56}$$

여기서 C^g는 기체상에서의 성분수이다. 이 식에는 $[C^g + 2]$ 항이 존재한다. 엔트로피 변화는 식 (13.55)와 (13.56)의 합이다. 여기에서는 $[C^\alpha + C^g + 4]$ 항이 존재한다.

평형 조건을 찾는 일반적인 전략은 고립계에 초점을 맞춘다. 고립 제약 조건은 우선

$$dU_{sys}' = dU'^\alpha + dU'^g = 0 \rightarrow dU'^g = -dU'^\alpha \tag{13.57}$$

$$dV_{sys}' = dV'^\alpha + dV'^g = 0 \rightarrow dV'^g = -dV'^\alpha \tag{13.58}$$

그리고 각각의 원소에 대한 그램원자수는 보존되므로

$$dm_j = 0 = \sum_{k=1}^{C^\alpha} v_{kj} dn_k^\alpha + \sum_{k=1}^{C^g} v_{kj} dn_k^g \tag{13.59}$$

여기서 v_{kj}는 각각의 열거된 실체 k에 함유된 원소 j의 원자수이다. 정상적으로 점유된 자리, 결함 그리고 2상에서 성분을 포함한다. 가끔은 많은 계수들이 0이고, 대부분의 실체는 M이나 X가 아니거나 그 역이 된다. 빈자리의 수는 이 식에서 0이다. 왜냐하면 그들은 원자를 함유하지 않기 때문이다.

2개의 새로운 제약이 시스템의 본성에서 생겨난다. X 자리의 수 n_{SX}와 M 자리의 n_{SM}과의 비는 결정 구조의 특성으로 유지되어야 한다. 만약 화합물이 공식 $M_u X_v$를 가지면 이 비는 $\frac{u}{v}$이다. 그래서

$$v\, n_{SM} = u\, n_{SX} \rightarrow v\, dn_{SM} = u\, dn_{SX} \tag{13.60}$$

여기서 n_{SM}은 M 부격자 상에 한 자리를 점유한 모든 실체를 포함한다. 그리고 n_{SX}는 X 부격자에 해당된다. 이것은 그와 같은 자리상에 원자, 이온 그리고 동공을 포함하나 침입형, 전자, 구멍은 포함하지 않는다. 이들은 부격자 자리 점유하지 않기 때문이다.

아직 또 하나의 제약이 야기된다. 왜냐하면 대부분의 실체들은 전하를 지니고 있기 때문이다. 결정이 전기적으로 중성이므로 이 실체의 수에 어떠한 변화가 있던 간에 결정 내의 전체 전하량은 0이다. 이 전하 균형은 편리하게 존재하는 각 실체의 잉여 전하량으로 표현된다. M 자리는 정상적으로 $-e(z_M)$, X 자리는 $e(z_X)$를 지닌다고 가정한다. 따라서

$$dq = 0 = \sum_{k=1}^{C^\alpha} z_k e\, dn_k^\alpha \tag{13.61}$$

여기서 z_k는 결정에서 실체 k에 의해 전하 단위의 잉여수이다. z_k값은 양, 음 또는 0으로 실체 k의 할당된 특성과 일치한다.

제약식은 [2+e+1+1]=[4+e] 식으로 [$C^\alpha + C^g + 4$] 변수를 엔트로피에 대한 표현에서 관련시킨다. 그래서 [4+e] 변수는 제거되어 [$C^\alpha + C^g + 4 - (4+e)$], 즉 [$C^\alpha + C^g - e$]의 독립 변수가 된다. 평형 조건은 독립 변수의 계수를 0으로 놓아 구한다. 생겨난 2개의 식은 열평형과 역학 평형에 관한 것이다. 나머지 [$C^\alpha + C^g - e - 2$] 식은 화학 퍼텐셜과 관련된 실체와의 선형 식이다. 이 독립적인 식의 각각은 애피니티 형태를 갖는데, 이는 다변수 반응 시스템의 특징이다. 각각의 애피니티 표현은 반응물과 생성 그리고 적합한 균형을 맞추어 화학식으로 나타낸다. 그러나 식의 양변에 각 원소의 원자수의 균형에 더하여 결함 화학 반응(defect chemistry reaction)이 식 (13.61)과 식 (13.60)을 만족하기 위하여 전기 전하의 균형을 이룬다.

균형의 결함 화학(balanced defect chemistry) 식의 구축은 결코 쉬운 일이 아니다. 왜냐하면 모두 앞에서 언급한 3개 식을 만족해야 한다. 간단한 경우 검사나 시행 착오 방식으로 그와 같은 식의 균형을 이루는 것이 가능하다. 그러나 적합한 계수 집합은 관련된 보존식을 적용하여 임의의 가정된 반응에 의하여 유도될 수 있다.

이를 나타내기 위하여 명목상 공식(nominal formula) $M_u X_v$를 가진 결정에 초점을 맞추어 보자. M의 정상 원자가(normal valence)는 z이고, X의 원자가는 $-(\frac{u}{v})z$이다. 양이온 격자에 M을 정상적인 자리로 더해주는 주위와의 반응을 생각해 보자. 이 형성 반응은 음이온 격자에 빈자리의 형성을 동반해야 한다. 각각은 $+(\frac{u}{v})z$의 전하를 지니고 전하 균형을 위하여 관련되지 않은 전자의 형
성을 요구한다. 해당되는 협동 반응은

$$aM(g)\overrightarrow{M_uX_v}\ bM_M + c\,V_X^{(\frac{u}{v})z} + de^- \qquad [8]$$

계수를 구하기 위하여 보존식을 적용하면

- M의 보존 : $a=b$
- $\frac{X}{M}$ 자리비 $\frac{v}{u}$: $\frac{c}{b}=\frac{v}{u}$
- 잉여 전하의 균형 : $b(0)+c[(\frac{u}{v})z]-d=0$

이 세 조건에서 $b=a,\ c=\frac{v}{u}a,\ d=az$

$a=1$를 갖는 M의 한 원자에 대하여 식 [8]은

$$M(g)\xrightarrow[M_uX_v]{}\ M_M + \frac{v}{u}\,V_X^{(\frac{u}{v})z} + ze^- \qquad [9]$$

예제 13-1 결함 화학식의 계산

Q Si의 SiO_2로의 화합(incorporation)의 경우 균형 결함식을 완성하라.

A 이 경우 $u=1$, $v=2$ 그리고 $z=4$이다. a를 1로 잡으면 식 [9]는

$$Si(g)\xrightarrow[SiO_2]{}\ Si_{Si} + 2\,V_O^{//} + 4e^- \qquad [10]$$

검사에 의해 모든 3가지 조건이 만족된다.

예제 13-2 결합 화학식 계산

Ⓠ 알루미늄의 알루미나로의 협동으로 균형 결함 화학식을 완성하라.

Ⓐ 상수는 $u=2$, $v=3$, $z=3$이다. 식 [9]에서 $a=1$로 잡으면

$$Al(g) \xrightarrow[Al_2O_3]{} Al_{Al} + \frac{3}{2} V_O^{//} + 3e^-$$

즉,

$$2Al(g) \xrightarrow[Al_2O_3]{} 2Al_{Al} + 3V_O^{//} + 6e^- \quad [11]$$

또 다른 식의 결정으로 M의 협동(incorporation of M into crystal)에 대하여 쓸 수 있다. 예를 들어, M이 침입형 자리에 들어갈 수 있다. 식 [9]와 유사한 발생식을 앞의 균형식을 협동시켜 도출할 수 있다.

마지막으로 식 (13.25)와 (13.30)을 연결하는 방법으로 각각의 애피니티 표현은 질량 작용 법칙과 같은 형태로 전환시킬 수 있다.

$$\Delta \overline{G}_r^{xs} = \Delta \overline{H}_r - T\Delta \overline{S}_r^{xs} = -kT\ln K_r \tag{13.62}$$

여기서 $\Delta \overline{H}_r$은 결함 반응과 관련된 부분 몰 엔탈피이고 $\Delta \overline{S}_r^{xs}$는 해당되는 잉여 엔트로피 변화이다. 평형 상수는 반응의 생성물 쪽의 참여 원자 분율과 반응 쪽의 원자 분율과의 비이다.

4.2 알루미나에 대한 평형 조건

알루미나는 명목상 화학식은 Al_2O_3를 갖고 $z_{Al} = +3$, $z_O = -2$이다. 알루미나 결정은 증기와 평형을 이루고 불순물 존재는 무시한다. 기체상에서 성분은 Al(g)와 O_2(g)이다. 알루미나 결정에 존재할 수 있는 참여자의 리스트는 Al_{Al}^X, O_O^X, $Al_i^{\cdots}$, O_i'', V_{Al}''' 그리고 $V_O^{\cdot\cdot}$,이다. 결함끼리의 조합은 무시한다. 내부 에너지와 부피는 보통의 열평형, 역학 평형의 조건을 제시한다. 여기서는 결함 화학과 다른 화학 변화에 초점을 맞춘다. 그래서 식 (13.55)와 (13.56)은 결합하여

$$dS_{sys}' = [[\ldots]] - \frac{1}{T^g}[\mu_{Al}^g dn_{Al}^g + \mu_{O_2}^g dn_{O_2}^g]$$
$$- \frac{1}{T^\alpha}[\mu_{Al_{Al}} dn_{Al_{Al}} + \mu_{Al_i} dn_{Al_i} + \mu_{V_{Al}} dn_{V_{Al}}]$$

$$-\frac{1}{T^{\alpha}}[\mu_{O_O}dn_{O_O}+\mu_{O_i}dn_{O_i}+\mu_{V_O}dn_{V_O}+\mu_e dn_e] \quad (13.63)$$

이 고립계에서 알루미늄과 산소 원자에 대한 보존식은

$$dm_{Al}=0=dn^g_{Al}+dn_{Al_{Al}}+dn_{Al_i}\rightarrow dn^g_{Al}=-[dn_{Al_{Al}}+dn_{Al_i}] \quad (13.64)$$

$$dm_O=0=2dn^g_{O_2}+dn_{O_O}+dn_{O_i}\rightarrow dn^g_{O_2}=-\frac{1}{2}[dn_{O_O}+dn_{O_i}] \quad (13.65)$$

양이온과 음이온 자리의 비는 2/3이므로

$$3(dn_{Al_{Al}}+dn_{V_{Al}})=2(dn_{O_O}+dn_{V_O}) \quad (13.66)$$

전하 균형에서

$$\delta q^{xs}=+3\,dn_{Al_i}-3dn_{V_{Al}}-2dn_{O_i}+2dn_{V_O}-2dn_e=0 \quad (13.67)$$

이들을 식 (13.63)에 대입하면

$$\begin{aligned}dS_{sys,iso}{}' &= [[\ldots]]-\frac{1}{T}[\mu_{Al_{Al}}+3\mu_e-\mu^g_{Al}-\mu_{V_{Al}}]\,dn_{Al_{Al}}\\ &-\frac{1}{T}[\mu_{Al_i}+3\mu_e-\mu^g_{Al}]\,dn_{Al_i}\\ &-\frac{1}{T}[\mu_{O_O}+\frac{2}{3}\mu_{V_{Al}}-\frac{1}{2}\mu^g_{O_2}-2\mu_e]dn_{O_O}\\ &-\frac{1}{T}[\mu_{O_i}-\frac{1}{2}\mu^g_{O_2}-2\mu_e]dn_{O_i}\;-\frac{1}{T}[\frac{2}{3}\mu_{V_{Al}}+\mu_{V_O}]dn_{V_O}\end{aligned} \quad (13.68)$$

계수는 다음의 결함 반응식에 대한 애피니티가 된다.

$$Al(g)+V_{Al}{}'''=Al^X_{Al}+3e^- \quad [12]$$

$$Al(g)=Al_i^{\cdots}+3e^- \quad [13]$$

$$3O_2(g)+12e^-=6O^X_O+4V_{Al}{}''' \quad [14]$$

$$O_2(g)+4e^-=2O_i'' \quad [15]$$

$$\text{null}=2V_{Al}{}'''+3V_O^{\cdot\cdot} \quad [16]$$

다른 반응은 이 5개의 독립 반응의 선형 조합으로 쓸 수 있다. 예를 들면, Frenkel 반응은 $Al^X_{Al}=Al^{\cdots}_{Al}+V_{Al}{}'''$으로 이는 식 [12]를 식 [13]에서 빼면 된다.

5 비화학량적 화합물에서 불순물

이제까지 화합물 M_uX_v의 결합 구조 묘사에서 단지 결정 내에 존재하는 원소는 M과 X로 제한하였다. 그러나 실제 결정에 있어서는 그와 같이 순수하지 않다. 여분의 원소들이 어느 정도 협동적으로 참여한다. 사실 어떤 시스템에서 한 원소, 소위 M은 또 다른 원소 L과 화합한다. 결정질 화합물의 상은 M_uX_v에서 L_uX_v까지 완전한 시리즈의 고용체를 형성할 수 있다. 이 경우 화합물 L_uX_v와 M_uX_v는 전율 고용 상태도(isomorphous phase diagram)를 이룬다(그림 9.15 참조). 그와 같은 경우 현저한 용해도가 존재하려면 관련된 원소는 같은 원자가, 거의 같은 원자의 크기, 그리고 아주 유사한 전기음성도(electronegativity) 값을 가져야 한다. 이 3가지 조건이 만나지 못한 경우 많은 원소들의 조합에 해당되는데, M_uX_v에 L의 용해도는 불순물 정도에 제한된다.

좀 더 복잡한 경우의 평형 조건은 일반적인 전략의 적용으로 도출되고 결함 에너지와 결함 화학식에 해당되는 평형 상수로 나타낼 수 있다. 균형 반응식의 구축은 관련된 모든 원자들이 보존되고 음이온 대 양이온 자리비가 보존되고 전기적 중성이 유지되어야 한다.

예를 들면, MgO는 알루미나 파우더의 합체(consolidation)에서 소결 보조제(sintering aid)로 널리 사용된다. MgO는 식 [2]의 반응으로 알루미나 격자로 협력 반응을 한다.

$$2MgO \xrightarrow[Al_2O_3]{} 2Mg_{Al}' + 2\,O_O^X + V_O^{\cdot\cdot} \qquad [17]$$

3가 양이온 부격자 자리로의 2가 Mg의 첨가는 보상되지 않은 전하 (−1)을 남긴다. 산소 이온의 음이온 자리의 첨가에는 음이온 대 양이온 자리비를 3/2로 유지하기 위하여 음이온 동공을 만드는 것이 필요하다. 그러면 전기적 중성을 이룬다. 즉,

$$3MgO + Al_{Al}^X \xrightarrow[Al_2O_3]{} 3Mg_{Al}' + 3\,O_O^X + Al_i^{\cdot\cdot\cdot} \qquad [17]$$

는 양이온 자릿수를 2배 증가시키는 최종 효과가 있으나 3개의 음이온 자리를 만들고 Al 원자를 침입형 자리에 만든다. 세 번째 가능성은

$$3MgO \xrightarrow[Al_2O_3]{} 2Mg_{Al}' + 3\,O_O^X + Mg_O^{\cdot\cdot} \qquad [17]$$

이는 하나의 Mg 침입형을 만드는 반면, 어느 부격자에도 동공을 만들지 않는다. 이 반응의 에너지론적인(energetics) 예측은 추측(speculative)으로 남는다. 계산에 의하면 MgO 도핑된 사파이어에서 지배적인 결함은 $V_O^{\cdot\cdot}$, 즉 산소 부격자 상의 동공이다. V_{Al}'''의 평형 농도는 도핑 안 된 사파이어에서 지배적인 결함으로 500 ppm의 MgO가 도핑된 사파이어에서 10^{10} 더 낮다.

분명히 불순물은 화합물 결정에서 결함의 분포에 지배적인 효과를 보인다. 이 결과는 화합물 결정에서 결함 분포를 결정하는데 관련된 열역학 관계의 복잡함을 나타낸다. 대부분의 도핑 안 된 세라믹 재료는 아주 현저한 불순물 농도를 갖는다. 불순물 첨가는 결함의 평형 분포를 완전히 바꾸어 놓는다. 이 장에서 제시한 결함화학의 열역학적 처리는 이온 전도도(ionic conductivity), 확산, 산화물층 성장 그리고 유전성과 광학 거동의 물리적 현상을 이해하는 기본을 제공한다. 실제 세라믹에서 실험적 관찰에 이 원리의 응용은 예측 가능한 미래에 대한 도전적인 영역을 구성한다.

6 연속 시스템에서의 평형; 외부장의 열역학적 효과

앞에서 여러 상들 간의 평형 취급에 있어서 암묵적으로 가정한 것은 한 상 내의 인텐시브 특성은 균일(uniform)하다는 것이었다. α상에 온도 T^{α}를 할당하는 것은 α상의 온도는 한 값으로 나타낼 수 있다는 것이다. 이같은 가정이 압력 P^{α}, 조성 X_k^{α}, 화학 퍼텐셜 μ_k^{α} 그리고 모든 부분 몰 특성에도 적용된다. 하지만 두 상간의 평형에서 약간의 특성은 다른 값을 갖는다. 예를 들면, 상들이 곡면 계면으로 분리되어 있으면 2상에서의 압력은 다르다. 그러나 각 상 내에서의 압력은 균일하다고 가정한다.

만약 외부장(external field)이 시스템에 적용된다면 인텐시브 특성은 한 상에서 평형에 도달하였을 때 위치에 따라 변화됨이 발견되었다. 예를 들면, 지구의 중력장에 있는 시스템의 평형 상태에서 압력은 대기의 높이에 따라 변화된다. 일정한 속도의 초원심(ultracentrifuge)의 회전에서 유지되는 것과 같이 원심력장(centrifugal field)에서 조성은 반경에 따라 변화한다. 이 불균일 분포는 한 개의 상에서 성분들을 분리해 내는데 사용할 수 있다. 정전기장에서 하전된 성분의 화학 퍼텐셜은 시스템이 평형을 이루었을 때 상 내에서 위치에 따라 변화하는 것이 발견되었다.

그와 같이 균일(homogeneous)하지만 불균일(non-uniform) 시스템에서 열역학 특성의 변화를 묘사하기 위해서는 엔트로피 밀도(entropy density)나 Gibbs 자유 에너지 밀도와 같은 열역학적 익스텐시브 특성의 밀도를 정의하고 도출할 필요가 있다. 밀도(density)는 시스템에서 각각의 점과 관련된 국부적인(local) 인텐시브 특성이다. 이는 12장 2절에서 표면 잉여 특성을 정의할 때 소개되었다.

열역학 1법칙과 2법칙의 조합 공식에서 부피 요소(volume element)에 대한 국부적인 밀도(local density)의 항으로 공식화함은, 불균일 시스템의 평형에 대한 조건을 찾는 일반적 전략을 적용하기 위한 기초를 닦는 것이다. 접근 방법을 나타내기 위하여 우선 외부장이 없는 시스템에 먼저 적용시켜 인텐시브 특성이 균일한 시스템에서 균일하다는 가정이 유효하다는 것을 밝힌다. 이어서 외부장의 존재 하에 평형 조건이 개발된다.

또한 불균일(non-uniform) 시스템의 열역학적 묘사를 평형에 있지 않은 시스템의 거동을 묘사하는 기초적인 것으로 개발하는 것이 중요하다. 재료과학에서는 많은 재료에서 일어나는 평형으로 가는 경로의 자발적 변화 과정을 조사한다. 이런 시스템 과정은 평형에서 벗어남을 나타내는 불균일성(non-uniformity)에 구동된다고 본다. 예를 들면, 열흐름은 온도 구배(temperature gradient)에 대한 반응이고 확산(diffusion)은 농도 또는 화학 퍼텐셜 구배에 대한 대응이고, 전기적 흐름은 전기 퍼텐셜 구배에서 야기된다. 이와 같은 과정의 묘사는 시스템 특성에서 불균일성을 묘사하는 도구 없이는 시작할 수 없다.

일반적인 불균일 시스템에서 한 점에서의 국부적인 특성은 관습적인 열역학 관계를 통하여 서로 의존한다고 가정한다. 예를 들면, 한 점에서 성분의 화학 퍼텐셜은 같은 인텐시브 특성을 갖는 균일한 큰 시스템에 존재하는 함수 관계를 갖고, 그 점에서의 온도, 압력 그리고 조성에 의해 결정된다고 가정하는 것이 일반적이다. 그러나 이 간단한 그림은 인텐시브 특성이 짧은 거리에서 현저하게 변화되는 불균일 시스템의 묘사에는 적합하지 않음이 발견되었다. 조성이 위치에 따라 주기적으로 변하고 변화의 파장은 10개 원자의 길이로 변하는 아주 미세한 구조에서 Gibbs 자유 에너지는 국부적인 인텐시브 특성에서 계산된 값보다 더 크다. 특성 변화와 관련되어 특성 값과 반대로 작용하는 여분의 에너지를 시스템의 구배 에너지(gradient energy)라고 부른다. 구배 에너지의 개념과 그 응용은 10절에서 논의된다. 이 개념을 소개하는 고전적인 논문은 Cahn과 Hilliard에 의해 제시되었다.

7 열역학적 밀도와 불균일 시스템의 묘사

이제 임의의 익스텐시브 특성 B'을 생각해 보자. B'은 S', V', U', H', F', G' 그리고 n_k이다. 이들은 시스템과 관련된 특성이다. 이 특성의 국부 밀도는 다음과 같이 정의된다.

$$b_v \equiv \lim_{V' \to 0} \frac{B'}{V'} \tag{13.69}$$

이 개념의 친근한 예는 국부적인 질량 밀도(local mass density)로 B'은 m, 부피 V' 내의 질량으로 극한 과정으로 질량 밀도(mass density) ρ_m을 정의하는데, 이는 시스템 내에서 한 점, 한 점에 따라 변화된다. 달리 B'을 n_k로 잡으면 이는 성분 k의 몰수인데, $\dfrac{n_k}{V}$의 극한은 성분 k의 국부적인 농도(local concentration) c_k가 된다.

시스템에서 좌표 (x, y, z)에 위치한 한 점 P 근처에서 부피 요소 δv를 생각해 보자. $b_v(x, y, z)$가 P에서 B의 국부 밀도라면 $b_v(x, y, z)\delta v$는 부피 요소에서 익스텐시브 특성, B'의 전체 값이다. 시스템의 전체 값 B'은 모든 부피 요소에 걸쳐 합하여 얻는다.

$$B' = \iiint_{V'} b_v(x,y,z)\,\delta v \tag{13.70}$$

시스템이 한 과정을 통하여 취하는 B'에서의 변화는 식 (13.70)의 양쪽을 미분하여 얻는다. 즉,

$$dB' = d\iiint_{V'} b_v(x,y,z)\,\delta v = \iiint_{V'} db_v(x,y,z)\,\delta v \tag{13.71}$$

미분과 적분의 적용 순서가 교환가능이다. 왜냐하면 부피 요소는 국부 밀돗값의 변화 중에 고정된 것으로 고려할 수 있다.

임의의 익스텐시브 특성의 미분은 식 (13.69)의 정의를 이용하여 얻는다. 즉,

$$db_v = d\left(\frac{B'}{V'}\right) = \frac{1}{V'}dB' - \frac{B'}{V'^2}dV' \tag{13.72}$$

해당되는 밀도 함수의 항으로 열역학 1과 2법칙에서 결합 조합의 국부적인 영역의 판으로 공식화하는 것이 가능하다. 식 (13.72)를 내부 에너지 밀도 함수의 변화를 나타내는 데 사용하면,

$$du_v = d\left(\frac{U'}{V'}\right) = \frac{1}{V'}dU' - \frac{U'}{V'^2}dV' \tag{13.73}$$

첫 번째 항은 거시적(macroscopic) 시스템에 대한 열역학 1법칙과 2법칙의 조합에서 얻어진 식으로 나타낼 수 있다. 이는

$$dU' = TdS' - PdV' + \sum_{k=1}^{C}\mu_k dn_k \tag{13.74}$$

인텐시브 특성(T, P, μ_k)이 일정한 상태에서 이 식의 적분은

$$U' = TS' - PV' + \sum_{k=1}^{C}\mu_k n_k \tag{13.75}$$

따라서 식 (13.74)와 (13.75)를 식 (13.73)에 치환하면

$$du_v = \frac{1}{V'}[TdS' - PdV' + \sum_{k=1}^{C}\mu_k dn_k] - \frac{1}{V'^2}[TS' - PV' + \sum_{k=1}^{C}\mu_k n_k]dV'$$

같은 항끼리 모으면

$$du_v = T[\frac{1}{V'}dS' - \frac{S'}{V'^2}dV'] - P[\frac{1}{V'}dV' - \frac{V'}{V'^2}dV'] \tag{13.76}$$

$$+ \sum_{k=1}^{C}\mu_k[\frac{1}{V'}dn_k - \frac{n_k}{V'^2}dV']$$

첫 번째 괄호는 엔트로피 밀도의 미분 ds_v이고, 두 번째 괄호는 0이다. 세 번째 괄호는 성분 k의 몰수 밀도의 미분값으로 보통 성분 k의 몰 농도(concentration) dc_k라고 한다. 따라서 식 (13.76)은

$$du_v = Tds_v + \sum_{k=1}^{C}\mu_k dc_k \tag{13.77}$$

으로 표현된다. 이 식이 부피 요소에서 열역학 함수의 밀도에 적용된 1법칙과 2법칙의 조합식이다. 이 식으로부터 엔트로피 밀도를 나타내면,

$$ds_v = \frac{1}{T}du_v - \frac{1}{T}\sum_{k=1}^{C}\mu_k dc_k \tag{13.78}$$

이 표현이 단상(single phase) 연속(continuous) 시스템 내에서 평형에 대한 조건을 찾는 전략에서 요구되는 식이다.

8 외부장이 없을 때 평형에 대한 조건

우선 불균일(non-uniform)인 다성분, 단상(single phase), 화학 반응이 없는 간단한 시스템을 생각해 보자. 식 (13.78)을 식 (13.71)에 대입하면,

$$dS' = \iiint_{V'}[\frac{1}{T}du_v - \frac{1}{T}\sum_{k=1}^{C}\mu_k dc_k]\,\delta v \tag{13.79}$$

만약 변위 중에 시스템이 주위와 고립된다면, 내부 에너지는 변하지 않으므로

$$dU' = \iiint_{V'} du_v\ \delta v = 0 \tag{13.80}$$

고립 시스템은 주위와 성분 교환이 없다. 고려한 시스템도 화학 반응이 없으므로 k성분의 몰수는 보존되므로

$$dn_k = \iiint_{V'} dc_k \; \delta v = 0 \tag{13.81}$$

이다. 이 취급에서 일정 부피라는 고립 제한은 은연 중 식에 포함된다. 왜냐하면 부피는 정규화(normalization) 인자로 사용되었기 때문이다.

고립 시스템에서 엔트로피가 최대값에 도달할 때 평형이 이루어진다. 이를 구하기 위해서는 Lagrange 승수 방법을 사용하여 통계 열역학에서 Boltzmann 분포 함수를 도출할 때의 방법을 사용할 필요가 있다. (C+1) 개의 제약식에 임의의 상수를 곱하여 최대화시키고자 하는 함수(식 (13.79))에 더한다. 즉,

$$dS' + \alpha dU' + \sum_{k=1}^{C} \beta_k dn_k = 0 \tag{13.82}$$

이다. 여기서 α와 일련의 β_k값은 상수이다. 이는 시스템에서 위치의 함수가 아님을 적극적으로 의미하는 것이다. 이 식을 적분식으로 나타내면,

$$\iiint_{V'} [\frac{1}{T} du_v - \frac{1}{T} \sum_{k=1}^{C} \mu_k dc_k] \delta v + \alpha \iiint_{V'} du_v \; \delta v + \sum_{k=1}^{C} \beta_k \iiint_{V'} dc_k \; \delta v = 0$$

같은 항을 모으면

$$\iiint_{V'} [(\frac{1}{T} + \alpha) du_v - \frac{1}{T} \sum_{k=1}^{C} (\mu_k - \beta_k) dc_k] \delta v \tag{13.83}$$

임의의 변화에 대한 적분을 0으로 놓기 위하여 각 미분의 계수는 0이 되어야 한다. 그러므로 극한의 경우

$$\frac{1}{T} = -\alpha \rightarrow T = \text{const} \tag{13.84}$$

$$\mu_k = \beta_k \rightarrow \mu_k = \text{const.} \; (k = 1, 2, ..., C) \tag{13.85}$$

여기서 기호 const는 '위치의 함수가 아니다'를 의미한다. 좀 더 적극적인 표현은 벡터 미적분(vector calculus)에서 구배(gradient) 개념을 사용하는 것이다. 공간상에 임의의 함수 $f(x, y, z)$에 대하여 구배는 다음과 같이 주어지는 벡터이다.

$$\text{grad} f \equiv (\frac{\partial f}{\partial x}) \hat{i} + (\frac{\partial f}{\partial y}) \hat{j} + (\frac{\partial f}{\partial z}) \hat{k} \tag{13.86}$$

여기서 $\hat{i}, \hat{j}, \hat{k}$ 는 x, y, z 방향의 단위 벡터이다. 임의의 위치 (x, y, z)에서 구배 벡터는

함수 f가 그 점에서 가장 빠르게 변화하는 크기와 방향을 나타낸다. 이 개념을 사용하여 연속 시스템에서 평형에 대한 조건은

$$\text{grad } T = 0 \qquad \text{(열평형)} \tag{13.87}$$

$$\text{grad}\,\mu_k = 0\,,\ (k = 1, 2, \ldots, C) \qquad \text{(화학 평형)} \tag{13.88}$$

또한 역학(mechanical) 평형에 대한 조건은 이 결과에서 다음과 같이 도출된다. 한 성분의 화학 퍼텐셜의 변화는 온도, 압력, 조성에 대하여 다음 식으로 표현된다.

$$d\mu_k = -\overline{S}_k dT + \overline{V}_k dP + \sum_{j=2}^{C} \mu_{kj} dX_j \tag{13.89}$$

여기서 합은 (C-1) 개의 독립적인 몰 분율에 걸쳐 실시된다.

불균일(nonuniform) 시스템의 내용 중에 이 식에서 고려되는 변화는 위치에 대한 변화이다. 따라서 각각의 미분은 인텐시브 특성에 해당되는 구배로 대치할 수 있다. 즉,

$$\text{grad}\,\mu_k = -\overline{S}_k\,\text{grad}\,T + \overline{V}_k\,\text{grad}P + \sum_{j=2}^{C} \mu_{kj} dX_j \tag{13.90}$$

식 (13.87)과 (13.88)에서 2개의 항이 0이 되므로 이는

$$0 = \overline{V}_k\,\text{grad}P + \sum_{j=2}^{C} \mu_{kj}\,\text{grad}\,X_j$$

X_k를 곱하고 모든 성분에 대하여 합하면

$$0 = \sum_{k=1}^{C} X_k \overline{V}_k\,\text{grad}P + \sum_{k=1}^{C} X_k \sum_{j=2}^{C} \mu_{kj}\,\text{grad}\,X_j$$

첫 번째 항은 몰 부피이다. 두 번째 항에서 합의 순서를 서로 바꾸면,

$$0 = V\,\text{grad}P + \sum_{j=2}^{C} [\sum_{k=1}^{C} X_k \mu_{kj}]\,\text{grad}\,X_j$$

내부 합은 Gibbs-Duhem 식이다. 따라서

$$\sum_{k=1}^{C} X_k \mu_{kj} = 0$$

그래서 역학적 평형은

$$grad\,P = 0 \tag{13.91}$$

으로 나타낸다. 이 결과로 외부장이 시스템에 작동하지 않은 경우, 온도, 압력, 화학 퍼텐셜 조성은 임의의 단상 내에서 균일(uniform)하다. 그래서 앞에서 많이 사용된 가정들이 정당화되었다.

9 외부장의 존재 하의 평형 조건

이 절에서는 다성분, 단상 시스템에서 시간 불변(time invariant) 중력장(gravitational), 전기장 그리고 원심력(centrifugal)장이 평형 조건에 주는 영향을 고려한다. 해당되는 고려는 시간 불변 장으로 제한한다. 왜냐하면 시스템 특성에 영향을 주는 장이 시간에 따라 변한다면 시간 불변 조건인 평형에 도달하는 것이 불가능하기 때문이다.

고전 물리에서 시스템 거동의 이 현상들이 갖는 영향은 퍼텐셜 에너지 개념에 근거하여 공식화하였다. 각각은 힘장(force field)에 해당하는 것으로 영상화하고 세기는 공간에서 점에서 점으로 변화한다. 공간의 어떤 점 P에서 힘장은 P에 놓인 입자에 작용되는 힘의 나타냄이다. 중력장과 원심력장은 입자의 질량과 작용하는 반면, 전기장은 전하와 반응한다.

9.1 한 연속 시스템의 퍼텐셜 에너지

같은 현상의 또 다른 공식화는 퍼텐셜장의 생각에 기초한다. 이는 힘장 내의 한 입자에 대한 퍼텐셜 에너지를 나타낸다. 비퍼텐셜 함수(specific potential function) $\Psi(x, y, z)$은 점 (x, y, z)에서 단위 질량당 에너지로 정의되며 전기장, 중력장 또는 원심력장에서 도출된다. 한 입자에 작용하는 힘은 질량 m과 퍼텐셜 함수의 구배에 의존한다. 즉,

$$\vec{F} = -m\, grad\Psi \tag{13.92}$$

어떤 무한소 변위 dx의 움직임에서 입자에 가해진 일은

$$\begin{aligned}\delta W_{PF} &= \vec{F}\cdot\vec{dx} \\ &= -m[(\frac{\partial f}{\partial x})\hat{i} + (\frac{\partial f}{\partial y})\hat{j} + (\frac{\partial f}{\partial z})\hat{k}]\cdot[dx\,\hat{i} + dy\,\hat{j} + dz\,\hat{k}]\end{aligned}$$

$$\delta W_{PF} = -m[(\frac{\partial \Psi}{\partial x})dx + (\frac{\partial \Psi}{\partial y})dy + (\frac{\partial \Psi}{\partial z})dz] = -m\,d\Psi \tag{13.93}$$

마지막 식의 괄호는 비퍼텐셜 함수 Ψ의 미분량을 나타낸다. 장에서 입자 위치의 유한 크기

변화, 즉 점 a에서 점 b로의 변화에서 입자에 가한 일은

$$W_{PF} = \int_a^b \vec{F} \cdot d\vec{x} = \int_a^b - m\, d\Psi = - m[\Psi(b) - \Psi(a)] \tag{13.94}$$

이 된다. 보존장(conservation field)에서 가해준 일은 장 내에서 초기와 최종 위치에 의존하고, 이 두 점 사이를 입자가 움직인 경로에 무관하다. 중력장, 원심력장, 그리고 정전기장은 보존장이므로 비퍼텐셜 함수는 장에서 입자의 단위 질량당 퍼텐셜 에너지를 제공한다.

이 개념을 열역학 시스템에 적용하는데 초점은 입자가 장 내에서 변위는 물론이고, 질량에 영향을 주는 다양한 내부 변화를 겪는 시스템에서 부피 요소에 퍼텐셜장의 영향과 관련된 변화에 맞추어진다. 이제 다성분, 단상 시스템에서 부피 요소 δv를 생각해 보자. c_k가 부피 요소에서 성분 k의 몰 농도라면 성분 k의 몰수는 $c_k \delta v$이다. 부피 요소에서 k 성분의 질량은 $M_k c_k \delta v$이다. 여기서 M_k는 원소 k의 그램원자량(gram atomic weight for an element)이다. 부피 요소 δv에 함유된 전체 질량 δm은

$$\delta m = \sum_{k=1}^{C} M_k c_k \delta v \tag{13.95}$$

으로 나타낸다.

Ψ는 단위 질량당 퍼텐셜 에너지이므로 이 부피 요소의 퍼텐셜 에너지는 $\Psi\, \delta m$이다. 시스템의 전체 퍼텐셜 에너지는 각 부피 요소의 기여항의 합으로 얻어진다. 즉,

$$E_{pot}{}' = \iiint_{V'} \Psi \sum_{k=1}^{C} M_k c_k \delta v \tag{13.96}$$

으로 표현된다.

시스템이 모든 인텐시브 특성의 변화가 허용되는 내부 상태의 무한소 변화를 겪는 시스템을 생각해 보자. Ψ는 시간에 무관하고(장은 시간불변으로 가정하였으므로) 각 성분의 분자량은 일정하므로 각 부피 요소의 퍼텐셜 에너지 변화는 부피 요소에서 성분의 농도 변화가 야기된다. 그래서 시스템의 퍼텐셜 에너지 변화는

$$dE_{pot}{}' = \iiint_{V'} \Psi \sum_{k=1}^{C} M_k\, dc_k \delta v \tag{13.97}$$

으로 표현된다. 또한 시스템의 전체 에너지는 온도, 압력, 조성에서 도출된 내부 에너지와 외부장과 관련된 퍼텐셜 에너지의 합이다. 즉,

$$E_{tot}{}' = U' + E_{pot}{}' = \iiint_{V'} u_v \delta v + \iiint_{V'} \Psi \sum_{k=1}^{C} M_k\, dc_k \delta v \tag{13.98}$$

임의의 상태를 동반하는 시스템의 전체 에너지 변화는

$$dE_{tot}{}' = \iiint [u_v + \Psi \sum_{k=1}^{C} M_k \; dc_k] \delta v \tag{13.99}$$

9.2 평형에 대한 조건

시스템의 엔트로피는 외부장에 영향을 받지 않는다. 일반적인 전략을 적용하는데 시스템이 겪는 엔트로피 변화는 식 (13.79)로 주어진다. 외부장의 영향은 고립 제약을 통하여 작동된다. 주위와 에너지를 교환하지 않는 고립계에서 전체 에너지는 변화하지 않는다. 식 (13.80)은 좀 더 일반적인 식 (13.99)로 대치된다.

$$dE_{tot}{}' = 0 = \iiint [u_v + \Psi \sum_{k=1}^{C} M_k \; dc_k] \delta v \tag{13.100}$$

식 (13.81)로 나타낸 성분의 보존은 외부장에 영향을 받지 않는다. 엔트로피 최대를 찾기 위하여 Lagrange 승수법을 사용하면 식 (13.82)를 약간 일반화하여

$$dS' + \alpha \, dE_{tot}{}' + \sum_{k=1}^{C} \beta_k dn_k = 0 \tag{13.101}$$

식 (13.79), (13.81) 그리고 (13.100)의 치환으로

$$\iiint_{V'} [\frac{1}{T} du_v - \frac{1}{T} \sum_{k=1}^{C} \mu_k dc_k] \, \delta v + \alpha \iiint_{V'} [du_v + \Psi \sum_{k=1}^{C} \; M_k dc_k] \, \delta v$$
$$+ \sum_{k=1}^{C} \beta_k \iiint_{V'} dc_k \;\; \delta v = 0$$

같은 항을 묶으면

$$\iiint_{V'} [(\frac{1}{T} + \alpha) \, du_v + \sum_{k=1}^{C} [-\frac{1}{T} \sum_{k=1}^{C} \mu_k + \alpha \Psi M_k + \beta_k)] dc_k] \, \delta v = 0 \tag{13.102}$$

적분에서 미분항의 각 계수를 0으로 놓아 평형 조건을 찾는다. α와 β값은 상수, 즉 시스템에서 위치에 독립이다. du_v의 계수는 보통 열적 평형 조건을 제공한다. 즉,

$$\frac{1}{T} = -\alpha \;\rightarrow \text{grad}\, T = 0 \tag{13.103}$$

이 결과를 dc_k의 계수에서 α값으로 사용하면

$$-\frac{1}{T}\mu_k - \frac{1}{T}\Psi M_k = \beta_k \rightarrow \mu_k + \Psi M_k = \text{일정} \qquad (13.104)$$

이를 변수에 대하여 구배로 표시하면,

$$\text{grad}(\mu_k + \Psi M_k) = 0$$

이는

$$\text{grad}\ \mu_k = -M_k \text{grad}\Psi \ \ (k = 1, 2, \ldots, C) \qquad (13.105)$$

k 성분의 분자량 M_k는 상수임을 주지하라. 그러므로 외부장의 존재 하에 균질한(homogeneous) 시스템에서 각 성분의 화학 퍼텐셜은 균일(uniform)하지 않다.

식 (13.89)와 (13.91)에서 역학 평형 조건을 도출한다. 식 (13.90)의 왼쪽 항은 전기장 존재 하에는 0이 아니다. 이는 식 (13.105)로 주어진다. 즉,

$$-M_k \text{grad}\ \Psi = \overline{V}_k \text{grad}\, P + \sum_{j=2}^{C} \mu_{kj}\, \text{grad}\, X_j \qquad (13.106)$$

X_k를 곱하고 합하면,

$$-\sum_{k=1}^{C} X_k M_k \text{grad}\ \Psi = \sum_{k=1}^{C} X_k \overline{V}_k \text{grad}\, P + \sum_{k=1}^{C} X_k \sum_{j=2}^{C} \mu_{kj}\, \text{grad}\, X_j$$

Gibbs-Duhem 관계로 이중 합의 항은 0이 된다. gradΨ의 계수는 위치(x, y, z)에서 M, 용액의 몰당 질량이고 grad$P$의 계수는 V, 몰당 부피이다. 비 $\frac{M}{V} = \rho$는 점 P에서 질량 밀도(gm/cc)이다. 따라서 역학 평형 조건은

$$\text{grad}\, P = -\rho\, \text{grad}\Psi \qquad (13.107)$$

으로 표현된다.

한 시스템이 외부 힘장의 존재 하에 평형에 도달하면 온도는 위치에 따라 변화하지 않는다. 그러나 이와 대조를 이루어 각 성분의 압력과 화학 퍼텐셜은 퍼텐셜장의 위치 변화에 의해 결정되는 방법으로 위치에 따라 변화한다.

9.3 중력장에서의 평형

중력장에서 질량 m에 작용하는 힘은 Newton 2법칙에서 구한다.

$$\vec{F} = m\vec{a} = m\vec{g} \qquad (13.108)$$

여기서 $\vec{g}$는 장에 의해 받는 가속도이다. 이 식과 식 (13.92)의 비퍼텐셜 함수와 비교하면

$$\vec{g} = -\,grad\Psi \qquad (13.109)$$

중력장에 대한 평형 조건식 (13.105)와 (13.107)에서는

$$\mathrm{grad}\,\mu_k = M_k\vec{g}\ \ (k=1,2,\ldots,C) \qquad (13.110)$$

$$\mathrm{grad}\,P = \rho\vec{g} \qquad (13.111)$$

으로 된다. 식 (13.111)은 압력을 지구 기압권에서 고도와 관련짓는 친근한 기압(barometric) 식의 일반적 형태이다. 다음의 예제가 이 결과를 나타낸다.

예제 13-3 고도에 따른 대기압

Ⓠ 일성분계에서 고도에 따른 압력 표현을 유도하라.

Ⓐ 역학적 평형 조건은 식 (13.111)의 관계를 제공한다. 직각 좌표계에서 $\vec{k}$는 수직 방향의 단위 벡터이고, $\vec{g}=-g\vec{k}$ 이다. 여기서 g는 중력 가속도이다. 음의 부호가 사용된 것은 가속도 벡터가 아래로 향하고 있고, 벡터 $\vec{k}$는 관습으로 위로 향하게 하였기 때문이다. 식 (13.111)은 구체적으로

$$(\frac{\partial P}{\partial x})\hat{i} + (\frac{\partial P}{\partial y})\hat{j} + (\frac{\partial P}{\partial z})\hat{k}\,] = \rho(-g\hat{k})$$

$\vec{k}$ 방향은

$$\frac{dP}{dz} = -\rho g \qquad (13.112)$$

ρ는 시스템의 질량 밀도이고 일성분계에서 분자량 M_1(mass/mole)과 몰 부피 v와의 비이다. 이제 대기를 이상기체로 가정하면

$$\rho = \frac{M_1}{V} = \frac{M_1}{\frac{RT}{P}}$$

으로 ρ는 높이 z에 따라 변화된다. 왜냐하면 압력은 높이에 따라 변화하기 때문이다. 이를 식 (13.112)에 대입하면

$$\frac{dP}{dz} = -M_1(\frac{P}{RT})g$$

변수 분리하여 나타내면,

$$\frac{dP}{P} = -\frac{M_1 g}{RT} dz$$

이를 적분하면

$$\ln\left[\frac{P(z)}{P(z_0)}\right] = -\frac{M_1 g}{RT}(z - z_0) = \frac{M_1 g}{RT} h$$

즉,

$$P(z) = P(z_0) e^{(M_1 g/RT)h} \tag{13.113}$$

이것이 기압식이다. 이는 일성분계 평형에서 압력은 고도에 따라 지수 함수로 감소함을 보여준다. 유사한 식이 다성분 시스템에서 성립되나 더 복잡하다. 왜냐하면 몰 질량은 조성에 따라 변화하고 고도에 따라 변하기 때문이다.

예제 13-4 고도에 따른 조성 변화

Q 행성 X는 수소와 질소의 이원계 혼합물로 구성된 대기를 갖고 있다. 이 대기의 고도에 따른 조성 변화를 도출하라. 대기는 이상기체 혼합물로 가정하라. 행성 표면에서 H_2 몰 분율은 0.35이다. 행성 X는 반경이 10,000 km이고 1,000 cm/s^{2}의 중력 가속도를 갖는 질량을 갖는다. 대기의 온도를 800 K으로 잡는다. 표면에서 100 km까지의 대기압 조성을 구하라.

A 식 (13.110)에서 일차원 장에 대한 화학 평형에 대한 조건을 나타내는 식은

$$\frac{d\mu_k}{dz} = -M_k g \ , \ \vec{g} = -g\vec{k}$$ 이다. 이상기체 혼합물은

$$\mu_k = \mu_k^0 + RT\ln X_k$$

이고 성분 k에 대한 참조 상태는 용액의 온도와 압력에서 순수 k로 가정한다. 용액의 압력은 높이에 따라 변화하므로 참조 상태의 화학 퍼텐셜은 압력에 의존한다. 화학 퍼텐셜을 평형 조건에 대입하면,

$$\frac{d\mu_k}{dz} = \frac{d\mu_k^0}{dP}\frac{dP}{dz} + RT\frac{d\ln X_k}{dz} = -M_k g$$

참조 상태의 화학 퍼텐셜의 압력에 따른 변화는 계수 관계식에서 얻을 수 있다. 즉,

$$d\mu_k^0 = -S_k^0 dT + V_k^0 dP \ , \ \left(\frac{\partial \mu_k^0}{\partial P}\right)_T = V_k^0 = \frac{RT}{P}$$

(계속)

다성분 시스템에서 높이에 따른 압력의 미분은

$$\frac{dP}{dz} = -\rho g = -\frac{M}{V}g = -\frac{M}{\frac{RT}{P}}g = -\frac{P}{RT}Mg$$

여기서 $M = \sum_k M_k X_k$ 는 용액의 몰당 질량이다. 화학 평형 조건은

$$\frac{RT}{P}\left(-\frac{P}{RT}Mg\right) + RT\frac{d\ln X_k}{dz} = -M_k g$$

즉,

$$RT\frac{d\ln X_k}{dz} = Mg - M_k g$$

정리하면

$$\frac{d\ln X_k}{dz} = \frac{g}{RT}[M - M_k] \tag{13.114}$$

만약 성분 k의 분자량이 평균값보다 더 크면 오른쪽 항은 음이 되어 그 성분의 몰 분율은 고도에 따라 감소한다. 성분 k의 분자량이 평균값보다 더 작으면 오른쪽 항은 양이 되고 몰 분율은 고도에 따라 증가한다. 이 결과 무거운 성분은 더 낮은 고도에 농축된다는 우리의 직관과 일치한다.

이원계 시스템에서 평균 몰 질량은

$$M = \sum_{k=1}^{2} M_k X_k = X_1 M_1 + X_2 M_2 = (1 - X_2) M_1 + X_2 M_2$$

이를 식 (13.46)에 대입하면

$$\frac{d\ln X_2}{dz} = \frac{g}{RT}[(1 - X_2)M_1 + X_2 M_2 - M_2] = \frac{g}{RT}(1 - X_2)(M_1 - M_2)$$

변수 분리하면

$$\frac{d\ln X_2}{(1 - X_2)} = \frac{g}{RT}(M_1 - M_2)dz$$

적분하면

$$\frac{X_2(z)}{1 - X_2(z)} = \frac{X_2(z_0)}{1 - X_2(z_0)} e^{\frac{g}{RT}(M_1 - M_2)(z - z_0)} \tag{13.115}$$

성분 2를 H_2로 선택하고 대입하면,

$$\frac{X_2(z)}{1 - X_2(z)} = \frac{0.35}{0.65} e^{\frac{1000}{8.314(800)}(28-2)(100)\text{km}} = \frac{0.35}{0.65} e^{3.91} = 26.8$$

100 km에서 수소의 조성은 $X_{H_2}(100 \text{ km}) = 0.964$

그러므로 대기는 100 km에서 더 가벼운 원소가 더 많이 있다.

9.4 원심력장에서 평형

각속도 ω(radians/s)로 회전하는 시스템을 생각해 보자. 회전축 반경 r에서 부피 요소에 대한 가속도 벡터는

$$\vec{a} = w^2 \vec{r} \tag{13.116}$$

으로 주어진다. 여기서 벡터 $\vec{r}$은 회전의 중심으로 향한다. 따라서 가속도는 안으로 향한다. 부피 요소에 담겨진 질량 dm에 가해진 힘은

$$d\vec{F} = dm\,\vec{a} = dm\,\omega^2 \vec{r}$$

식 (13.92)와 비교하면 원심력장에 대한 비퍼텐셜장(specific potential field)은

$$grad\,\Psi = -\,\omega^2 \vec{r} \tag{13.117}$$

이다. 이 경우 화학 평형 식 (13.105)와 역학 평형 식 (13.107)에 관해서는

$$grad\,\mu_k = M_k \omega^2 \vec{r} \tag{13.118}$$

$$grad\,P = \rho\,\omega^2 \vec{r} \tag{13.119}$$

으로 된다.

예제 13-5 중력장의 영향

Ⓠ 2,000 rpm으로 회전하는 제트 터빈 엔진에서 터빈 날개에 생기는 최대 압력을 예측하라. 날개 끝은 회전축에서 3 cm이고 날개는 8 cm 길이이다. 날개의 밀도는 9 gm/cc이다. 응력 상태는 간단한 정수압이다.

Ⓐ 각속도를 rad/s로 구하면

$$\omega = \frac{2\pi\,22{,}000}{60} = 2{,}300 \text{ rad/s}$$

방사선 원심력장(radial centrifugal field)에 대한 역학 평형 조건은

(계속)

$$\frac{dP}{dr} = \rho\omega^2 r$$

적분하면 $$P(r) = \frac{1}{2}\rho\omega^2 r^2$$

주어진 값을 대입하면,

$$P(r) = \frac{1}{2}(9 \text{ gm/cc}) \ (2{,}300 \text{ rad/s})^2 (11 \text{ cm})^2 (1 \text{ J}/10^7 \text{ erg})(82.06 \text{ cc-atm})/8.314 \text{ J})$$

$$=2{,}850 \text{ atm} = 41{,}900 \text{ psi.}$$

그래서 수 kbar의 원심 응력은 작동하는 터빈 날개에 걸리는 것이 보통이다. 실제 응력은 정수압이 아니고 간단한 평형 조건에서 벗어남은 터빈 날개의 성능을 결정하는 데 더 심각한 역할을 하게 된다.

9.5 정전기장에서 평형

정전기장에서 작용하는 힘의 묘사는 중력장과 원심력장에서의 경우와 약간 다르다. 전기 퍼텐셜장 $\phi(x, y, z)$가 전하 q를 운반하는 입자에 작용한 힘이 다음과 같이 주어지도록 정의한다.

$$\vec{F} = -q \, grad \, \phi \tag{13.120}$$

이로부터 $-\, grad \, \phi$ 는 단위 전하당 힘이다. 이는 식 (13.92)에서 정의되는 비퍼텐셜장 Ψ로 정의된 것과 대조를 이룬다. 왜냐하면 $-\, grad \, \Psi$는 단위 질량당 힘으로 정의되었기 때문이다.

두 퍼텐셜은 시스템이 지니는 단위 질량당 전하를 통하여 관련된다. 이제 부피 요소 내에서 성분 k의 원자(atom)에 초점을 맞추어 보자. 성분 k의 한 단위(원자)와 관련된 전하수(charge number)를 z_k라고 하자. 그러면 z_k는 작은 정수이다. 즉, 0, 양, 음의 값으로 성분의 본성에 의존한다. δv에서 성분 k의 원자 질량은

$$\delta m_k = M_k c_k \delta v \tag{13.121}$$

이 원자들에 의해 운반되는 전하는

$$\delta q_k = z_k (N_0 e) c_k \delta v \tag{13.122}$$

여기서 e는 전자가 운반하는 전하량이고, N_0는 Avogadro수이다. $N_0 e$는 1몰의 전자가 운반하는 전하량의 크기이다. 이 양을 Faraday라 하며, 그 양은 96,512 Coul/mol이며, 기호 $\mathfrak{J}$를 사용한다. 이제 부피 요소 δv에 작용하는 힘은 식 (13.92)와 (13.120)으로 나타낼 수 있다.

$$\delta\vec{F} = -\delta m_k\, grad\Psi = -\delta q_k\, grad\phi$$
$$-(M_k c_k \delta v)\, grad\Psi = -(z_k \Im c_k \delta v)\, grad\phi$$
$$M_k\, grad\Psi = z_k \Im\, grad\phi \tag{13.123}$$

이 식은 비퍼텐셜 함수 Ψ와 전기 퍼텐셜 함수 ϕ 사이의 관계를 확립한다. 이제 평형 조건식 (13.105)와 (13.107)을 전기 퍼텐셜 ϕ로 나타내자. 화학 평형에 대하여는

$$\mathrm{grad}\,\mu_k = -z_k \Im\ \mathrm{grad}\,\phi \quad (k = 1, 2, \ldots, C) \tag{13.124}$$

다음과 같이 새로운 정의를 소개하면

$$\eta_k \equiv \mu_k + z_k \Im \phi \tag{13.125}$$

η_k를 성분 k의 전기화학 퍼텐셜(electrochemical potential)이라고 한다. 이 정의로부터 정전기장 하에서 평형 조건은

$$\mathrm{grad}\,\eta_k = 0 \quad (k = 1, 2, \ldots, C) \tag{13.126}$$

으로 정전기장에서 전기화학 퍼텐셜은 평형에서 균일하다. 주지할 것은 화학 퍼텐셜에서 구배, 따라서 정성적으로 농도의 구배는 z_k의 부호에 의존한다. 양으로 하전된 성분에서 화학 퍼텐셜은 전기적 퍼텐셜이 증가함에 따라 감소하고 음으로 하전된 성분에서는 화학 퍼텐셜과 전기장의 구배는 같은 방향이다.

역학적 평형에 대하여

$$\mathrm{grad}\,P = -\rho\,\mathrm{grad}\,\Psi = -\frac{1}{V}\left(\sum_{k=1}^{C} M_k X_k\right)\mathrm{grad}\,\Psi$$

합의 기호 내로 $\mathrm{grad}\Psi$를 배분하면

$$\mathrm{grad}\,P = -\frac{1}{V}\sum_{k=1}^{C} M_k X_k\,\mathrm{grad}\,\Psi$$

식 (13.123)에서

$$\mathrm{grad}\,P = -\frac{1}{V}\sum_{k=1}^{C} X_k\,(z_k \Im\ \mathrm{grad}\,\phi)$$

$\dfrac{X_k}{V} = c_k$ 몰 농도이므로

$$\mathrm{grad}\,P = -\Im\,\mathrm{grad}\,\phi \sum_{k=1}^{C} z_k c_k \tag{13.127}$$

으로 표현된다. Σ 항은 시스템 내의 어떤 위치 $(x,\ y,\ z)$에서 평균 전하 밀도(average charge density)로 생각할 수 있다. 일반적으로 식 (13.59)의 전기장에서 하전 입자 시스템의 오른쪽 항은 0과 다르므로 시스템이 평형을 이루었을 때 압력의 구배가 개발될 것으로 기대된다.

예제 13-6 정전기장에서의 조성 변화

Q 시스템의 표면에서 내부로 감에 따라 지수 함수로 감소하는 정전기장이 주어지면, 이 시스템이 평형에 도달하였을 때 성분의 조성이 위치에 따라 변함을 나타내라. $X_k(\infty)$는 시스템의 표면에서 멀리 떨어진 곳의 조성이고 화학 퍼텐셜 $\mu_k(\infty)$에 해당된다.

A 평형에서 전기화학 퍼텐셜이 일정하므로

$$\mu_k + z_k \mathfrak{I} \phi = const. = \mu_k(\infty)$$

$$\mu_k - \mu_k(\infty) = -z_k \mathfrak{I} \phi_0 e^{-ax}$$

z_k가 음인 성분은 전기장 함수를 닮은 화학 퍼텐셜 분포를 갖는다. 이는 μ_k, 그래서 X_k는 표면에서 높고 $X_k(\infty)$는 감소한다. 양으로 하전된 입자는 반대로 표면의 낮은 농도에서 멀어지면 큰 값으로 간다. 이는 음으로 하전된 입자는 높은 전기 퍼텐셜 영역으로 움직이고, 양으로 하전된 이온은 이 영역에서 배척되는 우리의 인식과 일치한다.

10 불균일 시스템에서 구배 에너지

아주 미세한 길이를 갖는 미세구조의 제작은 재료과학에서 중요한 기술 경향이다. 마이크로 전자 디바이스는 수 나노미터에 달하는 영역에 제어된 조성 성분을 갖는다. 솔-겔(sol-gel) 재료는 나노미터 범위의 기공(pore) 구조를 갖는다. 급냉 응고된 재료는 아주 미세한 미세구조를 갖는다. 나노 복합 재료는 설계되어 제작된다. 시효 처리 재료에서 석출에 앞서 형성되는 용질이 많은 클러스터는 미세한 스케일상에 조성의 구배를 갖는다. 스피노달 분해와 규칙(ordering) 변태는 이 크기의 미세구조에서 일어난다. 핵생성 과정도 아주 짧은 거리에서 인텐시브 특성의 큰 변화가 관여된다.

7절과 8절에서 제시된 불균일 시스템의 열역학적 묘사는 열역학 특성의 국부 밀도 식 (13.69)의 개념에 기초한다. 그러면 임의의 익스텐시브 특성의 전체 값은 시스템의 부피에 걸쳐 국부 밀도의 적분값이 된다(식 (13.70)). 시스템의 특성이 아주 짧은 거리에 있어 현저한 변화를 보인다면, 이와 같은 묘사는 불합리한 것이 발견된다. 이와 같은 시스템은 익스텐시브 특성의 구배가 아주 큰 값을 갖는 것으로 특징지을 수 있다.

이를 좀 더 이해하기 위하여 전형적인 상호확산(inter-diffusion) 연구에서 농도 구배(gradient)를 생각해 보자. A에 B를 접한 확산 커플 실험에서 B의 원자 분율은 0에서 1로 변화하는데 10 um(10^{-6} m)의 범위이다. 이 구조의 평균 원자 분율은 $\frac{1}{10^{-6}}$, 즉 $10^6\ \mathrm{m}^{-1}$이다. 스피노달 분해를 겪는 미세구조에서 B의 원자 분율은 수 nm에서 0.8에서 0.2로 된다. 그래서 이 시스템에서 구배는 $\frac{0.6}{3} \times 10^{-9}\ \mathrm{m}^{-1} = 2 \times 10^9\ \mathrm{m}^{-1}$으로 확산 커플보다 10^3 더 크다.

큰 구배가 존재하는 곳에 열역학 함수의 국부 밀도 b_v는 부피요소에서 인텐시브 특성에 의존하는 것뿐만 아니라 그들의 변화율(rate of change), 즉 그들의 국부 구배(local gradient)에도 의존하는 것이 발견되었다. 시스템 특성에서 이 기여의 적극적인 공식화는 1959년 Cahn과 Hilliard에 의해 제시되었다.

예를 들어, 이원계 시스템에서 Helmholz 자유 에너지 F'를 생각해 보자. 관습적인 표현에서 Helmholz 자유 에너지의 국부 밀도는 국부적인 온도, 압력(고체에서는 응력 상태) 그리고 조성의 함수이다. 즉,

$$f_v \equiv f_v(T, P, X_2) = f_v(T, P, c_2) \qquad (13.128)$$

으로 표현된다. 문제를 단순화시키기 위하여 온도와 압력이 균일하다고 가정하고, 시스템은 단지 조성에서 불균일성을 나타낸다고 하자. 그러면 시스템의 Helmholz 자유 에너지는 적분

$$F = \iiint_{V'} f_v[c_2(x, y, z)]\,\delta v \qquad (13.129)$$

으로 나타낸다. 만약 위치에 따른 조성을 알고, 그 조성으로부터 Helmholz 자유 에너지의 계산이 가능한 용액 모델이 함께 알려진다면 Helmholz 자유 에너지는 계산할 수 있다.

Cahn과 Hilliard는 f_v와 c_2뿐만 아니라 위치와 관련된 c_2 변화의 모든 척도, c_2', $(c_2')^2$, $(c_2')^3$ 그리고 c_2'', $(c_2'')^2$ 등에 의존한다고 가정하였다. 여기서 (′), (″)는 위치에 대한 1차 미분과 2차 미분을 나타낸다. 그래서 f_v는 조성, 구배, 구배의 제곱, 그리고 2차 미분에 의존한다고 가정한다. 한 점에 대한 함수의 Taylor 계열의 일반화로 이 의존성을 나타낼 수 있다. 즉,

$$f_v = f_v^0[c_2] + L[c_2'] + K_1[c_2''] + K_2[(c_2')^2] + \dots \qquad (13.130)$$

여기서 계수들은

$$L = \left(\frac{\partial f_v}{\partial c_2'}\right) \qquad (13.131)$$

$$K_1 = \left(\frac{\partial f_v}{\partial c_2{''}} \right) \tag{13.132}$$

$$K_2 = \left(\frac{\partial f_v}{\partial (c_2{'})^2} \right) \tag{13.133}$$

그 외 2차 항을 넘어가는 항은 이 책에서 무시하였다.

단위 포(unit cell)의 대칭 중심을 가진 결정에서 f_v값은 조성 변화를 나타내는 좌표 시스템의 방향 선택에 무관하므로, x축의 방향을 바꾸면 첫 번째 미분 $c_2{'}$의 값이 바뀌므로 이 항의 계수 L은 0이어야 한다. 더욱이 수학적으로 남아있는 2항 사이에는

$$K_1 \frac{d^2 c_2}{dx^2} + K_2 (\frac{dc_2}{dx})^2 = K(\frac{dc_2}{dx})^2$$

으로, 여기서 $K = K_2 - \frac{dK_1}{dc_2}$이다.

그러므로 국부적인 Helmholz 자유 에너지는

$$f_v = f_v^0[c_2] + K\left(\frac{dc_2}{dx}\right)^2 \tag{13.134}$$

시스템의 전체 Helmholz 자유 에너지는

$$F' = \iiint_{V'} [f_v^0(c_2) + K(\nabla c_2)^2]\, \delta v \tag{13.135}$$

여기서 ∇는 조성 함수의 구배를 나타낸다. 이를 식 (13.129)와 비교하면 Helmholz 자유 에너지에 여분의 항이 첨가되었는데, 이는 조성 분포의 함수 구배의 제곱이다. 계수 K는 양이므로 이 구배 에너지는 항상 양이다.

구배 에너지를 분포된 또는 새어나온 표면 에너지로 보는 것은 유용하다. Gibbs의 표면의 열역학 개발에서 한 상의 특성에서 이웃한 상으로의 전이와 관련된 불균일 효과는 분리면에 위치한 불연속성에 해당된다.

구배 에너지 공식화는 실제 많은 시스템에서 이 분포의 퍼진(diffuse) 본성을 인지하는데, 이는 인텐시브 특성의 부드러운 변화로, 즉 구배로 그와 같은 불균일성과 관련된 시스템에서 잉여 에너지를 현실화해 준다.

표면 에너지와 같이 구배 에너지는 핵생성과 같이 한 과정에 의해 극복해야 할 장벽을 제공하거나 조대화(coarsening) 과정에서와 같이 구동력으로 기여한다. 예를 들어, 혼화성갭을 보이는 스피노달 분해과정을 생각해 보자. 균일한 용액이 스피노달 영역으로 급냉되면, 용액은 자

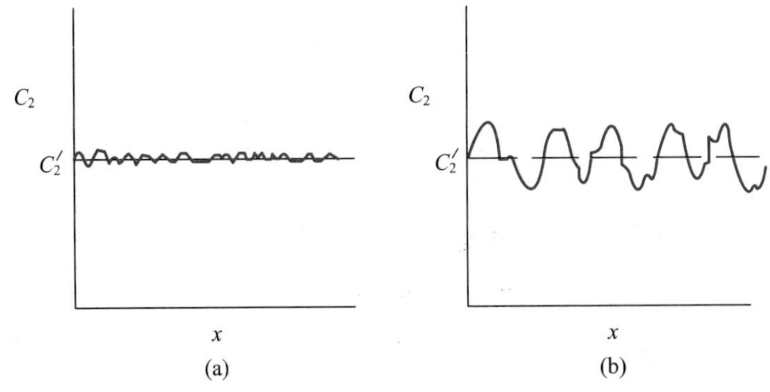

그림 13.8 혼화성갭 영역으로 급냉된 용액의 무작위 조성 동요. (a) 초기 단계에서 자발적 분리 시작, (b) 조성 파동 함수에서 어떤 조화 성분의 증폭.

발적으로 혼합되지 않는다. 바로 급냉된 구조는 그림 13.8(a)와 같이 무작위 통계적 동요(fluctuation)의 배열을 갖는다. 자발적인 비혼합 과정은 그림 13.8(b)와 같이 조성에서 증가된 변화를 개발한다. 이는 조성 파장의 성분의 진폭이 증가하는 것으로 볼 수 있다. 그 과정은 분명히 용액 내에서 원자의 운동, 즉 확산 과정을 요구한다.

조성의 동요에서 가장 짧은 파장을 갖는 성분은 가장 짧은 확산 거리를 갖고, 가장 큰 농도 구배를 갖는다. 가장 짧은 파장의 진폭은 빠르게 성장하여 궁극적으로 원자 사이의 거리와 같은 파장을 갖는 변조 구조(modulated structure)를 만든다. 이것은 실험적으로 관찰되지 않는다. 생겨난 구조는 nm 범위의 특성 파장을 가지며 원자간 거리에 비하여 크다. 이 특징적인 파장의 값은 온도와 용액의 시작 조성에서 예측 가능하게 변화된다. 원자 규모로 미세한 조성 변화는 일어나지 않는다. 왜냐하면 아주 큰 구배와 관련된 에너지가 이를 방해한다. 다소 짧

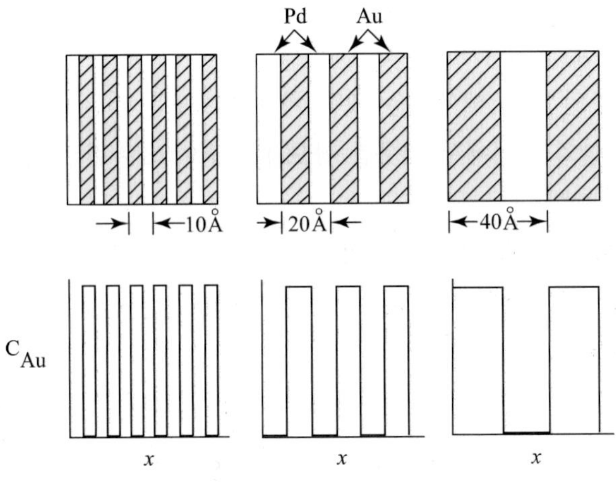

그림 13.9 증기 증착으로 Au와 Pd 교대층을 형성한 확산 필름 커플.

은 확산 거리와 파장이 짧아짐에 따른 증가된 구배 에너지 사이의 경쟁에서 최적화 값을 선택한다. 이 관찰은 구배 에너지의 개념 없이는 설명할 수가 없다.

인위적으로 만들어진 시스템은 자발적인 구배(gradient)의 제거를 요구하는 과정에서 구배 에너지는 확산에 대한 구동력으로 첨가될 수 있다. Hilliard와 Philofsky는 그림 13.9와 같이 교대로 Au와 Pd의 층을 증기 적층(vapor deposition)으로 일련의 확산 커플을 만들었고, 1에서 4 nm에 걸친 층 두께를 가진 층상 구조를 만들었다. 1 nm 복합층의 구배는 큰 경우보다 4배 크다. 구배 에너지항은 구배의 제곱이므로 두 구조에서 구배 에너지비는 약 16 대 1이다.

스피노달 분해에서 자발적 반응은 비혼합 또는 좀 더 구체적으로 조성 동요의 자발적인 증폭이다. 초기 층상 구조에서 자발 과정은 조성 변화의 제거로 균일한 조성을 보여 주는 평형 구조이다. 이 균질화 과정에서 시스템은 초기에 구배를 갖고 있다. 최종 상태에서 구배는 제거되었다. 그래서 이 경우 구배 에너지는 확산 속도를 증가시키는 여분의 구동력을 제공한다. Hilliard와 Philofsky의 실험에서 층간 사이의 초기 간격과 확산 계수의 변화를 보여 준다(그림 13.10). 확산 계수는 흐름과 구동력 사이의 비례 상수를 나타낸다. 미세구조에서 구배 에너지에 의하여 구동력이 증가하므로 같은 흐름을 얻기 위해서는 확산 계수가 작아져야 한다.

3 nm 근처에서 확산 계수의 급격한 떨어짐은 이 변조 구조에서 기계적인 결합(mechanical coherency)의 손실과 관련된다. 초미세구조에서 탄성 효과는 중요한 역할을 하는 것으로 발견된다. 그리고 시스템에서 구배 에너지 효과를 갉아먹기조차 한다. 예를 들면, 스피노달 분해에서 개발된 조성 변화와 관련된 탄성 스트레인이 충분히 크다면 그 과정은 완전히 억압된다. 이론과 관련 실험의 훌륭한 검토는 Hilliard 논문을 참조하라.

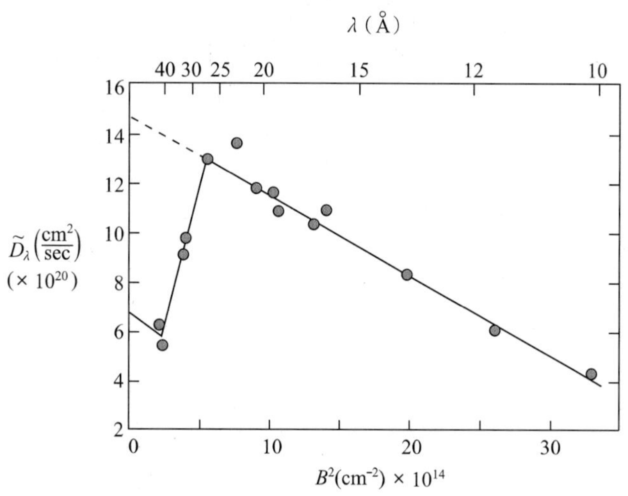

그림 13.10 층상 구조의 파장수에 따른 확산 계수의 변화.

연습문제

01 FCC A 재료의 주의깊은 팽창계와 고온 회절 측정에서 다음과 같은 정보를 얻었다.

	a_0 (cm)	V (cm^3/mol)
1,040 K	3.7021×10^{-8}	7.6404
1,340 K	3.7113×10^{-8}	7.6992

순수 A에서 동공 농도의 온도 의존성을 도출하라.

02 FCC 재료에서 침입형의 형성 엔탈피는 188 kJ/mol이고, 잉여 엔트로피는 7.6 kJ/mol K이다. 600 K와 1,300 K 범위에서 온도의 함수로 침입형 결함의 평형 농도를 구하고 이를 그려라.

03 A-B 시스템의 혼합 거동이 다음의 식으로 표현된다고 가정하자.

$$\Delta G_{mix} = a_0 X_A X_B + \Delta G_{mix}^{id}$$

여기서 a_0는 온도와 압력에 함수이다.

(a) 성분 B의 화학 퍼텐셜을 T, P, X_B의 함수로 나타내라.
(b) 이 시스템의 높이에 따른 조성 변화에 대한 표현을 도출하라.
(c) 이상 용액에서 얻은 값과 비교하라.

04 맨하탄 프로젝트에서 동위원소 U^{235}와 U^{238}의 분리에 관한 한 전략은 이 동위원소를 포함하는 묽은 용액을 만들고, 원심 분리하는 것이다. 이 상황에 대한 열역학을 조사하고 가능성을 검토하라.

Chapter

14

Thermodynamics in Materials Sciences

전기화학

1 서 론

일상생활에서 전기적 교환과 화학적 변화가 결합되어 발생하는 과정을 흔히 보게 된다. 이 복잡한 조합은 부식(corrosion)에서 볼 수 있으며, 이로 인하여 재료가 손상되어 Al, Ti, Cu 금속들의 전기분해에 의한 정련과 세라믹 분말과 고분자 혼합체를 정련하여 사용해야 한다. 화학 반응과 전기적 효과가 혼합된 현상을 다루는 전기화학(electrochemistry)은 엄청나게 넓은 영역을 갖고 있다. 이 장에서는 평형에 대한 조건의 도출에 대한 논리와 응용에 대하여 논의하고자 한다.

한 원소의 이온화 에너지(ionization energy)는 증기 상태의 원소의 원자와 같은 원소의 이온과의 에너지 차이를 말한다. 그 원소가 용액 내의 한 성분으로 존재할 때 이온화 에너지는 주위 용매 분자와의 반응으로 크게 줄어들 것이다. 물에 녹는 한 염(salt)은 크게 분해되거나 작은 범위로 분해되어 양이온과 음이온을 형성한다. 생겨난 용액은 전해질(electrolyte)이라고 한다. 왜냐하면 이 용액이 전기장 하에 놓이면 전하를 운반하기 때문이다. 주지할 것은 전해질은 용액에서 이온을 형성하는 화합물을 의미한다. 예를 들어, NaCl은 전해질이고, 물에 NaCl이 녹아 있는 NaCl 수용액도 전해질이라고 부른다.

물은 전해질에 대한 가장 친근하고 중요한 용매(solvent)이다. 생명체는 물의 이 특성에 의존한다. 그러나 아세톤이나 글리세롤과 같은 많은 극성 용매(polar solvent)들은 전해질 용액을 형성한다. 하전 전류가 이온의 확산에 의해 운반되는 고체 전해질 또한 존재하고 유용하게 응용된다.

모든 상은 내부 전기적 퍼텐셜(internal electric potential)을 갖는다. 만약 외부 정전기장이 없

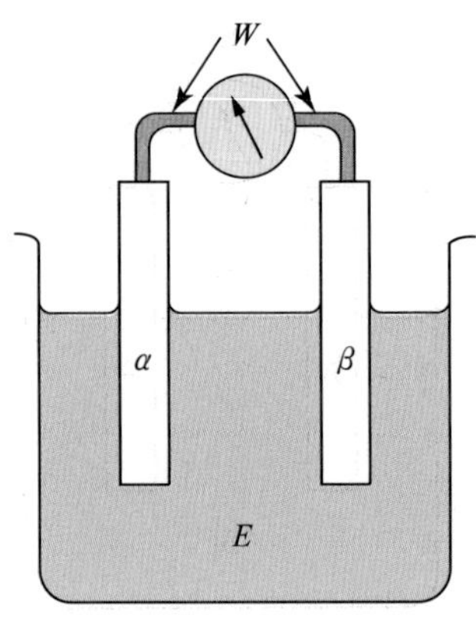

그림 14.1 2개의 전극 α와 β 전해질(E) 그리고 측정장치(W)를 연결하는 외부 와이어의 4개의 상으로 구성된 갈바니 셀.

다면 이 퍼텐셜은 평형에 있는 상 내에서 균일하다. 상 사이의 평형을 고려함에는 고려 중인 과정에 하전된 입자가 운반되지 않는 한, 그들의 다른 전기 퍼텐셜을 고려할 필요가 없다. 3절에서 전기 전하를 교환하는 상과 전해액 사이의 평형 조건을 논의한다.

상의 전기 퍼텐셜의 절대값을 측정할 수 없으며, 두 상 사이의 퍼텐셜 차이도 측정할 수 없다. 왜냐하면 전기 퍼텐셜의 측정은 닫힌회로가 요구되기 때문이다. 상의 전기 퍼텐셜을 측정할 수 있는 시스템의 최소 배열은 그림 14.1에 나타낸 갈바니 셀(galvanic cell)이다. 이 시스템에는 적어도 4개의 상이 관련된다. 즉, 전해액에 잠긴 두 전극 α와 β, 전해질, 그리고 측정 장치 W가 연결된 외부 연결선이다. 4절에서 갈바니 셀의 특성과 관련된 평형 조건이 논의된다.

셀에서 평형 조건의 복잡함에 대한 실용적인 가시화는 퍼텐셜-pH 우위 도표로 보통 Pourbaix 도표라 부른다. 5절에서는 이 도표의 도출 원리와 해석 그리고 부식과 관련 현상의 응용을 함께 논의한다.

Faraday는 용액을 통한 전기의 흐름은 양의 전하나 음의 전하를 가진 물질의 입자로 전도된다고 제안하였다. 이 입자들은 그리스말로 '방랑자(wander)'라는 의미의 이온(ion)이라고 이름 지었다. 양의 전하를 지닌 이온 그래서 양의 전류 방향으로 흘러서 양이온(cations, 그리스어 cata, 'down')이라 하며, 입자는 퍼텐셜 구배의 아래로 흐른다. 그리고 음의 전하를 지닌 이온으로 반대 방향으로 흐르는 이온을 음이온(anion, 그리스어 ana, 'up')이라 한다. 양이온이 향하는 전극을 음극(cathode), 음이온이 향하는 전극을 양극(anode)이라고 불렀다. 1857년 Clausius는 그와 같은 이온의 안정된 농도가 중성의 용매 분자와 평형을 이룸을 제안하였는데, 이는 충분한 진동 에너지를 가져 분자 결합을 부수는 통계적인 분자수에 기인한다. 이들 이온들은 짧은 생존 시간을 가져 짧은 시간 동안 존재하다가 중성의 분자로 돌아가지만, 전해액의 관찰할만한 오믹 전도(ohmic conduction)를 준다.

2 전해질 용액에서의 평형

화합물 M_uX_v가 물에 녹았을 때나 다른 적당한 용매에 녹았을 때 양이온과 음이온으로 부분적 또는 전부 분해된다면 전해질이다. 이 화합물은 산(acid, 이 경우 M은 수소), 알칼리(base, X는 하이드록실 그룹((hydroxyl group), OH) 또는 염(salt, NaCl과 같이 M은 보통 금속이고 X는 비금속)이다.

주어진 응용에서 요구되는 자세함의 레벨에 따라 이 용액은 2가지 성분(component)으로 구성되었다고 생각할 수 있다. H_2O와 M_uX_v 또는 다른 방법으로 6가지 성분, 즉 분해 안 된 용매(H_2O)와 관련된 이온 H^+와 OH^-, 분해 안 된 화합물(M_uX_v)과 그 이온들, M^{z+}와 X^{z-}이다. 또한 이 원소들과 다른 조합에 관련된 착화합물(complex), 예를 들면 $MX_2O_4^z$도 시스템에 존재할 수 있어 거동에서 고려되는 성분수는 더 증가할 수 있다.

관련된 모든 성분들을 자체적으로 설명 가능한 아래첨자로 화학 퍼텐셜, 몰수, 몰 농도, 활동도 그리고 활동도 계수를 나타내는 것은 어색하다. 왜냐하면 이 표시들은 윗첨자를 동반하기 때문이다. 예를 들면, M^{z+}는 화합물 전해질에서 얻어지는 양이온을 나타내는데, 이 이온 성분의 몰수는 $m_{M^{z+}}$로 나타낸다. 따라서 표 14.1에서 보는 바와 같이 기호를 사용하면 간단하면서도 명확하게 나타낼 수 있다.

용액은 M_uX_v 화합물의 n_C 몰수와 n_W 몰수의 물을 더하여 형성된다. 용액에서 화합물은 분해되어 양이온 M^{z+}의 n_+몰과 음이온 X^{z-}의 n_-몰수가 되고, n_U 몰수는 분해되지 않는

표 14.1 전해질 속의 성분의 몰수를 나타내는 기호.

성분	기호
용액의 준비	
첨가된 물의 몰수	n_w
첨가된 화합물 M_uX_v의 몰수	n_C
용액의 성분	
해리 안 된 M_uX_v 몰수	n_U
형성된 양이온 M^{z+} 몰수	n_+
형성된 음이온 X^{z-} 몰수	n_-

다. 전해질의 해리도(degree of dissociation) α의 개념을 도입하여 αn_C는 이온으로 분해된 전해질의 몰수를 나타낸다. 화합물 M_uX_v 각각의 분자는 u 양이온과 v 음이온을 함유하므로 $u(\alpha n_C)=n_+$몰의 양이온 M^{z+}과 $v(\alpha n_C)=n_-$몰의 음이온 X^{z-}가 형성된다. 용액 내에 분해되지 않은 몰수 n_U는 $(1-\alpha)n_C$이다.

화합물에도 등급이 있는데, 강전해질은 용액에서 완전히 이온으로 분해된다. 이 화합물은 $\alpha=1$이어서 n_U는 0이 된다. 약전해질은 부분적으로 분해되므로 α값은 0과 1 사이의 값을 갖는다. 강전해질과 약전해질은 구별되는 거동을 보이므로 따로 따로 열역학적 거동을 논의해 보자.

2.1 약전해질에서 평형

일정한 온도와 압력에서 전해질의 조성 변화와 관련된 Gibbs 자유 에너지 변화는 다음 2개 중 어느 하나로 표현된다.

$$dG_{T,P}' = \mu_W dn_W + \mu_C dn_C \tag{14.1}$$

$$dG_{T,P}' = \mu_{H_2O} dn_{H_2O} + \mu_{H^+} dn_{H^+} + \mu_{OH^-} dn_{OH^-} + \mu_U dn_U + \mu_+ dn_+ + \mu_- dn_- \tag{14.2}$$

각 성분의 화학 퍼텐셜은 정의할 수 있다. 예를 들면,

$$\mu_+ \equiv \left(\frac{\partial G'}{\partial n_+}\right)_{T,P,n_{H_2O},n_{H^+},n_{OH^-},n_U,n_-} \tag{14.3}$$

Guggenheim은 이온 성분의 화학 퍼텐셜은 학구적인 관심사일 뿐이라는 것을 관찰했다. 왜냐하면 다른 이온 성분들을 일정하게 유지하면서 n_+와 같은 한 이온 성분을 더하는 과정을 만들어내는 것은 불가능하기 때문이다. 그와 같은 과정은 전하의 중립성(charge neutrality)에 위반되기 때문이다. 실제로 전해질의 조성은 단지 화합물 M_uX_v을 더하거나(n_C을 증가시킴), 용매 H_2O을 더하여(n_W을 증가시킴) 변화시킨다. 그래서 이온 성분의 화학 퍼텐셜은 개념적으로 유용하나 측정할 수 없게 된다.

화학 퍼텐셜에 해당되는 활동도는

$$\mu_+ = \mu_+^0 + RT\ln a_+ \tag{14.4}$$

으로 주어진다. 여기서 μ_+^0는 표준 상태에서 양이온의 화학 퍼텐셜이다.

이온 성분의 활동도 계수 γ_+는 보통의 정의대로

$$a_{+} \equiv \gamma_{+} X_{+} \tag{14.5}$$

으로 주어진다. 유사한 정의가 다른 이온 성분에도 주어질 수 있다.

전해질 조성의 나타냄에 있어 몰 농도(molar concentration), 즉 한 성분의 몰농도(molarity)가 몰 분율을 대신하여 문헌상에 나타난다. 한 성분의 몰농도는 용액의 1 L당 그 성분의 몰수로 정의한다. 성분 k의 몰농도는 보통 $[k]$로 표기하며 이는 몰농도 c_k와 같다. 성분 k의 몰농도는

$$c_k = [k] = \frac{X_k}{V} \tag{14.6}$$

으로 몰 분율과 관련된다. 여기서 V는 용액의 몰 부피이다. 이 양은 조성의 편리한 측정이다. 왜냐하면 실험실에서 원하는 몰농도의 액체 용액을 준비하는 것이 쉽기 때문이다. 용질의 알려진 몰수를 재고 용매에 더하여 녹인다. 용매는 더 더하여 용액의 전체 부피가 1 L가 되도록 만든다. 그러면 용액 1 L 당 용질의 원하는 몰수를 갖는다.

여기서 활동도 계수에 대한 또 다른 정의를 소개하는 것이 유용하다.

$$a_k = f_k c_k = f_k [k] \tag{14.7}$$

여기서 a_k는 단위가 없고 f_k는 단위가(L/k의 몰수) 있다. 분명히

$$f_k = \gamma_k V \tag{14.8}$$

이다.

전해질에서 평형을 구하는 전략은 열평형과 역학 평형에는 보통의 조건이 제시된다. 화학 평형에서 H, O, M 그리고 X 원자의 보존에 대한 고립 제약 조건은 애피니티로 정렬되는 성분들의 화학 퍼텐셜의 조합을 만들고 각각은 해당되는 반응을 의미한다. 즉,

$$A_W = (\mu_{H^+} + \mu_{OH^-}) - \mu_{H_2O} \tag{14.9}$$

그리고 해당 반응식은

$$H_2O = H^+ + OH^- \qquad [1]$$

또한

$$A_C = (u\mu_+ + v\mu_-) - \mu_U \tag{14.10}$$

그리고 해당 반응식은

$$M_u X_v = u M^{z+} + v X^{z-} \qquad [2]$$

만약 복잡한 이온 성분들이 존재한다면 여분의 독립식이 나타난다.

평형에서는 이들 애피니티들은 각각 0이 된다. 해당되는 활동도와 표준 Gibbs 자유 에너지 변화의 치환은 화학 평형에 관한 작용식을 도출한다. 즉,

$$\Delta G_W^0 = -RT\ln K_W \text{ , 여기서 } K_W = \frac{a_{H^+}\, a_{OH^-}}{a_{H_2O}} \tag{14.11}$$

$$\Delta G_C^0 = -RT\ln K_C \text{ , 여기서 } K_C = \frac{a_+^u\, a_-^v}{a_U} \tag{14.12}$$

이 표현에서 평형 상수 K_W와 K_C는 해리 상수(dissociation constant)라고 한다. ΔG^0는 표준 상태에서 반응물과 생성물의 자유 에너지 차이이다.

해리 반응식 [2]에 대한 평형 상수는 활동도 계수와 몰농도로 나타낼 수 있다.

$$K_C = \frac{a_+^u\, a_-^v}{a_U} = \frac{f_+^u f_-^v}{f_U} \cdot \frac{[M^{z+}]^u [X^{z-}]^v}{[M_u X_v]}$$

$$K_C = K_f \cdot \frac{[M^{z+}]^u [X^{z-}]^v}{[M_u X_v]} \tag{14.13}$$

으로 표현된다. 전해질 용액에서 성분에 대한 참조 상태는 묽은 용액에서 활동도 계수가 1에 접근하도록 선택한다. 표에 나타낸 해리 상수는 이 참조 상태의 선택에 근거한다. 그래서 활동도 계수의 비 K_f는 묽은 용액에서 1에 근사하므로 해리 상수를 농도의 항으로 나타낼 수 있다.

$$K_C \cong \frac{[M^{z+}]^u [X^{z-}]^v}{[M_u X_v]} \tag{14.14}$$

대부분의 응용에서 $K_f = 1$로 가정되고 그 가정은 이 장에서 제시되는 응용문제에도 적용된다. 그러나 고농도 용액에서는 이 가정이 현저한 에러를 유발시킨다.

식 (14.14)에서 농도비는 용액을 만들기 위한 전해질 화합물의 전체 농도 C_C와 해리도(degree of dissociation) α항으로 나타낼 수 있다. 즉,

$$[M^{z+}] = u\alpha C_C,\ [X^{z-}] = v\alpha C_C,\ [M_u X_v] = (1-\alpha)C_C \tag{14.15}$$

$$K_C = \frac{(u\alpha C_C)^u (v\alpha C_C)^v}{(1-\alpha)C_C} = u^u v^v \cdot \frac{\alpha^{u+v}\, C_C^{(u+v-1)}}{(1-\alpha)} \tag{14.16}$$

이제 $\omega = u+v$ 로 놓으면 이는 분자 M_uX_v가 분해될 때 형성되는 이온의 전체 수를 나타낸다. 그러면

$$K_C = (u^u v^v) \cdot \frac{\alpha^{\omega}\, C_C^{(\omega-1)}}{(1-\alpha)} \tag{14.17}$$

으로 표현된다. 예를 들면, $CaCl_2$의 분해에서 $u=1, v=2, \omega=3$ 이다. 따라서

$$K_{CaCl_2} = (1^1 2^2) \cdot \frac{\alpha^3 C_{CaCl_2}^{(3-1)}}{(1-\alpha)} = 4\frac{\alpha^3}{1-\alpha} C_{CaCl_2}^2$$

가 된다. 주어진 전해질의 전체 농도에 대하여 K_C값에서 α를 구하고, 식 (14.15)에서 양이온, 음이온 그리고 분해 안된 전해질의 평형 농도를 구할 수 있다.

많은 해리 반응에서 K_C는 수백수천 배 더 작고 넓은 농도 범위에서 최종 해리도 $\alpha \ll 1$이다. 이 경우 $(1-\alpha)$는 1로 근사할 수 있으므로 식 (14.17)은 더 간단한 식으로 된다. 즉,

$$K_C \cong (u^u v^v)\alpha^\omega C_C^{(\omega-1)} \tag{14.18}$$

이 식에서 해리도 α는

$$\alpha = \left(\frac{K_C}{u^u v^v}\right)^{1/\omega} C_C^{(\frac{1}{\omega}-1)} \tag{14.19}$$

대부분의 약전해질에서 해리도는 전해질의 농도가 감소함에 따라 증가한다.

예제 14-1 분해 상수에서 이온의 농도 계산

Ⓠ 물의 분해 상수는 25 ℃에서 $K_W = 10^{-14}$에 아주 가깝다. 25 ℃에서 1 L의 물에 수소와 수산화(hydroxyl) 이온의 농도를 구하라.

Ⓐ 물의 분해는 $H_2O = H^+ + OH^-$, $K_W = 10^{-14}$.
성분은 물뿐이므로 반응은 같은 수의 H^+와 OH^- 이온이 형성됨이 요구된다. 즉, $[H^+]=[OH^-]$이다. 분해가 안된 H_2O의 농도는 거의 1과 같다. 이 반응에 대한 K_f는 1로 가정하고 해리 상수는

$$K_W = 10^{-14} = \frac{[H^+][OH^-]}{[H_2O]} = \frac{[H^+][H^+]}{1} = [H^+]^2$$

그래서 $[H^+] = 10^{-7}$ (mol/L)이다.

수용액(aqueous solution)에서 가장 중요한 특성 중의 하나는 함유된 수소 이온 농도이다. 일반적인 용액에서 이 양은 수십 배에 걸쳐 존재하므로, 이 양의 편리한 척도는 전해질액의 pH 농도를 정의하는 것이다. 즉,

$$\text{pH} \equiv -\log_{10}(a_{H^+}) = -\log[H^+] \tag{14.20}$$

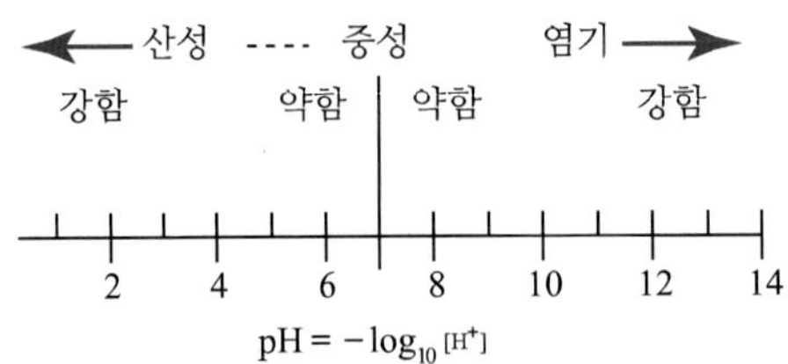

그림 14.2 전해질 용액에서 pH값의 스케일.

순수한 물에 대한 pH값은 $-\log 10^{-7} = -(-7) = +7$이다. 산(acid)에서 수소이온 활동도는 7보다 높다. 그리고 염기에서는 7보다 작다. 이는 수산화 이온이 기여하기 때문이다. 물은 용매이므로 $a_{H_2O} = 1$이다. 그래서 $a_{OH^-} a_{H^+} = K_W = 10^{-14}$이다. 따라서 OH^-의 높은 활동도는 H^+의 낮은 활동도를 의미한다. 실험실에서 얻어지는 pH값을 그림 14.2에 나타내었다. pH는 강산의 2에서 강염기의 12에까지 걸쳐 있다. 대부분 응용에서 OH^-와 H^+는 묽은 용액 범위 이므로 활동도는 몰 농도로 대치된다.

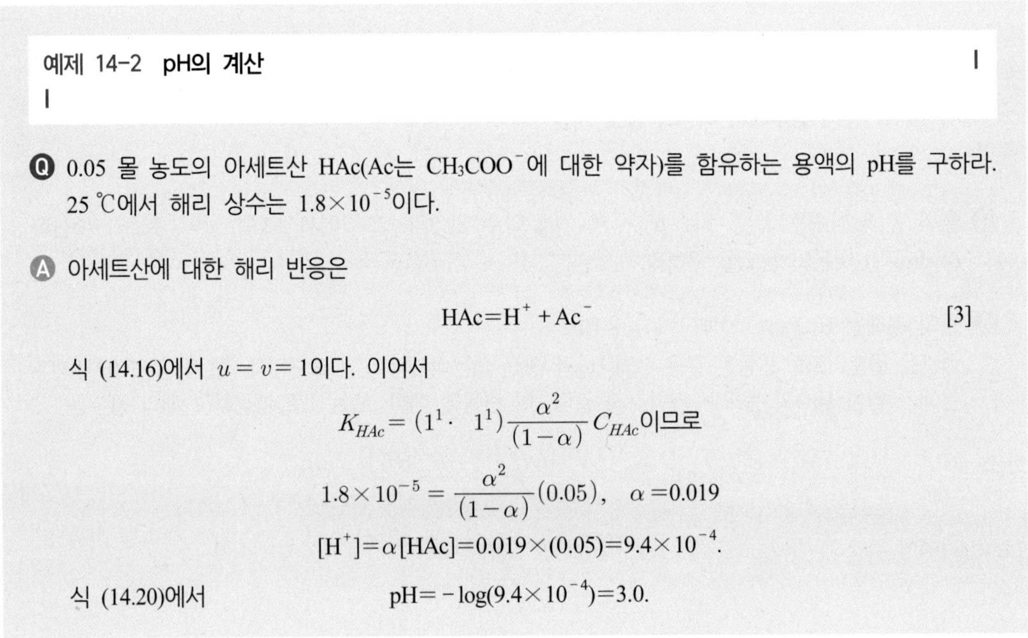

예제 14-2 pH의 계산

Q 0.05 몰 농도의 아세트산 HAc(Ac는 CH_3COO^-에 대한 약자)를 함유하는 용액의 pH를 구하라. 25 ℃에서 해리 상수는 1.8×10^{-5}이다.

A 아세트산에 대한 해리 반응은

$$HAc = H^+ + Ac^- \quad [3]$$

식 (14.16)에서 $u = v = 1$이다. 이어서

$$K_{HAc} = (1^1 \cdot \ 1^1)\frac{\alpha^2}{(1-\alpha)} C_{HAc} \text{이므로}$$

$$1.8 \times 10^{-5} = \frac{\alpha^2}{(1-\alpha)}(0.05), \quad \alpha = 0.019$$

$$[H^+] = \alpha[HAc] = 0.019 \times (0.05) = 9.4 \times 10^{-4}.$$

식 (14.20)에서 $$pH = -\log(9.4 \times 10^{-4}) = 3.0.$$

다양한 양이온과 음이온을 함유하는 다성분 전해질에서 평형 조건은

$$\Delta G_W^0 = -\ RT \ln K_W \quad (14.21)$$

$$\Delta G_r^0 = -\ RT \ln K_r \ (r = 1,\ 2, \dots) \quad (14.22)$$

표 14.2 무기산과 염기에서 해리 상수.

화합물	분해물	K
NH_2OH	$NH_4^- + OH^-$	1.79×10^{-5}
$Ca(OH)_2$	$Ca(OH)^+ + OH^-$	3.74×10^{-3}
$CaOH^+$	$Ca^{++} + OH^-$	4.0×10^{-2}
$AgOH$	$Ag^+ + OH^-$	1.1×10^{-4}
H_2CO_3	$H^+ + HCO_3^-$	4.3×10^{-7}
HCO_3^-	$H^+ + CO_3^-$	5.61×10^{-11}
HI	$H^+ + I^-$	1.69×10^{-1}
CH_2O_2	$H^+ + CHO_2$	1.77×10^{-4}

출처: *Handfool og Chemistry and Physics*. 57th Edition, R. C. Weast. Edilor. CRC Press. Cleveisnd. OB (1976) p. D. 149 and D-151.

으로 쓸 수 있다. 여기서 식 (14.21)은 용매에 해당하고, 식 (14.22)는 모든 다른 성분에 관한 것이다. 후자에서 각각의 평형 상수는

$$K_r = K_{f,r} \cdot K_{c,r} = K_{f,r} \cdot \frac{[+]_r^u [-]_r^v}{[u]_r} \quad (r = 1,\ 2, \ldots) \tag{14.23}$$

여기서 $K_{f,r}$은 활동도 계수의 적합한 비이고, $K_{c,r}$은 해당되는 농도비이다. 염, 산, 염기에 대한 전해질 화합물의 해리 상숫값과 약간의 알려진 화합물의 예를 표 14.2에 나타내었다.

시스템 내의 모든 이온들의 평형 농도를 결정하는 문제는 11장 2절에서 논의한 다성분 이상기체 혼합물의 화학 반응과 같다. 해리 상수를 알고 $K_{f,r}$항을 1로 잡으면, 컴퓨터 프로그램 SOLGAMIX를 사용하여 평형의 다성분 전해질 용액에서 이온의 농도를 구할 수 있다.

예제 14-3 전해질 용액에서 이온 농도

Q 1.5 g의 인산(H_3PO_4)을 비커에 넣고 이 물을 넣어 200 mL 레벨이 되게 하였다. 평형에서 이 용액의 모든 성분의 농도를 계산하라.

A 하나 이상의 수소 원자를 포함한 대부분의 산과 같이 인산은 단계적으로 분해되는데, 한 번에 하나의 수소를 분해한다. 그래서 이 시스템에 존재하는 성분들은 H^+, OH^-, H_2O, H_3PO_4, $H_2PO_4^-$, HPO_4^{2-}, PO_4^{3-}이다. 모든 원소 H, O, P에 대한 보존식은 3개의 식을 만든다. 7개 성분 중에서 4개의 독립식은 다음과 같은 분해 식으로 주어진다.

$$H_2O = H^+ + OH^- \qquad K_W = 10^{-14} = \frac{[H^+][OH^-]}{[H_2O]}$$

(계속)

$$H_3PO_4 = H^+ + H_2PO_4^- \qquad K_{a1} = 7.1\times10^{-3} = \frac{[H^+][H_2PO_4^-]}{[H_3PO_4]}$$

$$H_2PO_4^- = H^+ + HPO_4^{2-} \qquad K_{a2} = 6.3\times10^{-8} = \frac{[H^+][HPO_4^{2-}]}{[H_2PO_4^-]}$$

$$HPO_4^{2-} = H^+ + PO_4^{3-} \qquad K_{a3} = 4.7\times10^{-13} = \frac{[H^+][HPO_4^{3-}]}{[HPO_4^{2-}]}$$

관련된 원소의 원자량은 H=1, O=16, P=31 g이다. H_3PO_4의 분자량은 3(1)+31+4(16)=98 g이다. H_3PO_4의 1.5 g은 1.5/98=0.015몰이다. 0.015몰은 물에 녹아서 200 mL의 용액을 만들었는데, 이는 0.015몰/0.2 L=0.077몰/L에 해당된다. 용액이 묽은 용액이므로 200 mL의 용액은 200 mg의 물에 해당된다(물의 비중은 1 g/cc이다.) 물의 분자량은 2(1)+16=18 g/mol이다. 용액 내의 물의 몰수는 200 g/18 g/mol=11.11몰이다. 시스템 내의 각 원소의 그램원자수는 초기 조성에서 구할 수 있다.

$$m_H = 2n_{H_2O} + 3n_{H_3PO_4} = 2(11.11) + 3(0.015) = 22.27 \qquad \text{그램원자.}$$

$$m_O = n_{H_2O} + 4n_{H_3PO_4} = (11.11) + 4(0.015) = 11.17 \qquad \text{그램원자.}$$

$$m_P = n_{H_3PO_4} = 0.015 \qquad \text{그램원자.}$$

각 원소의 해당되는 몰 농도는 용액의 부피로 나누어 구할 수 있다. 원소의 보존은 몰 농도로 나타낼 수 있다.

$$\frac{m_H}{V} = \frac{22.27}{0.2L} = 111.4 \quad (\text{그램원자/L})$$
$$= 2[H_2O] + [H^+] + [OH^+] + 3[H_3PO_4] + 2[H_2PO_4^-] + [HPO_4^{2-}].$$

$$\frac{m_O}{V} = \frac{11.17}{0.2L} = 55.85 \quad (\text{그램원자/L})$$
$$= [H_2O] + [H^+] + [OH^+] + 4([H_3PO_4] + [H_2PO_4^-] + [HPO_4^{2-}] + [PO_4^{3-}]).$$

$$\frac{m_P}{V} = \frac{0.015}{0.2L} = 0.075 \quad (\text{그램원자/L})$$
$$= [H_3PO_4] + 2[H_2PO_4^-] + [HPO_4^{2-}] + [PO_4^{3-}].$$

이 3개의 보존식과 해리 상수에서 얻은 4개의 식과 합하여 7개의 미지수에 대한 7개의 식을 만든다. 평형 조건은 이 식들에 대한 해이고 이는 보통 컴퓨터 프로그램으로부터 구해진다.

2.2 강전해질 용액에서 평형

정의에 의하면 강전해질은 용매에 넣었을 때 이온 성분으로 완전히 분해되는 화합물이다. 그래서 용액 내에 분해 안 된 몰수 $n_U=0$이고 해리도는 $\alpha=1$이 된다. 약간의 화합물은 묽은 용액에서 완전히 분해되나 농도가 증가함에 따라 약전해질이 된다. 사실 이 거동은 충분히 높은 농도에서 모든 전해질에 공통이다.

약전해질의 열역학적 거동은 해리 상수식 (14.12) 또는 (14.16)의 항으로 표현된 평형 조건에 근거를 둔다. 이 식에서 해리도 α를 구하고, 그 다음 pH나 시스템의 다른 특성을 구한다. 강전해질의 경우 이 식을 만들 필요가 없다. 왜냐하면 정의에 의하여 $\alpha=1$이기 때문이다. 그래서 HCl과 같은 강산이 알고 있는 물에 녹으면 H^+이온의 농도는 검사에 의해 첨가된 HCl의 농도와 같다. 모든 HCl 분자는 분해되어 하나의 수소 이온 형성에 기여한다.

예제 14-4 **전해질에서 pH 계산**

Q 물에 0.08몰 HCl 용액의 pH를 구하라.

A 용액의 L당 첨가된 HCl의 몰수는 0.08이다. 모든 HCl 분자는 분해되어 하나의 수소 이온을 만들기 때문에 생성된 H^+ 농도는 0.08몰/L이다. 이 몰에 해당된 pH는

$$pH=-\log(0.08)=1.09$$

예제 14-5 **강전해질에서 pH 계산**

Q 0.04몰 HCl과 0.06몰 NaOH의 혼합 용액의 pH를 구하라. 이들 모두는 강전해질이다.

A HCl에서 기여한 $[H^+]$는 더해진 HCl의 0.04 mol/L이다. NaOH는 $[OH^-]$의 0.06 mol/L의 기여를 한다. 두 용액이 혼합되면 각각은 2배로 묽게 되므로 기여된 농도는 0.02와 0.03 mol/L이다. 근본적으로 0.02 mol/L의 수소 이온은 수산화 이온과 반응하여 0.02 mol/L의 물을 만든다. 수산화 이온의 반응 안한 농도는 0.03 - 0.02=0.01 mol/L이다. 해당되는 수소 이온의 농도는 해리 상수에서 구한다. 즉,

$$K_W=10^{-14}=[H^+]\ [OH^-]=[H^+]\ [0.01]$$

따라서

$$[H^+]=10^{-14}(0.01)^{-1}=10^{-12}.$$

$$pH=-\log(10^{-12})=12.$$

으로 강한 염기 용액이다.

3 전해질이 관련된 2상 시스템에서의 평형

평형 조건을 구하는 일반적인 전략은 전기 전하를 교환하는 2개의 상으로 구성된 시스템에

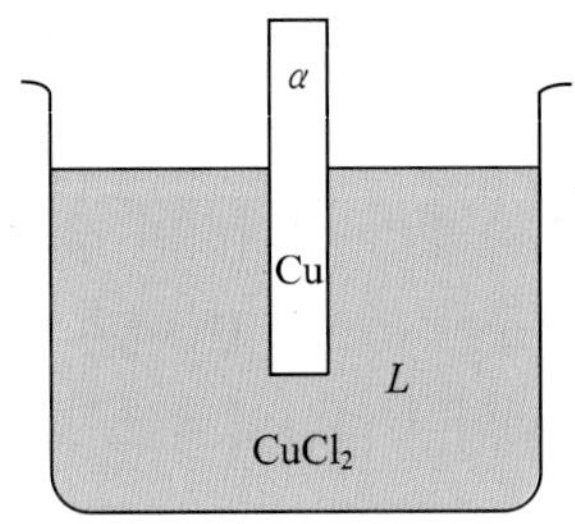

그림 14.3 염화구리 수용액 내에 잠긴 구리 막대 (α상).

적용할 수 있다. 간단한 예를 그림 14.3에 나타내었다. Cu 막대가 염화구리($CuCl_2$) 수용액에 담겨있다. 구리 막대를 전극(electrode)이라 하고 용액은 전해질(electrolyte)이라고 부른다.

전해질 내의 염화구리의 농도가 묽으면 구리 원자가 막대에서 녹아서 용액 내에 2가 구리 이온을 형성한다. 이때 구리 원자는 2가 구리 이온으로 산화되었다고 말한다. 구리 원자가 녹으면 2개의 전자가 방출되어 구리 막대에 남아 있다. 전자가 축적되면 막대는 음으로 하전되는 반면 용액은 양의 전하가 생긴다. 이 축적은 관련된 상의 정전기적 퍼텐셜 에너지를 변화시켜 시스템의 전체 에너지를 변화시킨다.

반면에 전해질이 충분히 고농도라면 구리 이온은 구리 막대에 붙어서 금속 막대로부터 2개의 전자를 붙잡는다. 이때 용액 내의 구리 이온은 금속 표면에서 구리 원자로 환원(reduction)된다고 한다. 구리 막대에서 자유 전자수는 줄어들고 막대에는 양전하가 생긴다. 용액 내에서 구리 이온은 음으로 하전된 염소(chloride) 이온에 비하여 수가 줄어들어 용액에는 음전하가 생긴다. 두 효과는 2상 시스템에서 전기적 퍼텐셜 에너지를 변화시킨다.

이러한 원자와 전하의 교환은 간결하게 다음의 반응으로 나타낸다.

$$Cu(\alpha) = Cu^{2+}(L) + 2e^{-}(\alpha) \qquad [4]$$

만약 반응이 오른쪽 방향으로 진행되면 산화 반응이 일어나고 역방향으로 진행되면 환원 반응이다. 충분한 전하가 전달된 후에 결국에는 평형이 얻어진다. 이 평형 상태를 지배하는 관계를 구하기 위하여 일반적인 평형 전략이 적용된다.

그림 14.4는 전해질 M_uX_v를 함유하는 수용액(ε상)에 담겨진 금속 막대(α상) M을 보여 준다. z^+를 양이온 (M^{z+})의 원자가(valence)라 하고, z^-를 음이온 (X^{z-})의 원자가(valence)라고 하자. α상에서의 성분은 금속 M과 전자 e이다. 전해질 내의 성분은 M^{z+}, X^{z-}, M_uX_v, H^+, OH^-, H_2O이다. ϕ^α은 금속상의 전기 퍼텐셜(이는 단위 하전당 퍼텐셜 에너지로 정의된다)이고 ϕ^ε를 전해질 용액의 전기 퍼텐셜이라고 하자. α와 ε상 사이에 하전된 입자의 교환은 시스템의 전체 에너지 변화에 기여하고, 따라서 열역학 묘사에 참여되어야 한다.

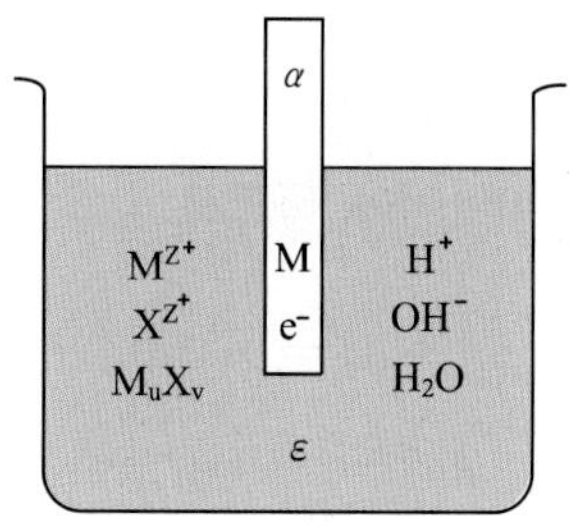

그림 14.4 물에 전해질 M_uX_v가 녹은 수용액 내의 금속 막대 M.

전해질 내에서 확립된 평형은 평형 조건을 적용하여 결정된다. 전해질과 물의 해리 상수는 전해질 성분 사이의 관계를 확립한다. 다음의 개발은 전극과 전해질 사이에 확립된 평형에 초점을 맞춘다. 이 교환에 관련된 성분은 전극에서 금속 M과 전자 e^- 그리고 전해질에서 금속 이온 M^{z+}이다.

전극을 이루는 금속 α상에서 엔트로피 변화는

$$dS_{sys}{}'^{\alpha} = \frac{1}{T^\alpha} dU'^{\alpha} + \frac{P^\alpha}{T^\alpha} dV'^{\alpha} - \frac{1}{T^\alpha}\left[\mu_M^\alpha dn_M^\alpha + \mu_e^\alpha dn_e^\alpha\right] \tag{14.24}$$

전해질상에서

$$dS_{sys}{}'^{\epsilon} = \frac{1}{T^\epsilon} dU'^{\epsilon} + \frac{P^\epsilon}{T^\epsilon} dV'^{\epsilon} - \frac{1}{T^\epsilon}\mu_{M^{z+}}^\epsilon dn_{M^{z+}}^\epsilon \tag{14.25}$$

시스템의 엔탈피 변화는 두 표현의 합이므로,

$$dS_{sys}{}' = dS'^{\alpha} + dS'^{\epsilon}$$

이다. 이 경우에 고립 제약은 주의깊고 완벽하게 공식화해야 한다. 원소 M의 보존은 간단히

$$dm_M = 0 = dn_M^\alpha + dn_{M^{z+}}^\epsilon \rightarrow dn_{M^{z+}}^\epsilon = - dn_M^\alpha \tag{14.26}$$

α상에 더해지는 각 전자는 $(-)e$의 전하량을 제공한다. 여기서 e는 한 전자에 있는 전하량을 말한다. 만약 dn_e^α몰의 전자가 α상에 더해지면 α상에 포함된 전하의 변화량은

$$dq^\alpha = (-)\mathfrak{I}\, dn_e^\alpha = -\mathfrak{I}\, dn_e^\alpha \tag{14.27}$$

여기서 $N_0 e = \mathfrak{I}$ 는 Faraday 상수이다. 각각의 금속 이온 M^{z+}는 $z+$ 전하를 운반한다. 만약 $dn_{M^{z+}}^\epsilon$몰의 이온이 전해질에 더해지면, ε상에 관련된 전하량의 변화는

$$dq^{\epsilon} = (z^{+})\mathfrak{I}\, dn^{\epsilon}_{M^{z+}} \tag{14.28}$$

시스템에서 축적된 전체 전하량은 0이어야 하므로

$$dq_{total} = 0 = dq^{\alpha} + dq^{\epsilon} = -\mathfrak{I}\, dn^{\alpha}_{e} + (z^{+})\mathfrak{I}\, dn^{\epsilon}_{M^{z+}} \tag{14.29}$$

그래서
$$dn^{\alpha}_{e} = (z^{+})\, dn^{\epsilon}_{M^{z+}} \tag{14.30}$$

식 (14.26)에서
$$dn^{\alpha}_{e} = z^{+}(-dn^{\alpha}_{M}) = -z^{+}\, dn^{\alpha}_{M} \tag{14.31}$$

식 (14.26)과 식 (14.31)로 식 (14.24)와 (14.25)에서의 3개의 조성 변수를 dn^{α}_{M}로 나타낼 수 있다.

여분의 고립 제약은 고립계에서 일정 부피의 제한에서 도출한다. 즉,

$$dV_{sys}{}' = 0 = dV'^{\alpha} + dV'^{\epsilon} \rightarrow dV'^{\epsilon} = -dV'^{\alpha} \tag{14.32}$$

그리고 시스템의 전체 에너지는 변하지 않는다. 이를 공식화하기 위해서는 하전 입자의 교환으로 생겨난 상의 전기 에너지 변화를 포함시켜야 한다. 즉,

$$dE_{tot}{}' = dU'^{\alpha} + dU'^{\epsilon} + \phi^{\alpha} dq^{\alpha} + \phi^{\epsilon} dq^{\epsilon} \tag{14.33}$$

식 (14.27), (14.28)을 사용하면

$$dE_{tot}{}' = dU'^{\alpha} + dU'^{\epsilon} + \phi^{\alpha}(-\mathfrak{I} dn^{\alpha}_{e}) + \phi^{\epsilon}(z^{+}\mathfrak{I} dn^{\epsilon}_{M^{z+}})$$

이는
$$dE_{tot}{}' = dU'^{\alpha} + dU'^{\epsilon} + z^{+}\mathfrak{I}(\phi^{\alpha} - \phi^{\epsilon}) dn^{\alpha}_{M}$$

고립계에서 $dE_{tot}{}' = 0$이므로

$$dU'^{\epsilon} = -[dU'^{\alpha} + z^{+}\mathfrak{I}(\phi^{\alpha} - \phi^{\epsilon}) dn^{\alpha}_{M}] \tag{14.34}$$

식 (14.24)와 (14.25)에서 dS'에 대한 표현에 더하여 얻어지는 전체 엔트로피 변화는 7개의 변수로 표현된다. 고립 제약은 이 7개의 변수 사이에 4개의 관계식을 제공한다. 식 (14.26)과 (14.31)에서 dn^{α}_{e}, $dn^{\epsilon}_{M^{z+}}$을 dn^{α}_{M}으로 나타냈다. 식 (14.32)를 사용하여 dV'^{ϵ}과 식 (14.34)를 사용하여 dU'^{ϵ}을 나타내면

$$dS_{sys,\, iso}{}' = \frac{1}{T^{\alpha}} dU'^{\alpha} + \frac{P^{\alpha}}{T^{\alpha}} dV'^{\alpha} - \frac{1}{T^{\alpha}}\left[\mu^{\alpha}_{M} dn^{\alpha}_{M} + \mu^{\alpha}_{e}(-z^{+} dn^{\alpha}_{M})\right]$$
$$+ \frac{1}{T^{\epsilon}}(-1)[dU'^{\alpha} + z^{+}\mathfrak{I}(\phi^{\alpha} - \phi^{\epsilon}) dn^{\alpha}_{M}] + \frac{P^{\epsilon}}{T^{\epsilon}}(-dV'^{\alpha}) - \frac{1}{T^{\epsilon}}\mu^{\epsilon}_{M^{z+}}(-dn^{\alpha}_{M})$$

같은 항끼리 모으면

$$dS_{sys,\,iso}{}' = \left(\frac{1}{T^{\alpha}} - \frac{1}{T^{\epsilon}}\right) dU'^{\alpha} + \left(\frac{P^{\alpha}}{T^{\alpha}} - \frac{P^{\epsilon}}{T^{\epsilon}}\right) dV'^{\alpha}$$
$$- \frac{1}{T^{\alpha}} \left[\mu_M^{\alpha} - z^{+}\mu_e^{\alpha} - \mu_{M^{z+}}^{\epsilon} + z^{+}\mathfrak{I}(\phi^{\alpha} - \phi^{\epsilon})\right] dn_M^{\alpha} \tag{14.35}$$

평형에서 이 식의 모든 계수들은 0이 된다. 그러므로 고립계에서 엔트로피가 최대값이 되는 조건은 다음의 평형 조건을 만든다.

$$\left(\frac{1}{T^{\alpha}} - \frac{1}{T^{\epsilon}}\right) = 0 \rightarrow T^{\alpha} = T^{\epsilon} \text{ (열평형)} \tag{14.36}$$

$$\frac{P^{\alpha}}{T^{\alpha}} - \frac{P^{\epsilon}}{T^{\epsilon}} = 0 \rightarrow P^{\alpha} = P^{\epsilon} \text{ (역학 평형)} \tag{14.37}$$

$$\left[\mu_M^{\alpha} - z^{+}\mu_e^{\alpha} - \mu_{M^{z+}}^{\epsilon} + z^{+}\mathfrak{I}(\phi^{\alpha} - \phi^{\epsilon})\right] = 0 \text{ (전기화학 평형)} \tag{14.38}$$

식 (14.36)과 (14.37)은 친근한 식이다. 식 (14.38)은 시스템에서 전기화학 평형에 관한 조건이다. 이 식을 다시 쓰면,

$$\mu_M^{\alpha} - z^{+}\mu_e^{\alpha} - \mu_{M^{z+}}^{\epsilon} = -z^{+}\mathfrak{I}(\phi^{\alpha} - \phi^{\epsilon}) \tag{14.39}$$

왼쪽 항은 다음 식의 환원 반응식에 대한 애피니티이다. 즉,

$$(M^{z+})^{\epsilon} + z^{+}(e^{-})^{\alpha} = M^{\alpha} \qquad [5]$$

이 반응에 대한 애피니티가 양전하의 z^{+} 그램원자가 금속 전극에서 전해질로 전달되었을 때 퍼텐셜 에너지와 같을 때 평형이 이루어진다.

불행하게도 평형에서 2상 사이의 퍼텐셜 차이를 측정할 수 없다. 전해질에 프로브(probe)를 넣고 외부 장비를 전극에 연결하여 퍼텐셜을 측정하는 것은 자체 평형 조건을 가진 전극-전해질을 형성한다. 전해질에 2개의 전극을 담근 이와 같은 시스템을 전기화학 셀(electrochemical cell)이라고 한다. 이와 같은 시스템에서 전기적 효과와 화학적 효과 사이의 관계를 개발하는 가장 간단한 배열이다.

4 전기화학 셀에서의 평형

그림 14.5는 2개의 다른 전극 α와 β가 각각 적합한 전해질 용액 ε과 η에 잠겨있는 전기화

학 셀을 나타낸다. 구체적으로 언급하면 α 전극은 Cu이고 $CuCl_2$ 용액에 잠겨 있다. β 전극은 Zn이고 $ZnCl_2$ 용액에 잠겨있다. 각각의 전극은 전해질 용액에서 2가 이온(divalent ion)을 형성한다. 그림 14.5(a)에서와 같이 각각의 전극이 전해질 용액과 평형을 이루면 각각의 평형 조건은 식 (14.39)로 표현된다.

Cu 전극의 경우 반응식은

$$(\mathrm{Cu}^{2+})^{\epsilon}+2(e^{-})^{\alpha}=\mathrm{Cu}^{\alpha} \qquad [6]$$

이 전극에 대한 평형 조건은

$$\mu_{Cu}^{\alpha}-(2\mu_{e}^{\alpha}+\mu_{Cu^{2+}}^{\epsilon})=-2\mathfrak{I}(\phi^{\alpha}-\phi^{\epsilon}) \qquad (14.40)$$

또한 Zn 전극(β)에서 반응식은

$$(\mathrm{Zn}^{2+})^{\eta}+2(e^{-})^{\beta}=\mathrm{Zn}^{\beta} \qquad [7]$$

이 전극에 대한 평형 조건은

$$\mu_{Zn}^{\beta}-(2\mu_{e}^{\beta}+\mu_{Zn^{2+}}^{\eta})=-2\mathfrak{I}(\phi^{\beta}-\phi^{\eta}) \qquad (14.41)$$

이제 2개의 전해질 욕조(bath)를 그림 14.5(b)와 같이 염교(salt bridge)로 연결하자. 염교는 전해질로 채워진 튜브(tube)인데, Zn과 전해질과의 평형, Cu와 전해질과의 평형을 방해하지 않고 전해질 사이의 전하 전달만 허용한다. 결국 연속적인 전해질상 ε 내에서 퍼텐셜은 ϕ^{ϵ}으로 균일하다. 금속 전극에서 전자의 화학 퍼텐셜은 또한 같은 값으로 취할 수 있다. 식 (14.41)에서 식 (14.40)을 빼면 전극 사이의 퍼텐셜 차이에 대한 표현을 얻을 수 있다.

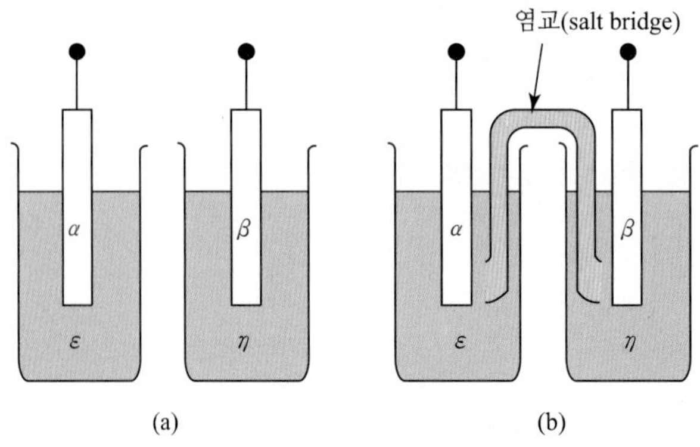

그림 14.5 (a) 2개의 분리된 각각 전극 시스템은 자체 내부 평형을 이루고, (b) 염교(salt bridge)로 연결하여 전극 사이의 전기 퍼텐셜 차이를 측정한다.

$$[\mu_{Zn}^{\beta} - (2\mu_e^{\beta} + \mu_{Zn^{2+}}^{\eta})] - [\mu_{Cu}^{\alpha} - (2\mu_e^{\alpha} + \mu_{Cu^{2+}}^{\epsilon})] = -2\Im(\phi^{\alpha} - \phi^{\beta}) \qquad (14.42)$$

왼쪽 항의 첫 번째 괄호는 전극 반응 [7]에 대한 애피니티 $A_{[7]}$이고, 두 번째 괄호는 Cu 전극에 대한 반응 [6]의 애피니티 $A_{[6]}$이다. 식 (14.42)는 갈바니 셀이 평형에 도달하였을 때 외부 퍼텐셜, 이는 전위차계(potentiometer)나 예민한 전압계(voltmeter)로 실험적으로 측정하였는데, 이는 2개 전극 반응에 대한 애피니티의 차이로 결정된다.

$$A^{\beta} - A^{\alpha} = -2\Im(\phi^{\beta} - \phi^{\alpha}) \qquad (14.43)$$

$\mu_e^{\alpha} = \mu_e^{\beta}$ 이므로, 식 (14.43)의 왼쪽 항은

$$[\mu_{Zn}^{\beta} - \mu_{Zn^{2+}}^{\eta}] - [\mu_{Cu}^{\alpha} - \mu_{Cu^{2+}}^{\epsilon}] = -2\Im(\phi^{\beta} - \phi^{\alpha}) \qquad (14.44)$$

즉, 왼쪽 항은 전체 반응(overall reaction)에 대한 애피니티에 해당된다.

$$\mathrm{Zn}^{\beta} + (\mathrm{Cu}^{2+})^{\epsilon} = \mathrm{Cu}^{\alpha} + (\mathrm{An}^{2+})^{\eta} \qquad [8]$$

4.1 일반적인 갈바니 셀에 있어서 평형에 대한 조건

식 (14.44)는 일반적인 갈바니 셀에 대하여 쓸 수 있다. 셀 퍼텐셜(cell potential)의 기호에 대한 오해를 피하기 위하여 셀을 나타내기 위한 다음의 방식을 확립하는 것이 유용하다. (1) 애피니티와 전극 반응은 환원 반응으로 쓴다. 그래서 전자는 반응물로 소모되게 한다. (2) 셀의 기하학적 배열을 가시화하기 위하여 셀에 대해 보고된 기전력 오른쪽 전극의 퍼텐셜에서 왼쪽 전극의 퍼텐셜을 뺀 것이다. 이 관습(오른쪽에서 왼쪽을 뺌)은 편리하게 화학 반응과 같은 관습을 상기시켜 준다. 관습에 의해 (생성물−반응물)은 반응의 (오른쪽 항−왼쪽 항)이다.

고려 중인 셀을 나타내기 위하여 셀의 배열을 나타내는 간단한 기호를 채택하는 것이 유용하다. 일반적으로 셀을 나타냄은

왼쪽 전극 전해액 1 || 전해액 2 | 오른쪽 전극

여기서 한 개의 수직선은 전극과 전극 사이의 경계를 나타내고, 이 중 수직선은 2개 전해질 사이의 경계를 나타낸다. 위에서 논의된 셀의 나타냄은

$$\mathrm{Zn}\alpha \mid \mathrm{ZnCl_2} \parallel \mathrm{CuCl_2} \mid \mathrm{Cu}\beta$$

좀 더 구체적인 정보는 다음과 같이 쓸 수 있다.

$$\mathrm{Zn}\alpha(\mathrm{pure}) \mid \mathrm{Zn}^{++}(a_{Zn^{2+}} = 0.005) \parallel \mathrm{Cu}^{++}(a_{Cu^{2+}} = 0.002) \mid \mathrm{Cu}\beta(\mathrm{pure})$$

이제까지 작성된 전극 반응은 전자가 발생하는 산화 반응의 예이다. 이 반응의 역은 환원 반응이다. 이어진 반응들은 관습에 의하여 환원 반응으로 표기된다. 일련의 환원 반응을 표 14.3에 나타내었다.

그림 14.6에서 보인 셀을 생각해 보자. α 전극은 왼쪽, β 전극은 오른쪽에 나타냈다. 선택된 관습으로 이 셀의 기전력은 $\phi^\beta - \phi^\alpha$이다. α 상이 금속 M_1으로 구성되어 전해질 용액에서

표 14.3 기전력 시리즈로부터 선택된 값.

환원 반응	기전력 (volts)
$Ca^{+} + e^{-} = Ca$	3.80
$Na^{+} + e^{-} = Na$	2.71
$Al^{+++} + 3e^{-} = Al$	1.662
$Fe^{++} + 2e^{-} = Fe$	0.447
$Ni^{++} + 2e^{-} = Ni$	0.257
$Fe^{+++} + 3e^{-} = Fe$	0.037
$2H^{+} + 2e^{-} = H_2$	0.00000
$Cu^{++} + e^{-} = Cu^{+}$	0.153
$Cu^{+} + e^{-} = Cu$	0.521
$Fe^{+++} + e^{-} = Fe^{++}$	0.771
$O_2 + 4H^{+} + 4e^{-} = 2H_2O$	1.229
$Au^{+} + e^{-} = Au$	1.692
$Agl^{++} + e^{-} = Ag^{+}$	1.980

출처: *CRC Handbook of Chemistry and Physics, 71st Edition*, D. R. Lide, Editor, CRC Press, Boca Raton, EL, (1991).

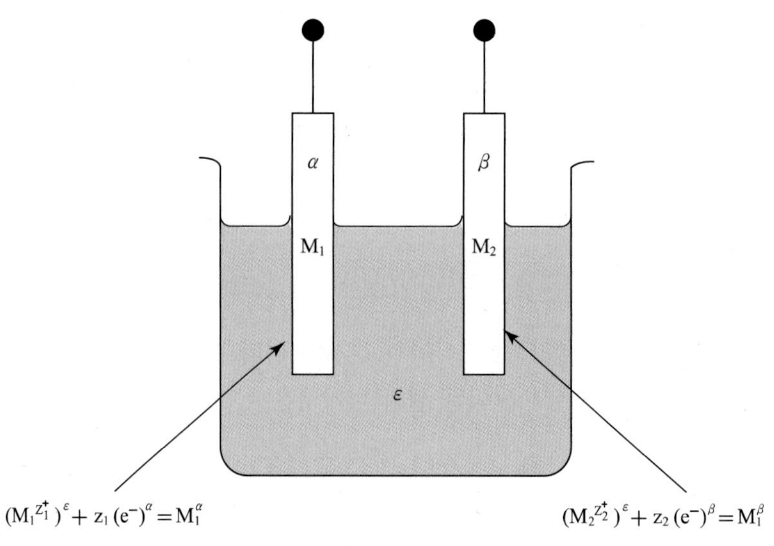

그림 14.6 두 개의 전극을 가진 일반적인 셀.

전하 z_1을 갖는 이온을 형성한다고 가정하자. 그리고 β 전극은 전하 z_2를 갖는 이온을 형성한다고 하면, 전극 반응은

$$(M_1^{z_1+})^{\epsilon} + z_1(e^-)^{\alpha} = M_1^{\alpha} \qquad [9]$$

그리고

$$(M_2^{z_2+})^{\epsilon} + z_2(e^-)^{\beta} = M_2^{\beta} \qquad [10]$$

평형 조건 식 (14.39)를 각각의 전극 – 전해질(electrode-electrolyte)에 적용하면

$$A^{\alpha} = \mu_{M_1}^{\alpha} - (z_1\mu_e^{\alpha} + \mu_{M_1^{z_1+}}^{\epsilon}) = -z_1\Im(\phi^{\alpha} - \phi^{\epsilon}) \qquad (14.45)$$

$$A^{\beta} = \mu_{M_2}^{\beta} - (z_2\mu_e^{\beta} + \mu_{M_2^{z_2+}}^{\epsilon}) = -z_2\Im(\phi^{\beta} - \phi^{\epsilon}) \qquad (14.46)$$

식 (14.45)에 $\dfrac{z_2}{z_1}$를 곱하고 식 (14.46)에서 빼면,

$$[\mu_{M_2}^{\beta} - (z_2\mu_e^{\beta} + \mu_{M_2^{z_2+}}^{\epsilon})] - \frac{z_2}{z_1}[\mu_{M_1}^{\alpha} - (z_1\mu_e^{\alpha} + \mu_{M_1^{z_1+}}^{\epsilon})] = -z_2\Im(\phi^{\beta} - \phi^{\alpha}) \qquad (14.47)$$

왼쪽 항은 2개 전극 반응의 애피니티 차이를 나타낸다. 이는 같은 수의 전자를 전달하기 위하여 균형을 맞춘 것이다. 즉,

$$A^{\beta} - \frac{z_2}{z_1}A^{\alpha} = -z_2\Im(\phi^{\beta} - \phi^{\alpha}) \qquad (14.48)$$

식 (14.48)은 평형을 이룬 갈바니 셀에서 두 전극간 애피니티 차이는 외부에서 두 전극 사이의 퍼텐셜 차이를 측정한 값에 비례함을 보여 주고 있다.

전극에서 전자의 화학 퍼텐셜은 같으므로 식 (14.47)은

$$A_{cell} = [\mu_{M_2}^{\beta} + \frac{z_2}{z_1}\mu_{M_1^{z_1+}}^{\epsilon}] - [\mu_{M_2^{z_2+}}^{\epsilon} + \frac{z_2}{z_1}\mu_{M_1}^{\alpha}] = -z_2\Im(\phi^{\beta} - \phi^{\alpha}) \qquad (14.49)$$

왼쪽 항은 전체 셀 반응에 대한 애피니티에 해당된다.

$$(M_2^{z_2+})^{\epsilon} + \frac{z_2}{z_1}M_1^{\alpha} = M_2^{\beta} + \frac{z_2}{z_1}(M_1^{z_1+})^{\epsilon} \qquad [11]$$

이러한 결과를 나타내기 위하여 α는 Zn, $z_1=2$, β는 Al, $z_2=3$인 경우

$$[\mu_{Al}^{\beta} + \frac{3}{2}\mu_{Zn^{2+}}^{\epsilon}] - [\mu_{Al^{3+}}^{\epsilon} + \frac{3}{2}\mu_{Zn}^{\alpha}] = -3\Im(\phi^{\beta} - \phi^{\alpha}) \qquad (14.50)$$

왼쪽 항은

$$(Al^{3+})^{\epsilon} + \frac{3}{2}M_{Zn}^{\alpha} = Al^{\beta} + \frac{3}{2}(Zn^{2+})^{\epsilon} \qquad [12]$$

으로 표현된다.

한 반응에 대한 애피니티는 반응에 대한 표준 자유 에너지 변화와 활동도의 적합한 비로 나타낼 수 있다. 즉,

$$A = \Delta G^0 + RT\ln Q$$

이를 식 (14.49)에 대입하면

$$A_{cell} = \Delta G^0 + RT\ln Q_{cell} = -z\mathfrak{I}\,\varepsilon_{cell} \qquad (14.51)$$

여기서 ε_{cell}은 전극 사이의 퍼텐셜의 차이 $\varepsilon_{cell} = (\phi^{\beta} - \phi^{\alpha})$를 나타내며, 이는 채택된 관습으로 오른쪽 퍼텐셜에서 왼쪽 전극의 퍼텐셜을 뺀 값이다. 이 정의에서 퍼텐셜의 크기 $(\phi^{\beta} - \phi^{\alpha})$는 환원 반응으로 쓴 전극 반응의 크기이다.

만약 한 셀의 전극 반응이 표준 상태에서 구축되면 $Q=1$, $\ln Q=0$이 된다. 예를 들어, Cu | $CuCl_2$ || $ZnCl_2$ | Zn 셀에서 전극은 순수 구리와 순수 아연이고, 순수 전해질 용액은 활동도가 1인 몰농도(molarity)로 준비된다. 식 (14.51)은

$$\Delta G^0 = -z\mathfrak{I}\,\varepsilon_{cell}^0 \qquad (14.52)$$

으로 된다. 측정된 기전력(emf)은 셀 반응의 표준 전극 퍼텐셜이다. 이를 식 (14.51)에 대입하면,

$$\varepsilon = \varepsilon^0 - \frac{RT}{z\mathfrak{I}}\ln Q \qquad (14.53)$$

으로 된다. 이를 Nernst 식이라 한다. 이는 실제 문제의 전기화학에서 많이 사용되는 공식이다.

전기화학 대부분의 응용에서 수용액은 상온에서 일어나므로 온도는 25 ℃로 잡는다. 또한 자연 로그를 밑이 10인 로그로 전환하여 사용한다. ln x =2.303 log x이므로 Nernst 식은

$$\begin{aligned}\varepsilon &= \varepsilon^0 - \frac{8.314\,(\mathrm{J/mol\,K})(298.17\,\mathrm{K})(2.303)}{\mathrm{z}\times 96{,}512\,(\mathrm{J/Volt\,mol})}\log Q \\ &= \varepsilon^0 - \frac{0.05915}{z}\log Q\end{aligned} \qquad (14.54)$$

여기서 ε의 단위는 볼트(volt)이다. 이 식은 널리 사용되는 형태이지만, 식 (14.53)은 일반적이고, 전해질이 용융염(molten salt)이거나 고체 이온 전도체(solid ionic conductor)가 사용되고 고온에서 사용되는 관계식임을 강조한다.

4.2 전지 기전력의 온도 의존성

주어진 화학 반응을 연구하기 위하여 전기화학 셀은 반응에 대한 표준 엔트로피 변화와 반응열(heat of reaction)을 측정하는 데 사용할 수 있다. 이는 전극과 용액을 표준 상태로 셀을 구성하여 가역적(reversible) 기전력을 온도의 시리즈로 측정하면 가능하다. 이 특성의 계산은 다음과 같이 쉽게 유도된다.

한 반응에 대한 엔트로피 변화는 Gibbs 자유 에너지 변화의 온도 미분에 대한 값의 음의 값임을 상기하면 식 (14.52)를 사용하여 유도할 수 있다.

$$\Delta S^0 = -\left(\frac{\partial \Delta G^0}{\partial T}\right)_{P,n_k} = +z\mathfrak{I}\left(\frac{\partial \varepsilon^0}{\partial T}\right)_{P,n_k} \tag{14.55}$$

반응에 대한 엔탈피 변화는 에너지 정의 관계식에서 구할 수 있다.

$$\Delta H^0 = \Delta G^0 + T\Delta S^0 = +z\mathfrak{I}\left(-\varepsilon^0 + T\left(\frac{\partial \varepsilon^0}{\partial T}\right)_{P,n_k}\right) \tag{14.56}$$

만약 실험이 주의깊게 실행된다면 ΔS^0와 ΔH^0값은 열량계에서 얻은 값과 비교할 수 있다. 분명히 전기화학 셀은 열역학 특성의 실험적 값 측정에 아주 유용한 장비이다.

4.3 표준 수소 전극(SHE)

그림 14.5(a)에서 보인 왼쪽 전극과 같이 한 개의 전극에 대한 전기 퍼텐셜을 구하고, 이를 표로 만들어 놓으면 아주 편리할 것이다. 임의의 갈바니 셀의 평형 전기 퍼텐셜은 2개의 한 개의 전극 퍼텐셜 사이의 차이로 계산할 수 있게 된다. 한 개의 전극 퍼텐셜을 측정할 필요 없이 이 정도의 정확도가 얻어지도록 간단한 전략을 수립할 수 있다. 실험자들은 다른 전극은 항상 같은 반쪽(half) 셀 배열을 하도록 하여 다른 한 전극으로 선택한 셀에 대한 평형 기전력을 측정하고 보고하기로 합의하였다. 만약 표준 전극에 비교하여 모든 퍼텐셜이 $(\phi^{\alpha} - \phi^{STD})$, $(\phi^{\beta} - \phi^{STD})$, ... 등으로 기록되면 전극 α와 전극 β를 갖는 셀에 대한 퍼텐셜 차이는

$$\varepsilon^{\alpha\beta} = \phi^{\beta} - \phi^{\alpha} = (\phi^{\beta} - \phi^{STD}) - (\phi^{\alpha} - \phi^{STD}) \tag{14.57}$$

와 같이 뺀 값으로 나타낼 수 있다.

실제로 표준 전극을 함유한 셀은 모든 측정을 할 필요가 없다. 단지 표준 전극에 대하여 앞서 교정된 전극이 있는 시스템의 기전력만 측정하는 게 필요하다. 전극 β를 갖고 있는 한 셀과 표준 전극과의 기전력 $(\phi^{\beta} - \phi^{STD})$을 측정하였다고 가정하자. 그러면 표준 전극에 대한

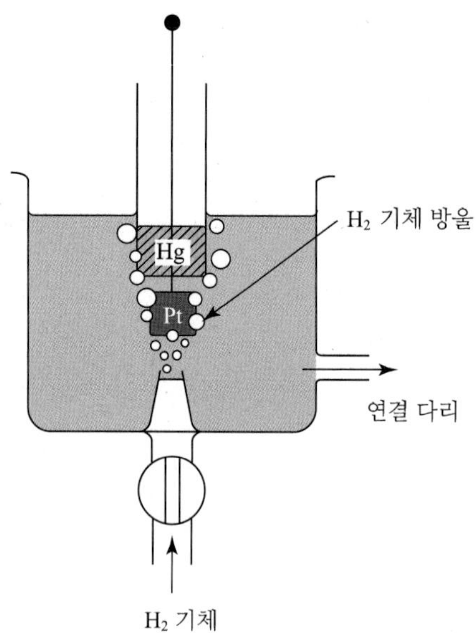

그림 14.7 셀 퍼텐셜 측정에서 참조 전극으로 사용되는 표준 수소 전극.

새로운 전극 재료 α의 표준 전극에 대한 퍼텐셜은 α와 β를 전극으로 측정한 $(\phi^{\beta}-\phi^{\alpha})$ 에서 구할 수 있다. 왜냐하면

$$(\phi^{\alpha}-\phi^{STD})=(\phi^{\beta}-\phi^{STD})-(\phi^{\beta}-\phi^{\alpha}) \tag{14.58}$$

이기 때문이다.

셀 퍼텐셜 계산에서 표준 전극의 퍼텐셜은 상쇄되기 때문에 ϕ^{STD}를 0 V로 잡는 것이 편리하다. 이 선택으로 STD 배열에서 측정된 임의의 퍼텐셜은

$$\varepsilon^{\beta}=\phi^{\beta}-\phi^{STD}=\phi^{\beta}-0=\phi^{\beta} \tag{14.59}$$

으로 그 전극의 '반쪽 셀 퍼텐셜'로 생각할 수 있다.

표준에 대한 전극 배열의 선택은 섭씨 온도 스케일에 대한 0 ℃와 100 ℃의 벤치마크의 선택을 결정한 고려와 유사한 방법에 근거한다. 순수 물의 어는점(icing point)과 끓는점(boiling point)을 선택하였다. 왜냐하면 물은 실험실에서 비교적 순수하게 얻을 수 있고, 벤치마크(1기압에서 어는점과 끓는점)는 재차 실현 가능하기 때문이다.

모든 전기화학적 기전력값에 대한 표준 전극을 그림 14.7과 같은 표준 수소 전극(SHE)이다. 비활성 Pt 전극이 산성 용액에 담겨있고, 1기압에서 수소 기체가 25 ℃로 유지되는 Pt－전해질 경계에서 거품이 되어 나온다. 전극에서의 반응은

$$2(H^{+})^{\varepsilon}+2(e^{-})^{Pt}=H_2^{(g)} \qquad [13]$$

또한 다양한 전극이 실험실에서 모든 셀 측정에 참조 전극으로 사용된다. 모두 SHE와 주의깊게 교정하여 그들의 사용이 인정된 표준과 일치하여 식 (14.58)과 같이 축적된 퍼텐셜과 비교된다.

반쪽 셀 퍼텐셜(half cell potential) 또는 한 개의 전극 퍼텐셜을 결정하는 전략의 적용은 해당되는 한 개의 전극 반응에 대하여 성분들이 표준 상태에 있는 셀에서는 STD 한 전극 퍼텐셜 ε^0 값을 제공한다. 표준 단전극 퍼텐셜의 모음(표준 수소 전극에 비교하여 측정하고 환원 반응에 대하여 보고함)은 표 14.3에 나타냈다. 주의할 것은 어떤 자료에서는 산화 반응으로 주어졌다. 이 경우에 모든 부호는 반대가 되고 표의 반응 순서는 역전된다. 한 전극 셀 기전력에 의한 원소의 순서를 '원소의 기전력 시리즈'라고 한다.

한 반응에 대한 표준 자유 에너지는 식 (14.52)에서 평형 상수 K와 관련된다.

$$\Delta G^0 = -RT\ln K = -z\mathfrak{J}\varepsilon^0$$

또는

$$\varepsilon^0 = \frac{RT}{z\mathfrak{J}}\ln K \tag{14.60}$$

표 14.3에서 하부의 반응들은 비교적 ε^0값이 큰 양의 값이고, 이는 $K>1$의 조건에 해당된다. 그래서 평형에서 생성물의 활동도(금속)는 반응 물질(용액 내 이온)과 비교하여 크다. 이 시리즈에서 마지막 부분의 원소는 불활성(noble)이라고 부른다. 왜냐하면 이들 원소들은 이온이 되는 용해됨에 저항하기 때문이다. 표 14.3의 상부 원소들은 ε^0값이 음이어서 $K<1$이 된다. 평형에서는 반응물이 지배적이다. 이 원소들을 활성(reactive)이라고 한다. 거동은 기전력 시리즈가 아래에서 위로 변함에 따라 부드럽게 불활성(noble metal)에서 활성 금속으로 변화된다.

예제 14-6 Nernst 식에서 활동도 계산

Q 25 ℃에서 측정된 셀 Pt | H_2 | H^+ || Cu^{++} | Cu의 가역 기전력 +0.295 V였다. Cu^{++}의 활동도를 구하라.

A 구리 이온의 환원에 대한 표준 전극 퍼텐셜은 표 14.3에서 +0.337 V이다. 해당 전극 반응은 $Cu^{2+} + 2e^- = Cu$ 그리고 $Q = \frac{a_{Cu}}{a_{Cu^{2+}}} = \frac{1}{a_{Cu^{2+}}}$

Nernst 식 (14.54)에서

$$0.295 = 0.337\text{ V} - \frac{0.05915}{2}\log\frac{1}{a_{Cu^{2+}}}$$

(계속)

$$\log a_{Cu^{2+}} = (0.295 - 0.337)\,V \cdot \frac{2}{0.05915\,V} = -1.42$$

$$a_{Cu^{2+}} = 0.038.$$

5 Pourbaix 도표

다변수 반응 시스템의 거동을 나타내기 위한 전기화학 평형을 나타내기 위하여 우위 도표가 사용된다. 시스템을 나타내는 변수는 셀 기전력과 전해질의 pH로 Pourbaix 도표의 축을 형성한다. 이 도표의 구축은 Nernst 식 (14.54)로 주어진 셀 내에서 일어날 수 있는 모든 경쟁 반응에 이 식의 반복된 적용에 근거한다.

이 조건에서 도출된 라인들은 (pH, ε) 공간을 시스템에 존재한다고 알려진 각각의 성분에 대한 우위 영역으로 나눈다.

5.1 물의 안정성

가장 간단한 Pourbaix 도표는 순수 물에 관한 것이다. 이와 같은 시스템에 존재한다고 가정하는 성분은 H_2O, H^+, OH^-, $H_2(g)$, $O_2(g)$이다. H^+의 활동도 그리고 은연 중 내포된 OH^-의 활동도는 도표의 pH 변수축에 나타낸다. 나머지 성분 $H_2(g)$, H_2O 그리고 $O_2(g)$의 우위 영역은 2개의 전극 반응을 고려하여 계산할 수 있다.

수소 형성에 대하여 다음 반응을 생각해 보자.

$$2H^+ + 2e^- = H_2(g)$$

$$\varepsilon^0 \equiv 0.000\ \text{V} \qquad [14]$$

이 반쪽 셀의 반응에 대하여

$$\log Q = \log \frac{a_{H_2}^{(g)}}{a_{H^+}^2 a_e^2} = \log \frac{P_{H_2}}{a_{H^+}^2} = \log P_{H_2} - 2\log a_{H^+} = \log P_{H_2} + 2pH \qquad (14.61)$$

이제 $b = \dfrac{2.303\,RT}{\mathfrak{J}} = 0.05915$ V라고 하자. 왜냐하면 이것은 계산에서 자주 반복되기 때문이다. 주어진 값의 ε^0와 Q에 대한 Nernst 식은

$$\varepsilon = 0.000 - \frac{b}{2}[\log P_{H_2} + 2pH]$$

$$\varepsilon = -bpH - \frac{b}{2}\log P_{H_2} \tag{14.62}$$

주어진 P_{H_2}값에 대하여 이 관계식은 (pH, ε) 공간에서 직선으로 그려진다. 이 직선의 기울기는 $(-b) = -0.05915$ V이고, pH=0에서 수직선과의 교점은 $-\frac{b}{2}[\log P_{H_2}]$이다. P_{H_2}에 대한 절편값이 10^{-2}, 10^{-1}, 10^0, 10^1, 10^2이므로 각각 +0.05915, +0.02958, 0.000, −0.02958, −0.05915 V이다. 이 5가지 라인 세트를 그림 14.8에 나타내었다. 이 라인의 영역에서 셀의 기전력이 감소함에 따라 평형 수소 압력은 10^{-2} atm에서 10^2 atm으로 증가한다. 그래서 $P_{H_2} = 1$ atm을 나타내는 영역에서 물은 분해되어 H_2 기체를 형성한다. 반면 이 라인 위에서 평형 수소 압력은 기전력이 증가함에 따라 급격히 감소하여 물은 안정하게 된다. 다음과 같은 식 (14.63)은 H_2 기체와 H_2O 사이의 우위의 극한이라고 한다.

$$\varepsilon = -bpH = -0.05915\,pH \tag{14.63}$$

H_2O와 O_2 사이의 경쟁은 다음의 전극 반응을 고려하여 조사할 수 있다.

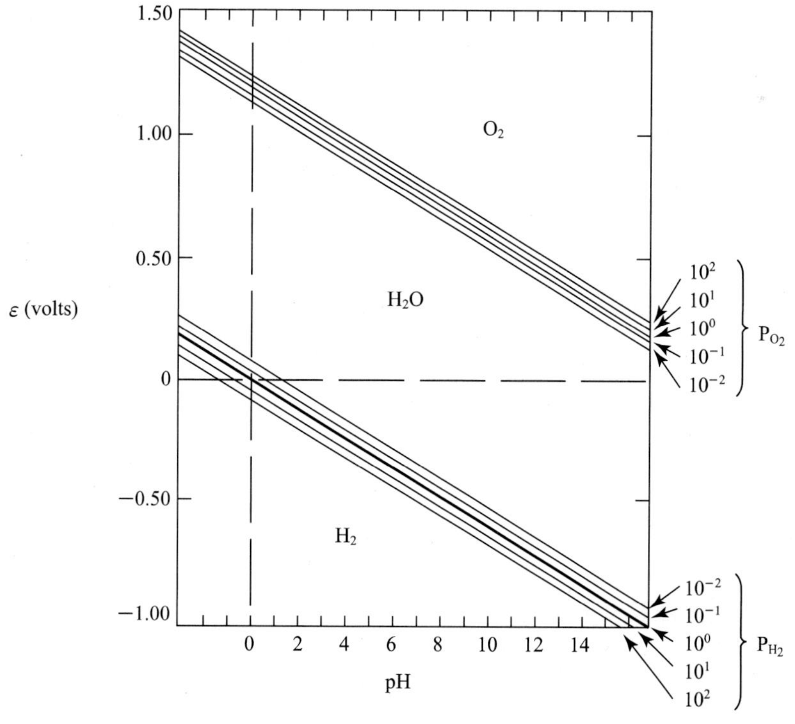

그림 14.8 ε − pH 공간에서 물의 안정성.

$$O_2 + 4H^+ + 4e^- = 2H_2O, \ \varepsilon^0 = +1.229 \text{ V} \quad [15]$$

이 반응에 대한 log Q는

$$\log Q = \log \frac{a_{H_2O}^2}{a_{O_2}^g a_{H^+}^4 a_{e^-}^4} = \log \frac{1}{P_{O_2} a_{H^+}^4} = -\log P_{O_2} - 4\log a_{H^+}$$

$$\log Q = -\log P_{O_2} + 4pH \tag{14.64}$$

Nernst 식으로 나타낸 평형에 대한 조건은

$$\varepsilon = +1.229 - \frac{b}{4}[-\log P_{O_2} + 4pH] \tag{14.65}$$

$$\varepsilon = [1.229 + \frac{b}{4}\log P_{O_2}] - b\,pH \tag{14.66}$$

P_{O_2}의 고정된 값에 대하여 이 식은 직선을 나타내는데, 기울기는 $-b = -0.05915$이고, 절편은 $[1.229 + \frac{b}{4}\log P_{O_2}]$ 이다. P_{O_2}가 10^{-2}에서 10^2으로 변함에 따라 절편은 1.199에서 1.259로 변한다. 이 라인들은 수소 반응 라인과 같은 기울기를 갖는다. 그들은 함께 가까이 있다. 왜냐하면 $\log P_{O_2}$의 계수는 $\frac{b}{4}$로 수소의 $\frac{b}{2}$와 비교된다. 또한 크기(order)가 역이다. 왜냐하면 log P_{O_2}의 부호는 수소 라인의 그것과 반대이기 때문이다. 그래서 셀 기전력이 증가함에 따라 산소 압력은 10^{-2} atm에서 10^2 atm으로 변화된다. 산소 기체의 우위의 영역은 $P_{O_2} = 1$ atm에 해당하는 라인 위에 놓인다. H_2O는 그 라인 아래에서 우위의 성분이다.

그림 14.8은 순수 물에 대한 Pourbaix 도표는 3가지 우위 영역(region of predominance)을 가짐을 보여 준다. 높은 셀 기전력에서 물은 분해되어 산소 기체, 중간값의 기전력에서 물이 안정하고, 특정한 음의 기전력에서 물은 분해되어 수소 기체를 형성한다. 이론적인 면에서 액체 물의 존재를 가정하는 모든 전기화학적 반응의 고려는 그림 14.8에서 H_2O의 안정성에 해당되는 (pH, ε) 범위로 제한되어야 한다. 그러나 실용적인 견해에서 낮은(음의) 기전력값에서 수소의 발생 속도와 높은 양의 값에서의 산소 발생 속도는 다른 전기화학적 반응과 비교하여 아주 느리다. 따라서 이 열역학적 고려의 실용적인 응용은 H_2O의 안정도 영역보다 현저하게 넓다.

5.2 구리에 대한 Pourbaix 도표

Pourbaix 도표를 계산하는 일반적인 전략은 Cu – H_2O 시스템에 대하여 나타낸다. 우선 물에 존재하는 정상적인 성분에 더하여 시스템에 존재한다고 알려진 구리 원자를 함유하는 이온성과 비이온성 성분들을 밝혀내는 것이 필요하다. 이 도표 계산에 고려된 7개의 Cu 함유 성분들은 2개의 범주로 나누어 먼저 3개의 고체 물질 Cu, CuO 그리고 Cu_2O와 4개의 용액에 녹아있는 이온 성분들, Cu^+, Cu^{++}, $HCuO_2^-$, CuO_2^-이다. 더 나아가 전해질 용액은 여분의 성분으로 용액의 pH를 변화시키는데 필요한 양이온과 음이온 성분을 함유하는데 구리와 관련된 반응에서는 참여하지 않는다.

H^+, H_2O 그리고 e^-가 포함되면 10개의 성분과 3개의 원소(Cu, H, O)가 시스템에 참여한다. 그래서 $r=(C-e)=(10-3)=7$개의 독립 반응식이 존재한다. 표준 전극 퍼텐셜이 각각의 반응식에서 얻어져야 한다.

도표상의 각 라인은 우위에서 두 경쟁 성분 사이에서 전이 영역(transition region)을 나타낸다. 한 특별한 라인을 나타내는 식은 평형 조건식, Nernst 식을 경쟁 성분 쌍이 전극 반응에 관련된 셀에 적용한다. 고려해야 할 반응식의 수에서 7개의 구리 함유 성분을 한번에 2개씩 경쟁시키는 방법 수는 $\frac{7!}{2!\,5!}=21$개이다. 따라서 Cu에 대한 Pourbaix 도표는 많아봐야 21개의 라인들(정확히 말하자면, 21개의 전이 영역)이다. 이 라인들의 약간이 도표에 나타난다. 예를 들면, 성분 X와 Y 사이의 경쟁을 나타내는 라인은 3번째 성분 Z가 X와 Y 모두를 지배하는 영역 내에 놓여있다. 이 경우 X와 Y 라인은 도표에 나타나지 않는다.

표 14.4 순수 구리에 대한 Pourbaix 도표를 계산하는 데 사용되는 반응들.

$Cu^{++}+2H_2O=HCuO_2^-+3H^+$	[A]
$Cu^{++}+2H_2O=CuO_2^-+4H^+$	[B]
$HCuO_2^-=CuO_2^-+H^+$	[C]
$Cu^+=Cu^{++}+e^-$	[D]
$Cu^++2H_2O=HCuO_2^-+3H+e^-$	[E]
$Cu^++2H_2O=CuO_2^{--}+4H^++e^-$	[F]
$Cu+H_2O=Cu_2O+2H^++2e^-$	[G]
$Cu+H_2O=CuO+2H^++2e^-$	[H]
$Cu_2O+H_2O=2CuO+2H^++2e^-$	[I]
$2Cu^++H_2O=Cu_2O+2H^+$	[J]
$Cu^{++}+H_2O=CuO+2H^+$	[K]
$CuO+H_2O=HCuO_2^-+H^+$	[L]
$CuO+H_2O=CuO_2^{--}+2H^+$	[M]
$Cu=Cu^++e^-$	[N]
$Cu=Cu^{++}+2e^-$	[O]
$Cu+2H_2O=HCuO_2^-+3H^++2e^-$	[P]
$Cu+2H_2O=CuO_2^{--}+4H^++2e^-$	[Q]
$Cu_2O+2H^+=2Cu^{++}+H_2O+2e^-$	[R]
$Cu_2O+3H_2O=2HCuO_2^-+4H^++2e^-$	[S]
$Cu_2O+3H_2O=2CuO_2^{--}+6H^++2e^-$	[T]
$Cu^++H_2O=CuO+2H^++e^-$	[U]

21개의 반응을 표 14.4에 열거하였다. 확립된 관습에 의하면 전자의 전달이 관련된 반응은 환원 반응으로 쓴다. 또한 반응이 H^+ 또는 OH^- 이온이 관련되면 선택된 반응은 H^+ 이온으로 표현한다. 이 선택으로 Pourbaix 도표의 x축은 수소 이온의 활동도 항으로 표시되고, H^+와 OH^- 이온의 활동도는 물의 반응을 통하여 관련된다. 예를 들면, Cu와 CuO 사이의 경쟁을 나타내는 반응식 [H]는

$$Cu + 2OH^- = CuO + H_2O + 2e^-$$

그러나 이 반응에 대한 Nernst 식은 $\log a_{OH^-}$항을 함유하는 반면, Pourbaix 도표는 pH= $-\log a_{H^+}$로 묘사된다. 위의 식에서 물의 반응식을 빼면,

$$Cu + 2OH^- + 2H_2O = CuO + H_2O + 2e^- + 2H^+ + 2OH^-$$

으로 되는데, 이는

$$Cu + H_2O = CuO + 2H^+ + 2e^- \quad [H]$$

으로 된다. 이 반응의 역반응은 Pourbaix 도표에서 경쟁 계산을 위한 환원 반응이 된다.

이 간단한 전략은 OH^- 이온을 함유한 어떠한 반응도 H^+이온항으로 써서 평형에 대한 해당 조건을 용액의 pH항으로 표현된다.

표 15.4에 요약된 반응은 3개의 등급(class)으로 나눌 수 있다.

- 전자가 전극으로 전달되지 않는 반응들, [A], [B], [C], [J], [K], [L], [M]은 전해질에서 이온상이 전하를 재배열한다. 전하가 전극에 전달되지 않으므로 평형 조건은 시스템의 외부 기전력과 무관하다. 해당되는 우위의 극한은 Pourbaix 도표에서 고정된 pH값에서 수직선으로 그려진다.
- 반응식 [D], [N], [O]는 수소 이온의 농도에 의존하지 않는다. 이 경쟁의 우위의 극한은 도표에서 수평선으로 그려진다.
- 나머지 반응은 전자와 수소를 포함한다. 이들은 Nernst 식을 통하여 기울기가 0.05915의 간단한 곱으로 나타난다. 곱하는 인자는 반응에서 H^+와 e^-의 화학량적 수에 의존한다.

21개의 반응에 해당되는 라인 세트는 H_2O-Cu 시스템에 대한 Pourbaix 도표를 만들기 위하여 결합될 수 있다. 어느 세트의 라인이 도표에 나타나지 않는가를 결정하고, 각 세트에 의한 우위 영역을 확인하는 것만 남아 있다. 우위의 극한에 근거한 자동적인 컴퓨터 알고리즘이 개발되었다.

H_2O-Cu 시스템에 대한 완성된 Pourbaix 도표를 그림 14.9에 나타내었다. 실용적인 면에서 다양한 영역은 3개의 등급으로 나눌 수 있다.

• 면역(immunity) 영역 : Cu 금속이 지배적인 성분이다.
• 부식(corrosion) 영역 : 지배 성분은 Cu를 함유한 이온 성분의 하나이다.
• 부동(passivation) 영역 : 지배 성분은 고체 Cu를 함유한 성분의 하나이다. 이 조건은 고체 성분의 반응 생성물이 금속 위에 접합층을 형성하여 금속을 전해질 용액에 고립시켜 부식에 대해 부동이 된다면, 부식에 대한 금속의 보호이다.

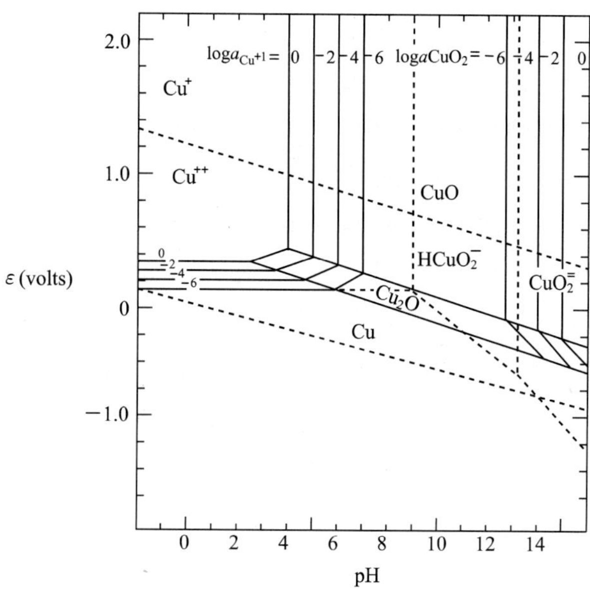

그림 14.9 물에서 구리에 대한 완전한 Pourbaix 도표.

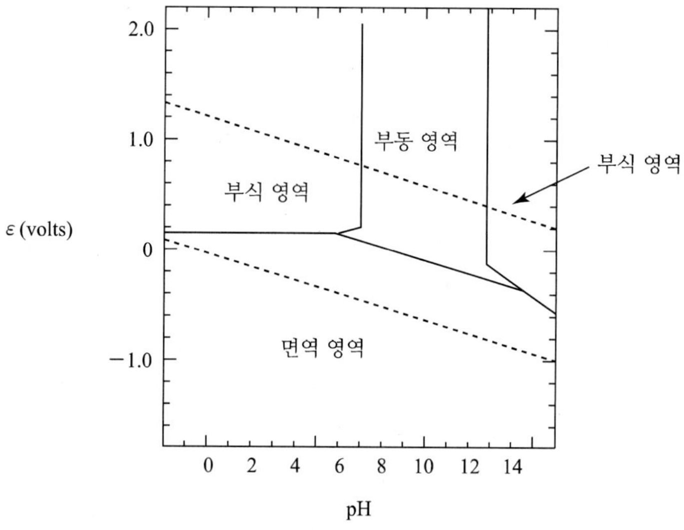

그림 14.10 물에서 구리에 대한 단순화된 Pourbaix 도표.

그림 14.10은 단순화된 Pourbaix 도표로 단지 3가지 거동의 등급이 확인된다.

Pourbaix 도표는 요구되는 열역학 정보가 유용한 금속 또는 합금에 대하여 계산할 수 있다. Atlas of Electrochemical equilibriua in Aqueous solutions은 이 정보의 끊임없는 축적이다. 입력 열역학 데이터로부터 그와 같은 도표를 만드는 컴퓨터 프로그램은 PC에서 사용가능하다. 제한된 여분의 정보를 가지고 우위 영역 상에 여분의 변수 효과를 개발하는 것이 가능하다. 예를 들어, Cl 이온 활동도와 같은 제 3의 변수를 분석에 소개하는 것이 용이하고 $(\varepsilon, pH, -\log a_{Cl^-})$ 3차원 공간을 그릴 수 있고, 선정된 Cl 이온 활동도에서의 단면을 그릴 수 있다.

상태도의 경우와 같이 Pourbaix 퍼텐셜-pH 도표의 지식은 부식현상을 이해하는 출발점이다. 이는 전기화학 시스템에서 평형 조건의 반복된 적용으로 만들어진다. 확인된 우위 영역은 주어진 (pH, ε)에 대하여 평형에서 지배적인 성분을 묘사한다. 도표는 고정된 조건에서 무한대로 남겨진 시스템의 궁극적인 조건을 나타낸다. 어떻게 시스템이 최종적인 목적지로 도달하는가는 실제 부식에서 아주 중요하다. 또한 Pourbaix 도표에서 취급된 시스템은 전해질과 전극과의 조합과 비교하여 아주 단순화된다. 실제 세계에서 부식 문제는 근본적으로 더럽고, 시간에 따라 변하며, 아마도 물리, 화학 그리고 열역학과 관련 없는 인자까지도 포함된다. 하지만 Pourbaix 도표는 부식 문제에 있어서 해결을 위한 출발점을 제공한다.

연습문제

01 298 K의 수용액에서 인산 알루미늄($AlPO_4$)의 해리 상수는 9.8×10^{-21}이다. $K_f = 1$로 가정하라. 농도의 함수로 $AlPO_4$의 해리도를 계산하고 그려라.

02 수산화시안(HCN)이 25 ℃에서 해리 상수가 4.93×10^{-10}이다. HCN의 0.05 몰 농도의 용액의 pH를 계산하라.

03 한 개의 전극에서 식 (14.39)에 계산된 퍼텐셜 차이를 측정하지 못하는 이유를 설명하라.

04 구리가 25 ℃에서 물에 녹아 있다. 그림 14.10의 Pourbaix 도표를 사용하여 물에서 구리가 부식되지 않을 3가지 전략을 제시하라.

부 록

A Universal constants and conversion factors

Universal Constants		
Avogadro's number	N_o	6.0221367×10^{23}
Rest mass of the electron	m_e	9.1095×10^{-31}(kg)
Elementary charge	e	1.6022×10^{-19}(Coul)
Planck's constant	$\hbar$	1.0546×10^{-34}(J · s)
Gas constant	R	8.314510(J/mol · K)
	R	1.98722(cal/mol · K)
	R	82.057(cc · atm/mol · K)
	R	0.08057(liter · atm/mol · K)
Boltzmann constant($k=R/N_o$)	k	1.380658×10^{-23}(J/atom · K)

Conversion factors	
Length	1 m=100 cm=1,000 mm=10^6 microns=10^9 nm
Volume	1 L=1,000 cm^3=1,000 mL=10^{-3} m^3
Temperature	T ℃=T K−273.15=(5/9)(T °F−32)
Pressure	1 atm=9.8692 MPa=0.98692 bar=0.05805 psi
Energy	1 J=1 N · m=4.184 cal=9.869 cc · atm=0.009869 liter · atm

B Atomic numbers and atomic weights

AN = Atomic number[1)]

AW = Atomic Weight $\left(\dfrac{\text{gm}}{\text{gm}-\text{atom}}\right)$[1)]

Key: AN / AW

Li 3 6.940	Be 4 9.013	B 5 10.82											C 6 12.011	N 7 14.008	O 8 16.00	F 9 19.00	Ne 10 20.183
Na 11 22.991	Mg 12 24.32	Al 13 26.98											Si 14 28.086	P 15 30.974	S 16 32.06	Cl 17 35.453	Ar 18 39.948
K 19 39.100	Ca 20 40.08	Sc 21 44.96	Ti 22 47.90	V 23 50.95	Cr 24 52.01	Mn 25 54.94	Fe 26 55.85	Co 27 58.94	Ni 28 58.71	Cu 29 63.546	Zn 30 65.38	Ga 31 69.72	Ge 32 72.59	As 33 74.922	Se 34 78.96	Br 35 79.904	Kr 36 83.80
Rb 37 85.48	Sr 38 87.63	Y 39 88.92	Zr 40 91.22	Nb 41 92.91	Mo 42 95.95	Te 43 98	Ru 44 101.1	Rh 45 102.91	Pd 46 106.4	Ag 47 107.868	Cd 48 114.41	In 49 114.82	Sn 50 118.69	Sb 51 121.75	Te 52 127.60	I 53 126.905	Xe 54 131.30
Cs 55 132.91	Ba 56 137.36	La 57 138.92	Hf 72 178.58	Ta 73 108.95	W 74 183.86	Re 75 186.2	Os 76 190.2	Ir 77 192.22	Pt 78 195.09	Au 79 196.97	Hg 80 200.59	Tl 81 204.37	Pb 82 207.2	Bi 83 208.981	Po 84 (209)	At 85 (210)	Rn 86 (222)
Fr 87 (223)	Ra 88 226.025	Ac 89 (227)															
				Ce 58 140.12	Pr 59 140.91	Nd 60 144.24	Pm 61 (145)	Sm 62 150.4	Eu 63 151.96	Gd 64 157.25	Tb 65 158.93	Dy 66 162.50	Ho 67 164.93	Er 68 167.26	Tm 69 168.93	Yb 70 173.04	Lu 71 174.97
				Th 90 232.04	Pa 91 231.04	U 92 238.03	Np 93 237.05	Pu 94 (244)	Am 95 (243)	Cm 96 (247)	Bk 97 (247)	Cf 98 (251)	Es 99 (254)	Fm 100 (257)	Md 101 (258)	No 102 (259)	Lw 103 (260)

Number in parentheses are mass numbers of the most stable isotope.

CRC Handbook of chemistry and Physics, 71 st Edition, D. R. Lide, ed., CRC Press, Boca Raton, FL(1991).

C Volumetric properties of the elements

V = Atomic volume $\left(\dfrac{\text{cc}}{\text{gm}-\text{atom}}\right)$ at 298 K

α = Volume coefficient of thermal expansion$(\text{K})^{-1*}$

β = Isothermal coefficient of comperessibility$(\text{bar})^{-1}$

V^L = Atomic volume of liquid $\left(\dfrac{\text{cc}}{\text{gm}-\text{atom}}\right)$

* Estimated from linear coefficient of expansion: $\alpha = 3\alpha_L$

Key: V / $\alpha \times 10^6$ / $\beta \times 10^7$ / V^L

Li 13.00 168 – 13.21	Be 4.89 36 – 5.33	B 4.56 – – 5.20											C 3.42 – – –	N	O	F	Ne
Na 23.70 213 – 24.80	Mg 13.97 78 – 15.29	Al 9.99 70.5 12 11.31											Si 12.00 23 – 11.19	P	S – – – 26.96	Cl	Ar
K 45.46 249 – 47.28	Ca 26.03 66 53 29.36	Sc 15.03 36 15 –	Ti 10.64 27 – 11.65	V 8.35 25 – 8.94	Cr 7.32 20 – 8.28	Mn 7.42 69 – 9.59	Fe 7.10 36 5.9 7.96	Co 6.62 37 5.6 7.59	Ni 6.60 40 26 7.43	Cu 7.09 51 6.6 7.94	Zn 9.16 93 16 9.94	Ga 11.81 55 – 11.45	Ge 13.62 17 – 12.95	As 13.08 – – 14.35	Se 16.49 111 – 19.80	Br 54.57	Kr
Rb 55.86 27 – 59.48	Sr 33.70 300 – 35.33	Y 19.85 32 22 –	Zr 14.06 18 – (15.7)	Nb 10.84 22 – (11.9)	Mo 9.40 15 4.0 (10.3)	Te – – – –	Ru 8.29 29 – 9.28	Rh 8.30 26 – 9.53	Pd 8.87 33 – 10.14	Ag 10.27 57 9.0 11.54	Cd 13.01 93 21 14.01	In 15.73 74 – 16.35	Sn 16.26 71 17 16.96	Sb 18.21 27 – 18.77	Te 20.45 ≠ – 22.35	I 51.48	Xe
Cs 71.07 231 – 71.69	Ba 39.22 54 – 41.34	La 22.50 15 36 23.17	Hf 13.61 18 89 16.07	Ta 10.90 20 43 (12.1)	W 9.52 14 2.9 (10.4)	Re 8.87 20 – 9.90	Os 8.45 14 – (9.46)	Ir 8.58 20 – 9.6	Pt 9.10 27 3.5 10.3	Au 10.21 43 – 11.35	Hg – 183 – 14.76	Tl 17.25 90 25 18.12	Pb 17.74 87 23 19.40	Bi 21.32 39 31 20.75	Po 22.35	At	Rn
Fr – – – (9.5)	Ra 45 – – –	Ac – – – –															
				Ce 20.76 24 54 20.96	Pr 20.50 14 41 21.31	Nd 20.59 20 34 21.56	Pm – – – –	Sm 19.96 – 26 –	Eu 28.98 – 87 –	Gd 19.91 19 25 (22)	Tb 19.21 21 – –	Dy 19.01 26 23 –	Ho 18.74 29 – –	Er 18.48 28 – –	Tm 18.12 35 – –	Yb 24.80 75 78	Lu 17.78 375 – –
				Th 20.18 34 – 22.10	Pa 15.04 – – –	U 12.49 ≠ – 13.30	Np 11.59 – – –	Pu 12.3 165 – 14.7	Am	Cm	Bk	Cf	Es	Fm	Md		Lw

≠ Highly anisotropic

Smithell's Metals Reference Book, 6th edition, E. A. Brandes, ed., Butterworths, London(1983).

C. L. Reynolds, Jr., K. A, Faughnan, and R. E. Barker, Jr., *J. Chem. Phys.*, vol. 59(1973) p.2943.

C. L. Reynolds, Jr., and R. E, Barker, Jr., *J. Chem. Phys.*, vol. 61(1974) p.2564.

D Absolute entropies and heat capacities of solid elements

S^0_{298} Absolute entropy at 298 K $\left(\frac{\text{Joules}}{\text{gm-atom-K}}\right)$

Heat capacity coefficients in the expression

$$Cp = a + bT + \frac{c}{T^2}\left(\frac{\text{Joules}}{\text{gm-atom-K}}\right)$$

Key: S^0_{298} / a / $b \times 10^3$ / $c \times 10^{-5}$

1	2	3	4	5	6	7	8	9	10	11	12	13	14	15	16	17	18
H (H_2) 130.57 27.3 3.2 0.50																	He 126.04 20.79 – –
Li 29.1 24.5 5.5 8.7	Be 9.50 19.0 8.9 −3.4	B (cryst) 5.85 19.8 5.8 −9.2											C (diam) 5.74 9.12 13.2 –	N (N_2) 191.50 27.9 4.2 –	O (O_2) 205.03 30.0 4.2 −1.7	F (F_2) 202.67 34.7 1.8 −3.3	Ne 146.22 20.79 – –
Na 51.21 82.45 −369.3 –	Mg 32.7 22.3 10.3 −0.43	Al 28.3 20.7 12.3 –											Si 18.8 23.9 2.5 −4.1	P (yell.) 41.1 19.1 15.8 –	S (rhomb.) 31.8 15.0 26.1 –	Cl (Cl_2) 222.96 36.9 0.3 −2.8	Ar 54.76 20.79 – –
K 64.18 25.3 13.1 –	Ca (α) 41.42 25.3 −7.26 –	Sc 34.6 – – –	Ti (α) 30.6 22.1 10. –	V 28.9 20.5 10.8 0.8	Cr 23.8 24.4 9.87 −3.7	Mn (α) 32.0 23.8 14.1 −1.57	Fe (α) 27.3 37.12 6.17 –	Co (α) 30.0 21.4 14.3 −0.88	Ni (α) 29.9 17.0 29.5 –	Cu 33.14 22.6 5.6 –	An 41.6 22.4 10 –	Ga 40.9 26.2 – –	Ge 31.1 21.6 5.6 –	As 35 23.2 5.52 –	Se 42.44 19.0 23. –	Br (Br_2, l) 152.23 72.0 – –	Kr 163.97 20.79 – –
Rb 76.78 30.4 – –	Sr 52.3 – – –	Y (α) 44.43 23.9 7.55 0.3	Zr (α) 39.0 22.0 11.6 −3.8	Nb 36.4 23.7 4.0 –	Mo 28.6 24.1 1.2 –	Tc – – – –	Ru (α) 28.5 22.1 4.6 –	Rh 31.5 23.0 8.6 –	Pd 37.6 24.3 5.8 –	Ag 42.6 21.3 8.5 1.5	Cd 51.76 22.2 12.3 –	In 57.82 24.3 10 –	Sn 51.55 21.6 18.2 –	Sb 45.69 23.1 7.4 –	Te 49.71 19.2 22.0 –	I (I_2(S)) 180.68 40.1 49.8 –	Xe 169.57 20.79 – –
Cs 85.22 31.0 – –	Ba 62.8 −5.69 80.3 –	La 56.9 25.8 6.69 –	Hf 43.56 23.5 7.6 –	Ta 41.5 27.8 −2.2 −1.9	W 32.6 24.0 3.2 –	Re 36.9 24.3 4.0 –	Os 33 23.80 3.7 –	Ir 35.5 23.3 5.9 –	Pt 41.6 24.3 5.4 –	Au 47.40 23.7 5.19 –	Hg 76.02 27.7 – –	Tl 64.6 15.6 25.3 2.8	Pb 64.81 23.6 9.7 –	Bi 56.73 18.8 22.6	Po	At	Rn 176.1 20.79 – –
Fr 95.4 – – –	Ra 71 – – –	Ac 56.5 – – –															
				Ce (α) 69.5 23.48 10.40 –	Pr (α) 73.2 26.0 – –	Nd (α) 71.5 14.66 26.9 4.5	Pm	Sm (α) 69.58 25.1 24.4 −2.5	Eu 77.82 – – –	Gd 68.07 – – –	Tb 73.2 – – –	Dy 74.77 – – –	Ho 75.3 – – –	Er 73.18 – – –	Tm 74.01 – – –	Yb 59.87 – – –	Lu 50.96 – – –
				Th 53.79 23.6 12.7 –	Pa 56 – – –	U (α) 50.20 10.9 37.4 4.9	Np	Pu (α) – 24.7 24 –	Am	Cm	Bk	Cf	Es	Fm	Md		Lw

CRC Handbook of Chemistry and Physics, 71st edition, D. R. Lide, ed., CRC Press, Boca Raton, FL(1991).
Smithell's Metals Reference Book, 6th edition, E. A. Brandes, ed., Butterworths, London(1983).

E Phase transitions: temperature and entropies of melting and vaporization

Transition temperatures are in (K) at 1 atm

Transition entropies are in $\left(\frac{\text{Joules}}{\text{gm-atom-K}}\right)$

Key: Tm / ΔS^o_m / Tv / ΔS^o_v

1	2	3	4	5	6	7	8	9	10	11	12	13	14	15	16	17	18
H (H_2) 14.0 12.7 20.7 44.0																	
Li 454 6.45 1597 92.5	Be 1560 7.83 2740 107	B 2450 9.21 4100 141											C (graph) 4070 – 5300(s) 134.3	N (N_2) 63.2 11.39 77.4 72.1	O (O_2) 54.4 8.19 90.2 75.4	F (F_2) 53.6 29.8 85.2 76.69	Ne
Na 371.0 7.12 1156 84.8	Mg 922 9.53 1360 93.7	Al 933.9 11.2 2793 104											Si 1685 30.1 3540 109	P (yellow) 317.3 8.32 553 –	S (rhomb.) 386.0 3.20 717.7 –	Cl (Cl_2) 172.2 37.2 239.1 85.4	
K 336.4 7.10 1052 75.6	Ca 1116 7.49 1757 85.8	Sc 1811 – (3140) –	Ti 1940 (9.02) 3558 120	V 2175 7.70 3680 124	Cr 2130 (9.8) 2945 116	Mn 1517 (9.69) 2330 99.1	Fe 1809 8.40 3130 109	Co 1768 (8.8) 3203 (130)	Ni 1726 9.94 3180 118	Cu 1356.6 9.60 2830 108	Zn 692.7 10.51 1180 96.9	Ga 302.9 18.5 2690 100	Ge 1210 30.4 3100 106	As 1090 – 876 –	Se 493.7 12.7 958 100(Se_2)	Br (Br_2) 265.9 39.7 331 92.3	Kr
Rb 312.0 7.05 961 78.9	Sr 1043 (8.05) 1648 93.7	Y 1803 6.34 3600 103	Zr 2125 (9.08) 4700 123	Nb 2740 10.7 5010 136	Mo 2890 12.3 4880 121	Tc	Ru 2520 – 4520 –	Rh 2239 (10.1) 4000 (120)	Pd 1825 9.15 3210 113	Ag 1234 8.99 2470 104.2	Cd 594.1 10.79 1040 95.8	In 429.6 7.61 2343 99.2	Sn 505.1 14.0 2898 102	Sb 903.7 22.0 1860 89.6(Sb_2)	Te 723 24.3 1261 83.0(Te_2)	I (I_2) 386.8 40.8 456 91.9	Xe
Cs 303.0 6.90 973 68.4	Ba 1002 7.64 1970 90	La 1193 (7.01) (3690) (109)	Hf 2500 9.63 4870 117	Ta 3288 7.51 5640 –	W 3670 9.6 5828 (126)	Re 3450 9.7 5960 119	Os 3300 – 5300 –	Ir 2716 (9.6) 4700 130	Pt 2042 (9.65) 4400 107	Au 1336 9.56 3130 109.4	Hg 234.29 9.91 630 97.0	Tl 577 7.45 1746 95.2	Pb 600.6 8.01 2020 88.4	Bi 544 20.0 1837 97.5	Po 519 – 1238 81.5	At	Rn
Fr	Ra 1000 – 1800 –	Ac															
				Ce 1071 4.88 3700 101	Pr 1205 (9.4) 3780 –	Nd 1289 5.54 3340	Pm	Sm 1345 6.63 2076 79.5	Eu 1099 – 1763 –	Gd 1585 – 3560 –	Tb 1633 – 3490 –	Dy 1682 – 2830 –	Ho	Er 1795 – 3130 –	Tm	Yb 1097 – 1467 –	Lu
				Th 2020 – 5060 (101)	Pa	U 1405 8.90 4700 89	Np 910 – – –	Pu 913 3.18 3690 95.3	Am – – 2900 83	Cm	Bk	Cf	Es	Fm	Md	At	Lw

Smithell's Metals Reference Book, 6th edition, E. A. Brandes, ed., Butterworths, London(1983).

F Surface tensions and interfacial free energies

σ^{LV} – surface tension of liquid-vacuum interface at the melting point $\left(\frac{mN}{m}\right)$

γ^{SV} – surface free energy of solid-vapor interface at the melting point $\left(\frac{mJ}{m^2}=\frac{ergs}{cm^2}\right)$

γ^{SL} – surface free energy of solid-liquid interface at the melting point $\left(\frac{mJ}{m^2}=\frac{ergs}{cm^2}\right)$

σ^{LV}
γ^{SV}
γ^{SL}

																	0.27
Li 408	Be – (2000)	B 1060											C	N 11.77	O	F	Ne
Na 200	Mg 525	Al 865 (910) 93											Si 720	P (white) 71.2	S 60.9	Cl	Ar 13.12
K 117	Ca 360	Sc 954	Ti 1650	V 1950	Cr 1700 (2100)	Mn 1100	Fe 1880 (1870)(δ) 204	Co 1880 (1900)	Ni 1822 (2040) 255	Cu 1360 (1700) 177	Zn 768	Ga 708	Ge 589	As	Se 95	Br (46.8)	Kr 16.34
Rb 77	Sr 303	Y 871	Zr 1480	Nb 1900 (2000)	Mo 2250 (2300)	Te	Ru 2250	Rh 2700	Pd 1470	Ag 926 1100	Cd 640	In 560	Sn 540 685 55	Sb 368	Te 179	I 37.92	Xe 18.7
Cs 68.6	Ba 267	La 718	Hf 1490	Ta 2150	W 2500 (2500)	Re 2700	Os 2500	Ir 2250	Pt 1865 (1900) 240	Au (731) (1370) 132	Hg 490	Tl 451	Pb 462	Bi 376 (550) 61	Po	At	Rn
Fr	Ra	Ac															
				Ce 706	Pr 707	Nd 688	Pm 680	Sm 431	Eu 264	Gd 664	Tb 669	Dy 648	Ho 650	Er 637	Tm –	Yb 320	Lu 940
				Th 978	Pa	U 1500	Np	Pu 550	Am	Cm	Bk	Cf	Es	Fm	Md		Lw

CRC Handbook of Chemistry and Physics, 71st edition, D. R. Lide, ed., CRC Press, Boca Raton, FL(1990).
L. E. Murr, *Interfacial Phenomena in Metals and Alloys*, Addison-Wesley, Reading, MA(1975).

G Thermochemistry of oxides

S^0_{298} = Absolute entropy of the oxide at 298 K $\left(\frac{J}{mole\text{-}K}\right)$

ΔS^0_{298} = Entropy of formation at 298 K $\left(\frac{J}{mole\text{-}K}\right)$

ΔH^0_{298} = Enthalpy of formation at 298 K $\left(\frac{KJ}{mole}\right)$

M_uN_v
S^0_{298}
ΔS^0_{298}
ΔH^0_{298}

Li H_2O 188.8 −44.7 −242.0																	
Li Li_2O 37.93 −121 −596.6	Be BeO 14.1 −94.7 −608.4	B B_2O_3 54.0 −265 −1272.5											C CO_2 213.9 2.1 −39.3.77	N	O	F	Ne
Na Na_2O 75.1 −130 −415.2	Mg MgO 26.97 −102 −601.6	Al Al_2O_3 51.1 −314 −1584.0											Si SiO_2(q) 41.5 – −910.9	P P_2O_3 229 −371 −1493.0	S SO_2(q) 248.07 −145.8 −297.05	Cl	Ar
K K_2O – −142 −363.3	Ca CaO 39.8 −102 −634.3	Sc Sc_2O_3 77.0 −293 −1906.7	Ti TiO_2 50.2 −273 −944.1	V V_2O_3 131.0 −324 −1551.3	Cr Cr_2O_3 81.2 −264 −1130.4	Mn MnO 59.9 −74 −385.2	Fe Fe_2O_4 151.6 −341 −117.5	Co CoO 52.96 −88 −239.1	Ni NiO 38.1 −92 −240.7	Cu Cu_2O 93.8 −75.3 −167.5	Zn ZnO 50.7 −197 −1101.3	Ga Ga_2O_3 84.78 −304 −1083.5	Ge GeO_2 39.7 −183 −580.2	As As_2O_3 122.8 −255 −653.77	Se SeO_2 66.7 – −236.1	Br	Kr
Rb Rb_2O – – −330.3	Sr SrO 55.5 −99.6 −592.3	Y Y_2O_3 99.2 −296 −1906.7	Zr ZrO_2 50.7 −197 −1101.3	Nb NbO_2 54.55 −187 −799.3	Mo MoO_2 50.0 −184 −588.7	Tc Tc_2O_3 184.2 −392 −1113.7	Ru RuO_2 60.7 −174 −304.4	Rh Rh_2O_3 92.1 – −383.0	Pd PdO 39.3 −101 −112.6	Ag Ag_2O 121.8 −66.4 −30.6	Cd CdO 54.8 −99 −259.4	In In_2O_3 – −311 −927.4	Sn SnO_2 52.3 −204 −580.7	Sb Sb_2O_3 123.1 – −690.2	Te TeO_2 74.1 −180 −322.4	I	Xe
Cs Cs_2O 127.6 – −317.8	Ba BaO 70.3 −97.7 −553.8	La La_2O_3 128.1 −293 −1794.1	Hf HfO_2 59.5 −201 −1113.7	Ta Ta_2O_3 143.2 −455 −2047.3	W WO_2 50.6 – −589.9	Re ReO_2 62.8 −180 −432.9	Os OsO_4 136.9 – −393.9	Ir IrO_2 56.5 −185 −241.5	Pt PtO_2(g) 256.0 – −168.7	Au	Hg HgO 70.3 −10 −90.9	Tl Tl_2O_3 137.3 – −390.6	Pb PbO 66.3 −102 −219.4	Bi Bi_2O_3 151.6 −247 −570.7	Po	At	Rn
Fr	Ra	Ac															
				Ce Ce_2O_3 150.7 −293 −1821.7	Pr Pr_2O_3 158.6 – −1828.8	Nd Nd_2O_3 158.6 – −1809.1	Pm	Sm Sm_2O_3 151.1 −296 −1833	Eu	Gd Gd_2O_3 150.7 −289 −1817.1	Tb Tb_2O_3 – – −1828.8	Dy Dy_2O_3 149.9 −309 −1866.5	Ho Ho_2O_3 158.3 −300 −1882.4	Er Er_2O_3 153.2 −301 −1889.1	Tm Tm_2O_3 – – −1899.9	Yb Yb_2O_3 133.1 – 1815.3	Lu
				Th ThO_2 65.3 −180 −1227.6	Pa	U UO_2 77.9 −177 −1085.2	Np NpO_2 80.4 – −1030.0	Pu PuO_2 82.5 −18.3 −1058.4	Am	Cm	Bk	Cf	Es	Fm	Md		Lw

Smithell's Metals Reference Book, 6th edition, E. A. Brandes, ed., Butterworths, London(1985).

H Thermochemistry of nitrides

S^0_{298} = Absolute entropy of the nitride at 298 K $\left(\frac{J}{mole\text{-}K}\right)$

ΔS^0_{298} = Entropy of formation at 298 K $\left(\frac{J}{mole\text{-}K}\right)$

ΔH^0_{298} = Enthalpy of formation at 298 K $\left(\frac{KJ}{mole}\right)$

M_xN_y
S^0_{298}
ΔS^0_{298}
ΔH^0_{298}

H NH_3 192.7 −98 −46.1																	
Li Li_3N – −142 −196.8	Be Be_3N_2 34.3 −186 −589.9	B BN 14.8 – −254.1										C	N	O	F	Ne	
Na	Mg Mg_3N_2 93.7 −208 −461.8	Al AlN 20.2 −105 −318.6											Si Si_3N_4 113.0 −410 −745.1	P	S	Cl	Ar
K	Ca Ca_3N_2 108.0 −209 −439.6	Sc	Ti TiN 30.1 −95 −336.6	V VN 37.3 – −217.3	Cr CrN – −88 −123.1	Mn Mn_5N_2 – −152 −201.8	Fe Fe_4N (156.2) −50 −10.9	Co CO_3N 98.8 – +8.4	Ni Ni_3N – −88 +0.8	Cu Cu_3N −74.5	Zn Zn_3N_2 140.2 – −22.2	Ga GaN 29.7 – −109.7	Ge Ge_3N_4 (167) – −65.3	As	Se	Br	Kr
Rb	Sr Sr_3N_2 123.5 −225 −3910	Y	Zr ZrN 38.9 −98 −365.5	Nb Nb_2N 67.0 – −248.6	Mo Mo_2N (87.9) 4.3 −69.5	Te	Ru	Rh	Pd	Ag	Cd Cd_3N_2 – – +161.6	In InN 43.5 – −138.1	Sn	Sb	Te	I	Xe
Cs	Ba Ba_3N_2 (152.4) −163 −341.1	La LaN 44.4 −96 −299.4	Hf HfN 50.6 – −369.3	Ta TaN 42.7 −125 −252.4	W	Re	Os	Ir	Pt	Au	Hg	Tl	Pb	Bi	Po	At	Rn
Fr	Ra	Ac															
				Ce Ce_2N – −105 −326.6	Pr	Nd	Pm	Sm	Eu	Gd	Tb	Dy	Ho	Er	Tm	Yb	Lu
				Th Th_3N_4 – −377 −1298.0	Pa	U UIV 62.7 −116 −294.7	Np	Pu	Am	Cm	Bk	Cf	Es	Fm	Md		Lw

Smithell's Metals Reference Book, 6th edition, E. A. Brandes, ed., Butterworths, London(1985).

I Thermochemistry of carbides

S^0_{298} = Absolute entropy of the nitride at 298 K $\left(\frac{J}{mole\text{-}K}\right)$

ΔS^0_{298} = Entropy of formation at 298 K $\left(\frac{J}{mole\text{-}K}\right)$

ΔH^0_{298} = Enthalpy of formation at 298 K $\left(\frac{KJ}{mole}\right)$

M_xC_y
S^0_{298}
ΔS^0_{298}
ΔH^0_{298}

H $CH_{4(g)}$ 186.3 −81 −74.9																	
Li	Be Be_2C 16.3 −8.0 −117.2	B B_4C 27.09 −1.3 −71.6											C	N	O	F	Ne
Na	Mg Mg_2C_3 −62.8 – +79.5	Al Al_4C_3 88.7 −41 −215.8											Si SiC 16.54 (−59) −67.0	P	S	Cl	
K	Ca CaC_2 70.3 +18 −59	Sc	Ti TiC 24.3 −12.7 −183.8	V VC 27.6 – −100.9	Cr Cr_7C_3 200.9 −15.6 −228.1	Mn Mn_7C_3 239.0 −2.7 −112.2	Fe Fe_3C 104.7 +20.3 +25.1	Co Co_2C 135.6 +5.3 −98.4	Ni	Cu	Zn	Ga	Ge	As	Se	Br	Kr
Rb	Sr	Y	Zr ZrC 33.1 −12 −202	Nb NbC 35.1 – −138.1	Mo	Te	Ru	Rh	Pd	Ag	Cd	In	Sn	Sb	Te	I	Xe
Cs		La	Hf	Ta RaC 42.2 −4.7 −143.6	W WC 41.8 −1.3 −37.7	Re	Os	Ir	Pt	Au	Hg	Tl	Pb	Bi	Po	At	Rn
Fr	Ra	Ac															
				Ce Ce_2C_3 173.7 – −176.6	Pr	Nd	Pm	Sm	Eu	Gd	Tb	Dy	Ho	Er	Tm	Yb	Lu
				Th ThC_2 70.3 – −117.2	Pa	U U_2C_3 138.4 +0.3 −205.1	Np	Pu	Am	Cm	Bk	Cf	Es	Fm	Md		Lw

Smithell's Metals Reference Book, 6th edition, E. A. Brandes, ed., Butterworths, London(1985).

J Electrochemical Series

Reduction Reaction	Emf (volts)	Reduction Reaction	Emf (volts)
$Sr^{+} + e^{-} = Sr$	−4.10	$2H^{+} + 2e^{-} = H_2$	0.00000
$Ca^{+} + e^{-} = Ca$	−3.80	$Cu^{++} + e^{-} = Cu^{+}$	0.153
$Li^{+} + e^{-} = Li$	−3.0401	$Rh^{+++} + 3e^{-} = Re$	0.300
$Rb^{+} + e^{-} = Rb$	−2.98	$Cu^{++} + 2e^{-} = Cu$	0.3419
$K^{+} + e^{-} = K$	−2.931	$Rh^{++} + 2e^{-} = Rh$	0.455
$Cs^{+} + e^{-} = Cs$	−2.92	$Cu^{+} + e^{-} = Cu$	0.521
$Ba^{++} + 2e^{-} = Ba$	−2.912	$Rh^{++} + 2e^{-} = Rh$	0.600
$Sr^{++} + 2e^{-} = Sr$	−2.89	$Rh^{+} + e^{-} = Rh$	0.600
$Ca^{+} + 2e^{-} = Ca$	−2.868	$Rh^{+++} + 3e^{-} = Rh$	0.758
$Na^{+} + e^{-} = Na$	−2.71	$Fe^{+++} + e^{-} = Fe^{++}$	0.771
$Mg^{+} + e^{-} = Mg$	−2.70	$Ag^{+} + e^{-} = Ag$	0.7996
$Mg^{++} + 2e^{-} = Mg$	−2.372	$Hg^{++} + 2e^{-} = Hg$	0.851
$Sc^{+++} + 3e^{-} = Sc$	−2.077	$Pd^{++} + 2e^{-} = Pd$	0.951
$Be^{++} + 2e^{-} = Be$	−1.847	$Pt^{++} + 2e^{-} = Pt$	1.118
$Al^{+++} + 3e^{-} = Al$	−1.662	$Ir^{+++} + 3e^{-} = Ir$	1.156
$Ti^{++} + 2e^{-} = Ti$	−1.630	$O_2 + 4H^{+} + 4e^{-} = 2H_2O$	1.229
$Ba^{++} + 2e^{-} = Be(Hg)$	−1.570	$Au^{+++} + 2e^{-} = Au^{++}$	1.401
$Mn^{++} + 2e^{-} = Mn$	−1.185	$Au^{+++} + 3e^{-} = Au$	1.498
$V^{++} + 2e^{-} = V$	−1.175	$Mn^{+++} + e^{-} = Mn^{++}$	1.5415
$Nb^{+++} + 3e^{-} = Nb$	−1.099	$Au^{+} + e^{-} = Au$	1.692
$Cr^{+++} + 3e^{-} = Cr$	−0.744	$Ag^{++} + e^{-} = Ag^{+}$	1.980
$Ga^{+++} + 3e^{-} = Ga$	−0.560		
$Fe^{++} + 2e^{-} = Fe$	−0.447		
$Cd^{++} + 2e^{-} = Cd$	−0.352		
$Co^{++} + 2e^{-} = Co$	−0.28		
$Ni^{++} + 2e^{-} = Ni$	−0.257		
$Mo^{+++} + 3e^{-} = Mo$	−0.200		
$Pb^{++} + 2e^{-} = Pb$	−0.1205		
$Fe^{+++} + 3e^{-} = Fe$	−0.037		
$2H^{+} + 2e^{-} = H_2$	0.00000		

■ 참고문헌 ■

[BKK77] Barin, I., O. Knake and O. Kubaschewski: Thermochemical Properties of Inorganic Substances Supplement, Springer-Verlag, New York, N.Y., 1977

[CAH58] Cahn J.W. and J.E. Hilliard: J. Chem. Phys., vol.28, p258, 1958

[CAH59] Cahn J.W. and J.E. Hilliard: J. Chem. Phys., vol.31, p608, 1959

[CHA82] Chase, M.W. et al.: JANAF thermodynamic Tables, 3rd edition, J. Phys. Chem. Ref. Data, 11, supp. 2, 1982

[CRC90] CRC Handbook of Physics and Chemistry, 71st edition, D.R. Lide editor in chief, CRC Press, Bola Raton, Fla., 1990

[CWM89] Cox, J.D. D.D. Wagman and V.A. Medvedev: CODATA key values of thermodynamics, Hempshire Pub., Corp., New York, N.Y., 1989

[DEF79] Defontaine, D.: 'Configurational thermodynamics of Solid solutions ' in solid state physics, vol.34, H.Ehrenreich, F. Seitz and D. turnbull, eds., Academic Press, New York, N.Y., 1979

[DeM62] DeGroot, S.R. and P. Mazur: Non-equilibrium thermodynamics, Amsterdam, 1962

[Dev83] Devereaux, O.F.: Topics in Metallurgical Thermodynamics, John Wiley & Sons, New York, 1983.

[DG51] Darken, L.S. and R.W. Gurry: Physical Chemistry of Metals, McGraw-Hill Inc., New York, N.Y., 1951

[FSV76] Froning, M.H., M.E. Shanley, and E>D. Verink Jr: Corrosion Science, vol. 16, p.371, 1976

[Ell65] fElliott, R.P., Constitution of binary Alloys, First supplement. McGraw-Hill, Inc., New York, N.Y., 1965

[GUG67] Guggenheim, E.: Thermodynamics, 5th edition, North-Holland, Amsterdam, 1967.

[HAA69] Haase, R.: Thermodynamics of I*rreversible Processes, Addison-Wesley Publishing Co., Reading, Mass., pp.64-69, 1969.

[HAN58] Hansen,M., Constitution of binary Alloys, 2nd ed. McGraw-Hill, Inc., New York, N.Y., 1958

[HDGK] Hultgren, R., P.D. Desai, D.T. Hawkins, M. Gleiser and K.K. Kelly: Selected Values of the thermodynamics properties of binary alloys, ASM, materials Park, Ohio, 1973.

[HER52] Herring, C.: in structure and properties of Solid surface, R. Gomer and C.S. Smith eds. University of Chicago Press, Chicago, Ill, 1952

[HIL70] Hilliard, J.E.: 'Spinodal Decomposition' in Phase Transformations, H.I. Aaronson ed., ASM, Materials Park, Ohio, p.497, 1970

[KB70] Kaufman, L., and H. Berstein: Computer Calculations of Phase diagrams, Academic Press, New York, N.Y., 1970

[KBU76] Kingery, W.D., H.K. Bowen and D.R. Uhlmann: Introduction to Ceramics, 2nd edition, John Wiley& sons, New York, N.Y. p183, 1976

[KRO64] Kroger, F.A.: The chemistry of Imperfect crystals, North-Holland Publishing Co., Amsterdam, 1964

[LMH89] Lagerlof, K.P.D., T.E. Mitchell and A.H. Heuer: Lattice diffusion kinetics in undoped and impurity-doped sapphire: A dislocation loop annealing study, J. Am. Ceramic Soc., vol.72, p.2159, 1989

[LRM64] Levin, E.M., C.R. Robinson and H.F. McMurdie: Phase diagrams for Ceramists, American Ceramic society, Columbus, Ohio, 1964

[LRM69] Levin, E.M., C.R. Robinson and H.F. McMurdie: Phase diagrams for Ceramists, supplement, American Ceramic society, Columbus, Ohio, 1969

[LUP83] Lupis, C.H.P.: Chemical Thermodynamics of Materials, Elsevier Science Publishing Co., New York, N.Y. pp.389-430,1983

[Muk66] Mukherjee, K.: Trans. AIME, vol.6, p.1324, 1966

[MUR75] Murr, L.E.: Interfacial Phenomena in Metals and alloys, Addison-Wesley, Reading, Mass., 1975

[PHH69] Philofsky E.M. and J.E. Hilliard: J. Appl. Phys., vol. 40, p.2198, 1969

[POT61] Potter, E.C.: Electrochemistry Principles and Applications, Cleaver-Hume Press Ltd, London, 1961.

[POU74] Pourbaix, M.: Atlas of electrochemical Equilibrium in Aqueous Solutions, 2nd edition, National Association of Corrosion Engineers, Houston, Texas, 1974.

[RS65] Robinson, R.A., and R.H. Stokes: Electrolyte Solutions, Butterworth, London, 1965.

[SB60] Simmon, R. and R. Balluffi: Physical Review, vol. 117, p.52, 1960

[SHU69] Shunk, F.A., Constitution of binary Alloys, Second supplement. McGraw-Hill, Inc., New York, N.Y., 1969

[SR63] Shewmon, P.G. and W.M. Robertson: in Metal surface, Structure, energetics and Kinetics, ASM Materials Park, Ohio, 1963

[SWA72] Swalin, R.A.: Thermodynamics of Solids, John Wiley & Sons, New York, N.Y.. 1972.

ㄱ

가역 과정 53, 61
각면 결정 476
갈바니 셀 556
강전해질 558, 565
거시적 상태 193
거시적인 변수 20
거시적인 상태 20
경계 19
계면 439
고립계 20
고립계에서 평형 180
고착 방울 484
곡률 440
곡률점 443
공액 반응 333
공액 변수 124
국부 평형의 원리 472, 473
국부적 평형 334
균일 20
극좌표 474
기압측정 공식 44
기체 상수 25
기체 운동론 212
기체 혼합물 287
기화 곡선 259
꼬임 474

ㄴ

내부 에너지, U 47, 51
녹음 99

ㄷ

다면체 475
다성분 311
다상 311
다성분계 283
단열 과정 50
단열 팽창 76
닫힌계 20
동소체 245
동소체 변태 246

ㄹ

렛지 474

ㅁ

면역 영역 583
모세관 길이 스케일 462
모세관 이동 471
모세관 현상 334
모세관 효과 440
몰 농도 559
몰 분율 28
몰 Gibbs 자유 에너지 249
무질서 112
물의 삼중점 25
물질 19
묽은 용액 295
미세구조 311, 332
미시적 상태 193

ㅂ

바이오화학 평형 123
반응 엔탈피 78
반응 지수 162
반응 진척도 78, 160
반응 Gibbs 자유 에너지 160
반전 온도 73
반쪽 셀 575
반쪽 셀 퍼텐셜 576
발열 77
발열 반응 166
법선 벡터 441
변곡점 36
볼록면 443
부동 영역 583
부분 몰 연산자 281
부분 몰 특성 270
부분압 28
부식 영역 583
부피 20
분류체계 311
분배함수 200
분출 225
불균일 20
불완전 미분 54
비가역 61
비리얼 31
비자발적 과정 90

ㅅ

삼성분계 상태도 325
삼중점 34, 252
상경계 246
상경계 이동 471
상규칙 311
상태 변수 20
상태도 246, 317
상평형 123
선적분 49
셀구조 319

속도 벡터 213
속력 213
손실 61
수용액 561
승화 99
시불변 180
실제 기체 291

ㅇ

안장면 443
압력 20
압축률 29
애피니티 571
약전해질 558, 565
양이온 556
에너지 등분의 원리 212
에너지 보존 법칙 47
엔탈피 69
엔트로피 S 89, 93
여분 부분 몰 297
여분 294
역학 평형 183, 315
열 19
열량측정법 83
열린계 20
열역학 0법칙 19, 23
열역학 2법칙 94
열역학 변수 20
열역학적 극한값 원리 159
열용량 66, 70
열적 운동 112
열적 평형 183
열전도도 234
열평형 315
열화학 47
열확산 235
염교 570
오목면 443
온도 20
완전 미분 53, 54
용매 295
용액 269
용액 모델 297
용액의 준화학적 이론 301
용질 295
우위 영역 580
우위 도표 159
원자 모델 301
원자가 566
음이온 556
이상 용액 289
이상기체 상태식 25
이상기체 온도 25
이온 556
인텐시브 변수 150
일 47
일성분 상태도 264
일성분계 245, 320
임계 단백광 36
임계 현상 35
임계점 34
입경계 439

ㅈ

자발적 과정 90
자연 변수 150
자연적인 변수 125
자유 에너지 128
자유도 150
잠열 99
적분 인자 57, 91
전극 566
전기화학 555
전기화학 셀 569
전기화학적 평형 123
전이 99
전체 반응 571
전하의 중립성 558
전해질 555, 566
점도 236
접선면 441
접촉원 441
정규 용액 297
정상 상태 178
정압 과정 103
정적 과정 103
제곱근 평균 속력 220
제약조건 174
조대화 472
조합 분석 195
주법선 곡률 442
주위 19
준안정 254
준정적 49
지렛대 규칙 328
질량중심 476

ㅊ

참조 상태 251, 273
초임계 유체 36
최빈도 216
최빈도 속력 220
충돌 밀도 229
충돌 빈도 228
친화도 161

ㅌ

타이라인 35
타이 삼각형 266, 331
테라스 474
통계열역학의 알고리즘 203

ㅍ

페달 함수 476
평균 곡률 443
평균 상대 속도 228
평균 속력 220
평균 자유 경로 231
평형 22
평형 상수 162, 165
평형 상태 178
평형 조건 183, 314
평형에 대한 기준 180
표면 439
표면장력 64
표면화학 439
표준 상태 79
표준 수소 전극(SHE) 576
표준 전극 575
표준 Gibbs 형성 에너지 166
퓨가시티 계수 140
퓨가시티 139, 286, 291

ㅎ

항온선 24
항온 압축률 36
해리도 558, 560
해리 상수 560
현열 100
형성 엔탈피 81
혼합 과정 103, 273
혼합 엔탈피 280
혼합 엔트로피 107, 291
혼합 편미분 57
혼합물 27
혼합열 289
화학 퍼텐셜 123, 143
화학 평형 123, 315
화학량론수 77
확률 밀도 214
환산 질량 228
활동도 286, 292
활동도 계수 286
흡열 77
흡열 반응 166
흡착 490
흡착원자 474
흡착의 측정 490
힘 48

A

activity 292
adsorption 490
allotrope 245
allotropic transformation 246
aqueous solution 561
biochemical 123

B

Boltzmann 가설 196
boundary 19
Boyle 24
Boyle 온도 33
Boyle의 법칙 24

C

capillarity 334
capillary shift 471
Clausius 부등식 93
Clausius-Clapeyron 식 254
closed system 20
coefficient 140
combinational analysis 195
conjugate 124
constant pressure 103
constant volume 103

D

Dalton의 법칙 28
degree of freedom 150
dilute solution 295
disorder 112
dissipation 61

E

electrode 566
endothermic 77, 166
equation of state of ideal gas 25
excess 294
exothermic 77, 166

F

Faraday 상수 567
free energy 128
Fugacity 139, 291

G

gas constant 25
Gibbs 삼각형 326
Gibbs 상규칙 316
Gibbs 자유 에너지 297
Gibbs-Duhem 식 150, 293
Gibbs-Helmholz 식 169

H

half 575
heat 19
Henry 법칙 296
Henry 법칙 상수 296
homogeneous 20

I

ideal solution 289
irreversible 61

isolated system 20
isotherm 24

J

Joule-Thomson 계수 73
Joule-Thomson 팽창 73

K

kink 474

L

Lagrange 승수 174
Lagrange 승수법 177
latent heat 99
Le Chatelier 원리 167
Legendre 변환 126
line integral 49
local equilibrium 334

M

macrostate 193
matter 19
Maxwell 관계식 125, 151
melting 99
metastable 254
mixing process 273
mixing 103
mixture 27
molar 559
natural variable 125

N

Nernst 식 574
Newton 48

O

open system 20
Oswald 성숙 472

P

partition function 200
pH값 562
phase boundary 246
phase diagram 246
Pourbaix 도표 159, 578

Q

quasistatic 49

R

Raoult의 법칙 295
reaction 160
reference state 273
ripening 472

S

Sackur-Tetrode 식 104
salt bridge 570
sensible heat 100
solute 295
solution 269
solvent 295
speed 213
Stirling의 근사 197
sublimation 99
surroundings 19

T

thermal conductivity 234
thermochemistry 47
tie line 35
tie triangle 266
time-invariant 180
transition 99
triple point 25
Trouton's 규칙 259

U

unary system 245, 320

V

van't Hoff 식 167
vaporization 259
velocity vector 213
virial 31

W

work 47

기타

1법칙과 2법칙의 결합식 181
2성분계 상태도 323

KRISS 학술총서 제2권
재료열역학

2016년 12월 20일 제1판 1쇄 인쇄 | 2016년 12월 26일 제1판 1쇄 펴냄
지은이 이확주·한국표준과학연구원 | **펴낸이** 류원식 | **펴낸곳** **청문각출판**

편집팀장 우종현 | **본문편집** 디자인이투이 | **표지디자인** 유선영
제작 김선형 | **홍보** 김은주 | **영업** 함승형·박현수·이훈섭 | **인쇄** 영프린팅 | **제본** 한진제본

주소 (10881) 경기도 파주시 문발로 116(문발동 536-2) | **전화** 1644-0965(대표)
팩스 070-8650-0965 | **등록** 2015. 01. 08. 제406-2015-000005호
홈페이지 www.cmgpg.co.kr | **E-mail** cmg@cmgpg.co.kr
ISBN 978-89-6364-300-7 (93560) | **값** 30,000원

* 잘못된 책은 바꿔 드립니다.　　* 저자와의 협의 하에 인지를 생략합니다.

이 책은 한국표준과학연구원 학술총서 제2권입니다.